Région Sud, ville antique de Nora

L'OUEST

Bosa 185
Bosa Marina 188
Tresnuraghes et Porto Alabe 189
Macomer 189
Cuglieri 190
Santulussurgiu 191
Ghilarza 192
Région d'Oristano 193
Péninsule de Sinis 199
Dunes de Piscinas - Costa Verde 205
Barumini 206
Iglesias et l'Iglesiente 208
Carbonia et la région de Sulcis 218
Île de Sant'Antioco 220
Île de San Pietro 224
Sanluri 229

LE SUD

Cagliari 233
Quartu Sant'Elena 254
Pula 257
Chia 263
Santadi 264
Villasimius 264

LA CÔTE EST ET LE CENTRE

La Costa Rei 272
Tortolì et Arbatax 273
Barisardo et Marina di Barisardo 277
Jerzu 278
Ulassai 278
Lanusei 278
Santa Maria Navarrese 279
Baunei 280
Nuoro et la Barbagia 282
Golfe d'Orosei 295
La Baronie 305
San Teodoro 309
Onani et ses environs 309

ORGANISER SON SÉJOUR

Pense futé 312
Les droits du voyageur 335
Partir en voyage organisé 345
Partir seul 349
Sites Internet futés 357
Séjourner 361
Index général 371

Altitude (en mètre)
1000
500
200
Route principale
Capitale
Ville principale
Ville secondaire
Principaux sommets
Parc national de l'île d'Asinara
Asinara
Stintino
Golfe d'Asinara
Castelsardo
PORTO TORRES
SASSARI
Fertilia
ALGHERO
Lago del Temo
Ploaghe
Bonorva
Bosa
MACOMER
Tresnuraghes
MER DE SARDAIGNE
Costa Paradiso
Bouches de Bonifacio
Santa Teresa di Gallura
La Maddalena
Maddalena
Parc national de l'archipel de la Maddalena
Caprera
Palau
Porto Cervo
Aglientu
Azarchena
Costa Smeralda
Luogosanto
Lago del Liscia
Porto Retondo
Trinita d'Agultu
OLBIA
Golfo Aranci
Tavolara
Templo Pausania
1359 m
Monte Limbara
Lago Coghinas
Loiri
Molara
Monti
Padru
San Teodoro
Lago Riu Mannu
Ozieri
Posada
Torpe
Siniscola
1127 m
Burgos
Orune
Galtelli
Orosei
NUORO
Lago Cedrino
Oliena
Dorgali
1463 m
Golfe d'Orosei
Supramonte
Marmolada

AUTEURS ET DIRECTEURS DES COLLECTIONS
Dominique AUZIAS & Jean-Paul LABOURDETTE

DIRECTEUR DES EDITIONS VOYAGE
Stéphan SZEREMETA

RESPONSABLES EDITORIAUX VOYAGE
Patrick MARINGE et Morgane VESLIN

EDITION ✆ **01 53 69 70 18**
Caroline HEMERY, Steven LEGENDRE, Mélanie PANAIS, Agathe PONTHUS et Geneviève PEILLON

ENQUETE ET REDACTION
Tiziana CAULI, Giulia VIANELLO, Stéphane BRONBERGER, Philippe PRUDHOMME, Dominique JOLY, Solène KHY et Angélique BOUGEARD

MAQUETTE & MONTAGE
Laurent MULLOT, Sophie LECHERTIER Marie AZIDROU, Delphine PAGANO et Nathalie PALOUS

CARTOGRAPHIE
Philippe PARAIRE, Thomas TISSIER

PHOTOTHEQUE ✆ **01 53 69 65 26**
Millie CHAMPALBERT

REGIE INTERNATIONALE ✆ **01 53 69 65 34**
Karine VIROT, Axelle ALOISIO et Audrey LEVRIER

PUBLICITE ✆ **01 53 69 70 61**
Luc REGNARD, Serge TOUKA, Caroline de YRIGOYEN, Caroline GENTELET et Perrine de CARNE-MARCEIN

RELATIONS PRESSE ✆ **01 53 69 70 19**
Jean-Mary MARCHAL

DIFFUSION ✆ **01 53 69 70 06**
Bénédicte MOULET, Carla de SOUSA, Jean-Pierre GHEZ et Maud GHISOLFI

INTERNET
Alexandre HEYMAN

DIRECTEUR ADMINISTRATIF ET FINANCIER
Gérard BRODIN

RESPONSABLE COMPTABILITE
Isabelle BAFOURD assistée de Bérénice BAUMONT et Angélique HELMLINGER

DIRECTRICE DES RESSOURCES HUMAINES
Dina BOURDEAU assistée de Sandrine DELEE

LE PETIT FUTE SARDAIGNE 2007-2008
5e édition

NOUVELLES ÉDITIONS DE L'UNIVERSITÉ©
Dominique AUZIAS & Associés©
14, rue des Volontaires - 75015 Paris
Tél. : 33 1 53 69 70 00 - Fax : 33 1 53 69 70 62

ISBN - 2746918021
Imprimé en France par OBERTHUR GRAPHIQUE

Pour nous contacter par email, indiquez le nom de famille en minuscule suivi de @petitfute.com
Pour le courrier des lecteurs : country@petitfute.com

Benvenuti in Sardegna !

La Sardaigne est une île à l'inépuisable patrimoine de mythes et de légendes. Terre de nuraghi (datant de l'âge du bronze, ces tours des anciens Sardes servaient de refuges et de forteresses) et de tombes mégalithiques, vestiges d'un glorieux et fascinant passé, c'est aussi un pays de bergers, de plages, célèbres dans le monde entier, et d'une mer aux merveilleuses transparences.

La roche vive affleure presque partout et confère un caractère unique aux vastes paysages de campagnes solitaires. A quelques kilomètres des plages et des centres touristiques, on trouve de longues étendues de champs délimités par des murets de pierre sèche, parfois ponctuées de quelques fermes. Des animaux aux pâturages, des forêts et montagnes d'une beauté insoupçonnable ou encore un maquis à perte de vue entourent des villages pittoresques abritant vieilles églises et nuraghi. Ici, l'alternance des saisons rythme le calendrier des fêtes populaires. Nombreuses, colorées et authentiques, elles sont présentes toute l'année et partout dans l'île. Grandes manifestations alternent avec petites fêtes de village où le touriste pourra apprécier au mieux l'hospitalité spontanée des Sardes. Le jour de la fête, tout visiteur, d'où qu'il vienne, aura droit à la soupe, à la viande, au pain, au vin et au gâteau.

La Sardaigne réserve d'agréables surprises. Au détour des nombreux chemins de randonnées ou au cours des excursions sur l'île, vous aurez sans doute la chance d'observer mouflons, aigle royal ou vautour griffon, flamants des étangs de Cabras ou, plus rare encore, phoques moines de Cala Gonone.

Offrant, au choix, mer et montagne, falaises calcaires majestueuses et chênes verts, nuraghi et « tombes des géants », plages de sable blanc et mer turquoise, lauriers sauvages et maquis odorant, la Sardaigne est une île de mystère et de rêve pour un séjour enchanteur.

L'équipe de rédaction

REMERCIEMENTS : *Merci à mamma Franca pour son aide inestimable, et pour sa voiture qui m'a transportée sur les sentiers les plus sauvages de cette île ; à Bruce, qui m'a suivie dans mon périple en conduisant quand j'étais trop fatiguée. A Corrado Cicalò pour ses conseils et à son frère Marcello pour sa disponibilité. A Ginetta et Pietro pour leurs petites astuces qui m'ont beaucoup aidée sur les montagnes et les plages de la Costa Verde ; à Emanuela Tommolini et Antonio Ferraro pour leur aide et pour leurs conseils dans mon tour de l'île de Carloforte ; à Serena Brigas et à Sabrina Manca pour leur disponibilité. A Nino pour ses tuyaux sur la vie nocturne de Cagliari. A papà Emilio pour ses conseils de route. Merci, enfin, à Noémie Olive pour ses conseils qui m'ont aidée à rédiger ce guide.*

Sommaire

INVITATION AU VOYAGE

Les plus de la Sardaigne . . . 7
Fiche technique . . . 9
Idées de séjour . . . 15
La Sardaigne sur Internet . . . 26

DÉCOUVERTE

La Sardaigne en 40 mots-clés . . . 30
Survol de la Sardaigne . . . 36
Histoire . . . 42
Politique et économie . . . 52
Population . . . 54
Mode de vie . . . 56
Arts et culture . . . 58
Cuisine sarde . . . 80
Jeux, loisirs et sports . . . 87
Enfants du pays . . . 92
Communiquer en italien . . . 95

LE NORD

Olbia . . . 109
Costa Smeralda . . . 114
Porto Rotondo . . . 114
Porto Cervo . . . 116
Baia Sardinia . . . 117
Arzachena . . . 118
Cannigione . . . 120
San Pantaleo . . . 121
Golfo Aranci . . . 121
Palau et sa région . . . 122
Capo d'Orso . . . 125
Porto Raphael . . . 125
Isola dei Gabbiani . . . 126
Maddalena Archipelago . . . 127
La Maddalena . . . 129
Caprera . . . 135
Santo Stefano . . . 138
Spargi . . . 138
Budelli . . . 139
Il Porto della Madonna . . . 139
Santa Maria . . . 139
Razzoli . . . 139
La Gallura intérieure . . . 140
Tempio Pausania . . . 140
Calangianus . . . 142
Telti . . . 144
Aggius . . . 144
Costa Paradiso . . . 145
Santa Teresa di Gallura . . . 145
Aglientu . . . 151
Isola Rossa . . . 151
Valledoria . . . 152
Castelsardo . . . 153
Sassari et ses environs . . . 156
Sassari . . . 156
Porto Torres . . . 162
Stintino . . . 164
Alghero et ses environs . . . 166
Porto Conte et Fertilia . . . 175
Logudoro . . . 180
Ozieri . . . 180
Pattada . . . 180
Berchidda . . . 181

Costa Smeralda, Arzachena, Capriccioli

Sardaigne
Mal di Ventre
Stagno di Cabras
ORISTANO
Tharros
Golfe d'Oristano
Terralba
Siris
Senis
Laconi
Giara di Gesturi
Tiana
de Gennargentu
1834 m
Monte del Gennargentu
Baunei
Tortolì
Sadali
Cardedu
Serri
Largo Mulargia
Costa Verde
CAMPIDANO
Senorbi
Flumendosa
Guspini
Buggeru
IGLESIAS
IGLESIENTE
Monastir
Donori
1069 m
MER TYRRHÉNIENNE
Siliqua
Elmas
CAGLIARI
Castiadas
Costa Rei
Portoscuso
Réserve WWF
Carbonia
Nuxis
Carloforte
San Pietro
Sulcis
Lago M. Pranu
1116 m
1117 m
Calasetta
Tratalias
Sant'Antioco
Golfe de Cagliari
Villasimius
Serpentara
Cavoli
Pula
Nora
Teulada
Sant'Antioco
0
30 km
Costa del Sud

Castelsardo

Castelsardo, vieille ville

Région côte Ouest, Bosa, bord du Temo

Port de San't Antioco

Castelsardo, artisanat de vannerie

Les plus de la Sardaigne

L'insularité méditerranéenne

Comme sa sœur corse, la Sardaigne possède une culture « à l'italienne » et un long passé d'isolement qui ont tous deux forgé le caractère de ses habitants. Accueillants, bien sûr, mais aussi mystérieux et fiers d'êtres Sardes. Tout, ici, exprime cette singularité : l'art, l'artisanat, mais aussi les coutumes et les modes d'expression. Si beaucoup de Corses se disent d'abord Corses avant d'être Français, les Sardes ont également leurs raisons de croire en leur originalité culturelle par rapport à l'Italie : l'insularité insuffle la différence et marque profondément le caractère.

Une nature intacte

Le cadre de l'île est enchanteur : des côtes escarpées, des rochers de granit, une eau turquoise, mais aussi d'immenses dunes, des plages superbes et des formes sauvages sculptées par le vent. Vous l'aurez compris, la Sardaigne vous réserve des paysages variés et époustouflants, où la nature l'emporte à chaque instant sur l'homme. Il en résulte un environnement intact que les habitants ont toujours préservé contre vents et marées.

Une terre vouée aux loisirs

La Sardaigne semble avoir été conçue pour permettre à chacun de profiter au maximum des possibilités d'activités en plein air. En effet, ce parc d'attractions naturel combine agréablement tout ce dont on peut rêver, sur une île qui reste à taille humaine, mais qui offre beaucoup d'espace : le lieu est idéal pour la pratique de la planche à voile, de l'escalade, du trekking, mais aussi du VTT ou de l'équitation… Terre de loisirs de rêve, la Sardaigne est avant tout une île d'aventures pour petits et grands.

Des plages d'exception

Après avoir vu les plages sardes, vous aurez du mal à en fréquenter d'autres… Elles sont belles, belles, belles ! Que dire de plus ? Que les Sardes en sont, bien sûr, amoureux depuis toujours… Ils y vont pour bronzer, jouer au ballon et faire trempette jusqu'à des dizaines de mètres de la côte. Le long des plages, vous verrez de petits groupes discutant dans la mer, avec de l'eau à mi-mollet, car il faut préciser que les Sardes ne sont pas particulièrement mordus de natation et que beaucoup ne savent pas nager.

Une gastronomie unique

Si la Crète peut se targuer d'avoir son régime crétois, la Sardaigne peut revendiquer un patrimoine culinaire millénaire. En témoignent les nombreuses recettes transmises de génération en génération qui font les délices des gourmands locaux et des visiteurs : fromages, charcuterie, gâteaux ou pain carasau (appelé aussi « papier à musique ») sont quelques-uns des principaux éléments de la gastronomie sarde.

Région Nord, Castelsardo, la Roccia del Elefante

Merdules

Peu de territoires insulaires peuvent proposer une si belle diversité de produits typiquement locaux… Cependant, ce n'est pas dans les restaurants, où les cartes sont – à quelques détails près – quasiment identiques, que vous pourrez apprécier la variété de la cuisine sarde, mais bien dans les familles ou dans les agriturismo typiques. La cuisine sarde est simple et présente peu de plats sophistiqués, contrairement à la plupart des régions d'Italie.

Une île musée

L'isolement de la Sardaigne et l'absence de véritable place forte lui ont valu de nombreuses invasions successives qui ont laissé leurs traces. Ce territoire convoité a ainsi vu le passage des Carthaginois, des Romains, des Vandales, des Byzantins, mais aussi des Pisans, des Génois, des Espagnols, des Autrichiens, des Piémontais… Aujourd'hui ces différents épisodes de l'histoire sarde sont lisibles à travers des vestiges laissés tels quels (fortifications préhistoriques, sépultures antiques…) et dans de nombreux musées disséminés sur l'ensemble de l'île. C'est donc une terre au riche passé historique et culturel qui vous attend, tel un musée à ciel ouvert.

Une île en fête

Parce qu'elle a une longue tradition folklorique et festive, la Sardaigne attire de nombreux visiteurs désireux de partager avec les habitants leurs fêtes locales et leurs traditions chantées. Toute l'année, ce sont ainsi des centaines de rendez-vous qui sont proposés au public, comme le grand carnaval de février, les nombreuses processions ou encore les traditionnelles fêtes de village qui voient se réunir une part importante de la population, et qui sont l'occasion pour les visiteurs d'apprécier l'originalité des costumes multicolores ou les étonnants chants polyphoniques. Dans un tout autre genre, la Sardaigne se transforme l'été en fief de la jet-set internationale (notamment sur la Costa Smeralda). Les fêtes les plus somptueuses, voire les plus décadentes, ont lieu dans les boîtes de nuit et autres lieux privés.

Un rythme de vie méditerranéen

Certaines traditions de la Sardaigne vous initieront à la douceur de vivre et au farniente. Ce sera l'occasion de profiter du rythme de vie local pour changer quelque peu vos habitudes. Ainsi, la sieste y est plus qu'ailleurs sacrée. De 13h à 17h, la vie s'arrête : personne dans la rue, pas une boutique ouverte, de véritables villes mortes ! Ainsi, une remarque de Stendhal, dans *La Chartreuse de Parme*, est tout à fait appropriée ici, où le début d'après-midi marque bel et bien « le temps des chiens et des Français » ! Un autre rite marque la fin de l'après-midi : la passeggiata, ce moment privilégié durant lequel les Sardes se baladent, toutes générations confondues, s'arrêtant ici ou là pour discuter pendant des heures. Véritable ciment social et familial, cette promenade rituelle vous rappelle qu'en Sardaigne il ne faut jamais oublier de… prendre le temps de vivre !

Golfe d'Orosei

Fiche technique

Argent

- **Monnaie :** l'euro ! C'est la même monnaie qui circule en Italie et en France (mis à part les faces nationales sur les pièces). Toutefois, entre eux, les Sardes se réfèrent encore souvent à su francu (1 francu = 1 000 lires, l'ancienne monnaie italienne).
- **Prononciation :** « éouro ».
- **Cartes bancaires :** toutes acceptées.
- **Chèques :** non acceptés dans les commerces et mal acceptés par les banques.

Idées de budget

- **Petit budget** : 50 à 65 €/jour (nuits en camping, petits restos et déplacements en bus).
- **Budget moyen** : de 140 à 200 €/jour (selon que l'on voyage seul, en couple, en famille ou entre amis, le prix de la voiture est plus ou moins amorti). Petites pensions, bonnes tables et locations de voiture standard.
- **Gros budget** : à partir de 300 €/jour (nuits en hôtels de charme ou de luxe, bonnes tables avec repas copieux et location de 4X4).

Le tabarchino

Le tabarchino est une langue d'origine indo-européenne, une variété de génois introduite tout d'abord dans l'île de Tabarca, en Tunisie, et ensuite importée en Sardaigne et dans l'île de Nueva Tabarca (Alicante, en Espagne), où elle n'est plus parlée depuis le début du XXe siècle.
En Sardaigne, le tabarchino est encore en usage dans les communes de Carloforte et Calasetta, sur les îles de San Pietro et Sant'Antico, dans la partie sud occidentale de la Sardaigne (province de Cagliari). Les deux municipalités ont une population d'environ 10 000 habitants, dont plus de 80 % parlent le tabarchino. Cette langue a été officiellement reconnue comme langue minoritaire de la Sardaigne, à la suite d'une loi régionale de 1997. On peut entendre des émissions de radio en tabarchino, et une large sélection de chansons d'auteurs locaux, s'exprimant dans cette langue, est présentée tous les ans au Festival della Canzone Tabarchina (Festival de la chanson tabarchina).

La Sardaigne en bref

La région

- **Région :** la Sardaigne est une région italienne divisée en 8 provinces (Cagliari, Nuoro, Oristano, Sassari, Olbia-Tempio, Medio Campidano, Carbonia-Iglesias et Ogliastra).
- **Chef-lieu :** Cagliari (168 000 hab.).
- **Autres villes :** Sassari (120 000 hab.), Quartu Sant'Elena (70 000 hab.), Olbia (44 000 hab.), Alghero (40 000 hab.), Nuoro (38 000 hab.), Oristano (33 000 hab.), Carbonia (32 000 hab.) et Iglesias (30 000 hab.).
- **Superficie :** 24 090 km². La Sardaigne est la deuxième île de la Méditerranée, après la Sicile.

Barumini, complexe nuraghique de Su Nuraxi

Découvrir le monde avec LibertyTV
LibertyTV est une chaîne non cryptée, sur Hotbird 13° Est (12 577 Mhz, polarisation horizontale) et sur Astra 19.2° Est (12 552 Mhz, polarisation verticale)
Cuisine du monde
3W
la télé des vacances
Canalsat canal 59 TPS canal 83 Numéricâble canal 92
Noos/UPC canal 94 Ma Ligne TV canal 35
FreeBox TV canal 87 Neuf Telecom canal 65
Alice TV canal 71 Est Video Communication canal 77
France CitéVision canal 144 AOL TV
T-Online/Club internet Orange mobile 3G
Citéfibre canal 133 Erenis Paris canal 45
libertyTV
LibertyTV vous propose:
- des reportages sur le monde entier pour choisir vos prochaines vacances.
- des offres de vacances aux meilleurs prix toutes les 15 minutes.
- un journal sur le tourisme toutes les heures.
- des comparaisons sur toutes les destinations de vacances.
- les meilleures promotions de vacances en permanence.
0892 700 313 (0,34€/min)
www.libertytv.fr

Le drapeau italien

Composé de trois bandes verticales de taille égale, vert, blanc et rouge, le drapeau italien est celui de la République cisalpine (1798-1805) alors sous occupation française. Il s'inspire de la forme du drapeau français et de l'uniforme vert blanc rouge des Lombards, qui s'étaient ralliés à Napoléon. Selon d'autres sources, les couleurs auraient une origine d'inspiration religieuse : dans le 18e chant du *Purgatorio*, Dante décrit Béatrice en utilisant les trois couleurs, symboles des vertus théologales : le blanc pour la foi, le vert pour l'espoir et le rouge pour la charité. Au cours du XIXe siècle seront ajoutées les armoiries royales puis celles de la maison de Savoie. La chute de la monarchie et l'instauration de la république, en 1946, entraînera la suppression des armoiries et le rétablissement de la formule simplifiée initiale, officiellement adoptée le 1er janvier 1948.

- **Position géographique :** la Sardaigne se trouve entre le 38,8° parallèle et le 41,2° de latitude N.

- **Nom :** en langue sarde, l'île s'appelle Sardinia. Les Grecs l'appelaient Ichnusa, ou « empreinte », parce que, vue d'en haut, la Sardaigne ressemble vraiment à une empreinte de pas.

La population

- **Population :** 1,65 million d'habitants.

- **Densité de population :** 68 hab./km² (la moyenne nationale pour l'Italie est de 187 hab./km²).

- **Langues :** L'italien est la langue officielle, mais presque tous les Sardes parlent aussi la langue sarde, qui varie beaucoup selon la zone géographique. La langue sarde est issue directement de la langue romaine antique et non de l'italien, qui a ses racines dans le phénicien, langue dérivant de l'étrusque. Dans les régions du nord de Gallura et Sassari, la langue parlée est une variété de corse. Dans l'île de San Pietro et dans l'île de Sant'Antioco, on parle un type particulier de dialecte d'origine ligure, le tabarchino, qui est reconnu comme langue minoritaire de la région Sardaigne. Enfin, dans la ville d'Alghero, on parle un dialecte catalan qui remonte au Moyen Age.

L'économie

- **PIB :** 30 milliards d'euros (1 500 milliards en Italie).

- **Importations :** 1 232 millions d'euros.

- **Exportations :** 710 millions d'euros.

Téléphone

Le nombre de chiffres qui composent le numéro de votre correspondant en Italie varie entre 6 et 8. Le système téléphonique italien n'est pas encore homogène et l'anarchie est de règle dans les numéros.

- **Indicatif international pour l'Italie (Vatican inclus) :** 00 39.

Le drapeau sarde : le mystère des Maures

Une croix rouge qui partage en quatre parties le fond blanc, chaque partie représentant la tête d'un homme noir avec un ruban blanc : voilà le drapeau sarde. En Sardaigne, ce symbole est associé à la fierté du peuple sarde et l'on peut le voir un peu partout. La région Sardaigne a choisi cet emblème en 1952 pour son étendard officiel. A l'époque, les quatre Maures étaient représentés avec un ruban sur les yeux, mais, à partir de 1999, la loi a décidé que le ruban devait être dessiné sur le front. Il semblerait que l'emblème constitué par les quatre Maures soit originaire d'Espagne. En effet, quand les Espagnols allaient combattre les musulmans, les chevaliers chrétiens de la reconquista emportaient, en guise de trophée, les têtes de leurs ennemis trépassés et ornaient symboliquement leur drapeau d'effigies des Maures. Cet emblème a été introduit en Sardaigne au XIVe siècle par les Aragonais, et on peut penser que les quatre têtes d'hommes noirs représentaient les quatre Etats indépendants soumis par le roi d'Aragon.

Logo de la Poste locale

- **Code régional de Cagliari :** 070.
- **Les autres codes régionaux de Sardaigne ont 4 chiffres et commencent par 078 ou 079 :** (ex. : 0783, 0799, etc.). Leur répartition est assez complexe, aussi accompagnent-ils systématiquement les numéros de téléphone référencés dans le guide.

La plupart des numéros ont 5 ou 6 chiffres (en sus du code régional). La plupart des numéros de fixe auront donc 8 ou 9 chiffres à Cagliari et 9 ou 10 chiffres dans le reste de la Sardaigne.

Comment téléphoner ?

- **Appel de France vers l'Italie.** 00 39 + indicatif complet de la ville italienne (ex. : Cagliari 070) + n° interlocuteur (5 à 6 chiffres).
- **Appel de l'Italie vers la France.** 00 33 + indicatif région sans le 0 (ex. : 1 pour Paris, 2 pour Le Mans) + n° interlocuteur (8 chiffres).
- **Appel de Sardaigne en Sardaigne.** Vers un poste fixe : indicatif de la ville + n° interlocuteur (exemple d'appel à Stintino : 0795 + n° interlocuteur).

Décalage horaire

L'Italie appartient au même fuseau horaire que la France, la Belgique et la Suisse.

En mars, on passe à l'heure d'été (on avance d'une heure) et en septembre à l'heure d'hiver (on retarde d'une heure). Le décalage horaire avec Montréal est de 6 heures.

Climat

Climat méditerranéen doux et ensoleillé les trois quarts de l'année ! L'été est chaud et l'hiver est doux. Pluies fréquentes en hiver et surtout en automne.

Les différents indicatifs téléphoniques

- **Cagliari :** 070
- **Iglesias :** 0781
- **Lanusei :** 0782
- **Oristano :** 0783
- **Nuoro :** 0784
- **Macomer :** 0785
- **Olbia :** 0789
- **Sassari :** 079

Saisonnalité

- **Haute saison :** juillet et août.
- **Saison idéale :** mai, juin et septembre.

Cagliari

Janvier	Février	Mars	Avril	Mai	Juin	Juillet	Août	Sept.	Octobre	Nov.	Déc.
7°/ 14°	7°/ 15°	9°/ 17°	11°/ 19°	14°/ 23°	18°/ 27°	21°/ 30°	21°/ 30°	19°/ 27°	15°/ 23°	11°/ 19°	9°/ 16°

Région Nord-Est, plage de la Cinta

Région Nord, Sassari, piazza d'Italia

Région Côte Est, golfe de Orosei, cala Goloritze

Région Sud, Fluminimaggiore, temple d'Antas

Région Nord-Est, plage de la Cinta

Idées de séjour

Séjour court

Le Sud de la Sardaigne en 7 jours

Arrivée par avion de France, à Cagliari. Location d'un véhicule à l'aéroport.

Jours 1 à 3. Cagliari et la côte sud-orientale. Par la SP 17 – étape d'environ 50 km ; prévoir environ 1 heure 30 min de trajet en raison de la route tortueuse. A voir, le quartier historique de Castello au centre de Cagliari, chef-lieu de l'île, avec sa cathédrale, son bastion et ses tours. Visite du musée archéologique et de la pinacothèque. Parc de San Michele avec son château. Plage du Poetto. Rue panoramique sur la côte de Quartu Sant'Elena à de Villasimius. Arrêt à Villasimius : centre-ville, port et plage. Soirée dans les nombreux restaurants et clubs-jardins de la ville.

Jour 4. Pula et ses environs. Par la SP 17 et la SS 195 – étape d'environ 100 km. Prévoir 2 heures de route environ. Retour à Cagliari et arrêt au village des pêcheurs récemment reconstruit sur la plage de Giorgino, sur la route Cagliari – Pula à quelques km de Cagliari. Déjeuner à base de poisson dans un des nombreux restaurants rustiques gérés par les pêcheurs au village. Pula (40 km de Cagliari) : soirée au centre-ville et dégustation de la pizza géante de Pula dans un des restaurants de la ville. Musée archéologique de Pula, qui contient d'importantes pièces archéologiques de la civilisation punique et romaine en Sardaigne. Nora (à quelques km de Pula) : visite des ruines de la ville romaine et de la plage. Visite de la localité de Chia (15 km de Pula) et de ses suggestives plages de Su Giudeu et Baia Chia. Promenade jusqu'à la « Tour espagnole » de Chia et aux ruines puniques à côté.

Jours 5 à 7. Iles de Sant'Antioco et San Pietro. Par la SS 195 et la SS 126. étape d'environ 50 km. Prévoir environ 1 heure de route. Ile de Sant'Antioco (50 km de Pula) : ville de Sant'Antioco et port de Calasetta. Arrivée en bateau à la ville génoise de Carloforte sur l'île de San Pietro. Visite des côtes et de la ville.

Séjour long

La Sardaigne en 3 semaines

Départ de France en bateau (Marseille, Toulon selon les compagnies). Véhicule indispensable. Arrivée à Porto Torres.

Jour 1 : Porto Torres – Macomer (par la N 131, étape d'environ 100 km). Visite de Sassari : la cathédrale gothique dédiée à saint Nicolas (au cœur de la ville), l'église de Santa-Maria-di-Betlem (sortie ouest de la ville), les petites ruelles du centre historique. Un détour s'impose par l'église de la Santissima Trinita di Saccargia, une des plus connues de Sardaigne (située sur la route N 597, qui mène de Sassari à Oschiri, à Codrongianus).

Les 10 sites à voir à tout prix

- **Cala Gonone et le golfe d'Orosei.**
- **Alghero et ses fortifications.**
- **Les murs peints d'Orgosolo.**
- **Les plages de la Costa Verde.**
- **Santa Teresa di Gallura et Capo Testa.**
- **Le temple d'Antas.**
- **Les ruines de Tharros et la péninsule de Sinis.**
- **Les montagnes de la Barbagia et la grotte de Tiscali.**
- **La grotte de Neptune à Capo Caccia.**
- **La route de Chia à Porto Teulada.**

Retour sur la N 131 ; à l'entrée du village de Borutta, la basilique de San Pietro di Sorres, un des plus beaux exemples d'art roman de Sardaigne. A proximité de Borutta, le Nuraghe di Santu Antine est à ne pas manquer, l'un des plus importants monuments de ce type dans l'île. Egalement, en direction de Bornova, la nécropole de Sant'Andrea Priu, à quelques km du village de Mara, en pleine montagne ; le sanctuaire champêtre de Nostra Signora di Bonu Ighinu ou l'église San Giorgio dans le village de Pozzomaggiore. Nuit à Macomer.

Jour 2 : Macomer – Bosa (par la 129bis, étape d'environ 40 km). Visite de Bosa : balade dans le centre médiéval et son enchevêtrement de petites ruelles, ou le long du fleuve Temo, bordé de nombreuses habitations originales serrées les unes contre les autres. Visite de la cathédrale dell'Immacolata, de l'église del Rosario ou du couvent des Capucins. Un détour par Bosa Marina, localité touristique : ses hôtels, campings et plages. Nuit à Bosa.

Jour 3 : Bosa – Macomer – Oristano (retour à Macomer par la 129bis, puis la N 131 vers Oristano, étape d'environ 100 km). A 2 ou 3 km du village d'Abbasanta (à proximité de Ghilarza), une visite du nuraghe Losa s'impose. A Ghilarza, prendre la 388 vers le village de Fordongianus. La visite des thermes Forum Traiani et de ses sources d'eau chaude est incontournable. Au village de Santa Giusta, dans la rue principale, la cathédrale de Santa Giusta vaut également le coup d'œil. En fin d'après-midi, visite d'Oristano, où l'on passera la nuit.

Jour 4 : Oristano – Tharros (étape d'environ 25 km). A l'extrémité sud de la péninsule du Sinis, à quelques km du village de Cabras (et ses étangs), rendez-vous dans la ville de Tharros édifiée au VIIIe siècle par les Phéniciens sur les restes d'un ensemble nuragique. A proximité du site, vous pourrez également profiter de superbes plages de sable blanc. Retour à Oristano pour la nuit.

Jour 5 : Oristano – Cagliari (par la N 131, étape d'environ 100 km). A la sortie du village de Sanluri, un détour de 5 à 7 km sur la 197 en direction de Villamar. Dans le centre du village, l'église de San Pietro, du XIIIe siècle, justifie bien une visite. Sur la même route, prenez la direction de Barumini et arrêtez-vous au nuraghe Su Nuraxi. Retour sur la N 131 jusqu'à la capitale Cagliari. Selon l'heure, après avoir réservé votre hôtel, promenade dans Cagliari, en commençant votre visite par le Castello (centre historique). Nuit à Cagliari.

Jour 6 : Cagliari – Pula – Cagliari. Visite de Cagliari (points d'intérêt détaillés dans le guide). Si vous le souhaitez, dans l'après-midi, une visite à Nora (environ 30 km de Cagliari par la 195). Cette ville punique et romaine comprend une nécropole en partie préservée, un splendide théâtre, des installations thermales et de délicates mosaïques. Nuit à Cagliari.

Jour 7 : Cagliari – Tortoli (par la SS 125, étape d'environ 150 km). Attention, cette route est très agréable, mais sinueuse sur certains secteurs ; prévoir au moins 4h de trajet. Nuit à Tortoli ou Arbatax (à 2 ou 3 km de Tortoli).

Jour 8 : Tortoli – Arbatax – Santa Maria Navarrese (environ 10 km de Tortoli à Santa Maria Navarrese). Visite rapide d'Arbatax, importante station balnéaire : ses plages, son port de plaisance et ses célèbres « roches rouges » formant une crête imposante en porphyre rouge reposant sur des bases en granit qui se découpent sur une mer turquoise. On prend ensuite la direction de la jolie petite commune de Santa Maria Navarrese. C'est le point de départ de nombreuses excursions en bateau vers les criques de la côte est et le golfe d'Orosei. Plusieurs hôtels et une très jolie petite plage. Nuit à Santa Maria Navarrese.

Jour 9 : Santa Maria Navarrese – Baunei (environ 10 km). Une visite au village de Baunei (son artisanat) et, un peu plus haut, le plateau de Golgo et la charmante église San Pietro. La route est superbe. Dans la région, ne manquez pas non plus d'aller voir l'étonnante aiguille de Pedra Longa, par la merveilleuse petite route qui y conduit. Visite, en soirée, de Santa Maria Navarrese, et nuit sur place.

Jour 10 : Santa Maria Navarrese – Dorgali (par la SS 125, environ 75 km). Une visite à Dorgali, village connu de longue date pour son artisanat : tapis colorés, céramiques, cuirs et bijoux en or ou en argent. Vous y trouverez également les fameux couteaux sardes. Nuit à Dorgali.

Jour 11 : Dorgali – Cala Gonone. A une dizaine de km de Dorgali, Cala Gonone est une fort jolie bourgade avec de nombreux hôtels. C'est le point de départ de très belles excursions à pied ou en bateau. Journée plus reposante que la précédente, promenades en bateau et découverte des criques, grottes et superbes plages de sable fin, baignade et farniente.

Jour 12 : Dorgali – Orgosolo. Visite de la pittoresque et typique petite ville d'Orgosolo. Promenade dans les ruelles de la ville et découverte de ses peintures murales. Des dizaines d'œuvres racontent l'histoire de l'île, la contestation politique et la vie quotidienne des Sardes. Nuit à Orgosolo.

Les 15 plages à voir à tout prix

COCCOROCCI (Marina di Gairo). Une plage unique à Marina de Gairo, au sud de la sauvage Ogliastra, entourée de montagnes d'origine volcanique qui regardent la mer, dans le maquis méditerranéen. Une plage absolument incontournable, avec ses rochers bien ronds et lissés par la mer verte. Des milliers de cailloux noirs, verts, gris et rouges donnent au littoral des nuances de couleurs extraordinaires.

CALA SABINA. Avec Cala Sant'Andrea et Cala Arena, elle est la perle de l'île de l'Asinara. Sable blanc et mer unique dont les fonds sont un paradis pour les plongeurs. Pour rejoindre cette plage, il faut marcher beaucoup, mais ça en vaut la peine !

BAJA SARDINIA (Arzachena). Sport, shopping, mondanités, amusements, Baja Sardinia, à seulement quelques km de Porto Cervo, est la plage rêvée des familles avec enfants : elle est bien équipée et son sable, très blanc et fin, est idéal pour les plus petits. Très belle vue vers Caprera et La Maddalena.

SPIAGGIA ROSA (Budelli). C'est une plage mythique. La plus photographiée et la plus courue pour son sable rose. La couleur est due à un micro-organisme qui vit dans la posidonie, une plante des fonds marins côtiers. En 1999, la Spiaggia Rosa est devenue une aire protégée par le conseil du parc de La Maddalena. Depuis, il est interdit de se baigner et d'accoster en bateau le long de ses eaux, afin de sauvegarder ce délicat écosystème. Le metteur en scène Michelangelo Antonioni tomba amoureux de cette plage et, en 1964, il y tourna le film *Deserto Rosso*, avec Monica Vitti. Aujourd'hui, la petite île est inhabitée.

CALA CARTOE (Dorgali). Elle a servi de décor à quelques scènes du remake du film italien Travolti da un insolito destino nell'azzuro mare d'Agosto, rebaptisé A la dérive avec Madonna et Adriano Giannini, qui, rescapés d'un naufrage, échouent sur cette plage du golfe d'Orosei. Cala Cartoe est une longue étendue de sable doré encadrée par deux collines du Supramonte. Les couleurs sont étonnantes : du calcaire très blanc au sud, du basalte au nord. On y accède en voiture. Il n'y a pas de maisons ni d'hôtels dans les environs.

LA PELOSA (Stintino). La plage de La Pelosa, sur les pentes de Capo Falcone, se trouve à l'extrémité nord occidentale de la Sardaigne. En août, cette plage est surpeuplée, il vaut donc mieux ne pas y aller en cette saison, au moins jusqu'au 15 septembre, mais pendant les autres dix mois de l'année, son charme est inégalable. La tour aragonaise de la Pelosa (du VIIe siècle), qui délimite la plage et lui donne son nom, est d'une beauté exceptionnelle. A l'horizon, l'île de l'Asinara émerge des eaux de couleur bleu cobalt comme celles des Maldives, et, un peu plus loin encore, on aperçoit l'île de Piana.

Région Côte Ouest, Stintino, la Pelosa

LA SPERANZA (Villanova Monteleone). Les habitants d'Alghero appellent cette plage « della Speranza » (de l'espoir), en raison de la petite église construite par des marins dans les environs. Mais son vrai nom est Porto Poglina. C'est une destination à ne pas manquer, sur la route panoramique Alghero – Bosa. La plage est constituée de gros sable mélangé à des cailloux. Tout autour, la côte est rocheuse et escarpée.

BERCHIDA (Siniscola). Pour la deuxième année consécutive, Legambiente (l'association italienne pour la protection de l'environnement) a inscrit cette plage sur la liste des plus belles plages d'Italie. Berchida est un bijou naturel de la côte orientale : 3 km de dunes, sable blanc, mer transparente, rochers rosés, maquis méditerranéen. Elle est restée sauvage et, pour s'y rendre, il faut parcourir une route non carrossable qui part du km 242 de la route Orientale Sarda, entre Siniscola et Orosei.

IS ARUTAS (Cabras). Un bijou du Sinis, la terre des flamants, des étangs, des villes phéniciennes romaines (Tharros). La plage d'Is Arutas est vraiment un site particulier : ses minuscules grains de quartz blanc, rouge et vert la rendent unique, mais malheureusement aussi en font la proie de vandales à la recherche de souvenirs. Inscrit dans une réserve marine, ce bout de côte est bien apprécié par les surfeurs, surtout quand souffle le mistral.

CHIA (Domus de Maria). Le paradis aux portes de Cagliari ! De longues étendues de sable fin et doré, la mer de couleur bleu et vert, et les dunes sur la plage, telles sont les caractéristiques de Chia. Pour mieux les protéger, la municipalité a interdit le passage sur les montagnes de sable. Chia est très appréciée par les passionnés de planche à voile et kitesurf.

CALA BRANDINCHI (San Teodoro). Une des perles de la côte de San Teodoro. Une plage encore sauvage où le sable est fin et blanc, et où les tonalités de la mer vont du bleu au turquoise. Et aussi la pinède et les lis sauvages, à quelques mètres de l'eau. Merveilleuse vue sur l'île de Tavolara. La plage est bien équipée.

CALA MARIOLU (Baunei). Le mariolo, ou le phoque moine, était un habitué de ces eaux, il y a encore 40-50 ans. Pour les habitants de Baunei, Cala Mariolu est « Ispulìgi de nie », poudre de neige, comme les cailloux blancs qui caractérisent les deux merveilleuses plages sur la mer bleue. Le Supramonte, avec ses bois de chênes, est accessible seulement à pied, à partir du plateau de Golgo, ou en bateau à partir de Santa Maria Navarrese, Arbatax et Cala Gonone.

PISCINAS (Montevecchio). La plage de Piscinas pourrait être un coin d'Afrique venté par le mistral sur la Costa Verde de la Sardaigne. Les dunes de sable sur la plage atteignent plus de 50 m de hauteur et sont entourées d'une végétation verdoyante. Jusqu'aux années 1950, la plage était le lieu de chargement de l'exploitation minière de Montevecchio (Cagliari). Près de l'hôtel de charme Le Dune, construit dans l'ex-dépôt minier aujourd'hui monument national, on peut voir encore des rails avec des chariots rouillés. La plage est à environ 25 km d'Arbus. Très étendue, elle n'est jamais trop peuplée, même en août.

SCIVU (Arbus). La plage de Scivu ressemble à une langue dorée entourée par des hautes roches en sable. Couvertes par un tapis de verdure méditerranéenne, les récifs et les roches donnent à la plage de Scivu un aspect très particulier. Une falaise divise en deux parties cette plage, qui s'étend jusqu'au Capo Pecora au sud.

Région Nord-Est, plage de la Cinta

Jour 13 : Orgosolo – Nuoro. Route vers Nuoro et petite visite de la ville : le musée Grazia Deledda, le musée de la Vie et des Traditions populaires, et la cathédrale dédiée à Santa Maria della Neve. Nuit à Nuoro.

Jour 14 : Nuoro – Siniscola (environ 80 km par la N 131, très bonne route). Sur le parcours, à quelques km de l'axe principal (N 131), le village d'Onani avec ses murs peints vaut le détour. Quelques km plus loin, Bitti abrite le village nuragique de Su Romanzesu et le puits sacré de Poddi Arvu. Nuit à Siniscola ou dans les villages environnants (bord de mer).

Jour 15 : Siniscola – San Teodoro. San Teodoro, petite bourgade de 3 000 hab., connaît un fort développement touristique. Les très belles plages de sable et les petites baies feront le bonheur des amateurs de plongée, de planche à voile ou de pêche en haute mer.

Jour 16 : San Teodoro – Olbia – Arzachena (environ 60 km par la SS 125). A Arzachena, sur la route menant à Luogosanto, le tombeau des géants de Coddu Vecchiu et la nécropole de Li Muri. Nuit à Arzachena.

Jour 17 : Arzachena – Palau – île de La Maddalena. Palau, point de départ des bateaux pour l'archipel de La Maddalena (20 min), groupe de sept îles et plusieurs îlots. Un site exceptionnel devenu, en 1994, le parc national de l'archipel de La Maddalena, s'étendant sur plus de 4 900 ha. Retour à Palau et nuit sur place ou à Arzachena (plus abordable).

Jour 18 : Palau ou Arzachena – Tempio Pausania (80 km par la 133 vers Luogosanto, puis Tempio Pausania). D'Arzachena, prendre la route de Sant'Antonio di Gallura, puis de Calangianus, village entouré de forêts de chênes-lièges. L'industrie du liège y est très développée, avec, dans les environs, de nombreux ateliers ou petites usines. Zone de production de miel amer. Nuit à Tempio Pausania.

Jour 19 : Tempio Pausania. Visite de la ville, dont la cathédrale di San Pietro du XIIIe siècle, et de la petite gare de Tempio (stazione). Point de départ de la ligne du Trenino Verde allant de Tempio à Palau, la gare est ornée de peintures du célèbre artiste Giuseppe Biasi (1930). A ne pas manquer, le trajet du Trenino Verde de Tempio à Palau (1h30), pour découvrir les superbes paysages montagneux de la Gallura et pour l'arrivée sur le port de Palau. Retour à Tempio par le même train et nuit sur place.

Jour 20 : Tempio Pausania – Perfugas – Castelsardo (environ 25 km par la 127 jusqu'à Perfugas). Visite de l'église de San

Région Nord, Aggius, vallée de la Luna

Pietro di Simbranos, du XIe siècle (à la hauteur du village de Bulzi). Au centre du village, le temple à puits de Predio Canopoli. Entre Perfugas et le village de Laerru, prendre la 134 à droite vers Castelsardo. Sur cette route, entre Sedini et Castelsardo, à proximité d'un carrefour, se dresse un imposant bloc de trachyte érodé en forme d'éléphant, aux parois sculptées de bustes de taureau. A Castelsardo, fondée au XIIe siècle, on pourra visiter le musée du Tressage et la cathédrale dédiée à Sant'Antonio Abate.

Jour 21 : Castelsardo – Porto Torrès (environ 35 km par la route de Porto Torrès, pour l'embarquement et le retour en France). Embarquement des véhicules et passagers en général vers 18h, arrivée le matin en France entre 6h30 et 7h30. A Porto Torrès, visiter la basilique di San Gavino, l'un des plus beaux vestiges romans de l'île.

Région côte Ouest, site antique, Tharros, colonnes Corinthiennes

Le Trenino Verde

Le Trenino Verde est un petit train touristique qui parcourt 157 km tous les jours, de Mandas (à 8h40 et à 14h30) et d'Arbatax (à 8h et à 14h30), du 22 juin au 11 septembre, sauf le dimanche. Avant de monter en carrosse, on sera bien inspiré de faire un détour par Mandas et son territoire, qui va du Campidano à la Barbagia. Ici on respire le parfum de la Méditerranée, fait de myrte et de liège. Le bourg de Mandas conserve des bâtiments de style gothique aragonais et offre de bonnes structures pour dormir et se restaurer (**plus d'informations : www.ducatodimandas.it**).

Le premier arrêt du Trenino est Orroli, où l'on visite le nuraghe Arribiu (« rouge »), ainsi nommé pour la couleur de la pierre, et un village nuragique (✆ 078 28 47 269 – www.comuneorroli.it/sito/arrubiu.htm – *ouvert de 9h à 13h et de 15h à 20h30 ; entrée 4 €*). Passé le bourg de Nurri, le train pénètre dans la vallée de Garullo et s'arrête à Villanovatulo. Le paysage change soudainement : le train traverse le long pont construit sur le lac Flumendosa – un bassin artificiel d'eau de couleur émeraude – puis monte dans la Barbagia di Seulo. Après une série de tunnels, on atteint le bourg montagnard de Betilli, entouré d'une végétation verdoyante. Quelques km plus loin, on rejoint le plateau de Sadali, à près de 800 m d'altitude. Sadali mérite une halte pour admirer la cascade qui se déverse dans le gouffre de Sa Bucca Manna. Dans le centre historique de Sadali, on verra également un beau moulin du XVIIIe siècle et un musée ethnographique (pour renseignements : Pro Loco de Sadali, ✆ 078 25 90 94). Dans les environs, on pourra visiter le magique monde souterrain des grottes Is Janas, ainsi appelées parce que, selon la tradition des anciens Sardes, les fées s'y donnaient rendez-vous la nuit. Et il est vrai que l'aspect du lieu est proprement féerique : une entrée rectangulaire, plongée dans une forêt, conduit vers un couloir long de 300 m, riche en stalactites et stalagmites très fines, qui semblent autant de créatures magiques. La Coop. Philia, qui gère les grottes, organise aussi des trekkings dans les environs. Pour infos sur les **grottes Is Janas** ✆ 078 25 99 004 ou 335 69 98 737 – www.grottesadali.it – *Ouvertes de 10h30 à 13h30 et de 15h à 19h ; entrée 2,60 €.*

Rochers rouges d'Arbatax

Le train grimpe ensuite les collines vers Seui. Il s'arrête dans ce bourg, qui a un joli centre historique et un musée historique ethnographique (✆ 078 25 45 40 – www.comuneseui.com) installé dans des salles de la mairie, dans un petit palais de style Liberty et dans le Carcere Spagnolo (prison espagnole) du XVIIIe siècle. A partir de Seui, on pourra visiter quelques sites néolithiques : le village de Fundu de Corongiu, l'oasis naturaliste de la Foresta di Montarbu et le mont Tonneri, qui fait partie du parc du Gennargentu. Ici, le paysage, caractérisé par des « talons » de rocher calcaire et par une riche flore et faune, invite aux promenades. Pour des excursions guidées, à pied ou en 4X4, s'adresser à Andalas (✆ 078 25 81 30 et 340 26 54 178).

On continue le voyage entre tunnels et ponts suspendus, pour arriver aux paysages lunaires de la région d'Ussassai et à l'Ogliastra, en suivant le cours du fleuve Flumendosa. Tout à coup, on aperçoit, au loin, la mer. On descend rapidement et l'on s'arrête à Lanusei, où il est conseillé de passer la nuit et réserver une visite à l'Observatoire astronomique de Monte Armidda (✆ 078 24 20 41).

Au matin, en train, on arrive au terminus. La gare d'Arbatax est juste sur la jetée, devant les célèbres Rocce Rosse (rochers rouges) et une mer merveilleuse. Ici, il ne faut surtout pas oublier de visiter le musée en plein air d'art contemporain Su Logu de s'Iscultura de Tortolì : des artistes de renommée internationale exposent leurs sculptures dans le cadre de ce paysage fascinant (musée en plein air Su Logu de s'Iscultura. ✆ 078 26 24 634 – www.arte2000.net/Tortoli).

Séjours thématiques

La route des églises : de Sassari à Semestene

Circuit caractérisé par une grande concentration de très belles églises datant des premières installations des moines camaldules, cisterciens ou bénédictins.

■ **EGLISE DE SANTA MARIA DI BETLEM. Sassari.** L'église de Santa Maria di Betlem (XIIIe siècle) est située pratiquement à la sortie ouest de la ville de Sassari. Elle présente, sur la partie inférieure de sa façade, des caractéristiques romanes alors que le style gothique se révèle dans les petits arcs de la corniche des côtés, dans la voûte en arc de cloître (du XVe siècle) et dans la grande rosace située sur la façade. A l'intérieur, il faut admirer le remarquable Compianto di Cristo Morto (XVe et XVIe siècles) d'origine espagnole. Il est composé de sept sculptures polychromes en pierre et bois. Vous y découvrirez également de nombreuses œuvres d'art, de précieuses peintures et quelques riches autels en bois.

■ **CATHEDRALE DE SAN NICOLA. Sassari.** Le dôme gothique dédié à saint Nicolas se dresse au cœur de la ville de Sassari, dans son quartier le plus ancien. Construit au XVe siècle sur un édifice d'époque romane dont il reste une partie du clocher carré (XIIIe siècle), c'est un monument à une nef avec des chapelles latérales, un transept et une abside carrée. La façade baroque date du XVIIIe siècle.

■ **EGLISE DE LA SANTISSIMA TRINITA DI SACCARGIA. Codrongianus.** La basilique de la Sainte-Trinité de Saccargia est classée parmi les plus célèbres églises romano-pisanes de Sardaigne. Edifiée au cours du XIIe siècle par l'ordre des camaldules, elle a été consacrée en 1116, suite à la donation de Constantin Ier, juge de Torres. La basilique fit partie d'un grand complexe monastique dont sont visibles les ruines sur son côté droit. La façade est constituée de calcaire clair alternant avec du basalte sombre. Elle est divisée en deux rangées d'arcades ornées de décorations circulaires marquetées et de céramiques colorées.

■ **BASILIQUE SAN PIETRO DI SORRES. Borutta.** Visible à l'entrée du village de Borutta, c'est l'un des plus beaux exemples d'art roman (achevé au XIIe siècle).

■ **EGLISE DE SANTA VITTORIA. Thiesi.** D'époque aragonaise (XVe siècle). Elle se trouve dans la rue principale du village.

Eglise de la Santissima Trinità di Saccargia, la plus célèbre de Sardaigne

■ **EGLISE DE NOSTRA SIGNORA DI CABU ABBAS. Toralba.** D'époque romane (XIIe et XIIIe siècles), elle est construite en claveaux de calcaire blanc. Non loin du village de Toralba.

■ **NURAGHE DI SANTU ANTINE. Toralba.** Situé à proximité du village de Toralba, c'est l'un des plus importants nuraghes de l'île. Le début de sa construction remonte à l'âge du bronze moyen (environ XIIe siècle avant J.-C.). Il fut en service jusqu'à l'époque romaine. Réalisé en bloc de trachyte, il est constitué d'une tour principale de trois étages (17,5 m de hauteur) entourée d'un puissant bastion avec chemin de ronde et couloirs qui font face, en partie, à la cour intérieure où se trouve le puits. Tout autour s'étend le village de huttes habitées encore aux époques suivantes.

■ **EGLISE DE NOSTRA SIGNORA DI BONU IGHINU. Mara.** Situé à environ 3 km du village de Mara (petit chemin sinueux), ce sanctuaire champêtre présente une façade du XVIIIe siècle. Il est entouré de « cumbessias » que les fidèles utilisent lors des fêtes. Attention, le lieu est fermé de 13h à 16h.

■ **EGLISE SAN GIORGIO. Pozzomaggiore.** Située dans le village de Pozzomaggiore, l'église paroissiale, de style gothique aragonais, est réalisée en claveaux de pierres calcaires. Elle a une nef à cinq travées séparées entre elles par des arcs brisés et recouverte d'une voûte en étoile.

■ **EGLISE SAN NICOLAS DE TRULLAS. Semestene.** Située à environ 3 km du village de Semestene, cette église d'époque romane est du XIIe siècle. Mis à part ses deux frontons, elle a conservé sa structure d'origine. Construite en calcaire, grès et trachyte, elle faisait partie d'un monastère donné aux moines camaldules en 1114. La façade est divisée en deux, et les côtés et l'abside sont décorés de petits arcs.

De Dorgali à Nuoro : un immense musée à l'air libre

Dorgali est célèbre pour son artisanat centenaire. Céramique décorée, tapis sardes classiques, châles brodés, cuirs et peaux superbement travaillés, filigranes d'or et d'argent, etc.

MUSEE ARCHEOLOGIQUE. Dorgali. Situé dans la rue Lamarmora, il expose de nombreux vestiges provenant de collections privées ainsi que de fouilles effectuées sur le territoire de la commune (Néolithique, périodes haut Moyen Age et byzantine).

VILLAGE SERRA ORRIOS. Dorgali. Sur la route de Dorgali à Lula, un village nuragique constitué d'une centaine de huttes particulièrement habitées à l'âge du bronze. L'intérêt du village repose sur ses deux petits temples dotés d'un atrium et de cellules à l'intérieur d'une cour (XIIIe et IXe siècles avant J.-C.).

TOMBEAU DES GEANTS S'ENA ET THOMES. Dorgali. Sur la route conduisant de Dorgali à Lula, après la bifurcation pour Orosei. Tombes de type dolménique formées de grosses dalles fichées verticalement dans le sol. La chambre a conservé sa couverture d'origine.

PUITS SACRE SU TEMPIESU. Orune. A 6 km du village, sur la route d'Orune à Bitti. C'est un monument (pierres de taille en trachyte) composé d'un vestibule rectangulaire couvert par deux arcs monolithiques.

MUSEE DE LA VIE ET DES TRADITIONS POPULAIRES SARDES. Nuoro. Il est situé sur la colline panoramique de Sant'Onofrio. L'ensemble des bâtiments constituant le musée (18 salles) restitue l'atmosphère des villages de montagne. On peut y admirer une importante collection d'objets de la culture traditionnelle sarde.

MUSEE DELEDDIANO. Nuoro. Dédié à l'écrivain Grazia Deledda, prix Nobel de littérature en 1926, ce musée rassemble certains des objets personnels de l'écrivain, ainsi que nombre de photographies et autographes, les premières éditions de ses livres, des manuscrits et des meubles provenant de la villa romaine où il finit ses jours.

CATHEDRALE SANTA MARIA DELLA NEVE. Nuoro. Située sur la place du même nom. On remarquera sa façade classique, ses deux colonnes ioniques et ses clochers latéraux. Construite au cours de la première moitié du XIXe siècle, elle est en granit crépi. A l'intérieur, d'intéressants tableaux, notamment L'Ange qui pleure sur le Christ mort, d'un maître anonyme du XIXe siècle.

MUSEE SPELEO-ARCHEOLOGIQUE MUNICIPAL. Nuoro. Collections relatives au groupe des grottes de la région de Nuoro ainsi que des pièces mises au jour lors des fouilles effectuées par la direction archéologique. Les stèles-statues sculptées de Laconi, la tombe du haut Moyen Age et les nombreux vestiges des époques nuragique et romaine sont remarquables.

De Ghilarza aux ruines de Tharros

EGLISE DE SAN PIETRO. Ghilarza. Dans le village de Zuri, à quelques km de Ghilarza. Cette église en trachyte rose est un rare exemple d'édifice sarde de pur style roman lombard (XIIIe siècle). Elle a été démontée pièce par pièce en 1921 et reconstruite en 1922, en matériaux d'origine, tout comme l'ensemble du village. Sa façade présente un beau linteau sculpté et un clocher à arcades du XVe siècle. Dans les environ d'Oristano, au nord-est de la ville, on rejoint le Barigadu, un territoire de collines de trachyte et de tuf qui s'étend sur la rive gauche du fleuve Tirso. Ici on peut visiter le mont Grighine et le lac Omodeo, l'un des plus vastes bassins artificiels, créé par l'immense barrage de Santa Chiara. Les deux principaux centres de cette historique région de l'Arborea sont Fordongianus et Busachi. Au-delà du Tirso, arrêtez-vous au nuraghe Losa.

NURAGHE LOSA. Ghilarza. Sur la route nationale Carlo Felice, à proximité d'Abbasanta. Un complexe défensif imposant dont le mur d'enceinte a été construit à des époques différentes, dont l'âge du bronze moyen et du bronze tardif, plus une partie apparemment remaniée au VIIe siècle avant J.-C. Les pièces découvertes sur le site se trouvent au Musée national de Cagliari.

BUSACHI. Un bourg très ancien aux maisons caractéristiques en pierre et où l'on peut encore rencontrer des femmes vêtues de costumes sardes. L'église San Domenico (XVIe siècle), récemment restaurée, ainsi que l'église San Bernardino (XVIIIe siècle) méritent une visite.

THERMES ROMAINS. Fordongianus. Un ensemble de ruines imposantes datant du Ier siècle après J.-C. Les thermes étaient alimentés par d'importantes sources d'eau chaude (54 à 60 °C), toujours en activité. Les vestiges les plus importants sont constitués par la piscine rectangulaire et le portique contigu. L'eau chaude s'écoule par une belle fontaine à tête de lion. A noter, un petit amphithéâtre d'époque impériale, restauré en 1995.

Région Sud, Fluminimaggiore, temple d'Antas

Région Nord, Aggius, Cuile (cabane de berger)

Région Sud, ville antique de Nora

Costa Smeralda, Arzachena, tomba dei Giganti, Coddu Vecchiu

Sud, bateau aux Grottes de Neptune

MAISON ARAGONAISE. Fordongianus. Située à proximité des thermes, c'est une habitation aristocratique de la fin du XVIe siècle, construite en trachyte. La maison est composée de six pièces communicantes. Son toit est fait d'une charpente en bois soutenant une natte de roseaux entrelacés et recouverte de tuiles. Portes et fenêtres sont ornées d'éléments décoratifs de style gothique importés par les Aragonais.

EGLISE DE SAN LUSSORIO. Fordongianus. Eglise médiévale édifiée au XIIe siècle par les moines de Saint-Victor de Marseille. Sa façade, de style gothique aragonais, a été refaite au XVe siècle. Elle abrite une crypte dont le sol est recouvert de belles mosaïques.

CATHEDRALE DE SANTA GIUSTA. Santa Giusta. Dans la rue principale du village. L'église d'époque romane, du XIIe siècle, est construite en trachyte selon les formes pisane et lombarde.

ORISTANO. La ville, qui a gardé d'intéressants monuments de l'époque médiévale, connut une période florissante et fut le dernier rempart contre l'invasion aragonaise dans l'île. Au détour des ruelles et places, la cathédrale de Santa Maria Assunta et son clocher octogonal (XVe siècle), le séminaire Tridentino (XVIIIe siècle), l'église de la Santissima Trinita, l'église de San Francesco, bâtie autour de 1250, et l'église de San Antonio, autrefois siège de l'hôpital de la ville et accueillant aujourd'hui la pinacothèque.

CABRAS. A quelques km d'Oristano, Cabras est un gros village situé sur les rives de l'étang du même nom (2 200 ha). Les pêcheurs s'y déplacent en « fassonis », embarcations préhistoriques faites de joncs lacustres et comparables aux anciens bateaux égyptiens en papyrus.

RUINES DE THARROS. Tharros. Fondée par les Phéniciens à la fin du VIIIe siècle avant J.-C., dans un site stratégique sur les restes d'un ensemble nuragique, Tharros devint un port florissant et le resta sous la domination carthaginoise et romaine. Aujourd'hui on accède à la ville morte par l'ancienne route romaine pavée. On peut encore y voir des tombes à chambres, des temples et des thermes.

Les splendeurs de la côte orientale : de Cala Gonone à Arbatax

Au centre de la côte orientale sarde, le golfe d'Orosei est une suite de falaises calcaires plongeant dans la mer, de grottes marines et de merveilleuses petites criques et bandes de sable, entre mer turquoise et le vert intense du maquis méditerranéen.

Cala Gonone est une très jolie localité de villégiature, équipée de structures hôtelières d'excellent niveau. Surplombant le port touristique, fort bien aménagé, le petit village se reflète dans les eaux transparentes du golfe. C'est aussi le point de départ de nombreuses excursions sur les traces d'une très ancienne civilisation (villages nuragiques, tombes des géants, nécropole…).

DORGALI. Village connu pour son artisanat et ses maisons en granit gris. Une balade dans sa rue principale permet de découvrir les magnifiques tapis sardes, des châles brodés et des filigranes d'or et d'argent, le tout sans oublier de déguster le vin local « Cannonau ».

GROTTE DE ISPINIGOLI. *Ouverte de mars à novembre.* A environ 8 km de Dorgali, un immense gouffre riche en stalactites et stalagmites, dont l'une, de 38 m, est la plus haute d'Europe.

BAUNEI. Le village le plus important de l'Ogliastra. Ses maisons sont perchées sur une arête calcaire et dominent la plaine jusqu'à la mer. Point de départ d'une petite route pittoresque menant au plateau de Golgo. A proximité se trouvent le gouffre du même nom, d'une profondeur de 250 m, ainsi que la petite église de San Pietro et son maquis environnant.

PEDRA LONGA. Au panneau 153, prendre à gauche en direction de Pedra Longa, petite route très typique, entre falaises majestueuses et lauriers sauvages. Vous y rencontrerez quelques vaches, cochons ou chèvres en liberté dont vous ne manquerez pas d'entendre les mélodieuses clochettes. Au terme de cette route, vous découvrirez une superbe pointe rocheuse dominant deux très belles criques aux eaux turquoise. Pedra Longa est un monolithe pyramidal de roches calcaires dolomitiques qui s'élève de façon parfaitement verticale sur une hauteur d'environ 128 m. Il se trouve emboîté dans la partie de la côte qui s'étend de Santa Maria de Navarrese à Capo di Monte Santo. Cette côte rocheuse est caractérisée par de hautes falaises dépassant les 280 m. Les anciens navigateurs choisirent Pedra Longa comme point de repère, l' « aiguille » fermant au sud la région du Supramonte. Ils l'appelleront Gulia, Aguglia ou Agugliastra, Guglia signifiant « aiguille ».

SANTA MARIA NAVARRESE. Cette charmante bourgade, fondée en 1050 par une fille du roi de Navarre, s'organise autour de son église du XIe siècle. En bord de mer, une tour du XVIIe siècle surplombe la plage. A noter, un équipement hôtelier de très bon niveau à des prix abordables ainsi qu'une superbe plage de sable blanc bordée d'une jolie pinède. Le petit port de plaisance de la ville est le point de départ de nombreuses excursions le long du golfe. Plusieurs possibilités d'initiation à la plongée pour une découverte des très riches fonds marins (une idée de séjour !).

ARBATAX. C'est un bourg pittoresque construit autour d'une tour du XVIIe siècle. A ne pas manquer, les célèbres rochers rouges (granit porphyrique) s'avançant dans les eaux limpides d'une mer turquoise contrastant avec le sable blanc.

VISITE DE LA COTE EN BATEAU. Au départ de Cala Gonone, de Santa Maria de Navarrese ou d'Arbatax, un service quotidien de bateaux permet de gagner facilement les coins les plus typiques et particuliers de la côte. La grotte del Bue Marino et ses extraordinaires concrétions, stalactites, stalagmites et lacs souterrains sont d'une rare beauté : Cala Luna, Cala Sisine, Cala Mariolu, Cala Goloritzé... Il n'y a pas de mots pour décrire ces grottes et ces plages, mariage entre terre, mer et lauriers-roses surgissant des falaises.

Spécial clubber !

Sortir en Sardaigne est un vrai plaisir dont il ne faut pas se priver. Le cœur du centre de la fête est sans doute la Costa Smeralda, où bars, restos, clubs et boîtes font le succès des nuits sardes. Ici vous trouverez les lieux les plus branchés et les plus chic d'Italie. Le **Nikki Beach,** par exemple, est un des clubs les plus exclusifs de la Costa Smeralda. Son originalité réside dans son mobilier : de lits à baldaquin y remplacent les tables traditionnelles. Confortablement allongés, les clients peuvent siroter leur apéro accompagné d'un délicieux buffet, ou disparaître dans la zone privée pour s'abandonner à la détente d'un hydromassage. Le Nikki Beach est fréquenté par la jet-set internationale et par les propriétaires des yachts multimillionnaires. La célèbre boîte, le **Billionnaire,** est logée dans une villa de trois étages bâtie dans un rocher. Né d'une idée de l'entrepreneur italien Flavio Briatore, c'est l'un des plus exclusifs lieux nocturnes d'Europe. De juillet à septembre, les VIP du monde de la mode, du spectacle et du foot s'y donnent rendez-vous. Ses atmosphères ethniques raffinées et la merveilleuse vue sur le golfe du Pevero font du Billionnaire le lieu incontournable des soirées réussies. Un autre club très chic, le **Sottovento,** est le lieu des rendez-vous mondains de la zone de Porto Cervo : bougies, coussins et mobilier ethnique. Le dernier club à avoir ouvert ses portes sur la Costa Smeralda est le **Fiat Playa,** propriété de l'héritier des Agnelli, Lapo Elkann. Il est situé au bord de la mer, à Punta Marana, dans le golfe de Marinella. Il a été conçu pour relancer la marque Fiat d'une façon originale et raffinée. Parmi les rochers de granit de Baia Sardinia, le majestueux Ritual ne manque pas d'impressionner. Ce club, l'un des premiers ouverts sur la Costa Smeralda, a connu la plus forte fréquentation des souverains d'Europe, dont celle du prince Aga Khan. La musique y est très variée, de la house à la commerciale. Cette année, le **Ritual** a ouvert aussi un restaurant. Sa cuisine est méditerranéenne et apporte une attention toute particulière aux spécialités sardes.

Si l'on en a marre de la jet set de la Costa Smeralda, on peut gagner Alghero. Ici, l'une des boîtes les plus connues du coin est le **Ruscello.** Dans un grand jardin, rochers, plantes et lumières légères accueillent les danseurs sur la piste centrale. La musique est surtout de la house et revival années 1970, 1980 et 1990.

La Sardaigne sur Internet

Informations touristiques

www.regione.sardegna.it – Site officiel de la région autonome de la Sardaigne. Il dispose de beaucoup d'informations pratiques et d'un grand nombre de liens avec les sites des offices du tourisme présents sur tout le territoire sarde.

www.esit.net – Site de l'office du tourisme sarde, en italien et en anglais. Un très beau site, complet, avec, à la clef, de belles animations.

www.sardaigne.fr – Site complet pour préparer votre voyage. Partez à l'aventure grâce aux cartes routières. Site en anglais, français et allemand.

www.webriviera.fr – Croisière en Sardaigne, une façon originale de découvrir cette île loin des circuits habituels. Site en français et en anglais.

www.isolasarda.com – Index par région des sites touristiques à explorer sur l'île. Bonnes illustrations et photos accompagnées d'une carte interactive. Page de présentation en français (et 35 autres langues !). Si vous souhaitez vous familiariser avec la langue sarde, commencez par lire en sarde !

Informations culturelles

www.sardiniapoint.it – Site très détaillé, en italien et en anglais, sur l'histoire, la culture, l'art, la géographie et la gastronomie sardes. Le site bien fait est simple à consulter. En ligne depuis peu, les séjours proposés par les agences de voyages.

www.sarnow.com – Revue monographique consacrée à la promotion des ressources environnementales et culturelles de la Sardaigne. Plein d'informations sur tout ce qui se passe dans l'île : événements culturels, sports, loisirs…

www.gotosardinia.com – Site très riche en informations historiques, culinaires, folkloriques, de la tradition sarde. Descriptions détaillées d'itinéraires touristiques à explorer sur l'île.

www.unionesarda.it – Le quotidien *L'Unione Sarda* en ligne.

www.lanuovasardegna.quotidianiespresso.it – Le quotidien *La Nuova Sardegna* en ligne.

Informations pratiques

www.sardegna.net – Vacances en hôtel, Bed & Breakfast, appartement ou résidence de luxe. Ce site regroupe des offres intéressantes divisées par catégorie, avec disponibilité, prix et possibilité de réservation en ligne des hôtels ainsi que des bateaux et des avions.

www.hellosardinia.it – Site en anglais et en italien, remis à jour régulièrement, avec beaucoup d'adresses de logements et de restaurants, mais peu de commentaires et d'explications culturelles ou historiques. Utile cependant pour préparer son voyage.

www.faitasardegna.org – Les campings et les villages de vacances de Sardaigne, avec photos, prix et équipements.

www.cemar.it – Toutes les compagnies de ferries : horaires, prix, devis en ligne et liens directs pour plus d'informations. Site en anglais, français, italien et allemand.

www.bestsardinia.com – Pour trouver un logement pour vos vacances et découvrir les spécialités culinaires locales ou les loisirs. Tout savoir avant de partir. Site en anglais, français, italien et allemand.

www.aboutsardinia.it – Moteur de recherche pour tous les sites Internet relatifs à la Sardaigne. Intéressant pour trouver les adresses des agritourismes ou des maisons à louer pour les vacances.

www.bellasardegna.com – Immobilier et histoire de l'île, photographies, villas et appartements. Sites en anglais, français, allemand et italien.

www.marenostrum.it – Pour un aperçu de l'histoire des villes sardes et pour trouver des parcours conseillés de randonnée, les plus belles plages et bien d'autres infos touristiques. Site très bien fait mais, dommage, seulement en italien !

www.terranostra.sardegna.it – Moteur de recherche consacré à l'agritourisme, pour trouver et réserver en ligne des logements ruraux dans toute la région. Egalement bonnes informations sur les itinéraires gastronomiques et archéologiques.

www.vacanzesardegna.org – Location et vente de villas avec de nombreuses photos et informations. Site en anglais, français, italien et allemand.

www.sardegnaweb.it – Ce site est sûrement celui qui propose les plus belles photos de plages. Descriptions très détaillées des côtes et des plages, ainsi que d'itinéraires de toutes les régions. En français.

www.cucinasarda.it – Site de recettes culinaires sardes pour tous les goûts. La Sardaigne possède des traditions culinaires très riches que fait découvrir ce beau site.

Découverte

La Sardaigne en 40 mots-clés > 30
Survol de la Sardaigne > 36
Histoire > 42
Politique et économie > 52
Population > 54
Mode de vie > 56
Arts et culture > 58
Cuisine sarde > 80
Jeux, loisirs et sports > 87
Enfants du pays > 92
Communiquer en italien > 95

La Sardaigne en 40 mots-clés

3 M

La société sarde est dominée par les 3 M : Madonna, Mamma, Mangiare. Ce qui est évidemment exagéré mais, comme toute exagération, comporte une certaine part de vérité.

- **Madonna.** Le peuple sarde est profondément religieux : en témoignent le nombre et la splendeur de ses églises. Même les plus petits villages peuvent en posséder plusieurs, et l'on voit, le dimanche matin, des groupes et des familles se rendre en masse à la messe.

- **Mamma.** Quand on demande à un Italien ce qu'il a de plus important, on peut parier qu'il va répondre : la famille. De ce point de vue, les Sardes sont de purs Italiens. Les enfants sont au centre du noyau familial et les mères ont donc un rôle de première importance, puisque ce sont elles qui s'en occupent le plus souvent. Enfin, elles officient à la cuisine, ce qui nous amène au troisième M.

- **Mangiare.** Ce troisième M est donc celui de mangiare, ou manger, activité très importante pour les Sardes, que l'on pense à la nourriture elle-même ou à tout ce que l'acte implique. La cuisine sarde est celle d'un peuple de bergers et de pêcheurs, riche de saveurs et pleine de simplicité.

Avis de décès

Une tradition plus italienne que sarde, mais qui surprend toujours autant les visiteurs : les Sardes ont l'habitude de placarder les avis de décès sur les murs des villages ou de la ville, accompagnés de l'heure d'inhumation. Ce qui peut paraître macabre (il y a souvent une photo) est considéré ici comme une démarche naturelle ayant pour but de prévenir tous ceux qui ont connu le défunt. Il n'empêche, tous ces cadres noirs collés sur les murs, ça laisse quand même une drôle d'impression…

Bandits sardes

Le terme « bandit » désigne aujourd'hui quelqu'un qui échappe à la justice à la suite d'un crime, et qui se réfugie dans le maquis où il rejoint d'autres hommes partageant le même sort. Contrairement à la Camorra ou à la Mafia, ces groupes sont souvent éphémères et moins structurés. Au temps des Romains, le banditisme se portait déjà fort bien. Il se manifestait alors par des

Une légende sarde : la complainte de la brebis

« La brebis, maltraitée par les autres animaux, vint se plaindre au bon Dieu et le prier de soulager un peu sa misère. Dieu l'écouta avec bienveillance.
"Pauvre créature, dit-il, j'aurais dû t'armer, toi aussi. Mais voyons s'il existe une solution. Choisis : veux-tu que je garnisse ta bouche de défenses ou préfères-tu que j'arme tes pieds de griffes ? – Oh ! dit la brebis, je ne veux pas être un animal de proie !

– Alors, veux-tu que je mette du poison sur ta langue ? Comme une vipère ?

– Ah non, je ne veux pas de cela.

– Quoi d'autre ? Veux-tu que je renforce ton cou et que j'ajoute une corne sur ta tête ?

– Oh non ! j'aurais peur de me donner un coup.

– Mais, enfin, si tu ne veux pas que les autres animaux te nuisent, il faut aussi que tu sois en état de leur nuire !

– Moi ? Leur nuire ? Si c'est cela, Père, laissez-moi comme je suis, dit la brebis en soupirant. Si je pouvais leur faire du mal, j'aurais peur de le vouloir. Je préfère fuir le mal plutôt que de le faire."

Et Dieu bénit la brebis pacifique. »

« bardanas », raids à cheval pour attaquer des bergeries, des maisons ou des villages entiers en territoire ennemi, parfois sur de très longues distances. Souvent les bandits étaient poussés à voler à cause leur extrême pauvreté. On allait même quelquefois jusqu'à attaquer un village entier dont on confisquait les richesses, par exemple le bétail. Dans les années 1970, les bandits se sont diversifiés. L'enlèvement de personnes en échange de rançon a été inauguré par les bandits sardes. Technique fructueuse qui sera reprise par les mafieux. Entre 1969 et 1973, dix-huit enlèvements furent organisés sur l'île. Cette tradition de banditisme « romanesque » a été immortalisée par le film *Bandits à Orgosolo,* de Vittorio de Seta, qui a obtenu un prix au Festival de Venise en 1961. Le banditisme sarde ne peut être ramené simplement à un modèle mafieux, en raison de ses caractéristiques très particulières qui tiennent à son enracinement dans la précarité des ressources et les problèmes économiques de sa région, la Barbagia, problèmes plus aigus qu'ailleurs, ainsi qu'à ses forts liens avec la structure sociale sarde.

Berger

Le berger est le symbole de la Sardaigne. Il est réputé têtu et jaloux. On lui doit un proverbe célèbre de Sardaigne : *Furat chi benit dae mare* (celui qui vient d'au-delà des mers est un voleur). Les Espagnols décrivaient les bergers sardes comme « pocos, locos, y malunidos », c'est-à-dire peu nombreux, fous et bagarreurs. Il est le gardien d'un autre emblème de l'identité sarde : la brebis. Songez un peu : avec 3 millions de têtes pour 1,65 million d'habitants, elles sont deux fois plus nombreuses que les humains !

Brigata Sassari

La Brigata Sassari appartient au patrimoine militaire et national sarde. Constituée le 1er mars 1915 à Tempio Pausania, cette brigade était composée exclusivement de Sardes. Lors des combats de la Première Guerre mondiale, la bravoure de ses hommes coûta 15 000 vies dans ses rangs, mais lui valut aussi le respect et l'admiration de toute une nation. L'exceptionnelle valeur des hommes de cette brigade leur a ainsi valu 9 médailles d'or, 405 médailles d'argent et 551 médailles de bronze. Symbole du courage, voire de l'héroïsme militaire du peuple sarde, la Brigata Sassari a connu par la suite d'autres heures de gloire dont, parmi les plus récentes, des opérations de maintien de la paix au Kosovo, en 1999.

Carnaval

Le carnaval sarde de Mamoiada est célèbre pour son folklorique cortège traditionnel. Douze masques tragiques représentant des vaincus tombés en esclavage, les « mamuthones », défilent lentement dans les rues de la villa de

Région Nord, artisanat, couteaux de Pattada

Mamoiada. Ils sont guidés par huit vainqueurs, les « Issocadores », qui les dirigent et les contrôlent avec une cravache. Les mamuthones sont vêtus de vêtements traditionnels de berger, un masque en bois avec un foulard de toile blanche sur le visage et un bonnet noir attaché sous le menton avec des rubans colorés. Le défilé est une véritable « procession dansée », qui se répète trois fois par jour, et qui s'arrête toutes les fois qu'un Issocadore capture avec sa corde une personne dans le public. Celle-ci, pour se libérer, doit lui offrir du vin.

Couteaux de Pattada

Le nom de cette ville des forêts de la Gallura est intimement lié à la production de couteaux sa resolza (du latin rasoria, signifiant « rasoir »). Le couteau de Pattada est le plus connu des couteaux de berger, l'un des plus anciens aussi puisqu'il est fabriqué depuis plusieurs centaines d'années, toujours selon la même technique traditionnelle de travail à la flamme. La lame (travaillée à la main pour les meilleurs instruments) est aujourd'hui en acier, alors que le manche est en bois ou en corne.

Domus de Janas

Domus de Janas signifie « maison des fées », et c'est sous ce nom poétique que les Sardes désignent les salles funéraires de leurs ancêtres du néolithique, qui datent de 4000 à 2700 avant J.-C. La légende raconte que les janas étaient des sorcières, parfois malveillantes, parfois malheureuses, qui vivaient dans ces maisons. On pourra visiter celle de Pranu Muteddu (Goni).

Fil'e ferru

Si jamais on vous en offre, faites très attention : quand il est de production artisanale, cette liqueur peut atteindre les 70 degrés ! Son nom vient d'une ruse ancienne. Lorsque les paysans sardes distillaient clandestinement leur liqueur, ils cachaient leurs alambics dans les champs sous terre et marquaient les emplacements d'un fil de fer pour retrouver leur production.

Gelati

Un incontournable de l'été sarde : les glaces. Chaque ville, et presque chaque quartier dans les grandes agglomérations, possède sa gelateria favorite, celle où les gens passent et se retrouvent pour déguster un cono (« cornet ») ou une coppetta (« petit pot »). Vous vous en rendrez vite compte, il n'y a pas d'heure pour prendre une glace : après le déjeuner, dans l'après-midi ou, encore mieux, en soirée, alors que vous déambulez dans l'animation de la passeggiata (*voir ci-dessous*). Vous choisirez la taille (les prix varient en général de 0,80 à 2,60 €) et les parfums, en prenant soin de vérifier s'il s'agit d'une authentique glace artigianale, c'est-à-dire faite maison.

Giudicato

Le terme giudicato désigne les royaumes indépendants créés vers l'an mille en Sardaigne. Il existe quatre giudicati : Cagliari, Arborea, Gallura et Lugodoro. Les décisions au sein de ces structures sont prises non pas par le roi mais par un Parlement appelé Corona de Logu, constitué de représentants du peuple.

Incendies

Les incendies sont un danger permanent en Sardaigne, particulièrement en été. Tous les éléments sont réunis pour que cette menace soit réellement prise au sérieux : une végétation de maquis, composée d'herbes sèches facilement inflammables, un climat caniculaire l'été, et le vent qui aide le feu à se propager rapidement. Les incendies, s'ils résultent parfois de la négligence de promeneurs qui éteignent mal leur cigarette, sont le plus souvent d'origine criminelle. Nous ne pouvons que vous inciter à respecter les règles de base en matière de prévention des incendies, et vous rappeler le numéro de téléphone des Vigili del Fuoco (« pompiers ») ✆ 115.

Launeddas

Cet instrument à vent est constitué de deux tuyaux mélodiques et d'un tuyau bourdon (le plus long), tous les trois en roseau et dotés d'anches simples. On en joue toujours en souffle continu (comme la cornemuse). La bouche du musicien fait office de réserve d'air soufflé sans interruption, selon une technique extrêmement complexe. Les launeddas n'étaient jouées à l'origine que dans le sud de la Sardaigne, où la tradition se perpétue depuis au moins trois millénaires. En effet, on a trouvé là des figurines nuragiques en bronze représentant des joueurs de flûte tout à fait comparables aux modèles existants aujourd'hui.

Liège

Le liège est l'une des principales richesses de la sylviculture sarde, notamment dans la région de la Gallura. Selon une technique ancestrale, tous les neuf ans, les hommes enlèvent la précieuse écorce des chênes-lièges (Quercus suber), ce qui donne à ces arbres un curieux aspect de nudité. Calangianus est devenue la capitale italienne de la transformation du liège, produisant bien sûr des bouchons, mais également des isolants et des produits artisanaux.

Limba

Les Sardes sont très fiers de leur dialecte. Différent de l'italien, il comprend des variantes très spécifiques selon la zone géographique. Il est aujourd'hui enseigné dans certaines écoles comme une « vraie » langue. Dans les villes, les jeunes qui ne l'apprennent pas dès leur plus jeune âge, ont du mal à l'apprendre.

Malaria

La Sardaigne a été pendant des siècles et jusqu'au début du XIXe siècle considérée comme un territoire où régnaient le mauvais air et la malaria. Les différents peuples qui ont exploité les ressources du pays, depuis les Romains, se sont prudemment installés dans les zones salubres, ne s'aventurant jamais dans les marais où sévissait ce qu'on nommait alors « les fièvres ». Voulant se protéger contre ce fléau, les paysans se couvraient abondamment le corps, et ces précautions ont fortement influencé le costume sarde, notamment celui des femmes. En raison de la malaria, la densité de population restait très faible en Sardaigne, une situation qui attirait très peu les visiteurs : dans un guide Baedeker de 1903, on peut lire que « la malaria rend l'île inhabitable pour les étrangers, à l'exception des villes un peu considérables, de juillet à la fin octobre ». Des efforts considérables ont donc été déployés afin de venir à bout du fléau : des moyens financiers ont été développés pour mettre sur pied une campagne d'assainissement sans précédent, qui a définitivement éradiqué la malaria.

Malloreddus

En italien, on les appelle les gnocchi sardi. Il faut beaucoup de patience pour fabriquer ces pâtes de farine de semoule, très petites, mais aussi très savoureuses. Selon la recette traditionnelle, on les prépare avec une sauce à base de tomate et saucisse, mais il y a aussi des variantes aux fruits de mer.

Mines

Exploités par tous les envahisseurs dans l'histoire de l'île à partir des Romains, les gisements de plomb et de zinc, mais aussi de calcaire et de charbon, ont marqué le développement économique de la Sardaigne amis au prix de nombreux sacrifices. Pendant un siècle d'exploitation environ, des adultes et des enfants ont travaillé dans des conditions inhumaines. A la fin des années 1980, les dernières mines ont fermé. Aujourd'hui, les mines et les villages des mineurs dans l'ouest de l'île ont été transformés en sites touristiques.

Mirto

Ne jamais rejeter une invitation à boire un verre : c'est la première règle qu'on apprend en faisant connaissance avec l'île et ses habitants. Offrir du vin ou de la liqueur à volonté est une partie importante de l'hospitalité sarde. La liqueur de myrte est parmi les produits les plus typiques de la Sardaigne et personne ne part d'ici sans en avoir acheté au moins une bouteille.

4 Mori

Quatre têtes de Maures aux yeux bandés sont le symbole de la Sardaigne et de son drapeau depuis des siècles. Les experts en histoire de l'île s'interrogent toujours sur leur origine ancestrale. Leur première apparition comme symbole officiel de la Sardaigne remonte à la domination aragonaise de l'île. Selon la tradition ibérique, il s'agit des têtes des quatre rois arabes vaincus par le roi espagnol Pietro d'Aragona en 1096.

Nuraghes, nuraghi

Ces édifices disséminés sur l'ensemble du territoire sarde sont la curiosité de l'île. Il en existe près de 7 000, dont la plupart ont été construits entre 1800 et 500 av. J.-C. Ils ont la forme de tours rondes ou coniques et sont faits de gros blocs de pierre superposés sur une quinzaine de mètres de haut. On ne sait pas quelle était leur fonction originelle, mais les Romains les considéraient comme des forteresses. Parmi les sites nuragiques, il faut citer ceux de Su Nuraxi, de Tiscali et d'Abini.

Obsidienne

La Sardaigne est parmi les régions peu nombreuses où l'on trouve des gisements d'obsidienne, une pierre noire à l'aspect très luisant et à l'histoire fascinante. Les populations indigènes de l'Amérique du Sud attribuaient à cette pierre des propriétés magiques. Les Sardes l'ont toujours utilisée pour des amulettes contre le mauvais œil qu'ils accrochent au cou des bébés. Les environs du mont Gennargentu et le mont Arci, dans le centre de l'île, sont les sites les plus riches en obsidienne, reconnus par l'Unesco.

Orchidées

En Sardaigne, de nombreuses orchidées poussent à l'état sauvage dans les environnements les plus divers tels que prés, paludes, bois ou marécages. Le mot évoque les paysages exotiques et mystérieux des forêts tropicales et subtropicales, où les orchidées fleurissent entortillées à des troncs d'arbres majestueux. Toutefois ces régions tropicales ne sont pas les seules à abriter les orchidées et, en Sardaigne, on peut voir de très beaux spécimens de cette fleur magnifique.

Orgosolo

Le village d'Orgosolo suscite encore la peur. Il doit sa renommée au metteur en scène Vittorio de Seta, qui y réalisa en 1961 le fameux film *Bandits à Orgosolo.* Aujourd'hui, les habitants de ce bourg montagnard se contentent de manifester leur esprit frondeur en dénonçant les injustices sociales sur les murs de leurs maisons qu'ils couvrent de fresques.

Passeggiata

A partir de 16h, ou plus tard selon la saison, c'est l'heure de la passeggiata, c'est-à-dire de la promenade, généralement sur le corso, la piazza ou le campo, en tout cas l'endroit le plus animé. On déambule dans un sens puis dans l'autre et, si la balade est trop courte, on recommence. Ce rituel n'est pas à prendre à la légère et tout un cérémonial y est attaché. Chose rare en France, les groupes en Sardaigne sont fréquemment constitués de familles et ce sont souvent trois générations qui déambulent ainsi ensemble. De plus, ce rituel obéit à des critères vestimentaires très stricts ; on ne s'habille pas n'importe comment pour la passeggiata ! D'ailleurs, c'est par leurs habits qu'on peut différencier les touristes étrangers des Italiens : ces derniers sont sur leur trente et un, avec pantalon long pour les hommes et « robe du soir » pour les femmes, alors que les Français sont immanquablement en short ! La passeggiata est le lieu social par excellence : on s'arrête pour bavarder lorsqu'on rencontre une connaissance et, quand on a retrouvé son groupe d'amis préférés, on s'assoit sur un banc, sur un scooter, à la terrasse d'un café, ou bien on reste debout à parler pendant des heures. Moment de convivialité : le temps semble s'être arrêté sur la passeggiata...

Pecore

Ça peut arriver, en conduisant la voiture dans des rues de campagne, de devoir s'arrêter pour laisser passer un troupeau de moutons. Ils sont élevés partout en Sardaigne. Les brebis sont tellement nombreuses en Sardaigne qu'elles sont devenues le symbole de l'île pour les autres Italiens. On les mange, mais leur lait est aussi utilisé pour la production d'un fromage très savoureux, le *pecorino*.

Pecorino

C'est le seigneur des fromages sardes. Ce délicieux fromage de brebis est le plus typique de l'île, et non sans raison : plus de 7 millions de moutons gambadent dans les montagnes de la Sardaigne ! Il existe environ 15 variétés de ce fromage, mais le plus renommé est le Fiore Sardo.

Peintures murales

Dans les années 1970, simultanément à un mouvement de contestation, des peintures murales firent leur apparition en Sardaigne. Curieusement, ce mouvement toucha beaucoup moins les grandes villes, centres de l'activité intellectuelle et métropolitaine, que les campagnes et les montagnes. La peinture murale se révéla être un moyen d'expression politique et sociale, utilisé d'abord par des artistes peintres (le plus connu d'entre eux, Pinuccio Siola, a réalisé de superbes fresques à Villanovatulo ou à San Sperate, près de Cagliari). A Orgosolo, c'est Francesco del Casino, un professeur de la région, qui initia ses étudiants à l'art de la peinture murale et orna les murs de la ville de fresques sur des thèmes politiques typiquement sardes ou bien internationaux, comme la guerre du Vietnam, l'apartheid en Afrique du Sud ou l'impérialisme américain. Ces fresques sont régulièrement restaurées par l'Association italienne des régions peintes, qui s'emploie à préserver ces véritables musées à ciel ouvert.

Vente de fromages

Petits bronzes

Les petits bronzes sont des petites statues en bronze représentant des hommes, des guerriers et des animaux. Découvertes dans les monuments funéraires des ensembles nuragiques, ces statues datent du VIIIe-Ve siècle av. J.-C. Environ 400 de ces petits bronzes ont été déjà mis au jour, et l'on peut les admirer dans les principaux musées nationaux d'archéologie de la Sardaigne.

Phoque moine

Son manteau très épais est brun, tacheté sur le dos et blanc sur le ventre. Ses yeux sont très grands et les soies de sa lèvre supérieure sont très longues. Qui est-ce ? Monachus albiventer ou, plus vulgairement, le phoque moine. Pourquoi en parler ? Parce qu'il n'y a pas si longtemps encore, cette espèce peuplait les côtes sardes, en particulier vers Cagliari et dans le golfe d'Orosei. Malheureusement, on l'a chassée pour sa fourrure et pour en tirer des substances que l'on croyait médicinales. Ainsi, le phoque moine a aujourd'hui quasiment disparu de la Sardaigne. Espérons que les tentatives de réintroduction parviendront à sauver cette espèce.

Plages

Les Sardes sont très fiers de leurs merveilleuses plages. Ils les protègent, et cherchent à les préserver de la privatisation. Le bronzage permanent de la plupart de Sardes est signe de leur passion pour la plage. Les plages sardes sont aussi très propres. Sur la plupart d'entre elles, on peut pas se promener avec des chiens, et une attention particulière est portée aux déchets que pourraient laisser certains. Il y a aussi de très fortes amendes contre le vol du sable, une habitude très diffusée chez les touristes.

Porchetto

La cuisine sarde n'est pas du tout végétarienne. Parmi les rôtis à la broche traditionnels, le petit cochon est sans doute le plus savoureux. On le fait cuire dans la cheminée et on utilise ses abats dans la préparation de saucisses ou de plats. Le chevreau et l'agneau sont aussi très appréciés par les touristes.

Sanglier sarde

La variante méditerranéenne de ces bêtes sauvages est largement présente dans les bois sardes. Ses dimensions, très petites par rapport aux autres espèces de sangliers, et sa grosse tête sont ses traits principaux. Sa viande est très appréciée par les Sardes qui appellent cet animal su sirboni.

Sieste

Partout en Sardaigne, et particulièrement en été, l'heure de la sieste est sacrée. Si les commerces et les musées restent souvent ouverts jusqu'à 13h, ensuite, il n'est pas question d'ouvrir l'œil et la porte avant 16h30, voire 18h. C'est l'occasion de parcourir la ville en profitant de cet instant de calme presque magique, à moins, évidemment, que vous ne vous laissiez tenter par la somnolence ambiante. Au-delà de cette heure bienheureuse, tout s'anime, la vie reprend son cours, et des villes entières s'éveillent et viennent peupler les places, les terrasses, les cafés…

Sùrbiles

Selon la tradition populaire sarde, les sùrbiles étaient des femmes vampires qui buvaient le sang des bébés, surtout de ceux qui n'étaient pas baptisés. Généralement, la septième de sept filles devenait une femme vampire. Après avoir enduit leur corps d'huile, ces créatures pouvaient se transformer en mouches, pour pénétrer dans les chambres des bébés entre minuit et 3h du matin. Pour les combattre, il était nécessaire de s'entourer d'amulettes bien précises : un balai à l'envers, un bouquet de feuilles d'oranger accroché au mur et une paire de chaussures à côté du lit. La légende raconte que les fourches et les peignes avaient également le pouvoir d'empêcher l'arrivée des sorcières. Avant d'entrer, les sùrbiles récitaient, paraît-il, une formule magique : *Folla a suba de folla, tres oras andai e tres oras a torrai* (« feuille sur feuille, trois heures pour aller et trois heures pour rentrer »).

Tanca

Ce mot d'origine espagnole (le catalan « tancar » signifie « fermer ») désigne les lopins de terre pas plus grands qu'un mouchoir de poche et délimités par des petits murs. Des murets en pierre sèche, si caractéristiques des paysages sardes, divisent en effet les campagnes de l'île en une multitude de petites parcelles de terre. En 1820, l'édit de Chiudende stipulait que toute personne qui clôturerait un morceau de prairie en deviendrait propriétaire. Les bergers qui avaient l'habitude de mener paître leurs troupeaux sur ces terres qu'ils considéraient comme leurs, se sentirent spoliés et organisèrent des expéditions « vengeresses » contre cette appropriation.

Tenores

Les chants polyphoniques des bergers, notamment les chants a tenores, sont une des plus anciennes traditions musicales de la Sardaigne. Ce type de chant, semblable au chant grégorien, se caractérise par sa rudesse et par une sorte d'obstination. Ces mélodies étaient probablement chantées depuis des millénaires par des bergers qui combattaient ainsi leur

Arzachena, la tombe des Géants

sentiment de solitude, sans doute très vif dans ces montagnes. Les tenores, ou chœurs, sont généralement composés de quatre chanteurs, et leurs mélodies sont toujours très mélancoliques. Cette tradition de chant subsiste encore dans les villages de montagne, surtout dans la Barbagia. Les tenores les plus connus sont ceux de Bitti, d'Orgosolo et de Mamoiada.

Tiscali

Ce mont situé au centre de l'île, a accueilli, dans une cave sur son sommet, un entier village nuragique dont on peut toujours visiter les ruines. Son nom est aujourd'hui célèbre dans le monde entier après qu'un sarde originaire de la ville de Sanluri, Renato Soru, aujourd'hui président de l'île, l'a attribué à l'opérateur Internet qu'il a lui-même fondé.

Tombeaux des géants (tombe dei giganti)

Les Sardes nomment ainsi les monuments funéraires de l'époque nuragique. Ces mausolées, d'une longueur de 5 à 20 m et d'une hauteur de 1 à 2 m, pouvaient renfermer plus d'une centaine de corps. La tombe se compose d'un couloir souvent couvert, à l'extrémité duquel se dresse une rangée de monolithes en demi-cercle posés sur la tranche. La stèle centrale clôturant le couloir est toujours la plus haute et peut atteindre 2 à 3 m. Ces tombeaux sont nombreux dans les campagnes de la Gallura, notamment à Sa Ena'e Thomes et à Coddhu'Ecchju. Malheureusement, ces majestueuses constructions sont souvent d'un accès difficile.

Tourisme

L'une des ressources principales de l'île. Même dans les zones rurales, les Sardes n'ont pas de mal à faire face à l'invasion de touristes qui se rendent dans l'île chaque été. Des pensions familiales se trouvent partout dans l'île ainsi que des hôtels de luxe qui accueillent la jet-set internationale.

Survol de la Sardaigne

La Sardaigne est la deuxième île de la Méditerranée de par sa superficie. Située à 11 km de la Corse et à 180 km de la côte italienne, l'île s'étend sur une surface de 24 089 km², en plein centre de la Méditerranée. La Sardaigne possède 1 849 km de côtes variées et splendides. Elles sont souvent assez hautes et se terminent par des promontoires escarpés, dominant de larges baies aux eaux turquoise. Le seul lac naturel de Sardaigne est le lac Baratz. Parmi les lacs artificiels, il faut citer les lacs de Gavoi et de Gusana. Nombre d'entre eux sont situés le long des fleuves Tirso, Coghinas et Flumendosa. Le point culminant de la Sardaigne est le Punta La Marmora, à 1 834 m d'altitude.

GÉOGRAPHIE

Sol et roches

Les formations granitiques sont très abondantes sur l'île, notamment dans le nord, où les formes de roches vues à travers la végétation sont impressionnantes et variées, ressemblant quelquefois à des animaux (rocher de l'ours à Palau, rocher du loup sur La Maddalena...). Ce granit rose donne toute sa spécificité à la région de la Gallura et se fond dans la végétation sur la Costa Smeralda. Les formations karstiques, bien moins abondantes, sont également impressionnantes de variété. Le calcaire affleure particulièrement dans le Supramonte, au centre est de l'île. Le monde souterrain date du Paléozoïque, proche des époques les plus anciennes de la terre, à l'ère primaire (-400 millions d'années). De très anciens volcans ont donné lieu à des sources d'eau minérale qui sont aujourd'hui exploitées (source de Su Gologone).

Montagnes et collines

Du fait des longs processus d'érosion, la Sardaigne ne présente pas de très hauts sommets. Les montagnes occupent à peu près un huitième du territoire. Les hauts plateaux rocheux de granit et de schiste, où trachyte et basalte prédominent, sont situés entre 300 m et 1 000 m d'altitude. La Giara di Gesturi est l'un de ces hauts plateaux, dans le centre de l'île, vers Barumini, et s'étend sur 12 000 ha.

Le massif montagneux le plus touristique est celui de la Barbagia, dans la province de Nuoro, qui comprend le mont Ortobene, près de Nuoro, et les massifs du Supramonte et du Gennargentu. Le massif du Supramonte est situé vers Nuoro et Oliéna ; son point culminant est le Punta La Marmora (1 834 m). Il était, dit-on, le lieu de refuge des bandits sardes qui désiraient cacher les victimes de leurs enlèvements loin des villes et des villages. Le massif du Gennargentu est fait de schiste et de porphyre. Le grand parc naturel qui s'étend tout autour, le parc du Gennargentu, abrite des espèces animales très variées.

La seconde cime de Sardaigne, le mont Limbara, d'origine granitique, est le plus haut sommet du nord de l'île, et contraste de façon marquée avec la végétation dominante.

Au sud-ouest, l'Iglesiente est dominé par le mont Linas, alors que le sud-est de l'île l'est par les monts Sette Fratelli. Enfin, les collines du territoire sarde représentent environ les deux tiers de sa surface totale ; elles sont très présentes entre Cagliari et Oristano. On y vit principalement d'activités pastorales et d'un artisanat local très varié.

Plaines et forêts

Elles représentent un sixième du territoire. La plaine du Campidano est l'une des rares plaines de Sardaigne. Elle s'étend d'Oristano jusqu'au sud, sur une centaine de kilomètres. La Nura, dans le nord, occupe une bonne partie des terres. Ces plaines, nées du dépôt d'alluvions provenant d'anciennes baies maritimes, accueillent diverses plantations agricoles. La plus fréquemment rencontrée est la vigne, notamment vers Cagliari. L'olivier, l'artichaut et les agrumes sont également très répandus. Les forêts abondent : chênes verts, chênes-lièges et châtaigniers sont les espèces les plus représentées. Dans le sud de l'île, la forêt de Guttu Mannu est la plus grande de tout le bassin méditerranéen.

Les côtes sardes

La Sardaigne est surtout connue pour ses magnifiques plages. Du nord au sud, les 1 850 km de côtes offrent des paysages splendides et variés. La pureté des eaux cristallines est due à la pauvreté de matériaux en suspension provenant des cours d'eau de l'arrière-pays. En effet, l'eau de Sardaigne est parmi les plus belles du monde : les côtes aux couleurs contrastées plongent dans une mer revêtant toutes les nuances de bleu. Les rivages sont sûrement plus découpés sur le bord ouest, mais c'est la côte est qui domine, avec ses hautes falaises calcaires. La diversité des roches forme des paysages étonnants : les roches schisteuses de la presqu'île de Stintino laissent place aux falaises trachytiques d'Alghero, puis les côtes volcaniques de Bosa alternent avec les dunes du sud d'Oristano, avant que les falaises calcaires du golfe d'Orosei ne succèdent aux régions granitiques de Villasimius.

Côte nord. La Costa Paradiso, au nord, entre Santa Teresa di Gallura et Castelsardo, se caractérise par une alternance de roches de porphyre rouge et de plages. Le cap du Faucon (Capo Falcone), fait de roches schisteuses, se dresse à l'extrémité de la presqu'île de Stintino, face à l'île d'Asinara. La couleur sombre de ses roches contraste avec la limpidité de l'eau et la blancheur du sable de la plage de La Pelosa.

Côte ouest. L'abrupt Capo Falcone, en face de l'île d'Asinara à Alghero, se révèle haut et escarpé tout au long du littoral d'Alghero. Le cap Mannu se dresse au nord de la péninsule de Sinis, avec des falaises de calcaire jaune de 50 m de haut. Un peu plus bas, la côte forme un plateau solitaire de calcaire friable, qui se jette dans la mer d'une hauteur de 25 m. Une alternance de criques, de rochers blancs et de plages fait face à l'Isola di Mal di Ventre, plate et distante, et, vers l'intérieur, à une vaste étendue de champs et de cultures. La Costa Verde, au sud d'Oristano, est plus ventée. D'énormes dunes de sable pouvant atteindre une trentaine de mètres y côtoient un arrière-pays couvert de maquis méditerranéen. Plus au sud, le littoral est bordé de roches calcaires à la couleur violacée, contrastant avec l'énorme Pan di Zucchero, imposant îlot de 132 m de haut qui lui fait face. La splendide Costa del Sud, à l'ouest de Cagliari, est connue pour ses attraits touristiques.

Côte sud. De Cagliari à Villasimius, une belle route côtière surplombe de splendides panoramas. Au sud, la côte qui part de Villasimius jusqu'à la Costa Rei se caractérise par sa linéarité et son absence de relief. Les plages se côtoient, très longues et plates, sur plusieurs km. Dans l'arrière-pays, on trouve de nombreuses plantations d'agrumes.

Côte est. C'est la plus sauvage de l'île, dominée par de hautes falaises calcaires qui abritent, le long du golfe d'Orosei, d'adorables petites criques. La belle Costa Smeralda réserve à ses visiteurs une infinité de ces petites criques et de plages bordant une mer couleur émeraude.

Plages

Plage de La Pelosa, Stintino. La plage, de forme convexe, en avancée sur l'eau, fait face à l'île d'Asinara. Sa couleur bleu turquoise et son sable extrêmement fin contrastent avec la couleur sombre des rochers de schiste du Capo Falcone. En face se dresse la très pittoresque tour Pelosa, sur un îlot proche de l'île d'Asinara. Seul inconvénient, la plage est très fréquentée en été.

Plage d'Is Aruttas, près d'Oristano. Sa couleur blanche est due aux petits cristaux de quartz dont elle est formée.

Plage de Piscinas. Une plage très sauvage et mystérieuse au cœur des dunes de la Costa Verde. La force du mistral a poussé vers l'intérieur le sable accumulé sur le rivage, formant des dunes d'une trentaine de mètres de hauteur. La couleur blanche et dorée du sable contraste avec le vert de l'épais maquis méditerranéen qui recouvre les dunes.

Plage de Chia. La plage de Baia di Chia, qui figure parmi les plus belles et longues plages de la côte du sud, possède un sable blanc très fin.

Plage de Villasimius. Une autre très belle plage du sud de la Sardaigne. Le banc de sable se trouve entre la mer et un lac, ce qui donne un effet de lagon.

Cala Luna. Dans le golfe d'Orosei, la célèbre plage appelée « baie de la lune » est dominée par de hautes falaises et des grottes. Cette vaste étendue courbe s'étend sur 500 m et se rétrécit vers l'arrière-pays dans la gorge profonde de Codula di Luna, où de nombreux randonneurs viennent admirer une nature encore intacte et sauvage. Au nord de la plage, sept grottes gigantesques ont été jadis creusées par la mer, conférant à la baie son aspect mystérieux et insolite.

Cala Gonone, près de Cala Luna. Une autre plage dominée par des hautes falaises et des grottes souvent battues par le mistral. La mer y est couleur bleu turquoise.

Cala Mariolu. Toujours dans le golfe d'Orosei, cette adorable crique très en retrait n'est accessible qu'en bateau. Les minuscules grains de sable blanc qui la composent sont appelés is puligi de nie, les « puces de neige », par les bergers de Baunei.

Plage de sable rose de Budelli. Cette plage est préservée, aussi peut-on seulement la contempler d'un bateau.

CLIMAT

Le climat de l'île est généralement doux. Soleil, chaleur et ciel bleu sont presque toujours au rendez-vous. L'île subit les influences des masses d'air en provenance d'Afrique, de l'Atlantique et de l'Arctique. Il fait beau pendant plus des trois quarts de l'année. Le reste du temps, en hiver et en automne, il pleut fréquemment. Les averses sont rares en été, mais peuvent se produire quelquefois au printemps. L'île est très ventée par le mistral, notamment sur la côte ouest, au sud d'Oristano. Il fait très chaud en été, notamment en juillet et août, mais la chaleur n'y est jamais torride en raison de l'insularité.

Températures moyennes

- **Décembre à mars :** 15 °C.
- **Avril à juin :** 23 °C.
- **Juin à septembre :** 28 °C.
- **Septembre à novembre :** 20 °C.

ESPACES NATURELS PROTÉGÉS

Le territoire, avec ses côtes, ses vastes espaces intérieurs, ses forêts millénaires et ses rochers de granit sculptés par l'eau et le vent, constitue la principale ressource de la Sardaigne, d'où l'effort constant de ses habitants pour préserver et valoriser ce patrimoine exceptionnel. Une des mesures mises en place est l'institution de parcs nationaux qui protègent la faune et la flore, mais aussi les terres convoitées par les trop ambitieux promoteurs immobiliers. Les parcs se répartissent en trois catégories : parcs nationaux, aires marines protégées et parcs régionaux.

Parcs nationaux

La Sardaigne compte trois parcs nationaux, définis comme « un espace terrestre ou marin qui contient un ou plusieurs écosystèmes intacts, ou partiellement altérés par l'homme, une ou plusieurs formations, physique, géologique ou biologique qui demandent, pour des raisons écologiques, scientifiques, éducatives ou récréatives, l'intervention de l'Etat afin d'assurer leur conservation pour les générations futures ».

- **L'archipel de La Maddalena,** institué en 1994, s'étend sur une superficie de 14 ha, avec 180 km de côtes. Il comprend toutes les îles de l'archipel et les étendues de mer qui les séparent puisqu'il s'agit d'un parc géomarin. Riche d'histoire, il conserve des traces du passage d'hommes illustres : Napoléon Bonaparte, Horatio Nelson et Giuseppe Garibaldi. Mais, avant tout, c'est la nature intacte qui règne dans ce parc où se mêlent terre, mer, granit, sable et maquis. Le patrimoine botanique de l'archipel de La Maddalena compte 750 espèces, soit un tiers de la flore sarde. Les côtes déchirées, granitiques ou sablonneuses, sont souvent constituées de falaises ou de rias, avec des plages assez petites mais souvent magnifiques, comme la Spiaggia Rosa, plage de sable rose (couleur due à la décomposition de micro-organismes marins), sur l'île de Budelli.

- **L'Asinara, au nord-ouest de la Sardaigne,** en face de Stintino, est la deuxième île, en taille, de la Sardaigne, après Sant'Antioco. Habitée dès le néolithique, elle accueillit des camps de quarantaine, puis un camp de prisonniers pendant la Première Guerre mondiale, et, enfin, un centre pénitentiaire durant les années 1970, quand le terrorisme faisait rage en Italie. Cette île, à la végétation de maquis, est une zone de reproduction pour une centaine d'espèces de la faune sauvage de Sardaigne : espèces marines, reptiles (11 espèces), oiseaux marins (dont le goéland corse). Parmi les mammifères, on compte le mouflon (avec 500 têtes environ), le sanglier, le cheval et, bien sûr, l'âne albinos de l'Asinara, caractéristique de l'île. Gennargentu et le golfe d'Orosei ont été déclarés parc national en 1998, mais cette décision n'est pas encore devenue effective. Cette zone possède un patrimoine naturel et historique remarquable. La vallée de Lanaittu, notamment, garde des traces préhistoriques de présence humaine, avec le site de Tiscali.

- **La région du Gennargentu** fut toujours une zone de repli où se réfugiaient les Sardes lorsqu'ils se sentaient menacés par des envahisseurs. On trouve également des gravures rupestres dans la grotte del Bue Marino (golfe d'Orosei) dont certaines semblent représenter des hommes. Ce parc comprend trois régions de type très différent : d'abord le massif du Gennargentu, surmonté par le sommet de La Marmora, puis une région dominée par les paysages sauvages et lunaires du Supramonte, et, enfin, une dernière région constituée du superbe golfe d'Orosei, où des falaises de calcaire blanc plongent à pic dans une eau transparente, alors que de petites criques sont autant de havres naturels pour les visiteurs. Dans les régions sauvages du Gennargentu et du Supramonte, les mouflons sont assez nombreux. Des oiseaux rares, comme le faucon de la reine dont il ne reste plus qu'une centaine de représentants, ont adopté les falaises du golfe d'Orosei comme lieu de nidification.

Aires maritimes protégées

Quatre sites naturels de Sardaigne entrent dans cette classification :

- **Ile du Mal di Ventre,** dans la péninsyle du Sinis (près d'Oristano). Cette zone est protégée depuis 1997 et possède des côtes et des paysages sous-marins exceptionnels, comme les falaises de calcaire jaune du Capu Mannu ou la superbe plage de quartz d'Is Arutas. Les eaux sont peuplées de poissons de tous types : mollusques et crustacés, poulpes et langoustes, et même des barracudas, sur fond de coraux multicolores. Les étangs sont nombreux dans cette région, notamment à Cabras. Quantité d'oiseaux aquatiques vivent là, en particulier de splendides flamants roses : entre septembre et mars ou avril, ils sont jusqu'à 10 000 à passer ici l'hiver au chaud. L'île du Mal di Ventre est une curiosité géologique : particulièrement plate, elle est composée de roches granitiques, alors que la péninsule de Sinis qui lui fait face est majoritairement constituée de calcaire. On y trouve cependant aussi des plages de sable en grains de quartz blanc, comme à Is Arutas. A l'intérieur, un épais maquis de buissons sert d'abri aux oiseaux de mer, lapins et autres habitants de l'île.

- **Capa Carbonara-Villasimius.** Ce parc naturel, à l'extrémité sud-est de la Sardaigne, s'étend sur une surface de 100 km^2, comprenant le promontoire rocheux du Capo Carbonara, ainsi que les îles de Serpentara et de Cavoli (« l'île aux choux »). Cette dernière est entourée de bancs de sable et parsemée de rochers de granit, dont les formes douces semblent de véritables sculptures n'ayant rien à envier aux blocs granitiques similaires du nord de la Gallura.

- **Ile de Tavolara.** Caractérisée par sa forme originale avec une crête calcaire, elle se trouve à une dizaine de km au sud d'Olbia. Peuplée d'une vingtaine d'habitants, l'île est très fréquentée en été. Le nord de l'île est abrupt, avec des montagnes calcaires, mais le sud est tout aussi sauvage : une côte de falaise, alors que l'intérieur des terres est recouvert d'un épais maquis. On accède à l'île par la façade occidentale : le Spalmatore di Terra est une longue bande de sable et de rochers.

- **Ile de l'Asinara.** L'Asinara est la seule grande île de la mer Méditerranée qui n'est pas habitée de manière significative, sans doute parce qu'elle fut jadis une prison. Le Parque Nationale de l'Asinara protége une aire située en face de la pointe nord- occidentale de la Sardaigne, qui comprend l'Île de l'Asinara et ses eaux. Les vieux bâtiments de la prison sont toujours visibles dans l'île. Entièrement recouverte de végétation méditerranéenne, l'île a souffert de nombreux incendies. L'île est peuplée d'un groupe de petits ânes blancs uniques au monde.

Le WWF en Sardaigne

Le WWF (World Wild Fund for Nature) est une organisation non gouvernementale active dans le monde entier. Le WWF gère plusieurs offices en Sardaigne. Son projet principal est la réserve naturelle de Monte Arcosu – Monte Lattias, un environnement riche en bois verdoyants et patrie du cerf sarde. Dans les années 1980, les affiliés au WWF ont donc acheté 3 600 ha de ce maquis méditerranéen pour en faire une oasis protégée et permettre aux cerfs sardes et aux autres espèces rares de se reproduire à l'abri de tout danger.

Parcs régionaux

Les parcs régionaux représentent un patrimoine naturel et environnemental du peuple sarde. On en compte neuf en Sardaigne.

- **PARC RÉGIONAL DU LIMBARA.** Il s'étend sur une superficie de 20 ha dans le nord de la Sardaigne. Il est surtout caractérisé par des massifs granitiques érodés par le vent. Il abrite une faune nombreuse, composée de sangliers, chats sauvages, loups, martes, loirs et lièvres, ainsi que de quelques cerfs sardes. Les forêts de cette région sont constituées de chênes-lièges et de chênes verts, mais aussi de buissons typiquement méditerranéens : myrte et ciste notamment.

- **PARC DE MONTIFERRU-SINIS.** Il se trouve à proximité d'Oristano et s'étend sur un vaste territoire de collines et de maquis, comprenant ce monument naturel grandiose qu'est le volcan de Montiferru, en roches basaltiques.

- **MONTE ARCO.** Ce parc est situé au centre ouest de la Sardaigne, non loin d'Oristano. Il s'agit d'un massif constitué sur les vestiges d'un volcan de l'ère tertiaire : la région est donc riche en obsidienne, une pierre noire très dure, jadis très utile aux premiers habitants de l'île, qui l'utilisaient notamment comme monnaie d'échange avec les autres peuples méditerranéens.

- **PARC DE PORTO CONTE.** En face, près d'Alghero, c'est une zone protégée depuis 1999 et touristique depuis des années. Ce promontoire s'élève à 170 m au-dessus de la mer, ses parois calcaires plongeant à pic dans la mer, et offre un panorama sur le splendide golfe de Porto Conte.

L'eau a creusé à sa base des grottes de toute beauté, dont la plus connue est la grotte de Neptune, avec ses concrétions calcaires aux formes fantastiques. Outre les micro-organismes vieux de millions d'années qui vivent dans ces grottes, on trouve dans les parois rocheuses du Capo Caccia des nids d'aigle et d'autres oiseaux marins, le plus souvent des mouettes royales et, plus rarement, la mouette corse. Dans une zone délimitée, le Corps de gardes forestiers a créé l' « Arche de Noé », qui conserve des spécimens d'animaux typiquement sardes : les ânes blancs et les petits chevaux de la Giara di Gesturi.

■ **RÉSERVE WWF MONTE ARCOSU.** Cette oasis de protection de la faune se trouve à l'est du parc de Monte Arci, en plein centre de la Sardaigne. Ici, dans une végétation de maquis, vivent des espèces rares, voire en voie d'extinction, comme le cerf sarde, le loup, le chat sauvage, la marte et plusieurs espèces de rapaces, dont l'aigle royal. **Pour plus d'infos :** Cooperativa il Caprifoglio, via Umberto I 15, Uta (Ca) ✆ 347 3463 546 – www.ilcaprifoglio.it

■ **PARC DE LA GIARA.** C'est un plateau basaltique recouvert de maquis de myrte, ciste, genêts et euphorbes. C'est le plus petit des parcs régionaux, surtout connu pour ses 800 chevaux sauvages de race Sa razza'e Jara.

■ **PARC DE SULCIS.** D'une superficie de 36 000 ha, c'est le plus grand parc régional de Sardaigne. Situé à l'ouest de Cagliari, il englobe les communes d'Assemini, Capoterra, Domus de Maria, Pula, Santadi et Teulada. L'intérieur du parc, assez accidenté et couvert d'une épaisse forêt et d'un manteau de maquis très dense, est peu peuplé. En revanche, la forêt abrite la plus riche population de cerfs sardes de l'île.

■ **PARC DE MONTELARGIUS-SALINE POETTO.** Situé à l'est de Cagliari, il est essentiellement composé d'étangs peuplés de flamants roses et autres oiseaux d'eau : hérons, foulques, canards sauvages, grèbes, sternes, milouins, râles d'eau, aigrettes… Ces oiseaux viennent souvent de Camargue et s'arrêtent là avant de descendre plus au sud.

■ **PARC DES SEPT-FRÈRES (Parco Sette Fratelli-Monte Genis).** Il se trouve dans la partie sud-est de l'île, dans la région de Sarrabus. Vallonné (les « sept frères » sont en fait sept collines) et doté d'une végétation dense, il sert d'abri à de rares cerfs ainsi qu'à quelques troupeaux de mouflons.

FAUNE ET FLORE

Faune

C'est rarement par intérêt pour sa faune que les visiteurs se rendent en Sardaigne, et pourtant l'île est particulièrement riche d'espèces souvent disparues des autres régions européennes. L'espèce la plus présente sur l'île est sans conteste la brebis : avec 3 millions de têtes, elles y sont deux fois plus nombreuses que les hommes ! Avec leur lait, on fait de délicieux fromages, notamment le pecorino sardo. Cousin du mouton, le mouflon se cache dans les montagnes de la Barbagia.

Un sanctuaire pour les ornithologues

La Sardaigne abrite des centaines d'espèces d'oiseaux différentes. La plupart d'entre elles se trouvent sur les côtes : ces étendues de lagunes et de marécages abritent en effet une impressionnante population d'oiseaux aquatiques. On peut notamment voir de magnifiques flamants roses dans les étangs du sud et de l'ouest de l'île, ou des érismatures (petits canards) à tête blanche, mais aussi des foulques, canards sauvages, grèbes, sternes, milouins, râles d'eau, aigrettes et autres hérons.

Au cœur de l'île, dans les montagnes du centre, d'accès difficile et peu peuplées, on aperçoit parfois dans le ciel de majestueux rapaces, dont le griffon : c'est un oiseau qui a jusqu'à 2,80 m d'envergure et qui pèse de 8 à 10 kg. Deux espèces d'aigles vivent sur l'île : l'aigle royal et l'aigle de Bonelli. Malheureusement ces oiseaux sont de plus en plus rares et les colonies en abritent seulement quelques centaines de spécimens.

Moins menacées d'extinction, de nombreuses colonies de mouettes royales, et plus rarement des goélands d'Audouin, vivent le long des côtes. On trouve aussi deux espèces de cormorans : le cormoran huppé et le cormoran commun.

Les principaux mammifères de Sardaigne

Une espèce est traditionnellement associée à la faune maritime sarde, celle du phoque moine, qui était présent jusqu'à la fin du siècle dernier sur tous les rivages de la Sardaigne. Malheureusement, il a aujourd'hui presque disparu des côtes, même si certains entretiennent le mythe et affirment en avoir vu un… Un autre mammifère emblématique de l'île est le cerf sarde, dont quelques centaines survivent dans les forêts de la province de Cagliari. Quelques autres habitants des forêts sont menacés par la réduction de leur habitat naturel : c'est notamment le cas des petits mammifères comme la belette, le renard, le lièvre et le loir. Le sanglier sauvage de Sardaigne, lui, ne semble pas être en danger, bien qu'il soit la cible préférée des chasseurs.

En réalité, l'île est comme un petit continent : plusieurs espèces sont communes dans le reste du territoire italien alors qu'elles n'existent pas en Sardaigne, et vice versa. On n'y trouve pas, par exemple, de vipère, de blaireau et d'écureuil, mais le mouflon, le cerf sarde et le phoque moine sont là (enfin, ce dernier était là...). En Sardaigne, la taille des ânes, chevaux, sangliers, porcs et lapins est inférieure à celle des mêmes espèces continentales, comme en témoignent les petits chevaux sauvages qui vivent dans l'altiplano de la Giara di Gesturi.

Les poissons

Les eaux sardes sont riches en poissons, mérous, loups et daurades, ainsi qu'en crustacés (homards et fruits de mer comme moules et palourdes). Les lieux idéals pour observer les espèces marines sont Capo Falcone et Capo Ferro. Ici, on peut entrevoir la baleine commune, le dauphin et d'autres cétacés. Dans un centre de recherches marines, le Santuario dei Mammiferi Marini, on a découvert que les petites baleines appartiennent à une population méditerranéenne qui est différente de la population atlantique, mais dont les comportements sont semblables.

Flore

Le paysage sarde est plus caractérisé par les rochers et la terre que par les plantes et les arbres. Pourtant cette végétation donne à la terre un aspect caractéristique. De plus, la végétation de la Sardaigne est extrêmement riche, justement grâce à la diversité des sols et des climats. Son originalité s'explique aussi par son insularité.

On y retrouve la flore typique du bassin méditerranéen : le maquis. Il est présent sur les zones aux sols particulièrement pauvres, exempts d'humus et ne donnant naissance qu'à des plantes modestes, mais denses et résistantes. En outre, le maquis présente l'avantage de repousser très rapidement après un incendie. Caractéristique des côtes de la Sardaigne, il se compose dans sa forme « pure » de caroubiers et d'oliviers. D'autres espèces d'arbustes viennent s'enchevêtrer dans ce maquis originel : la ciste rose, le myrte d'un blanc immaculé, le genêt doré, la lavande et l'euphorbe. Ces massifs, remarquables par leur ampleur et leur compacité, exhalent au crépuscule un parfum inimitable et enchanteur.

Présent lui aussi dans la végétation diffuse du maquis sarde, le genévrier est le symbole de l'île, encore très répandu, malgré les altérations graves et les coupes. Le chêne, dans ses trois principales espèces, est l'arbre le plus répandu en Sardaigne.

Le chêne vert se trouve sur l'ensemble du territoire, depuis les montagnes jusqu'aux côtes rocheuses. Cette espèce est la mieux adaptée au climat et au sol de l'île. Cependant les vastes forêts de chênes verts qui peuplaient l'île, il y a 200 ans, se sont progressivement dégradées et ces arbres ne se trouvent plus aujourd'hui que dans le maquis.

Le chêne commun est devenu plus rare en raison du déboisement qui eut lieu au XIXe siècle. On en trouve encore dans le parc du Gennargentu et sur le plateau d'Abbasanta, à Oristano. Quant au chêne-liège, sa culture s'étend de la Gallura au nord de la Barbagia, et contribue de manière significative à l'économie de cette région. Cette espèce est très répandue, notamment grâce à sa capacité à survivre aux incendies, menace omniprésente pour les forêts sardes.

Le parc du Gennargentu abrite de nombreuses exploitations forestières de châtaigniers. Moins nombreux qu'en Corse, ils n'en sont pas moins présents. Citons aussi les pinèdes présentes sur la côte, et encore naturelles, au sud-ouest, mais pour la plupart produits de la sylviculture (côtes orientale et septentrionale). Plus près encore de la mer, on trouve dans les dunes des espèces herbacées tenaces, dont le lys de mer avec ses corolles blanches parfumées, ou le panicaut des dunes, bleu ciel et aux feuilles épineuses.

Un autre spécimen de l'île est le palmier nain, également appelé palmier de San Pietro (il est en effet très représenté dans cette île du sud-ouest de la Sardaigne). Ses feuilles séchées, coupées en fines bandelettes, sont utilisées pour la vannerie, notamment par les artisans de Castelsardo dont les paniers sont de véritables œuvres d'art.

Enfin, on trouve deux formes de végétation qui ne sont sardes que par adoption : l'eucalyptus et le pin. Le premier a été importé récemment dans le cadre des campagnes d'éradication du paludisme car on croyait alors que l'eucalyptus constituait une défense contre cette maladie. Le second a été planté le long des côtes afin de freiner l'avancée des dunes de sable.

Histoire

La Sardaigne est l'une des plus anciennes terres d'Europe. Elle fut très longtemps l'objet de rivalités et de convoitises des peuples voisins, passant successivement sous la domination des Phéniciens, des Romains, des Arabes, des Génois, des Pisans, des Espagnols et de la maison de Savoie, avant de se constituer en région autonome dans le cadre de la République italienne. Son histoire porte les marques de ces conquêtes successives.

La Sardaigne prénuragique, au temps des premiers Sardes

Les premières traces humaines datent du Paléolithique inférieur (120 000 av. J.-C.), comme en témoignent les outils de pierre de cette période retrouvés au nord de l'île. On suppose que ces premiers Sardes arrivèrent d'Europe occidentale par la mer, laquelle, aux périodes glaciaires, baissa de 100 m, rapprochant la Sardaigne des côtes italiennes. A cette époque, la Sardaigne formait avec la Corse une seule et même île. Les premiers habitants y découvrirent une nature hospitalière : des plaines fertiles, des forêts et des eaux propices à la chasse et à la pêche.

Cependant, ce n'est qu'à partir du néolithique ancien (6000 av. J.-C.) qu'apparaissent les premiers signes de civilisation. Des hommes d'une autre race, probablement venus d'Afrique du Nord et de la péninsule Ibérique, s'installent sur l'île et y développent leur savoir-faire. Deux civilisations se succèdent : la civilisation de Bonu Ighinu (4000-3500 av. J.-C.) et la civilisation d'Ozieri (3500-2700 av. J.-C.). Ces peuples se regroupaient dans des villages de huttes et vivaient de l'agriculture et de l'élevage. Ils exploitaient aussi l'obsidienne, cette pierre d'origine volcanique, extraite des mines du Monte Arci, et dont ils fabriquaient des pointes de flèches et de racloirs. Cette pierre constituait leur principale ressource et servait de monnaie d'échange avec les peuples méditerranéens.

Nuraghe Zuras

Ces civilisations se caractérisaient avant tout par leur art – souvent lié au culte de la divinité – des céramiques et statuettes, mais surtout par leur culte des morts et les vastes chambres funéraires qu'ils nous ont laissées. Ces nécropoles portent le nom de domus de janas, « maisons de fées ou de sorcières », sorcières qui, selon les anciens Sardes, les habitaient. Avec la fin de la civilisation d'Ozieri s'ouvre l'ère tumultueuse de l'âge du cuivre, de 2700 à 1800 av. J.-C., marquée par une longue période de violences et d'invasions. De nouvelles populations venues d'Occident introduisent sur l'île leur savoir-faire culturel et technique, comme en témoignent les dolmens, cercles de pierres et obélisques datant de cette époque.

La civilisation nuragique, fondement de la culture sarde

Cette période, qui s'étend de la fin de l'âge du bronze ancien (1800 av. J.-C.) à la fin de l'âge de fer (500 av. J.-C.), marque les premiers pas de la civilisation sarde. Elle doit son nom à des constructions spécifiques à la Sardaigne et uniques au monde : les nuraghi. Ces monuments grandioses, constitués de gros blocs de pierre assemblés en tours coniques, jalonnaient le territoire sur toute sa surface, sur les plateaux, près des rivières, à l'entrée des vallées, le long des sentiers, mais aussi sur les côtes et dans les plaines. Tels des châteaux splendides et imprenables, ces tours forteresses servaient probablement aussi d'habitations et de temples. Bien que beaucoup aient disparu, il en reste encore aujourd'hui près de 7 000, soit environ un nuraghe tous les 2 km. Une civilisation, pacifique et sédentaire, naquit de ces pierres et se spécialisa dans la production d'objets en métal, notamment en bronze, ainsi que dans les techniques architecturales. Les peuples nuragiques vénéraient leurs ancêtres, pour lesquels ils bâtissaient des tombes des géants, ainsi nommées en raison de leurs imposantes dimensions, et qui pouvaient contenir un grand nombre de morts.

Ces tombeaux mesuraient en effet de 5 à 15 m de longueur et de 1 à 2 m de hauteur. Un tumulus ressemblant à une coque de navire renversée en surplombait l'entrée.

Sites archéologiques

Cette culture fut à l'origine d'une grande production de statuettes de bronze, que les Sardes utilisaient comme offrandes à leurs divinités ou comme éléments de décoration de leurs maisons. Ces statuettes représentaient des hommes, des prêtres, des animaux ou des petits bateaux et mesuraient moins de 10 cm (la plupart sont exposées au Musée archéologique de Cagliari). De cette période datent également les puits et fontaines sacrés, témoignant du culte que vouait cette civilisation aux eaux de source, toujours rares sur le territoire sarde. L'époque nuragique aura été l'une des rares périodes d'indépendance de la Sardaigne, et prit fin avec l'arrivée des Phéniciens en 1000 av. J.-C.

Entre Carthage et Rome

L'arrivée des marchands phéniciens annonça le passage d'une population tribale à une société organisée. Au cours des IXe et VIIIe siècles av. J.-C., ils vont fonder les premières villes côtières : Karalis (Cagliari), Nora, Bithia, Tharros et Sulcis. Fidèles à leur tradition de commerçants habiles et avides, ils vont aussi développer les échanges avec la population nuragique et tenter petit à petit de s'approprier les ressources de l'arrière-pays fertile, afin de conquérir toute l'île. L'étendue du territoire et les intérêts économiques et commerciaux que représentait la présence des Phéniciens retardent la confrontation entre les deux peuples, mais, conscients enfin de la menace d'asservissement, les peuples nuragiques se révoltent contre les Phéniciens, qui appellent alors Carthage en renfort.

En 540 av. J.-C., l'armée carthaginoise débarque pour la première fois en Sardaigne, mais se heurte à la résistance sarde. Au deuxième assaut, Carthage l'emporte et soumet la population sarde à son autorité : les habitants de l'île sont contraints de choisir entre l'esclavage et la misère. La Sardaigne se remettra pour le moins très lentement de cette défaite, puisqu'elle devra attendre 1948 pour retrouver son autonomie ! Jusqu'à cette date, le sort de l'île restera lié à celui de ses nombreux colonisateurs.

Les Carthaginois opèrent une véritable transformation de l'île. Ils édifient un vaste réseau de routes qui relient les fermes de l'île et dispensent leur savoir-faire en matière d'agriculture pour faire de la Sardaigne leur réserve céréalière. L'île acquiert un statut privilégié, tissant des liens étroits avec Carthage, qui l'utilise comme base stratégique et militaire dans la Méditerranée. Se rendant compte de l'importance de la Sardaigne pour Carthage, les Romains profitent de la défaite carthaginoise lors de la première guerre punique (238 av. J.-C.) pour s'emparer de l'île.

Tentant de s'opposer à l'envahisseur, Carthage s'allie aux populations des montagnes du centre au cours de la deuxième guerre punique (218-201 av. J.-C.), mais ne parvient pas à chasser les Romains. Ceux-ci détruisent la quasi-totalité des traces de l'occupation carthaginoise.

Malgré leur incessante volonté de faire disparaître les vestiges de la culture de leurs prédécesseurs, les Romains n'ont jamais réussi à soumettre tout le territoire. La résistance sarde s'organise à l'intérieur des terres, donnant lieu à de vives révoltes. L'Empire romain a cependant laissé à l'île un héritage incontestable en ce qui concerne les infrastructures (routes, ponts, aqueducs…) et l'architecture (thermes, temples et amphithéâtres). La situation économique s'améliore peu à peu et la tutelle romaine devient moins oppressante : sous le règne d'Auguste, certains habitants sardes acquièrent la citoyenneté romaine.

La domination arabe et la Sardaigne médiévale : une période trouble

La Sardaigne commence très tôt à intéresser les Arabes, qui possédaient déjà certains quartiers en Sicile, en Espagne et en Afrique du Nord. C'est en 711 que les troupes de Moussa Ibn-Nuqer envahissent l'île, pillant et emportant à bord de leurs vaisseaux de nombreuses richesses. Cependant, leur retour est catastrophique car leurs galères sont emportées par la tempête. Ce revers ne les arrête pas pour autant.

De 711 à 1016, ils multiplient leurs attaques et dévastent les villes l'une après l'autre. La résistance sarde s'organise. En 807, elle détruit la totalité d'une flotte sarrasine. Cependant elle ne parvient pas à mettre un terme aux invasions successives et l'île ne tarde pas à sombrer dans la misère. C'est finalement en 1015 que les Sardes, forts de leur alliance avec les puissances maritimes de Gênes et de Pise, parviennent à vaincre les soldats du prince Mogeid-al-Amiri. Pise et Gênes avaient en effet pressenti que la menace sarrasine deviendrait de plus en plus pressante, du fait notamment de la conquête des îles Baléares et de la ville de Deina par le prince Mogeid-al-Amiri, et des attaques répétées de ses troupes sur les côtes italiennes.

En s'alliant avec la Sardaigne, Gênes et Pise empêchent les Arabes de conquérir une base militaire stratégique. Vers l'an mille, la Sardaigne parvient donc à se libérer de la domination sarrasine et crée quatre royaumes autonomes, nommés giudicati : Cagliari, Arborea, Gallura et Lugodoro. Les décisions au sein de ces structures sont prises non pas par le roi, mais par un Parlement appelé Corona de Logu et constitué de représentants du peuple. Pendant cette période de calme relatif et de croissance économique et culturelle, les Génois et les Pisans prennent progressivement le contrôle de l'île.

Chronologie

Les premiers Sardes

200 000 - 120 000 ans av. J.-C. > Découverte des premières traces de vie en Sardaigne ; témoins, des outils trouvés dans le nord de l'île, près de Perfugas.

35 000 – 12 000 ans av. J.-C. > Des ossements datant du Paléolithique inférieur sont découverts près d'Oliéna.

9 000 – 6 000 av. J.-C. > A l'ère du néolithique ancien, l'île est colonisée par de nouveaux arrivants. Construction de la première route.

4 000 – 3 500 av. J.-C. > La civilisation de Bonu Ighinu marque le début d'une vie sociale entre tribus.

3500-2700 av. J.-C. > La civilisation d'Ozieri s'accompagne de l'apparition des premières « domus de janas ».

1 800 - 500 av. J.-C. > Avec la civilisation nuragique, la Sardaigne acquiert une identité propre. Le développement culturel est intense et près de 7 000 nuraghi sont construits sur l'ensemble du territoire sarde.

Entre Carthage et Rome

1100 - 800 av. J.-C. > Les premiers marchands phéniciens s'installent sur les côtes et construisent les premières villes (Cagliari, Nora, Bosa, Tharros…).

500 av. J.-C. > L'île est occupée par les Carthaginois, qui y développent les productions céréalières et minières ainsi que le réseau de routes.

238 av. J.-C. > La défaite des Carthaginois lors de la première guerre punique fait passer la Sardaigne sous le contrôle des légions romaines.

476 apr. J.-C. > La chute de l'Empire romain est suivie d'une période d'anarchie et de la conquête de la Sardaigne par les Vandales.

534 > La Sardaigne passe sous domination byzantine.

Empereur Auguste

Charles V

La domination arabe

711 > Les Arabes débarquent en Sardaigne et envahissent l'île.

1015-1016 > Après une longue période de troubles, les Sardes, aidés par les Pisans et les Génois, chassent les Arabes de l'île.

De la domination espagnole à l'unification italienne

1400-1700 > La Sardaigne devient le fief de la couronne d'Espagne.

1718 > Le traité de Londres accorde la Sardaigne à la maison de Savoie.

1847 > La Sardaigne, jusqu'alors autonome par rapport à l'Etat, devient partie intégrante du royaume du Piémont.

1861 > La République italienne récemment créée englobe la Sardaigne.

Début du XXe siècle : la naissance du mouvement autonomiste

1915-1918 > Pendant la Première Guerre mondiale, la brigade Sassari sarde se distingue dans les batailles contre l'Autriche et l'Allemagne. Pour la première fois, les hauts faits militaires des Sardes sont reconnus par le monde entier.

1921 > Les anciens combattants de la brigade Sassari fondent le Parti sarde d'action (PSdA), qui s'engage à poursuivre l'objectif de l'indépendance politique, économique et culturelle de la Sardaigne.

1923 > Première visite de Mussolini en Sardaigne. Pour développer l'industrie minière et l'agriculture, il fait défricher plusieurs terrains marécageux.

L'après-guerre

1948 > La Sardaigne devient région autonome de la République italienne et l'île se subdivise en provinces de Cagliari (chef-lieu de la région), Nuoro et Sassari.

1951 > Une grave disette frappe la Sardaigne, où elle provoque une grande vague d'émigration.

1957 > L'Italie signe le traité de Rome et la Sardaigne participe ainsi à la construction européenne.

1962 > Le prince Aga Khan fonde le Consorzio Costa Smeralda.

De 1970 à nos jours

1965-1980 > Développement d'une vaste zone touristique sur la Costa Smeralda, dans le nord-est de la Sardaigne. Simultanément, une vague d'enlèvements sème la terreur à l'intérieur de l'île.

1974 > Oristano devient la quatrième province de la Sardaigne.

1999 > Le conseil régional de Sardaigne approuve une loi en faveur de la défense et de la promotion de la langue et de la culture sardes.

2002 > Quarantième anniversaire du Consorzio Costa Smeralda.

2004 > Quatre nouvelles provinces sardes ont été reconnues : **Ogliastra** (OG), **Carbonia Iglesias** (CI), **Olbia Tempio** (OT) et **Medio Campidano** (M.C). Ainsi, avec les anciennes provinces de Cagliari, Nuoro, Oristano et Sassari, le nombre des provinces sardes passe de quatre à huit.

Cependant les limites de leurs dominations respectives deviennent complexes, chaque puissance s'alliant avec un giudicato. Pise domine de 1113 à 1115, puis Gênes, soutenant le giudicato d'Arborea, entreprend de rassembler l'île tout entière sous son pouvoir. Finalement l'île est partagée en deux territoires : Lugodoro et Campidano pour Gênes ; et Gallura pour Pise.

La paix qui s'installe alors favorise une expansion commerciale considérable. L'île retrouve peu à peu son dynamisme culturel. Génois et Pisans y apportent les infrastructures de la culture ecclésiastique. Monastères et églises se multiplient sur le territoire. Au début du XIVe siècle, le pape Boniface VIII, intervenant dans les querelles qui agitent de nouveau le pays, cède le royaume de Sardaigne aux Aragonais. Ces derniers règnent sur le territoire pendant deux siècles environ, jusqu'à ce que l'île rejoigne le royaume d'Espagne, né de l'alliance entre les couronnes d'Espagne et d'Aragon. En dépit de cette période de tumulte, la Sardaigne aura connu une expansion économique importante due aux échanges maritimes entre l'île et le continent.

La domination espagnole

En 1297, le pape Boniface VIII donne la Sardaigne et la Corse (appelées respectivement Regnum Sardinae et Corsicae) à la couronne d'Aragon, afin de mettre un terme à la guerre des Vespres qui éclate en 1282 entre les Angevins et les Aragonais sur la question de la possession de la Sicile. Ce nouveau Regnum Sardinae devait faire partie des possessions d'outre-mer de la couronne d'Espagne, née de l'union des couronnes d'Aragon et de Castille à la fin du XVe siècle, jusqu'au début du XVIIIe. Le pape cède en effet le Regnum Sardinae au Catalan Jacques II le Juste, roi d'Aragon, en lui promettant son soutien dans la conquête de la Sardaigne pisane, en échange de la Sicile. Cependant le royaume d'Aragon, qui ne dispose que de maigres ressources financières, n'est pas disposé au début du XIVe siècle à conquérir l'ensemble du territoire.

Ce n'est qu'en 1323 que Jacques II d'Aragon s'allie avec le roi d'Arborea et occupe les giudicati de Cagliari et de Gallura ainsi que la ville de Sassari, au terme d'une invasion militaire qui a duré près d'un an. Il nomme Regnum Sardinae et Corsicae le territoire résultant de ses conquêtes et le partage en 376 fiefs dont il distribue la moitié à des nobles espagnols. L'île s'affaiblit, gouvernée par des chefs qui ne pensent qu'à profiter des richesses du territoire sans les exploiter véritablement, et souffre de nombreuses épidémies de malaria.

En 1353, une guerre éclate entre le royaume d'Arborea et le royaume de Jacques II. En 1354, les Aragonais conquièrent la ville d'Alghero, qui devient le lieu d'immigration de nombreux Catalans venus d'Espagne. Aujourd'hui encore, les origines catalanes de la ville, très marquées, témoignent de son entière appartenance au royaume d'Aragon. Peu à peu, le Regnum Sardinae et Corsicae gagne en autonomie. En 1353, Pierre IV d'Aragon lui permet d'avoir son propre Parlement, puis lui accorde son propre gouvernement et son indépendance judiciaire.

De 1365 à 1409, le royaume d'Arborea l'emporte sur la couronne d'Aragon, occupant la quasi-totalité de l'île, à l'exception de Cagliari et d'Alghero. Cette époque est celle de la domination de Mariano IV, Hugo III, Mariano V et, surtout, de la mère de ce dernier, la grande giudicatessa Eleonora d'Arborea qui marqua l'île de sa grandeur et de sa volonté d'indépendance. Elle fut à l'origine de la victoire de son giudicato contre l'envahisseur aragonais, et, à la fin du XIIIe siècle, d'une série de lois appelée « Carta de Logu » visant à assurer au royaume son indépendance législative : cette charte constitutionnelle, rédigée en langue sarde, devint la référence en matière de législation pendant de nombreux siècles. Eleonora mourut en 1404 et fut remplacée par Guillaume III de Narbonne.

Bataille de Lepanto, 1571, les Sardes combattent avec les Espagnols

Eleonora d'Arborea

Cette femme courageuse prit la tête de la résistance contre l'envahisseur espagnol dans la seconde moitié du XIVe siècle. Ayant hérité de la judicature d'Arborea (la région d'Oristano), elle rallia peu à peu toute la Sardaigne à sa cause, et représente aujourd'hui encore l'un des symboles de l'indépendance et de l'identité sarde. Femme d'action, elle fut également à l'origine de la « Carta de Logu », un code de lois écrit en langue sarde qui régira les différents aspects de la vie en Sardaigne jusqu'au XIXe siècle. Elle garantit les droits civils et humains, le droit à la propriété et à la succession, mais sa véritable révolution concerne les droits des femmes : c'est la première fois qu'une constitution leur reconnaissait des droits.

En 1409, Martin le Jeune, roi de Sicile et héritier d'Aragon, vainc les giudicati sardes à Sanluri et s'empare de la totalité du pays. L'île souffre alors de nombreuses épidémies de peste. Peu après, Martin le Jeune meurt à Cagliari d'une épidémie de malaria. La couronne d'Aragon passe ainsi aux Castillans, et en particulier à Ferdinand Ier d'Antequera et ses descendants. Pendant cette période, de nombreux Espagnols immigrent en Sardaigne, qui connaît une situation de dépeuplement causée par les guerres et les épidémies. En 1469, l'union de Ferdinand II d'Aragon et d'Isabelle de Castille conforte l'unité du royaume d'Espagne. Le Regnum Sardinae passe ainsi sous le contrôle de la couronne d'Espagne ; il prend pour emblème le symbole des quatre Maures, qui représentent les quatre régents originaires d'Afrique vaincus par les armées aragonaises au XIe siècle.

L'Espagne, qui est alors en pleine expansion territoriale, délaisse la Sardaigne pendant de nombreuses années. Les Sardes ne sont pas autorisés à pénétrer dans la ville d'Alghero ni dans le Castello de Cagliari (après le cri « Dehors les Sardes ! »), sous peine d'être jetés par-dessus les remparts. Ces interdictions ne seront levées que pendant le règne de Charles Quint, en 1535. Les tours espagnoles, dont on peut admirer les vestiges sur la majeure partie des côtes sardes, sont édifiées sous les ordres de Charles Quint d'Espagne, en prévention des attaques des musulmans de Tunis (1535) et d'Alger (1541).

Le royaume d'Espagne reste en Sardaigne jusqu'à 1720, imprégnant le peuple de ses cultures et de ses traditions – comme en témoignent encore la fête de San Efisio à Cagliari ou la cavalcade de Sassari – et décidant seul de l'importation de l'art gothique catalan et du baroque espagnol. Au milieu du XVIe siècle, les jésuites qui arrivent sur l'île imposent le castillan comme langue officielle. Les Sardes, spoliés de toutes leurs richesses aussi bien territoriales que culturelles, commencent à organiser des mouvements de révolte et de banditisme. En 1708, le royaume de Sardaigne passe sous le contrôle des Autrichiens, à la suite de la guerre de Trente Ans. En 1717, le cardinal Alberoni, ministre de Felipe V d'Espagne, réoccupe la Sardaigne. En 1718, le traité de Londres fait retomber la Sardaigne dans le giron du royaume de Savoie.

La Sardaigne sous le contrôle de la maison de Savoie

En 1718, le traité de Londres, qui mettait fin à la guerre d'Espagne, obligea les ducs de Savoie à échanger la Sicile contre la Sardaigne. Cette annexion ne fut guère souhaitée, tant la culture sarde et les mœurs des paysans de l'île étaient incompréhensibles pour la maison de Savoie-Piémont. Le banditisme et les révoltes qui s'étaient organisés au temps de la domination espagnole n'avaient en rien amélioré la situation économique de l'île. Les hordes de bandits – dont l'une sous les ordres d'une femme, Lucia Delitala – pillaient les villages et allaient se réfugier dans les montagnes du centre de l'île. Le gouvernement fit venir des paysans du Piémont afin de contrôler les bergers sardes et lutter contre le banditisme, mais cet effort fut vain.

En 1736, l'île de San Pietro accueillit des pêcheurs ligures, qui introduisirent dans l'île leurs pratiques de la pêche au corail. Les îles de San Pietro et de Sant'Antioco devinrent bientôt des lieux en pleine expansion.

Le comte Giovanni Battista Bogino fut le premier à s'intéresser au sort de la Sardaigne et y encouragea l'agriculture par une série de réformes permettant aux paysans d'obtenir des prêts avantageux. Son conseiller aux affaires sardes, Giuseppe Cossu, tenta de moderniser l'agriculture, mais n'apporta que de courtes améliorations. Face à la misère grandissante et aux mauvaises récoltes, les émeutes se multiplièrent, critiquant de manière acerbe l'attitude du gouvernement piémontais. L'armée française débarqua sur l'île en 1793, forte des idéaux de la Révolution, et envahit facilement l'île de San Pietro. Les Sardes, menés par les nobles et le clergé, repoussèrent les Français.

En 1794, les Sardes se révoltèrent contre les Piémontais qui refusaient de leur accorder plus d'autonomie. Le giudice Giovanni Maria Angio y reprit le pouvoir et apporta la paix à l'île. Il en fut cependant chassé par le gouvernement piémontais, après le traité de paix avec les Français. A la suite des guerres napoléoniennes en Italie, les ducs de Savoie quittèrent Turin en 1799 et trouvèrent refuge à Cagliari pendant quinze ans.

Quelques figures sardes des XIXe et XXe siècles

Antonio Gramsci

Antonio Gramsci naît le 22 janvier 1891 à Ales, en Sardaigne. Suite à un accident dans sa petite enfance, Gramsci resta bossu. Dès son entrée à l'université de Turin, il adhère au Parti socialiste et écrit dans des journaux d'extrême gauche. Lors de la révolution russe, il apporte un « soutien critique » au bolchevisme. Il élabore à cette époque une théorie révolutionnaire, le « conseillisme d'usine ». En 1920, il participe à l'agitation et anime des soviets d'entreprise. En 1921, il est l'un des fondateurs du Parti communiste italien, puis devient l'un des dirigeants du Komintern. Après la prise du pouvoir par Mussolini (1922), il est élu député. Entre-temps, il a lancé plusieurs journaux de gauche, dont l'*Unita*. En 1926, Gramsci est arrêté après un attentat manqué contre Mussolini, condamné à vingt ans de prison et incarcéré. C'est alors qu'il écrit ses fameux *Quaderni dal Carcere* (*Cahiers de prison*), au total 2 848 pages de réflexions politiques extrêmement originales. En 1937, quatre jours après la fin de sa peine, il meurt d'une hémorragie cérébrale. Dans le village de Ghilarza, près d'Oristano, on peut visiter sa maison musée, une jolie demeure où Gramsci a vécu une bonne partie de son enfance.

Emilio Lussu

Homme politique et homme de lettres, Emilio Lussu est né à Armungia, en 1890. Interventionniste pendant la Grande Guerre, il rejoignit la Brigata Sassari qui devint fameuse pour ses exploits. En 1919, Lussu fonda le Partito Sardo d'Azione. Antifasciste, il se battit pour ses idées, ce qui lui valut l'exil et l'incarcération aux îles Lipari. En 1929, il parvint à s'évader et se réfugia à Paris où il créa le mouvement Giustizia e libertà (« justice et liberté »). C'est aussi à Paris qu'il commença à écrire *Teoria della insurrezione* et *Un anno sull'altipiano* (1937). En 1943, il rentra en Italie pour participer à la Résistance, et joua un rôle politique majeur après la guerre, dans le cadre du Partito d'Azione, puis du Partito Sozialista di Unità Proletaria à partir de 1965. Il mourut à Rome en 1975.

Antonio Segni

Né à Sassari en 1891, il fit des études de droit à l'université de cette ville. Après avoir combattu pendant la Première Guerre mondiale, il adhère au Parti populaire italien, où il exerce rapidement des responsabilités importantes, mais sa carrière est interrompue par l'avènement du fascisme. Après la guerre, il est élu député et entre dans plusieurs gouvernements : ministre de l'Agriculture, de l'Education nationale, puis Premier ministre en 1956. C'est lui qui, en 1957, signe le traité instituant la CEE, faisant ainsi entrer l'Italie dans le processus de construction européenne. Le 6 mai 1962, il est élu président de la République, mais démissionne deux ans plus tard pour cause de maladie. Il meurt à Rome en 1972.

Goffredo Mameli

Né à Gênes en 1827 et mort à Rome en 1849, il a été un patriote italien, un poète et un écrivain, ainsi qu'une remarquable figure du Risorgimento italien. Il était le fils d'un amiral sarde de la flotte du royaume sarde. A l'âge de 7 ans, Goffredo Mameli fut envoyé en Sardaigne chez son grand-père, pour échapper à l'épidemie de choléra qui sévissait à Gênes. Sa vie a été très courte, mais il a joué un rôle considérable dans les mouvements insurrectionnels du Risorgimento. Mameli est principalement connu pour être l'auteur des paroles de l'hymne national italien, *Il Canto degli Italiani* (musique de Michele Novaro). Ces paroles ont été chantées pour la première fois en novembre 1847, pour célébrer la visite à Gênes du roi Carlo Alberto, après ses premières réformes.

Gian Maria Angioj

Né à Bono en 1761, Angioj fut un homme politique sarde de premier plan à la fin du XVIIIe siècle : juge de l'Audience royale, il fut l'âme du gouvernement autonome sarde lors de l'agitation antiféodale et antipiémontaise (1794-1795). Envoyé comme vicaire à Sassari (1796), il fomenta une insurrection jacobine et antiféodale et marcha contre Cagliari. Sa défaite l'obligea à abandonner son île natale en 1797 pour se réfugier à Paris, où il mourut en 1808.

Giuseppe Garibaldi

La tombe de Carlo Emmanuele de Savoie se trouve d'ailleurs dans la crypte du Duomo de Cagliari. Le gouvernement piémontais ne parvint pas pour autant à améliorer la désastreuse situation de l'agriculture.

En 1829, une loi de clôture permit la construction de tout un quadrillage de murets délimitant les propriétés. Cependant cette loi ne contribua qu'à augmenter les inégalités, car les riches, plus instruits, s'attribuaient les terres les plus fertiles et les plus vastes. En 1847, le Parlement sarde finit par fusionner avec le Parlement du Piémont, de même que le gouvernement et la magistrature. Le trône du royaume de Sardaigne se trouvait alors au palais royal de Turin.

Au temps du Risorgimento

A partir de 1848, le royaume de Piémont-Sardaigne mena des guerres pour l'unification de l'Italie.

En 1862, le royaume de Sardaigne devint un Etat italien. La Sardaigne fit ainsi partie de l'Italie à partir de 1848. A cette époque, l'Italie était en train de s'unifier sous le commandement de Cavour, président du Conseil, et du militaire Garibaldi, mais la Sardaigne demeurait, aux yeux du Piémont, un territoire secondaire dont l'avis importait peu. En outre, le royaume italien qui se constituait se centralisait fortement autour du Piémont. Il fallut qu'une crise politique éclate en 1860, causée par une rumeur selon laquelle Cavour devait céder la Sardaigne à la France, pour que les revendications du peuple sarde se fassent enfin entendre. Giuseppe Garibaldi démentit cette rumeur et vint établir sa résidence sur l'île de Caprera, dans l'archipel de La Maddalena. Il resta très attaché à l'île, en dépit de ses nombreuses activités politiques en Italie, et vint passer la fin de sa vie en Sardaigne, où il mourut en 1882. A partir du rattachement de l'île, en 1862, à l'Italie, la situation économique s'améliora lentement. Le secteur des transports connut de nettes améliorations, avec la rénovation du réseau routier et la création de voies ferrées. L'Italie exploita les mines du sud de l'île. On ne parvint pas toutefois à apporter des innovations au secteur agricole, resté pauvre, sous-équipé et découpé en parcelles trop petites, et qui demeura impuissant face au banditisme montant.

Le début du XXe siècle : l'éveil autonomiste

C'est à l'occasion de la Première Guerre mondiale que la Sardaigne retrouva la force et la volonté de revendiquer son indépendance. Près de 100 000 hommes furent mobilisés, soit plus que la moyenne nationale italienne. La Brigata Sassari fit la fierté du pays, tant son courage fut reconnu par les Italiens.

Les Sardes, forts de cette nouvelle reconnaissance, fondèrent le Parti d'action sarde (Partito Sardo d'Azione) en 1921, au congrès d'Oristano. Son but était d'établir une démocratie sarde régissant l'île de façon plus juste et plus rationnelle que ne le faisait l'Italie. Le parti se scinda en 1923, quand le dirigeant Paolo Pili rejoignit l'idéologie fasciste mussolinienne et créa le Fedlac (Federazione delle Cooperative Lattiero Casearia della Sardegna, « Fédération des coopératives laitières et fromagères de Sardaigne »).

Aux élections de 1924, le Parti fasciste rallia une bonne partie de l'électorat, au détriment du Parti communiste de Gramsci et du PSA. Mussolini prit le contrôle de l'île, comme il s'empara du pouvoir dans l'Italie tout entière. Sa politique, si elle permit une meilleure exploitation des mines et le développement des centres urbains, ne fit qu'exploiter encore un peu plus le territoire sarde et n'apporta aucune amélioration au sort des paysans.

La fondation de la cité industrielle de Carbonia fut dictée par la volonté d'exploiter de façon intensive les mines de Sulcis, donnant naissance à une classe d'ouvriers. La Sardaigne devint un centre de ressources important pour le projet de dictature de Mussolini. Un intérêt moindre fut porté à l'agriculture : le vaste projet d'irrigation et de modification de la gestion locale, trop ambitieux, n'atteignit jamais les objectifs fixés.

Pendant cette période mouvementée, la Sardaigne fut la cible de bombardements qui dévastèrent littéralement certaines villes, notamment Cagliari. A la fin de la Seconde Guerre mondiale, l'île, vaincue et meurtrie, tenta de se reconstruire.

L'après-guerre

Grâce à des aides de la fondation américaine Rockfeller, des travaux d'assainissement vinrent à bout de la malaria en 1947, et des terres insalubres purent ainsi être valorisées. La même année, l'Italie accorda à la Sardaigne un statut « spécial », tenant compte de ses particularités historiques et culturelles. A partir de 1948, la jeune « Région autonome de Sardaigne » dut relever le double défi de la reconstruction économique et sociale de l'île.

En 1962, un « Plan de renaissance » fut donc établi : il prévoyait une forte intervention financière de l'Etat dans différents secteurs de l'économie sarde, et en particulier dans l'industrie, qui était censée jouer un rôle de moteur pour toute l'économie. Ainsi, de grands complexes pétrochimiques s'installèrent sur le littoral sarde, mais les effets de ces nouvelles industries se révélèrent catastrophiques. Non seulement, elles n'entraînèrent pas le reste de l'économie, mais elles aggravèrent les difficultés dans d'autres secteurs vitaux de l'économie sarde, la pêche, l'artisanat et la petite industrie. L'année 1962 vit aussi la création du « Consortium pour la Costa Smeralda », initiée par le milliardaire Karim Aga Khan : l'aménagement de la partie nord-est de l'île marqua le début du développement touristique en Sardaigne. Cependant, l'intérieur des terres resta singulièrement en retard par rapport aux zones côtières.

De 1970 à nos jours

Ces contrastes sociaux devinrent particulièrement manifestes dans les années 1970, alors que l'Italie traversait les « années de plomb », marquées par des grèves, des manifestations et des émeutes. En Sardaigne, des causes spécifiques s'ajoutaient à ce malaise social : l'expansion incontrôlée des zones urbaines, la dégradation de l'environnement, la crise minière et l'abandon progressif de ce secteur, et, plus généralement, la faiblesse de la structure et de l'économie sarde. La contestation sociale se traduisit par une vague d'émigration et une recrudescence des enlèvements. Ce fut l'heure de gloire des bandits d'Orgosolo, que Vittorio de Seta popularisera dans son film, obtenant une récompense au Festival de Venise en 1961.

Vers 1985, la vitalité économique aidant, l'ordre fut rétabli sur l'île. La construction européenne a également joué un rôle non négligeable dans les progrès économiques et sociaux en Sardaigne. L'Italie a en effet participé depuis le début à toutes les étapes de l'édification de cet ensemble : la Communauté européenne du charbon et de l'acier en 1947, le traité de Rome instituant la CEE en 1957 et le traité de Maastricht en 1992, prévoyant le passage à l'euro. Cependant, cette intégration européenne ne se fait pas en oubliant les spécificités sardes et, en 1999, le conseil régional de Sardaigne a approuvé une loi en faveur de la défense et de la promotion de la langue et de la culture sardes. En 2004, le nombre des provinces sardes passe de quatre (Cagliari, Nuoro, Oristano et Sassari) à huit, avec l'introduction de quatre nouvelles provinces : Ogliastra, Carbonia Iglesias, Olbia Tempio et Medio Campidano.

Benito Mussolini

Politique et économie

POLITIQUE

Structure étatique

La constitution italienne est entrée en vigueur le 27 décembre 1947. L'Italie est donc une République démocratique parlementaire dont la principale institution politique est le Parlement se composant de la Chambre des députés (630 membres, dont 12 élus, parmi les Italiens résidant à l'étranger) et du Sénat de la république (315 sénateurs). Ces deux chambres exercent collectivement la fonction législative. Le Parlement est élu au suffrage universel par les citoyens ayant atteint l'âge de 18 ans pour l'élection des députés et de 21 ans pour celle des sénateurs. Le pouvoir exécutif est confié au président du Conseil et aux ministres qui constituent ensemble le conseil des ministres. Le président du Conseil dirige la politique générale du gouvernement et en est responsable. Les élections législatives ont lieu tous les cinq ans mais, compte tenu de la situation politique instable dans laquelle l'Italie s'est trouvée depuis l'après-guerre, la majorité parlementaire est très souvent rompue, ce qui donne lieu à de nouvelles élections environ tous les 2 ou 3 ans.

Ile de San't Antioco, port de Calasseta

Organisation politique du territoire italien

Au niveau local, l'Italie est divisée en régions, provinces et communes, ayant, depuis les années 1970, des pouvoirs et des fonctions qui leur sont propres dans les domaines administratifs, législatifs et fiscaux fixés par la Constitution. Les régions sont au nombre de 20 (Piémont, Val d'Aoste, Lombardie, Trentin-Haut-Adige, Vénétie, Frioul-Vénétie Julienne, Ligurie, Emilie Romagne, Toscane, Ombrie, Marches, Latium, Abruzzes, Molise, Campanie, Pouilles, Basilicate, Calabre, Sicile, Sardaigne). Un statut spécial d'autonomie a été attribué à la Sicile, à la Sardaigne, au Trentin-Adige, au Frioul-Vénétie et au Val d'Aoste en raison de leurs conditions historiques et culturelles particulières.

La Sardaigne, une région autonome

La Sardaigne est à la plupart de celui des autres régions. Le statut, approuvé le 26 février 1948 dans la loi constitutionnelle italienne, donne à la Sardaigne le droit de légiférer de façon exclusive sur certaines matières, comme les organismes locaux, l'urbanisme, l'agriculture et les forêts. Son chef-lieu est Cagliari. En 2004, ses provinces administratives furent augmentées de quatre à huit : Cagliari, Carbonia-Iglesias, Medio Campidano, Oristano, Sassari, Nuoro, Ogliastra et Olbia-Tempio. Ces provinces comptent 377 communes pour une population de 1,65 million d'habitants. Les anciennes quatre provinces de Cagliari, Sassari, Nuoro et Oristano représentent toujours la subdivision géographique de l'île.

La région de Cagliari, qui compte 109 communes, accueille 400 000 habitants sur une superficie de 6 895 km^2. La superficie de Nuoro, qui compte 100 communes, est de 7 044 km^2 pour 270 000 habitants, soit une densité de 38 hab./km^2. La superficie d'Oristano, qui compte 78 communes, est de 2 630 km^2 pour 158 000 hab., soit une densité de 60 hab. au km^2. Enfin, la région de Sassari, qui compte 90 communes, a une superficie de 7 520 km^2 pour 459 000 habitants, soit une densité de 61 hab./km^2.

ÉCONOMIE

La Sardaigne est une région essentiellement agricole : les cultures fruitières et maraîchères doublées de l'élevage ovin assurent une source de revenues importante pour la population. Si l'île vit également beaucoup des devises apportées par les touristes, elle ne comprend que peu de grandes industries.

Quant à l'exploitation minière, elle demeure l'autre domaine principal de l'économie sarde.

Ressources

Seulement 38 % de la population sarde a un emploi fixe et le taux de chômage y est de 19 %, mais, parmi les jeunes, il atteint jusqu'à 40 %. Le tourisme constitue le principal atout de l'île. Il n'a cessé de se développer depuis les années 1990, et les infrastructures existantes se sont multipliées, essentiellement dans le nord de l'île, sur la Costa Smeralda, et au sud, vers Cagliari. Les hôtels accueillaient moins de 200 000 personnes d'octobre à avril, plus d'un million de juin à septembre, avec un pic en août. La province de Sassari accueille 50 % des arrivants, celle de Cagliari 40 %, celle de Nuoro 8 % et, enfin, celle d'Oristano 2 %. Actuellement, le tourisme est essentiellement côtier, mais un tourisme de l'intérieur est en cours de développement. Les autorités sardes s'emploient à promouvoir le potentiel historique et culturel de l'île, en aménageant les nombreux sites archéologiques et les monuments importants (nuraghi et églises romanes notamment).

Situation économique et commerciale

Le PIB de la Sardaigne est de 30 milliards de dollars, pour 1 500 milliards de dollars en Italie. Toutefois, grâce à sa position privilégiée en plein centre de la Méditerranée et à ses nombreuses infrastructures côtières, la Sardaigne entretient des rapports commerciaux avec les pays du bassin méditerranéen. Les trois quarts de ses échanges commerciaux se font avec ces pays. Sa balance commerciale avec l'Italie est déficitaire, tout comme sa balance commerciale globale. La Sardaigne importe surtout des produits manufacturés. Les importations représentent 1 232 millions d'euros, et les exportations 710 millions d'euros. La Sardaigne exporte vers l'Italie, l'Espagne, les Etats-Unis et la France. Elle importe depuis l'Italie, la Libye, l'Iran, la France et la Russie. Si le tourisme et l'industrie agroalimentaire sont les secteurs les plus florissants, la chimie et la pétrochimie, les extractions minières (aluminium, plomb, zinc, granit et marbre) et l'artisanat représentent les principales richesses industrielles de la Sardaigne. L'île compte une dizaine de zones industrielles : Cagliari, Sulcis et Iglesiente, Oristano, Tortoli-Arbatax, le centre de la Sardaigne, Villacidro, Sassari-Porto Torrès, Olbia, Tempio Pausania et Macomer. Pula accueille un grand centre de recherche et de développement, le Parc scientifique et technologique, en cours de construction et qui est dirigé par Carlo Rubbia, prix Nobel de physique.

Agriculture, élevage et pêche

La Sardaigne possède une tradition agricole ancestrale. L'agriculture, l'élevage et la pêche représentent depuis toujours la base économique de l'île. Dans certaines de ses régions, les pépinières de plantes et les cultures de vignes, d'oliviers et de vergers s'étendent sur des kilomètres. La région produit essentiellement du blé dur (66 000 tonnes par an), du riz (27 300 tonnes an) et des pommes de terre (53 600 tonnes par an). Les productions secondaires, qui font également sa spécificité, sont les artichauts, les cardons, les fèves, les endives, les radis et les betteraves à sucre. L'élevage a une grande importance économique et émotionnelle en Sardaigne, où paissent près de 1 million de chèvres et 4 millions de moutons. Le cheptel est principalement formé d'ovins (plus de 5 millions de têtes) et de bovins. Pour aider cette activité, la région perçoit de nombreuses subventions, surtout dans la partie orientale de l'île. La production du lait de chèvre et du fromage est aussi encouragée. Quant à la pêche, elle est pratiquée surtout dans les étangs et dans les embouchures des fleuves. La pêche en mer rapporte essentiellement thons, calmars, poulpes et crustacés.

Population

Des origines à nos jours

La Sardaigne fut de tout temps convoitée. Par sa dimension, elle est la deuxième île de la mer Méditerranée et a été longtemps un objectif pour les colonisateurs. Rattachée aujourd'hui à l'Italie, bien que différente sur un plan culturel, elle obtient le 28 février 1948, le statut de région autonome. Mais avant d'acquérir ce droit, l'île et ses habitants ont essuyé de nombreuses dominations. Le peuple sarde a donc, depuis la nuit des temps, appris à faire face à toutes les calamités qui se sont abattues sur son territoire. Ce peuple est devenu indocile au fil des conquêtes et la culture de résistance est ancrée chez les Sardes tout autant que la culture identitaire, ce qui ne les empêche pas aujourd'hui de se sentir italiens.

Les premiers peuples sardes seraient originaires d'Europe occidentale et se seraient installés sur l'île vers 100000 av. J.-C. Vers 6000 av. J.-C., ce sont des hommes venus d'Afrique du Nord et de la péninsule ibérique qui élisent domicile sur l'île. Mais la première civilisation identifiée en tant que telle par les historiens est celle de Bonu Ighinu (4000 av. J.-C.) ; elle pratique l'agriculture et commerce avec la Corse, l'Italie et le sud de la France. Ce sont les Phéniciens, à partir du VIIIe siècle et du IXe av. J.-C., qui constituent les premières colonies stables. De 535 à 239 av. J.-C., la Sardaigne est carthaginoise et sera rattachée à Rome lors de la deuxième guerre punique. En 227 av. J.-C., est constituée la province romaine de Corse-Sardaigne.

Après les Grecs et les Phéniciens, les Sardes ont maille à partir avec d'autres envahisseurs : les côtes sont soumises aux attaques incessantes des Arabes (de 711 à 1016), puis à celles des Espagnols. Après son rattachement controversé à la Maison de Savoie pendant un siècle, l'île rejoint finalement la nation italienne en 1861.

Aujourd'hui, l'île compte une importante communauté émigrée, dans le nord de l'Italie surtout (Piémont, Lombardie).

La Sardaigne moderne

Au cours du XXe siècle, trois dates ou périodes sont devenues historiques pour avoir déterminé un changement dans la société sarde.

- **La première date, le 3 septembre 1904,** est un jour de deuil : les troupes chargent sur les mineurs de Bugerru qui se sont révoltés contre leurs conditions de travail. Bilan : trois morts. Il s'ensuit la première grève générale de Sardaigne, et d'Italie plus généralement, une pratique qu'on retrouvera désormais souvent dans les conflits sociaux sur l'île.

- **La seconde période (1915-1920)** correspond à un regain de confiance au sein du peuple sarde, avec notamment la fameuse Brigata Sassari dont les exploits, au cours de la Première Guerre mondiale, redorent le blason sarde. Cette période coïncide avec un élan nationaliste, aboutissant à la création du Partito Sardo d'Azione, en 1921.

- **La troisième période,** non moins importante, s'étend de 1947 à 1950 et correspond à l'éradication de la malaria, véritable fléau qui avait freiné le développement démographique et économique de l'île depuis des siècles. Les conditions de vie s'améliorent et la population augmente : les 796 000 habitants de l'île

Ile San Pietro - Carloforte, scène de vie quotidienne

Région Nord, Lu Bagnu

en 1901 sont devenus 1 035 000 en 1936, 1 276 000 en 1951, 1 419 000 en 1961, 1 648 000 en 1991 et 1 652 000 en 2000. La structure démographique évolue également et la durée de vie s'allonge sensiblement. Aujourd'hui, les plus de 65 ans représentent un cinquième de la population et les moins de 15 ans un peu moins d'un quart.

« Sa limba sarda »

Les Sardes parlent le « sa limba sarda », qui est une langue néolatine venant directement de la langue romaine antique, et non pas un dialecte de la langue italienne. Elle est parlée par environ un million de locuteurs, chiffre en très net déclin depuis une vingtaine d'années. Bien que les linguistes aient insisté depuis 100 ans sur le fait que le sarde devait être considéré comme une langue distincte, celle-ci a été traitée, politiquement et sociologiquement, comme un dialecte, avec tout ce que cela comporte de conséquences néfastes pour son statut, son prestige et sa pratique. Parler italien était en effet considéré comme un très bon moyen d'ascension sociale, ce qui, à l'époque, n'était pas faux. Aujourd'hui cependant, les choses changent, et la langue sarde est revalorisée.

En 1997, le sarde a été officiellement reconnu comme une langue à part entière et, deux ans plus tard, l'Etat italien a voté une loi (« Norme in materia di tutela delle minoranze linguistiche storiche », soit « Normes en matière de protection des minorités linguistiques historiques »), autorisant l'usage du sarde dans les écoles. Cependant, un autre obstacle au renouveau de la langue sarde réside dans sa diversité, et dans le fait qu'il n'existe pas une langue sarde « standard », mais plusieurs formes de parler sarde. On en dénombre deux principaux : le campidanien (campidanesu), qui a le plus grand nombre de locuteurs et qui est parlé dans le sud, et le logudorien (logudoresu), très proche du latin et par là même plus prestigieux, et qui est parlé dans le centre et l'ouest de l'île.

On trouve également deux dialectes dans le nord, à mi-chemin entre le sarde et l'italien, l'un étant parlé dans la région de Sassari (tattaresu), l'autre en Gallurie (nugoresu). Par ailleurs, signe d'une histoire riche et mouvementée, deux dialectes non sardes sont encore en usage en Sardaigne : il s'agit du catalan, pratiqué à Alghero, et du génois, pratiqué dans les petites îles du sud-ouest (San Pietro et San Antioco). Toute la difficulté, aujourd'hui, consiste à promouvoir le sarde sans blesser les particularités régionales : quelle variété de la langue sarde faut-il adopter comme base de travail ? Comment institutionnaliser ces langues à la tradition orale souvent forte, mais à l'orthographe plus que floue ?

Sassari, le tissage, un artisanat très répandu en Sardaigne

Mode de vie

La Sardaigne compte aujourd'hui plus de 1 637 705 hab. ; un quart d'entre eux est concentré à Cagliari. La densité est de 42 hab./km².

Les conditions de vie s'améliorent et par conséquent la durée de vie s'allonge considérablement. En effet, il existe une concentration « anormalement » élevée de supercentenaires, soit des individus de plus de 110 ans, sur l'île. Ce sont en majorité des hommes et ils font l'objet d'importantes études pour un grand nombre de démographes du monde entier. Les plus de 65 ans représentent un cinquième de la population et les moins de quinze ans un peu moins d'un quart. Ces derniers connaissent le problème du chômage qui aurait atteint le seuil des 12 %.

La France a ses Martin, Durand, Dupont. La Sardaigne possède elle aussi des noms de famille très répandus sur l'île. Les patronymes les plus fréquents sont Piras qui signifie « lieu planté de poiriers ». En général, il désigne une personne originaire d'une localité portant ce nom. « Pischedda » est également porté par de nombreuses familles même si le nom est italien. Il désigne une faisselle, une forme pour fromages. Les patronymes Achenza et Acciori sont portés généralement par les habitants du nord de la Sardaigne. Dans la province de Cagliari, les Pireddu (« poirier sauvage ») sont assez nombreux. Nous pouvons trouver également des Piredda ou Pireda qui désignerait un fromage de vache en forme de poire. Dans cette même province, on peut rencontrer des Pistis. Ce nom est italien, mais originaire de l'île. Enfin, le nom de famille Tegas est assez répandu.

La religion

La Sardaigne est catholique avec ferveur et ardeur. Les Sardes pratiquent leur religion de façon très visible et enthousiaste, comme en témoignent les nombreuses fêtes et célébrations religieuses. Chaque village possède au moins son église et son saint patron. Outre les festivités destinées à honorer le saint, des cérémonies sont organisées à l'occasion des grandes fêtes catholiques, notamment Pâques (Semaine sainte en mars et avril), l'Assomption (15 août) et la Toussaint (1er novembre).

Le mariage

En Sardaigne, le mariage est plus qu'un rite, c'est un acte sacré et une fin en soi. De nombreuses coutumes et superstitions sont liées à cet événement. Autrefois, la veille de la Saint-Jean (24 juin), les jeunes filles en âge de se marier déposaient sous leur oreiller trois fèves : une fève intacte, une à moitié écossée et une entièrement écossée. Le matin, la jeune fille, tirant au hasard l'une des fèves, pouvait savoir si son mari serait riche, aisé ou pauvre. La jeune fille pouvait également savoir à l'avance le prénom de l'homme qu'elle épouserait : le jour de la Saint-Jean, après avoir fait le signe de croix, elle devait attendre de voir qui serait le premier homme qu'elle croiserait dans la rue, car son prénom serait aussi celui de son futur époux...

La demande en mariage et les épousailles constituaient un processus très codifié. Le jeune prétendant envoyait un ami ou un parent demander la main de la belle à sa famille. Si sa demande était acceptée, il pouvait lui rendre visite dans sa maison, encore que, selon la coutume espagnole, les deux jeunes gens ne devaient se voir qu'à distance (elle au balcon et lui dans la rue). Les fiançailles étaient rendues publiques lors d'une cérémonie au cours de laquelle étaient décidées la date de la noce et la dot de la mariée. Le jour du mariage, le marié devait se rendre, avec ses parents et amis, dans la maison de sa fiancée et la reconnaître parmi d'autres femmes masquées. Le couple, suivi des invités, se rendait ensuite à l'église, sous le grain qu'on leur jetait des fenêtres en guise de porte-bonheur. Après la cérémonie avait lieu un repas festif, avec chants et danses traditionnels. La plupart de ces rites ne sont plus respectés aujourd'hui, la robe blanche et les coutumes continentales ayant largement pris le pas sur les spécificités sardes, mais, si vous voulez assister à un mariage traditionnel, sachez que chaque année, au mois de septembre, à Selargius, un couple local et un couple étranger s'unissent en suivant le rituel traditionnel du mariage sarde.

Rue d'Iglesias

Le rôle de la femme

Pilier de la famille, la femme est avant tout la mamma, la mère qui doit veiller à l'éducation des enfants. Elle est naturellement aussi la maîtresse de maison, et c'est elle qui, traditionnellement, prépare la cuisine. Ce rôle de mère au foyer a cependant tendance à évoluer, et de plus en plus de femmes ont une activité professionnelle. Ce passage de la société traditionnelle, dominée par la figure masculine, à la société contemporaine, caractérisée par une distribution du pouvoir plus équilibrée (bien que non encore généralisée) entre hommes et femmes, a permis l'émergence de figures très intéressantes. Pourtant, déjà dans le passé, quelques femmes s'étaient élevées au rang de figures emblématiques parmi les autres femmes, mais également parmi le peuple sarde en son entier. C'est notamment le cas d'Eleonora d'Arborea (XIVe siècle), qui établit un code de lois Carta de Logu d'abord dans son giudicato (la région d'Oristano) et ensuite étendu à toute l'île. On pense aussi à Grazia Deledda, seul écrivain de l'île à avoir reçu le prix Nobel, ou encore à Maria Carta et à Elena Ledda, qui ont réussi, dans leurs chansons, à accorder les traditions mélodiques sardes à leur sensibilité créative féminine.

Eglise d'Orosei

Arts et culture

Les Sardes conservent précieusement leurs festivals et leurs costumes traditionnels comme un moyen de se rappeler qui ils sont, car c'est leur intégrité qui rend leur façon d'être si spéciale et pleine de contraintes. Cette nation, aussi vieille que les nuraghi, a vu les Phéniciens, les Romains et les Espagnols venir puis repartir, sans que ce va-et-vient ne l'affecte vraiment. Aujourd'hui encore, les habitants de la Sardaigne se considèrent comme sardes avant d'être italiens. Cet esprit d'indépendance s'exprime aussi dans leur attachement à la langue. Pourtant, le sarde n'est pratiquement pas enseigné dans les écoles et seules les traditions orales maintiennent cette langue vivante.

Un grand nombre de coutumes anciennes survivent dans les régions les plus reculées. Si les Sardes ont leur propre calendrier commençant le 1er septembre, c'est le signe que les vieilles traditions rythment encore les étapes importantes de la vie : la naissance, le mariage et la mort sont autant d'occasions pour les Sardes de se souvenir de leur identité en tant que nation insulaire. La poésie, la musique et la danse sont également parties intégrantes de ces traditions millénaires.

ARCHÉOLOGIE

L'histoire de l'humanité semble imprégner la Sardaigne, toutes les premières périodes historiques humaines y ayant laissé des traces. Nous vous proposons de remonter le fil du temps en connectant les époques entre elles, afin que vous puissiez pleinement apprécier les « vieilles pierres » que vous rencontrerez au cours de votre séjour.

Néolithique ancien

Les premiers témoignages d'une présence humaine en Sardaigne ont été mis au jour dans la partie centrale de l'île, près de Perfugas, et dans la grotte de Corbeddu, à Oliena. C'est à partir de cette époque que les hommes sardes ont commencé à exploiter l'obsidienne qu'ils trouvaient dans la région du Monte Arci. Cette pierre volcanique, noire et très résistante, était une matière première très recherchée puisqu'elle était utilisée pour fabriquer outils et armes de chasse, comme couteaux et pointes de flèche. Ces premiers habitants de l'île se nourrissaient principalement de *Prolagus sardus Wagner*, un petit rongeur aujourd'hui disparu. De nombreux objets de cette période présentent des traces de décorations cardiales, ce qui prouve que les populations du néolithique ancien maîtrisaient déjà cette technique dont la caractéristique principale est une décoration obtenue par l'empreinte, sur l'argile encore humide, du bord d'une coquille (*Cardium edulae*), avant la cuisson de la céramique.

Néolithique moyen (4000-3400 av. J.-C.)

Cette période est caractérisée par la culture de Bonu Ighinu, qui nous a laissé de nombreux objets en céramique aux motifs géométriques simples. On a également retrouvé des statuettes de divinités féminines en marbre, pierre, argile, os ou albâtre. La particularité de ces statues est leur silhouette cylindrique : le corps est obèse, tandis que les bras sont délicatement appuyés sur le sein ou allongés le long des hanches, ce qui donne à l'ensemble une grâce extraordinaire. De cette époque datent aussi les plus anciennes sépultures mises au jour en Sardaigne dans des grottes artificielles (notamment à Cuccuru S'Arriu). A côté du défunt, on a trouvé dans chacune de ces grottes une statuette féminine, quatre petits vases d'argile, un trousseau de pointes de sagaie et des petites perles en pierre. Cet équipement constituait, semble-t-il, le bagage indispensable au mort pour son voyage dans l'au-delà. A la fin du néolithique moyen (3400-3200 av. J.-C.), la culture de San Ciriaco succède à celle de Bonu Ighinu. Elle est principalement caractérisée par une production de vases, dont on trouve des traces à Cuccuru S'Arriu (Cabras) et à Torre Foghe di Tres Nuraghes.

Néolithique récent

Cette période est marquée par la culture d'Ozieri, qui domine de 3200 à 2800 av. J.-C. Elle est remarquable pour sa production de vases d'excellente facture qu'on a retrouvés un peu partout dans l'île. C'est aussi de la même époque que semble dater le récipient à trois pieds et très peu décoré, utilisé pour la préparation des aliments. La culture d'Ozieri est l'occasion de grandes avancées techniques, notamment en ce qui concerne la taille de la pierre, du silex et de l'obsidienne pour la fabrication d'armes aiguisées (flèches et couteaux pour la chasse). En ce qui concerne le domaine spirituel, le culte de la divinité féminine domine : de nombreuses statuettes ont été découvertes, telle la figurine de Turriga (Senorbi), qui attestent de la ferveur religieuse de ces populations.

Parallèlement, le culte des morts se ritualise et se complexifie. De véritables nécropoles, le plus souvent creusées dans la roche, ont été mises au jour : la nécropole de Li Muri à Arzachena, ou celle de Pranu Mutteddu à Goni. L'architecture de ces tombes est plus élaborée et plus subtile que celle des cultures précédentes : les hypogées sont souvent décorés et présentent fréquemment une entrée à puits ou à corridor précédant plusieurs pièces reliées entre elles.

Période énéolithique (2800-1800 av. J.-C.)

Effectuant la transition avec la période précédente, la culture de Sub-Ozieri a laissé des céramiques caractérisées par une absence de décoration, découvertes dans la région de Cagliari, à Terramini-Pirri et à Su Coddu de Selargius. Les deux cultures qui ont dominé à l'époque de l'énéolithique ancien sont celles de Filigosa et d'Abealzu. Le culte de la femme est encore prégnant, comme en témoignent les « statuettes ajourées », des figurines en marbre aux bras tenant la taille et détachés du buste. La culture de Filigosa est connue pour ses objets et ses vases cultuels, décorés en relief ou en « graffiti ». Dans la tombe souterraine (ou hypogée) de Serra Cannigas (à Villagreca, CA) notamment, on a trouvé de nombreux objets funéraires caractéristiques de cette culture. Quant aux vases d'Abealzu, sans aucune décoration, ils sont d'une forme singulière, présentant des bossages mammaires saillants. L'énéolithique évolué (2500-2000 av. J.-C.) correspond à la culture de Monte Claro dont les principaux vestiges ont été découverts à Simbirizzi (Quartu Sant'Elena) et à Nuraxi Figu de Gonesa. Les fouilles effectuées sur ces sites ont mis au jour des tombes du type « domus de janas », qui contenaient des vases aux sillons plus ou moins profonds et larges, typiques de cette période. Le campaniforme sarde, qui fait la liaison entre l'énéolithique et l'âge du bronze, dure de 2000 à 1800 av. J.-C. Cette période n'a pas laissé de vestiges architecturaux notables, mais on a trouvé des vases sur pieds (3 ou 4) datant de cette époque, probablement utilisés pour la cuisson des aliments.

Bronze ancien

L'âge du bronze ancien coïncide en Sardaigne avec l'apogée de la culture de Bonnanaro, à laquelle on doit les premiers vases en céramique aux anses coudées découverts en Sardaigne. Cette culture se distingue par un remarquable respect des morts et de leur culte : d'innombrables sépultures de type domus de janas sont creusées dans la roche. Un parfait exemple de ces travaux herculéens se trouve à Sant'Iroxi de Decimoputzu, où l'on peut voir la « tombe des guerriers », un sépulcre hypogée.

Période nuragique

C'est de cette période, qui s'étend du bronze ancien (1600 av. J.-C.) au VIe siècle av. J.-C., que date le plus important élément du patrimoine sarde : le nuraghe. Le mot vient du radical nur, qui signifie « cavité et tas » à la fois, c'est-à-dire une « construction creuse ». Les nuraghi sont d'imposants monuments construits avec de gros blocs de pierre, constitués d'une ou de plusieurs tours en cône tronqué, unies entre elles par des courtines. Les tours sont coiffées d'une « tholos », qui est une pièce de plan circulaire sous une fausse coupole. La Sardaigne compte près de 7 000 nuraghi, soit un tous les 3 km^2. Beaucoup ont été détruits, et l'on suppose qu'il en existait plus de 20 000 à l'époque. Leur emplacement en haut des collines permet de supposer que ces imposantes structures de 5 à 10 m de hauteur tenaient lieu de forteresse centrale et étaient construites en plusieurs étapes : un village aux huttes de forme circulaire, puis les tours et, enfin, le bastion central. Cependant, elles auraient pu servir également de lieu de réunions ou de sanctuaire. Les nuraghi les plus connus sont ceux de Su Nuraxi et de Genna Maria de Villanovaforu. Les nuraghi Losa, Palmavera et Santu Antine sont également bien conservés. Les nombreux objets trouvés dans ces structures apportent un témoignage éloquent sur la civilisation nuragique.

Les céramiques, très nombreuses, revêtaient la forme de vases aux surfaces bien finies, de couleur gris ardoise, certains contenant des restes d'animaux (oiseaux, rongeurs…), ce qui apporte des éléments à l'étude des rites funéraires de cette population. Ont été mis au jour également de nombreux brocs askoïdes, des écopes et de magnifiques porte-braises. De nombreuses statuettes en bronze, appelées « petits bronzes des nuraghi », représentaient les chefs de tribus, des lutteurs et des guerriers en plein combat, des animaux ainsi que des objets de la vie quotidienne (jarres, paniers…). On a découvert également des fibules importées de Chypre datant de l'âge de fer (VIIIe et VIIe siècles av. J.-C.).

Les « tombes de géants » sont une des manifestations les plus spectaculaires du culte rendu aux morts. Ces monuments de type mégalithique, appelés ainsi en raison de leur grande taille, sont constitués d'un couloir, souvent couvert, terminé par une exèdre formée d'un demi-cercle de pierres et posée sur la tranche, et d'une stèle centrale dominant l'édifice, atteignant jusqu'à 4 m de hauteur. La plupart de ces tombes de géants sont difficilement accessibles, il faudra donc vous armer de patience ou vous aventurer sur des chemins cahoteux pour pouvoir les contempler. A l'époque nuragique, les grottes naturelles servaient également de lieux de culte et de nécropole.

Dans la grotte Domu S'Orku, à Urzulei, ont été ainsi mis au jour de petites statues en bronze représentant la « Madone », version nuragique, avec son fils mort, et, dans la grotte Pirosu de Santadi, de nombreux vases et trépieds en bronze.

Les hommes de cette époque avaient la particularité de creuser dans la roche des tombes appelées domus de janas, ou « maisons de fées », car, selon la tradition, elles étaient le logis de fées, tantôt malveillantes, tantôt bienveillantes. La nécropole de Montessu possède des domus de janas très bien conservées, la plupart gravées à l'intérieur de cornes de taureau ou de cercles concentriques, symboles de la déesse de la fertilité.

Périodes phénicienne et carthaginoise

L'arrivée des Phéniciens sur l'île date de 750 av. J.-C. Ils venaient directement de la côte de l'Asie Mineure (Liban actuel). Des petites statuettes en bronze trouvées sur le territoire sarde témoignent des échanges commerciaux avec le Proche-Orient. Les Phéniciens établissent leur première colonie à Sulci (actuelle Sant'Antioco), puis à Portoscuso. Sur ces sites, on a découvert des céramiques ainsi que des trousseaux funéraires caractérisés par des broquettes aux bords en forme de champignon et bilobées. Les Phéniciens s'installent ensuite à Bithia, à Cagliari et à Nora où, pour la première fois, une inscription en caractères phéniciens mentionne le nom de l'île. De nombreux objets, tels que céramiques en bucchero et vases grecs décorés, sont importés d'Etrurie. Les Phéniciens, qui se sont établis sur les côtes, entretiennent de bons rapports avec les Sardes et introduisent dans la région leurs rites funéraires du Tophet. Le Tophet est une enceinte sacrée à ciel ouvert, datant du VIIIe siècle av. J.-C. Selon certains, le Tophet servait probablement de lieu de sacrifice. En effet, le symbole du Tophet trouve ses origines dans la Bible et signifie « lieu de feu ». Le Tophet correspondrait à un rite appelé Molk signifiant « offrande » en sémite, destiné à obtenir la protection des divinités. Ainsi, on pense que les Phéniciens sacrifiaient aux divinités suprêmes – Baal Hammon et Tanit, la déesse de la fertilité – le fils aîné des familles les plus importantes de la ville. Les urnes étaient déposées à côté de la roche dans laquelle vivait Baal Hammon. Une autre théorie mentionne la présence d'enfants mort-nés dont on déposait les cendres dans les urnes découvertes dans le Tophet. Des recherches ont montré que les urnes contenaient 80 % de restes carbonisés de fœtus, et 20 % de restes carbonisés d'enfants d'âges divers. Ce temple à ciel ouvert aurait donc été un cimetière d'enfants. Dans la plupart des tombes phéniciennes, on trouve un petit pot en céramique contenant les cendres du défunt, accompagné de deux vases ainsi que de masques. De l'époque carthaginoise, on a retrouvé de beaux vases aux décorations soignées et provenant de Nora, des bijoux en or de Tharros et des tombes contenant des pièces d'orfèvrerie (Senorbi) importées de l'Italie méridionale. Parmi les objets découverts les plus caractéristiques de cette époque, figurent les brûle-parfums en terre cuite et en forme de buste de déesse, ainsi que les lampes à huile et les offrandes votives (épis en feuille d'or ou d'argent), et la vaisselle à décoration simple ou à bandes peintes. Les objets d'ornement personnel en or ou en pâte de verre, bracelets, boucles d'oreilles, scarabées en or et pendants de colliers avec représentation de visages humains colorés témoignent d'un artisanat carthaginois très développé.

Époque romaine

En 238 av. J.-C., la Sardaigne devient une province romaine. Les premiers siècles de la Sardaigne romaine sont marqués par une continuité culturelle avec la période précédente. Les sanctuaires carthaginois sont toujours fréquentés, ce qui atteste un certain conservatisme dans le domaine du culte. Ainsi, les datations effectuées permettent de constater la persistance à l'époque romaine du culte du dieu Bès ainsi que de la pratique du Tophet et du rite de sépulture du défunt. Par ailleurs, les sanctuaires carthaginois dédiés aux divinités de la santé (comme celui de Bithia) reçoivent encore à cette période, en guise d'offrandes votives, des statuettes grossières d'hommes dont les mains indiquent la partie du corps à guérir.

Les Sardes résistent vigoureusement à la romanisation, même si celle-ci est inévitable, ne serait-ce que du fait des échanges commerciaux intenses qui se tissent entre la Sardaigne et le Latium. Les marchands italiens apportent du vin conservé dans des amphores. Les innombrables naufrages qui survenaient alors expliquent que les musées archéologiques de Sardaigne regorgent de ce type de récipients. Ils exposent aussi une grande quantité de vaisselle de table, car celle-ci faisait partie du chargement des navires marchands. Pendant la période républicaine (IIe-Ier siècles av. J.-C.), cette vaisselle était glacée en noir et produite en Campanie et en Toscane, puis de plus en plus imitée et façonnée dans les fabriques sardes.

A partir de la fin du Ier siècle av. J.-C., arrivent dans l'île la céramique sigillata italica, c'est-à-dire des assiettes et des coupelles sans décoration, mais aussi des imitations de ce type de vaisselle provenant de la France méridionale, la sigillata sud-gallica, qui utilise des techniques particulières pour créer des motifs décoratifs spéciaux (céramique marbrée). C'est de cette époque que date l'essor de l'exploitation agricole et minière de la Sardaigne. Dans l'Iglesiente, on a trouvé des lingots de plomb portant le profil de l'empereur, marque de sa propriété. Pour contrôler plus facilement le territoire, Rome utilisait ses vétérans : à la fin du service militaire, on donnait aux soldats la propriété d'une pièce de terre dans une région de l'empire et c'est ainsi que des milliers de Romains en sont venus à coloniser la Sardaigne.

Pendant la période impériale, la Sardaigne retrouve toute sa splendeur. Elle se trouve, en effet, enrichie par son commerce avec l'Afrique du Nord qui s'intensifie à cette époque. Les provinces africaines exportent de l'huile et de la vaisselle (« sigillata africana ») de couleur rouge orangé. C'est aussi à cette époque que les villes s'enrichissent, et qu'apparaissent de belles demeures ornées de mosaïques et de statues… L'urbanisme romain est particulièrement bien conservé à Nora, dont le centre habité a été occupé au moins jusqu'à la fin du VIe siècle apr. J.-C. Au IIe siècle apr. J.-C., on assiste à la construction, à Cagliari, d'un sanctuaire lié aux activités commerciales. A San Antioco, on a retrouvé une vaste nécropole romaine contenant des objets importés : lampes à huile et vases d'Afrique du Nord. Sur le site de Tharros, des vestiges de l'époque romaine ont été mis au jour, en particulier la statuette d'une divinité au visage de lion et aux symboles astraux. Au-delà des villes les plus importantes, des foyers mineurs de la présence romaine en Sardaigne ont été découverts (Gescio, Masullases), qui donnent un aperçu du mode de vie dans la Sardaigne romaine rurale. La production était majoritairement locale, à l'exception d'une petite quantité de vases et de vaisselle de luxe importés.

Moyen Âge

Les traces archéologiques de cette époque consistent pour l'essentiel en des bijoux d'or et d'argent, assez raffinés et de grande dimension. On a notamment découvert en grand nombre des boucles de ceinture aux motifs décoratifs en bronze, comme celle trouvée à Sestu. Certains exemplaires présentent des symboles religieux ou des représentations humaines et animales, ou encore des sujets géométriques. Selon l'hypothèse la plus probable, ces objets auraient été façonnés à la demande, comme le laisse supposer la grande variété des bagues découvertes près de Nughedu S. Vittoria (province d'Oristano). Certaines présentent un chaton a occhi di dado (« aux yeux de dé »), un motif décoratif fréquent, alors que, sur les autres, le chaton est lisse. On a aussi trouvé des monnaies romaines qui n'avaient plus cours, trouées et transformées en pendentifs. Le bronze était aussi utilisé pour des brocs, réalisés à fusion et décorés de motifs modulaires.

ARCHITECTURE

De nombreuses églises romanes jalonnent le territoire sarde. Surgissant çà et là dans la nature, elles se fondent dans les paysages dont elles font partie intégrante. Souvent, on doit s'éloigner des villages et suivre des petits chemins de campagne pour les trouver. Les premières églises romanes datent du XIe siècle. Parmi elles, il faut citer les églises de San Pietro di Bosa et de San Michele di Plaiano, mais l'exemple le plus majestueux du style romain nous est donné par la cathédrale de San Gavino, à Porto Torres, avec sa caractéristique nef longitudinale flanquée de deux nefs latérales plus basses. Divers courants artistiques ont présidé à l'érection des églises sardes, mais l'influence toscane y est dominante et aussi la plus clairement visible : ses façades sont à bandeaux de deux couleurs. Des exemples en sont fournis par la fameuse église de la Santissima Trinità di Saccargia (fin du XIIe siècle) et par l'ancienne cathédrale de Brutta, à San Pietro di Sorres. Les cathédrales de Cagliari et d'Oristano sont les dernières de ce style, et datent de la fin du XIIIe siècle.

La plupart des églises romanes ont été édifiées à partir de matériaux locaux : basalte, trachyte, calcaire, granite…

A partir de 1323, les Espagnols ont commencé à s'établir sur le territoire sarde et à y imposer leur style gothique catalan. Un bon exemple de ce style est l'église de San Francesco de Iglesias, terminée en 1441. Quant au style baroque, il est magnifiquement illustré par l'église de San Michele à Cagliari et la cathédrale d'Oristano (toutes les deux du XVIIIe siècle), la fastueuse cathédrale de San Nicola à Sassari (1700 environ) et l'église de Sant'Antonio Abate (terminée en 1707), également à Sassari.

Duomo de Sassari

ARTISANAT

La Sardaigne a une très vieille et riche tradition d'artisanat qui, bien que marqué par des influences lointaines (préhistorique, carthaginoise, romaine, byzantine, espagnole et génoise), présente pourtant des caractéristiques propres. Ce sont surtout l'originalité et la simplicité qui s'expriment sous diverses formes dans cet artisanat ancré dans une tradition locale incluant l'histoire, les coutumes, l'art et la vie. En effet, l'artisanat sarde apparaît comme un véritable art populaire, moyen d'expression culturelle de tout un peuple.

Contrairement à ce qui se passe ailleurs, le visiteur désireux d'acheter quelques souvenirs de son séjour en Sardaigne, peut être sûr et certain qu'ils ont bien été fabriqués par les artisans de l'île. D'ailleurs, pour être entièrement sûr de leur origine, vous pouvez en appeler au verdict de la société régionale Isola (Institut sarde pour l'organisation du travail artisanal), qui mène un combat, depuis 1984, contre le déferlement de souvenirs de pacotille qui ne sont pas produits par les Sardes eux-mêmes. Un réel effort a été fourni par cette association pour promouvoir l'artisanat sarde, ainsi que pour conserver les modèles de composition, les symboles, les formes et les couleurs de la tradition, parfois en innovant de façon respectueuse. La marque de l'Isola, un petit cheval stylisé, garantit l'authenticité de la qualité des produits de l'artisanat traditionnel de la Sardaigne.

Bijoux

Les bijoux sardes, rosaires, boucles d'oreilles, bagues, bracelets, colliers ou « boutons mammaires » symboles de la féminité, servent traditionnellement à orner les costumes de fête. Les artisans sardes travaillent en effet, depuis des siècles, l'or, l'argent, les perles, la nacre, le corail ou les pierres dures. La présence de mines d'argent dans le sud-ouest de l'île a favorisé le travail des bijoux en filigrane, héritage de la période mauresque. Si vous passez à Alghero, vous ne pourrez pas manquer d'admirer le travail du corail, l'or rouge de Sardaigne : les artisans locaux en font des merveilles de finesse, d'originalité et d'élégance.

Bois

Le travail du bois fait également partie des traditions les plus vivaces de la Sardaigne, en particulier dans les montagnes du centre du pays. Les modestes masures de la Barbagia ne contenaient que des meubles rustiques de première nécessité : quelques chaises, une table et un lit. Un seul élément de mobilier faisait exception à cette règle de sobriété, la *caxa,* ou le « coffre ». En châtaignier le plus souvent, mais parfois aussi en chêne ou en noyer, le coffre tenait une place essentielle dans la maison. Ses décorations sculptées plus ou moins complexes témoignaient de la richesse relative du foyer. Les meilleurs artistes représentaient le plus souvent des scènes de la vie rurale, des motifs géométriques, floraux ou animaliers. La sculpture sur bois s'exprime également dans la production des masques de carnaval, en particulier à Mamoiada et à Ottana. Un autre matériau fréquemment utilisé en Sardaigne est le liège. Bien que son usage le plus fréquent se limite au bouchon de bouteille, les artisans sardes s'en servent aussi pour fabriquer des objets au design de plus en plus sophistiqué.

Céramique

L'art de la céramique est intimement lié à l'histoire et à la culture sardes. Il n'est pas nécessaire de visiter le Musée archéologique de Cagliari pour comprendre l'importance et l'ancienneté de la production de céramique sur l'île. Il suffit en effet de visiter des villes telles qu'Assemini, Pabillonis, Dorgali ou Oristano pour comprendre l'implication de ces séries d'objets en terre dans la culture et l'histoire de la Sardaigne. Autrefois, on fabriquait des jarres de différentes tailles pour conserver de l'huile, de l'eau et du vin. Jadis purement utilitaires, ces objets en terre cuite sont devenus aujourd'hui des éléments de décoration, d'où l'apparition de la faïence et des innovations techniques. Certains artistes de talent, qui œuvrent notamment à Cagliari, San Sperate, Selargius, Oristano, Sassari, Olbia, et à Dorgali et Siniscola (dans la province de Nuoro), ont récemment donné à la céramique un nouveau souffle, tout en respectant la tradition de la « figulina » sarde.

Liège

Le chêne-liège est largement présent en Sardaigne et dans des autres zones du bassin méditerranéen. C'est pour cette raison que ce matériel est aussi commun dans les produits artisanaux et industriels de l'île. Le liège offre des possibilités d'emploi dans des secteurs différents. Il est principalement utilisé pour la production des bouchons et pour celle des matériels isolants, grâce à sa résistance et à son inaltérabilité dans le temps. L'industrie de chaussures et celle des matériels pour la conservation des aliments se servent aussi du liège, aujourd'hui largement utilisé aussi par les artisans des régions productrices, notamment la Gallura. Les villes de Tempio et Calangianus sont les centres le plus actifs dans la production industrielle du liège, qui contribue largement au développement de la région. La production du liège en Sardaigne n'a démarré qu'en 1830 environ, quand le royaume sarde-piemontais imposa des impôts très lourds sur les produits de liège importés, en cherchant de stimuler la production et le travail sur place. Cette législation aida les entrepreneurs qui décidèrent d'investir dans l'industrie locale. Le liège sarde avait été découvert et exploité précédemment par les Français, les Espagnols, les Corses et les Siciliens.

Métaux

Dans la partie centrale de la Sardaigne, le travail des métaux est encore très présent. Les forgerons de Gavoi sont spécialisés dans la production d'éperons et de mors, alors que les meilleurs couteaux viennent traditionnellement de Pattada. Le sa resola est le couteau sarde à cran d'arrêt, objet typique de l'ancien art de la forge et de la gravure. Les forges les plus connues se trouvent à Pattada, Santu Lussurgiu et Guspini. Plus généralement, les objets en fer forgé sont la spécialité des maîtres d'Isili.

Tapisserie

Le tissage est un art très pratiqué en Sardaigne, produisant quantité de tapis, de tapisseries, de dessus-de-lit, de rideaux... Les travaux sont toujours réalisés à la main, sur des métiers verticaux dans la Barbagia, horizontaux dans les autres régions. Ces métiers en bois continuent à tisser la laine des moutons sardes, mais aussi, de plus en plus, le coton et le lin. Il existe un très grand nombre de centres de tissage, et il est presque toujours possible d'y jeter un coup d'œil pour voir, de vos propres yeux, le processus de fabrication de ces produits. Chaque région a sa technique. *La tessitura liscia*, ou « tissage lisse », est caractéristique des villages de la région de Nuoro : Tonara, Gadoli, Sarule, Sedilo et Orune. La *tessitura a grani* (le « granité », ou « pibiones » en sarde) est produit à Ittiri, Atzara, Bonorva, Busachi, Paulilatino, Castelsardo, Ploaghe, Pozzomaggiore, Osilo, Sardara, Santulussurgiu et San Vito.

La *tessitura a punto* (ou « tissage à point ») est utilisée pour les tapisseries décoratives les plus luxueuses, produites à Bonorva, Mogoro, Morgongiori, Santa Giusta, Ploaghe et Santa Antioco. Les motifs décoratifs traditionnels se divisent en quatre groupes : motifs géométriques, sujets végétaux (fleurs, vignes, glands, branches d'olivier et autres thèmes récurrents des campagnes sardes), dessins animaliers représentant des spécimens de la faune sarde et symboles héraldiques ou emblématiques (aigle à deux têtes, tours, châteaux, symboles mythologiques...). Il semble impossible de conclure ce chapitre sur le tissage sans parler des somptueux châles de laine noire, brodés d'or et de fils de soie multicolores. Ces châles, exportés dans le monde entier, sont traditionnellement réalisés à Oliena et à Villanovaforru.

Vannerie

Les articles de vannerie sont très populaires en Sardaigne. Deux raisons à cela : d'une part, la matière première (paille, asphodèle, raphia, palme et osier) est disponible partout, et, d'autre part, les outils nécessaires sont réduits au minimum. C'est pourquoi les paniers tressés sont depuis toujours des ustensiles domestiques beaucoup plus communs que les poteries, qui requièrent une technique, des outils et des matières premières plus complexes. La technique de fabrication et les ornementations ont probablement peu évolué depuis l'ère des nuraghi : certains motifs décoratifs ont été transmis de génération en génération. Parmi ces motifs, les dessins géométriques sont les plus fréquents, mais les représentations animales et végétales sont loin d'être absentes. Evidemment, chaque région et chaque village a son motif ainsi que sa technique particulière. On notera notamment l'art du tressage, tel qu'il est pratiqué à Castelsardo, Sorso et Sennori (province de Sassari), à base de jonc et de raphia, et celui pratiqué à Flussio, Ollolai, Olzai et Tinnura (province de Nuoro), où l'on utilise l'asphodèle, la plante la plus élastique et la plus solide, pour fabriquer des corbule, des corbeilles aux dessins géométriques simples et bicolores. Les paniers de Sinai et de San Vero Milis sont faits selon une technique complexe de construction en spirale, tandis que leurs décorations (des tissus en coton brodé rouge ou noir) sont cousues après le tressage.

CINÉMA

Quand on parle de cinéma en Sardaigne, on évoque immédiatement les *Bandits à Orgosolo,* film de Vittorio de Seta, de 1961, sur le banditisme sarde, primé au Festival de Venise. Mais c'est oublier que de Seta n'est pas un auteur sarde mais sicilien, et qu'il avait déjà tourné un documentaire trois ans auparavant sur les bergers d'Orgosolo (*Pastori a Orgosolo*).

Plus récemment, à partir du 1990, le cinéma sarde a abandonné les thèmes traditionnels des bergers et du banditisme : Gianfranco Cabiddu est le premier réalisateur à frayer le chemin. Son film le plus représentatif est *Il figlio di Bakunìn* (*Le fils de Bakounine*), tourné en 1997. L'histoire part de la réalité minière sarde pour arriver à toucher des thèmes centraux de l'histoire de la région du XXe siècle : le fascisme, les batailles des ouvriers, l'occupation des terres dans l'après-guerre, l'autonomie.

Les mêmes problématiques avaient été abordées aussi dans quelques documentaires de Salvatore Sardu dans les années 1980 : *Buggerru : dove naque la speranza* (*Buggerru : où l'espoir naquit*) ; *Addì 11 maggio* (*Le 11 mai*) ; *Carbonia città che resiste* (*Carbonia, ville qui resiste*). Pino Adriano évoqua également ces thématiques dans les années 1970 : *Lotta di classe in Sardegna* (*Bataille de classe en Sardaigne*).

Cabiddu est, en revanche, le premier réalisateur qui dédie un long-métrage à ces sujets. *Il figlio di Bakunìn* tire son nom du roman éponyme de l'écrivain cagliaritain Sergio Atzeni. Il est centré sur le personnage de Tullio Saba, un héros de notre temps et symbole d'un monde sarde en évolution. Le rythme est dynamique, grâce à l'emploi continue du flash-back qui permet d'alterner passé et présent. Le film révèle des choix productifs courageux, comme l'implication d'un grand nombre d'acteurs sardes, professionnels ou non, provenant principalement des compagnies théâtrales locales. De jeunes Sardes inconnus du public sont aussi engagés pour des fonctions techniques d'importance comme l'assistance à la mise en scène, la photographie et les costumes.

Un autre film sarde digne d'être cité est *Ballo a tre passi,* de Salvatore Mereu. Sorti récemment en Italie et présenté au Festival de Venise en 2003, il raconte avec lyrisme la vie de trois personnages dans la Sardaigne d'aujourd'hui.

Chaque année, un festival du film italien est organisé au mois de juillet sur l'île de Tavolara, au large d'Olbia. Depuis sa création, en 1991, la notoriété de *Una notte in Italia* n'a pas cessé de grandir.

CHANT

La tradition du chant polyphonique remonte aux origines mêmes de la Sardaigne. Celui-ci est pratiqué depuis des millénaires par des bergers poètes. La pratique du chant à plusieurs voix est très répandue en Sardaigne, alors qu'elle est inconnue en Méditerranée, si ce n'est en Corse. Le chant polyphonique sarde s'appelle le chant a tenore. S'inspirant du timbre guttural de la langue sarde, il est exécuté par un chœur (gruppa) composé généralement de quatre voix masculines, chacune ayant une fonction bien définie. *Sa boghe* (« la voix ») chante le texte et dirige les autres voix. *Sa mesa boghe* est la voix la plus aiguë, et sert d'accompagnement, brodant et liant les différentes sonorités de façon relativement indépendante par rapport au *gruppa*. *Sa contra* est la voix centrale du chœur, et c'est autour d'elle que s'accordent les trois autres voix. *Sa bassu* est une voix grave, voire gutturale, très liée à *sa contra*. Ces trois dernières voix ne chantent pas de paroles, mais des syllabes sans signification dont les modulations rythment et accentuent les intonations de *sa boghe*.

Plage de Cala Gonone

Les chanteurs disent que ces voix imitent celles du monde pastoral : la *bassu* imiterait le bœuf, la *contra* le mouton, la *mesa boghe* serait la brebis tandis que la *boghe* serait tout simplement la voix du berger, signifiant ainsi la proximité du *canto a tenore* avec la nature. L'ensemble produit un effet extrêmement poétique et émouvant. Le chant se passe le plus souvent d'instruments, lors d'une réunion de village, et parle de l'histoire actuelle et passée de la Sardaigne, de ses idéaux, de ses révoltes...

Vous aurez peut-être la chance d'assister à un de ces récitals dans une petite ville de la Barbagia, d'où proviennent les meilleurs groupes de canto a tenore. Les Tenores di Bitti occupent la première place parmi les nombreux groupes polyphoniques sardes. Cette renommée tient sans doute au fait qu'ils chantent ensemble depuis plus de 25 ans et sans doute aussi parce qu'ils ont travaillé avec des grands noms de la world music : Peter Gabriel, Franck Zappa, Ornette Coleman, Lester Bowie... Pourtant, ils n'ont rien perdu de leur attachement à leur île natale : l'un des chanteurs du groupe (Piero) est toujours berger, et il n'est pas impossible de le croiser lors d'une fête, à Bitti (un petit bourg au nord de Nuoro), bien sûr, ou même dans un quelconque village de bergers du centre de la Sardaigne. Leur technique vocale parfaite, leur magnifique répertoire riche de leurs traditions, leur gentillesse naturelle ont fait d'eux un groupe internationalement reconnu, contribuant ainsi à faire connaître et aimer ce style particulier dans le monde entier.

COSTUMES

Un des éléments les plus importants du folklore sarde réside dans le costume. Jusqu'à la Seconde Guerre mondiale, le costume traditionnel était porté quotidiennement partout en Sardaigne. Aujourd'hui, presque plus personne ne porte ces anciens habits, sauf des gens âgés dans certains villages reculés de l'intérieur de la Sardaigne. Ainsi, à Busachi (province d'Oristano) ou Desulo, Orgosolo ou Tonara (province de Nuoro), on peut voir encore quelques vieilles personnes habillées comme l'étaient leurs ancêtres il y a près de

200 ans. Dans ces villages, les vieilles femmes privilégient toujours la robe traditionnelle, mais les vrais costumes, vêtements onéreux transmis de père en fils et de mère en fille, ne sont portés qu'à l'occasion des festivals.

Chaque ville, chaque village a son style, les plus raffinés provenant certainement des montagnes de la Barbagia. Pour les hommes comme pour les femmes, les deux couleurs prédominantes sont le noir et le rouge. On sous-estime peut-être de nos jours l'importance qu'avaient ces costumes et leurs couleurs : c'étaient des signes extérieurs de richesse qui donnaient des informations sur la classe sociale de leur propriétaire.

Les femmes riches, par exemple, portaient des habits rouge grenat, alors que les plus pauvres devaient se satisfaire de vêtements de toile brute aux couleurs moins vives. On pouvait également se renseigner sur la position sociale d'une personne en regardant la qualité des boutons qui fermaient son gilet : ils étaient en or chez les riches, en argent chez les classes moyennes, et en métal chez les plus pauvres.

Le costume masculin se compose d'un pantalon bouffant de toile blanche recouvert de guêtres et d'une espèce de jupette noire. En haut, les hommes portent généralement une ample chemise blanche et un gilet sombre, en cuir ou en laine, orné de broderies. Pour compléter le costume, les Sardes se coiffent d'un long bonnet noir, sorte de bonnet phrygien rabattu sur le devant ou sur le côté, à la manière de certaines statuettes en bronze datant de l'époque nuragique ! Le costume féminin est composé d'un corsage orné de broderies et d'une chemise blanche à dentelles sur laquelle est porté un petit gilet de couleur plus foncée, noir ou rouge le plus souvent. La tête est couverte d'un fichu brodé, plus ou moins léger et couvrant, hérité sans doute de la période arabe. La jupe, plissée et généralement sombre, est recouverte d'un tablier dont les couleurs et les motifs varient selon les régions.

DANSES

Danse et musique sont étroitement liées en Sardaigne. On les trouve associées lors des fêtes de village célébrant des événements de caractère religieux (la fête du patron de la ville, par exemple) ou pastoral (l'arrivée du printemps, la moisson, etc.), ou encore, et plus prosaïquement, à l'occasion des manifestations folkloriques organisées par l'office du tourisme. Dans tous les cas, c'est l'occasion, pour les hommes comme pour les femmes, de revêtir leur costume traditionnel et de renouer avec les chorégraphies ancestrales. Mais même les coutumes sont le résultat de modes ayant cours à l'intérieur des communautés pastorales, et ils peuvent être complètement différents dans des villages souvent très proches l'un de l'autre. La splendeur de ces costumes se révèle à l'occasion des manifestations populaires les plus importantes, où chacun vient participer aux chants, aux danses et aux jeux typiques sardes. Et c'est là que l'on peut constater que le folklore dans l'île n'est jamais un théâtre, mais qu'il est toujours vécu avec passion. Une des danses les plus populaires est le ballo tondo : les musiciens ou les chanteurs se placent au centre d'un cercle formé par les danseurs qui se tiennent par la main, ne bougeant pratiquement que leurs pieds, alors que leur buste reste totalement statique.

FÊTES ET FESTIVALS

Janvier

- **Fête de Sant'Antonio Abate** (notamment dans la province de Nuoro, à Dualchi, Bortigali ou Birori). Dans la nuit du 16 janvier, des feux de joie sont allumés dans tous les coins de l'île, en l'honneur du saint qui, selon la légende, aurait volé le feu aux enfers pour le donner aux hommes. Après la cérémonie religieuse et la bénédiction du feu, les villageois se réunissent autour des flammes, pour parler, chanter, danser ou déguster su pistiddu, un gâteau sarde préparé spécialement pour cette fête. Cet événement marque aussi le début du carnaval.

Février

- **C'est le mois du carnaval,** un événement majeur dans le folklore sarde. Il est vrai que l'aspect religieux de la chose a petit à petit été évacué des festivités : les masques, les danses et les abondants festins finissent toujours par prendre le dessus. Le carnaval commence traditionnellement le 17 janvier, au lendemain de la fête de Sant'Antonio Abate, et se termine le mercredi de la Semaine sainte, mais les principales festivités se déroulent entre le jeudi et le Mardi gras. Une des plus importantes manifestations du carnaval est la Sartiglia d'Oristano (entre le dernier dimanche de carnaval et le Mardi gras). Lors de cette épreuve reine de la fête, des cavaliers masqués, lancés au galop, doivent enfiler leur épée dans une étoile d'argent suspendue à un fil. A l'origine, il s'agissait d'une joute sarrasine au cours de laquelle les chevaliers devaient faire passer leur lance dans un anneau (sorticula, en latin), tout en galopant à une vitesse effrénée.

Les manifestations carnavalesques les plus spectaculaires sont pourtant celles qui se déroulent dans la province de Nuoro. A Ottana, pendant toute la période du carnaval, deux groupes reconnaissables à leurs masques terrifiants s'affrontent lors de combats rituels : les *merdùles* et les *bòes*. L'excitation est souvent telle que ces combats organisés dégénèrent parfois en véritables bagarres ! Dans le village de Mamoiada, des hommes étrangement déguisés défilent au début et à la fin du carnaval : ce sont les mammuthones. Ils portent des masques rustiques et effrayants en bois, peints en noir, et qui leur donnent un air tragique, masques également désignés par le nom de sos mammuthones. Vêtus d'une veste en peau de mouton, ils accrochent dans leur dos des grappes de cloches, les mêmes que celles qu'ils attachent à leurs troupeaux. Ces cloches rythment la procession, sonnant au gré de leurs pas. Les autres protagonistes de ces célébrations sont les insokatires, joyeux personnages habillés de couleurs vives, qui, avec leur soka (« lacet en cuir »), capturent des spectateurs et les entraînent dans leurs rondes. A Tempio Pausania, le carnaval a ses bouffons caractéristiques. D'autres manifestations typiques méritent un détour : à Samugheo, Sedi deo, Sindia et Fluminimaggiore. En marge du carnaval, on peut signaler la fête de S. Biagio à Gergei.

▶ **Ghilarza :** su carrudzu a s'antiga. L'avant-dernier dimanche de carnaval, on assiste à la renaissance d'une vieille tradition. Dans les rues du centre historique, un cortège composé d'une foule masquée et costumée (en costumes de Ghilarza) marque des temps d'arrêt sur chaque place, afin d'entraîner dans les danses traditionnelles les habitants et les touristes présents.

▶ **Baratili San Pietro :** carnaval de Baratili. Danses sur chacune des places du bourg, défilés de chars allégoriques, dégustation de gâteaux et Vernaccia.

▶ **San Vero Milis :** le jeu de la pentolaccia à cheval. Des cavaliers au galop, armés d'un bâton, s'emploient à casser les casseroles de terre cuite suspendues sur le parcours pour s'adjuger les récompenses qui y sont cachées.

Avril

▶ **La période pascale** donne lieu à des manifestations remarquables, souvent pleines de recueillement, comme c'est notamment le cas à Cagliari, lors de la procession du Vendredi saint : les religieuses de l'Arciconfraternita di Nostra Signora della Solitudine, de noir vêtues, promènent la statue du Christ, de l'église San Giovanni jusqu'à la cathédrale, en parcourant les ruelles du Castello. Les rites religieux de Castelsardo durent toute la Semaine sainte, mais la cérémonie la plus importante a lieu le lundi de Pâques (Lunissanti) : la procession, qui part de la citadelle fortifiée pour rejoindre la ville de Tergu voisine, est accompagnée de cantiques chantés par des hommes en froc blanc. Le retour de nuit, à la lumière des bougies, est un moment très émouvant.

▶ **Sini :** exposition du pani'e saba en l'honneur de San Giorgio. Une présentation de ce produit typique, manifestations folkloriques et exposition d'artisanat.

Mai

▶ **Fête de Sant'Efisio** (Cagliari, du 1er au 4 mai). C'est la plus importante et la plus ancienne fête de l'île, qui se perpétue depuis 1657. La statue du saint patron de Cagliari et de la Sardaigne, revêtue de précieux brocarts, est placée dans un chariot tiré par des bœufs et conduite à Nora (environ 35 km de Cagliari), accompagnée par une foule costumée et joyeuse qui jette des fleurs devant le cortège. Ce pèlerinage est dédié au martyr guerrier Efisio, que les habitants avaient choisi pour saint patron en 1655, afin qu'il les sauve d'une épidémie de peste et d'une invasion des pirates. Le 4 mai, la procession part du quartier de Stampace, à Cagliari, et ramène le saint dans la petite église qui lui est consacrée à Nora. C'est dans cette localité que saint Efisio aurait été martyrisé au IVe siècle apr. J.-C.

▶ **La Cavalcata sarda** (Sassari, avant dernier dimanche de mai). « Inventée » il y a quelques décennies (1951) et ne reposant sur aucune motivation religieuse, la Cavalcata sarda n'en est pas moins l'une des plus belles fêtes de Sardaigne. C'est une occasion unique de découvrir et d'admirer tous les costumes traditionnels de l'île, dans leur impressionnante diversité. Après le défilé des costumes, on enchaîne danses, chants et récitals de poésie sarde.

▶ **Cabras :** Santa Maria Assunta. Manifestations traditionnelles liées à la pêche, procession en mer, fête du mulet.

Juin

Avec l'arrivée de l'été, les fêtes se multiplient. Ce sont le plus souvent des fêtes de village, où les gens se retrouvent, mangent, chantent et dansent ensemble. Le 24 juin, à la **Saint-Jean,** des feux de joie, appelés lampadas, sont allumés dans toute la Sardaigne. **La fête de S. Caterina de Orroli** (premier dimanche de juin) consiste en une procession en costumes avec la présence de tracca, des chariots agricoles traînés par des bœufs. A Fonni, **la fête de la Vierge des Martyrs** s'accompagne de concours de poésies en langue sarde. Musique et danses typiques à San Vero Milis (S. Sofia, deuxième décade) et à S. Vito (15 juin).

▶ **Arborea** : Corpus Domibi. Les rues adjacentes à l'église paroissiale sont décorées de fleurs. Des milliers de fleurs forment des tapis colorés, représentant parfois des images sacrées.

Juillet

▶ **Fête de San Costantino** (Santu Antine) (Sedilo, 6-7 juillet). Chaque année, le 7 juillet, se déroule l'une des fêtes les plus impressionnantes de l'île : des centaines de jeunes cavaliers intrépides se retrouvent pour courir l'Ardia, une course à cheval en l'honneur de l'empereur romain Constantin, appelé San Costantino par la population, bien qu'il n'ait jamais été sanctifié, mais en raison de sa légendaire compassion envers les faibles. Les cavaliers galopent à une vitesse folle autour de l'église, soulevant des colonnes de poussière et fonçant parfois dans la foule attroupée. Le dimanche suivant le 7 juillet, une autre Ardia a lieu, à pied cette fois.

▶ **Baratili San Pietro :** régate des Is Fassonis. Les habitants de Baratili ont su étendre l'usage de l'ancienne embarcation en en faisant un instrument indispensable pour la pêche, mais aussi pour la chasse des oiseaux aquatiques. Ils ont ainsi acquis une grande habileté dans le pilotage des fassonis et ils renouvellent chaque année le défi sur le lac qui borde le village.

▶ **Cinema di Tavolara.** Un grand festival de cinéma est organisé tous les ans dans l'île de Tavolara par l'association culturelle Argonauti de Olbia. Ce festival a commencé avec un petit budget, mais il a réussi à se faire une place de plus en plus importante dans le panorama cinématographique italien. Son succès est favorisé par la beauté sauvage de l'île de Tavolara, devenue pratiquement un petit Woodstock où des centaines de personnes se rassemblent la nuit autour du grand écran. Pour plus de renseignements : www.cinematavolara.it

▶ **Arborea :** Cristo Redentore. Cérémonies religieuses et spectacles variés. Parallèlement se déroule la « fête des pastèques », avec distribution et dégustation.

▶ **Paulilatino – Tramatza – Ulla Tirso – Uras :** Santa Maria Maddalena. Cérémonies religieuses et spectacles. A Paulilatino, la fête est célébrée avec faste car elle est le clou de la manifestation « Le juillet de Paulilatino », organisé par le Syndicat d'initiative. Manifestations folkloriques et sportives, courses de chevaux et exposition de l'artisanat local.

Les mois en sarde

- **Janvier** .... Bennarzu
- **Février** .... Frearzu
- **Mars** .... Marzu
- **Avril** .... Arbile
- **Mai** .... Maju
- **Juin** .... Lampadasa
- **Juillet** .... Triulasa
- **Août** .... Austu
- **Septembrc** .... Cabudanni
- **Octobre** .... Santu Aini
- **Novembre** ..... Sant'Andria
- **Décembre** ..... Nadale

Août

▶ **Time in Jazz** (entre 11 et 15 août, environ). Festival de jazz à Berchidda, près de Sassari. C'est un festival de jazz contemporain, enrichi d'expos et de projections de films en plein air. Depuis 18 ans, il est organisé chaque année par le grand trompettiste sarde Paolo Fresu.

▶ **I Candelieri** (Sassari, 14 août). Il faut des bras très forts pour transporter les hauts candélabres dans les rues de Sassari, tous les ans, le 14 août ! En effet, en l'honneur de Notre-Dame de l'Assomption, des candélabres géants (pesant 200 kg) sont promenés en procession dans la ville par les « gremios » (corporations d'artisans). Le moment le plus attendu est la faraddha, la longue procession qui part du haut de la ville de Sassari et arrive jusqu'en bas, à l'église de Santa Maria de Bettlem : 9 colonnes en bois hautes de 3 m et qui pèsent des tonnes défilent dans les rues. A l'origine de cette tradition, il y aurait un vœu fait au XVIe siècle pour remercier la Vierge d'avoir sauvé la ville de la peste. Pour informations ✆ 079 23 17 77.

▶ **Processione del Redentore** (Nuoro, dernier dimanche d'août). Cette fête très populaire rassemble des milliers de personnes qui, vêtues de costumes traditionnels très colorés, vont en procession dans les rues de Nuoro et jusqu'au mont Ortobene, où se dresse l'imposante statue en bronze du Christ Rédempteur.

Ils défilent accompagnés par des chants, des danses et des musiques traditionnelles de launeddas, suivis par des chevaux bardés, ornés de rubans et de fleurs. Au même moment, des centaines de fidèles participent au pèlerinage qui part de l'église Delle Grazie et se dirige vers le sommet du mont Ortobene, pour rendre hommage à la statue du Redentore. Celle-ci se trouve en face de l'église de Nostra Signora di Montenero. Le soir, dans l'amphithéâtre du village, la danse du ballu tondu, une danse traditionnelle sarde, est interprétée par les meilleurs danseurs des compagnies de ballet sarde.

Septembre

Septembre se dit en sarde Cabudanni, qui vient du latin caput anni (le début de l'année) et signifie ainsi le début de la transhumance pour les bergers et le début de la nouvelle année agricole. Les nombreuses fêtes qui ont lieu au cours de ce mois étaient l'occasion de remercier Dieu pour la récolte et de demander l'eau et le soleil qui garantiraient une moisson généreuse pour la nouvelle année.

- **Fête de San Salvatore** (Cabras, 4ème dimanche de septembre). La corsa degli scalzi (« course des nu-pieds ») commence à l'aube du premier samedi de septembre, quand des milliers de jeunes gens, pieds nus et vêtus d'un froc blanc, emportent la statue du saint pour l'emmener au sanctuaire du village. Ils commémorent ainsi l'entreprise d'un groupe de jeunes de San Salvatore di Sinis qui, en 1506, après avoir évacué leur village pris d'assaut par les Arabes, revinrent chercher la statue du saint. Le lendemain, la course se fait dans le sens inverse, jusqu'à l'église Santa Maria Assunta, où une foule attend les valeureux coureurs.

- **Ales : Santa Maria.** Trois jours de fête avec six processions pour accompagner l'effigie de la Madone, le matin de la cathédrale à l'église, et le soir de l'église à la cathédrale…

Octobre

- **Fête des châtaignes et des noisettes,** à Aritzo (4e dimanche).

- **Fête des bachisio,** à Bolotana (1er dimanche du mois).

- **Morgongiori** : Santa Sofia. La fête en l'honneur de la Santa Suia (Sofia en dialecte

Légendes sardes

- **Dans la culture sarde,** la légende, et plus généralement la tradition du récit, a connu et connaît aujourd'hui encore, une abondante production. Contos de fuchile (« récits du foyer ») est le nom donné aux fables et aux légendes en Sardaigne. Un nom évocateur de la sérénité des soirées hivernales près de la cheminée, passées à raconter et à écouter des récits.

- **Ces récits,** c'est l'arrière-pays sarde, berceau des traditions les plus archaïques, qui les a donnés à l'île. On y trouve aussi un écho des paysages des montagnes sauvages et des plateaux sardes à l'aspect mystérieux.

- **Les recueils** de légendes et histoires populaires remontent à la deuxième moitié du XIXe siècle et aux premières décades du XXe siècle. Des études de ces récits ont permis de dégager deux traditions parallèles : une tradition de légendes originelles et archaïques, qui perdurent dans le folklore, et une autre tradition concernant ces mêmes légendes, transformées et modernisées tout au long des années, mais gardant leur substrat primitif.

- **Les thématiques,** les personnages et les sujets sont très variés ; dans les mythes, dans les légendes et dans les récits sardes, on célèbre souvent la balentia de l'homme, c'est-à-dire le courage, la force, l'endurance et la virilité. Ces vertus caractérisent ceux qui méritent le respect de la communauté.

- **Ainsi, le balente** exprime sa virilité en méprisant les dangers de la nuit. Dans la tradition sarde, la nuit a une connotation magique et obscure : elle est habitée par des êtres mystérieux et irréels, porteurs de messages de mort. Nuit et jour s'opposent comme deux entités contraires, complètement indépendantes, comme deux réalités parallèles vécues et connues par le balente, protagoniste sur la scène de ces deux mondes.

- **Les diables** sont également présents dans la tradition, comme présage de mort et de malheur, accompagnés souvent par de différents types de vampires. Ces vampires, qui empruntent volontiers une forme féminine, sont appelés coga ou stria. Enfin, il existe aussi de nombreuses légendes sur les rites d'initiation et les différents cultes. L'imaginaire traditionnel sarde est illimité !

local) a été ainsi appelée par les habitants et célébrée avec beaucoup de dévotion. Une procession accompagne l'effigie de la sainte, le long d'un sentier jusqu'à l'église sur le Monte Arci, en une marche de deux heures. Ici ont lieu les rites religieux.

▸ **Ghilarza :** San Sernfino. Arcangelo Raffaele. Fête champêtre avec neuvaine dans le village du même nom, sur le lac Omodeo.

Novembre

▸ **Milis :** fête des vins nouveaux. La première et la plus importante. Exposition régionale consacrée à la dégustation de vins nouveaux produits en Sardaigne, dans le cadre du Palazzo Boyl.

▸ **Fête de la Madonna dello Schiavo** (« Vierge de l'esclave ») à Carloforte (deuxième décade).

Décembre

▸ **Fête de Sant'Andrea à Quartu,** fête des agriculteurs (1re décade). Il ne s'agit là que des fêtes les plus connues, mais il en existe un nombre incalculable. Sans prétendre à l'exhaustivité, voici donc un calendrier de quelques-unes des plus belles fêtes de Sardaigne.

LITTÉRATURE

L'imaginaire qui entoure la Sardaigne est celui d'une civilisation pastorale, d'une terre âpre et sauvage : peu d'échos littéraires nous parviennent de cette île sans douceur. Pourtant, son patrimoine culturel, notamment littéraire, est surprenant. Les thèmes des principaux écrivains sardes se fondent sur une passion et une curiosité pour le terroir et l'identité culturelle de la Sardaigne profonde.

C'est au XXe siècle que la littérature nationale a connu une percée certaine, grâce notamment à celle qui lui a donné ses lettres de noblesse, Grazia Deledda (1871-1936). Autodidacte, Grazia Deledda commença à écrire très jeune, puisant ses thèmes dans le folklore coloré de son pays natal, la région de Nuoro. Même si, dans ses romans, les hommes sont durs et dolents, et si son style est semblable à son île, sobre et sans fioritures, le romantisme n'en est pourtant pas absent. Contemporain de Grazia Deledda et originaire de la même ville de Nuoro, Sebastiano Satta (1867-1914) eut des débuts plus classiques. Il fit des études d'avocat, voyagea et commença sa carrière comme journaliste à *La Nuova Sardegna,* premier quotidien de l'île créé en 1891. Ces expériences lui firent prendre conscience de la beauté de son île, mais aussi de la pauvreté de ses habitants. Les poèmes (*Canti barbaricini* en 1910 et *Canti del salto e della tanca* publiés en 1924) de Satta disent son amour de la Sardaigne, de ses bergers et de ses traditions, mais aussi ses révoltes contre la misère et l'injustice. Poète social, il est admiré dans toute l'île, particulièrement à Nuoro.

Après « l'ère nuorese », une nouvelle génération d'auteurs – avec notamment Pietro Casu (1878-1954), Giovanni Antonio Mura (1879-1943), Filiberto Farci (1882-1965), Romolo Riccardo Lecis (1899-1962) et Lino Masala Lobina (1901-1965) – commença à critiquer l'œuvre de Grazia Deledda, jugeant qu'elle décrivait une île statique, archaïque, paralysée par les traditions et enlisée dans un ordre social bloqué. Revendiquant la modernité et le changement, cette révolution littéraire tourna court cependant, n'ayant pas su renouveler ses bases stylistiques : les auteurs reprenaient en effet la plupart des modèles établis par Grazia Deledda (notamment dans les descriptions de la nature sarde). Deux écrivains de ce groupe allaient exercer pourtant une influence notable sur la littérature sarde : Salvator Ruju (1878-1966), qui écrivit en sassarese, le dialecte de sa région natale, la province de Sassari ; et Filippo Addis (1884-1974), qui s'attacha à mettre en évidence, avec un sens aigu du grotesque, les différences entre les villes modernes et les campagnes reculées de l'île.

Un renouveau littéraire intervint à la fin des années 1930, avec la publication d'*Un anno sull'Altipiano* d'Emilio Lussu (1890-1975) en 1938 ; de *San Silvano,* de Giuseppe Dessi (1909-1975) en 1939 ; et de *Lo zufolo,* de Salvatore Cambosu (1895-1962). Dans ce roman, comme dans *Una stagione a Orolai* (1957) et dans *Miele amaro* (1954), Cambosu se fait à la fois historien, ethnologue et poète.

Commandant militaire mythique, dirigeant politique nationaliste, chef reconnu et aimé, la figure d'Emilio Lussu a contribué à la constitution d'une identité sarde. Ses *Quaderni e delle Lettere dal carcere,* lettres écrites en prison et publiées à partir de 1947, proposent une interprétation des spécificités culturelles, historiques et politiques du peuple sarde, et prônent l'usage quotidien de la langue sarde. Auteur à part, Giuseppe Dessi replace la Sardaigne au centre de son œuvre. Il traite du thème de la mémoire par le biais d'une recherche historique et psychologique, afin de favoriser une prise de conscience individuelle et collective de la personnalité sarde. Parmi ses nombreux romans, il faut citer *Michele Boschino* (1942), *Storia del Principe Lui* (1948), *Introduzione alla vita di Giacomo Scarbo* (1959) et *Eleonora d'Arborea (*1964). Dessi reçut le prix Strega (sorte de prix Goncourt) pour *Paese d'ombre* (1972).

Calendrier des fêtes

- **16-17 janvier :** à Abbasanta (Or) - Fête de Sant'Antonio Abate.
- **16-17 janvier :** à Fluminimaggiore (Ci) - Fête de Sant'Antonio Abate.
- **16-17 janvier :** à Orosei (Nu) - Fête de Sant'Antonio Abate.
- **16-17 janvier :** à Mamoiada (Nu) - Fête de Sant'Antonio Abate.
- **19-20 janvier :** à Ales (Or) - Fête de San Sabastiano.
- **19-20 janvier :** à Armungia (Ca) - Fête de San Sabastiano.
- **19-20 janvier :** à Ussana (Ca) - Fête de San Sabastiano.
- **Février-mars :** à Cagliari (Ca) - Carnaval : Sa Ratantina.
- **Février-mars :** à Oristano (Or) - Carnaval : Sa Sartiglia.
- **Février-mars :** à Mamoiada (Nu) - Carnaval : Les mammuthones.
- **Février-mars :** à Ottana (Nu) - Carnaval : Les merdules.
- **Février-mars :** à Orotelli (Nu) - Carnaval : Sos thurpos.
- **Février-mars :** à Tempio Pausania (Ot) - Carnaval.
- **Février-mars :** à Gavoi (Nu) - Carnaval : Sos tumbarinos.
- **Avril :** à Cagliari (Ca) - Semaine sainte.

Région Nord-Est, Loiri Porto San Paolo

- **Avril :** à Alghero (Ss) - Semaine sainte.
- **Avril :** à Castelsardo (Ss) - Semaine sainte.
- **17-20 avril :** à Sant'Antioco (Ci) - Fête de Sant'Antioco.
- **28 avril :** à Cagliari (Ca) - Sa Die de sa Sardigna (« le jour de la Sardaigne »).
- **1er mai :** à Cagliari (Ca) - Fête de Sant'Efisio.
- **1er mai :** à Arzachena (Ot) - Fête de San Giovanni.
- **1er mai :** à Bonorva (Ss) - Fête de Santa Lucia.
- **1er mai :** à Cossoine (Ss) - Fête de San Sebastiano.
- **1er au 2 mai :** à Lula (Nu) - Fête de San Francesco.
- **1er au 2 mai :** à Paulilatino (Or) - Fête de Santa Cristina.
- **3 mai :** à Pula (Ca) - Fête de Sant'Efisio.
- **12 mai :** à Aglientu (Ot) - Fête de San Pancrazio.
- **14 mai :** à Santa Giusta (Or) - Fête de Santa Giusta.
- **15-16 mai :** à Olbia (Ot) - Fête de San Simplicio et fête de la mer.
- **22-26 mai :** à Porto Torres (Ss) - Fête des martyrs San Gavino, San Proto et San Gianuario.
- **28 mai :** à Cala Gonone (Nu) - Fête du poisson.
- **Avant-dernier dimanche de mai :** à Sassari (Ss) - Cavalcata sarda.
- **Dernier samedi de mai :** à Cala Gonone (Nu) - Fête du poisson.
- **2-3 juin :** à Santulussurgiu (Or) - Fête du cheval.
- **1er dimanche de juin :** à Onarcado (Or) - Fête des cerises.
- **1er dimanche de juin :** à Burcei (Ca) - Fête des cerises.
- **1er dimanche de juin :** à Villacidro (Mc) - Fête des cerises.
- **13 juin :** à S. Teresa di Gallura (Ot) - Fête de Sant'Antonio.

- **24 juin :** à Bonorva (Ss), Gavoi (Nu) - Fête de San Giovanni Battista, saint patron des bergers.

- **29 juin :** à Carloforte (Ci) - Fête de San Pietro.

- **2 juillet :** à Arbatax (Og) - Fête de la Vierge Stella Maris.

- **2 juillet :** à Cagliari (Ca) - Fête de la Vierge de Bonaria.

- **6-7 juillet :** à Sedilo (Ss) - S'Ardia.

- **2e dimanche de juillet :** à Tonara (Nu) - Fête du Torrone (nougat sarde).

- **2e dimanche de juillet :** à Villasimius (Ca) - Fête de la Madonna del Naufrago.

- **17 juillet :** à San Sperate (Ca) - Fête de San Sperate.

- **18-20 juillet :** à Muravera (Ca) - Fête des agrumes.

- **22-25 juillet :** à La Maddalena (Ot) - Fête de Sanata Maria Maddalena.

- **3e samedi de juillet :** à Quartu (Ca) - Fête de San Giovanni Battista.

- **26 juillet :** à Tortoli (Og) - Fête de Santa Anna.

- **30 juillet :** à Gavoi (Nu) - Fête de la Madonna d'Itria.

- **1er dimanche d'août :** à Bosa (Ot) - Fête de Santa Maria del Mare.

- **5-11 août :** à Cuglieri (Or) - Fête de Santa Maria della Neve.

- **6 août :** à Santadi (Ci) - Le Mariage maure.

- **6-7 août :** à Fonni (Nu) - Le Palio des cavaliers.

- **6-7 août :** à Ierzu (Og) - Fête du vin.

- **11-14 août :** à Busachi (Or) - Fête de Santa Suzanna.

- **14 août :** à Sassari (Ss) - I Candelieri.

- **15 août :** à Portoscuso (Ci) - Fête de la mer.

- **Avant-dernier dimanche d'août :** à Tortoli (Og) - Fête de Santo Lussorio.

- **29 août :** à Nuoro (Nu) - Fête du Rendentore.

- **31 août :** à Bono (Ss) - Fête de la citrouille.

- **1er dimanche de septembre :** à Cabras (Or) - Fête des nu-pieds.

- **7-17 septembre :** à Bortigali (Nu) - Fête de Santa Maria de Sauccu.

- **8 septembre :** à Viallasimius (Ca) - Fête de Santa Maria.

- **8-12 septembre :** à Quartu Sant'Elena (Ca) - Fête de Santa Maria Cepola.

- **8-26 septembre :** à Orosei (Nu) - Fête de la Madonna del Rimedio.

- **Mi-septembre :** à Cagliari (Ca) - Fête du poisson.

- **Mi-septembre :** à Selargianus (Ca) - Matrimonio selargiano.

- **27 sept.- 5 octobre :** à Mamoiada (Nu) - Fête de San Cosimo.

- **Dernier dimanche de septembre :** à Oristano (Or) - Mois du cheval.

- **1er au 4 octobre :** à Luras (Ot) - Fête de Santa Maria del Rosario.

- **2-6 octobre :** à Serrenti (Mc) - Fête de Santa Vitalia.

- **4 octobre :** à Alà dei Sardi (Ot) - Fête de San Francesco.

- **27-28 octobre :** à Iglesias (Ci) - Fête de Nostra Dama del Buoncamino.

- **30 octobre :** à Desulo (Nu) - Fête de la montagne et du Gennargentu.

- **Dernier dimanche d'octobre :** à Aritzo (Nu) - Fête des châtaignes.

- **1er novembre :** à Santa Giusta (Or) - Veillée pour les défunts.

- **9 novembre :** à Serdiana (Ca) - Fête du vin en l'honneur de San Salvatore.

- **11 novembre :** à Serdiana (Ca) - Fête de la gastronomie.

- **21 novembre :** à Nuoro (Nu) - Fête de Nostra Signora delle Grazie.

- **1er dimanche de décembre :** à Siligo (Ss) - Fête de la saucisse.

- **4 décembre :** à Villasor (Ca) - Fête des artichauts.

- **8 décembre :** à Ittireddu (Ss) - Fête de Santa Maria Intermontes.

N.B. : les dates mentionnées ci-dessus sont indicatives. Il n'est pas rare que les festivités soient déplacées au week-end le plus proche. Dans tous les cas, nous vous conseillons de vous renseigner à l'office du tourisme de la ville.

L'après-guerre représente une période d'accélération et d'ouverture dans l'histoire de la littérature sarde : désormais, l'étranger n'est plus considéré comme fatalement ennemi. Les ouvrages suivants sont autant d'exemples de ce changement de perspective : *Sonetaula* (1960), de Giuseppe Fiori ; *Quelli dalle labbra bianche* (1962), de Francesco Masala ; *I figli di Pietro Paolo* (1967) et *Il riscatto* (1969), d'Antonio Cossu ; *L'Aurora è lontana* (1968), de Michele Columbu ou encore *Zio Mundeddu* (1968), d'Antonio Puddu. Pourtant, simultanément, des initiatives se multiplient pour promouvoir l'identité culturelle sarde, en particulier à travers l'utilisation de la langue comme moyen d'expression identitaire. Créé en 1956 par le poète Tonino Ledda, le prix Premio Ozieri vise à encourager la production poétique en sarde. Dans les années 1970, des romans d'une qualité remarquable marquent l'arrivée d'une nouvelle génération d'auteurs : *Padre padrone* (1975), de Gavino Ledda, et *Il giorno del giudizio* (1977), de Salvatore Satta.

Dans les années 1980, trois écrivains retiennent l'attention de la critique : Salvatore Mannuzzu, Sergio Azteni et Marcello Fois. Le premier, qui a débuté en 1962 avec Un Dodge a fari spenti, allait se révéler véritablement avec un roman intitulé *Procedura* (1988), suivi en 1989 de *Un morso di formica* (1989), puis *Le ceneri del Montiferro* (1994), *Il terzo suono* (1995) et *Il catalogo* (2000). L'action des romans de Mannuzzu se déroule presque toujours en Sardaigne, mais l'atmosphère agropastorale y est inévitablement troublée par un élément perturbateur qui rompt la belle tranquillité bucolique des campagnes.

Dans les romans de Sergio Azteni, de l'*Apologo del giudice bandito* (1986) à *Il figlio di Bakunìn* (1991), d'*Il quinto passo è l'addio* (1995) à *Passavamo sulla terra leggeri* (1996), et à *Bellas mariposas* (1996), la Sardaigne est omniprésente, universelle, voire éternelle, et son rôle va jusqu'à transformer l'histoire en un chant épique en l'honneur de la « sarditude ». En septembre 1995, la critique venait de saluer le Fils de Bakounine quand une vague emporta son auteur, âgé de 43 ans, du rocher d'où il contemplait la mer de Sardaigne pendant la tempête.

Marcello Fois est un écrivain à part : auteur de romans noirs, membre de l'Ecole du polar, il mêle allègrement paragraphes en italien et en sarde, faisant ressentir au lecteur la nature contradictoire du peuple sarde. Il est l'auteur de *Sempre Caro* (1998), un superbe roman sur l'identité problématique des Sardes, récompensé par le prix Zerilli Marinò. Ses autres ouvrages sont tout aussi passionnants : *Ferro recente* (1992), *Meglio morti* (1994), *Sheol* (1997), *Sangue dal cielo* (1999) et *Dura madre* (2001).

MUSIQUE

Un instrument polyphonique unique en son genre symbolise l'attachement de la Sardaigne à la musique : l'île a réussi à préserver l'existence et la pratique des launeddas, une triple flûte en roseau, avec des chalumeaux de longueur et de tonalité différentes. Deux d'entre eux sont pourvus de trous, sa mancosa manna et sa mancosedda, alors que su tumbu est un tuyau sans trou dont on joue en utilisant la technique du souffle continu, très difficile à maîtriser. L'origine de cet instrument remonte probablement à l'époque nuragique, comme semble l'attester la figurine de bronze datant du VIIIe siècle av. J.-C. et représentant un homme jouant d'une flûte à trois tuyaux. Elle est exposée aujourd'hui au Musée archéologique de Cagliari. La tradition de fabrication et de pratique de cet instrument s'est maintenue grâce à de véritables virtuoses tels qu'Aurelio Porcu, à Villaputzu, ou Luigi Lai, à San Vito, ainsi qu'à des associations et des écoles de musique qui transmettent la passion des launeddas aux nouvelles générations. Les launeddas étaient généralement accompagnées du melodeon, une espèce d'accordéon inventé en Autriche et intégré aux traditions musicales sardes depuis la fin du XIXe siècle. Tortore Chessa, originaire d'Irgoli, est aujourd'hui le maître incontesté de cet instrument.

Su pipiolu, ou la « flûte du berger », en roseau, est un des instruments de musique les plus répandus en Sardaigne. Il faut aussi mentionner le serragia, un instrument typique, constitué d'un roseau creux et d'une vessie de porc gonflée. Enfin, le rythme, toujours très important, est assuré par les tumbarinu, tambourins sardes originaires de Gavoi qui cadencent les fêtes et les danses. Le meilleur endroit pour se familiariser avec les instruments de musique de Sardaigne est le musée de la Musique de Tadasuni, un village sur le lac Omodeo, au nord-est d'Oristano : l'abbé don Giovanni Dore, un passionné, y a réuni une collection exhaustive des spécimens uniques du folklore musical de l'île.

En Sardaigne, donc, on peut retracer les origines les plus anciennes de la musique méditerranéenne. Elles nous sont racontées par ces instruments très rares, par les danses de tradition millénaire et par les nombreux chants polyphoniques. Ces traditions musicales, qui se sont conservées pendant des siècles, ont su cependant intégrer les transformations modernes en s'ouvrant au jazz, au rock et au pop.

Ainsi, la chanteuse Elena Ledda interprète les chants populaires sardes et vocalise librement, accompagnée par la harpe new age d'Andreas Vollewnweider ; le jazzman Paolo Fresu explore avec sa trompette les frontières du jazz en l'enrichissant de sonorités méditerranéennes ; Enzo Favata n'hésite pas à faire dialoguer son saxophone avec les launeddas ou à improviser sur le chant liturgique d'un groupe de tenores.

Quelques figures importantes des lettres sardes

Salvatore Cambosu

Né à Orotelli, dans la province de Nuoro, en 1895, Salvatore Cambosu fut un écrivain et un journaliste, mais aussi un maître d'école. Il enseigna à Orotelli et dans nombreux autres centres de l'île. Il écrivit son premier roman, *Zufolo* (*Pipeau*), en 1932. Il s'établit bientôt à Cagliari, où il collabora avec des magazines et des journaux, parmi lesquels l'*Unione Sarda,* le principal journal sarde jusqu'à aujourd'hui. Ce journal publia son roman *Il carro* (*Le Chariot*) en 1934 en plusieurs épisodes. Cambosu s'inséra pleinement dans le cercle culturel et politique du chef-lieu sarde, avec des intellectuels importants comme Francesco Masala et Michelangelo Pira. L'œuvre la plus célèbre de Salvatore Cambosu fut publiée en 1954. *Miele amaro* (*Miel amer*) rassemble d'importantes informations historiques et ethnologique sur la Sardaigne. En 1955, Cambosu publia son Reportage *Supramonte d'Orgosolo,* résultat de son enquête journalistique sur le banditisme sarde. En 1957 il publia *Una stagione a Orolai* (*Une saison à Orolai*), un roman qui affrontait le sujet de la condition bergère à travers les yeux d'un enfant. Salvatore Cambosu mourut à Nuoro en 1962. Certaines parmi ses œuvres furent publiées après sa mort : *Una stagione a Tharros* en 1992 (*Une saison à Tharros*) et *I racconti* (*Les récits*) en 1996. L'écrivain d'Orotelli est parmi les représentants principaux du courant littéraire « neo-réaliste » sarde, qui se développa à partir des années 1950. Ces écrivains adoptent un langage efficace et persuasif, en utilisant des techniques typiques des médias et en créant des structures narratives mixtes, entre l'essai, l'enquête, le témoignage direct et le matériel documentaire.

Grazia Deledda

Née à Nuoro en 1876, Grazia Deledda est l'auteur de nombreux ouvrages d'inspiration purement sarde. En 1927, son œuvre a été recompensée par le prix Nobel. *L'art de Deledda* procède d'un vérisme folkloriste qui a conduit cet écrivain à faire pour la Sardaigne ce que Verga a fait pour la Sicile et d'Annunzio pour les Abruzzes. Ses romans, qui décrivent les mœurs et les traditions de son pays, sont une peinture sociologique de l'île, forte et définitive. La jeune Grazia publie son premier livre, *Fleur de Sardaigne,* à l'âge de 15 ans, puis part à Rome avec son mari Palmiro Madesani. Et c'est à Rome qu'elle connaîtra une véritable consécration. Souvent critiquée par ses concitoyens pour ses propos jugés inconvenants, la jeune romancière a toujours agi avec beaucoup de détermination. « Nous sommes juste comme les roseaux au vent », fait-elle dire à l'un des protagonistes d'un de ses romans les plus parfaits et les plus beaux, intitulé *Roseaux au Vent.* Cette phrase pourrait servir d'épigraphe à tout l' « univers » de Deledda, un auteur qui, bien que fidèle au milieu et aux thèmes qui étaient les siens, a su éviter la répétition et garder à ses romans toute leur charge émotionnelle. Parmi ses principaux romans, il faut citer *Le Lierre sur l'arbre mort, Le Secret de l'homme solitaire, La Voie du mal* et *Le Dieu des vivants.*

« Murales » ou fresques à Orgosolo

Ignazio Francesco Mannu

Poète et magistrat, Ignazio Francesco Mannu vécut à Nuoro au XVIIIe siècle. Il est surtout connu pour son poème dénonçant la tyrannie des Piémontais et revendiquant plus de liberté pour les Sardes.

Su patriotu sardu a sos feudatarios
(Le patriote sarde à ses vassaux)
Procurade'e moderare barones sa tirannia
(Tentez de modérer, barons, la tyrannie)
chi si nono pro fide mia torrades a pe'in terra.
(Ou, ma foi, vous reviendrez les pieds à terre.)
Declarada est giai sa gherra contra de sa prepotenzia
(La guerre contre l'arrogance est déjà déclarée)
incuminzat sa passenzia in su populu a mancare.
(Déjà, parmi le peuple, la patience vient à manquer.)
Cando si pesat su bentu est prezisu bentulare
(Quand le vent commence à souffler, il faut absolument battre l'air)
mirade chi sas areas minettana temporale
(Voilà que dans les airs menace la tempête)
zente cussizzada male iscurtaes sa boche mia.
(Vous, hommes mal conseillés, écoutez ma voix.)
Barones sa tirannia procurade'e moderare.
(Barons, la tyrannie, tentez de modérer.)
Custa populos est s'ora d'estirpare sos abusos
(C'est l'heure, ô peuple, d'extirper les abus)
a terra sos malos usos a terra su dispotismu
(A terre les mauvaises habitudes, à terre le despotisme)
Gherra, gherra a s'egoismu et gherra a sos opressores
(Guerre ! Guerre à l'égoïsme et guerre aux oppresseurs)
custos tirannos minores est prezisu umiliare
(Tous ces petits tyrans il faut humilier)
Barones sa tirannia procurad'e moderare.
(Barons, la tyrannie tentez de modérer.)

Francesco Masala

Francesco Masala est né en 1916, en Sardaigne. Il a enseigné la littérature et l'histoire à l'université de Cagliari. Pendant la Seconde Guerre mondiale, il a été blessé sur le front russe. Masala est l'auteur d'essais, de pièces de théâtre et radiophoniques, ainsi que de nombreux recueils de poèmes et de trois romans. Ont été traduits en français : *Le Braconnier* et autres poèmes de Sardaigne (1984), *Le Curé de Sarrok* (1989) et *Ceux d'Arasolé* (1999).

« Murales » ou fresques à Orgosolo

Sebastiano Satta

Originaire de Nuoro, Sebastiano Satta (1867-1914) fut non seulement l'un des plus grands poètes sardes, mais egalement le guide de toute une génération d'intellectuels (dont Grazia Deledda). Ses œuvres, porteuses d'idéaux humanistes, s'inspirent principalement de la vie rurale des montagnes de Nuoro. *Canti Barbaricini* et *Canti del salto e della tanca* figurent parmi ses plus belles œuvres lyriques.

Pietro Spiggia

Né en 1901 à Orgosolo, Pietro Spiggia est un poète italien qui s'est consacré à l'écriture des petits poèmes pour les jeunes et les plus âgés. Son poème le plus connu est une poésie qu'il a écrite pour sa mère… Voilà une démonstration de ce fameux grand amour italien pour la mère, qui semble également bien enraciné en Sardaigne !

Une autre interprète connue des chants sardes est Franca Masu, une chanteuse d'Alghero de langue catalane, très engagée dans la musique ethnique et la recherche sur les croisements de styles. La tradition sarde-catalane de la région d'Alghero représente également un important courant musical, qui s'exprime principalement à travers les cobles. Ces anciennes compositions poético-musicales subissent un traitement spécial de la part du groupe Calic, qui se produit depuis une vingtaine d'années. Ce groupe en fait des pièces tout à fait modernes, qu'il accompagne d'instruments anciens comme la mandola, la serraggia, le ximbomba et les zucchittas, auxquels il associe des percussions ethniques et des guitares électriques... On l'aura compris, le goût du rapprochement entre passé et présent est la caractéristique de ce groupe qui, en 1994, a reçu le prix italien Tenco, décerné au meilleur groupe de musique folklorique. Les Sardes ont toujours valorisé leur patrimoine musical et l'ont fait connaître à de grands artistes comme Maria Carta et l'inoubliable Fabrizio De André, qui a interprété une chanson de son album *Rimini* (1978) en dialecte de la Gallura.

PEINTURE

On ne peut véritablement parler de peinture sarde qu'à partir du XIVe siècle. Le XIVe et le XVe siècle représentent l'ère du retable. Ce mot, qui vient du latin retro tabula, désigne la peinture qui, dans une église, surmonte l'autel, en arrière de la table sur laquelle le prêtre célèbre la messe. Le retable représente, la plupart du temps, des scènes de la vie de Jésus ou de la vie des saints. L'art du retable sarde s'inspire fortement du style catalo-aragonais. La plupart des retables sardes sont exposés à la Pinacothèque nationale de Cagliari. Les plus connus sont le *Retable de l'Annonciation,* de Juan Mates, le *Retable de San Francesco di Stampace,* de Juan Figuera et Rafael Thomas, et le *Retable de San Lucifero,* de Juan Figuera. La Pinacothèque nationale de Cagliari abrite également de nombreux retables du célèbre peintre Lorenzo Cavaro et de son fils Pietro Cavaro : les *retables de Sant'Agostino,* de San Francesco, de la Virgine dei Sette Dolori et de Villamar. Le XVIIIe siècle fut dominé par l'œuvre du peintre Giovanni Marghinotti, natif de Cagliari, qui acquit une grande notoriété sur l'île. Mario Paglietti et Giacinto Sanna s'inspirèrent du style toscan et de l'impressionnisme français. Filippo Figari décora la chambre de commerce de Cagliari et le palais communal. Suivirent ensuite, au début de notre siècle, Giuseppe Biasi et Mario Delitala. Le style fasciste s'exprima dans les tableaux de Foiso Fois, fortement influencé par le cubisme et les œuvres de Picasso.

À découvrir

Dix albums pour découvrir la musique sarde, des chants traditionnels aux adaptations modernes :

- **Maria Carta,** *Le memorie della Musica,* Bubble 1993.
- **Calic,** *Terres de mar,* Compagnia Nuove Indye, CNI, 1995.
- **Tenores de Orosei,** *A su primu ispuntare,* CNI, 1996.
- **Enzo Favata e Dino Saluzzi,** *Ajò,* New Tone, 1997.
- **Luigi Lai,** *Canne in armonia,* CNI, 1997.
- **Tenores di Bitti,** *Remunnu 'e Locu, Intonos,* New Tone, 2000.
- **Tanca Ruja,** *Isettande,* CNI, 2001.
- **Elena Ledda,** *Incanti,* Dunya Records FY8061, 2003.
- **Franca Masu,** *Alquimia,* Felmay Italia, 2003.
- **Franco Melis,** *Launeddas,* Iscandula, 2003.

Peintures murales

Dans les campagnes sardes, « les murs parlent ». Forme d'expression artistique populaire, les peintures murales ont en effet colonisé les façades des maisons de certains villages, tels qu'Orgosolo, San Sperate ou Telti, pour y projeter les images et les symboles d'une culture. On y retrouve les espoirs, les peurs et les désirs de toute une communauté qui s'est peut-être sentie un moment exclue du monde extérieur, une communauté qui est parfois désenchantée du spectacle qu'elle offre et qui lui est offert. Les scènes de la vie pastorale côtoient donc sur les murs les dures réalités des conflits politiques internes à la Sardaigne, mais aussi internationaux. Leur style a été souvent comparé à celui des œuvres cubistes, y compris au Guernica de Picasso.

Certaines de ces peintures semblent avoir été influencées par Fernand Léger, d'autres semblent proches de la tradition des peintres muraux mexicains des années 1920. Les figures sont larges, carrées, imposantes, les traits sont francs et les couleurs vives. Toutes décoratives qu'elles soient, ces peintures cherchent tout d'abord à nous parler et à se faire entendre. Leur langage est simple et efficace, souvent renforcé par une légende, une citation littéraire ou politique.

« Murales » ou fresque à Orgosolo

Histoire des peintures murales

Les premières peintures murales sont apparues à la fin des années 1960. Dès le début, le but des artistes était de dénoncer les « oppresseurs » : l'Etat italien et les Etats-Unis, désignés comme impérialistes et belliqueux. Le nombre de peintures murales augmenta de façon significative à partir de 1975, quand Francisco d'El Casino, un professeur de dessin, décida, avec ses élèves, de commémorer le trentième anniversaire de la libération italienne par une peinture murale à Orgosolo. Dans ce bourg de la Barbagia, près de 90 % des murs peints sont l'œuvre de cet artiste, dont le style est inimitable. La guerre du Vietnam, les guerres de décolonisation en Afrique, les emprisonnements arbitraires, les mauvaises conditions de détention, l'existence traquée des « bandits sardes » sont quelques-uns des sujets abordés. Plus tard, avec l'affaiblissement des tensions internationales dans les années 1980, del Casino et ses compagnons commencèrent à peindre des scènes de la vie quotidienne, toujours inspirées par la culture rurale sarde. On y voit des hommes à cheval, des bergers avec leurs moutons, des fermiers, des paysans et leurs enfants allant aux champs...

Grands peintres sardes

Antonio Ballero

Peintre et écrivain, Antonio Ballero naquit à Nuoro en 1864. A l'age de 30 ans il publia ses premières œuvres littéraires, le roman *Don Zua* et le récit *Vergini bionde* (*Les Vierges blondes*). En même temps, il commença à dédier sa vie à sa vraie passion, la peinture. Il aima reproduire, sur ses toiles, des scènes de vie typiques de sa terre : fêtes, bals, compétitions poétiques, coutumes, paysages. Son parcours d'artiste est en accord avec les courants prédominants du temps, le vérisme et le divisionnisme, auxquels cependant il ne se conforma jamais complètement. Dans les tableaux des *Primavere barbaricine, Les Printemps barbaricins*, qu'il réalisa au début 1900, il représente les hommes de la Barbagia avec un effet de clair-obscur. Entre le 1911 et le 1912 il revint à la technique du vérisme des origines. Deux parmi ses projets, exposés à la Quadriennale de Tourin dans les éditions 1917 et 1923 furent acquis par la Société Promotrice des beaux-arts. Il mourut à Sassari en 1932.

Giuseppe Biasi

Interprète parmi les plus appréciés du monde berger sarde, Giuseppe Biasi naquit à Sassari en 1885 d'une famille aristocratique. Il commence à travailler comme caricaturiste pendant ses études, et s'inspire, dans ses premiers tableaux, de la vie traditionnelle des populations de la Barbagia. Il abandonne bientôt son style géométrique pour des traits plus réalistes (*Uscita dalla chiesa, Gran festa campestre, Processione in Barbagia*). En 1912 il réalisa ses premières xylographies. En 1913 il participa à la première Secessione romana, avec des oeuvres au style symboliste-primitiviste (*Mattino in un villaggio sardo, Sardegna mistica*). Il participa aussi à la Biennale de Venise (*Sera di festa a Teulada : la processione del Cristo*). En 1915 il partit pour le front et fut blessé. En 1919 il inaugura, avec une exposition personnelle à Milan, un nouveau style, au chromatisme très riche. Après quelques expériences en Europe, en 1924-1925, il voyagea en Libye : ce séjour inspira sa phase « africaine », caractérisée par l'étude des visages des hommes et des femmes locales et des nus féminins. En 1925 il fut récompensé à l'Expo des Arts decoratifs de Paris par une médaille d'or. Devenu sympathisant du régime allemand, en 1943, il adhéra à la République sociale de Mussolini. Après la libération, en 1945, il fut arrêté et assassiné pendant une insurection populaire.

Pietro Cavaro

Peintre du XVIe siècle, il fréquenta d'abord les artistes barcelonais et napolitains, puis s'installa dans le quartier de Stampace, dans sa ville natale de Cagliari. Il devint alors l'organisateur et le représentant majeur de ce qui prit le nom de Scuola di Stampace, un mouvement artistique véritablement sarde qui domina l'île durant tout le XVIe siècle. Parmi ses plus belles œuvres, on pourra admirer, au Palazzo Comunale (Hôtel de Ville) de Cagliari, le grand retable représentant l'hommage des conseillers de la ville à la Vierge Marie, réalisé entre 1527 et 1539. On peut également voir d'autres de ses œuvres (dont l'émouvante *Deposizione*, ou *Descente de la croix*) à la Pinacoteca Nazionale di Cagliari.

Mario Delitala

Originaire d'Orani, près de Nuoro, où il naquit

en 1887, Mario Delitala quitta la Sardaigne à l'âge de 20 ans pour aller travailler comme graphiste à Milan. Rentré au pays quelques années plus tard, en 1912, il fit partie des artistes choisis pour décorer le Palazzo Civico de Cagliari. Sa renommée allant grandissant, il exposa à Rome, Bologne, Turin, Venise... Il retourna d'ailleurs en métropole pour perfectionner sa technique à l'Ecole libre du nu et de la gravure, à Venise. Cependant, le tournant dans la carrière artistique de Mario Delitala eut lieu en 1924, quand, à l'issue d'un concours, il fut chargé de la décoration de la salle du conseil de l'hôtel de ville de Nuoro, qu'il orna d'une peinture célèbrant les « valeurs sacrées » de la culture sarde. On lui confia ensuite les travaux de décoration de la *cathédrale de Lanusei* (1925-1927), de la grande salle de l'université de Sassari (1927-1931) ainsi que de la cathédrale d'Alghero (1928-1933). Artiste confirmé, aussi bien dans son île qu'en Italie, il participa, à la fin des années 1920, à la Biennale de Venise et à la Quadriennale de Rome. Enfin, en 1934, Delitala sera nommé directeur de l'Istituto d'Arte, une célèbre institution chargée d'illustrations de la Bible.

Stanis Dessì

Aquarelliste, xylographe et graphique, Stanis Dessì naquit à Arzana, dans la région de l'Ogliastra, en 1900. A Rome, il se rapprocha du mouvement « Valeurs Plastiques » et développa une forte passion pour le dessin et l'aquarelle. En 1923-1924 il débuta avec une craie à la Quadriennale de Tourin, et s'affirma comme graphiste et scénographe théâtral. En 1926 il réalisa les premiers projets de meubles et les premières photographies. En 1930 il participa à la Biennale de Venise et à des expositions nationales et internationales, en obtenant un diplôme d'honneur de l'Exposition internationale de Xylographie de Varsovie. Depuis ses débuts, Dessy fut considéré parmi les rares exceptions au « provincialisme » et à l' « huitantième » dominants dans l'île. Dans ses xylographies, il s'inspirait surtout du langage photographique. Dans ses peintures, il représenta des ambiances familiales et des scénarios naturels. Entre les œuvres plus connues : les huiles *Ritratto d'Ada, Commercio, Zia Remondica,* les aquarelles *Capo Caccia* et *Alghero* et les xylographies *I minatori di Carbonia et Mattanza.* Il mourut à Sassari en 1986.

Filippo Figari

Le peintre cagliartain, né en 1885, débuta très jeune : il n'avait pas 25 ans lorsqu'il décora la salle des mariages du *Palazzo Comunale de Cagliari.* Il étudia dans de nombreuses académies artistiques (en France, en Espagne et en Allemagne), mais resta toujours intimement attaché à la Sardaigne. Les peintures qui ornent la salle des mariages s'inspirent des thèmes sardes typiques, comme le folklore, les launeddas, la religion, les chevaux... La Sardaigne de Figari s'exprime dans de nombreuses autres œuvres puisqu'il produisit plus d'une fresque par an jusqu'à sa mort, en 1974. On peut en voir un grand nombre à Cagliari, à la chambre de commerce, à la cathédrale ou encore dans le grand hall de l'université.

Pietro Antonio Manca

Pietro Antonio Manca naquit à Sorso, dans la province de Sassari en 1892, et se distingua parmi les peintres italiens les plus originaux du début du XXe siècle. Pendant la Grande Guerre, il fut officier, blessé et décoré plusieurs fois. En 1941 il fut assigné au district militaire de Nuoro, où il peignit des processions sacrées et ses premières scènes en costume. L'intuition fut la base théorique de son credo figuratif : l'artiste seul peut puiser le mystère et l'absolu. Cette conception mena Manca au « cassage » de la forme et de la couleur, pour atteindre l'« informe » qui exprime sa vision mystique du monde. On en a des exemples dans ses autoportraits et dans la *Cavalcata di Giovanni Maria Angioy* (Chevauchée de Giovanni Maria Angioy), qui représente la révolte symbolique du peuple sarde contre les dominations qu'il avait subies. Pietro Antonio Manca mourut à Sassari en 1975.

Felice Melis Marini

Parmi les graveurs les plus importants du XXe siècle, Felice Melis Marini fut aussi un peintre, un illustrateur et un poète. Il naquit à Cagliari en 1871. Il fréquenta l'Ecole libre du Nu et la Galerie nationale à Rome, où il apprend les techniques de la gravure, notamment celles de l'« aquaforte ». Il tient sa première exposition personnelle à Cagliari, en 1902. En 1903-1904 il fréquenta l'Académie de Venise et ouvrit son atelier à Cagliari en 1908. En 1911 il participa à d'importantes expositions à Rome et à Turin et gagna une médaille d'or pour un calendrier artistique. En 1916 il publia *L'Aquaforte. Manuale pratico,* un manuel artistique très apprécié dans toute l'Italie. Il déménagea à Milan en 1927, et y resta jusqu'à 1932. Dans les années suivantes, il participa à d'importantes expositions internationales. Il mourut à Cagliari en 1953.

Giacinto Satta

Peintre et écrivain, Giacinto Satta naquit à Nuoro dans 1857. Pendant un long séjour à Paris il tomba sous le charme des impressionnistes, notamment de Degas, duquel il s'inspira pour la création de son œuvre *Danzatrici (Les Danseuses).* L'artiste utilisa surtout la technique de l'aquarelle, notamment dans ses représentations des scènes de vie rurale. Une grande partie de sa produtiotion picturale a été perdue. Satta mourut en 1912 à Bosa où il tirait ses modestes ressources de son activité d'enseignant de français.

Tarquinio Sini

Graphiste et caricaturiste, Tarquinio Sini naquit à Sassari en 1891. Il déménagea avec sa famille à Cagliari au début des années 1900. Sa riche production satirique se concentrait sur les thèmes majeurs du temps, notamment la guerre italo-turque et le mouvement des femmes. A la fin du conflit mondial il devient graphiste publicitaire pour le CINES de Rome (ensuite Union cinématographique Italienne). Dans les années suivantes, il décora les pavillons de la Foire de Naples, il dirigea et collabora avec des nombreuses revues et réalisa des affiches publicitaires. Parmi ses œuvres les plus représentatives, on rappelle sa série de 25 détrempes appelée *Contrasti (Contrastes)*, qui inaugura un nouveau genre, caractérisé par des dessins ironiques très élégants par l'emploi de la couleur d'une façon extraordinairement fraîche et efficace. Il mourut à Cagliari sous les bombardements allemands en février 1943.

Les peintres anonymes

Entre le XVe et le XVIe siècles, des maîtres de peinture réalisent des œuvres aux sujets religieux pour de nombreuses églises de l'île. Aujourd'hui on ne connaît pas grand chose sur la biographie de ces artistes, dont on garde pourtant des œuvres remarquables. Le Maître d'Ozieri, le Maître de Castelsardo et le Maître de Sanluri sont sans doute les plus appréciés. Le premier vécut au XVIe siècle et travailla dans le nord de la Sardaigne. Son style révèle une formation sardo-hispanique, et une forte influence du peintre cagliaritain de l'époque Pietro Cavaro. Parmi les œuvres qu'on attribue au Maître d'Ozieri, citons le *Retable de Nostra Signora di Loreto,* aujourd'hui conservé dans la cathédrale d'Ozieri, et le *Retable de Sant'Elena,* dont on garde quatre tableaux dans la petite ville de Benetutti.

Le Maître de Sanluri vécut entre le XVe et le XVIe siècle. De même que le Maître d'Ozieri, il utilisa un style mixte entre sarde et hispanique. On lui attribue le *Retable de Sant'Egidio,* d'inspiration gothique catalane, réalisé après 1505 pour l'église de Sanluri.

Le Maître de Castelsardo, qui vécut entre le XVe et le XVIe siècle, fut le représentant principal du courant sardo-ibérique. Il allia des éléments typiques de la peinture italienne de la Renaissance et des influences flamandes. Il était d'origine catalane et étudia à Barcelone. Vers le 1490, il arriva en Sardaigne pour réaliser le *Retable della Porziuncola.* Placé dans l'église de San Francesco à Cagliari, ce retable fut divisé en 14 pièces aujourd'hui gardées dans la Pinacothèque de la ville. Des autres retables réalisés par le maître se trouvent à Saccargia (SS), à Tallane, en Corse, dans le convent de Santa-Lucia et à Birmingham. La seule œuvre datée du Maître est le *Retable de Tuili,* réalisé en 1500. Son dernier retable est celui du *Duomo de Castelsardo.*

SCULPTURE

Les premiers exemples de sculpture en Sardaigne remontent à l'âge néolithique. Il s'agit de figures en relief ou en ronde. Parmi les premières, on trouve des petites statues représentantes la divinité-mère et les menhirs. Parmi les deuxièmes, on compte les bas-reliefs représentant des têtes taurines dans les « domus de janas » les maisons de sorcières qu'on trouve partout dans l'île.

Les populations nuragiques sentirent une très forte nécessité de s'exprimer à travers les arts plastiques. Les nuragiques furent des experts dans la maîtrise des métaux, des maîtres dans la fusion du bronze, mais ils sculptèrent aussi la pierre. Ils innovèrent les arts plastiques en utilisant le métal pour leurs œuvres, notamment pour les petites statues qu'on appelle *bronzetti,* et en sculptant des statues de dimensions surhumaines, mais ils continuèrent en même temps à ériger des menhirs.

L'époque des dominations phénicienne et carthaginoise est caractérisée par une sculpture monumentale, dont on garde de nombreux reliefs à caractère votif. Le matériel employé est la pierre : granit, trachyte, tuf, fouler et, rarement, le marbre. Les matériels utilisés étaient trop durs ou friables. C'est pour cette raison que les Phéniciens renoncèrent à soigner le détail dans leurs sculptures, voilà pourquoi les représentations semeurent très vagues..

La sculpture d'âge romain en Sardaigne n'est pas très variée. La sculpture décorative compte des petites statues pour les jardins, des éléments architecturaux décoratifs, des urnes, des fontaines et quelques copies depuis des originaux grecs. Des sarcophages paléochrétiens furent aussi réalisés en Sardaigne après le IIIe siècle.

Des éléments architecturaux décoratifs et très innovants remontent à la période byzantine, de même qu'une production extraordinaire d'amulettes et bijoux.

Les premières œuvres effectuées par des réalisateurs prestigieux remontent au XIVe siècle, avec les sculptures en métal et en bois de Nino Pisano notamment.

La sculpture du bois se développa à partir du XVIIIe siècle, avec les maîtres de Sassari, Antonio Sanna et Francesco Carta. Au XIXe siècle, Antonio Cao et Andrea Galassi furent les sculpteurs les plus appréciés de l'île.

Dans le siècle suivant, Francesco Ciusa fut le premier sculpteur sarde qui s'affirma à la Biennale de Venise et Costantino Nivola fut parmi les représentants principaux de l' « archaïsme expressionniste ».

Grands sculpteurs sardes

Antonio Cano

Moine franciscain et sculpteur, Antonio Cano naquit à Sassari en 1775. Il étudia l'architecture à Rome en se formant comme artiste sous la direction de Canova. Malgré sa formation néoclassique, Cano trouva dans le style rococo le moyen d'exprimer au mieux sa personnalité. On en trouve un exemple dans la sculpture de l'*Immacolata* qu'il réalisa pour l'église de Santa Maria de Betlem à Sassari. Il réalisa aussi le *monument funéraire* en l'honneur du petit Carlo Emanuele, le seul fils de Carlo Amedeo de Savoia et Maria Teresa d'Autriche, mort à Cagliari en 1799. Dans ses œuvres architecturales, Cano combina le rococo avec un purisme néoclassique : il renouvela le palais des Scolopi à Oristano et l'église de Santa Maria de Betlem à Sassari, et étudia le projet de la cathedrale de Nuoro. Pendant la construction, Cano mourut, en 1840, en tombant d'un pont.

Francesco Ciusa

Né à Nuoro en 1883, Francesco Ciusa étudia à l'Académie de beaux-arts de Florence, sous la direction de Trentacoste. En 1907 il remporta, à l'âge de 20 ans, le premier prix de la Biennale de Venise, avec la sculpture *La madre dell'ucciso* (*La Mère du tué*), dont l'original est gardé dans la Galerie nationale d'art moderne de Rome. Caractérisée par son style anticlassique, la statue évoque des éléments de la tradition locale et à travers la douleur profonde et immobile de la mère, elle symbolise la condition tragique et le sentiment de résignation typique de l'île face à ses dominateurs. En 1913 l'artiste travailla avec Figari, Melis Marini et Delitala à l'achèvement de la Mairie de Cagliari. Après 1923, il se consacra à la production des petites céramiques, en ouvrant la manufacture SPICA à Cagliari. En 1924, il inaugura une école d'art à Oristano. En 1928 il exposa à la Biennale de Venise une de ses dernières grandes œuvres, *L'anfora sarda* (*L'Amphore sarde*). L'œuvre représente une femme qui boit à un broc et allaite un enfant. En 1937 il commença à écrire son autobiographie et en 1943 il devient professeur de dessin dans la faculté d'ingénierie de l'université de Cagliari, où il mourut en 1949.

Andrea Galassi

Né à Sassari en 1793, Andrea Galassi fut parmi les représentants majeurs du néoclassicisme en Sardaigne. Il faut formé par Canova. Parmi ses œuvres les plus inspirées du purisme néoclassique on trouve le Monument funèbre à Maria Luisa de Savoia, réalisé à Rome en 1830 et gardé dans le dôme de Cagliari, ainsi que la Statue en marbre du Beato Amedeo, dans l'église de Sant'Anna à Cagliari. En 1829, Galassi réalisa aussi la statue en bronze en l'honneur du roi Carlo Felice qui marque le début de la route Cagliari-Sassari dans la piazza Yenne à Cagliari depuis 1860. Galassi sculpta les autels et les statues de la cathédrale d'Oristano, et la statue de Margherita di Savoia dans l'église de la Grande Madre di Dio à Turin. Il mourut à Rome en 1845.

Giuseppe Antonio Lonis

Sculpteur sarde le plus prestigieux du XVIIIe siècle, Giuseppe Antonio Lonis naquit à Senorbì, dans le sud de la Sardaigne, en 1720. En 1740 environ, il travailla à Naples avec les plus grands graveurs sur bois de l'époque. En 1750, Lonis retourna en Sardaigne, où il ouvrit un atelier. Il travailla dans sa boutique de Cagliari jusqu'à sa mort, en 1805. Lonis se dédia exclusivement à la sculpture de simulacres sacrés en bois et acquit une popularité considérable. Le style de Lonis passa du baroque napolitain au néoclassicisme, avec une prédilection pour la polychromie et des influences hispaniques très évidentes, en passant par le réalisme. Ses œuvres dans l'île sont nombreuses. On en trouve à Cagliari, à Quartucciu, à Sanluri, en Ales, à Seuni et à Senorbì.

Costantino Nivola

Il est né en 1911 d'un père maçon, à Orani, un petit village de la province de Nuoro. Sa rencontre avec Delitata (voir plus haut) fut décisive et l'orienta vers la sculpture. A partir de 1931, une bourse lui permit de suivre les cours de l'Istituto Superiore di Industrie Artistiche à Monza. Mais la guerre le força à quitter l'Italie et à se réfugier aux Etats-Unis. Après des débuts difficiles, il rejoignit les artistes d'avant-garde de l'époque, devenant même particulièrement proche de l'architecte français Le Corbusier. Il est mort à East Hampton en 1988. Ses travaux sont caractérisés par la recherche de formes pures, dans un effort de primitivisme et de grandeur. On peut voir quelques-unes de ses sculptures sur la place Sebastiano Satta, à Nuoro, ou au musée dédié à l'artiste, à Orani.

Cuisine sarde

Les traditions culinaires de l'île sont fort anciennes, alors que ses produits sont d'une fraîcheur exemplaire. La mer regorge de poissons et de crustacés, de langoustes et de coquillages. La terre, fertile et continuellement exposée au soleil, offre des fruits et des légumes d'une saveur rare. Quant au maquis méditerranéen, ses épices et ses herbes parfument délicatement les plats des différentes régions. Chacune de ces régions a gardé ses propres spécialités, inspirées des traditions culinaires des anciens envahisseurs, comme Alghero et sa cuisine catalane. Les traditions paysannes restent bien vivantes dans de nombreuses régions, comme celles de Nuoro et de la Barbagia.

LES PRODUITS DE BASE

Artichaut

La culture de l'artichaut représente une ressource importante et en pleine croissance pour les régions de l'intérieur, comme Valledoria et Ittiri, dans le nord, et Samassi et Decimoputzu, dans le Campidano. La plupart des fermes d'agritourisme possèdent leur propre production et vendent les cœurs d'artichaut en conserve ou les servent en antipasti dans leur restaurant.

Charcuterie

Comme dans le reste de l'Italie ou en Corse, la charcuterie de l'île est excellente, très corsée et très parfumée. La salciccia est l'équivalent de notre saucisson, mais au goût très marqué. Le jambon cru est également l'une des spécialités de la charcuterie sarde. Vous en trouverez d'excellents dans les fermes d'agritourisme.

Fromage

La production du fromage est une tradition fort ancienne dans l'île, puisque Homère et Virgile chantaient déjà les saveurs du pecorino (on ne saurait rêver référence plus flatteuse) ! Aujourd'hui, la production fromagère s'est professionnalisée et industrialisée, même si elle conserve des techniques ancestrales. La réputation des fromages de chèvre et de brebis n'est plus à faire, et l'Union européenne a reconnu leur qualité en octroyant à trois fromages sardes la qualification DOP, l'appellation d'origine protégée.

- **Bonassai** : fromage à pâte douce, avec une croûte fine et rugueuse, qui requiert une maturation de 20 à 30 jours.

- **Callu** : ce fromage est produit avec la caillette contenue dans l'estomac des agnelets et des chevreaux avant qu'ils ne commencent à brouter. Dans les régions de l'Ogliastra et de la Barbagia, ces estomacs, dont la caillette est normalement utilisée pour la préparation des nombreux fromages sardes, sont gardés entiers et tenus suspendus jusqu'à leur séchage complet. De cette manière, on obtient un fromage naturel très piquant.

- **Casizolu** : fromage produit exclusivement avec du lait de vache de race Modicana, provenant de la région de Santu Lussurgiu. Avant d'être servi, il est partagé en quatre, puis mis sur du pain carta da musica, et finalement enfourné pour qu'il fonde. Il est recouvert de miel amer. Il en existe une variété appelée peretta (« petite poire »), en raison de sa forme. Il est généralement utilisé pour la farce des seadas.

- **Casu axedo** : fromage à pâte douce, sans sel, coupé en rectangles. Son goût est acidulé. Généralement utilisé pour fourrer les raviolis de pommes de terre. Conservé dans la saumure, il prend le nom de sa fruhe ou de merka. Il est produit surtout dans la région de l'Ogliastra.

- **Casu martzu** : rareté gastronomique sarde, le casu marzu (« fromage pourri ») n'existe pas dans le commerce, en raison de l'interdiction de vendre de la nourriture avariée. Il est quand même vendu au noir, à des prix élevés. La base de ce fromage est le pecorino « Fiore Sardo ». Pendant l'affinage, certaines formes, qui présentent des trous sur leur surface, sont visitées par les moucherons des fromages (Phiophila Casei). Ils déposent leurs œufs sous la croûte. Leurs larves se nourrissent du fromage, et avec leurs enzymes digestives, le rendent fortement piquant et aromatique. L'intérieur se transforme en crème très piquante et on la consomme en l'étalant sur le pain. Pour ne pas briser la loi, un produit semblable est préparé à partir du fromage pecorino, en utilisant des enzymes. Il est vieilli pendant au moins un mois. Parfois, on ajoute de la ricotta à ce produit, en obtenant une pâte piquante dont le goût est très proche à celui du fromage pourri.

- **Dolce sardo** : ce fromage est produit avec du lait entier de vache. Il demande un affinage de 15- 20 jours à 7-10°. Sa forme est cylindrique avec une hauteur de 7 cm et un diamètre de 15 cm ; sa croûte est subtile et blanchâtre ; sa pâte est crémeuse, sa saveur délicate et parfois acidulée. Il est produit uniquement dans les villes de Arborea (Or) et Santa Maria la Palma (Ss).

▶ **Fiore sardo :** un fromage à pâte dure, produit exclusivement avec du lait entier de brebis, selon une technique très ancienne. Son goût est plein, plus ou moins piquant selon le degré de maturation. De pâte ferme et blanche, il se déguste à la fin du repas, mais est également parfait en fromage râpé.

▶ **Fresa :** fromage au lait de vache, à pâte douce avec une croûte jaunâtre, et d'aspect rond et plat. Il ressemble au stracchino. Il est produit à Bonova, Bortigali, Bosa, Macomer et Silanus. On peut le manger frais, sur du pain, ou cuit dans une poêle.

▶ **Pecorino romano :** ce fromage de brebis à pâte dure doit subir une maturation de 5 à 8 mois. Son goût est assez fort et agréablement piquant. Il se consomme râpé ou à table, et ne peut être produit que dans le Latium et en Sardaigne. C'est surtout l'un des fromages les plus exportés au monde.

▶ **Pecorino sardo :** c'est le fromage typique de la Sardaigne. Il ne peut être produit que sur l'île. Il en existe deux types : le doux, à la saveur qui conserve délicatement l'arôme du lait de brebis, et le pecorino affiné (qui requiert une maturation plus longue, de 2 à 12 mois) au goût plus fort et piquant. Ceux qui s'intéressent plus au football qu'au fromage seront ravis d'apprendre que la marque Pecorino sardo sponsorise l'équipe de Cagliari.

▶ **Ricotta :** ce fromage de brebis peut être gentile, soit blanc, doux et onctueux, à la saveur délicate, idéal pour les raviolis et les gâteaux. Ou bien il peut être mustia (« fumé aux plantes aromatiques »), soit tendre, de couleur ambrée et un petit peu salé.

Huile d'olive

50 000 ha du territoire sarde sont consacrés à la culture de l'olivier. L'huile d'olive est produite un peu partout sur l'île, chaque région lui donnant sa saveur particulière et son parfum. L'huile d'olive sarde, et l'extra-vierge en particulier, se caractérise par un taux d'acidité très bas, obtenu notamment grâce aux installations modernes de transformation. L'appellation d'origine contrôlée est en cours d'attribution pour l'huile d'olive extra-vierge « Sardegna ». L'huile d'olive est très utilisée dans la préparation des plats sardes traditionnels tel le pane guttiau, par exemple, qui allie la saveur du pain à celle de l'huile d'olive.

Produits sardes sur un marché

Miel

Riche en agrumes, eucalyptus ou chardons, la Sardaigne se prête fort bien à la fabrication du miel. Le miel d'arbousier, à la saveur amère, donne une touche d'originalité à la production sarde.

Pain

La saveur la plus authentique est celle du pain, avec ses infinies variations.

▶ **Pane carasau :** typique pain sarde, appelé également carta da musica (« papier de musique »), est caractérisé par une pâte très fine (comme du papier) et croustillante. Il est constitué de grandes feuilles grillées et, habituellement, il est servi chaud et arrosé d'huile d'olive, dans un panier circulaire. Il devient un délicieux « premier plat » quand il est préparé sous la forme de frattau, avec de la sauce tomate et du fromage pecorino. A essayer aussi les spianate, avec la farine de pomme de terre. Mais, souvenez-vous : il n'y a pas de repas sarde sans le délicieux pain carasau !

▶ **Pane coccoi :** ce pain de la plaine du Campidano est fait avec les semoules les plus dures. Il a la forme d'une couronne.

▶ **Pane frattau :** c'est le pain carasau placé dans un bol et recouvert de bouillon de brebis, de fromage pecorino râpé, d'œufs et de sauce tomate.

▶ **Pane guttiau :** toujours le pain carasau, trempé dans un petit peu d'huile et réchauffé dans le four.

▶ **Pane imbinau :** c'est un pain traditionnel de Ghilarza, près de Cagliari. Le pain dit zikki est trempé dans un peu de vin, puis séché et frit dans une poêle pleine d'huile.

▶ **Pane Lu Coccu :** c'est une couronne de pain de son parfumée à l'anis que l'on trouve surtout dans la région de la Gallura.

▶ **Pane moddizzosu :** ce pain de la région de la Barbagia est mœlleux, ovale et enrichi avec des pommes de terre ou du fromage ricotta.

▶ **Pistoccu :** Ce pain typique de l'Ogliastra est subtil et sec. Sa pâte à base de semoule et des pommes de terre permet d'obtenir un produit très durable qui peut être ramolli avec de l'eau.

LES GRANDES SPÉCIALITÉS

Comme en Italie, le dîner sarde se fait en trois temps : les antipasti, les primi piatti et les secondi piatti. Vous pourrez déguster des menus typiquement sardes dans de nombreuses fermes d'agritourisme qui servent leurs propres produits.

Antipasti

Les antipasti sont un assortiment d'entrées, chacune servie en petite quantité et variant d'une région à l'autre. Ainsi, au bord de la mer, les entrées comprendront des calmars et des poulpes à l'huile d'olive ainsi que des poissons fumés, alors que dans les terres, ce sera de la bonne charcuterie locale, accompagnée d'artichauts, de courgettes et d'aubergines marinés à l'huile d'olive ou grillés, de champignons et d'épinards sautés, de petits beignets farcis ou de petites mousses de ricotta à la sauce tomate.

Primi piatti

Ils consistent en un plat de pâtes ou de risotto le plus souvent, mais la Sardaigne ne se contente pas de recopier l'Italie et possède des spécialités d'une saveur exquise.

> **L'escargot**
>
> On en trouve partout : dans les restaurants, sur les marchés, dans la rue et même dans les musées. Il y en a pour tous les goûts : les lumachine (petits) se cuisinent à l'ail, au persil et au piment, les lumache (de taille normale) se mangent avec des pommes de terre ou de la tomate, alors que les lumachoni (qui ressemblent aux escargots de Bourgogne) se dégustent farcis. Si vous voulez faire vraiment « couleur locale », vous essaierez les manzette (c'est-à-dire « bonne sœur » en italien, car on les vend scellés d'une « cornette » blanche).

▶ **Pane frattau.** Ce plat traditionnel était considéré comme le plat du pauvre, fait de pane carasau, le « pain du pauvre ». Plusieurs tranches de pane carasau sont plongées très rapidement dans de l'eau salée, puis recouvertes de sauce tomate et de pecorino. On pose sur cette préparation un œuf poché, qu'il convient d'écraser en refermant le pane carasau. Ce plat est servi essentiellement dans le centre et dans le Nord de l'île.

▶ **Culurgiones di patates.** Cette spécialité de Cagliari est faite de délicieux raviolis de pommes de terre, assaisonnés avec de la menthe fraîche et accompagnés de sauce tomate, de ricotta et de basilic.

▶ **Fregola.** Ces petites boules de semoule roulées à la main et grillées au four sont servies en bouillon avec des petits coquillages (arselle).

▶ **Malloreddus.** Ce sont les gnocchis sardes typiques, faits artisanalement avec seulement de la farine de son, de l'eau et du sel. Les malloreddus peuvent être colorés naturellement en jaune avec du safran, en vert avec des épinards ou en rouge avec de la tomate. Ils sont très bons ! Dans le sud de l'île, on les sert avec de petits dés de saucisse sarde et de la sauce tomate.

▶ **Spaghettis à la bottarga.** La bottarga est réputée comme étant le caviar sarde. Ces œufs de mulet séchés puis fumés, qui viennent de la région d'Oristano, accompagnent très bien les spaghettis, dont le goût est relevé par de l'huile d'olive et du persil. La bottarga peut être melangée avec des tomates, des artichauts et des champignons. Enfin, elle peut également se déguster solide, coupée en petites tranches et assaisonnée avec la meilleure huile locale, ou râpée fraîche sur les spaghettis.

▶ **Zuppa gallurese.** Soupe à base de pain rassis, de bouillon de viande et de fromage frais. C'est une spécialité du nord de la Sardaigne.

Secondi piatti

Après les primi piatti, on vous servira un plat de viande ou de poisson.

▶ **Langouste à la catalane.** Dans la région d'Alghero, la langouste se cuisine simplement, avec une sauce à l'huile d'olive et aux tomates fraîches.

▶ **Porceddu.** C'est la grande spécialité de la Sardaigne. Ces petits cochons de lait sont rôtis au feu de bois et parfumés de feuilles de myrte sauvage. Dans certains restaurants et dans de nombreuses fermes d'agritourisme, ces adorables cochons sont rôtis devant vous.

Les poissons sont excellents sur les côtes, souvent servis grillés ou cuisinés avec des pommes de terre ou des champignons. Il est d'usage d'apporter le poisson frais à table avant de le cuisiner.

Spécialités régionales

- **La viande de cheval et les tripes.** La viande de cheval est très appréciée des habitants de Sassari, où les restaurants la préparent délicieusement. On y mange aussi des zimoni (intestins et tripes de veau) lors de grandes fêtes entre amis : les ziminate. Dans la région de Nuoro, on mange aussi des tripes (su tattaliu, en forme de petites andouillettes, sa cordedda, tripes rôties).

Dolci sardi

Chaque région confectionne ses propres gâteaux selon des recettes bien à elle. Leur décoration minutieuse reflète le soin apporté à leur préparation. Sucre, miel, amandes, œufs, farine, et même ricotta, sont les ingrédients de base de la plupart des dolci. Cannelle, safran, raisins secs, zestes d'orange, eau de fleur d'oranger y apportent leur touche d'originalité. Pour chaque fête, on prépare des gâteaux différents et certaines de ces dolci sardi sont de véritables œuvres d'art.

- Originaires d'Oristano, **les amaretti** sont des gâteaux secs à base d'amande que l'on déguste au moment du café ou des liqueurs.
- **Les guelfos** sont des bonbons au miel et au sucre que l'on prépare pour les baptêmes et les mariages, de même que les coros, en forme de petits cœurs, soigneusement décorés.
- **Les candelaus,** en pâte d'amande enrobée de sucre, sont servis entourés d'un papier de bonbon.
- **Les s'aranzada,** typiques de la région de Nuoro, allient amandes, miel et zestes d'orange confite.
- **Les pistiddu** sont des tartes fourrées de zestes d'orange et de confiture de raisins, traditionnellement offertes en janvier pendant les fêtes de Santo Antonio.
- **Les sas orrulettas** sont des beignets frits et enrobés de sucre et de miel, confectionnés en période de carnaval dans la région de Nuoro.
- **Les casadinas ou pardulas,** à base de ricotta, d'œufs et de safran, sont les gâteaux typiques des fêtes de Pâques, alors que les pabassinas (ou papassinas, comme on les appelle à Nuoro), à base d'œufs, de raisins et de noix, sont les biscuits de Noël.
- **Le torrone de Tonara** est le turrón ou le nougat sarde, fait de noisettes et de fruits confits.
- **Les aranzadas** sont des zestes d'orange caramélisés, avec des amandes et du miel.
- **Les caschettes,** provenant de la Barbagia, sont des beignets en forme de rose, fourrés d'amandes et d'écorce d'orange râpée ; on les offrait à la jeune mariée le jour de ses noces.
- **Les gueffus ou suspirus,** une spécialité d'Ozieri, sont des boulettes d'amandes et de fleurs d'oranger. Les seadas ou sebada sont les plus populaires des desserts : ces beignets fourrés de fromage frais (pecorino) sont servis chauds, parfumés à l'écorce d'orange et recouverts de miel.

VINS, ALCOOLS ET LIQUEURS

La viticulture et la viniculture ont toujours été au premier plan de l'économie agricole sarde. Cultivée presque partout sur l'île, la vigne court des zones côtières aux collines sablonneuses d'Oliena et de Dorgali, comme sur celles, schisteuses, de Jerzu et de Tertenia. En Sardaigne, le vin a une affinité antique et constante avec l'homme, depuis les origines de la civilisation. L'homme y introduisit l'art du greffage, de la culture et des diverses techniques de production. Les Phéniciens répandirent la culture de la vigne autour de leurs colonies en bord de mer, Tharros, Nora ou encore Olbia. Les Romains, préférèrent maintenir l'équilibre et éviter les surproductions. Les Byzantins mirent en place une réforme agraire et apportèrent de nouveaux cépages. C'est ainsi qu'à la fin du XIXe siècle, avant la crise du phylloxéra, la Sardaigne pouvait s'enorgueillir de 80 000 ha de vignobles spéciaux. Après la crise, des efforts de coopération soutenus ont permis de ramener la production à 75 000 ha, en s'équipant des moyens modernes. A côté des grandes coopératives existent de nombreuses petites structures privées, toutes dotées d'un équipement très moderne.

Attention à l'eau !

L'Acqua del rubinetto, l'eau du robinet, est à éviter au restaurant : tout le monde boit de l'eau minérale, très peu chère. En effet, dans plusieurs villes et villages sardes, une ordonnance récemment émise par les municipalités interdit de boire l'eau du robinet, même dans les maisons, puisque les nappes auraient été contaminées par des produits chimiques.

Le climat particulier de l'île donne des vins de qualité qui concurrencent les meilleurs vins italiens. 17 vins sardes possèdent le titre d'appellation d'origine contrôlée. La terre sarde, parfumée de garrigue et bercée par le mistral, fortement exposée au soleil tout au long de l'année, a donné naissance à une viticulture riche de coutumes et de traditions millénaires.

Vins

Différents cépages

Rouges

▶ **Le cannonau** est le cépage le plus utilisé en Sardaigne. Il représente plus de 20 % des surfaces exploitées sur l'île et 50 % dans la région de Nuoro. Il est cultivé surtout dans les zones centrales. Sa saveur chaude et son arrière-goût rappellent l'amère douceur du chocolat. Sa couleur rubis tire sur l'orangé en vieillissant, son parfum est intense et bouqueté, son goût en bouche sec et tanique. C'est un vin qui se garde un an au minimum et deux ans pour les grands vins. L'AOC est « Cannonau de Sardaigne » (13,5°).

▶ **Le carignano** est le troisième raisin noir par importance de production. Ce cépage est cultivé en treilles et en arbrisseaux, parfois assemblé à d'autres raisins noirs. Il est présent seulement dans la région de Sulcis, sur les îles de Sant'Antioco et de San Pietro, et possède depuis 1977 l'AOC de « Carignano de Sulcis » (11,5°). Il est de couleur rubis. Son parfum est bouqueté et son goût sec et sapide. Il existe aussi en rosé.

▶ **Le monica** est le plus répandu après le cannonau. Il se cultive sur les sols profonds, moyennement calcaires, à mi-coteaux bien exposés au soleil. Sa saveur est souple et délicate. Les AOC sont le « Monica de Sardaigne » et le « Monica de Cagliari » (11,5°).

Blancs

▶ **Le nuragus** est le vin blanc le plus produit ; il est cultivé dans les régions de Cagliari et d'Oristano. Son nom vient de sa présence à proximité des nuraghi ; il est souvent appelé burda, qui signifie « sauvage ». Il donne des vins intenses, fruités et fleuris. L'AOC est le « Nuragus de Cagliari » (10,5°).

▶ **Le vermentino** est cultivé dans la Gallura, sur les sols granitiques, mais il a été importé d'Espagne. Il existe deux versions du Vermentino Doc : le vermentino de Gallura, de couleur jaune paille, intense et fleuri, avec une teneur en alcool qui varie de 12° à 14° ; le vermentino di Sardegna, plus léger que le précédent, a une teneur en alcool de 10,5°. Parfaits pour accompagner les poissons, en particulier la bottarga.

▶ **Le vernaccia** est cultivé dans la région d'Oristano, dans la vallée du Tirso. Sa production est plutôt limitée, et ce vin est considéré comme la gloire du pays, représentant le lien de l'amitié. On le boit lors des fêtes et des kermesses ; sa teneur en alcool n'est pas inférieure à 14°. C'est un vin qui accompagne très bien les desserts.

▶ **Le malvasia,** le nasco et le moscato sont les muscats de Sardaigne. Cultivés entre Cagliari et Nuoro, ce sont les joyaux de l'œnologie insulaire. Le moscato est produit surtout dans les régions de Cagliari, Sorso et Sennori, Tempio et Gallura. Sa teneur en alcool varie de 13° à 15° et son goût est chaud et plutôt doux. Le nasco est le seul cépage autochtone de l'île et sa production est limitée. Tous ces vins accompagnent bien les desserts, surtout les typiques biscuits sardes.

Alcools et liqueurs

Il convient d'ajouter à ces vins renommés la fameuse liqueur de myrte sarde.

▶ **L'alcool de myrte** est de tradition typiquement sarde. Il est distillé à partir des baies de cette plante du maquis, qu'on trouve partout en Sardaigne, et son degré d'alcool atteint 30 à 35°. Si vous êtes invité dans une famille sarde, on ne manquera pas de vous servir à la fin du repas un petit verre de mirto, généralement glacé. On trouve aussi une variante blanche à cette liqueur à la couleur normalement rouge. Elle est obtenue à partir des feuilles, et pas des baies, du myrte.

▶ **La liqueur de Villacidro** est également caractéristique pour son bouquet citronné.

▶ **La grappa,** eau-de-vie traditionnelle, est parfumée aux herbes. L'aubergiste la propose tout naturellement – sans pousser à la consommation – après un bon repas.

▶ Enfin, **les raisins de malvasia et de cannonau** donnent d'excellents distillats. Les distillats d'arbousier sont secs et austères, et le distillat le plus connu, quelquefois coupé de fenouil, porte le nom de fil'e ferru : c'est un produit typique des campagnes autour d'Oristano et d'une partie de la Barbagia. Généralement, sa teneur en alcool est d'environ 40° mais, quand il est fait à la maison, il peut atteindre 70°.

A propos du nom de ce distillat, on raconte que pour échapper au paiement de la taxe sur les distillations, les paysans sardes enterraient les bouteilles après les avoir attachées à un fil de fer (fil'e ferru) dont seul un petit bout dépassait à la surface, ce qui permettait de retrouver rapidement les précieuses liqueurs.

RECETTES

Malloreddus con salciccia

Ingrédients pour 4 personnes : 350 g de gnocchis sardi, 200 g de salciccia, 500 g de tomates, une gousse d'ail, feuilles de basilic frais, safran, sel et huile d'olive.

Préparation. Faire revenir l'ail haché dans de l'huile d'olive. Ajouter la salciccia coupée en tranches et faire dorer. Ajouter le sel, le basilic et les tomates coupées en petits dés. Faire cuire à feu doux jusqu'à ce que les tomates soient fondues. Faire cuire à part les gnocchis, puis incorporer la sauce cuisinée aux gnocchis. Servir accompagné de pecorino.

Spaghetti alla bottarga

Ingrédients pour 4 personnes. 300 g de pâtes type spaghettis, boutargue, ail, huile d'olive.

Préparation. Faire bouillir l'eau avec une dose de sel et laisser cuire les pâtes. En attendant, râper la boutargue ; prendre une ou deux gousses d'ail sarde. Diviser la gousse en deux et enlever la partie centrale. Avec une fourchette, presser les gousses au fond d'un saladier. Ajouter de l'huile d'olive ainsi qu'une poignée de boutargue râpée. Mélanger. Egoutter les spaghettis et les verser dans le saladier avec l'ail, l'huile et la boutargue. Ajouter le reste de la boutargue râpée et mélanger. Servir chaud.

Culurgiones

Ingrédients pour 4 personnes. 500 g de farine, 5 œufs, 300 g de fromage sarde frais ou de ricotta, 200 g d'épinards, sel.

Préparation. Placer la farine sur une table et l'amalgamer à la main avec 3 œufs et de l'eau tiède salée. Pétrir jusqu'à l'obtention d'une balle de pâte lisse et compacte en rajoutant de l'eau tiède si nécessaire. Envelopper dans une toile et laisser reposer pendant une demi-heure. Faire bouillir les épinards, les égoutter et les hacher. Mélanger les épinards hachés avec le fromage frais (ou la ricotta), 2 œufs et du sel. Etendre la balle de pâte avec un rouleau et couper des feuilles de 10 cm environ. Poser une petite cuillère de mélange de fromage au milieu de chaque feuille et fermer les bordes en les pliant. Faire bouillir de l'eau avec du sel gros dans une casserole et y cuire les culurgiones. Servir avec de la sauce à la tomate et du fromage pecorino râpé.

Fregola con arselle

Ingrédients pour 4 personnes. 300 g de fregola sarda, 1 kg de coques, 1 l de bouillon ou fumet de poisson, 300 g de purée de tomates, ail, huile d'olive, un verre de vernaccia d'Oristano.

Préparation. Laver les coques et les faire ouvrir à feu vif dans une grande marmite. Ajouter le bouillon de poisson. Faire rissoler l'ail dans l'huile d'olive et ajouter la purée de tomates. Faire cuire 5 min à feu doux. Ajouter les coques et le bouillon, ainsi que la vernaccia. Ajouter la fregola et finir la cuisson.

Anguilles marinées

Ingrédients. Anguilles, oignons, ail, basilic, laurier, menthe, huile, vinaigre et sel.

Préparation. Choisir des anguilles de même dimension, les vider et les nettoyer, les couper en morceaux, les saler et les faire frire. Faire revenir un oignon coupé finement avec deux gousses d'ail écrasées dans beaucoup d'huile, y ajouter un verre de vin blanc et faire bouillir. Ajouter le basilic, le laurier, la branche de menthe et laisser cuire encore quelques min. Disposer les anguilles dans une soupière et verser sur la marinade. Laisser mariner au moins deux jours avant de servir.

Cardons à la sarde

Ingrédients. 1 kg de cardons, citron, panure, 4 jaunes d'œufs durs, persil, huile et beurre, sel et poivre.

Préparation. Nettoyer les cardons en enlevant les parties filamenteuses pour ne conserver que les côtes tendres et le cœur. Les couper en morceaux, les imbiber de citron et les mettre dans de l'eau froide. Faire bouillir de l'eau salée, y plonger les cardons et laisser cuire environ 2 heures à feu modéré. Les égoutter soigneusement et les disposer sur un plat de service. Hacher les œufs durs avec le persil et en parsemer les cardons. Recouvrir l'ensemble avec le beurre que l'on aura fait fondre et que l'on aura mélangé à la panure et servir.

Pane frattau

Ingrédients pour 4 personnes. 16 feuilles de pain carasau, sauce tomate, ail, oignon, un œuf poché, fromage pecorino râpé.

Préparation. Plonger les feuilles de pain carasau dans de l'eau salée pour quelques instants. Les poser ensuite sur un grand plat et les recouvrir de la sauce et du pecorino râpé. Pour terminer, ajouter l'œuf poché et recouvrir le tout avec le reste de sauce et de pecorino.

Petites fèves au lard

Ingrédients. 600 g de petites fèves fraîches, 150 g de lard, saindoux, 1 petit oignon, sel et poivre.

Préparation. Faire rissoler dans une poêle le lard coupé en morceaux dans le saindoux et y ajouter le petit oignon haché. Ajouter les fèves, assaisonner avec du sel et du poivre, verser un peu d'eau par-dessus et laisser cuire. Servir très chaud directement dans la poêle.

Sa cordula

Ingrédients pour 4 personnes. 400 g de boyaux d'agnelet, 400 g d'abats d'agneau, 1 rameau de genévrier, quelques feuilles de laurier, sel, un morceau de lard, sel, poivre.

Préparation. Vider et laver les boyaux. Couper le cœur, la rate et le foie. Enfiler sur une broche les abats avec des feuilles de laurier en les enveloppant avec les boyaux. Attacher l'ensemble avec le rameau de genévrier. Saler, poivrer. Poser la broche sur la grille du four et faire cuire à petit feu, en la tournant souvent et en versant du lard fondu dessus. Lorsque l'extérieur de la cordula (boyaux) devient croquant, enlever du feu et servir vite.

Sardines en sauce

Ingrédients pour 4 personnes. 800 g de sardines fraîches, 4 citrons, 1/2 oignon, 2 gousses d'ail, 1 touffe de persil, 1 piment, vinaigre de vin blanc, huile d'olive, sel.

Préparation. Nettoyer les sardines en enlevant les têtes, les entrailles et les arêtes avant de les laver. Faire mariner les sardines dans le jus des citron pendant 5 heures environ. Préparer une sauce avec 5 cuillères d'huile, quelques gouttes de vinaigre et un haché d'ail, oignon, persil et piment. Egoutter les sardines et les assaisonner avec la sauce. Attendre 2 heures environ avant de servir.

Pardulas

Ingrédients. 250 g de farine, 100 g de beurre, 1 petite cuillère de sel fin, 6 cuillères de farine, 1 kg de ricotta, 1 œuf, 5 cuillères, 1 cuillère de lait, 2 sachets de safran, l'écorce d'une orange, 100 g de miel.

Préparation. Faire ramollir le beurre pendant 20 min environ et tamiser la farine et le sel sur une table. Pétrir le beurre et la farine à la main jusqu'à l'obtention d'une boule. Envelopper la pâte dans une toile et la laisser au frigo pendant 12 heures. Laver et sécher l'écorce d'orange et la râper. Diluer le safran avec une cuillère de lait chaud. Battre la ricotta au fouet et rajouter l'écorce d'orange râpée, l'œuf, le safran dilué et le miel. Mélanger les ingrédients. Rajouter le reste de la farine en la passant une fois de plus dans un tamis et mélanger pendant 5 min avec une spatule en bois. Préchauffer le four à 180 °C. Enlever la pâte du frigo et l'étaler avec un rouleau à pâtisserie couvert de farine jusqu'à l'obtention d'une pâte de 2 mm d'épaisseur environ. Couper la pâte en petits carrés et poser au centre de chacun d'eux une petite cuillère du mélange de ricotta. Fermer les carrés en repliant les bords vers le centre et en les faisant adhérer l'un à l'autre. Cuire les chaussons (*pardulas*) au four pendant 25 min environ. Puis les mouiller avec un peu d'eau et les remettre au four pendant 5 min jusqu'à ce qu'ils aient une couleur dorée.

Burrida

Ingrédients pour 4 personnes. 800 g de petites roussettes, 8 noix, 1 verre de vinaigre blanc, 2 gousses d'ail, huile d'olive, sel.

Préparation. Nettoyer les poissons en éliminant les têtes et les entrailles mais en gardant les foies. Faire bouillir les foies pendant 2 min environ. Faire bouillir de l'eau salée dans une casserole et y plonger les roussettes pendant 15 min. Egoutter les poissons et attendre quelques minutes avant de les écorcher et de les couper en morceaux. Préparer un haché avec l'ail, les foies et les noix et les faire revenir dans un demi-verre d'huile. Quand le mélange sera mélangé, rajouter le vinaigre et laisser chauffer jusqu'à obtenir une crème. Verser la sauce chaude sur les poissons et attendre une journée avant de servir.

Zippulas

Ingrédients. 500 g de farine, 15 g de levure de bière, 1 pomme de terre bouillie, 1 œuf, 1 orange, 1/2 verre de grappa, lait, 50 g de sucre, 1 pincée de safran, le jus d'1 orange, huile de cacahouète, sel.

Préparation. Peler la pomme de terre chaude et l'écraser. Mélanger dans une terrine le safran dilué avec du lait, le jus d'orange filtré, une pince de sel, la grappa, et la levure de bière diluée avec du lait tiède. Mélanger l'ensemble, couvrir la terrine et laisser reposer jusqu'à ce que la pâte double de volume. Poudrer une table avec de la farine et y étendre la pâte en mélangeant le reste de la farine peu à peu. Pétrir jusqu'à ce que la pâte devienne élastique. Former des petites boule avec la pâte des dimensions d'une pêche environ et en tirer des gimblettes (*zippulas*). Frire les zippulas dans de l'huile, égoutter, sécher et saupoudrer de sucre.

Jeux, loisirs et sports

LES DISCIPLINES LOCALES

Football, le roi des sports

Le football est une culture en Italie, en Sardaigne aussi. Cagliari possède un club de football : le Cagliari Calcio. Il a été fondé en août 1920 sous le nom de « Cagliari Football Club ». En 1924, il fusionne avec « Unione Sportive Italiana » (fondée en 1922) et devient le « Club Sportivo Cagliari ». Scission en 1934 au sein de l'association sportive qui poursuit sa route sous le nom de « Unione Sportiva Cagliari », puis adopte le nom de « Cagliari Calcio » en 1970. Cette même année, il remporte le championnat d'Italie. Depuis, pas de coup d'éclat, mais il continue de déchaîner les passions sardes.

Les jeux traditionnels

Parmi les traditions sardes, on trouve aussi de nombreux jeux, toujours pratiqués par la jeune génération initiée par ses parents. Certaines de ces disciplines ont récemment obtenu le titre de « sport », et de vrais championnats régionaux et internationaux sont organisés dans l'île auxquels tout le monde peut participer. Citons la « mourre », le plus connu de tous.

La morra. La mourre (*sa murra*) est un jeu ancien, dont l'existence remonterait à l'Egypte ancienne, même si ce jeu fut davantage pratiqué sous les grecs et les romains. Les Sardes du centre de l'île sont réputés pour leur vitesse à ce jeu. La mourre se joue à deux : il s'agit alors, à un signal donné, de lever son poing et de montrer autant de doigts qu'on désire tout en criant un chiffre en langue sarde. L'adversaire doit en faire tout autant simultanément. Celui qui énoncera le nombre égal aux nombres de doigts levés par les deux remportent le point. Par exemple, le joueur A lève 2 doigts et dit 5, alors que le joueur B lève 4 doigts et dit 6. C'est donc le joueur B qui l'emporte.

La mourre était un jeu très appréciée des soldats sardes pendant la Grande Guerre ; elle fut par la suite interdite car le régime fasciste craignait les paris qui en découlait. C'est toujours pour cette même raison que le jeu de la mourre est interdit dans certaines provinces italiennes. Actuellement, de nombreuses associations sont engagées dans la réhabilitation de ce jeu reconnu comme « sportif » par la Fédération italienne des jeux et des sports traditionnels et par le Comité olympique national italien (Coni). Dans le village de Urzulei, aux confins des régions sardes de l'Ogliastra et de la Barbagia, on organise chaque été un championnat sarde et une compétition internationale de mourre, auxquels on peut participer seul ou en équipe de deux joueurs.

Pour participer ou pour plus d'informations, contacter l'Associazione per il gioco della morra : webmaistu@samurra.org – www.samurra.org

Région Nord-Est, plage de la Cinta

À PRATIQUER SUR PLACE

Canoë

La pratique du canoë n'est possible que dans certains endroits en Sardaigne, car l'île ne possède pas un grand nombre de cours d'eau. On peut s'y adonner sur le fleuve Flumendosa (mais seulement de mars jusqu'à fin mai), dans la partie sud-est de l'île, et sur le fleuve Tirso, vers Oristano. L'hôtel Sa Muvara, à Arizo, organise des excursions le long de ces fleuves. Le kayak de mer peut se pratiquer le long du golfe d'Orosei. La côte, bordée de petites criques et de grottes à explorer, est idéale à visiter en kayak.

De nombreux clubs basés à Cala Gonone offrent la possibilité de louer le matériel nécessaire pour la découverte de cette côte aux eaux turquoise et transparentes. Pour plus de renseignements sur les itinéraires à suivre en canoë ou kayak de mer, vous pourrez vous procurer le guide de Salvatore Medde : *Paesagi d'Acqua/Guida alla canoa turistica in Sardegna* (éditions Saredit, Cagliari), disponible dans les offices du tourisme sardes ou sur le site : www.sardegna.net

Équitation

L'équitation est très pratiquée en Sardaigne, où l'on trouvera près d'une soixantaine de centres équestres. Le cheval est, en effet, un excellent moyen de découvrir des sites difficilement accessibles à pied, en mariant sport et respect de la nature. Pour explorer l'île en toute tranquillité, rien ne vaut les balades le long des sentiers muletiers ou des chemins de bergers. Les meilleures balades se font dans la plaine d'Oristano, à partir du grand centre équestre « A la Birdi » ; à Arborea, dans l'Iglesiente, pour découvrir les régions minières ; dans le parc de Giara di Gesturi, au sud vers Pula ; et au cœur de la Barbagia à partir d'Oliéna. Les centres sont indiqués par le mot maneggio, et proposent des balades avec ou sans guide, d'une ou plusieurs heures. De nombreux centres sont situés dans les fermes d'agritourisme, à l'intérieur des terres.

Pour plus d'informations, vous pourrez contacter les :

■ **GUIDE EQUESTRI AMBIENTALI (GEA), Oasi di Sale Porcus, 09070 San Severo Milis.** ✆ 0783 53 81 00. Fax : 0783 52 80 00 – www.sitogea.net

Escalade

Le golfe d'Orosei, avec ses hautes falaises, est un paradis pour les amateurs d'escalade. Les voies situées vers Cala Luna, Cala Sisine et les gorges de Gorropu sont les plus connues. Pour des excursions de plusieurs jours, il faut être bien équipé pour passer la nuit et prévoir des réserves d'eau ; en été, l'eau se fait rare et elle n'est pas toujours potable, même pas dans les villes ! Le guide *Pietra di Luna/Guida all'arampicata in Sardegna* (éditions Saredit, Cagliari) indique les plus belles voies d'escalade en Sardaigne. Ce guide a été écrit en 1988 par Maurizio Oviglia, un célèbre alpiniste qui a exploré presque toutes les montagnes de l'île. Une deuxième édition, en 1992, puis une troisième, en 1995, réactualisent la première.

Se renseigner sur Internet :

▶ **www.sardegna.net** propose des itinéraires et des voies, très bien décrits, autour de Jerzu, Baunei, Cala Gonone, Domusnovas, Isili, dans le Supramonte et dans le Campidano.

▶ **www.u-climb.com**

Golf

La Sardaigne compte quelques terrains de golf de grand prestige comme le Pevero Golf Club, non loin de la Cala di Volpe (Costa Smeralda), un de plus beaux et des plus prestigieux au monde, ou celui d'Is Molas, à Pula (près de Cagliari). Un autre terrain de golf remarquable est celui d'Is Arenas, au nord d'Oristano. Les terrains de Puntaldia à San Teodoro, Village Telis à Arbatax ou Bagaglino Golf Country à Stintino, sont également très bien situés.

Planche à voile, funboard, kite-surf et surf

La Sardaigne possède de très bons spots pour la pratique du funboard et du kite-surf. Le mistral apporte des vents de force variable, souvent puissants et changeants, mais permettant généralement la navigation au planning. Au nord de l'île, le mistral arrive souvent à l'improviste et il suffit parfois de quelques min pour voir de grosses vagues se lever sur la mer.

Les meilleurs endroits pour la pratique du funboard et du kite-surf sont les suivants : plages de Cala Piscina, Rena Majore et Marina delle Rose à Santa Teresa di Gallura, Capo Mannu près d'Oristano, et plage de Chia vers Cagliari pour les amateurs de grosses vagues. Pour la pratique du slalom, c'est à la plage de Porto Pollo sur l'Isola dei Gabbieni, entre Palau et Santa Teresa di Gallura, qu'ont lieu des championnats de kite-surf. Les grosses vagues ne sont pas rares dans cet endroit, qui se targue d'être l'un des sanctuaires mondiaux de la planche à voile. De nombreux clubs y louent tout le matériel nécessaire, dont le Sporting Club Sardinia et le club de l'Isola dei Gabbiani, où Paolo Silvestri, le président de la Fédération italienne de kite-surf (qu'il a fondée en 1999), donne des cours.

Les autres plages renommées sont les plages des Salines et de Calagrande à Sant'Antioco,

Région Sud, île de San Pietro, Spiaggia Luchese

de la Pelosa à Stintino et de Poetto à Cagliari. Dans tous ces endroits, on peut louer facilement du matériel de bonne qualité. Les surfeurs préféreront la région de Sinis, à l'ouest de l'île, pour pratiquer leur sport favori.

■ **COSTA SMERALDA.** *Tarifs pour une semaine : de 370 à 590 €*

Plongée

Les fonds marins de la Sardaigne offrent une tout autre vision de l'île, silencieuse et fascinante. La faune et la flore y sont très bien préservées, et les plongeurs expérimentés pourront faire des plongées très intéressantes pour découvrir épaves et vestiges des civilisations disparues. Parmi ces souvenirs du passé, de nombreux objets comme les lingots de plomb de l'époque romaine trouvés dans le bateau de Mal di Ventre, devant la péninsule de Sinis, ou une ancre vieille de 3 500 ans, découverte dans les eaux de Porto Rotondo. L'infrastructure est excellente : près de 85 centres de plongée, installés sur toute l'île et ouverts pour la plupart d'avril à octobre, permettent l'exploration de ce magnifique aquarium naturel que sont les fonds marins de Sardaigne.

L'archipel de La Maddalena est sûrement l'un des meilleurs spots de plongée. En effet, son titre de parc naturel lui confère un statut privilégié, et seuls les plongeurs accompagnés d'instructeurs des diving centers autorisés par le parc pourront y avoir accès. La Secca di Budelli, riche en mérous non domestiqués vivant dans leur habitat naturel, fera le bonheur des plongeurs débutants. Les plongeurs plus expérimentés pourront découvrir les magnifiques coraux rouges du sec de Monacci (à environ 40 m de profondeur) ou bien iront jouer avec les mérous de Mérouville vers le sec de Lavezzi (Corse). Les coraux rouges sont abondants dans la région. Les centres de plongée pour la découverte des fonds marins de La Maddalena se trouvent à Palau, sur l'île dei Gabbiani, à Santa Teresa di Gallura, à Arzachena et à La Maddalena.

La Costa Smeralda est riche en épaves (Relitto Omega et Relitto di Molara), et ses eaux vertes et transparentes peuvent être explorées à partir de Porto Rotondo, Olbia, Budoni et Golfo Aranci. A Porto Rotondo, à Mortoriotto, on peut aller voir le corail noir, assez rare en Méditerranée, qui, en dépit de son nom, brille d'une couleur jaune intense au milieu des branches rouges des gorgones (à 36 m de profondeur). Vers Cala Gonone, la côte recèle d'innombrables grottes à découvrir, comme la grotte des huîtres, et des épaves d'avions et de bateaux (épave du KT12, péniche de débarquement allemande qui transportait des tonneaux de carburant, des automitrailleuses, des grues et des motocyclettes, coulée en 1943 par un sous-marin anglais).

Dans le Sud de l'île, les îles de Sant'Antioco et de San Pietro, ainsi que la région de Chia, sont intéressantes pour leur faune riche en murènes, langoustes, thons et autres poissons. Dans le golfe de Cagliari, l'épave du Romagna gît à 40 m de profondeur. Près de Capo Teulada, on peut explorer l'épave du Dino, un navire marchand gisant par 24 m de fond.

Enfin, le côté nord-ouest de l'île, qui peut être exploré depuis Alghero ou Stintino, possède une bonne quinzaine de sites. Grottes, épaves et faune riches en poissons et coraux de toutes sortes feront le bonheur des plongeurs de tous niveaux. Une carte de l'*Esit*, intitulée *Diving in Sardegna*, récapitule les sites à explorer en plongée sous-marine.

Les meilleurs sites de plongée de Sardaigne

■ **CAPO TESTA-SANTA TERESA DI GALLURA (Sassari). La Secca delle Cernie.** En plein canal de Bonifacio, ce bas-fond légendaire est un lieu incontournable pour les plongées.

Les amas de rochers granitiques forment des grottes magnifiques, où il est facile d'apercevoir d'innombrables mérous, ces poissons rois de la Méditerranée. L'immersion est à programmer méticuleusement, puisqu'on descend facilement jusqu'à plus de 40 m de profondeur.

■ **ARCIPELAGO DELLA MADDALENA (Sassari). Secca di Budelli.** D'énormes rochers granitiques caractérisent les paysages de ce bas-fond riche en couleurs. Parmi les pierres marines, évoluent langoustes et murènes. Jusqu'à 30 m de profondeur.

■ **MARINA DI OROSEI (Nuoro). Relitto KT12.** On plonge, à 34 m de profondeur, sur l'épave d'un cargo coulé par le sous-marin anglais Safari, en mai 1943. L'immersion est spectaculaire : certaines parties du cargo sont intactes, avec les profils des canons encore bien visibles.

■ **CAPO CACCIA (Cagliari). Grotta del Nereo.** A 10 min en bateau de La Madonnina, c'est une immersion spectaculaire et un peu difficile. La grotte, à deux entrées, permet 4 parcours différents, tous fascinants. Les plus beaux : les Archi de Nereo et la Camera Grande, à 36 m de profondeur.

■ **ILE DE SAN PIETRO (Cagliari). Scoglio del Corno.** C'est une immersion le long des murs du rocher del Corno, en face des hautes falaises de Capo Sandalo. La plongée n'est pas du tout facile ; on arrive jusqu'à 50 m de profondeur. On peut rencontrer de très nombreux barracudas.

Snorkelling

En Sardaigne, la transparence des eaux rend possible la pratique du snorkelling, ou l'observation des fonds marins peu profonds à l'aide d'un masque, d'un tuba et de palmes. Dans de nombreux centres de plongée, on fournit le matériel nécessaire et l'on emmène les amateurs dans les endroits les plus propices à la découverte de multiples espèces sous-marines.

Randonnée

La Sardaigne ne possède pas de chemins de randonnée très longs ou très renommés, comme le GR 20 et les Mare a Mare en Corse. Cependant, la diversité du paysage se prête très bien à la randonnée qu'il est conseillé de pratiquer plutôt au printemps ou en automne. Les journées d'été sont en effet peu appropriées à la pratique de ce sport, à moins de s'arrêter aux heures les plus chaudes. Il est recommandé de bien s'équiper : bonnes chaussures montantes, sac à dos léger, crème solaire, lunettes de soleil, eau... Nous vous indiquons quelques itinéraires allant de quelques heures à une journée entière, inspirés du petit guide de l'*Esit* intitulé *Faire du trekking en Sardaigne* (éditions Saredit, Cagliari), de Maurizio Oviglia, disponible dans les offices du tourisme.

Attention toutefois, mieux vaut vous procurer les cartes de trekking avant votre arrivée en Sardaigne. On ne trouve pas toujours sur place des cartes précises de randonnées, et le balisage laisse un peu à désirer (paroles de trekkers expérimentés rencontrés sur place). Partez bien équipé ou alors faites-vous accompagner par des guides locaux que nous mentionnons dans les rubriques « Loisirs », et dont vous trouverez les coordonnées dans les offices du tourisme. Une dernière mise en garde : ne partez pas seuls dans le Supramonte ! Nombreux sont les touristes insouciants à qui un accident est arrivé. Donc allez-y uniquement dans le cas où vous êtes accompagné et bien équipé. Voici quelques itinéraires de balades.

▶ **Capo Testa.** *Durée : 1h.* Accès : de Santa

L'or rouge

Le corail a une histoire très ancienne qui commence au début de la préhistoire. Il y a 30 000 ans, des fragments utilisés comme amulettes ont été découverts dans des tombes néolithiques. De tout temps, le corail a fasciné les grands de ce monde comme les gens du commun. Pour les Romains, le corail était « le meilleur fruit de la mer »... Pendant des siècles, en effet, le corail a été considéré comme une plante ou un minéral, jusqu'à ce que Filippo Finella, au XVIIe siècle, et Andrea Peyssonnel aient affirmé qu'il s'agissait un animal.

Dans les mers il y a environ une trentaine d'espèces de coraux, mais c'est dans la Méditerranée, et en particulier en Sardaigne, que naît le corail rouge (le *Corallium rubrum*). Ce type de corail est l'un des plus recherchés. En Sardaigne, le long des barrières corallines d'Alghero, du golfe de l'Asinara et de Santa Teresa di Gallura, il est pêché par des plongeurs professionnels qui s'immergent à plus de 100 m de profondeur. Dans les environs d'Alghero, tous les ans, la licence pour pêcher cet or rouge n'est accordée qu'à une dizaine de plongeurs seulement. Sans perturber l'écosystème, ces derniers parviennent à pêcher environ 7 à 8 quintaux de corail, nécessaires à satisfaire la demande des 40 boutiques artisanales de la ville.

Teresa, la route goudronnée arrive à Santa Reparata où l'on peut laisser la voiture. Du parking, franchir la grille du centre militaire. Le chemin descend vers la mer. Longer la côte granitique jusqu'à la belle Baia dell'Indiano. Après quelques mètres d'escalade, on parvient au promontoire de Capo Testa. L'intérêt de cette balade est surtout le franchissement des énormes rochers caractéristiques du Capo Testa.

▸ **Tour de Capo Caccia.** *Durée : une demi-journée.* Accès : d'Alghero, rejoindre la route de Capo Caccia jusqu'à Tramariglio. Laisser la voiture à Tramariglio ou au belvédère où la route s'arrête un peu plus loin. Après le belvédère, marcher jusqu'à la pointe du sémaphore, parmi les rochers et les genévriers. Après une descente de la crête jusqu'au parking, on atteint l'escalier menant à la grotte de Neptune. Poursuivre par la route goudronnée puis par le chemin qui arrive à la Torre del Pegna. De là, rejoindre Tramaglio en traversant le maquis.

▸ **Tiscali.** *Voir partie « Centre et côte est ».*

▸ **Cala Luna.** *Voir partie « Centre et côte est ».*

▸ **Giara di Gesturi.** *Voir partie « Ouest ».*

▸ **Forêts de Monte Lattias.** *Durée : une demi-journée.* Cette randonnée au sein de la zone protégée WWF ne présente pas de difficulté. Accès : prendre la SS 195 de Cagliari vers Pula, puis tourner à la zone industrielle de Macchiareddu. Suivre la route jusqu'au deuxième embranchement après le croisement pour Santadi, puis tourner à droite après l'église de Santa Lucia. Des flèches indiquent la zone WWF. Continuer sur la route en terre jusqu'à l'hôtel. Laisser la voiture. De nombreuses flèches indiquent les sentiers.

▸ **Gorge de Piscina Irgas.** *Durée : une demi-journée.* Accès : tout près de Villacidro, dans l'Iglesiente. Suivre les panneaux indicateurs pour le Monte Mannu. Garer la voiture près de la cantina Ferraris. Un chemin qui longe le fleuve Lenni aboutit à une série de cascades.

Thalassothérapie

Le grand centre de thalassothérapie de l'île se trouve près de Pula (à 40 km de Cagliari), au Forte Village Resort. Les Thermae del Parco ont été développés en collaboration avec le Centre de médecine naturelle de l'université de Milan et utilisent le brevet de l'huile de mer. Le chlorure de sodium, associé à l'eau marine à très forte concentration saline, favorise la prévention et la thérapie des affections cutanées et des problèmes ostéo-articulaires. La thérapie consiste en cinq

Source de Su Gologone

immersions d'une vingtaine de minutes chacune, dans des vasques à concentrations salines décroissantes. La première vasque est à la température du corps humain et sa concentration en sel est très élevée. La deuxième vasque, très conseillée pour les sportifs, présente également une très forte concentration en sel. Les trois vasques suivantes, à température décroissante, sont des vasques à hydromassage.

Vélo

Certaines régions de Sardaigne se prêtent très bien à la pratique du vélo. Ainsi, les régions d'Alghero et du Capo Caccia, avec leurs petites routes bordées de lauriers-roses et leurs beaux paysages de côtes, peuvent être visitées en quelques jours de vélo. Vous pourrez ainsi passer par le nuraghe Palmavera et la nécropole d'Angelu Ruju, et visiter la superbe ville d'Alghero. La péninsule de Sinis, autour d'Oristano, est également un endroit idéal pour les cyclistes, qui pourront rouler entre les marais et les étangs, et partir à la découverte de la ville phénicienne de Tharros, ainsi que flâner le long des plages de sable blanc d'Is Arutas. Sans oublier le parc de Giara di Gesturi, aussi très agréable à parcourir à vélo. Au terme d'une demi-heure de promenade, vous pourrez apercevoir des chevaux sauvages le long des étangs du parc. Pour plus d'informations sur les balades, voir le petit guide *In bici, Sardegna* (Fioratti Editore Milano), disponible dans les offices de tourisme.

Enfants du pays

Karim Aga Khan

Le leader de la communauté ismaélienne, à qui toute la côte nord-est de la Sardaigne doit son développement, vit à Genève depuis sa naissance en 1936. Avant d'être entrepreneur sur l'île, le prince Karim Aga Khan IV est avant tout le descendant direct du prophète Mahomet, par le cousin Ali, le premier imam, et sa femme Fatima, la fille de Mahomet. Son diplôme d'Harvard en poche, le jeune prince est appelé, à la mort de son grand-père, à reprendre les affaires familiales. En 1962, alors que ce passionné de voile cherche à acheter une propriété au bord de la mer, l'un de ses amis lui parle de la Valla dell Inferru (vallée de l'Enfer), au nord de la Sardaigne. Sans avoir vu l'endroit, Karim signe et achète ainsi 30 km de littoral et un terrain de 3 000 ha. Tombé sous le charme de ce qu'il baptise la Costa Smeralda, il entreprend de la transformer en lieu de villégiature pour ses amis fortunés. Le résultat est surprenant : en quelques années, la Costa Smeralda, avec ses équipements luxueux s'intégrant parfaitement au paysage, devient le lieu de rendez-vous de la jet-set. Aujourd'hui, Karim Aga Khan est à la tête du consortium Costa Smeralda, qui veille scrupuleusement à ce que les nouvelles constructions respectent l'environnement.

Enrico Berlinguer

Enrico Berlinguer est l'un des politiciens les plus appréciés de l'histoire politique italienne. Né en 1922 à Sassari, il a été le secrétaire national du Parti communiste italien (Partito Comunista Italiano, ou PCI) de 1972 à 1984. Issu d'une noble et importante famille sarde, il était tout naturellement en contact avec les hauts milieux culturels et politiques de son pays. Il était aussi le cousin de Francesco Cossiga, le leader du Parti italien des chrétiens démocrates (DC) devenu par la suite président de la République Italienne ; son grand-père, Enrico Berlinguer Sr., a été le fondateur de *La Nuova Sardegna*, un important journal sarde, et ami très proche de Giuseppe Garibaldi et Giuseppe Mazzini, les grands leaders du Risorgimento. C'est en 1937 qu'Enrico Berlinguer noue des contacts avec les antifascistes sardes et, en 1943, il entre officiellement au Parti communiste italien. Il devient bientôt le secrétaire de la section de Sassari. En 1946, il est appelé à Rome pour prendre la tête du parti, devenant ainsi, à 26 ans, l'un des plus jeunes membres du PCI. Enrico Berlinguer est généralement reconnu pour sa cohérence politique et un certain courage, ainsi que pour sa remarquable et exceptionnelle intelligence politique. Il a été un homme politique sérieux, sincèrement respecté même par ses opposants, et ses obsèques – peut-être les plus importantes jamais vues à Rome – ont été suivies par des foules énormes d'Italiens réunis dans le cortège funèbre.

Francesco Cossiga

Né en 1928, originaire de Sassari, Francesco Cossiga obtient sa maîtrise de droit, tout en participant activement à l'Azione cattolica (Action catholique) et à la Fuci (Fédération universitaire catholique italienne). En 1945, il s'inscrit à la Démocratie chrétienne et devient secrétaire provincial de 1956 à 1958 et chef de groupe du conseil municipal à Sassari jusqu'en 1966.

Pêcheurs

En 1958, il entre au conseil national du parti et est élu député pour la circonscription de Cagliari en 1958 et en 1963. Il fera partie de différents gouvernements, mais démissionnera en 1978 à la suite de l'assassinat d'Aldo Moro. L'année suivante, il est chef d'un gouvernement de coalition formé par la Démocratie chrétienne (DC), par le Parti social-démocrate italien (PSDI) et par le Parti libéral italien (PLI). Grâce à sa grande honnêteté et droiture, il est élu président de la République italienne en 1985, puis nommé sénateur à vie en 1992.

Paolo Fresu

Né à Berchidda (Sassari) en 1961, Fresu est un des meilleurs trompettistes de jazz d'Italie et sa renommée est internationale. Il a reçu les plus grands prix internationaux de musique jazz pour ses compositions et arrangements, et il fait partie des meilleurs Top Jazz Pools. En 1994, diplômé du Conservatoire de musique de Cagliari, il s'inscrit à l'université de Bologne, à la faculté de musique et des arts du spectacle. Il a composé des musiques de théâtre, de ballet et de cinéma, tout en participant aux plus importants festivals internationaux. En 1996, il a reçu deux prix à Paris : le prix Bobby Jaspar de l'Académie du jazz et le Django d'Or comme meilleur musicien européen. Chaque été, en août, Fresu organise dans sa ville natale, Berchidda, un prestigieux festival de jazz, « Time in Jazz ». Un rendez-vous qui rassemble les meilleurs musiciens de jazz de tous les coins du monde.

Antonio Marras

Des tissus précieux, des broderies somptueuses, des brocarts admirables, les collections du styliste sarde Antonio Marras sont évocatrices et chargées de symboles.

Elles sont liées aux voyages, à la rencontre avec des cultures lointaines et au souvenir de ses propres racines. Né à Alghero, ce styliste de renommée internationale n'a jamais abandonné la Sardaigne, où il vit dans une grande maison-laboratoire sur une colline en face de la mer. Les couleurs, les parfums et les traditions de sa terre sont les premiers éléments qui caractérisent ses collections, dont les défilés sont riches en émotions. Marras a présenté sa première collection de prêt-à-porter en 1999, à Milan, et, en 2003 il est devenu le directeur artistique pour la ligne femme de Kenzo.

Caterina Murino

Née à Cagliari en 1977, Caterina Murino est à la fois une actrice, une mannequin et une showgirl. En 1996, elle remporta la quatrième place au concours de Miss Italie. Un an après, elle fut engagée par une agence de mannequins. Après avoir travaillé dans des émissions TV très populaires en Italie, elle démarre sa carrière d'actrice en 2000 dans le film *Miss Italia* du réalisateur italien Dino Risi. Après une succesion de petits rôles dans des fictions italiennes, elle s'installe en France. En 2002 elle récite dans *Nowhere*, de Luis Sepùlveda et dans *Grafologo*, où elle joue le rôle principal. En 2004, grâce au film *L'Enquête corse*, elle devient plus célèbre en France qu'en Italie, en suivant le même parcours qu'une autre actrice et mannequine italienne, Monica Bellucci. Sa célébrité en France contribue aussi à l'obtention de son rôle dans le film *Les Bronzés 3 – Amis pour les vie* (2006). En 2006 elle est choisie comme Bond Girl à côté du célèbre agent secret James Bond dans le film Casino Royale : de même que l'autre rôle principal du film interprétée par Eva Green, Murino s'est imposée face à des actrices hollywoodienne, bien plus connues.

Giudicatessa Eleonora d'Arborea

Maurizio Oviglia

Né en 1963 à Turin, Maurizio Oviglia commence très tôt l'escalade et devient vite un alpiniste confirmé, suivant l'exemple de son père. Après de nombreux exploits dans les Alpes, Maurizio arrive en Sardaigne en 1986. Les montagnes du pays le séduisent et il devient l'alpiniste le plus expérimenté de l'île, ouvrant des voies d'escalade très difficiles dans les massifs du Supramonte et de l'Iglesiente. En 1988, il publie la première édition du guide *Pietra di Luna* (éditions Saredit, Cagliari) qui recense toutes les voies d'escalades qu'il a ouvertes en Sardaigne. Etabli à Cagliari depuis 1986, il a écrit de nombreux livres et guides sur la Sardaigne, comme *Sardegna non solo Mare* (éditions CDA Turin), *Gennargentu, Ultimo Paradiso* (1997), et bien d'autres.

Gigi Riva

Luigi Riva, né à Leggiuno, près de Milan, en 1944 et mieux connu sous le nom de Gigi Riva, est le meilleur buteur de toute l'histoire de l'équipe nationale italienne de football. Sa carrière commence en 1962 avec l'équipe du Legnano, mais c'est avec le Cagliari, qu'il rejoint la saison suivante et où il restera pendant le reste de sa carrière, qu'il devient une légende du foot. Grâce à Gigi Riva, l'équipe sarde rentre bientôt parmi les clubs les plus forts d'Europe et gagne le championnat national en 1970. En 1976, il se blesse et n'arrivera jamais plus à récupérer sa forme physique. Il annonce sa retraite en 1978. Gigi Riva joua 338 matchs de ligue dans sa carrière, en marquant 170 buts. Il collabore actuellement avec le personnel de l'équipe nationale italienne.

Pinuccio Sciola

Né en 1942 à San Sperate, ce sculpteur est aussi très connu pour son action de promotion et de soutien à l'art de murales, « peintures murales » qui décorent les façades des bâtiments dans les rues de certains villages et villes de la Sardaigne. Et c'est en grande partie grâce à lui que sa ville, San Sperate, est devenue fameuse pour ses façades peintes.

Renato Soru

Grande figure de l'Internet italien, Renato Soru est né à Sanluri, à 40 km au nord de Cagliari. Son père y tenait l'entreprise de pompes funèbres, et sa mère l'épicerie du village. Diplômé en sciences économiques de l'université de Bocconi à Milan, Renato Soru débute dans la banque d'affaires puis part construire des centres commerciaux en Tchéquie. Après avoir découvert le monde du Net à Prague, il rentre au pays après 18 ans d'absence et reprend une petite compagnie locale de téléphone. Il est aujourd'hui à la tête de Tiscali, start-up fournisseur de services online comptant près de 10 millions d'abonnés, et pense bien devenir leader européen du Net. Tiscali a racheté le Néerlandais World on Line et le Français Libertysurf, et concurrence sévèrement des entreprises telles que T-Online et Wanadoo. Ce grand chef d'entreprise n'en reste pas moins très attaché à son pays d'origine, comme en témoigne le nom qu'il a donné à sa start-up : Tiscali est en effet le nom d'un petit village sarde de l'intérieur de la Barbagia.

Gianfranco Zola

La fierté du football en Sardaigne. Né à Oliena en 1966, il commence sa carrière dans des clubs sardes avant de faire ses premiers pas en Série A (l'équivalent de notre Ligue 1) à Naples, en 1989. A l'époque, l'Argentin Diego Maradona est la star de l'équipe. Lorsque ce dernier quitte le club, il confie son légendaire numéro 10 au « lutin sarde » (1,68 m), qu'il considère comme son successeur naturel. C'est à Parme, à partir de 1993, que Zola s'affirme vraiment. Dans ce club fraîchement promu en Série A, il devient celui qui permet à cette petite équipe de devenir grande et de remporter la Coupe de l'UEFA. Zola est alors appelé à défendre les couleurs de son pays pour le Mondial aux Etats-Unis, en 1994. Mais la vedette italienne se nomme Roberto Baggio, et le sélectionneur Arrigo Sacchi juge le style des deux hommes trop proche et donc incompatible. Gianfranco est très peu utilisé jusqu'en quarts de finale contre le Nigeria, où il se fait expulser une dizaine de minutes après avoir foulé la pelouse… Cette malédiction en sélection nationale se concrétisera en 1998, où il n'est pas appelé pour le Mondial en France. Entre-temps, en 1996, Zola signe à Chelsea où il réalise 6 saisons exceptionnelles. Il régale les supporters londoniens qui le portent dans leurs cœurs, mais décide de quitter l'Angleterre pour venir terminer sa carrière dans le club phare de la Sardaigne, Cagliari. Zola est le principal artisan de la remontée du club parmi l'élite pour la saison 2004-2005. Il annonce alors sa retraite. Avec la simplicité et l'enthousiasme qu'on lui connaît, il est aujourd'hui l'un des ambassadeurs de la Sardaigne, notamment pour le tourisme.

Communiquer en italien

Les Italiens sont des bavards impénitents, et ils seront émerveillés de voir l'effort que vous avez fait pour aller vers eux dans leur langue.
La langue italienne est très riche et possède des expressions très imagées. Alors laissez-vous aller ! Même si vous ne la maîtrisez que partiellement, tout le monde aura envie de vous comprendre et de vous aider, le cas échéant. Les Italiens sont, par nature, ouverts et hospitaliers. Quant au pays, il est riche en surprises et en joyaux cachés que, grâce à vos connaissances linguistiques toutes fraîches, vous pourrez découvrir facilement.

Une fois sur place, lancez-vous ! N'ayez pas peur de vous tromper, vos efforts seront sans aucun doute récompensés par l'accueil chaleureux que vous recevrez en échange… et, de toute façon, nul n'attend de vous la perfection !

Cette Italie à découvrir, qui vaut vraiment la peine d'être connue, d'être aimée, elle est à vous !

Vous trouverez ci-dessous quelques bases utiles pour communiquer.
Cette rubrique est réalisée en partenariat avec ASSIMIL.

Prononciation et accentuation

Une transcription "à la française" – présentée en italique – accompagne chaque phrase ou mot ; elle vous aidera à approcher au mieux la prononciation idéale.

Nous ne reprenons ici que les lettres dont la prononciation varie sensiblement par rapport au français. Vous devez prononcer toutes les lettres, l'une après l'autre, ce qui donne :
an *a-n*, **en** *è-n*, **in** *i-n*, **on** *o-n*, et **ai** *a-i*, **au** *a-ou*, **eu** *é-ou*, **ou** *o-ou*, **ie** *i-è*.

- **e** — *é* de "été" ou *è* de "cèdre" ; en fin du mot se prononce toujours *é*
- **u** — se prononce toujours *ou*
- **c** — se prononce k devant **a**, **o**, **u**, **h**
  se prononce *tch* devant **e**, **i**
- **ch** — se prononce *k*
- **g** — se prononce *g* devant **a**, **o**, **u**
  se prononce *dj* devant **e**, **i**
- **gh** — se prononce *gu*
- **gli** — se prononce *lyi*
- **gn** — se prononce *gn-*
- **qu** — se prononce *kw*
- **s** — se prononce *z* entre voyelles et devant **b**, **d**, **g**, **l**, **m**, **n**, **r**, **v**
  se prononce *s* dans tous les autres cas
- **z** — se prononce *ds* entre voyelles
  se prononce *dz* dans tous les autres cas

L'accent tonique

La règle est de faire porter l'accent tonique sur **l'avant-dernière syllabe**, ex : **buono** *bou-ono bon*, **parlare** *paRlaRé parler*, **bambino** *ba-mbino enfant.*
Il y a, bien sûr, d'autres possibilités. Nous vous signalons les plus fréquentes :

• l'accent sur la dernière syllabe. Les mots qui le portent sont faciles à reconnaître, car ils portent un accent grave sur la dernière voyelle : **e** *e est*, **città** *tchit-tà* ville, **caffè** *kaf fè* café, **più** *pi-ou* plus.

• l'accent sur l'avant-avant-dernière syllabe. Parmi les mots qui portent cet accent, on trouve, entre autres :

- les verbes à la 3e personne du pluriel : **parlano** *paRlano ils parlent,* **vedono** *védono ils voient,* **mangiano** *ma-ndjano ils mangent,*
- l'infinitif de la plupart des verbes en **-ere** : **credere** *kRédéRé croire,* **ridere** *RidéRé rire,*
- des mots comme **facile** *fatchilé facile,* **tavolo** *tavolo table,* **telefono** *téléfono téléphone.*

L'alphabet italien

A, a	*a*	**N, n**	*ènné*
B, b	*bi*	**O, o**	*o*
C, c	*tchi*	**P, p**	*pi*
D, d	*di*	**Q, q**	*kw*
E, e	*è*	**R, r**	*èrré*
F, f	*èffe*	**S, s**	*èssé*
G, g	*dji*	**T, t**	*ti*
H, h	*akka*	**U, u**	*ou*
I, i	*i*	**V, v**	*vou*
L, l	*èllé*	**Z, z**	*dséta*
M, m	*èmmé*		

La structure de la phrase

La construction de la phrase est identique à celle du français :

Sujet	Verbe	Complément
Chiara	**compra**	**i fiori.**
ki-aRa	*ko-mpRa*	*i fi-oRi*
Claire	achète	les fleurs.

Toutefois le sujet est souvent sous-entendu, surtout quand il s'agit du pronom :

Legge	**un libro.**
lédj-gé	*ou-n libRo*
Il/Elle lit	un livre.

Le sujet est exprimé lorsqu'il peut y avoir des ambiguïtés ou lorsqu'on veut le souligner. Dans ce dernier cas, il peut même être placé derrière le verbe :

Ho preparato	**io**	**la torta.**
o pRépaRato	*i-o*	*la toRta*

C'est moi qui ai préparé le gâteau.

Pour la place des compléments, fiez-vous à vos habitudes.

Questions - réponses

À la différence du français, l'italien ne propose pas une construction spécifique pour les interrogations. C'est l'intonation qui donne le ton à l'oral, et le point d'interrogation qui l'indique à l'écrit.

Giovanni viene?
djova-n-ni vi-èné
Est-ce que Jean vient ?

L'inversion du sujet n'est pas obligatoire ! Cependant, vous pouvez la trouver fréquemment après les pronoms et les adverbes interrogatifs.

Che cosa ti ha detto Marco?
ké koza ti a dét-to maRko
Que t'a dit Marc ?

Les adverbes et les pronoms interrogatifs les plus fréquents :

combien ?	**quanto?**	*kwa-nto*

comment ?	**come?**	*komé*
lequel ? laquelle ?	**quale?**	*kwalé*
où ?	**dove?**	*dové*
d'où ?	**da dove?**	*da dové*
pourquoi ?	**perché?**	*péRké*
quand ?	**quando?**	*kwa-ndo*
qui ?	**chi?**	*ki*
quoi ?	**che cosa? / cosa?**	*ké koza*

Souvenez-vous que l'italien emploie le même mot, **perché**, pour dire "pourquoi", "parce que" et "car".

Les verbes et leur conjugaison

Comme en français, les verbes se répartissent en trois groupes :

-are	**parlare**	*paRlaRé*	parler
-ere	**credere**	*kRédéRé*	croire
-ire	**partire**	*paRtiRé*	partir

• ***Indicatif présent :***

io	parl-**o**	cred-**o**	part-**o**
tu	parl-**i**	cred-**i**	part-**i**
lui/lei	parl-**a**	cred-**e**	part-**e**
noi	parl-**iamo**	cred-**iamo**	part-**iamo**
voi	parl-**ate**	cred-**ete**	part-**ite**
loro	parl-**ano**	cred-**ono**	part-**ono**

L'italien utilise tous les mêmes temps et modes que le français… Et bien sûr – hélas ! – , comme en français, il y a des verbes irréguliers !

Voici deux exemples très utiles.

		FARE faire	**ANDARE** aller
Indicatif présent :	io	**faccio**	**vado**
	tu	**fai**	**vai**
	lui/lei	**fa**	**va**
	noi	**facciamo**	**andiamo**
	voi	**fate**	**andate**
	loro	**fanno**	**vanno**
Participe passé :		**fatto**	**andato**

Etre et avoir

Ls (verbes) auxiliaires **être** et **avoir** sont, comme dans la plupart des langues, très importants… et irréguliers. Il n'y a rien à faire, il faut les apprendre par cœur !

		ESSERE	AVERE
Participe présent :		**essente**	**avente**
Participe passé :		**stato**	**avuto**
Gérondif :		**essendo**	**avendo**
Indicatif présent :	io	**sono**	**ho**
	tu	**sei**	**hai**
	lui/lei	**è**	**ha**
	noi	**siamo**	**abbiamo**
	voi	**siete**	**avete**
	essi	**sono**	**hanno**
Indicatif imparfait :	io	**ero**	**avevo**
	tu	**eri**	**avevi**
	egli	**era**	**aveva**
	noi	**eravamo**	**avevamo**
	voi	**eravate**	**avevate**
	essi	**erano**	**avevano**
Indicatif futur :	io	**sarò**	**avrò**
	tu	**sarai**	**avrai**
	lui/lei	**sarà**	**avrà**
	noi	**saremo**	**avremo**
	voi	**sarete**	**avrete**
	essi	**saranno**	**avranno**

Les verbes **essere** et **avere** sont employés pour former les temps composés, et notamment le passé composé, qui vous sera très utile, car il est beaucoup plus facile à utiliser que le passé simple, auquel nous ne faisons plus beaucoup appel non plus en français. Pour former le passé composé, il suffit de connaître la conjugaison au présent des verbes **essere** et **avere** et d'ajouter le participe passé.

Lorsque le verbe a un complément direct, il faut employer toujours **avere**.

- **Ho comprato una torta.**
  o ko-mpRato ouna toRta
  J'ai acheté un gâteau.

Dans tous les autres cas, vous pouvez vous fier à vos habitudes françaises. Mais attention, il y a des exceptions.

Le participe passé des verbes irréguliers

Voici une liste des participes passés des verbes irréguliers. Elle est loin d'être exhaustive : nous vous signalons seulement les verbes les plus fréquents, c'est-à-dire ceux dont vous serez sans doute appelé à vous servir.

aprire	_	**aperto**	ouvrir, ouvert
bere	_	**bevuto**	boire, bu
chiudere	_	**chiuso**	fermer, fermé
decidere	_	**deciso**	décider, décidé
essere	_	**stato**	être, été
fare	_	**fatto**	faire, fait
leggere	_	**letto**	lire, lu
mettere	_	**messo**	mettre / poser, mis / posé
perdere	_	**perso**	perdre, perdu
permettere	_	**permesso**	permettre, permis
prendere	_	**preso**	prendre, pris

raccogliere _	**raccolto**	ramasser, ramassé
ridere _	**riso**	rire, ri
rispondere _	**risposto**	répondre, répondu
scendere _	**sceso**	descendre, descendu
scrivere _	**scritto**	écrire, écrit
tradurre _	**tradotto**	traduire, traduit
vincere _	**vinto**	gagner / vaincre, gagné / vaincu
vivere _	**vissuto**	vivre, vécu

Rien compris ? Essayez ça !

- Je n'ai pas compris ! Pouvez-vous répétez plus lentement ?
  Non ho capito! Può ripetere più lentamente?
  no-n o kapito pou-ò RipétéRe pi-ou lé-ntamé-nté
- Que signifie ce mot ?
  Cosa significa questa parola?
  koza sign-ifika kwésta paRola
- Excusez-moi, qu'avez-vous dit ?
  Scusi, cosa ha detto?
  skouzi koza a dèt-to
- Peux-tu (m')épeler ce mot ?
  Puoi sillabare questa parola?
  pou-o-i sil-labaRé kwésta paRola
- Parle lentement !
  Parla lentamente!
  paRla lé-ntamé-nte
- Comment dit-on en italien ... ?
  Come si dice in italiano ...?
  komé si ditché i-n itali-a-no
- S'il vous plaît, pouvez vous (m')écrire le mot ?
  Scusi può scrivere la parola?
  skouzi pou-o skRivéRé la paRola
- Voilà, maintenant j'ai compris !
  Ecco adesso ho capito!
  èk-ko adès-so o kapito

Questions et mots importants

- Y a-t-il... ? — **C'è...?** *tch'è*
- Où est ? — **Dov'è?** *dov'è*

- Y a-t-il un hôtel ?
  C'è un albergo?
  tch'è ou-n albèRgo
- Y a-t-il un restaurant ?
  C'è un ristorante?
  tch'è ou-n RistoRa-nté
- Oui (Il y en a). / Non (il n'y en a pas).
  Sì, ce n'è / No (non ce n'è).
- Où est la rue Garibaldi ?
  Dov'è via Garibaldi?
  dov'è vi-a gaRibaldi
- Où est l'autoroute ?
  Dov'è l'autostrada?
  dov'è l'a-outostRada

- Avez-vous... ? — **Ho...?**
- Savez-vous... ? — **Sa...?**
- Il y a / Y a-t-il... ? — **C'è...(?)**

Où puis-je trouver… ?	**Dove posso trovare…?**
Combien (ça) coûte… ?	**Quanto costa…?**
Qu'est-ce que c'est… ?	**Che cosa è…?**
À quelle heure… ?	**A che ora…?**
Où est… ?	**Dov'è…?**
Où se trouve… ?	**Dove si trova…?**
Comment puis-je aller à… ?	**Come arrivo a…?**
Où sont les toilettes ?	**Dov'è il bagno?**
Je cherche…	**Cerco…**
Je voudrais…	**Vorrei…**
J'ai besoin de…	**Ho bisogno di…**
Donnez-moi…, s'il vous plaît.	**Mi da… per favore.**

Les salutations / politesse

Bonjour !	**Buongiorno!**	*bou-o-ndjoRno*
Bonsoir !	**Buona sera!**	*bou-ona sèRa*
Salut !	**Ciao!**	*tcha-o*
Bonne nuit !	**buona notte!**	*bou-ona not-té*
Au revoir !	**Arrivederci!**	*aR-RivédèRtchi*
S'il vous plaît	**Per favore**	*pèR favoRé*
Merci	**Grazie**	*gRadsi-é*
Excusez-moi !	**Scusi!**	*skouzi*
Pardon !	**Perdona!**	*pèRdona*

- Comment ça va ?
  Come va?
  komé va
- Comment vas-tu ?
  Come stai?
  komé sta-i
- *Comment allez-vous ?*
  Come sta?
  komé sta

- Ça va, merci.
  Tutto bene, grazie.
  tout-to béné gRadsi-é

- Pas mal, merci. Et toi ?
  Non male, grazie. E tu?
  no-n malé gRadsi-é é tou
- Bien, merci. Et vous ?
  Bene, grazie. E Lei?
  béné gRadsi-é é lè-i

Bon appétit !	**Buon appetito!**	*bou-o-n appétito*
Santé !	**Salute!**	*salouté*
À tes / vos souhaits !	**Salute!**	*salouté*
Bonne chance !	**In bocca al lupo!**	*i-n bok-ka al loupo*
Bon courage !	**Fatti coraggio!**	*fat-ti koRadj-gi-o*
Bon anniversaire !	**Buon compleanno!**	*bou-o-n kompléa-n-no*
Bonne fête !	**Buon onomastico!**	*bou-o-n onomastiko*

En vadrouille

la voiture	**la macchina**	*la mak-ki-na*
les routes nationales	**statali**	*statali*
autoroute	**autostrada**	*a-outostRada*
le péage	**il pedaggio**	*il pédadj-gi-o*

- Quelle route faut-il prendre pour aller à... ?
  Quale strada bisogna prendere per andare a...?
  kwalé stRada bisogn-a pRè-ndéRé péR a-ndaRé a

- Où est l'entrée de l'autoroute ?
  Dov'è l'ingresso dell'autostrada?
  dov'è l'i-ngRès-so dél-l'a-outostRada

- Où puis-je garer ma (la) voiture ?
  Dove posso parcheggiare l'auto?
  dové pos-so paRkédj-gi-aRé l'a-outo

- Est-il possible de louer une voiture ?
  È possibile noleggiare una macchina?
  è pos-sibilé nolédj-gi-aRé ouna mak-kina

- Où y a-t-il un poste d'essence ?
  Dov'è un distributore di benzina?
  dov'è ou-n distRiboutoRé di bé-ndzina

- Le plein, s'il vous plaît !
  Il pieno, per favore!
  il pi-éno, pèR favoRé

le train	**il treno**	*il tRèno*
l'avion	**l'aereo**	*l'a-èRé-o*
taxi	**taxi**	*taxi*
le métro	**la metropolitana**	*la métRopolitana*

- Excusez-moi, quel est le premier train pour Bologne ?
  Scusi quale è il primo treno per Bologna?
  skouzi kwalé è il pRimo tRèno péR bologn-a

- Combien coûte le billet de deuxième classe ?
  Quanto costa il biglietto di seconda classe?
  kwa-nto kosta il bilyi-ét-to di séko-nda klas-sé

- Où puis-je acheter les tickets de bus ?
  Dove posso comprare i biglietti dell'autobus?
  dové pos-so ko-mpRaRé i bilyi-ét-ti déll'a-outobouss

L'hébergement

- Excusez-moi, vous pouvez m'indiquer… ?
  Scusi, mi può indicare…?
  skouzi mi pou-o i-ndikaRé

les auberges de jeunesse	**gli ostelli della gioventù**	*lyi ostèl-li dél-la djové-ntu*
un hôtel économique	**un albergo economico**	*ou-n albèRg-o ékonomiko*
un hôtel de luxe	**un albergo di lusso**	*ou-n albèRg-o di lous-so*
un hôtel modeste	**un albergo modesto**	*ou-n albèRg-o modèsto*
une pension de famille	**una pensione a conduzione familiare**	*ouna pé-nsi-oné a ko-ndoudsi-oné famili-aRé*

- Bonsoir, avez-vous une chambre double ?
  Buona sera, avete una camera doppia?
  bou-ona séRa avété ouna kaméRa dop-pi-a

- Oui, pour combien de nuits ?
  Sì, per quante notti?
  si péR kwa-nté not-ti

- Pour quatre nuits. Vous faites aussi restaurant ?
  Per quattro notti. Fate anche pensione?
  péR kwat-tRo not-ti faté a-nké pé-nsi-oné

- Excusez-moi, le petit déjeuner est compris ?
  Scusi la colazione è compresa?
  skouzi la koladsi-oné è ko-mpRésa

ASSiMiL®
Le voyage en poche
collection évasion :
l'indispensable
pour comprendre et être compris
Le Breton
Le Grec de poche
Le Turc de poche
Le Marseillais de poche
Le Japonais
L'Italien de poche
L'Alsacien de poche
Le Chinois de poche
L'Arabe Marocain de poche
L'Espagnol de poche
L'Anglais britannique
Le "Chtimi" de poche
Parler du Nord et du Pas-de-Calais
Le Croate de poche
ASSiMiL évasion

▶ Devons-nous régler tout de suite ?
Dobbiamo pagare subito?
dob-bi-amo pagaRé soubito

Manger et boire

▶ un restaurant	**un ristorante**	*ou-n RistoRa-nté*
▶ une “trattoria”	**una trattoria**	*ouna tRat-toRi-a*
▶ restaurant modeste	**un'osteria**	*ou-n'ostéRi-a*
▶ une pizzeria	**una pizzeria**	*ouna pidz-zéRi-a*
▶ un snack-bar	**una tavola calda**	*ouna tavola kalda*
▶ une sandwicherie	**una paninoteca**	*ouna paninotéka*
▶ hors-d'œuvre	**antipasto**	*a-ntipasto*
▶ entrées	**primo**	*pRimo*
▶ plat principal	**secondo**	*séko-ndo*
▶ fromage	**formaggio**	*foRmadj-gi-o*
▶ fruito	**frutta**	*fRout-ta*
▶ dessert	**dolce**	*doltché*
▶ pain	**pane**	*pa-né*
▶ les pâtes	**la pasta**	*la paste*
▶ viande	**carne**	*kaRné*
▶ poisson	**pesce**	*péché*
▶ une salade composée	**un'insalatona**	*ou-n'i-nsalato-na*
▶ spécialités (de la) maison	**specialità della casa**	*spétchalità dél-la kaza*
▶ plat du jour	**piatti del giorno**	*pi-at-ti dél djoRno*
▶ le pourboire	**la mancia**	*la ma-ntcha*
▶ une bouteille d'eau minérale	**una minerale / naturale**	*ouna minéRalé / natouRalé*

▶ Pardon, pouvez-vous me conseiller un bon restaurant ?
Scusi mi sa consigliare un buon ristorante?
skouzi mi sa ko-nsilyi-aRé ou-n bou-o-n RistoRa-nté

▶ Pouvez-vous m'apporter la carte des vins ?
Mi porta la carta dei vini?
mi poRta la kaRta dé-i vini

▶ Vous m'apportez une bouteille d'eau minérale gazeuse / plate ?
Mi porta una bottiglia d'acqua gasata / non gasata?
mi poRta ouna bot-tilyi-a d'akwa gazata no-n gazata

▶ C'est très très bon.
È buonissimo.
è bou-o-nis-simo

▶ Garçon, l'addition, s'il vous plaît !
Cameriere, il conto per favore!
kaméRi-èRé il ko-nto péR favoRé

▶ Gardez la monnaie.
Il resto è per Lei.
il Rèsto è péR lè-i

Les achats

▶ S'il vous plaît, je voudrais un kilo de…
Scusi vorrei un kilo di…
skouzi voR-Rè-i ou-n kilo di

▶ la boucherie	**la macelleria**	*la matchél-léRi-a*
▶ la boulangerie	**la panetteria**	*il panét-téRi-a*
▶ un bureau de tabac	**una tabaccheria**	*ouna tabak-keRi-a*
▶ la charcuterie	**la salumeria**	*la saloumeRi-a*
▶ la crèmerie	**la latteria**	*la lat-téRi-a*

l'épicerie	**la drogheria**	*la dRoguéRi-a*
un magasin d'alimentation	**un negozio di alimentari**	*ou-n négodsi-o di alimé-ntaRi*
le marchand de fruits et légumes	**il fruttivendolo**	*il fRout-tivé-ndolo*
la pâtisserie	**la pasticceria**	*la pastich-céRi-a*
le poissonnier	**il pescivendolo**	*il pechivé-ndolo*
la poste	**la posta**	*la posta*
le supermarché	**il supermercato**	*il soupéRméRkato*

Combien je vous dois ?
Cosa le devo?
koza lé dévo

les bijoux	**i gioielli**	*i djo-i-èl-li*
une carte postale	**una cartolina**	*ouna kaRtolina*
la chemise	**la camicia**	*la kamitchi-a*
les cigarettes	**le sigarette**	*lé sigaRét-tè*
en cuir	**di cuoio/di pelle**	*di kou-o-i-o di pèl-lé*
la jupe	**la gonna**	*la go-n-na*
le pantalon	**i pantaloni**	*i pa-ntaloni*
la pellicule	**la pellicola**	*la pél-likola*
la pile / la batterie	**la pila / la batteria**	*la pila la bat-téRi-a*
pour homme	**da uomo**	*da ou-omo*
pour femme	**da donna**	*da do-n-na*
le pull	**il maglione**	*il malyi-oné*
le tee-shirt	**la maglietta**	*la malyiét-ta*
le timbre	**il francobollo**	*il fRa-nkobol-lo*
la veste	**la giacca**	*la djak-ka*
les vêtements	**gli abiti/i vestiti**	*lyi abiti i véstiti*

Ça ne me va pas.
Non mi sta bene.
no-n mi sta bé-né

Combien ça coûte ?
Quanto costa?
kwa-nto kosta

C'est trop cher !
È troppo caro!
è tRop-po kaRo

Pouvez-vous me faire un prix ?
Può farmi un po' di sconto?
pou-o faRmi ou-n po di sko-nto

Comment voulez-vous régler, en espèces ou par carte de crédit ?
Come vuole pagare, in contanti o con carta di credito?
komé vou-olé pagaRé i-n ko-nta-nti o ko-n kaRta di kRédito

Je paye en espèces.
Pago in contanti.
pago i-n ko-nta-nti

S'orienter dans l'espace

à côté de, près de	**vicino a**	à droite	**a destra**
à gauche	**a sinistra**	à travers	**attraverso**
au centre	**in centro**	au coin	**all'angolo**
au milieu de	**in mezzo a**	après	**dopo**
avant, avant de	**prima di**	carrefour	**incrocio**
dedans, à l'intérieur	**dentro**	dehors	**fuori**

Le Nord

Principal centre touristique de l'île, le Nord de la Sardaigne est plus riche que le Sud, que l'on pense aux stations balnéaires de la côte Est ou aux industries pétrochimiques de Porto Torrès.

La capitale de la région Nord, Sassari, revendique par ailleurs le statut de capitale de l'île, aux dépens de Cagliari depuis des siècles. Mais les richesses du Nord ne sont pas seulement économiques : cette région offre des paysages splendides et variés.

Le visiteur sera peut-être d'abord attiré par les sirènes dorées de la fameuse Costa Smeralda. C'est en effet la côte la plus connue de Sardaigne et également la plus prisée de la jet-set internationale. Les tarifs pratiqués y sont extrêmement élevés, et les villes sont flambant neuves, parfois peu révélatrices du patrimoine sarde. L'archipel de La Maddalena fait partie des richesses de la Costa Smeralda. Superbes, les îles se succèdent sur des eaux transparentes, encore bien préservées car classées « parc national ».

Toutefois, pour qui veut mieux découvrir la Sardaigne, l'intérieur offre des ressources insoupçonnées : trésors archéologiques et historiques sur la route des églises romanes et des nuraghi, mais aussi ses traditions de cuisine, de langue et d'artisanat. Des villes comme Tempio Pausania, Calangianus ou Ozieri gardent un caractère authentique, avec notamment le travail du liège, les activités agricoles et pastorales, ainsi que tout leur folklore.

Les côtes de cette vaste région, modelées par l'action conjuguée du vent et de la mer, s'étendent sur 800 km et recèlent des quantités de plages, baies, golfes et îlots magnifiques, qui rendent unique cette partie de la Sardaigne. Ainsi, d'est en ouest se succèdent sur la côte la charmante ville de Santa Teresa di Gallura, la Costa Paradisio, encore très préservée et toute de roche de porphyre rouge, le promontoire rocheux typique de Castelsardo, Stintino et sa magnifique plage de la Pelosa et, pour finir en beauté, Alghero et le charme de ses ruelles de l'époque catalo-aragonaise. Il est donc difficile de trouver un dénominateur commun aux nombreux sites de cette région, tous tellement différents. Pourtant, une chose est sûre : le Nord vous surprendra !

OLBIA

Ville d'origine phénicienne, Olbia fut ensuite colonisée par les Romains, qui aménagèrent son port pour développer le commerce avec Rome. Affaiblie par les invasions des Vandales, elle retrouva de l'importance à partir du XIe siècle, devenant l'un des centres majeurs du Giudicato di Gallura.

Les immanquables du Nord de la Sardaigne

- **La Costa Smeralda** et les somptueuses villes de Porto Cervo et Porto Rotondo pour une plongée dans la jet-set internationale.
- **Le paysage encore intact** et l'atmosphère pleine de charme de l'île de La Maddalena.
- **Santa Teresa di Gallura** avec son vieux bourg de pêcheurs caractéristique.
- **La charmante petite ville de Tempio Pausania** et ses églises granitiques qui s'ouvrent sur des ruelles pavées.
- **La cité médiévale de Castelsardo,** perchée sur son promontoire rocheux à pic sur la mer.
- **La magnifique plage de la Pelosa,** près de Stintino, avec son sable fin et ses eaux turquoise.
- **La jolie ville d'Alghero,** ancienne cité catalane, pour respirer un air d'Espagne et sa douceur de vivre.

La cité d'Olbia a toujours été considérée comme la porte d'entrée de la Sardaigne. Avec ses 32 000 habitants, cette ville moderne est surtout le terminal d'un grand nombre de liaisons maritimes avec l'Italie et la France. C'est ici également que se trouve l'aéroport de la Costa Smeralda mais, plus qu'un terminal, c'est surtout un point de départ pour explorer les différentes parties de l'île. En effet, on ne reste pas à Olbia, en tout cas on ne vous le conseille pas. Il y a malheureusement peu de chose à voir dans ce bourg sans originalité, si ce n'est la belle église San Simplicio, de style romano-pisan. La construction de cette église en granit gris de la région date du XIe siècle, mais elle fut restaurée au XVIe siècle.

Transports

Avion

■ **L'AEROPORT D'OBIA-COSTA SMERALDA © (0789) 52 634.** A 3 km au sud-est d'Olbia.

Bateau

Si vous prenez votre voiture ou si vous aimez les traversées par mer, arriver en Sardaigne en bateau peut être une bonne façon de commencer vos vacances. De la France, on peut partir soit du port de Marseille, soit de la Corse. Voici quelques compagnies et idées de traversée :

Bateaux vers la Sardaigne depuis la France

■ **SNCM – www.sncm.fr –** Pour rejoindre la Sardaigne par bateau, au départ de France la SNCM assure des liaisons au départ de Marseille ou Toulon pour Porto Torres.

■ **LA MERIDIONALE (CMN). Agenzia Paglietti, Corso Vittorio Emanuele 19 © (079) 51 44 77 ; sinon de France renseignements et réservations © 0810 20 13 20 (prix d'un appel local).** Lignes maritimes régulières depuis Marseille en traversées de nuit.

Pour plus d'informations sur la Compagnie et ses lignes :

▶ **Agence Commerciale de Marseille. 4 quai d'Arenc © 0 810 20 13 20 (prix appel local) – Fax 04 91 99 45 95 – cmn-corse@cmn.fr – www.cmn.fr (avec plan d'accès aux ports téléchargeable)** – *Accueil du lundi au vendredi de 8h00 à 17h30. Le samedi de 9h00 à 12h00.*

▶ **Agence Commerciale d'Ajaccio. Port de Commerce Bd Sampiero © 0 810 20 13 20 (prix appel local) – Fax : 04 95 21 57 60 –** *Accueil du lundi au vendredi de 8h15 à 18h00, le samedi de 8h15 à 12h00.*

▶ **Agence Commerciale de Bastia. Port de Commerce © 0 810 20 13 20 (prix appel local) – Fax : 04 95 32 37 01.** *Accueil du lundi au vendredi de 08h00 à 12h00 et de 14h00 à 18h00, le samedi de 08h00 à 12h00.*

▶ **A Propriano :** Agence Maritime Sorba, quai Cdt-L'Herminier © 04 95 76 04 36.

▶ **A Porto Torres :** Agenzia Paglietti, Corso Vittorio Emanuele © (0039) 079 51 44 77.

Bateaux vers la Sardaigne depuis la Corse

▶ **D'Ajaccio à Porto Torres :** la compagnie SNCM assure 1 traversée par semaine ; la durée est d'environ 5 heures.

▶ **De Bonifacio à Santa Teresa di Gallura :** la compagnie Moby Lines organise jusqu'à 5 traversées par jour. La durée est d'environ 1 heure.

▶ **De Propriano à Porto Torres : LA MERIDIONALE** assure 2 traversées maritimes par semaine d'une durée de 3h30.

Train

■ **LA GARE FERROVIAIRE. Toute proche : à partir de la piazza Risorgimento, prendre la via Pala** © (0789) 22 477.

Bus

▶ Si vous arrivez en ferry, un **bus urbain** (le n° 3) conduit au centre-ville.

▶ Si vous arrivez en avion, le **bus Aspo** conduit à la ville toutes les 30 min, prix 60 centimes © (0789) 55 38 00.

■ **LA GARE ROUTIERE. Corso Umberto, à 150 m après la piazza Regina Margherita** © (0789) 553 004/0789 211 97.

Taxi

- **OLBIA AEROPORT** ✆ (0789) 69 150.
- **OLBIA CENTRE** ✆ (0789) 22 718.

Pratique

Tourisme

- **OFFICE DU TOURISME. Via Catello Piro, 1** ✆ (0789) 21 453. Fax : (0789) 21 672 – www.regione.sardegna.it

Agences de voyages

- **AVITUR. Viale Aldo Moro, 217** ✆ (0789) 53 230/0789 24 327. Fax : (0789) 53 253 – www.avitur.net – avitur@avitur.it
- **MARILISA VIAGGI. Viale Salto Moro, 177** ✆ (0789) 571 88.
- **SARDINIA INTERNATIONAL TRAVEL. Via Mameli, 9/11** ✆ (0789) 202 000. Fax : (0789) 202 007 – www.sardiniainternational.com – info@sardiniainternational.com
- **CAPITAINERIE DU PORT** ✆ (0789) 21 243.

Poste et télécommunications

- **POSTE CENTRALE. Via Acquedotto ✆ (0789) 23 151. Inter Smeraldo. Via Porto Romano, 8/b ✆ (0789) 25 366 – www.intersmeraldo.com –** *Ouvert de 10h à 13h et de 17h à 24h l'été, de 10h à 13h et de 16h à 21h30 l'hiver. On y trouve 10 postes internet à 5 € l'heure.*
- **NON SOLO COMPUTER. Via Acquedotto, 62 ✆ (0789) 20 00 73 –** *Ouvert du lundi au samedi de 9h à 13h et de 16h à 19h30. On y trouve un seul poste internet à 6 € l'heure.*
- **PHONECAR. Viale Aldo Moro, 154 ✆ (0789) 59 70 13 –** *Ouvert de 9h à 13h et de 16h à 20h, on y trouve un seul poste internet mais le prix est compétitif : 3,50 € l'heure.*

Utile

- **SANTE. Guardia medica** ✆ (0789) 552 441.
- **VETERINAIRE** ✆ (0789) 552 346.
- **GENDARMERIE** ✆ (0789) 21 221.
- **URGENCES. Viale Aldo Moro** ✆ (0789) 552 239.

Hébergement

Camping – Auberge de jeunesse

- **CAMPING CUGNANA. Loc. Cugnana, Olbia ✆ (0789) 33 184. Fax : (0789) 333 98. www.campingcugnana.it –** *Ouvert du 1er mai au 30 septembre. Emplacement de 6 à 8 € par jour, de 8,50 à 16,90 € par adulte et de 6 à 10 € par enfant de 4 à 12 ans.* A 3 km de l'aéroport d'Olbia, piscine privée, pinède et centre d'équitation. Petits animaux acceptés.
- **HOSTAL DE L'ALGUER. Via Parenzo ✆ (079) 93 04 78. Fax : (079) 93 20 39 – hostalalguer@tiscali.it –** *14 € environ par nuit. Auberge de jeunesse avec 99 lits.* Chambres très simples mais propres. Idéal pour les voyageurs vagabonds.

Confort ou charme

- **STELLA 2000. Viale Aldo Moro, 40 ✆ (0789) 51 456. Fax : (0789) 51 462 – www.hotelstella2000.com –** *Chambre simple avec salle de bains de 50 à 80 €, double avec salle de bains de 70 à 130 €, petit déjeuner compris.* Un hôtel bien situé, au cœur du centre-ville. Il est équipé de tout le confort et les petits animaux y sont bien acceptés.

■ **HOTEL-RESTAURANT TERRANOVA. Via Garibaldi, 3 ✆ (0789) 22 395. Fax : (0789) 27 255 – www.hotelterranova.it – hotelterranova@tiscali.it** – *Chambre double avec salle de bains de 42 à 80 € par personne selon la saison.* Hôtel 3 étoiles dans le centre-ville. Chambres raffinées, calmes et climatisées. Accueil chaleureux.

■ **HOTEL MARE BLUE. Via Mare Adriatico 20, Pittulongu ✆ (0789) 39 00 01. Fax : (0789) 39 269** – *Chambre double de 30 à 60 € par personne, selon la saison.* A 7 km du port et 8 km de l'aéroport, cet hôtel se trouve à quelques mètres d'une plage privée. Dispose de 26 chambres climatisées.

Luxe

■ **COLONNA PALACE HOTEL MEDITERRANEO. Via Montello, 3 ✆ (0789) 24 173. Fax : (0789) 24 162 – www.itihotels.it** – *Chambre simple avec salle de bains de 60 à 75 €, double avec salle de bains de 90 à 125 €. Petit déjeuner 10 €.* Récemment restauré, cet hôtel de luxe se trouve au cœur du centre-ville, près du port et de l'aéroport. American Bar dans l'hôtel.

■ **MARTINI. Via D'Annunzio. Centro Martini ✆ (0789) 26 066. Fax : (0789) 26 418 – www.hotelmartiniolbia.com** – *Chambre simple avec salle de bains de 100 à 119 € selon la saison, chambre double avec salle de bains de 136 à 166 €, petit déjeuner inclus.* Installé depuis plus de 10 ans, ce grand hôtel fait partie du Centre Martini. Nombreux bars, restaurants, boutiques. L'hôtel est meublé avec élégance.

Agriturismo

■ **STAZZU LI PALADINI. Loc. Casagliana, SS 125, km 327, 800 ✆ (0789) 61 30 33 – www.agriturismo-stazzulipaladini.com** – *Fermé de novembre à avril. La nuit de 35 à 65 € par personne. Repas environ 30 €.* Ici, loin des lumières de la Costa Smeralda, on préfère vivre en suivant le rythme de la nature. Le patron, Alessandro Derosas, vous offrira simplicité et qualité. La cuisine est exquise ; on vous conseille le porceddu aromatisé à la lavande sauvage.

Restaurants

Bien et pas cher

■ **DA GESUINO. Via Garibaldi, 3 ✆ (0789) 22 395.** *Environ 16 € par personne le plat. Réservation conseillée.* Le restaurant de l'hôtel Terranova, mentionné ci-dessus, propose une carte de spécialités variées et de qualité, en particulier Antipastini misti di Mare pour 2 personnes : un assortiment surprenant de spécialités de la mer.

■ **VESUVIO. Via Galvani, 16 ✆ (0789) 51 708.** Environ 8 €. Idéal pour manger une bonne pizza. Normal, le patron est napolitain. Bon choix de pizzas.

■ **DA ANTONIO. Via Garibaldi, 48 ✆ (0789) 21 335.** *Ouvert tous les jours. Menus complets de 15 à 20 €.* Situé à proximité de l'office du tourisme, un restaurant très correct. Le service est rapide et souriant.

Bonnes tables

■ **GALLURA. Corso Umberto, 145 ✆ (0789) 24 648.** *Fermé le lundi. 80 € environ le repas, vin compris.* Considéré par beaucoup comme le meilleur restaurant de l'île. Une cuisine aux ingrédients traditionnels, mais aux mélanges originaux : par exemple, la soupe aux pois chiches et aux moules. Les prix sont à la hauteur de la réputation de l'établissement.

■ **BARBAGIA. Via Galvani, 94 ✆ (0789) 51 640.** *Environ 35 € le repas complet.* Au menu : soupe de moules, maccarones, porecettu rôti avec petits pois.

■ **SPERRITTU. Viale delle Terme ✆ (0789) 21 599.** *Pour le repas complet, compter 25-35 €.* Seulement 10 tables pour déguster les délicieux plats de poisson frais. Le dessert maison est à ne manquer sous aucun prétexte : le ruiolos, ou de la ricotta grillée avec des écorces d'orange et du miel.

Sortir

La passeggiata s'effectue sur le Corso Umberto, où se trouvent les magasins et les cafés. Si vous préférez les espaces verts, il y a également de l'animation du côté du parc Fausto Noce.

Discothèque

■ **IL CAPRICORNO CLUB. Via Catello Piro, 4 ✆ (0789) 24 700/339 720 17 22 (DJ Gass).** *Ouvert jusqu'à 6h les vendredis, samedis et dimanches d'octobre à mai. Entrée libre.* Consommation obligatoire. En été, c'est du côté de la Costa Smeralda que les soirées sont chaudes, mais en hiver, c'est à Olbia. Ici, on danse sur de la musique commerciale.

Shopping

■ **LA BOTTEGA DEL SUGHERO. Corso Umberto I, 36.** Objets en liège et bijoux en corail. Les colliers et les bagues sont très beaux et élégants.

■ **LIBRERIA DELL'ISOLA. Corso Umberto I, 154.** Toutes les publications, de la fiction aux récits de voyages, concernent la Sardaigne. Vous y trouverez aussi des plans de l'île et des cartes nautiques.

■ **CANTINA DEL VERMENTINO. Viale Aldo Moro 146 et via Roma 145.** Un point de vente du célèbre vin de la Gallura, produit dans les vignes de Monti.

Point d'intérêt

■ **L'OLBIA ROMAINE.** La ville de Olbia fut choisie par les Carthaginois et les Romains comme principale escale commerciale de l'île. Les restes de cette activité, remontant au IIIe av. J.-C., sont toujours visibles au centre-ville. Il y a 20 ans, une rue pavée fut découverte dans les environs du Corso Umberto I. Un quartier punique fut aussi découvert en 2001 près de la via Nanni.

Loisirs

■ **NICOS WONDER. Zona Industriale sett. 6 ✆ (0789) 595 098. Fax : (0789) 595 082 – www.nicosgroup.it** – *Opérationnel toute l'année. Le prix des excursions peut varier de 19 à 55 € par jour et par personne. Les standardistes parlent parfaitement français.* Une agence de voyages qui organise des demi-journées, journées ou séjours complets en Sardaigne. Diverses thématiques : tours archéologiques, œno-gastronomiques, historiques, sportifs (VTT, équitation, trekking). Nicos Wonder se charge également des réservations d'hôtel et du transport (acheminement jusqu'aux aéroports, location de voiture avec chauffeur...). **D'autres bureaux à Alghero** (via La Marmora, 14 ✆ (079) 988 090) et à Porto Torres (via Josto, 5 ✆ (079) 5 10 554).

Tout petit royaume

Sur la plage de Tavolara, un restaurant porte l'inscription suivante : « Chez Tonino, le roi de Tavolara ». La spécialité de Tonino étant le homard, c'est déjà une motivation suffisante pour y aller, mais il y a quelque chose en plus qui rend ce restau unique : Tonino Bertoleoni, le propriétaire, est vraiment le roi de Tavolara.

Tout commença vers la fin du XVIIIe siècle, quand Giuseppe Bertoleoni, un aventurier génois, arriva à Tavolara et se proclama souverain de l'île. Mais les pêcheurs de la côte près d'Olbia n'étaient pas d'accord, et Giuseppe présenta aux monarques de la maison de Savoie plusieurs recours afin de faire légitimer son statut de souverain.

Les années passèrent et, finalement, en 1836, le roi Carlo Alberto de Savoie arriva sur l'île de Tavolara pour y rencontrer son bizarre collègue Paolo Bertoleoni, fils de Giuseppe. Les deux, devenus de bons amis, trouvèrent un accord et le roi de Tavolara obtint une reconnaissance officielle de la part du roi de Savoie. Aujourd'hui encore, à Buckingham Palace, on peut voir une photo de la famille Bertoleoni parmi les autres photos des familles royales. Au-dessous de la photo, cette indication : « The Royal Family of Tavolara, in the Gulf of Terranova Pausania, the smallest kingdom in the world. » Une copie de cette photo est placardée dans le restaurant de Tonino...

▸ **Renseignements** ✆ (0789) 40 022.

Dans les environs

Île de Tavolara

Tavolara, désignée par Grazia Deledda comme « un petit mont sauvage », est longue 6 km et large de 500 m. Sa silhouette caractéristique en calcaire blanc est dominée par un pic d'une hauteur de 500 m, et la légende veut que Dante se soit inspiré de sa forme pointue pour dessiner la haute montagne du Purgatoire. Alors qu'une partie de l'île n'est pas accessible, puisqu'elle est devenue une base de la Marine militaire, il est possible d'accoster sur l'une des nombreuses plages de sable de l'autre partie de l'île. Spalmatore di terra – la langue de terre granitique qui s'étend le long du golfe d'Olbia – accueille les visiteurs avec une plage où, au printemps, fleurissent les lis de mer. Parmi les beautés de l'île, il y a les grottes et les bancs marins, avec leurs nombreuses espèces de poissons. Dans la partie de la mer qui sépare Tavolara de l'île Verde, les plongeurs peuvent explorer une plage fossile à 6 m de profondeur. C'est encore sur Tavolara qu'a lieu chaque année en juillet, depuis 1994, le Festival du film italien (pour plus de renseignements : www.cinematavolara.it). En été, des liaisons avec Tavolara sont assurées à partir d'Olbia, mais surtout de Porto San Paolo (16 km au sud d'Olbia) : départs toutes les 30 min (la traversée dure 20 min).

Île de Molara

Au sud de la précédente, cette île est totalement inhabitée et beaucoup plus sauvage que l'île de Tavolara. Plus douce et plus petite, l'île de Molara offre des embarcadères sûrs et des plages merveilleuses. Seuls des vestiges du village médiéval de Gurguray y subsistent, entre la végétation dense et les rochers granitiques. Les bateaux pour l'île de Molara partent de Porto San Paolo, San Teodoro et Golfo Aranci. Pour plus d'informations sur la Riserva naturale marittima Tavolara-Punta Coda Cavallo : **Ufficio comunale turismo,** via Tirreno 1, San Teodoro (OT) © 078 48 65 767 – www.tavolara.it – Ou contacter la **Capitaneria di Porto di Olbia,** viale Isola Bianca © (0789) 52 000. Pour la plongée : Aqua Diving Center de Puntaldia (San Teodoro) © (0784) 864 390 – www.diving.it

COSTA SMERALDA

Beaucoup de gens ne connaissent la Sardaigne que par la Costa Smeralda. En effet, cette région à très fort potentiel touristique attire chaque année davantage de touristes. Ses luxueuses infrastructures appartiennent à 49 % à l'Aga Khan, qui, en 1962, acheta pour 25 000 dollars plus de 30 000 ha de terrain s'étendant sur 50 km de côtes et investit plus de 600 millions d'euros dans la construction de gigantesques et fastueux complexes hôteliers. Lieu de rendez-vous de toute la jet-set internationale, la Costa Smeralda est réputée pour ses boutiques de luxe et ses prestigieux yachts clubs. Vous l'aurez compris, la Costa Smeralda est une région très riche qui ne reflète pas vraiment une image fidèle de la Sardaigne. On peut cependant y faire un tour, afin d'admirer l'architecture très spéciale des établissements hôteliers intégrés dans le paysage granitique des côtes. Ne vous étonnez pas si vous payez votre café 5 €, on vous aura averti.

PORTO ROTONDO

Porto Rotondo a été créé en 1967. Les résidences ont été bâties autour de l'hôtel Sporting qui domine le port. L'infrastructure de la ville s'organise autour du port où sont amarrés de nombreux yachts et voiliers. Une promenade fait le tour du port et relie les différentes petites places entre elles. L'architecture est très moderne et fait penser à un décor de cinéma. La balade est agréable, mais vous ne trouverez à Porto Rotondo que des boutiques de luxe et des agences immobilières.

Les restaurants sont beaucoup plus chers que la moyenne. Attention, il s'agit d'un lieu de villégiature, et tous les hôtels et restaurants sont fermés d'octobre à Pâques. Il faut donc y venir en été pour apprécier l'effervescente ambiance de la jet-set dans ce lieu unique en son genre.

Pratique

- **OFFICE DU TOURISME. Via Catello Piro 1** © (0789) 21 672.
- **PHARMACIE. Piazza Quadra** © (0789) 34 366.
- **MEDECIN** © (0789) 34 787.
- **GENDARMERIE** © (0789) 35 244.
- **BUREAU DU PORT** © (0789) 21 243.
- **POSTE. Villaggio Rudargia** © (0789) 35 323.

Excursions vers l'archipel de la Maddalena

La compagnie Babitours, qui se trouve à l'extrémité de l'embarcadère, à l'opposé de l'hôtel Sporting, propose des excursions à la journée pour visiter les plages et les îles de l'archipel de La Maddalena.

Hébergement

Confort ou charme

■ **HOTEL PICCOLO GOLF. Loc. Cala di Volpe ✆ (0789) 96 520. Fax : (0789) 92 683 – www.ilpiccologolf.com** – *Ouvert toute l'année (c'est rare sur la Costa Smeralda). Chambre double avec salle de bains de 70 à 230 €, petit déjeuner inclus.* Un hôtel confortable et tranquille, avec 12 chambres et piscine privée. Très apprécié par les joueurs de golf.

■ **AGRISOLE. Loc. Casagliana, SS 125, km 3 327,8 (entre Olbia et Arzachena) ✆ 349 08 48 163 – www.agriturismo-agrisole.com** – *Ouvert d'avril à octobre. Chambre double avec salle de bains de 100 à 140 € en demi-pension, de 50 à 60 € la nuit, petit déjeuner inclus. Repas à la carte 28 €.* Cette ferme d'agriturismo de 5 chambres est une alternative aux hôtels de luxe de la côte Smeralda. Vaches, porcs et petit potager en font l'ambiance. Restaurant annexe.

Luxe

■ **HOTEL SPORTING ✆ (0789) 34 005. Fax : (0789) 34 383 – www.sportingportorotondo.it – sporthot@tin.it** – *Chambre double à partir de 1 000 €.* Cet hôtel 5 étoiles, certainement l'un des plus luxueux de Sardaigne, accueille chaque année des personnalités du show-business. Il appartient à la chaîne d'hôtels indépendants The Charming Hotels (similaire aux « Relais et Châteaux » français) et a été l'un des premiers établissements construits à Porto Rotondo. Chacune des 20 chambres possède sa terrasse donnant sur la plage. Le calme et le charme du lieu en font un endroit privilégié. Le service est irréprochable, discret et sympathique.

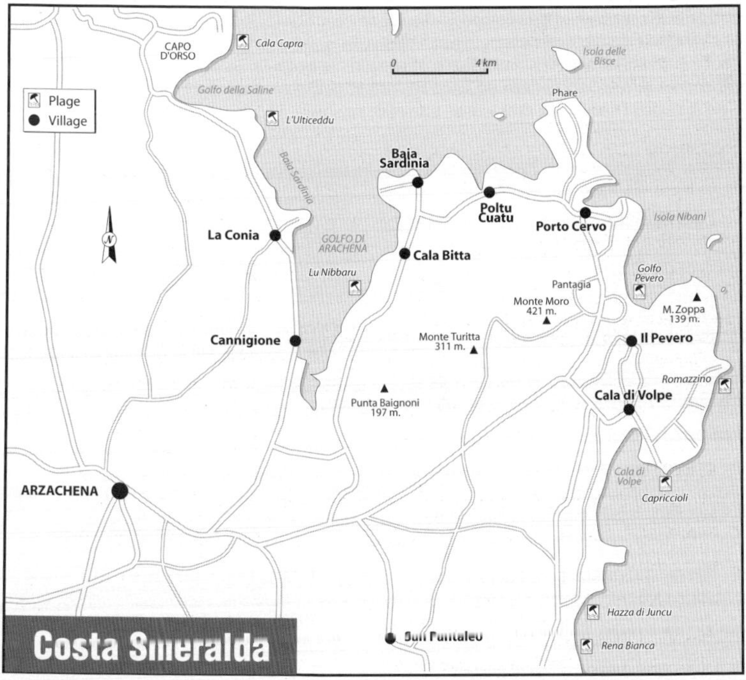

Restaurants

■ **IL PORTICO. Enoteca ✆ (0789) 35 898.** Un bar à vins proposant des dégustations de produits typiques sardes et de vins régionaux. Fait également pizzeria. Assez cher.

■ **DA GIOVANNINO. Piazza Quadra, 1 ✆ (0789) 35 280.** *Compter environ 80 € le repas complet.* Une ambiance rustique élégante accueille les VIP qui accostent dans cette localité, parmi les plus chic. Les spécialités du restaurant : roulé de courgettes et écrevisses sautées avec de la tomate fraîche et du basilic, ou le tartare de thon servi frais avec des langoustines et des homards crus. Plutôt cher.

■ **LA FREGOLA. Piazzetta Casbah, Porto Rotondo ✆ (0789) 35 151.** *Pizzas de 8 à 11 €, grandes salades de 10 à 13 €.* Une terrasse agréable.

■ **IL BARETTO. Piazzetta Rudalza, Porto Rotondo.** *Très cher.* Restaurant méditerranéen. Superbe terrasse sur l'une des plus belles petites places de Porto Rotondo.

■ **NYCE. Piazzetta delle Ginestre 1, Porto Rotondo.** *Très cher.* Bar-restaurant américain. Hamburgers, steaks, salades géantes et cocktails. Une autre terrasse magnifique, avec des prix à la hauteur.

Sortir

■ **BAR GELATERIA. Piazzetta dei Ginepri, Porto Rotondo.** *Macédoine de fruits 14 à 16 € pour 2 personnes.* Enormes coupes glacées, cocktails et, surtout, de superbes macédoines de fruits servies dans une demi-pastèque. Mais, comme partout ailleurs à Porto Rotondo, il faut y mettre le prix.

■ **PIZZERIA DISCO-BAR MANTRA. Piazzetta Rudargia.** *Cher. Cocktails 8 à 11 €.* Une ambiance animée dans ce bar qui accueille la jeunesse dorée et branchée de Porto Rotondo.

PORTO CERVO

Porto Cervo est, comme Porto Rotondo, le lieu de rencontre de la jet-set internationale. Dans le port, des yachts somptueux côtoient de magnifiques voiliers. Dans la ville, se succèdent résidences et boutiques de luxe, agences immobilières et restaurants élégants. Autour du port, de nombreuses résidences privées laissent peu de place aux plages publiques. Au sud de Porto Cervo, les hôtels Cala di Volpe et Romazzino rivalisent de luxe et de splendeur. Les prix aussi.

Pratique

■ **GENDARMERIE** ✆ (0789) 92 028.

■ **CAPITAINERIE DU PORT** ✆ (0789) 94 498.

Hébergement

Confort ou charme

■ **HOTEL VALDIOLA. Loc. Porto Cervo ✆ (0789) 96 215. Fax : (0789) 96 952 – www.wel.it** – *Chambre simple avec salle de bains de 73 à 240 € ; double de 99 à 240 €, petit déjeuner inclus. Ouvert d'avril à fin octobre.* Un hôtel de 32 chambres doubles, avec piscine privée, solarium, manège (à 7 km) et service de baby-sitter sur demande.

Luxe

■ **CERVO. Loc. Porto Cervo ✆ (0789) 93 11 11 – www.sheraton.com/cervo** – *A partir de 820 € la chambre double.* Situé sur la célèbre piazzetta de Porto Cervo, un hôtel de 108 chambres à l'élégance sobre, dont 86 chambres doubles, 6 suites et 16 chambres Tennis Club. Parmi les services inclus : plage privée, 3 piscines, 5 courts de tennis, un centre de remise en forme.

■ **HOTEL BALOCCO. Loc. Porto Cervo ✆ (0789) 91 555. Fax : (0789) 91 510 – www.hotelbalocco.it** – *Chambre double avec salle de bains de 120 à 330 €, petit déjeuner inclus. Ouvert d'avril à fin octobre.* Dans un des plus beaux coins de la Côte Smeralda, à 600 m de Porto Cervo, ce superbe hôtel offre tout ce dont on peut rêver. Son architecture raffinée s'intègre admirablement à la nature environnante. Piscine privée.

■ **LE GINESTRE. Loc. Porto Cervo ✆ (0789) 92 030 – www.leginestrehotel.com –** *Chambre double à partir de 200 €.* Une vraie oasis dans le golfe del Pevero, sur la luxueuse Costa Smeralda. Une architecture parfaitement intégrée dans la nature. L'hôtel, entouré d'un beau parc, dispose de 73 chambres, 4 juniors suites et 2 suites. Plage privée, piscine et court de tennis. Le restaurant propose de la cuisine régionale et internationale.

■ **ROMAZZINO. Loc. Romazzino, Porto Cervo ✆ (0789) 97 71 11 – www.costasmeraldaresort.com –** *A partir de 1 700 € la chambre double en demi-pension.* Une architecture typiquement méditerranéenne dans un grand jardin sur la Costa Smeralda. L'hôtel a été restauré récemment. 94 chambres, dont 78 chambres doubles, 14 suites, 1 Royal Suite et 1 suite présidentielle.

Restaurant

■ **LU STAZZU. Strada Provinciale Arzachena. Porto Cervo ✆ (0789) 82 711/0789 83 537 – www.lustazzu.com –** *Ouvert tous les jours d'avril à octobre. Compter 30 € le menu complet.* Un bon restaurant qui propose aussi bien une cuisine de terre que de mer. Les antipasti sont délicieux, et le poisson ou l'agneau sont grillés au feu de bois. Un grand choix de pâtes, faites maison. Une belle terrasse avec vue sur le golfe de Porto-Cervo. Bref, une alternative intéressante aux restaurants de la chère et bruyante Costa Smeralda.

Sortir

■ **NIKKI BEACH. Hôtel Cervo Tennis, Porto Cervo (SS) ✆ 320 48 85 180 – www.nikkibeach.com –** La boîte la plus branchée de la région, the place to be en somme.

■ **BILLIONNAIRE. Golfo Pevero, Porto Cervo (SS) – www.billionaireclub.it –** Trois étages bâtis dans un rocher à l'initiative de Flavio Briatore, le Billionnaire est un endroit à la mode.

■ **SOTTOVENTO. Loc. Sottovento, Porto Cervo (SS) ✆ (0789) 92 443 – www.sottoventoclub.com –** Plus chic et plus mondain que les autres, le Sottovento est une bonne adresse pour faire la fête.

■ **PEPERO. Cala Piccolo Pevero, Porto Cervo (SS)** ✆ (0789) 94 434.

Loisirs

▸ **Aux mois de juillet et août,** des concerts et des expositions d'art gratuites ont lieu sur la piazza Azzurra. En début juin, le Trofeo Vela & Golf ouvre la saison de compétitions de sailing sur la Costa Smeralda, qui se terminent à la mi-septembre avec la Rolex Swan Cup.

Sports

Golf

■ **PEVERO GOLF CLUB (Starwood). Loc. Cala di Volpe, 07020 Porto Cervo** ✆ (0789) 95 80 00/0789 96 572 – www.costasmeraldaresort.com

Planche à voile, funboard, kite-surf et surf

■ **LA SCUOLA DI VELA. Loc. Poltu Quatu, Porto Cervo ✆ 02 48 19 071 – www.scuolavela.com –** Depuis 25 ans, cette école de Porto Cervo organise des cours de voile, de juin à septembre, en collaboration avec le Yacht Club.

BAIA SARDINIA

Baia Sardinia est le nom de la localité située au nord de Porto Cervo. On y trouve une très belle et grande plage au sable blanc et fin, ainsi que de nombreux hôtels de luxe. Si vous recherchez un coin plus insolite, passez devant l'hôtel Casablanca, suivez pendant 5 min le petit chemin de terre qui part de la plage principale, et vous arriverez dans une ravissante petite crique à l'écart de la foule. A l'est de la baie de Baia Sardinia se dresse le Colle Battistoni, une colline d'où l'on jouit d'un beau panorama sur la Costa Smeralda et l'archipel de La Maddalena.

Transports

■ **LOCATION DE VELOS ET DE VOITURES ACQUABLEU. Piazzetta Centrale c/o Blister** ✆ (0789) 94 131.

Pratique

- **GENDARMERIE** ✆ (0789) 82 062.
- **URGENCES MEDICALES. Viale Costa Smeralda** ✆ (0789) 82 518.
- **BANCO DI SARDEGNA. Via Tenente Sanna** ✆ (0789) 82 100.

Sortir

- **RITUAL. Loc. La Crucitta, Baia Sardinia ✆ (0789) 99 032.** Situé sur les rochers de granit de Baia Sardinia, le Ritual est l'un des premiers clubs à avoir ouvert en Sardaigne. Chic et huppé.

Loisirs

- **LE PARC AQUATIQUE DE BAIA SARDINIA ✆ (0789) 99 511 – info@aquadream.it – www.aquadream.it** – *Ouvert du 10 juin au 10 septembre, le parc offre des jeux d'eau pour adultes et enfants. Entrée 18 €, 12€ tarif réduit.*

ARZACHENA

Arzachena est la capitale de la Costa Smeralda. Elle administre aussi les villes de Baia Sardinia et Porto Cervo, mais ne ressemble en aucun cas à ces villes sophistiquées de la côte. Jusqu'aux années 1960, la ville vivait de l'élevage et de l'agriculture, mais la construction des resorts sur la côte a orienté son activité vers le tourisme. Pourtant, en elle-même, Arzachena ne présente que peu d'intérêt, si ce n'est l'étrange formation granitique en forme de champignon (il fungo) qui la domine. De nombreux signes indiquent qu'elle servit d'abri entre le néolithique et la période nuragique. Pour l'atteindre, prenez la rue principale d'Arzachena (via Limbara), puis tournez dans la via Ruzzittu.

Pratique

Tourisme

- **OFFICE DU TOURISME. Piazza Risorgimento et Viale Dettori, 43** ✆ (0789) 82 624/82 848/ 0789 81 090.

Agences de voyages

- **ALBATROS. Viale Costa Smeralda 28/A** ✆ (0789) 83 353.
- **CO.SI.CA. Viale Costa Smeralda** ✆ (0789) 82 641.

Banques

- **BANCO DI SARDEGNA. Via Tenente Sanna** ✆ (0789) 82 100.
- **BANCA POPOLARE DI SASSARI. Viale Costa Smeralda** ✆ (0789) 83 132.

Utile

- **POSTE. Viale Costa Smeralda** ✆ (0789) 82 108.
- **GENDARMERIE. Via Dettori** ✆ (0789) 82 062.
- **TAXI. Piazza Risorgimento** ✆ (0789) 82 900.
- **PHARMACIE. Via D'Arborea** ✆ (0789) 82 051.

Hébergement

- **HOTEL ALBATROS. Viale Costa Smeralda, 28 ✆ (0789) 83/ 0789 84 04 64 333 – www.albatrosclubhotel.com – info@albatrosclubhotel.com** – *Ouvert toute l'année. Chambre double de 39,50 à 95 € par personne selon la saison, petit déjeuner inclus.* Un hôtel neuf et bien tenu, avec restaurant.

Agriturismo

- **BARRASTONI. Loc. Barrastoni ✆ (0789) 82 160/81 858 ou (338) 96 43 898.** *Nuit et petit déjeuner à partir de 25 € par personne.* Un typique agriturismo plongé dans la nature sarde – www.agriturismobarrastoni.it

■ **LA ME SENDA. Loc. Malchittu ✆ (338) 15 86 299/19 41 211/(0789) 81950 – www.agriturismomalchittu.it** – *De 30 à 40 € par personne avec petit déjeuner.* Un endroit charmant sur la route de Cannigione. 6 chambres très propres et bien décorées de motifs végétaux. Gâteaux, miel et confiture du petit déjeuner sont faits maison. Accueil sympathique. Les propriétaires parlent français.

■ **CANDELA. Loc. Candela ✆ (329) 966 00 95/(338) 152 24 18 – www.agriturismocandela.it – info@agriturismocandela.it** – *Envoyer un mail pour se renseigner sur les prix, qui varient beaucoup selon les saisons.* A 10 km de la Costa Smeralda, un agriturismo où il est possible de manger de la très bonne cuisine faite maison. Des chambres propres, mais à la décoration moins originale qu'au La Me Senda.

■ **LE QUERCE. Loc. Vaddi di Jatta ✆ (0789) 99 248.** *Chambre double de 100 €.* Les 4 appartements indépendants ont été construits dans de typiques habitations de bergers. Possibilité de massages, aromathérapie et yoga.

Restaurants

■ **GRAZIA DELEDDA. Route de Baia Sardinia ✆ (0789) 98 990 – www.hotelristorantegraziadeledda.it** – *Fermé de novembre à mars. Pour un repas complet, compter environ 50 €. De la viande au poisson, tout est préparé selon la tradition culinaire sarde. Pour les desserts, on vous conseille le millefeuille de ricotta et le sorbet au myrte.* A part celui-là, nous n'avons pas trouvé de restaurants dignes de ce nom à Arzachena.

Nous vous conseillons en revanche une adresse qui vaut vraiment le détour, à 10 km de là, à San Antonio di Gallura :

■ **LA PITRAIA. Via Calangianus, 22 ✆ (079) 669 381/(347) 279 37 65.** *Fermé le mercredi. Compter 25 € pour un repas complet.* Les spécialités maison sont les champignons et le sanglier, et qu'est-ce qu'ils sont bien cuisinés ! Le pain carasau est fait maison, apporté chaud, baigné d'un filet d'huile d'olive et assaisonné de romarin. La décoration est typique. Un petit bémol toutefois, le vino della casa n'est pas à la hauteur de ce que l'on a dans l'assiette.

Sortir

■ **EL PEYOTE. Loc. Santa Teresina, Mirialveda, Arzachena (SS) ✆ (0789) 98 800.** Un club in pour passer une folle soirée.

■ **BLUES CAFFE. Liscia di Vacca, villaggio Alba Ruja, Arzachena (SS)** ✆ (347) 21 12 090.

Points d'intérêt

La région d'Arzachena est très riche en vestiges de la civilisation nuragique (1800-500 av. J.-C.) : nuraghi, tombes de géants et nécropoles jalonnent le territoire.

■ **NURAGHE ALBUCCIU (IXe siècle av. J.-C.).** Il mérite une visite. Situé au sommet d'une colline, comme l'exigeait son rôle d'ouvrage défensif, le nuraghe offre une vue imprenable sur la plaine d'Arzachena. Pour y accéder, prendre la route SS 125 (qui relie Arzachena à Olbia) sur 2 km, puis tourner à droite.

■ **TEMPIETTO DI MALCHITTU.** En face de l'entrée de la petite route qui mène au nuraghe Albucciu, un panneau indique ce temple nuragique unique en son genre, au plan irrégulier et aux murs arrondis.

■ **TOMBE DES GEANTS DE CODDHU VECCHIU.** L'une des rares tombes de géants d'accès facile. A partir de la via Dettori dans Arzachena, suivez la route pour Sant'Antonio sur 2,8 km, puis tournez à droite vers Lungosanto. Continuez sur 2 km et, au panneau, tournez à droite. Une stèle de 4,40 m de haut, formée de deux blocs de granit superposés, est percée d'une petite porte donnant sur un couloir funéraire couvert de 14 m de long. Ce couloir devait abriter le corps du défunt (d'où le nom de « géant », alors qu'il est maintenant établi que les morts ne mesuraient pas plus de 1,65 m).

■ **TOMBE DES GEANTS DE LI LOLGHI.** Elle est remarquable par ses dimensions (27 m de long) et par sa position au sommet d'une colline. Pour y parvenir, suivez la route vers Lungosanto sur 2,7 km, à partir de la tombe de Coddhu Vecchiu. Tournez ensuite à droite sur une route en terre que vous parcourrez sur 1,9 km, jusqu'à une fourche, et prenez l'embranchement de droite. 300 m plus loin se trouve la tombe de Li Lolghi. En revenant, prenez l'autre branche de la fourche. Après 500 m, vous arriverez à la nécropole de Li Muri, un ensemble de tombes entourées chacune d'un cercle de pierres levées.

CANNIGIONE

A 10 km d'Arzachena, ce petit village de pêcheurs de 1 800 habitants est resté un peu plus authentique et sauvage que les autres localités de la Costa Smeralda. Ces dix dernières années, Cannigione a connu un essor touristique qui a fait apparaître infrastructures hôtelières, restaurants et magasins. Les plages sont belles, mais pas très larges, et vous risquez de vous y sentir à l'étroit en pleine saison. Pour éviter la foule, traversez le village et continuez la route en direction du Sporting Hôtel, où vous trouverez des plages sauvages, telle Tanca Manna. Cannigione offre une alternative intéressante aux autres localités de la Costa Smeralda : un tourisme plus populaire (toutes proportions gardées) où l'effet jet-set ne se fait pas encore sentir.

Pratique

C'est tout bête, mais on le mentionne quand même. Nous avons eu tout le mal du monde à trouver des laveries automatiques sur la Costa Smeralda. Curieusement, il y a un choix non négligeable à Cannigione. Alors, si vous voulez faire votre lessive, vous saurez où aller, d'autant plus que les lavanderia sont très bien indiquées.

- **BANCO DI SARDEGNA. Via Nazionale** © (0789) 88 108.
- **INTERNET POINT. Lungomare A. Doria** © (0789) 892 017.
- **PHARMACIE. Via Nazionale** © (0789) 88 035.
- **GUARDIA MEDICA. Via Normandia** © (0789) 892 007.

Hébergement

Agriturismo – Camping

- **AGRITURISMO RENA. Loc. Rena ©/Fax : (0789) 82 532 – agriturismo.rena@virgilio.it –** *10 chambres. Compter 50 € par personne en demi-pension.* Bien tenu et à l'ambiance accueillante, dans une nature verdoyante.

- **CAMPING GOLFO DI ARZACHENA © (0789) 88 101/88 583 – www.campingarzachena.com –** *Ouvert du 12 avril au 30 octobre. Adultes de 7,50 à 16 €, enfants de 5 à 9 €.* Pas très propre et mal situé.

- **CAMPEGGIO VILLAGIO ISULEDDA. Loc. Isuledda © (0789) 86 003 – www.isuledda.it –** *Adultes de 5 à 10 €, enfants de 3 à 6 €, emplacement de 9,50 € à 19 €. Camping 4 étoiles.* Mieux que le précédent.

Confort ou charme

- **HOTEL MICALOSU. Loc. Micalosu © (0789) 86 326. Fax : (0789) 86 329 – www.hotelmicalosu.it – htlmica@tin.it –** *De 50 à 110 € en chambre double et en demi-pension par personne selon la saison.* Un petit paradis à quelques km des plages et à quelques min en voiture du joli village de Cannigione. Légèrement en hauteur, une vue imprenable sur le golf. 60 chambres, des maisonnettes indépendantes avec jardins. Chambres avec air conditionné sur réservation (7 chambres seulement en sont équipées). Piscine (avec un superbe panorama). Animations tous les soirs.

Restaurants

- **LA COLTI. Loc. Lu Pireddu © (0789) 88 440.** *25 € le repas complet, boissons incluses. Réservation obligatoire (comme dans tout vrai agriturismo).* Une des meilleures fermes d'agriturismo de la région. Cuisine gallurese typique, où tout est fait maison.

- **RISTORANTE DEL PORTO. Lungomare A. Doria © (0789) 88 011.** *Compter 40 € pour un repas complet. Menù turistico à 13 €, plus simple. Un très bon restaurant de poisson.* Le menu touristique pour les petits budgets est tout à fait correct.

Loisirs

- **AREA MARE. Club de plongée. Via Vespucci 52** © (338) 822 11 35 – www.areamare.com – info@areamare.com

- **WATERSPORT CENTER. Loc. La Sciumara © (338) 390 57 06.** Spécialisé dans le windsurf, la voile et le ski nautique. Location et cours.

SAN PANTALEO

A quelques kilomètres seulement des mondanités de la Costa Smeralda, le joli petit bourg de San Pantaleo est devenu le buen retiro de sculpteurs, peintres et céramistes en quête de tranquillité. Ils s'y sont installés, en respectant le caractère des habitations de la Gallura, ces anciens refuges des bergers. San Pantaleo n'est pas sur la mer. On y arrive par la route panoramique, l'Orientale Sarda, qui relie Olbia à la Costa Smeralda. Passé, sur la droite, la déviation pour Porto Cervo, la route continue dans l'arrière-pays. On aperçoit des maisonnettes basses, dissimulées derrière les romarins et autres essences typiques du maquis méditerranéen. La vallée, en revanche, est de granit. La fondation de San Pantaleo remonte à celle de l'église champêtre, devenue paroisse en 1985 et dédiée à ce saint dont le culte est bien enraciné en Sardaigne (San Pantaleo est célébré du 27 au 30 juillet). En été, les petites ruelles du bourg et sa place principale s'animent. Une brocante d'objets fabriqués par les artistes et artisans du village a lieu tous les mardis, un rendez-vous qui illustre la vraie nature de ce village, artistique celle-là. Parmi les nombreux artistes qui ont choisi de résider à San Pantaleo, il faut citer Olaf Cristiansen et le peintre naïf Pat Steel (pour visiter son atelier : via Oristano ✆ 078 96 52 20), ainsi que l'architecte français Jean-Claude La Suisse.

Hébergement

■ **CA' LA SOMARA. Loc. Sarra Balestra ✆ (0789) 98 969.** *Chambre double de 60 à 124 €.* Agriturismo de style country pour un séjour consacré au bien-être : piscine, beau jardin et traitement de remise en forme à la disposition des clients.

■ **HOTEL SANT'ANDREA. Via Zara, 43 ✆ (0789) 65 205.** *Chambre double de 94 à 164 €, selon la saison.* Seulement 15 chambres, et tout le calme de San Pantaleo. Charmante piscine.

■ **LA SASIMA ✆ (0789) 98 755.** *Chambre double de 40 à 50 €.* Entre Arzachena et Porto Cervo, une ferme d'agriturismo à l'ambiance de charme, avec 9 chambres (dont 3 ont les toilettes sur le palier) et un bon restaurant.

Restaurant

■ **GIAGONI. Via Zara, 43 ✆ (0789) 65 205.** *Compter environ 50 € pour un repas complet.* Ambiance élégante dans un décor rustique. Les spécialités sont le tartare de thon et les tagliolini aux seiches et calmars.

GOLFO ARANCI

Cette ville balnéaire, moins artificielle que les autres ports de la Costa Smeralda, est aussi moins centrale : elle est située au sud, sur le Capo Figari, à une dizaine de km d'Olbia. Cette zone est relativement préservée, qu'il s'agisse des plages de sable ou des falaises calcaires qui constituent cette côte. Le sentier qui conduit au phare du Capo Figari est une balade de toute beauté, dans une partie encore sauvage de la Costa Smeralda.

Eaux limpides de la Costa Smeralda

Pratique

- **OFFICE DU TOURISME. Via Libertà** © (0789) 46 915.
- **GENDARMERIE** © (0789) 46 922.
- **GUARDIA MEDICA** © (0789) 46 305.
- **GARE FERROVIAIRE** © (0789) 46 910.

Sortir

- **FIAT PLAYA. Loc. Punta Marana, Golfo Aranci (SS) © (0789) 30 90 57 – www.fiat.it** – Un club installé en bord de mer pour relancer la marque Fiat. Très exclusif.

PALAU ET SA RÉGION

Palau est une petite ville touristique, point de passage obligé pour qui veut gagner l'archipel de La Maddalena. A part sa situation privilégiée, la ville n'a pas d'intérêt particulier, mais elle dispose d'installations touristiques de qualité, souvent très chères, qu'il s'agisse d'hôtels, de restaurants ou de centres nautiques.

Histoire

Autrefois dépendante de Tempio Pausania, la ville de Palau a pris son essor à partir des années 1960, avec le développement du tourisme sur la Costa Smeralda. Son nom vient de parau, déformation de parago (havre, refuge), appellation donnée par les pêcheurs du XIVe siècle à cette partie de la côte, plus sûre et protégée des vents, car la zone qui sépare Palau de La Maddalena subit l'alternance de vents souvent violents et de périodes de calme plat. On dit même qu'Homère pensa à cet endroit quand il écrivit l'*Odyssée*... La pratique de la voile est aujourd'hui encore très répandue dans cette zone qui bénéficie d'excellentes conditions pour ce sport. La région de Palau fut occupée dès l'époque préhistorique, comme en témoignent les vestiges nuragiques trouvés à proximité de la ville, à Monti Canu, une colline granitique séparant les territoires de Palau et d'Arzachena. On peut aujourd'hui y visiter la tombe des géants de Li Mizzani. La véritable création de Palau date cependant du XVIIe siècle, la ville servant de relais pour la poste et pour les routes commerciales. A partir du XVIIIe siècle, son rôle fut également défensif, avec la construction de fortifications, au Capo d'Orso et au Monte Altura. La construction de la ligne de chemin de fer Tempio Pausania-Palau lui apporta un nouveau souffle. Cette ligne est d'ailleurs encore empruntée en été par le Trenino Verde, un petit train touristique qui permet d'admirer les beaux paysages de la campagne gallurese (*voir « Tempio Pausania »*).

Transports

Ferry

Trois compagnies de ferries assurent la traversée vers La Maddalena. Les billetteries se trouvent dans la gare maritime, au port. *Tarifs moyens aller-retour pour 2 adultes et une voiture : 25 à 35 € et 2 adultes seuls de 10 à 15 €.*

- **SAREMAR © (0789) 709 270.** Départs toutes les 30 min.
- **ENERMAR** © (0789) 708 484.
- **TREMAR** © (0789) 730 032.

Location de bateaux

- **PALAUMARE. Via Fonte Vecchia, 80 © (0789) 709 780 – www.palaumare.it – info@palaumare.it** – *Location de bateaux à moteur, zodiaques, avec ou sans permis, à partir de 103 € par jour.*
- **CASULA ANTONIO** © (0789) 708 413/(338) 946 97 53.
- **ALBATROS** © (0789) 709 667/(338) 237 97 68.

Bus

▶ **La gare routière,** où vous pouvez acheter vos tickets, se trouve derrière la gare maritime.

Taxi

■ **PIAZZA DEL MOLO** © (0789) 709 218.

Services de transports

■ **MARIO AISONI. Riva dei Lestrigoni, 19 © (0789) 709 309.** Location de voitures ou de minibus avec chauffeur pour des transferts ou des excursions.

Location autos/motos

■ **AQUABLEU. Piazza del Comune, 4** © (0789) 708 098. Fax : (0789) 94 209 – www.tiscalinet.it/aquableu – acquableu@tiscalinet.it

Pratique

Tourisme

■ **OFFICE DU TOURISME. Via Nazionale, 94 © (0789) 709 570.** *Ouvert de 8h à 13h et de 16h à 20h.*

Agence de voyages

■ **AQUARIUS. Via Nazionale 24** © (0789) 709 678 – www.acquariustravel.com – acquarius@tiscalinet.it

Utile

■ **POSTE CENTRALE. Via Regina Margherita** © (0789) 708 527.

■ **GENDARMERIE. Via Nazionale, 127** © (0789) 708 503.

■ **CAPITAINERIE DU PORT** © (0789) 709 419.

■ **BANCO DI SASSARI** © (0789) 708 148.

Santé

■ **GARDE MEDICALE. Via degli Achei** © (0789) 709 396.

■ **PHARMACIE. Farmacia Nicolai. Via del Ginestre, 19 © (0789) 709 516/19.** *Ouverte de 9h à 13h et de 17h à 20h.*

Hébergement

Les hôtels de cette zone touristique sont chers : les moins luxueux sont des 3 étoiles…

Campings

■ **BAIA SARACENO. Loc. Punta Nera © (0789) 709 403. Fax : (0789) 709 425 – www.baiasaraceno.com – info@baiasaraceno.com –** *Ouvert de mars à octobre. De 8 à 17 € par adulte, de 5,50 à 12 € par enfant de 6 à 12 ans. Bungalows pour 4 personnes de 62 à 115 € selon la saison (attention, même les campings sont chers sur la Costa Smeralda).* Un camping agréable donnant sur une plage de sable et de granit, à 5 km au sud-est de Palau.

■ **CAPO D'ORSO. Loc. Le Saline © (0789) 702 007. Fax : (0789) 702 006 – www.capodorso.it – info@capodorso.it –** *Ouvert d'avril à octobre. Adultes de 4 à 7 €, enfants de 6 à 12 ans de 3 à 5 €. Tente de 5 à 22 €. Bungalows pour 4 personnes de 40 à 98 €.* Le Capo d'Orso est un peu éloigné du centre de Palau. Cette distance est largement compensée par la beauté du site, à quelques pas de la statue granitique en forme d'ours, sculptée par les vents, et les services offerts par ce grand camping (plus de 300 emplacements) : sports (tennis, voile, aérobic…), mini-club, excursions vers La Maddalena et location de bateaux.

Confort ou charme

■ **HOTEL EXCELSIOR VANNA IL MOLO. Via Capo d'Orso © (0789) 70 95 89 – Fax : (0789) 70 98 59 – info@hotelvanna.it. –** *Chambre double de 80 à 160 € selon la saison, avec petit déjeuner.* L'hôtel, calme et plein de charme, n'est pas exactement dans le centre-ville de Palau, mais offre une très belle vue panoramique sur l'archipel de La Maddalena – www.hotelvanna.it

■ **HOTEL LA ROCCIA. Via dei Mille, 15 © (0789) 70 95 28. Fax : (0789) 707 155 – www.hotellaroccia.com –** *Chambre simple de 48 à 84 €, double de 78 à 130 € selon la saison, avec petit déjeuner.* A 300 m du port, un hôtel sobre et confortable. Les 22 chambres sont belles et spacieuses.

Restaurants

■ **DA FRANCO. Via Capo d'Orso, 1 ✆ (0789) 709 558.** *Fermé le lundi, sauf en été.* Un grand restaurant, ouvert depuis 1962, membre de l'union du Buon Ricordo. Le chef prépare des plats de fruits de mer très fins et très élaborés (calamari alla Franco, carpaccio de langoustines saupoudrées de caviar, branzino à la vapeur...), mais également d'excellentes viandes (agnello, porceddu...). Un raffinement extrême qui ravira les gourmets. Joue toutefois sur sa notoriété pour gonfler les prix d'année en année.

■ **LA GRITTA. Punta Palau, loc. Porto Faro ✆ (0789) 708 143.** *Plutôt cher, compter entre 65 et 70 € pour un repas complet.* Moins connu que Da Franco, mais tout aussi bon, si ce n'est meilleur. Ce haut lieu de la gastronomie est en train de gagner ses lettres de noblesse. Les deux chefs propriétaires, les frères Paolo et Benjamin D'Amore, s'inspirent de la cuisine méditerranéenne et de leurs origines napolitaines. Desserts et pâtes sont faits maison. Pour ce qui concerne la préparation des poissons, elle est typiquement gallurese. La spécialité de la maison est la soupe de crustacés recouverte de pâte feuilletée.

■ **LA GRIGLIA. Loc. Stazzu Pulcheddu ✆ (0789) 709 456 – www.ristorantelagriglia.it** – A 2 km en direction de Olbia et dans un cadre typique de la Gallura, vous pourrez déguster les spécialités de cette province : zuppa cuata, pulilgioni et porcetto alla brace.

■ **DA ROBERTINO. Via Nazionale ✆ (0789) 709 610.** *Compter 35 € le repas complet.* Un très bon restaurant de poisson dans le centre de Palau. Décoration un peu vieillotte.

Pizzeria

Il n'y a que l'embarras du choix...Voilà donc quelques bonnes adresses pour manger à coup sûr une pizza gourmande :

■ **DA BITTO. Via Nazionale, 76** ✆ (0789) 709 641.

■ **PIZZA PAZZA A PEZZI. Piazza del Molo, 16** ✆ (0789) 708 359.

■ **UVA FRAGOLA. Via Roma** ✆ (0789) 708 765.

■ **IL PORTICCIOLO. Piazza del Comune** ✆ (0789) 708 598.

Agriturismo

■ **LU STAZZAREDDU. Loc. Scopa ✆ (0789) 709 195/340 60 76 387. A 2 km de Palau.** *Menu à 25 €. Réservation obligatoire.* Dans une belle salle vitrée, vous goûterez aux raviolis et gnocchis maison, ainsi qu'au porcetto cuit à la griglia.

Points d'intérêt

Le centre historique se trouve près du port, autour de la piazza Fresi, qui représente sans doute la partie la plus ancienne et la plus authentique de la ville. La piazza Due Palme est souvent animée en soirée. Le marché a lieu le vendredi matin via Fonte Vecchia. En juillet et en août, une grande foire artisanale et touristique se tient dans cette rue, s'étendant aussi dans la via Nazionale et sur le port, et donnant à la ville une ambiance de fête foraine. De Palau partent de nombreuses excursions en bateau vers l'archipel de La Maddalena et de la Costa Smeralda. Sur le port, on tentera de vous racoler en vous orientant vers tel ou tel bateau.

■ **TRENINO VERDE. Renseignements gare de Palau ou ✆ (0789) 709 502.** On peut faire l'aller-retour Palau-Tempio-Palau dans la journée pour 14 €. Départ à 10h, arrivée à Tempio à 11h45, départ de Tempio à 17h et arrivée à Palau à 18h30 les jeudis et vendredis. Départs le soir tous les jeudis.

■ **SARDINIA SERVICE ✆ (079) 6 393 113/74 001 (contact Paola Mori) – paolamori@tiscali.it** – Sardinia Service organise une journée insolite avec le Trenino Verde. Adultes 50 € environ, enfants de 4 à 12 ans 30 € environ, gratuit pour les moins de 4 ans. Départ de Palau à 10h, arrivée à Tempio à 11h45. Visite guidée du Musée ferroviaire, de la gare et des peintures de 1930 de Giuseppe Biasi. Visite commentée du centre historique de la ville, repas typique complet (boissons comprises), visite du nuraghe Majore (1600 av. J.-C.), retour à la station, apéritif de départ, présentation de costumes sardes et départ de Tempio pour Palau à 17h (arrivée à 18h).

Loisirs

■ **YACHT CLUB PALAU. Porto Turistico** ✆/Fax : (0789) 707 104.

■ **VELAMARE. Casa del Mare Golfo delle Saline, Capo d'Orso 07020 Palau (Sassari) ✆ 02 55 18 65 52 – www.velamare.it –** Un centre nautique situé dans le golfe delle Saline, près de Palau (SS). *Pour une semaine, compter de 500 à 700 € selon la saison.*

Thalassothérapie

■ **BEAUTY FARM HOTEL CALA DI LEPRE. Loc. Capo d'Orso, Palau (SS) ✆ (0789) 70 21 42.** Le centre D'Ea Marina offre des traitements personnalisés à base d'algues marines, hydrothérapie, hydromassages, chromothérapie et massages. Sauna et hammam. *Prix spa par jour compter 30 € ; massage de 50 min, 70 € environ.*

CAPO D'ORSO

En suivant les panneaux, on rejoint facilement le Capo d'Orso. En arrivant au rocher sculpté par le vent en forme d'ours, vous pouvez laisser votre voiture et continuer à pied ; la montée prend environ 10 min. L'ours en granit se trouve en effet au sommet d'une colline de 120 m de hauteur, et est d'ailleurs visible de la mer. Cette sculpture naturelle a fasciné les navigateurs depuis les temps les plus reculés, puisque le Grec Ptolémée en parlait déjà dans ses livres de géographie. Dans l'*Odyssée*, Homère mentionne aussi l'artacia, la fontaine de l'ours, d'où les Lestrigoni, les géants cruels qui dévorèrent une partie de l'équipage d'Ulysse, tiraient de l'eau.

PORTO RAPHAEL

Au début des années 1960, le comte espagnol Rafael Neville débarqua dans la baie de Nelson et en tomba amoureux. Il y construisit une maison, qui fut suivie de beaucoup d'autres, faisant de Porto Raphael un joli village luxueux, dans le style de la Costa Smeralda, mais un peu plus authentique. Rafael Neville est mort en 1996. Outre son prénom, il a laissé son empreinte à Porto Raphael, si bien que les habitants du lieu ou les gens qui l'ont connu vous en parleront avec admiration. Dans une végétation granitique se cachent de superbes villas donnant sur la mer émeraude et sur les rochers rosés de La Maddalena. On peut aussi s'arrêter sur la piazzetta, au charme fou…

Restaurants

■ **PERLA BLU ✆ (0789) 701 010.** *Fermé en janvier. Ouvert tous les jours midi et soir. Compter 50 € le repas complet et ajouter… 15 % pour le service (rassurez-vous, on a vu pire !).* Pour passer un moment privilégié dans un cadre vraiment magnifique, avec une vue somptueuse sur l'archipel de La Maddalena. Spécialités de poisson. En dessous de la belle terrasse, La Mitraglietta, un disco-bar assez branché, donne sur la mer. On peut y siroter un cocktail en écoutant de la musique.

■ **ZIO NICOLA. Riva dei Lestrigoni 1, Loc. Porto Faro ✆ (0789) 70 85 20.** Une pizzeria sympa avec, en plus, de très bons plats de poisson à des prix bien raisonnables.

Sortir

■ **DISCO PUB REGGAE. Loc. Tancamanna ✆ (0789) 86 386.** *Ouvert en été de 23h à 4h du matin.* Comme son nom l'indique, ce pub discothèque est une bonne boîte pour danser toute la nuit au rythme du reggae.

■ **DISCOTECA GATTO VOLPA. Piazzetta di Porto Raphael ✆ (339) 458 92 72.** *Ouvert tous les jours d'avril à septembre.* Ce local fait office de café le jour et de discothèque le soir. La transition est assurée par un pianiste qui se produit sur la piazzetta en début de soirée. Très VIP, une toute petite salle à la déco très kitsch. Pendant le mois d'août, animation musicale quotidienne sur la ravissante piazzetta.

Points d'intérêt

■ **LA FORTEZZA DI MONTE ALTURA ✆ (0789) 81 537.** *Ouvert de 10h à 12h et de 15h à 17h d'avril à mai, de 9h à 11h et de 16h à 19h de juillet à août, de 10h à 12h et de 15h à 18h de septembre au 15 octobre. Visite guidée de 1 heure, en français et en anglais, mais pas de visite les jours de pluie. Réservation conseillée. Entrée 2,50 €.* En allant à Porto Raphael, on passe devant la forteresse Altura, récemment rénovée. On peut la visiter, ne serait-ce que pour monter l'imposant escalier qui mène à la partie supérieure de la citadelle, d'où un admirable panorama s'étend sur l'archipel de La Maddalena et la Corse.

■ **TOMBEAU DES GEANTS « LI MAZZANI ».** Partant de Palau, suivez sur 7 km environ la route SS 133 vers Santa Teresa di Gallura. A la hauteur du restaurant Vecchia Gallura, prenez la petite route qui part sur votre gauche. Au premier carrefour, prenez de nouveau sur votre gauche. Roulez 4,5 km (dont 1 sur une très mauvaise route en terre). Après avoir gravi une pente assez raide, vous débouchez sur un vaste espace plat. La tombe des géants est alors indiquée : bravo, vous y êtes ! Cette tombe, datant du milieu de l'âge du bronze, est particulièrement bien conservée. La stèle centrale est un monolithe imposant, de 2,80 m de haut et 1,50 m de large. A sa base est creusée une petite porte qui donne accès à une chambre funéraire rectangulaire longue de plus de 6 m. Plusieurs autres éléments indiquent une implantation humaine dans cette zone à l'ère nuragique : à quelques centaines de mètres se trouvent en effet les vestiges d'un nuraghe et des habitations qui l'entouraient. Le chemin d'accès à la tombe des géants Li Mazzani n'est pas facile à trouver et, en général, les monuments nuragiques sont cachés dans la nature. Patience et persévérance sont les mots clés pour parvenir au but.

■ **PORTO PUDDU.** Partant de Porto Raphael, et passant par Punta Sardegna, on arrive vers les interminables plages blanches de Porto Puddu, le paradis de surfers de la Sardaigne. Ici les structures touristiques s'adressent surtout à un public passionné de sports aquatiques, et même l'île dei Gabbiani, reliée à la terre par une digue, est entre les mains des surfers.

Loisirs

■ **ECOLE DE SURF à Porto Puddu : Windsurf Club, Palau, Loc. Porto Puddu** © (0789) 70 40 75. Fax : (0789) 70 40 66 – www.windsurf-club.com

ISOLA DEI GABBIANI

Située à quelques kilomètres de Palau en allant vers Santa Teresa di Gallura, cette presqu'île est le paradis des amateurs de planche à voile et de kite-surf. La plage spectaculaire de Porto Pollo s'étend des deux côtés de la presqu'île. Un côté est réservé aux planchistes, l'autre à la baignade. La presqu'île accueille un immense camping ainsi que de nombreux clubs de planche, de kite-surf et de plongée. Il règne un climat jeune et chaleureux sur les deux plages de cet endroit très particulier.

Hébergement

Camping

■ **CAMPING VILLAGGIO ISOLA DEI GABBIANI. Loc. Porto Pollo © (0789) 70 40 19 – www.isoladeigabbiani.it –** *Adultes de 9,50 à 17,50 € selon la saison, enfants de 3 à 10 ans, de 7,50 à 14 €.* Emplacements dans la nature et donnant sur la mer. Très agréable. Bar, restaurant, discothèque. Un vaste camping où se réunissent tous les mordus de sports aquatiques. Sanitaires propres. Pizzeria, bar, épicerie.

Bien et pas cher

■ **HOTEL SERRA. Via Nazionale, 17 © (0789) 70 95 19. Fax : (0789) 70 97 13.** *Chambres doubles avec salle de bains environ 45 €.* Hôtel un peu bruyant mais à des prix très intéressants. Il vaut mieux demander une chambre sans vue sur la rue...

Confort ou charme

■ **HOTEL LE DUNE. Loc. Porto Pollo Palau © (0789) 704 013. Fax : (0789) 704 113 – www.hotelledune.it – info@hotelledune.it –** *De 70 à 90 € par personne en demi-pension selon la saison. 27 chambres.* Des maisonnettes avec jardin sur demande. Si vous voulez être indépendant, le propriétaire loue des appartements à 800 m de l'hôtel.

Loisirs

■ **SPORTING CLUB SARDINIA. Porto Pollo © (0789) 704 001. Fax : 0349 3 813 216.** *Ouvert d'avril à novembre.* Ce club propose un grand nombre d'activités nautiques : windsurf, avec cours et location de planches à voile ou funboards ; kite-surf, avec leçons particulières ou collectives ; voile, avec location de catamarans.

■ **CLUB DU CAMPING DE L'ISOLA DEI GABBIANI.** Leçons de planche à voile, kite-surf (notamment par Paolo Silvestri, président de la Fédération de kite-surf italienne). Egalement cours de plongée, en anglais et en allemand.

MADDALENA ARCHIPELAGO

Quand les mouvements tectoniques séparèrent la Corse de la Sardaigne, la mer s'engouffra dans le couloir créé par l'éloignement des deux terres granitiques, ne laissant apparaître à sa surface que les plus hauts reliefs. C'est ainsi qu'est né l'archipel de La Maddalena, composé de sept îles principales : La Maddalena, Caprera, Santo Stefano, Spargi, Razzoli, Budelli et Santa Maria, sans compter la kyrielle des petites îles environnantes : Mortorio, Soffi, Nibani, Capuccini...

Les « sept sœurs » ont reçu le titre de parc national géomarin. Avec ses 12 000 ha et ses 180 km de côtes, c'est le premier parc national créé en Sardaigne. Il était temps car, chaque année, des cohortes de touristes y débarquent, séduits par ses rochers granitiques sculptés par le vent, ses eaux cristallines et ses petites plages paradisiaques. Ces îles de grande beauté sont également des terres d'histoire, marquées par des événements et des figures historiques aussi fameuses que Napoléon, Garibaldi, Nelson ou Mussolini.

Renseignements : Parco Nazionale dell'Arcipelago di La Maddalena. Via Giulio Cesare 7, La Maddalena (SS) ✆ (0789) 790 21 – www.lamaddalenapark.it – www.parks.it/parco.nazionale.arcip.maddalena

Histoire

L'île est habitée depuis la préhistoire. Près de Cala Villamarina, sur l'île de Santo Stefano, des traces d'installations remontant au Néolithique (3000-4000 av J.-C.) ont été découvertes. A l'époque, les habitants de l'île vivaient dans des abris naturels sous les roches granitiques qui marquent toujours l'aspect de l'archipel. Dans certaines de ces caves, des objets rudimentaires pour la chasse, des vases et des restes des feux ont été retrouvés. Après cette première période, l'île ne fut pas peuplée. Les premiers habitants de l'archipel, après des dizaines des siècles, venaient sans doute de Corse, mais ce furent les Romains qui colonisèrent véritablement l'île principale, qu'ils appelèrent Ilva. Au Moyen Age, à partir de 1000 apr. J.-C., des monastères appartenant au diocèse de Bonifacio s'y installèrent. Un couvent fut d'abord construit sur l'île de Santa Maria. Une deuxième église fut construite en 1300 environ sur l'île principale, dans la Cala Chiesa. Les Pisans utilisèrent l'archipel comme base pour leurs bateaux de guerre. Ils appelèrent l'île principale Isola Porcaria, « île des porcs », en raison de ses forêts sauvages habitées uniquement par des bêtes, notamment des sangliers.

Dans les siècles suivants, ces installations furent abandonnées en raison des nombreuses invasions des pirates, jusqu'au XVIIe siècle, quand des bergers corses y transférèrent leurs troupeaux, en les abandonnant en été, quand les îles étaient prises d'assaut par les pirates. Malgré ça, l'archipel était toujours fréquenté, notamment dans la zone de la Cala Gavetta, par des pêcheurs des coraux provenant de la Ligurie, de la Toscane, de Ponza et de Naples. Ils partageaient l'île principale avec les Corses, qui choisirent comme base sa zone centrale, qu'ils appelèrent Villa, près de l'actuelle église de la Trinità.

En 1720, le royaume sardo-piémontais prit possession de l'archipel, malgré l'opposition de ses habitants corses, et appelle ces îles « les îles moyennes », en raison de leur position stratégique entre la Sardaigne et la Corse. Les bergers obtinrent du royaume la construction d'un fort militaire pour les protéger des pirates, qui fut érigé après l'occupation, en 1767 et qui se trouve toujours à l'ouest de la ville de La Maddalena et qui tire son nom, Carlo Felice, de celui du roi de la famille des Savoie. Les bergers qui habitaient dans le territoire s'installèrent alors au sud, près de Cala Gavetta, où des autres éleveurs et pêcheurs habitaient déjà. Là, ils posèrent les bases pour la fondation de la ville de La Maddalena. La fondation d'une ville sur la côte sud de l'île principale fut bien accueillie par le royaume sardo-piémontaise, qui craignait une invasion française de l'archipel. Les bergers corses étaient aussi satisfaits de pouvoir s'installer dans un endroit à l'abri des pirates.

Par la suite, en 1793, quand les troupes françaises commandées par le jeune capitaine d'artillerie Bonaparte tentèrent d'envahir la Sardaigne, elles reçurent le soutien de cette communauté corse. Débarquées sur l'île de Santo Stefano, les troupes de Napoléon, qui attaquaient la ville de La Maddalena à coups de canons, furent repoussées par un groupe d'habitants, guidé par Domenico Millelire, un maddalenin qui reçut la première médaille d'or de valeur militaire jamais attribuée par le royaume sardo-piemontais. En 1799, Cala Gavetta, le principal port de La Maddalena, fut choisi pour être la base maritime du royaume de Piémont-Sardaigne. Une rapide croissance démographique et sociale s'ensuivit, ainsi qu'un développement de la zone urbaine et de ses infrastructures (c'est de cette époque que date l'église paroissiale).

Entre 1803 et 1805, la flotte anglaise de l'amiral Nelson s'arrêta dans l'archipel, avant d'affronter les troupes françaises de Napoléon, à la bataille de Trafalgar. Nelson entretint des rapports très amicaux avec la population maddalenaise et, au moment de son départ, il offrit à l'archipel un crucifix et deux chandeliers en argent, que l'on peut encore admirer dans l'église Santa Maria Maddalena.

En 1887, le jeune Etat italien unifié décida de transformer l'archipel en une place forte militaire, ce qui entraîna le développement économique de ces îles, avec la construction d'infrastructures et l'arrivée de soldats, dont certains s'installèrent définitivement sur l'île.

Du fait de son rôle de base militaire, La Maddalena fut au cœur des combats pendant la Seconde Guerre mondiale. Après l'Armistice du 8 septembre 1945, la flotte italienne attaqua les Allemands ; les combats sanglants entraînèrent la perte de plus de 10 000 hommes. Après le traité de paix en 1947, les zones militarisées furent limitées à l'île de Santo Stefano.

L'après-guerre fut une période de crise dans l'archipel, conséquence du démantèlement de la place forte militaire. Même l'industrie d'extraction du granit fut abandonnée entre le 1950 et le 1960 en raison des coûts très élevés des transports. Un renouveau eut lieu à partir des années 1960, avec les débuts du tourisme et, en particulier, la construction d'un Club Méditerranée sur l'île de Caprera. La dernière étape de ce processus fut, en 1994, le classement de La Maddalena en parc national, protégeant la faune et la flore aquatiques de l'archipel.

Transports

Ferry

La traversée Palau-La Maddalena dure environ 20 min. 1 départ toutes les 15 min environ pendant la journée (de 7h à 21h), et 1 départ toutes les heures le reste du temps. On peut embarquer sa voiture. Trois compagnies assurent les traversées :

- **TREMAR** ✆ (0789) 730 032.
- **SAREMAR** ✆ (0789) 737 660 (de La Maddalena) / ✆ (0789) 737 660 (de Palau).
- **ENAMAR** ✆ (0789) 735 465.

Location de bateaux

C'est sans doute la façon la plus agréable de visiter les îles de l'archipel. Plusieurs compagnies, regroupées au Porto Massimo pour la plupart, louent des bateaux de toutes tailles, du zodiaque au hobby-cat. Le permis de bateau n'est pas toujours exigé par les loueurs, mais il est cependant hautement recommandé : la navigation n'est pas de tout repos dans cette région.

- **SEA ADVENTURES. Cala Mangiavolpe et via G. Cesare** ✆/Fax : (0789) 737 632.
- **NAUTICA ALTER EGO. Porto Massimo** ✆ **(0789) 736 175/07897 340 15.** *Environ 100 €, plus 30 € de gasoil par jour.*

Tours en bateau

Ceux qui n'ont pas leur permis bateau pourraient être tentés par un tour organisé en bateau pour découvrir les plus belles plages de l'archipel. De nombreuses compagnies organisent en effet des promenades d'une journée, avec déjeuner à bord et plusieurs arrêts baignades.

Si le concept en lui-même est attrayant, la réalité est parfois moins idyllique, surtout en été, où des bateaux entiers, transportant une centaine de touristes à la fois, débarquent au même moment sur ces plages, au demeurant paradisiaques… Alors, que faire ? Périr étouffé tel un mouton de Panurge, ou sacrifier ces très beaux paysages ? Nous vous laissons la lourde responsabilité de ce choix… A titre informatif, vous trouverez ces compagnies sur le port de La Maddalena.

Bus

Les autobus Turmotravel desservent la plupart des centres majeurs de La Maddalena.

- **LA GARE ROUTIÈRE** se trouve Colonna Garibaldi, mais on peut aussi prendre le bus sur la piazza Garibaldi ou au Porto Massimo. Bon à savoir également : les bus vont jusqu'à la Casa Garibaldi, à la Caprera.

Location de voitures, de motos et de deux-roues

- **MOTONOLEGIO** ✆ **(348) 80 69 711.** Location de scooters et de motos. Demander Mario.
- **TORTA AUTOSALONE PLURIMARCHE. Via Balbo, 67.** Location de voitures de toutes marques.
- **MONDIALCAR** ✆ (349) 15 34 377.

Taxi

- **SERVIZIO TAXI** ✆ (0789) 736500.
- **MINIBUS** ✆ (347) 76 56 170.

La Maddalena

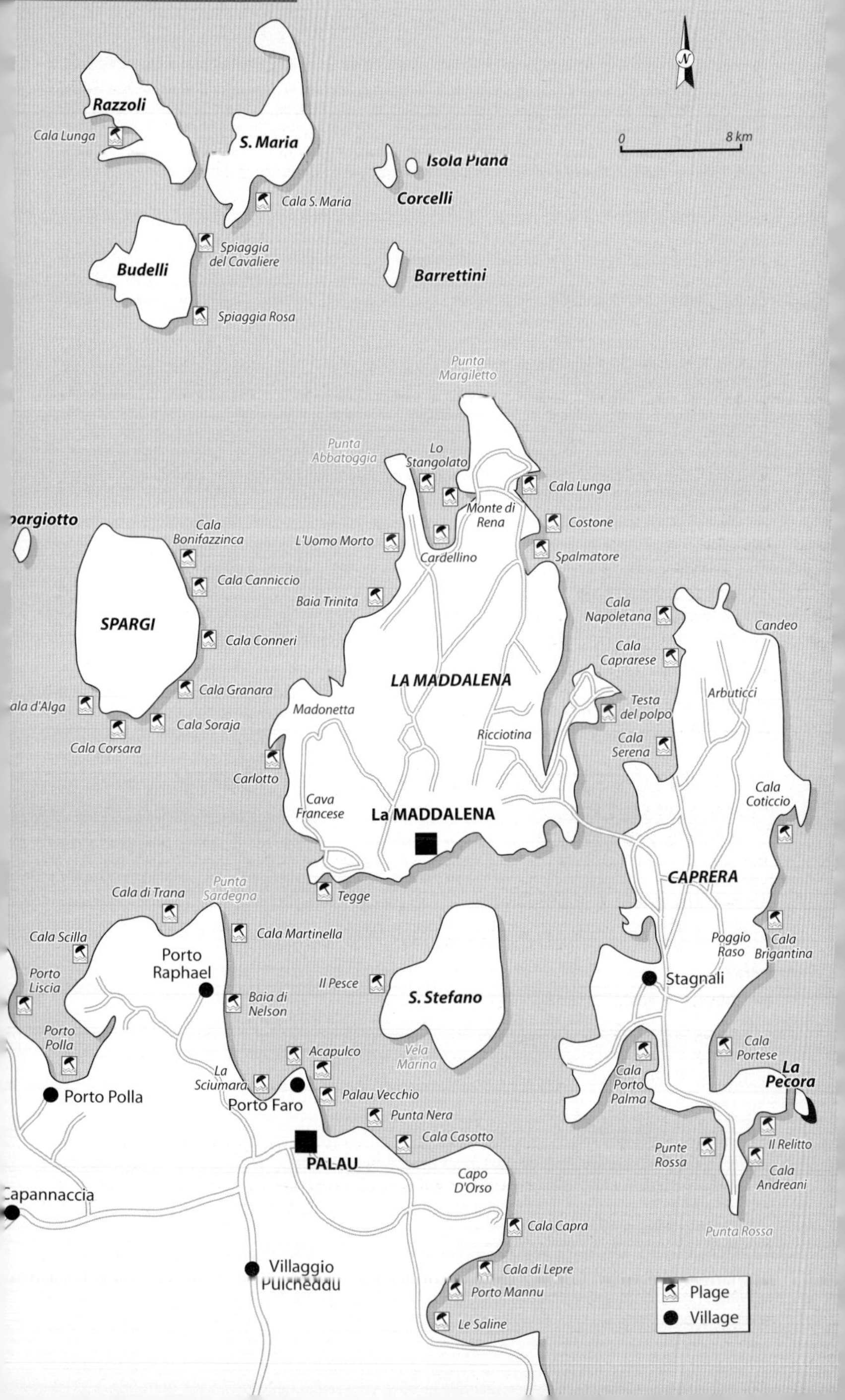

Granit, la richesse rose de l'archipel

Environ 80 mines de granit restent toujours ouvertes en Sardaigne, mais celles de l'archipel de La Maddalena ont toutes été fermées en raison de la valeur inestimable du patrimoine naturel que ce matériel constitue. A la différence du reste de la côte nord de la Sardaigne, très riche en granit gris, La Maddalena est caractérisée par son granit rose, plus ancien et donc plus résistant et apprécié. Les granits sardes furent utilisés en époque préhistorique par les premiers habitants de l'île : on les trouve dans les tombes des géants et dans les nuraghes. La configuration la plus commune de ces roches dans l'archipel de La Maddalena est celle des tafoni, des cavités. Ces récifs se forment avec la désagrégation de la roche, produite par le vent, qui, en séchant les surfaces, fait grandir les cristaux de chlorure de sodium. Ces abris naturels furent utilisés par les sardes prénuragiques et par les bergers en époque plus récente comme dépôt pour leur bétail, et par les paysans comme entrepôt pour leur fourrage. Pendant la Deuxième Guerre mondiale, ils furent aussi utilisés comme cachettes pour les militaires dispersés sur l'archipel. Après le 1850, l'extraction du granit des mines, notamment celles de La Maddalena, devint une des industries les plus actives de la Sardaigne. Les précieux granits de La Maddalena furent utilisés pour la base de la Statue de la Liberté à New York et pour le monument érigé sur le canal de Suez quand il fut ouvert, qui nécessita de 4 730 tonnes de granit. Le palace de la Bourse de Milan a aussi pu être érigé grâce aux granits de La Maddalena, extraits, à l'époque, par plus que 700 mineurs. Depuis le début du XXe siècle, l'industrie du granit en Sardaigne a été frappée par une baisse constante. Aujourd'hui, le décret d'institution du parc de La Maddalena interdit l'extraction du granit des roches de l'archipel, en préservant la configuration spectaculaire donnée aux îles par ce matériau.

Pratique

Offices du tourisme

■ **CONSORZIO OPERATORI TURISTICI. Via Garibaldi, 51, La Maddalena** ✆/Fax : (0789) 730 071 – consorziolamaddalena@tiscalinet.it

■ **PARCO NAZIONALE DELL'ARCHIPELAGO DI LA MADDALENA. Via Giulio Cesare, La Maddalena ✆ (0789) 720 044/723 053. Fax : (0789) 720 050 – parcolamaddalena@tiscalinet.it –** Vous pourrez y trouver des informations sur le parc national. Des guides proposent des excursions sur les différentes îles, beaucoup plus intéressantes que celles qui sont proposées par les compagnies privées. **Renseignements** ✆ 0333 36 15 136/03 47 84 88 03.

Agences de voyages

■ **VIAGGE TURISMO. Via Garibaldi, 56. La Maddalena** ✆ (0789) 738 668/738 669. Fax : (0789) 738 505.

■ **ISOLANA VIAGGI** ✆ (0789) 736 188.

■ **MIDIVEN** ✆ (0789) 739 141. Fax : (0789) 739 130.

Utile

■ **HOPITAL** ✆ (0789) 791 200/737 417.

■ **GENDARMERIE** ✆ (0789) 736 943.

■ **POLICE MUNICIPALE** ✆ (0789) 730 615.

LA MADDALENA

Capitale, et la plus grande île de l'archipel (avec une surface de 20 km² et une population de 15 000 habitants), La Maddalena est également la seule île habitée. La seule ville digne de ce nom sur l'île s'appelle également La Maddalena, ce qui rend les choses difficiles, l'archipel, l'île et la ville portant le même nom...

Il n'empêche que la ville de La Maddalena est un charmant petit port, pris d'assaut par les touristes en été, mais très agréable hors saison. Les restaurateurs et les hôteliers profitent de la période estivale et n'oublient pas de faire monter les prix, si bien que les habitants de l'île ont surnommé la ville « le petit Paris ».

Une route panoramique d'une vingtaine de kilomètres fait le tour de l'île, offrant de magnifiques vues sur les îles voisines (et même sur la Corse quand le temps est clément). Aussi est-il conseillé, si l'on reste pour la journée au moins, d'embarquer sa voiture sur le ferry ou d'en louer une sur place. On passe également près de plages parmi les plus belles de Sardaigne : Spalmatore et Cala Trinita sont notamment connues pour leurs eaux transparentes et leurs rivages préservés.

La ville se visite très facilement à pied. La balade à travers les ruelles piétonnes est très agréable.

Pratique

■ **OFFICE DU TOURISME. Piazza Barone De Geneys** ✆ (0789) 736 321. Fax : (0789) 73 66 55 – aast.maddalena_palau@regione.sardegna.it

■ **BANCO DI SARDEGNA** ✆ (0789) 737 097.

■ **GENDARMERIE** ✆ (0789) 736 943.

■ **HOPITAL** ✆ (0789) 791 200.

Internet

■ **PHONECAR. Piazza Santa Maria Maddalena, 10 ✆ (0789) 73 10 05.** *Ouvert de 9h à 13h et de 16h30 à 20h30.* On y trouvo un seul poste internet à 6 € l'heure.

■ **GIOTTO INFORMATICA S.N.C. Via Leopardi, 15 ✆ (0789) 73 15 90 –** *Ouvert de 9h à 13h et de 17h à 20h.* On y trouve 2 postes internet mais le prix est très cher: 8 € l'heure.

Hébergement

Campings

■ **ABBATOGGIA ✆/Fax : (0789) 739 173 – www.campingabbatoggia.it – abbatoggia@tiscalinet.it –** *Ouvert de juin à septembre. Adultes de 8 à 10 €, enfants de 6 à 12 ans de 5 à 9 €, + 3 € par tente ou caravane. Bungalow pour 4 personnes, de juin à septembre, 45 à 75 €.* Situé au nord-est de l'île, à proximité de très belles plages, tout près de la route panoramique. Malheureusement, les infrastructures laissent un peu à désirer.

■ **LA MADDALENA. Loc. Moneta ✆ (0789) 728 051. Fax : (0789) 727 776.** *Adultes de 8 à 13 €, enfants de 3 à 5 €. Chalet de 4 personnes de 70 à 120 € selon la saison.* Situé à l'ouest de l'île, ce camping est beaucoup plus grand que le précédent et dispose d'infrastructures plus confortables.

Confort ou charme

■ **HOTEL GARIBALDI. Via La Marmora ✆ (0789) 73 73 14/73 73 26 – www.genic.it/utenti/hotelgaribaldi – htlgaribaldi@tiscalinet.it –** *Ouvert toute l'année. Chambre double de 110 à 145 € selon la saison, avec petit déjeuner.* A quelques mètres du centre-ville et du port, dispose de 19 chambres climatisées. Confortable et pratique.

■ **NIDO D'AQUILA. Via Nido d'Aquila ✆ (0789) 722 130. Fax : (0789) 722 159 – www.hotelnidodaquila.it – hotelnidodaquila@tiscalinet.it –** *Ouvert de mars à novembre. Chambres doubles de 40 à 68 €, simples de 62 à 100 € par personne, avec petit déjeuner.* A 3 km à l'ouest de La Maddalena, un hôtel donnant sur la mer (mais il faudra ajouter 8 € pour profiter de la vue).

■ **VILLA MARINA. Via Magnaghi, 12 ✆ (0789) 738 340. Fax : (0789) 739 200.** *Chambres simples de 70 à 90 €, doubles de 85 à 120 €. A 5 min du port.*

■ **RICCIO HOTEL. Via Indipendenza ✆ (0789) 726 028. Fax : (0789) 726 191 – www.ricciohotel.com –** *Chambre simple de 55 à 85 € par personne, double de 80 à 125 € par personne.* 24 chambres modernes, non loin du centre-ville de La Maddalena.

■ **HOTEL MIRALONGA. Strada Panoramica. Via Don Vico ✆ (0789) 722 563/64/65. Fax : (0789) 722 404 – www.miralonga.it – info@miralonga.it –** *Chambres doubles 55 à 100 € par personne en demi-pension.* A 1 km du port, cet hôtel agréable propose des forfaits Padi pour s'initier à la plongée, et des excursions dans les îles de l'archipel. Très bon restaurant.

Restaurants

Trattorie

■ **GARDEN PUB. Via Garibaldi, 65 ✆ (0789) 738 825.** Une pizzeria trattoria à des prix très abordables, dans un cadre chaleureux. Plats simples mais consistants, et aussi sandwiches, cocktails et gelati.

■ **SOTTOSOPRA. Via Amendola, 31. Via Garibaldi, 48 ✆ (0789) 735 001.** Une pizzeria Internet : en haut (sopra), vous trouverez des postes pour surfer et vous pourrez tester la bière locale Ichnusa ; en bas (sotto), c'est le coin restaurant-pizzeria. Au menu, les spécialités (marines) de l'île ou les délicieuses pizzas préparées par Antonello.

■ **CAPRERA. Via Tommaso Zonza, 6 ✆ (0789) 738 424.** Une spaghetteria traditionnelle, aux tables installées dans une ruelle. Buon appetito.

Ristorante

■ **SOTTOVENTO. Via Indipendenza, 1 ✆ (0789) 727 792.** *Environ 20 €.* Un excellent restaurant, un peu à l'extérieur du centre-ville, que l'on atteint en longeant la mer vers Caprera. Le chef propose une cuisine assez originale, essentiellement à base de poisson. On aimera en particulier le délicieux carpaccio de poulpes, les secondi de poissons pêchés le jour même (si vous désirez un plat marin particulier, il est préférable de réserver, car la pêche est toujours aléatoire). On y cuisine aussi le porcetto, dont notamment un porcelet au myrte sauvage, servi sur pain bissau et accompagné de pommes de terre à la menthe.

■ **LA GROTTA. Via Principe di Napoli, 2 ✆ (0789) 737 228.** *Compter de 10 à 13 € pour un primo et de 16 à 18 € pour un plat de viande ou de poisson.* Un restaurant très agréable, installé en plein centre-ville, et qui propose une carte très variée mais malheureusement un peu chère.

■ **LA LOCANDA DEL MIRTO. Loc. Punta della gatta ✆ (0789) 739 056.** Un cadre typique pour ce restaurant situé en dehors de La Maddalena. Une cuisine savoureuse aux accents locaux véritables : antipasti del mare et porcetto grillé dans la cheminée.

■ **ARAGOSTA. Via Amendola ✆ (0789) 738 302.** *Compter 20 € le repas complet.* Sur le port. C'est le restaurant que nous ont conseillé les locaux. Et pour cause, les tarifs pratiqués sont plus que raisonnables, chose rare à La Maddalena. Une cuisine qui n'a rien d'exceptionnel, mais l'ensemble est tout à fait correct. Spécialité de poisson.

Sortir

Pour pendre un verre dans le centre-ville, il faut s'arrêter **piazza Garibaldi,** qui attire le soir tout ce que la ville compte de jeunes. Vous pourrez choisir entre les terrasses d'**Il Gran Caffè Garibaldi** ou du **Caffè Madrau.**

Si vous préférez boire un verre ou prendre une glace sur le port, c'est au **Caffè degli Artisti** qu'il faut aller : piazza XXIII Febbraio 1793. Les marins lui préféreront cependant le bar **Skipper,** un pub pour les vrais loups de mer, sur le port de Cala Gavetta.

L'île possède même un irish pub, **The Penny Drops,** piazza San Maria, pour ceux qui cherchent frénétiquement une Guinness. *Ouvert jusqu'à 3h du matin.*

Manifestations

▶ **Les commémorations de Garibaldi.** Au mois de juillet 2007, en occasion du 200e anniversaire de la naissance du héros des deux mondes, Giuseppe Garibaldi, qui s'installa sur l'île de Caprera dans la dernière partie de sa vie, une cérémonie commémorative et des manifestations culturelles auront lieu sur les îles de La Maddalena et Caprera.

Parc national de la Maddalena

Un amiral anglais à La Maddalena : les visites de Horatio Nelson

Dans les années qui précédèrent son triomphe sur l'armée française de Napoléon à Trafalgar, le commandant suprême de la flotte méditerranée anglaise Horatio Nelson visita plusieurs fois les mers de La Maddalena. En 1803, 1804 et 1805, la flotte de l'amiral trouva près de l'île une position très adaptée pour le contrôle des ennemis français, ancrés dans le port de Toulon. Mais, seul parmi ses hommes, Nelson ne posa jamais ses pieds sur l'île, même s'il entretenait des rapports amicaux avec les personnalités les plus importantes du lieu. Il fut, notamment, très proche à Agostino Millelire, le comandant du port de La Maddalena, qu'il invita plusieurs fois sur sa Victory. Avant son dernier départ, suivi par la victoire sur la France et sa mort tragique au combat, Nelson donna à l'église de Santa Maria Maddalena deux chandeliers et une croix en argent. Il voulait de cette façon remercier les habitants et l'armée de l'île pour leur hospitalité. Dans la lettre qui accompagnait ses cadeaux, Nelson désigna ses présents comme un « signe de mon estime pour les dignes habitants et de mon souvenir des traitements reçus par eux et par la flotte de votre majesté sous mes ordres ».

▶ **Fêtes religieuses.** A la mi-juin, une fête champêtre et des processions vers l'église de la Trinità, première installation urbaine de la zone, ont lieu sur l'île de La Maddalena avec un festival du poisson. La Sainte Vierge Marie, patronne du quartier Moneta, est ici célébrée avec des compétitions sportives, notamment une marche appelée la marcia longa, des concerts, des danses sardes et deux processions, qui ont lieu le dimanche matin et le lundi après-midi avec une fanfare.

Entre le 20 et le 22 juillet, la patronne de l'île, sainte Maria Maddalena, est célébrée avec des manifestations religieuses et civiles. Le 21 juillet, des feux d'artifice sur la Cala Gavetta ouvrent les célébrations, suivies par un festival gastronomique où 6 tonnes de poisson environ sont frites et offertes à la population. Un défilé des costumes sardes fait aussi partie des célébrations. La statue de la sainte est après menée avec des flambeaux sur la mer dans un bateau et dans les rues du centre par une procession.

Durant le mois d'août, une procession sur les côtes est organisée en l'honneur de sainte Maria Maddalena. Des feux d'artifice, théâtre de la rue, compétitions sportives et un festival gastronomique ont aussi lieu dans la deuxième moitié du mois.

▶ **Le carnaval.** Entre février et mars, en dehors de la haute saison touristique, la ville est animée par le carnaval, célébré avec des processions de chars allégoriques, majorettes et fanfares. La cérémonie traditionnelle du bûcher du guignol du Roi Carnaval, qui marque la fin des fêtes dans tous les carnavals italiens, a ici lieu sur la mer et concerne aussi la figure de la petite amie du roi.

Points d'intérêt

En arrivant en bateau à La Maddalena, on admire tout d'abord les beaux palais du XVIIIe siècle qui bordent **Cala Gavetta.** Sur la gauche, la **piazza XXIII Febbraio 1973,** dédiée au jour où les Français furent repoussés de l'île, garde une colonne en granit réalisée en 1907 par le sculpteur Gallori sur commande de la mairie en l'honneur de Giuseppe Garibaldi, né 100 ans auparavant. C'est ici, dans la Cala Gavetta, que le héros été débarqué lors de sa première arrivée dans l'archipel en 1849. En suivant la via XX Settembre, on peut ensuite se diriger vers la **piazza Garibaldi,** aussi appelée piazza Rossa en raison de la couleur de son pavement, même s'il a été maintenant couvert avec des plaques granitiques. C'est ici que les résidents, les touristes et les nombreux militaires italiens et américains, toujours en service sur l'île, se donnent rendez-vous chaque soir pour boire un verre dans les cafés du quartier, ou pour se promener dans les cités traversées par des escaliers en granit. Dans la **via Garibaldi** attenante (tout dans la ville porte le nom du « héros des deux mondes » !) se trouve l'**Hôtel de ville,** où est exposée l'une des bombes françaises qui frappa la ville en 1793 sans exploser. Du côté droit, **la piazza Umberto I** garde un buste de Anita Garibaldi, fille de Giuseppe. La place est aussi connue comme piazza del Comando, en raison de la présence du quartier général de la marine militaire. Non loin de la piazza Garibaldi, on pourra s'arrêter à **l'église paroissiale Santa Maria Maddalena** et admirer son intérieur baroque. Dans la sacristie sont conservés les cadeaux que Nelson offrit à la ville : deux candélabres, un crucifix en argent et une lettre manuscrite. Derrière et à côté de l'église, les petites rues du centre-ville sont appelées avec le mot génois carrugi. Dans la **via Marsala,** des expositions des artistes sardes et italiens sont organisées pendant l'été. La **via Maggiore Leggero** offre une vue panoramique sur l'ancienne prison de Sant'Andrea, installée dans un fort du XVIIIe siècle et lui-même construit sur une roche granitique à côté du port et du centre-ville.

Dans le **quartier oriental de Cala Chiesa,** on trouve l'église des Due Strade, caractérisée par une architecture très simple, qui garde des très belles peintures à l'intérieur. Au nord, après la via De Amicis, on peut se balader sur la rue panoramique qui mène vers la **Guardia Vecchia,** dont on peut admirer une vue sur la ville, l'île de Santo Stefano et la côte sarde.

■ **EGLISE DE SANTA MARIA MADDALENA.** Edifiée en 1780 pour remplacer une autre église qui avait était construite dans le quartier de Collo Piano – où la majeure partie de la population de l'île était concentrée –, l'église de Sainte-Marie-Madeleine eut d'abord des dimensions très modestes. En 1793 elle fut dédiée à la sainte patronne de l'île, et une autre église fut consacrée à la Trinité. Pendant la brève occupation française, l'église fut frappée par un boulet de canon, qui pénétra par son toit sans provoquer des dégâts importants. Une statue en bois de la sainte, provenant de la Ligurie et datant du XVIIe siècle, est toujours placée dans la niche du chœur de l'église. Deux chandeliers et un crucifix en argent donnés à la paroisse par l'amiral anglais Horatio Nelson en 1804 sont aujourd'hui gardés dans le Musée diocésain qui se trouve juste à côté. Entre le 1814 et le 1819, l'église fut modifiée grâce aux donations du baron génois Giorgio Des Geneys, de la Royale Marine Sarde et de la population. Un cadran solaire fut posé sur la façade de style bas-baroque avec quatre niches où des statues des évangélistes furent placées (actuellement, elles sont vides). A l'intérieur, dans la troisième chapelle à gauche, on trouve un tableau de saint Filippo Neri, du peintre de Sassari Antonio Cano, qui fut donné à l'église par le vice-consul Brandi de Bonifacio en 1820. L'autel au centre de l'église fut donné à l'église en 1831 par le baron De Geneys, de même que l'autel et le tableau de San Giorgio, dans la première chapelle à droite. La grande cloche fut fondue à Gênes par Giulio Pagano et offerte à l'église en 1840 par la confrérie de Sant'Erasmo. La petite cloche, qui porte le nom de Sainte-Marie-Madeleine, fut réalisée en 1895. En 1952, une nouvelle restauration fut réalisée par l'architecte Antonio Simon Mossa : la structure fut allongée de 8 m avec une nouvelle arcade. La façade fut abattue et remplacée par une autre, de couleur blanche. En 1967, une mosaïque circulaire de sainte Marie-Madeleine fut placée au-dessous du cadran solaire. En 1993, enfin, l'architecte Pierluigi Cianchetti rétablit l'ancienne façade de 1814 et restaura le toit et les couleurs de l'intérieur de l'édifice.

■ **LE MUSEE DIOCESAIN.** *Ouvert tous les jours sauf le lundi, de 10h à 12h et de 15h à 19h l'hiver, de 10h30 à 12h30, de 15h30 à 20h et de 21h30 à 23h30 pendant la saison touristique, entrée 1 €, visite guidée.* Situé dans la sacristie de l'église, le musée possède les deux chandeliers et le crucifix en argent donnés par l'amiral Nelson à la paroisse en 1804. Une lettre manuscrite de l'amiral lui-même se trouve dans ce musée. On trouve aussi des donations effectuées par les fidèles à la sainte : des bijoux en or et corail offerts par des femmes qui désiraient avoir un enfant ou assurer aux maris marins une protection pendant leurs voyages, par exemple. On peut aussi voir des tableaux et des objets sacrés, des documents et des reproductions des costumes traditionnels de l'île.

■ **LE MUSEE NAVALE NINO LAMBOGLIA. Loc. Mongiardino, rue panoramique ✆ (0789) 79 06 60.** *Ouvert du lundi au samedi, de 9h à 13h30 et de 15h30 à 18h40 l'été ; de 8h30 à 13h30 et l'après-midi sur réservation l'hiver.* On trouve ici les restes d'un bateau romain naufragé en 120 av. J.-C. environ près de l'île de Spargi. Il prit le nom de l'archéologue plongeur du Centre expérimental d'archéologie sous-marine de Albenga, qui a étudié l'épave à partir du 1958. Une partie importante du bateau a été perdue ou volée pendant les études, qui se sont prolongées pendant de nombreuses années. Une partie du bateau est aujourd'hui exposée dans le musée avec quelque 200 amphores, présentées dans leur position d'origine. D'autres pièces du bateau, utilisées pour des trafics commerciaux, sont exposées dans la salle principale du musée, avec d'autres objets retrouvés dans la mer de La Maddalena.

■ **MINES DE GRANIT DE LA MADDALENA ET DE SANTO STEFANO.** Deux immenses mines. Le monument érigé pour l'inauguration du canal de Suez a été forgé dans la mine de La Maddalena (aujourd'hui il est dans la ville égyptienne d'Ismailia).

Les plages

Connues pour leur aspect sauvage et pour la propreté exceptionnelle de leurs eaux, les plages principales de l'île méritent toutes une mention. Entourées par les granits qui caractérisent l'archipel, elles offrent des vues panoramiques sur les côtes de la Sardaigne.

En suivant la rue qui côtoie le sud-ouest de l'île, on trouve **Punta Tegge,** qui tire son nom des roches de granit poli dont cette petite plage est entourée : teggj signifie « tuiles ». En remontant vers le nord, on trouve la petite plage de **Cala Nido d'Aquila.** En poursuivant plus avant sur la route panoramique, **Cala Francese,** un peu plus difficile à atteindre, garde les restes d'une ancienne mine de granit et offre des fonds spectaculaires. De là, on peut voir le sanctuaire de la Madonnetta dei Pescatori, édifié sur une petite colline. Non loin de là, la plage de **Cala d'Inferno,** entourée par des buissons de myrte et caractérisée par son sable rosé, ne peut être atteinte qu'en bateau. **Baia Trinita,** très facile à rejoindre en suivant les indications sur les rues principales de l'île, est parmi les plages les plus vastes et fréquentées de l'île. Son sable blanc est d'origine granitique, et son nom vient de « sous Trinita », la petite église du XVIIIe siècle situé non loin. A l'extrémité d'une des pointes au nord de l'île, on trouve **Monte d'Arena,** délimitée par une grande dune en galets fins. Face à l'île du Cardellino, dans le nord de La Maddalena, la plage du **Cardellino,** grâce sa position, est toujours à l'abri des vents. Sur la cote nord-orientale de l'île, très facile à atteindre en voiture ou en bus, la plage de **Cala Lunga,** entourée par un très riche maquis méditerranéen, est toujours prise d'assaut par les bateaux et les touristes d'un village résidentiel situé à côté. La plage de **Cala Spalmatore,** plus au sud, peut être très facilement accessible en voiture ou en bus. Très bien équipée au niveau des services balnéaires, elle dispose aussi d'une discothèque.

Parfois, en allumant son téléphone portable sur ces plages au nord de l'archipel, on se rend compte qu'il se connecte automatiquement aux opérateurs français. Ce phénomène peut s'expliquer par la proximité géographique de l'archipel avec la Corse.

Loisirs

La Maddalena est sans doute le plus beau spot de plongée de toute la Sardaigne, car sa faune et sa flore marines sont protégées depuis la création du parc national. Les deux clubs de plongée présents sur l'île proposent approximativement les mêmes formules et les mêmes immersions, du snorkeling à l'open-water.

■ **AREA 11DIVER. Strada Panoramica. Via Don Vico ✆ (0789) 722 563/64/65.** Ce centre affilié Padi est associé à l'hôtel Miralonga.

■ **NAUTILUS. Palau, via Roma, 12 ✆ (0789) 70 90 58 – www.diveitaly.com/nautilus –** Un centre de plongée très bien organisé.

■ **SEA WORLD SCUBA CENTER. Piazza XXIII Febbraio (port touristique de Cala Gavetta)** ✆/Fax : (0789) 73 73 31 – www.seaworldscuba.com

■ **MALA KEBIR ✆ (349) 23 69 160 – www.malakebir.com –** Mala Kebir est une compagnie de navigation privée. Une bonne adresse pour des croisières dans l'archipel de La Maddalena.

CAPRERA

Deuxième plus grande île de l'archipel, Caprera est l'île de Garibaldi. Le « père de l'Unité italienne » y vécut durant vingt ans et y mourut en 1882. L'île est désormais reliée à La Maddalena par un pont datant de 1891, le Passo della Moneta. Sa flore est particulièrement préservée : forêts de pins, chênes-lièges et maquis méditerranéen composé de myrte et de lentisque. La Casa del Eroe surplombe cette petite île où Giuseppe Garibaldi, alors âgé de 49 ans, posa son bagage en 1856. Il transportait de Nice, encore ville italienne, une petite maison démontable en sapin, que l'on peut toujours voir en face de la Casa Bianca. Avec l'argent hérité de son frère Félix, il put en effet ériger cette « maison blanche » et agrandir ses terres jusqu'à posséder finalement toute l'île.

Dans la maison sont rassemblés de nombreux objets ayant appartenu à Garibaldi : lettres, armes, couronnes de laurier et objets de la vie quotidienne. On peut aussi voir deux bateaux dont il se servait pour aller pêcher, ou pour se rendre à La Maddalena. Non loin de là se trouve sa tombe en granit entourée de celles des membres de sa famille.

On dit qu'il mourut sur son lit de camp, en regardant de sa fenêtre la pointe de Bonifacio, que l'on découvre par beau temps, cette Corse qu'il avait toujours rêvé d'unir à son pays. Le lit est encore là, et le souvenir de ce grand homme aussi : d'ailleurs l'horloge de la maison est restée arrêtée à l'heure de sa mort, à 6h20.

Points d'intérêt

■ **COMPENDIO GARIBALDINO, Caprera ✆ (0789) 727 162.** *Ouvert de 9h à 13h30 et de 14h à 18h30, fermé le lundi et l'après-midi pendant l'hiver. Entrée 2 €, tarif réduit 1 €.* Un musée et des tombes font partie de ce centre, arrangé dans la maison de Garibaldi, son jardin et sa ménagerie. Nous vous conseillons de téléphoner avant de vous y rendre. Il est souvent fermé en raison de fréquentes restaurations. Pour la même raison, des locaux dans le musée restent souvent fermés même pendant les jours d'ouverture. Le musée est situé dans les locaux où Garibaldi, le « héros de deux mondes », a vécu d'abord exilé, et de son propre chef ensuite. En effet, Garibaldi est retourné dans l'île où quelques années auparavant il fut exilé après son arrestation. On y trouve sa chambre à coucher, avec des portraits de sa dernière femme et de ses enfants. Tous les meubles sont conservés dans la chambre, avec des ornements comme une mèche de cheveux de la première femme de Garibaldi, Anita.

Des chaises roulantes, utilisées par le héros, qui avait été blessé à une jambe lors d'une bataille, sont aussi visibles dans le musée, avec un lit de camp et le lit de mort. Des portraits des camarades de Garibaldi sont exposés à l'entrée de sa maison, avec des décorations gagnées par le héros en Italie et en Uruguay. On peut aussi voir un portrait de Garibaldi réalisé par Saverio Altamura en 1860 et un buste sculpté par Leonardo Bistolfi après sa mort. Un arbre planté par Garibaldi à l'occasion de la naissance de sa dernière fille, Anita, est toujours dans le jardin de la maison. Dans la ménagerie, on trouve la tombe du cheval de Garibaldi, Marsala. La tombe du héros, en granit, est très simple. Se trouvent à ses côtés les tombes de sa femme, de deux de ses filles et de l'un de ses fils. Dans le jardin, un moulin est toujours visible. Dans toute l'extension du compendio, on ne peut pas prendre des photos ni des vidéos.

En descendant de l'esplanade des tombes vers la mer, on atteint la Cala Garibaldi, aujourd'hui près d'un Club Méditerranée, où le héros amarrait ses bateaux.

A environ 1 km du museo Garibaldino, vous trouverez un complexe consacré à la recherche sur les dauphins et un musée minéralogique. Deux visites que vous pourrez faire.

Le dolphin-watching : à la découverte du tursiope

Pinna Bianca est un dauphin très populaire chez les biologistes du centre de recherche du Borgo Stagnali. Il s'est fait voir et photographier à plusieurs reprises depuis 1999, époque où l'identification des dauphins n'était pas chose aisée, pour les chercheurs ou pour les invités du centre. Le Centro Ricerca Delfini de l'île de Caprera est l'un des centres, peu nombreux, qui promeuvent l'observation des cétacés selon des règles très strictes, pour ne pas déranger les animaux. Caprera, comme aussi toute la partie de mer comprise entre la Sardaigne, la Toscane et la Provence, est riche en dauphins côtiers, les tursiops truncatus, une espèce très commune. Mais ces animaux sont toujours victimes d'un tourisme trop agressif, de la pêche industrielle et de la pollution. Les bateaux les approchent et les entourent longtemps, ils restent parfois piégés dans des filets et le passage des bateaux transportant du pétrole dans les Bouches de Boniface constitue un danger pour eux. Pendant l'été, le centre de recherche organise des séjours d'étude ouverts à tous. On partage une semaine d'observation des dauphins dans leur environnement : pendant des promenades en bateaux, on reste au moins à 60 m du cétacé, on ne le suit pas, on ne reste pas plus que 15 min, on ne le touche pas et on ne les nourrit pas non plus. Le séjour, qui coûte 600 € environ (tout compris) demande un très bon esprit d'adaptation : d'une part, on dort dans une chambre collective et d'autre part, les meilleures observations ont lieu très tôt le matin. Pour les personnes non désireuses de vivre ce genre d'expériences, des tours d'observation en bateau peuvent aussi être organisés sur demande. Le Centre étudie les dauphins tursiopes et leurs déplacements et aide les spécimens en difficulté. En cas de repérage, on peut appeler le ✆ (0789) 72 78 97 ou le (348) 43 27 677, 24h/24.

■ **CENTRO RICERCA DELFINI. Loc. Stagnali ✆ (0789) 727 897 – www.ctsambiente.it – cdrcaprera@cts.it** – *Entrée libre. Ouvert tous les jours de 9h à 18h30 de juin à septembre, et du lundi au vendredi et les jours fériés de 9h à 13h l'hiver.* Un centre de recherche est consacré aux dauphins ; un film sur les poissons passe en boucle. Sur réservation, embarquement en bateau. On peut aller au centre en voiture en suivant les indications sur la route côtière de l'île de Caprera, ou en bus, arrêt Borgo di Stagnali.

■ **MUSEO GEO MINERALOGICO. Loc. Stagnali ✆ (0789) 720 051 – www.parconazionale.it** – *Ouvert tous les jours de 9h30 à 13h et de 15h30 à 19h.* Tout sur les fonds marins et les roches de Sardaigne.

Les plages

Moins fréquentées par les touristes et moins bruyantes par rapport à celles de l'île principale, les plages de Caprera sont beaucoup plus suggestives. Entourées par quelques bateaux pendant l'été, elles sont très appréciées par les passionnés des régates en raison du vent d'ouest qui souffle à plus de 40 km/h sans interruption. Ici se trouve l'école de voile la plus importante d'Italie, le Centro Velico di Caprera, fondé en 1967.

En arrivant de La Maddalena, **Cala Garibaldi** est la première plage qu'on rencontre. Très équipée au niveau des services, elle fait partie d'un village Club Med, mais l'accès au public est habituellement autorisé par le personnel du village. Du côté est de l'île, accessible uniquement à travers un sentier que l'on ne peut traverser qu'accompagné d'un guide, la **Cala Coticcio** est considérée comme l'une des plus belles de la Sardaigne. Surnommée Thaiti, sa plage est caractérisée par des roches en granit rose. Malheureusement, en été elle est toujours prise d'assaut par les bateaux. Plus au sud, **Cala Brigantina** est protégée par le mont Telaione et très appréciée par les amateurs du snorkeling.

Dans l'extrémité sud de l'île, sur l'isthme qui unit Caprera à la petite île Rossa, la plage de **Cala Portese** est entourée par des petites dunes de sable très fin. Dans le nord de l'île Rossa, trois petites plages roses ne sont accessibles qu'en bateau, mais il faut faire attention aux récifs cachés à quelques mètres de la côte. Du côté est de l'île Rossa, la petite plage blanche de **Cala Andreani** est appelée Spiaggia del Relitto, « épave » en italien, en raison des restes toujours visibles d'un bateau enterré sous le sable. Cette zone du parc est intégralement protégée : la pêche sportive et les immersions sont interdites. Non loin de là, en poursuivant vers le sud, la plage de Punta Rossa, entourée par des récifs en granit rose, est aussi protégée. En reculant vers l'isthme qui unit Caprera et l'île Rossa, on arrive aux deux petites plages de Cala Portese. Elles sont situées de part et d'autre de la rue qui traverse l'isthme, l'Istmo dei Due Mari. En poursuivant vers le sud-ouest de l'île, on peut facilement atteindre la plage de **Porto Palma** en voiture. Les très petites plages de **Monte Fico,** au contraire, ne sont accessibles qu'en bateau. Dans l'ouest de l'île, la **Cala di Stagnali,** où les pêcheurs amarrent aujourd'hui leurs embarcations, fut utilisée par les militaires du village Stagnali comme point d'approvisionnement au début du 1900. Le village accueille aujourd'hui le Centre d'éducation Ambientale du parc, avec un musée géo-minéralogique, un centre de documentation sur les zones protégées de la Méditerranée et un centre de recherche sur les dauphins.

Planche à voile, funboard, kite-surf et surf

■ **CENTRO VELICO CAPRERA ✆ (02) 86 45 21 91 (siège à Milan) – www.centrovelicocaprera.it –** *Pour une semaine, compter de 700 à 1 630 € pour les cours de base selon la saison.*
Ecole de voile renommée de l'île de Caprera. Dispense des cours pour tous les niveaux.

Giuseppe Garibaldi, « le héros des deux mondes »

Garibaldi est né à Nice en 1807. Républicain, il rejoint en 1833 le mouvement « Jeune Italie » fondé par Giuseppe Mazzini pour promouvoir l'unification du peuple italien au sein d'une république. Compromis dans une tentative d'insurrection à Gênes en 1834, Garibaldi s'enfuit en Amérique du Sud, où il participe à des mouvements révolutionnaires, au Brésil et en Uruguay. Il rentre en Italie en 1848, pour prendre part aux combats contre les Autrichiens, mais, obligé de rendre les armes, il doit de nouveau s'exiler, cette fois à New York.

De retour en Italie en 1854, il s'implique dans les luttes politiques, organisant, en 1860, avec un corps de volontaires, l'Expédition des Mille ou des Chemises rouges, pour conquérir le royaume de Naples et des Deux-Siciles. A deux reprises (1862 et 1867), il tente de s'emparer de Rome, mais les troupes françaises qui défendent la papauté le repoussent. Il n'en parvient pas moins à proclamer l'Unité italienne en 1871. Alors que son rêve d'unité vient de se réaliser, Garibaldi ne s'arrête pas là puisqu'il vient en aide à la République française dans sa guerre contre la Prusse. Le héros des deux mondes (ainsi appelé parce qu'il a combattu pour l'indépendance en Europe et en Amérique du Sud) s'éteint en 1882, à Caprera.

SANTO STEFANO

Située entre la Sardaigne et La Maddalena, l'île de Santo Stefano grade un patrimoine naturel exceptionnel en raison de ses roches granitiques claires, dont le mont Zucchero, (« sucre » en italien) est formé. Aujourd'hui, il n'y pas d'habitations dans l'île, qui fut pendant longtemps le fort militaire principal de l'archipel. Le fort San Giorgio, construit sous la domination de la maison de Savoie, est aussi appelé fort de Napoléon, qui dirigea de cet endroit ses bombardements contre l'île de La Maddalena pendant la guerre sardo-française. Depuis la terrasse du fort, on profite d'une vue panoramique sur tout l'archipel et sur la côte Nord de la Sardaigne. La Spiaggia del Pesce, sur la côte occidentale, est la plage la plus grande et la plus connue de l'île. C'est ici que les touristes débarquent en arrivant de Palau ou de La Maddalena. Non loin de la côte, on peut voir une petite île haute de 20 m environ, appelée l'Isolotto della Paura, île de la peur, ou Isolotto Roma, du nom du bateau de l'armée italienne abattue ici par les Allemands en septembre 1943. Le gouvernement anti-fasciste du général Badoglio venait d'annoncer l'Armistice avec les Anglo-Américains et d'ordonner à toute la flotte de la marine militaire d'atteindre les ports contrôlés par les Anglais. L'amiral Bergamini dirigea alors ses bateaux de la Ligurie à La Maddalena. Quand il s'aperçut que l'archipel avait été occupé par les Allemands, il était trop tard. L'amiral et 1 352 de ses 1 948 marins moururent ici. Un monument très visible depuis la route entre Palau-La Maddalena, a été érigé sur l'Isolotto en leur mémoire. En descendant vers le sud, on arrive à la Cala Vela Marina, où on trouve un môle construit début 1900 et utilisé pour les trafics de granit et pour les opérations militaires jusqu'à la Deuxième Guerre mondiale. Ici, abandonnée depuis 1943, se trouve toujours la tête de la statue de Costanzo Ciano, membre de la famille de Galeazzo Ciano, gendre et ministre que Benito Mussolini fit exécuter après la chute de son gouvernement. La statue, commissionnée par le gouvernement fasciste, aurait dû mesurer 13 m et faire partie du musée de la famille Ciano près de Livourne. Sur la côte Sud de l'île, on peut atteindre uniquement en bateau les deux petites plages de Punta di Santo Stefano et Cala Levante. La côte orientale de l'île est, par contre, absolument interdite. C'est toujours un site militaire Nato et elle accueille un centre de sous-marins nucléaires américains. La présence de cette base dans l'un des endroits les plus spectaculaires du parc a toujours déchaîné des polémiques féroces. Pendant 30 ans environ, la base a été accusée de polluer avec des scories radioactives les eaux de l'archipel. Des accidents, comme celui du sous-marin nucléaire Hartford échoué près de Caprera, ont provoqué des craintes sur les dangers posés par la présence de la base. En 2003, un agrandissement massif de la structure, construite en 1972, qui comptait déjà 2 sous-marins, 3 000 militaires et 18 000 m^3 d'édifices, fut décidé par le gouvernement italien. Mais le nouveau ministre des Affaires étrangères a annoncé de vouloir démanteler la base.

SPARGI

L'île de Spargi est fameuse pour les très belles plages de sa côte orientale. On rejoint cette île magnifique avec les bateaux qui partent du port de La Maddalena et accostent à la vieille jetée militaire de Cala Corsara. Pas de tour organisé qui ne s'arrête sur la Cala Corsara, aux eaux émeraude, qui tire son nom des pirates corses qui l'utilisaient comme refuge en raison de sa profondeur. Les roches en granit qui entourent la plage ont été sculptées par les vents dans des formes qui rappellent la péninsule italienne, un chien bulldog, une tête de sorcière. Ici, sur la Secca Corsara, à 18 m de profondeur environ, un plongeur découvrit en 1939 les restes d'un bateau romain de 150 tonnes et 35 m. Son cargo était toujours intact : le bateau avait été abattu par des pirates après son approvisionnement. En raison de la guerre, le bateau ne fut récupéré que dans les années 1950. Une grande partie de la structure et des amphores qu'il contenait furent aussi volées, jusqu'à ce que, 30 ans après, les restes du bateau soient transportés au musée naval de La Maddalena. Le bateau de Spargi et d'autres pièces retrouvées ont prouvé l'intensité du trafic naval dans l'archipel entre le IIe et le Ier siècle av. J.-C., malgré les dangers posés par les forts courants des Bouches de Boniface. Cala Corsara est la plage la plus connue de l'île, mais il ne faut pas oublier les plages blanches de Cala Conneri, appelée aussi Cala dell'Amore, et Cala Granara, sur la côte orientale de l'île. Sur la cote ouest, Cala d'Alga est caractérisée par son sable rose, et Cala Piscioli tire son nom des nombreux poissons qui habitent ses eaux. Au nord, on s'arrête à la Cala Bonifazzinca et à la Cala Canniccio avant d'atteindre le sable blanc de Cala Soraia, connue aussi comme Cala Boomerang pour sa forme de demi-lune. Toutes ces plages sont entourées de grands rochers de granit sculptés par le vent, alors que l'intérieur est couvert d'une végétation dense et intacte de maquis. Au nord de Spargi, les deux petites îles de Spargiotto et Spargiottello sont interdites aux bateaux et aux visiteurs en raison de la présence de nombreuses espèces aviaires protégées, comme le marangone, la mouette corse et l'oiseau de la tempête, qui déposent ici leurs œufs.

BUDELLI

De Spargi, on gagne traditionnellement l'île de Budelli, où se trouve la célèbre Spiaggia Rosa, ainsi appelée pour la teinte rose de son sable, couleur due à une forte présence de coquilles concassées, en particulier celles du Miniacina maniacea, de couleur rosée. On est frappé par l'intensité chromatique des tons de la mer et du sable, et par les formes des roches granitiques qui entourent la baie et qui constituent un spectacle unique au monde. Cette plage a été immortalisée par Michelangelo Antonioni dans une longue séquence de son film Deserto rosso en 1964.

Malheureusement ou heureusement, pour préserver la particularité de ce monument naturel exceptionnel, dont le sable a été trop souvent volé comme souvenir par les touristes, les bateaux ne sont pas autorisés à s'approcher du rivage, et les visiteurs ne peuvent pas marcher sur la plage. Ainsi, tout ce que l'on voit de la Spiaggia Rosa est une fine bande de terre légèrement rosée. Les cartes postales (retouchées ?) vendues dans les rues de La Maddalena sont, de ce point de vue, beaucoup plus colorées…

On peut atteindre la plage rose en passant par les plages voisines, accessibles en bateau : Cala d'Arena et Cala Piatto au sud de l'île, Cala de Trana dans le nord-ouest. Dans le nord, on rejoigne les plages aux couleurs exotiques du Passo Cecca di Morto, notamment la Spiaggia di Cavalieri.

IL PORTO DELLA MADONNA

C'est ainsi que l'on appelle la lagune entre les îles de Budelli, Razzoli et Santa Maria. Des fonds blancs et une eau cristalline font de cet endroit l'un des plus enchanteurs de l'archipel.

SANTA MARIA

L'île de Santa Maria, située au nord-est de l'archipel, est la plus verdoyante du groupe. On y trouve la superbe Cala Santa Maria, proche d'un petit lac salé riche en faune aviaire. Ici, on trouve aussi des vestiges d'habitations, les seules dans le groupe d'îles mineures de l'archipel, d'un phare et même d'un couvent où des frères bénédictins, venus de Bonifacio, trouvèrent refuge au Moyen Age. Le nom de l'île vient véritablement d'une église dédiée à la Vierge et rattachée au couvent, qui fut mentionnée dans un bulletin pontifical en 1243 et détruite pendant les incursions turques. Parmi les plages à voir absolument, dans l'ouest, on trouve Cala Ferrazzo, la Spiaggia di Tamerici et Cala Muro.

RAZZOLI

Cette île solitaire est sans doute la plus sauvage de l'archipel, dont elle marque la limite nord-ouest. Ses plages ne sont pas à la hauteur des celles de Caprera ou Spargi, mais ses récifs sont quand même dignes d'une mention pour l'aspect que l'érosion leur a donné. La Cala Lunga, dans le sud, est entourée par des roches roses. D'ici on peut marcher sur un sentier panoramique jusqu'au phare, à l'extrémité nord, qui offre une vue étonnante sur les îles sardes et sur la Corse. D'ici on peut aussi voir les roches de Cala del Rosario et Cala dell'Acqua. Dans le sud de l'île, la Cala Cappello et la Cala della Noce offrent deux petites plages qui s'étendent sous le seul mont de l'île, de même que la Cala Bove Marino et l'Ultima Cala. Cette dernière plage ainsi que celle, au nord, de Cala Prima, sont entourées par des récifs jaunes.

Plage de sable blanc

LA GALLURA INTÉRIEURE

TEMPIO PAUSANIA

Un vrai bol d'air ! Enfin une authentique petite ville, loin des extravagances de la Costa Smeralda. Nichée au cœur du paysage montagneux de la Gallura, Tempio Pausania est dominée par le majestueux mont Limbara. Cette charmante ville de 15 000 habitants revendique aujourd'hui le titre de capitale de la Gallura, attribué généralement à Olbia, mais dont elle pense qu'il convient mieux à ses ruelles pavées pleines de caractère, à ses églises granitiques et à son atmosphère conviviale.

A partir du XIIe siècle, de nombreux palais et églises, en granit gris de la région, ont été érigés par les occupants successifs de l'île, autour du centre historique que constitue la piazza Gallura, dont les fondations datent de l'époque préhistorique et romaine.

Pratique

Tourisme

■ **OFFICE DU TOURISME. Associazione Turistica Pro Loco, piazza Gallura 1 ✆ (079) 63 12 73. Fax : (079) 67 06 22.** *Ouvert de 9h à 13h et de 16h à 20h du lundi au vendredi et de 10h à 13h les samedi et dimanche.* Vous y trouverez une équipe sympathique et qualifiée, bien disposée à vous aider pour une journée ou un séjour.

▶ **Comune di Tempio Pausania**

■ **PIAZZA GALLURA** ✆ (079) 679 999 – comuneditempio@tiscalinet.it

■ **SERVIZIO INFORMAGIOVANI BIBLIOTECA COMMUNALE : Parco Delle Rimembranze** ✆ (079) 671 580 – infgiovani.tempio@tiscalinet.it

■ **OFFICE D'INFORMATIONS TOURISTIQUES** ✆ (079) 639 00 80 – www.comune.tempiopausania.ss.it – turismo@comunetempio.it

Agences de voyages

■ **GALTOUR VIAGGI. Via Roma, 20** ✆ (079) 631 602.

■ **QUID TOUR. Via Fratelli Bandiera** ✆ (079) 671 347/631 257.

Banques

■ **BANCA DI SASSARI. 23, via Veneto** ✆ (079) 633 491.

■ **BANCO DI NAPOLI. 2, via Ferraccio** ✆ (079) 632 042.

■ **BANCO DI SARDEGNA. 24, piazza Don Minzoni** ✆ (079) 672 59 00.

Adresses utiles

■ **SECOURS** ✆ (079) 678 282.

■ **POLICE** ✆ (079) 631 107.

■ **POSTE. L. go De Gasperi** ✆ (079) 6 31 157/447.

Hébergement

■ **L'AGNATA. Loc. Angnata, Tempio Pausania ✆ (079) 6 71 384. Fax : (079) 634 125 – agnata@tiscalinet.it – www.agnata.it** – *Chambre double à partir de 150 € environ.* Située au cœur de la Gallura, cette ancienne propriété du chansonnier Fabrizio De André est devenue aujourd'hui un établissement d'agriturismo de qualité. Les 10 chambres, au mobilier simple, sont toutes différentes. La très belle piscine est ornée de rochers de granit rose. Entourée de verdure, la ferme est à côté d'un lac artificiel et du fleuve Rio Caprioleddu.

■ **PETIT HOTEL. Piazza A. De Gasperi, 9/11 ✆ (079) 6 31 134. Fax : (079) 631 760 – www.petit-hotel.it – petithotel@tiscalinet.it** – *3 étoiles. 40 chambres. Chambres doubles avec salle de bains, compter de 60 à 120 €.* Les chambres, sobres et très propres, disposent toutes d'une douche, d'un téléphone et d'un bar. Certaines permettent d'admirer les montagnes de la Gallura. Mieux vaut éviter celles qui donnent sur la place, en raison du bruit.

■ **TEMPIO PAUSANIA INN. Loc. Battino ✆ (079) 663 40 37 – www.hotelpausaniainn.com – pausania.inn@tiscalinet.it** – *3 étoiles. Situé à 1 km de Tempio sur la route de Palau. Chambres simples, compter de 45 à 90 €, doubles de 65 à 140 € environ.* Piscine, court de tennis, terrasse panoramique. Des chambres confortables et un accueil chaleureux.

Agriturismo

■ **AGRITURISMO STAZZO LA CERRA. Loc. Stazzo la Cerra ✆ (079) 670 972/(347) 560 64 62 – www.agriturismolacerra.it – agriturismolacerra@tiscali.it** – *Compter environ 50 € par personne en demi-pension.* A 13 km de Tempio sur la route de Palau, une ferme d'agritourisme avec de belles chambres. Une cuisine gallurese typique.

■ **AGRITURISMO IL MUTO DI GALLURA. Aggius, loc. Fraiga (sur la route de Tempio Pausania) ✆/Fax : (079) 62 05 59 – www.mutodigallura.com** – *Chambres doubles de 70 à 80 €. Demi-pension à partir de 60 € par personne.* Les 10 chambres sont dans un ancien stazzu (l'ancien refuge des bergers). Au programme : vaches, brebis et moutons, cultures biologiques et excursions à cheval.

Restaurants

■ **CAFFE GABRIEL. Via Mannu ✆ (079) 633 601.** Situé à deux pas du marché, ce café-restaurant est l'un des plus originaux de la ville, avec son exposition de mannequins en costumes sardes et ses concerts en hiver. Le restaurant, à l'étage, peut accueillir une vingtaine de personnes, et la petite terrasse est très agréable en été. On peut y déguster une zuppa gallurese, des fèves au lard et aux châtaignes ou du porc sauté aux olives.

■ **IL GIARDINO. Via Cavour, 1 ✆ (079) 671 247.** *Fermé le mercredi.* Situé dans le centre-ville, il est indiqué par une affiche dans une rue donnant sur la piazza Gallura. On y sert de très bons plats sardes, dont la traditionnelle zuppa gallurese.

■ **IL PURGATORIO. Via Garibaldi, 9 ✆ (079) 634 042.** *Fermé le mardi. Compter 25 € par personne pour un repas complet.* Un des meilleurs restaurants de la région. Une cuisine typique gallurese raffinée. Les raviolis à la ricotta, au sucre et à l'écorce de citron, accompagnés de sauce tomate sont tout simplement exquis !

■ **LA PINETA. Via San Lorenzo, 13 ✆ (079) 630 570. Pas de carte.** *Compter 15 €. Pour les petits budgets.* La patronne propose les plats qu'elle a cuisinés selon ses humeurs. Rien d'exceptionnel mais, pour 13 €, on a un primo, un secondo, un contorno, une bouteille d'eau, du vin et un café, pane e coperto compris.

Sortir

En été, le rite de la passegiata s'effectue **via Fonte Nuova,** parce qu'il y fait frais ! En hiver, l'animation est plutôt du côté du **Corso Matteotti.** On ne peut pas dire que l'été soit des plus animés à Tempio. Le soir, tout le monde se déplace du côté de la Costa Smeralda. Pendant les autres saisons, les habitudes nocturnes reprennent leurs cours dans les lieux suivants :

■ **38 LUGLIO. Via Valentino.** Une pizzeria qui accueille des groupes en fin de semaine.

■ **IL BOWLING. Via Giovanni XXIII.** Des jeux divers et de la musique live.

■ **PUB CHOPIN. Via San Lorenzo.** Le lieu de rassemblement des jeunes de la ville. Très animé.

Shopping

Si vous désirez vous procurer du bon vin sarde, voici deux excellentes œnothèques :

■ **TAMPONI. Calangius, Via Veneto 6.** Un petit chai renommé pour son spumante.

■ **CANTINA SOCIALE. Tempio Pausania, Via Val di Cossu 9.** Le vermentino et le nebbiolo rouges sont exceptionnels.

Manifestations

▸ **Carrascialu Timpiesu.** Le carnaval de Tempio Pausania est l'un des plus populaires de l'île : toute la Sardaigne y participe. Outre les traditionnels défilés de masques et de chariots allégoriques, on assiste à un rite plus spécifique au moment du Mardi gras : c'est le bûcher du Roi Giorgio, un pantin qui représente le carnaval. Toute la semaine, des bals et de grandes fêtes ont lieu partout dans la ville. **Pour plus d'informations :** Pro loco Tempio Pausania, piazza Gallura 2 ✆ (079) 631 273.

Fabrizio De André : le chanteur-poète inspiré par la Sardaigne

Quand il mourut à la suite d'un cancer il y a quelques années, toute l'Italie était en deuil, mais les habitants de Tempio Pausania furent frappés plus que les autres. Fabrizio De André, le chanteur génois considéré comme un vrai poète, avait choisi la campagne près de la petite ville sarde pour démarrer sa nouvelle vie d'agriculteur, après 15 ans de carrière. Il s'était affirmé comme musicien discret et cultivé, inspiré par les compositeurs français des années 1960 et par la musique traditionnelle italienne. En août 1979, 4 ans après son arrivée en Sardaigne, alors bien installé dans sa tenue de l'Agnata, il fut enlevé avec sa compagne, la chanteuse Dori Ghezzi (avec laquelle il s'est mariée en 1989). Dans les années 1970, les enlèvements étaient pratiques communes de la par des organisations criminelles sardes. Les entrepreneurs arrivés du nord de l'Italie et de l'étranger étaient leurs victimes préférées. L'expérience de l'enlèvement de 4 mois inspira de nombreuses chansons au musicien, largement habité par la société sarde. De André composa un disque sans titre, connu comme l'Indien en raison de la couverture de l'album, qui représente un natif américain. Les similitudes entre les peuples indien et sarde sont évidentes : les deux, dit le chanteur, sont enfermés dans des réserves culturelles, les deux sont victimes des dominations sociales. Lors du procès, De André pardonna à ses ravisseurs, mais pas à leurs commanditaires. Il a eu un fils, Cristiano, et une fille, Luisa Victoire, appelée Luvi, tous les deux musiciens. Durant l'été 1998, pendant une tournée, on lui diagnostiqua une tumeur aux poumons qui l'obligea à interrompre les concerts. Il mourut le 11 janvier 1999.

▶ **Omaggio a Fabrizio De André.** Renseignements : Associazione Culturale Ottocento – www.lafeniceottocento.it – Pour la Sardaigne, le chanteur Fabrizio De André est un peu ce que Georges Brassens (dont il a réinterprété certaines chansons) est pour la France. Originaire de Gênes, il était tombé amoureux de la Sardaigne et a même écrit quelques chansons en dialecte sarde. Il a souvent séjourné à Tempio. Tous les ans, depuis l'année 2000, la ville lui rend un hommage de 4 jours, vers la fin du mois d'août. Des groupes locaux et nationaux se produisent sur les places de la ville, reprenant les chansons du regretté chanteur compositeur.

▶ **Dégustations de vin.** La nuit de la Saint-Laurent, le 10 août, des dégustations de vin sont offertes aux visiteurs de la Città del Vino dans la soirée « Calici di stelle ». Pour boire un verre en regardant les étoiles.

▶ **Fête de Nostra Signora della Neve.** La Madonne des Neiges est célébrée à Tempio le deuxième dimanche du moi de septembre. Dans un climat toujours très estival, une procession et une foire à base des produits locaux sont organisées au centre-ville.

Points d'intérêt

■ **LA CATHEDRALE DI SAN PIETRO** date du XIIIe siècle et a été entièrement restaurée au début du XIXe. Elle est entourée par deux églises de moindre importance : l'Oratorio di San Roche, plus ancienne que la cathédrale, et l'Oratorio del Rosario, du XIIIe siècle également. On pourra aussi jeter un coup d'œil aux églises, chacune unique, du centre historique : l'église du Purgatoire, l'église de Sainte-Françoise avec son ancien couvent, l'église Notre-Dame-du-Pillera, datant de l'époque espagnole, et l'église Saint Joseph construite entièrement en granit de la région.

La ville est connue pour ses deux universités spécialisées dans l'étude des plantes médicinales (abondantes dans les forêts de la Gallura) et de la géologie.

■ **LE MUSEE BERNARDO DI MURO,** près du parc, célèbre la vie et les succès du grand ténor local, Bernardo di Muro.

■ **LA PETITE GARE DE TEMPIO (stazione),** point de départ de la ligne du Trenino Verde allant de Tempio à Palau, est ornée de peintures, des années 1930, du célèbre artiste Giuseppe Biasi. A l'extérieur, les très vieilles locomotives à vapeur rappellent les débuts de l'industrie ferroviaire.

▶ **Dans le petit musée de la gare,** on pourra voir un wagon intégralement restauré (XIXe siècle) et un atelier complet de réparation et restauration ferroviaire datant de 1888, en parfait état de fonctionnement et unique en Europe.

▶ **Ne pas manquer le trajet du Trenino Verde de Tempio à Palau** (1h30), pour une découverte

Panorama

Le plus beau panorama de la partie septentrionale de l'île est celui qui se déploie du mont Limbara (1 359 m), la montagne au sud de Tempio Pausania. On y accède par une route qui grimpe, sur une dizaine de km, à travers une pinède puis par de petits sentiers. Il n'est pas nécessaire de monter jusqu'au sommet pour contempler du haut tout le nord de la Sardaigne. Par beau temps, on peut même voir la Corse.

des superbes paysages montagneux de la Gallura et une arrivée spectaculaire sur le port de Palau. *A l'aller : horaires de départ de Tempio à 8h05 et arrivée à Palau à 9h35 ou départ à 17h, et arrivée à 18h30. Au retour : départ de Palau à 9h50 et avec arrivée à Tempio à 11h35 ou à 19h et arrivée à 20h30. 14 € aller-retour.* **Renseignements :** Gare de Tempio ✆ (079) 6 31 447.

■ **LE NURAGHE MAIORI.** A quelques km du centre-ville, ce nuraghe n'est pas parmi les mieux préservés, mais il est très facile à atteindre.

Loisirs

Trekking

■ **SARDINIA SERVICE SAS. Via Alba Barona, 20 ✆/Fax : (079) 639 31 13/(333) 618 38 00 – paolamori@tisacli.it** – Des visites guidées et des excursions organisées par Gino Mori, un guide local.

■ **MOON TREKKING ✆ (348) 792 03 50/(328) 915 06 02.** Excursions à cheval et à VTT.

Théâtre

■ **TEATRO. Via Palau, 5 ✆ (079) 671 580/30 377 ou (328) 150 037 42.** Une association culturelle dynamique a investi le superbe petit théâtre à l'italienne de Tempio, construit en 1929. On y programme pièces de théâtre, concerts (jazz et classique) et ballets, à raison d'un spectacle par semaine.

CALANGIANUS

A 5 km de Tempio, le tranquille village de Calangianus est entouré de forêts de chênes-lièges. L'industrie du liège s'y est fortement développée et les alentours du village abondent en ateliers et en petites usines. C'est ici que se trouve la seule école professionnelle italienne du travail du liège. La petite place du village accueille quelques terrasses de cafés où se rassemblent les habitants du coin. C'est également une région de production de miel amer, très utilisé dans la fabrication des seadas, gâteaux fourrés au fromage frais et aux zestes de citron, frits dans l'huile bouillante et recouverts de miel amer et de sucre.

Le liège

Depuis des siècles, la culture et la production du liège font partie intégrante de la vie des Sardes. Le chêne-liège est présent un peu partout sur l'île, disséminé entre les nuraghi. Les régions les plus riches en chênes-lièges sont celles du parc Giara de Gesturi près de Barumini, faites de sols basaltiques, et de la Gallura, près du centre de production de Calangianus. Le liège vient des Quercus suber, ces chênes-lièges aux troncs irréguliers pouvant atteindre 15 à 20 m de hauteur. L'écorçage a lieu tous les 9 ans, durée imposée par les lois en vigueur, et requiert une habileté propre à la tradition sarde de la culture du liège. En effet, un écorçage mal fait peut abîmer l'écorce inférieure et compromettre la production suivante.

Le village de Calangianus, près de Tempio Pausania, est la capitale du liège, là où la matière est travaillée et transformée. Le liège est utilisé comme isolant et comme revêtement pour l'habitat, et, bien sûr, pour la fabrication de bouchons pour les bouteilles de vin. 80 % de la production totale italienne de liège provient de la Sardaigne. Une production qui correspond à une tradition ancestrale.

Restaurants

■ **ZIA PAULINA. Via Tempio, 7 ✆ (079) 660 752.** Situé sur la route qui mène à Tempio, ce restaurant familial, d'une capacité d'environ 200 personnes, sert des plats traditionnels sardes : raviolis, pasta con pomodoro, pancetta et patate al forno.

Points d'intérêt

A l'entrée du village de Calangianus, en venant d'Olbia, on pourra s'arrêter quelques instants à l'ombre d'un chêne-liège, devant la Chiesa (« église ») le Grazie. Prendre le premier chemin sur la gauche.

■ **TOMBE DEI GIGANTI PASCAREDDA.** On y accède par une route impossible. Grandes voitures s'abstenir ! Une fois garé, suivre un petit chemin pendant 5 min.

TELTI

La route qui mène d'Olbia à Tempio passe par le charmant village de Telti, dont le centre est décoré de jolies peintures murales.

AGGIUS

Entouré par les sommets en granit des monts La Croce et Sozza, qu'on appelle les monts de Aggius, ce petit village de 1 600 hab., à 5 km au nord-ouest de Tempio, est le centre de l'art textile traditionnel de la Gallura. Il n'y a pas si longtemps, tous les villages autour de Tempio étaient connues pour leur production de tapis en laine sarde. Aujourd'hui, Aggius est le seul à poursuivre cette activité. En 2005 un ancien laboratoire textile fut transformé en musée ethnographique. Ici on peut se renseigner sur les traditions du village. Au centre-ville, parmi les maisons en granit, on peut visiter l'église de Santa Croce, très simple, en style gallurais.

Manifestation

▸ **L'exposition du tapis.** Pendant les mois de juillet et août, les tisseuses de Aggius réalisent leurs tapis en laine de façon traditionnelle, avec leurs cadres, sous les yeux des visiteurs, dans l'exposition du « tappeto aggese ».

Points d'intérêt

■ **LE MUSEE MEOC. Via Monti di Lizu 6. Fax : (079) 862 03 39.** *Ouvert tous les jours de 10h à 13h et de 15h à 19h.* Le musée ethnographique Olivia Carta Cannas a été arrangé dans un ancien laboratoire textile. Ici on retrouve les traditions de la région.

■ **L'EGLISE DE SANTA CROCE.** Datant de 1709, cette petite église en granit au centre-ville fut restaurée en 1984. Sans décoration, elle constitue un exemple de la très simple architecture typique de la Gallura.

■ **LE PARC CAPITZA.** Situé sur les monts de Aggius, on y arrive sans soucis en voiture. Pour des vues panoramiques de la région. En descendant sur la même rue, on arrive à l'esplanade de la Luna, ou Piana dei Grandi Sassi, disséminée en grandes roches granitiques.

Aggius, vallée de la Luna

> Région Sud, Ile de San Pietro, Caloforte

> Région Côte Est, Golfe de Orosei

> Capo Ferrato

> Maison à Alghero

> Olivier

> Temple d'Antas

> Nuraghe

■ **LE NURAGHE IZZANA.** Très bien préservé, aujourd'hui près d'une ferme, ce nuraghe n'est malheureusement pas facile à atteindre en raison du manque de signalisations et de la rue non asphaltée qu'on doit suivre à partir de l'esplanade des Grandi Sassi.

■ COSTA PARADISO ■

La Costa Paradiso désigne la côte qui s'étend de Santa Teresa di Gallura à Castelsardo. La partie nord, de Santa Teresa à Isola Rossa, est de loin la plus impressionnante, caractérisée par ses roches de porphyre rouge. Ses côtes sont accidentées et sculptées par le vent.

La route qui mène d'Isola Rossa à Castelsardo longe une longue plage, bordée de campings et de resorts. Situé sur cette route, le village de Valledoria possède de nombreux campings.

SANTA TERESA DI GALLURA

Située à l'extrême nord de l'île, Santa Teresa di Gallura est une ville à part en Sardaigne. Peut-être en raison de la dizaine de kilomètres qui la séparent de la Corse, dont on voit, par beau temps, les falaises blanches de Bonifacio, ou peut-être parce que la proximité de la Costa Smeralda met encore plus en relief son caractère authentique. Le vieux bourg de pêcheurs, avec ses petites maisons caractéristiques, garde son charme originel et original, et les structures touristiques s'intègrent sans accroc dans ce cadre traditionnel. La place centrale est ainsi le lieu de rencontre des vacanciers et des habitants du pays, qui se côtoient dans une ambiance conviviale. Les petites rues piétonnes qui partent de la place accueillent d'innombrables glaciers, boutiques de souvenirs et d'artisanat local. La jolie plage de Rena Bianca, proche de la place principale, est léchée par des eaux claires bleu turquoise. Enfin, la promenade de bord de mer qui longe les tours espagnoles permet d'apercevoir les falaises calcaires de Bonifacio.

Histoire

On entend parfois dire que Santa Teresa est une ville jeune. En effet, elle fut fondée par Vittorio Emmanuele Ier au début du XIXe siècle. Mais c'est oublier son passé ancien, puisque des traces d'habitations préhistoriques ont été découvertes à proximité du port, indiquant une implantation humaine sur le site dès le IVe millénaire av. J.-C.

A l'époque de la domination romaine, une structure urbaine vit le jour à l'emplacement actuel de Santa Teresa di Gallura. Longonis était un bourg de pêcheurs, installé dans les environs du port : son nom vient en effet de la forme allongée du port qui le protégeait des vents et des tempêtes. La ville connut une forte croissance grâce à ses ressources en granit, intensivement exploitées par les Romains : une fois raffinée, la précieuse roche servait à la construction des riches villas romaines ou bien des temples et autres monuments. On a même retrouvé du granit de Santa Teresa di Gallura sur des colonnes du Panthéon.

Au Moyen Age, les Pisans renforcèrent la ville et son port pour en faire un avant-poste militaire et commercial pouvant faire face à la Corse, alors sous la domination des Génois, ennemis héréditaires des Pisans. La ville prit le nom de Longosardo et se développa de façon spectaculaire aux XIIIe et XIVe siècles. En 1384, Eleonora d'Arborea y fit construire un château dont il ne reste aujourd'hui plus aucune trace : il fut détruit, au début du XVe siècle, par les Génois, qui laissèrent la ville aux mains des pirates et des bandits.

Il fallut attendre 1808 pour que la ville se relève tout à fait de cette période de troubles. Vittorio Emmanuele Ier lui donna le nom de Santa Teresa ainsi que son plan urbanistique très régulier, à angles droits. Pour la peupler, il attira des habitants en leur octroyant gratuitement des parcelles de terrain.

Aujourd'hui la ville vit du tourisme et de sa proximité avec la Corse : elle est le principal point d'arrivée pour les visiteurs venant de l'autre « île de Beauté ».

Transports

Ferry

Saremar et Moby Lines assurent des traversées Santa Teresa–Bonifacio. Leurs bureaux de renseignements et de réservation se trouvent sur le port. La traversée dure environ 1 heure.

■ **SAREMAR © (0789) 754 156.** 3 départs par jour. Prix adultes de 6,80 à 8,70 € ; enfants de 3,40 à 4,40 € ; voiture entre 20 € et 33,40 € (plus 3,10 € de taxes).

■ **MOBY LINES © (0789) 751 449.** 4 départs par jour. Prix 11,50 €.

Santa Teresa di Gallura
vers Sassari Porto Torres
vers Palau et Olbia
Via Nazionale
Via Firenze
Via Trento
Via Venezia
Via Lu Pultali
Via Berlinguer
Via e. d'Arborea
P.T
Hôpital
Via Angioi
Via del Porto
Via Genova
P. Villa Marina
Via Calabria
Via Val d'Aosta
Via Capo Testa
Via Lombardia
Via Romagna
Via Lamarmora
Via Maria
Via Mazzini
Via C. Colombo
Via Marielli
Via Magnon
Via Umberto
Via Carlo Alberto
Piazza San Vittorio
Via Verdi
Via Cavour
Via Italia
Via Garibaldi
Via Azuni
Via Torino
Via Amsicora
Via Roma
P. Vitt. em.le
Via Carlo Felice
Via Sardegna
Via Angioi
Via S. Lucia
Via Cairoli
Via Marconi
Via Galliano
Via Dante
Via Cagliari
Piazza S. Lucia
Via Sassari
Via Adua
Via XX Settembre
Via Sanna
Via del Mare
Via Imbriani
Via Sonino
Via Mulino a Vento
Via Pascoli
Via Carducci
Via Piave
Via Tevere
Via Po
Via Arno
Piazza Liberta
Strada pedonale panoramica
Tour de Longonsardo
Plage Rena Bianca
Port touristique
Port commercial
MER MEDITERRANEE

Bus

L'arrêt se trouve via Eleonora d'Arborea et la billetterie est au **Baby Bar, via Lu Pultali, 4.**

- **L'ARST** assure 6 liaisons par jour entre Santa Teresa et Olbia. Le trajet dure 2 heures et coûte environ 5,50 €. 1 départ par jour pour Cagliari, 6 heures de trajet, prix de 16 à 19 €. 2 départs par jour pour Tempio, 1 heure et 10 min de trajet.

Location de voitures, motos et vélos

- **AVIS. Via Maria Teresa** ✆ (0789) 754 906.
- **MAGGIORE BUDGET. Via Tibula** ✆ (0789) 754 464.
- **SARDINIA CAR. Via Maria Teresa** ✆ (0789) 759 090. Via del Porto ✆ (0789) 754 247.
- **GULP (HERTZ). Via Nazionale** ✆ **(0789) 755 689.** Location de voitures, de motos et de vélos.
- **HAPPY CAR. Via Nazionale** ✆ **(0789) 754 741.** Location de voitures, de motos et de vélos.

Pratique

Tourisme

- **OFFICE DU TOURISME. Piazza Vittorio Emmanuele 24** ✆ (0789) 754 127. Fax : (0789) 75 41 85 – www.regione.sardegna.it/aaststg – aaststg@tiscalinet.it
- **INFORMATIONS TOURISTIQUES** ✆ (0789) 740 944 – santateresasagallura@tiscali.it

Agences de voyages

- **AGIENZIE MARITTIME SARDE. Piazza del Porto** ✆ (0789) 75 41 56.
- **LA RANDA TOUR. Via della Croce, 6** ✆ (0789) 754 544/0789 755 400.
- **SHANGRILLA. Via Lu Pultali, 6** ✆ (0789) 754 381/0789 755 371.
- **VIAGGI SARDORAMA. Via Tibula** ✆ (0789) 754 464/0789 755 550.

Banques

- **BANCO DI SARDEGNA. Via Nazionale** ✆ (0789) 754 222.
- **BANCO DI SASSARI. Piazza Vittorio Emmanuele** ✆ (0789) 754 396.

Adresses utiles

- **PHARMACIE. Piazza San Vittorio** ✆ (0789) 755 338.
- **GENDARMERIE. Via Nazionale** ✆ (0789) 754 122.
- **GARDE MEDICALE. Via Carlo Felice** ✆ (0789) 754 079.
- **POINT INTERNET. INFOCELL. Via Nazionale** ✆/Fax : (0789) 755 448.

Hébergement

En raison de la proximité de Santa Teresa avec la Corse, les hôtels de la ville affichent souvent complet, surtout en juillet et août. Il est donc fortement conseillé de réserver pour les périodes de forte affluence.

Agriturismo

- **LI NALBONI. Loc. Li Nalboni ✆/Fax : (0789) 754 001.** *Ouvert toute l'année. Chambre double de 50 à 70 € environ selon la saison. Restaurant d'avril à septembre, sur réservation. Menu à environ 25 €.* A environ 6 km de Santa Teresa, une ferme d'agritourisme isolée dans les hauteurs, au milieu de la nature. De belles chambres, propres. Vue sur la mer (quand il fait beau). Le restaurant propose un menu copieux (plusieurs antipasti, trois primi, porcetto, dolce, vin, eau, digestif – le cólòbro Filu Ferru sarde – et café).

Campings

■ **CAMPING LA LISCIA** © **(0789) 75 51 90/393 95 98 899. Fax : (0789) 755 190 – www.campinglaliccia.com – laliccia@campinglaliccia.com** – *Sur la route S.P. vers Castelsardo, au km 66. Ouvert d'avril à septembre. De 6,60 à 11,70 € par adulte et de 5 à 7,30 € par enfant. Voiture ou roulotte de 1,80 à 2,80 €. Bungalows pour 2 personnes de 33,50 à 54 € ; bungalows pour 4 de 54,30 à 71 €, selon la saison.* A 6 km de Santa Teresa di Gallura, un camping vaste et aéré, sur une petite colline surplombant la mer. Une grande plage de sable fin et une mer transparente vous y attendent.

■ **CAMPING BAIA BLU LA TORTUGA. Aglientu, loc. Vignola Mare** © **(079) 6 020 60.** Les prix sont presque les mêmes qu'au camping précédent. Ici, on trouvera une belle pinède sur la plage, un restaurant et une école de windsurf et de plongée sous-marine.

Bien et pas cher

■ **BOCCHE DI BONIFACIO. Loc. Capo Testa** © **(0789) 754 202. Fax : (0789) 759 009.** *Chambre double de 42 à 60 € selon la saison.* L'hôtel le moins cher de Santa Teresa. Calme et bien tenu.

■ **CANNE AL VENTO. Via Nazionale, 23** © **(0789) 754 219. Fax : (0789) 754 948.** *Ouvert d'avril à septembre. Chambre double, compter de 50 à 70 € avec petit déjeuner.* Cet hôtel n'a pas de vue sur la mer et il y a peut-être un peu plus de bruit qu'ailleurs en raison de sa situation dans la rue principale, mais il propose un service de qualité. Au restaurant, de bonnes spécialités gallurese.

Confort ou charme

■ **DA CECCO. Via Po, 3** © **(0789) 754 220. Fax : (0789) 755 634 – www.hotelacecco.com** – *33 chambres. Chambres simples avec petit déjeuner, compter de 50 à 75 € ; doubles avec petit déjeuner, de 65 à 100 € environ.* L'hôtel a été rénové récemment. Les chambres sont propres, avec terrasse ou balcon. A quelques pas du centre de Santa Teresa et à 200 m de la plage.

■ **MODERNO. Via Umberto, 39** © **(0789) 754 233/0789 755 108. Fax : (0789) 755 108 – web.tiscalinet.it/modernohotel** – *Ouvert d'avril à octobre. 16 chambres, simples compter de 40 à 60 €, doubles de 50 à 100 € environ, toutes avec salle de bains.* L'hôtel, situé en plein centre-ville, est décoré de façon typique. Les petites chambres ont beaucoup de charme, et les prix sont avantageux. Le restaurant est plutôt bien.

■ **MORESCO. Via Imbriani, 16** © **(0789) 754 312. Fax : (0789) 755 085 – www.morescohotel.it** – *Ouvert du 10 avril au 10 septembre. 46 chambres. Chambres doubles, compter de 45 à 80 €, avec petit déjeuner de 50 à 85 €. Supplément de 25 à 35 € pour une chambre simple. Demi-pension, de 55 à 115 € par personne.* Situé à proximité de la place centrale et de la plage Rena Bianca, un établissement parfaitement tenu et offrant un très beau panorama. Le restaurant propose une cuisine traditionnelle de qualité.

■ **MARINARO. Via G. M. Angioj, 48** © **(0789) 75 41 12. Fax : (0789) 755 817 – www.hotelmarinaro.it** – *Chambre simple, compter de 55 à 90 € ; chambre double, de 65 à 120 € environ, petit déjeuner inclus ; demi-pension de 50 à 80 € par personne.* Dans le centre-ville, un hôtel agréable récemment rénové. Les chambres, lumineuses à la décoration typiquement sarde, sont vraiment plaisantes. Le restaurant propose un bon choix de plats locaux.

■ **BELVEDERE. Piazza Liberta, 2** © **(0789) 754 160. Fax : (0789) 754 937 – www.wels.it/belvedere** – *Chambre double, compter de 50 à 130 €. Demi-pension supplément de 30 à 80 € par personne.* 21 chambres correctes et un accueil sympathique pour cet hôtel qui bénéficie, comme son nom l'indique, d'une situation privilégiée.

■ **HOTEL LI NIBBARI. Loc. La Testa** © **(0789) 75 44 53.** *Chambre double compter de 70 à 160 €, selon la saison.* Situé en pleine campagne de Gallura, cet hôtel offre la possibilité de faire du trekking à cheval. Cuisine traditionnelle sarde au restaurant.

Luxe

■ **GRAND HOTEL CORALLARO Loc. Rena Bianca** © **(0789) 75 54 75. Fax : (0789) 75 58 40 – www.hotelcorallaro.it – info@hotelcorallaro.it** – *82 chambres. Chambre double, compter de 85 à 210 € selon la saison.* L'hôtel offre toutes les prestations que l'on est en droit d'attendre d'un 4 étoiles. Il est situé à proximité de la superbe plage Rena Bianca, et certaines des chambres ont vue sur la mer et les falaises de Bonifacio (réserver). Toutes ont une terrasse ou un balcon. Parmi les nombreux services proposés, salle de gym, bains turcs, piscine couverte, bar et solarium. Mais plus que tout, nous avons apprécié l'accueil chaleureux et souriant de la jeune équipe de l'hôtel. Très au courant des activités à Santa Teresa et plus généralement en Gallura, elle vous renseignera volontiers (et objectivement) sur les possibilités de sorties : excursions à cheval et en bateau, trekking, quad, restaurants… Le personnel parle parfaitement le français.

Restaurants

■ **AZZURA. Via del Porto, 19 ✆/Fax : (0789) 75 47 89.** *Fermé le lundi (sauf en été). Réservation conseillée en été.* Une vaste véranda couverte pour déguster des poissons et des fruits de mer très frais, et un service irréprochable, rapide et sympathique. Nous vous conseillons de goûter les antipasti del mare et les tagliatelles Azzura (vongole, bottarga et pomodoro, compter 10 €). A moins que vous ne préfériez les pizzas, elles aussi excellentes (notamment la pizza Azzura, aux fruits de mer, pour 10 € environ). En haute saison, les places à l'extérieur sont chères et le restaurant ne désemplit pas.

■ **CANNE AL VENTO. Via Nazionale, 23 ✆ (0789) 75 42 19. Fax : (0789) 75 49 48.** *Compter environ 35-40 € pour le repas complet.* Un très bon restaurant de cuisine gallurese, à base de viande (porcetto al mirto) et de poisson (notamment la sole alla vernaccia, le vin du pays).

■ **LA TORRE ✆ (0789) 75 46 00.** Les spécialités marines sont à l'honneur dans cet excellent restaurant. Goûtez le risotto alla pescatora ou la grigliate di pesce e i calamari,

■ **DA THOMAS. Via Val d'Aosta, 22 ✆ (0789) 75 90 12.** *Compter 30 € pour un repas complet.* Une bonne adresse. Propose des spécialités, dont des produits de la mer. Service attentionné.

■ **LA STALLA. Loc. Marazzino, 5 km à l'est de la SS 131 en direction de Palau ✆ (0789) 75 15 14.** *Ouvert de mai à octobre. Menu à partir de 30 €.* Une spacieuse terrasse panoramique pour déguster les plats typiques de la cuisine gallurese.

Trattorie et pizzerias

■ **RISTORANTE-PIZZERIA BARBAGIA. Via Valle d'Aosta, 2 ✆ (0789) 754 629.** *A partir de 5 €. Plusieurs menus très économiques, commençant à 10 €. Pizza à partir de 5 €.*

■ **TRATTORIA L'ASSASSINO. Via Firenze, 5 ✆ (0789) 759 012.** *Menus à 20 € environ.* Une trattoria typique qui sert des repas sardes très copieux. Deux menus dégustation sont à essayer : marin et sarde. Mais vous pouvez vous contenter d'une grosse assiette de pasta fatte a mano : raviolis all'arancia, culurgiones ou maccheroni di Busa al sugo di cinghiale.

■ **POLDO'S. Via Garibaldi, 4 ✆ (0789) 755 860.** Polyvalent. Cuisine typique gallurese. On mentionne cette adresse surtout pour ses bonnes pizzas.

Agriturismo

■ **LU PALAZZEDDU. Loc. Ponte Liscia ✆ (0789) 704 028.** *Compter environ 25 €.* Sur la route qui relie Santa Teresa à Tempio (à droite dans un virage). Cuisine traditionnelle de la Gallura, avec antipasti, zuppa cuata, porcetto et dolci.

■ **SALTARA. Loc. Saltara ✆ (0789) 75 55 97/339 13 26 713. Fax : (0789) 755 025 – www.agriturismosaltara.com – info@agriturismosaltara.com –** *Menu fixe compter 35 €. Réservation obligatoire.* C'est l'agriturismo que nous ont conseillé les autochtones. On y mange très bien et c'est très copieux. Le vin maison est très particulier (dans le bon sens du terme), et servi à volonté. La maison loue aussi des bungalows (il y en a 5), entre 46 et 66 € par personne en demi-pension.

Sortir

■ **BAR CAFE CONTI.** Sur la grande place. Ambiance exotique et cosy.

■ **CENTRAL BAR 80.** Toujours plein.

■ **ESTASI'S PIANO BAR. Loc. La Runda ✆ (339) 763 09 67/(328 19 24 170.** A quelques kilomètres de Santa Teresa, un club très agréable. Différentes ambiances pour plaire à tous : un piano-bar dans un amphithéâtre de calcaire, un bar extérieur avec jardin luxuriant, et, bien sûr, la « boîte » avec une grande salle de danse où les jeunes de la région mettent le feu en fin de semaine !

Si vous souhaitez boire un verre tranquillement, loin de la foule, rendez-vous au Porto Turistico, qui est étonnamment calme. Moderne et très kitsch, le port se trouve un peu à l'écart du centre et n'est pas fréquenté, ou seulement très peu, par les touristes et même par les autochtones.

Manifestations

- **Les fêtes gastronomiques.** Pendant l'été, des fêtes à base de produits sardes sont organisées dans la ville. A la fin de juin c'est la fête des seadas, gâteaux frits remplis de miel et fromage, figurant parmi les gourmandises les plus appréciés de l'île. En juillet, on célèbre les fêtes du poisson et du vin Vermentino. En début août, des plats typiques de la vie bergère sont offerts pendant la « Festa di li pastori » dans la localité de Porto Pozzo.

- **La fête de sant'antonio.** Le 2e week-end de juin, cette fête à base de pain, vin et musique est célébrée parmi les oliviers séculaires de la localité de Boncaminu.

- **Birra e bruschetta.** La fête de la bière et de la bruschetta est célébrée en fin juillet dans la ville.

- **Musique sur les bouches.** Ce festival de musiques jazz italienne et française a lieu en août dans les ports, au centre-ville et sur les bateaux. Il a désormais atteint sa septième édition.

- **Defi inter ile.** Cette régate internationale de windsurf a lieu aux Bouches de Bonifaces à la fin de septembre.

Point d'intérêt

■ **TORRE LONGOSARDO.** Un magnifique exemple des fortifications construites par les Aragonais, qui avaient érigé un système de tours défensives, le long des côtes sardes, pour faire face rapidement à l'arrivée d'éventuels envahisseurs. La tour de Santa Teresa date du XVIe siècle et offre un superbe panorama sur la côte gallurese et sur les falaises blanches de Bonifacio.

Shopping

De nombreuses boutiques en ville vendent des bijoux en corail et des souvenirs en granit, ainsi que des produits gastronomiques locaux. Certains magasins sont ouverts en été. Mais vous n'y ferez sûrement pas d' »affaires », tant les prix sont élevés.

■ **A BOTTEGA. Via XX Settembre.** Boutique de produits gastronomiques locaux. Excellents vins, miel et fromages provenant des villages environnants.

Loisirs

Centre de remise en forme

■ **TERME DEL PORTO. Porto Turistico** ✆/Fax : (0789) 741 078 – www.termedelporto.com – serena.vi@tiscali.it – Bains turcs, sauna, hammam, massages...

Équitation

■ **CADDHOS CLUB** ✆ (0789) 751 640.

■ **LI NIBBARI** ✆ (337) 817 189.

Excursion et trekking

■ **ICHNOS ET GALLURA TREKKING. Via Santa Lucia, 2 ✆ (0789) 756 090/(347) 500 03 03/333 460 00 69 – www.galluratrekking.it –** Deux structures pour une seule adresse. Domenico, amoureux et passionné de sa région, veut en faire découvrir les multiples facettes. Visites en été, en anglais, en allemand et en français, avec au programme Orgosolo, la Costa Smeralda, Alta Gallura, La Maddalena, et la Corse, en groupes de 8 à 60 personnes. Le principe : vous venez à l'agence, vous découvrez les parcours, photos à l'appui, vous vous inscrivez sur une liste et, s'il y a suffisamment de monde le lendemain ou un autre jour, on vous appelle, et c'est parti ! Compter de 30 à 70 € par personne selon la destination. Vous pouvez également louer des quads et vous faire accompagner, si vous le souhaitez. En hiver, Domenico organise surtout des sessions trekking en Gallura ou dans le Supramonte. On vous recommande vivement cette structure, qui vous fait vivre intensément la vie de la Gallura, explications à la clef. Un personnel sympathique et dévoué, qui connaît très bien la région.

Excursion en bateau

■ **MARCO POLO. Via XX Settembre, 16 ✆ (0789) 75 49 42/333 47 96 787.** A bord de l'Eolianjet, vous pourrez découvrir l'archipel de La Maddalena et les différentes îles qui le composent. Départ à 9h et retour à 17h sur le port de Santa Teresa ; vous mangerez à bord du bateau. Des arrêts de

1 heure à Caprera, à La Maddalena et à Baia Sardinia. Le bateau peut accueillir jusqu'à 300 personnes. Pas de panique, on ne s'y sent pas du tout à l'étroit !

Plongée

■ **DIVING MEDITERRANEO. Via del Porto, 16 ✆/Fax : (0789) 75 90 26 – www.umbertopelizzari.com –** Club de plongée appartenant au champion du monde Umberto Pellizzari. *Tous les matins, du 1er au 15 août, cours de plongée de 3 heures chez le No Limits Center Diving de Santa Teresa di Gallura. Prix : 45 € pour chaque plongée.* Pour s'inscrire, aller au Centro Sub de Santa Teresa ou téléphoner/envoyer un Fax : au 0789 75 90 26. Pour une journée de plongée aux îles Lavezzi, contacter : tomasinomuntoni@tiscali.it

■ **CENTRO SUB MARINA DI LUNGONI. Via Tibula** ✆ (0789) 741 059/(338) 62 70 054.

■ **TUNA CLUB. Via Brigata Sassari** ✆ (0789) 754 955.

Dans les environs

■ **CAPO TESTA.** A 5 km au nord-ouest de Santa Teresa, on atteint le Capo Testa, promontoire granitique relié au reste de la Sardaigne par un isthme. Les rochers, aux contours adoucis par les vents, donnent à ce lieu une dimension majestueuse, presque irréelle. Avec un peu d'imagination, on peut s'amuser à retrouver dans ces formes surprenantes, véritables monuments naturels, des contours familiers : animaux, profils de personnages célèbres, etc.

■ **CAPO DI MONTE RUSSU.** A 8 km de Santa Teresa, un endroit idéal pour éviter la foule estivale. Une bonne balade qui longe la côte en suivant le petit sentier. De belles plages sauvages et des couchers de soleil mémorables.

AGLIENTU

Ce village de 1 000 habitants à une quinzaine de kilomètres de Santa Teresa di Gallura est très renommé pour la beauté de ses localités côtières, notamment pour la plage de Vignola. Non loin du village, on peut visiter l'église rurale de San Pancrazio, un sanctuaire edifié dans le XVIIIe siècle au milieu d'une forêt. Le 5 août, à l'occasion de la fête de San Pancrazio et de la fête des saucissons, des saucissons, du fromage et du vin sont offerts aux visiteurs au centre-ville.

ISOLA ROSSA

Cette station balnéaire, située à 25 km de Castelsardo et à 45 km de Santa Teresa di Gallura, est surpeuplée en été. Très originale, elle est entourée de blocs de porphyre rouge, qui lui valent son nom d'« île rouge ». Du port, on peut se baigner sur l'une des deux plages qui le bordent ou s'attarder à contempler l'eau bleue venant s'échouer le long des rochers rouges.

Hébergement

■ **ALBERGO RISTORANTE CORALLO. Via Lungomare Isola Rossa, 36 ✆ (079) 6 94 055 – www.hotel.corallo.20m.com –** *Chambres doubles de 50 à 60 € selon les périodes ; possibilité de pension complète.* A seulement 25 m de la mer, l'hôtel Corallo est plongé dans la nature. De ses 44 chambres, préférez celles qui sont situées à l'étage, avec un balcon donnant sur la mer. Ambiance cordiale.

■ **ALBERGO VITTY HOTEL. Loc. Trinità d'Agultu (SS), via Lungomare Isola Rossa ✆ (079) 6940 05 – vittyhotel@tiscalinet.it –** *Chambres doubles de 50 à 60 €.* Le Vitty donne sur une très belle baie, à l'endroit où accostent les pêcheurs. Il dispose de 20 chambres et d'un restaurant de spécialités sardes. Le risotto à la pescatora est superbe !

■ **ARINEDDA THALASSO & SPA ✆ (079) 69 41 85.** *De 78 à 168 € par personne en chambre double et en demi-pension.* Occupant un terrain d'environ 2,5 ha, le Marinedda dispose d'un centre de remise en forme très bien équipé : une piscine couverte avec eau marine et Jacuzzi, salle de gym, hammam, massages, zone de détente. 210 chambres, 3 restaurants et 2 piscines en plein air.

■ **RELAX TORRE RUYA. Via Tanca della Torre ✆ (079) 69 41 55.** *Chambres doubles de 130 à 300 € environ.* C'est un centre de « bien-être » (wellness), avec Jacuzzi, sauna, hammam et salle de gym. Il propose 112 chambres, quelques suites et 2 restaurants. Une tour aragonaise domine l'une des deux piscines en plein air. Grande terrasse sur la mer.

Restaurants

Il existe de nombreux restaurants, tous assez touristiques, ainsi que de bons glaciers artisanaux. **Le Coccodrillus,** par exemple, dispose d'une terrasse agréable pour boire un verre, déguster une glace ou une crêpe.

Manifestations

- **Dégustations.** Chaque mercredi soir, durant les mois de juillet et août, la mairie de Trinità d'Agultu, quelques kilomètres au sud de l'Isola Rossa, offre des dégustations des produits typiques de la région dans ses locaux.
- **Fête de San Lorenzo.** Le 10 août, en occasion de la fête de San Lorenzo, des spectacles de feux d'artifice sont organisés à l'Isola Rossa.
- **Festa della birra.** La fête de la bière est célébrée à Trinità d'Algultu dans la deuxième partie du mois d'août.

Loisirs

Thalassothérapie

- **ELICRISO. Isola Rossa, Trinità d'Agultu (SS) ✆ (079) 69 41 85 – www.delphina.it –** *Ouvert du 30 avril au 1er octobre.* Une demi-journée au centre Thalassa, sauna, hammam, centre fitness et massage de 30 min : compter 100 €.
- **HOTEL TORRERUJA. Isola Rossa, Trinità d'Agultu (SS) – www.delphina.it –** *Ouvert de juin à fin septembre.* Hydromassages, sauna, hammam, massages antistress. Une journée de remise en forme à partir de 120 €.

Autour d'Isola Rossa

Les plages et petites criques qui s'intercalent entre les promontoires rocheux méritent le détour. Les plages les plus connues de la Costa Paradiso sont les Cala li Cossi et Cala Tinnari, cette dernière dominée par le mont Tinnari.

VALLEDORIA

Le village de Valledoria est connu pour ses plages et les nombreux campings environnants. Situé à quelques kilomètres de Castelsardo, il donne sur la longue plage qui va jusqu'à Isola Rossa.

Hébergement

- **CAMPING INTERNATIONAL VALLEDORIA. Via La Ciaccia 39 ✆ (079) 58 40 70. Fax : (079) 58 40 58 – www.campingvalledoria.com – info@campingvalledoria.com –** *Ouvert de mi-mai à fin septembre. De 6,50 à 11 € par adulte, de 4 à 7 € par enfant jusqu'à 8 ans. Bungalow pour 2 personnes de 52 à 92 € selon la saison. Bungalow pour 4 personnes de 62 à 100 €.* Installé au bord de la mer, le camping met à la disposition de ses clients une grande plage. Il est bien tenu et équipé d'installations modernes.
- **CAMPING LA FOCE. Via Ampurias 1 ✆ (079) 58 21 09. Fax : (079) 58 21 91 – www.foce.it –** *Ouvert de mi-mai à fin septembre. Emplacement par adulte de 5,90 à 12 €, gratuit pour enfants de 3 à 8 ans. Bungalows pour maximum 4 personnes de 40 à 100 €.* Ce camping ombragé, situé sur la plage de dunes de Valledoria, propose toutes les commodités nécessaires à des vacances sportives ou de détente : piscine, tennis, centre de plongée, de planche à voile et de canoë. Le camping se trouvant au bord d'une rivière juste derrière la mer, des bateaux navettes assurent le passage.

Dans les environs

- **VIDDALBA.** Dans ce village situé à quelques kilomètres est de Valledoria, on peut visiter un musée archéologique qui garde les restes de la **nécropole romaine de San Leonardo,** découverte dans le territoire, et des pièces d'époque préhistorique. *Ouvert de juin à septembre de 9h à 13h et de 16h à 21h et d'octobre à mai de 9h à 13h et de 15h à 19h.* Ici on peut aussi visiter l'église de San Giovanni Battista, datant du XIe siècle et qui a été restaurée en 1929.
- **TERME DI CASTELDORIA.** Ces thermes se trouvent à 2 km du village de Santa Maria Coghinas. Elles utilisent les eaux qui jaillissent à une température naturelle de 70 °C du fleuve Coghinas. Elles étaient déjà fréquentées à l'époque romaine. Le nom du fleuve est dû à la température de ses eaux : coghinas veut dire « cuisine » en sarde.

CASTELSARDO

Castelsardo… Au coucher du soleil, la vue de cette cité médiévale, perchée sur son promontoire rocheux et surplombant la mer d'une centaine de mètres, est saisissante. La ville, entre ciel et mer, vit de son activité traditionnelle de vannerie et de ses atouts touristiques. L'été, des foules de touristes prennent d'assaut la vieille ville fortifiée, ses boutiques de souvenirs et ses plages, rompant la tranquillité des ruelles tortueuses du Castello. Castelsardo vous rappellera certainement le Mont-Saint-Michel, par sa forme et sa situation sur un promontoire rocheux en bord de mer.

Histoire

La citadelle médiévale fut fondée en 1102 par les Doria, une famille originaire de Gênes, à une époque où la seigneurie de Torres, dont faisait partie Castelsardo, était l'alliée de la ville italienne. Le bastion fortifié, appelé alors Castel Genovese, avait déjà son apparence actuelle et constituait avec Alghero les deux centres de rayonnement politique, militaire et commercial de la puissance génoise en Sardaigne. Après plusieurs siècles de batailles contre les Espagnols, la forteresse réputée imprenable fut finalement conquise par les Aragonais en 1448. Ils la rebaptisèrent naturellement Castel Aragonese, mais les assauts étrangers ne prirent pas fin pour autant. Le fort faillit retomber sous domination génoise en 1527, après un siège de 3 jours, et résista la même année aux attaques des Turcs. En 1720, le traité de Londres fit passer Castel Aragonese sous le contrôle de la maison de Savoie. A la suite d'une pétition, Carlo Emmanuele III de Savoie accorda à la ville l'autorisation de changer de nom et c'est ainsi qu'elle devint Castelsardo, en 1769.

Transports

Taxis

- **ARCA ANGELO** ✆ (333) 114 74 89.
- **GASPA NICOLINO** ✆ (079) 470 125.
- **SPINA SALVATORE** ✆ (079) 470 185.

Pratique

- **OFFICE DU TOURISME. Piazza del Popolo** ✆ (079) 471 506 – www.comunedicastelsardo.it

Agences de voyages

- **SEA GULL TRAVEL. Via Sedini, 15** ✆ **(079) 470 495.** Loue également des voitures.
- **TRILOGY VIAGGI E VACANZE. Via Roma, 32, 18** ✆ (079) 479 068.

Utile

- **BANCO DI SARDEGNA. Via Roma, 49** ✆ (079) 470 166.
- **POSTE. Via Nazionale, 40** ✆ (079) 470 005.
- **POLICE. Via Sedini** ✆ (079) 470 122.
- **GARDE MEDICALE. Via Colombo** ✆ (079) 470 272.
- **PHARMACIE. Via Trieste, 18** ✆ (079) 470 133.

Hébergement

Auberge de jeunesse

- **GOLFO DELL'ASINARA. Castelsardo, loc. Lu Bagnu, via Sardegna 1** ✆ **(079) 47 40 31. Fax : (079) 58 71 42 – ostello.asinara@tiscali.net.it** – *Compter environ 10 €, avec petit déjeuner. Ouverte à Pâques et du 15 juin au 15 septembre.* Attention, il faut avoir la carte IYHF-AIG 2005 (la carte de l'Association des auberges de jeunesse internationale). Sinon, il faut l'acheter sur place, en ajoutant 17 € (13 € si vous avez entre 18 et 26 ans) au prix total.

Agriturismo

- **SA TANCA NOA. Reg. Sant'Andrea** ✆ **(079) 4 76 182.** A 10 km de Castelsardo, à proximité des plages de Lubagnu et Valledoria. 6 chambres bien propres et une situation privilégiée.

■ **AGRITURISMO MONTE ENTOSU. Str. Prov. Castelsardo-Nulvi ✆ (079) 576 168 – www.agriturismomontentosu.com – info@agriturismomontentosu.com –** *A 10 km de Castelsardo. Bungalows de 2 à 4 personnes, compter 25 € par personne ; si l'on réserve pour plus de 3 jours consécutifs : 20 € par nuit environ, petit déjeuner inclus. En août, nuit à 30 € environ. Demi-pension de 35 à 50 € par personne, selon la saison. Le tout sur réservation.* Le restaurant de cette ferme d'agriturismo propose un « menu local » à 25 € environ fixe (sur réservation) de qualité, avec des produits maison. Bon et très copieux.

Confort ou charme

■ **HOTEL CASTELLO. Via Lungomare Anglona, 15 ✆ (079) 470 062. Fax : (079) 479 163 – castellhotel@tiscali.it –** *Ouvert de mars à fin octobre. Chambres simples compter de 45 à 60 € ; doubles de 60 à 75 €. En demi-pension, compter de 60 à 70 € par personne.* 20 chambres charmantes avec une vue exceptionnelle sur la mer. Petits animaux acceptés. Les propriétaires parlent français.

■ **HOTEL RIVIERA. Via Lungomare Anglona, 1 ✆ (079) 470 143. Fax : (079) 471 312 – www.hotelriviera.net – info@hotelriviera.net –** *Chambres doubles avec petit déjeuner compter de 50 à 130 € par personne selon la période. Restaurant ouvert de midi à 14h30 et de 20h à 22h, fermé le mercredi. Compter 40 € le repas complet.* Situé à quelques mètres de la plage, cet hôtel 3 étoiles (un des premiers du nord de la Sardaigne) a été complètement rénové et propose aujourd'hui 35 chambres propres et spacieuses. Certaines chambres ont vue sur le centre historique et le château. L'accueil est très chaleureux, ce qui ne gâte rien. Le restaurant, Fofo, est l'un des plus réputés de la région. On y sert des spécialités de poisson, notamment un fameux homard à l'aragonaise ou des langoustes. Tout près de l'hôtel Riviera, et également en bord de mer, se trouvent deux établissements un peu moins chers.

■ **HOTEL VILLAGGIO PEDRALADDA. Via Carlo Felice, 26 ✆ (079) 470 383. Fax : (079) 470 499 – www.vacanzamica.com –** *Chambres doubles en demi-pension de 40 à 87 € par personne ; simples en demi-pension compter de 40 à 110 € par personne.* Un complexe hôtelier très bien tenu et présentant un excellent rapport qualité/prix. A environ 600 m du centre de Castelsardo, il offre une très belle vue sur le château et sur la mer toute proche. Les 128 chambres sont simples mais confortables, et celles qui ont vue sur la mer disposent d'une terrasse (pour le même prix, alors n'hésitez pas à demander en réservant). En plus de ses nombreux services (restaurant, bar, piscine, tennis et parking), l'hôtel propose une formule « club » (pension complète, équipe d'animation, baby-club, activités sportives et nautiques, excursions).

Restaurants

■ **FOFO. Vita Lungomare, 1 ✆ (079) 4 70 143/270. Fax : (079) 471 312.** *Voir l'hôtel Riviera.*

■ **IL CORMORANO. Via Colombo, 5 ✆ (079) 470 628 – ristoranteilcormorano@supereva.it –** *Fermé le mardi. Compter environ de 30 à 45 € le repas complet.* Un petit restaurant tranquille, à la terrasse ombragée, mais aux prix, hélas, un peu trop élevés. Cependant ses calmars frits, ses homards et sa pasta maison sont excellents. Le service est plutôt lent…

■ **LA GUARDIOLA. Piazza Bastione, 4 ✆ (079) 470 428.** *Plats à partir de 10 €.* Un restaurant agréable servant des spécialités sardes. On mange en terrasse en contemplant la baie de Castelsardo. Plats de poisson, délicieux risotto alla marina (10,50 € environ), etc.

■ **SU NURAGHE. Via Sedini, 1 ✆ (079) 470 273.** *Compter 30 € le repas.* Restaurant de spécialités de poisson. Il propose une cuisine locale de qualité et une fort belle vue.

Sortir

Au mois d'août, les artistes envahissent les rues de Castelsardo. Concerts, pièces de théâtre ou autres manifestations culturelles sont au rendez-vous chaque année.

■ **LE GASTON BAR. Piazza La Pinedda.** Depuis 1947, c'est « le » glacier incontournable de Castelsardo pour déguster une glace artisanale.

■ **PLANET VIDEO GAMES. Via Roma, 1 – planet@rea.galactica.it –** Le seul café Internet de la ville, avec un fond sonore assourdissant au milieu des jeux vidéo. Un seul poste, assez lent. *La carte d'une heure coûte de 6 à 8 €.*

Manifestations

▸ **Le lundi de Pâques,** il ne faut pas manquer la procession de Lunissanti. Un pèlerinage, éclairé par la lueur d'antiques lampes à huile, parcourt 10 km, de la vieille ville jusqu'à l'église de Nostra Signora de Tergu. L'église, érigée vers 1300, est de style roman pisan avec des influences arabe et néobyzantine.

▸ **Le 2e dimanche d'août,** vous pourrez assister à la Serata sacra del pesce, sur la piazza la Pianedda et sur le « porto turistico ». La procession a lieu pendant la journée. Le soir, tout le monde se rassemble sur la place pour manger du poisson.

Points d'intérêt

■ **CASTELLO ET LE MUSEE DELL'INTRECCIO.** *Ouvert de 9h à minuit en juillet et août. Les autres mois de 9h30 à 13h et de 15h à 17h. Entrée adultes 2 €, enfants 1 €, tarifs réduit ou gratuit pour les moins de 10 ans.* Logé dans le château Doria, le musée expose des objets d'artisanat local et méditerranéen faits de fibres végétales tressées.

■ **FORTEZZA DEI DORIA (XIIe siècle).** Elle mérite une visite, ne serait-ce que pour la vue qui s'étend de ses remparts haut perchés (à 114 m) ; on comprend pourquoi ce fort passait pour imprenable. Le château fut construit par les Génois (précisément par la famille Doria) en 1102. Plus tard, Eleonore d'Arborea, mariée à un chevalier Doria, demeura ici quelques années. Le musée du Tissage de Castelsardo est installé dans les salles fortifiées du château ; il passionnera les spécialistes, tandis que les non-initiés pourront se contenter d'une visite rapide et passer plus de temps à flâner dans les ruelles médiévales.

■ **CATHEDRALE DI SANT'ANTONIO ABATE.** *Ouvert de 8h à 18h.* Reconnaissable de loin à son superbe clocher aragonais en majolique.

■ **CHIESA MARIA.** Située, elle aussi, dans la vieille ville, l'église possède un crucifix du XIVe siècle portant un Christ noir (Cristo negro).

Loisirs

Les amateurs de plongée qui souhaitent découvrir le splendide site marin de la baie de Castelsardo s'adresseront au **Batrakos Diving** ✆ (079) 4 70 383. Fax : (079) 470 383 – www.batrakosdiving.it – info@batrakosdiving.it – Se renseigner à l'hôtel Pedraladda, via Zirulia 50.

Dans les environs

■ **ROCCIA DELL'ELEFANTE (le rocher de l'Eléphant).** A quelques km de Castelsardo, sur la route de Sedini, se dresse un rocher monumental en forme d'éléphant. Des cavités ont été aménagées à la base de ce roc en trachyte. On suppose qu'elles devaient servir de tombeaux, il y a 2 000 ou 3 000 ans. Dans certaines de ces niches, on peut apercevoir des cornes de taureau gravées dans la pierre, en hommage au dieu taureau vénéré à cette époque.

■ **NOSTRA SIGNORA DI TERGU. Tergu, 10 km de Castelsardo.** Ce chef-d'œuvre de l'époque romane (XIIIe-XIVe siècles) est d'influence pisane. L'église est faite de pierre de trachyte rose et de calcaire blanc. Son plan est particulièrement original puisqu'elle possède une seule nef et aucun transept, et son campanile rectangulaire achève de la singulariser.

Perfugas

Ce village, où les premières traces de présence humaine datent du paléolithique, se trouve au cœur d'une région qui abonde en vestiges archéologiques. Les nombreux nuraghi et églises sont malheureusement parfois difficiles à trouver ou peu accessibles en voiture. A la sortie du village, après un 1 km sur la route principale, se trouve l'église de Santa Maria degli Angeli, qui conserve un très beau retable de San Giorgio. 4 km plus loin, dans la via San Giorgio, on peut voir le nuraghe San Giorgio, magistral exemple d'architecture nuragique.

Geysers de Coghinas

En prenant de Perfugas vers le nord, on arrive à Santa Maria Coghinas, dans la vallée du Coghinas. Le coin est merveilleux, avec une très belle vue sur les ruines du château des Doria et sur les petits lacs entourés d'arbres, où des jets d'eau chaude jaillissent à la surface.

Sedini

Le joli village de Sedini se trouve sur la route qui conduit de Perfugas à Castelsardo. On peut y visiter une belle nécropole de l'époque prénuragique (3500-2700 av. J.-C.), appelée ici « domus de janas ». Les alentours sont riches en églises. On citera le monastère Saint-Nicola de Silari, qui date du XIIe siècle, et l'église de la Madonna del Rosario, du XVIIe, caractéristique de cette époque.

■ SASSARI ET SES ENVIRONS ■

SASSARI

Sassari, chef-lieu de la province, est la deuxième ville de Sardaigne. Elle possède un riche patrimoine culturel. Le petit centre historique abrite un dédale de ruelles qui relient musées, églises et placettes. Centre universitaire, la ville moderne accueille un grand nombre d'étudiants.

Les visiteurs ont tendance à bouder Sassari qui n'est pas au bord de la mer, tout comme ses habitants qui, le week-end, désertent leur ville pour aller bronzer sur les plages à 10 km de là.

Histoire

Les premières traces du site remontent à la préhistoire, avec le spectaculaire sanctuaire du Monte d'Accodi, à quelques kilomètres de la ville. Ancien bourg rural du giudicato de Torres, Sassari connut un essor considérable au XIIIe siècle, grâce au commerce avec Gênes et Pise. C'est à cette époque que furent élaborés des textes de lois ainsi qu'un code pénal, connus sous le nom de « Statuti sassaresi », qui restèrent en vigueur jusqu'en 1771.

Ainsi, le village médiéval de Tatthari se transforma petit à petit en Sassari, une ville prospère qui acquit un rôle de premier plan. L'époque catalo-aragonaise fut une période de fort développement économique, artistique et intellectuel : de nombreuses tours et églises furent construites, en calcaire, la roche typique de l'habitat local, et, en 1617, fut ouverte l'université de Sassari. En 1780 eut lieu la célèbre « révolte du pain », une insurrection contre les autorités. Giovanni Maria Angioy, figure emblématique de la ville, tenta de s'opposer à la maison de Savoie en initiant un autre mouvement d'insurrection en 1796. En 1921, les vétérans de la brigade Sassari fondèrent le Parti sarde d'action, le premier organisme politique qui appuya les aspirations à l'autonomie sarde. A la fin du XIXe siècle, Sassari rivalisait avec Cagliari dans la course au titre de capitale, les deux villes comptant à l'époque le même nombre d'habitants (40 000 chacune). Sassari compte aujourd'hui 120 000 habitants et, si elle ne revendique plus la suprématie en Sardaigne, elle reste cependant la capitale du Nord.

Transports

Train

■ **PIAZZA STAZIONE ✆ (079) 260 362.** *Consigne : environ 3 € par bagage pour 12h. Ouvert de 7h à 20h30.* Deux compagnies desservent les grandes villes de l'île à partir de Sassari.

Bus urbains

■ **BUS ATP (AZIENDA CONSORTILE TRASPORTI PUBBLICI). Informations : via Caniga ✆ (079) 263 80 00.** Les tickets, qui doivent être achetés avant de monter dans le bus, sont vendus dans les bureaux de tabac et les points de presse. 11 lignes locales relient aussi les communes de l'agglomération.

Bus interurbains

■ **ARST (AZIENDA REGIONALE SARDA TRASPORTI) ✆ (079) 263 9203/206.** Informations et tickets : gare routière, via XXV Aprile. Liaisons avec toutes les villes de l'île.

■ **FDS (FERROVIE DELLA SARDEGNA) ✆ (079) 241 301. Gare routière, via XXV Aprile.** Liaisons avec les principales villes de l'île.

■ **PANI ✆ (079) 236 983/(079) 234 782.** Liaisons avec Cagliari, Macomer, Oristano, Nuoro et Porto Torrès.

Taxis

■ **CENTRO RADIOTAXI (ASSOCIATION DES CHAUFFEURS DE TAXI DE SASSARI)** ✆ (079) 26 00 60.

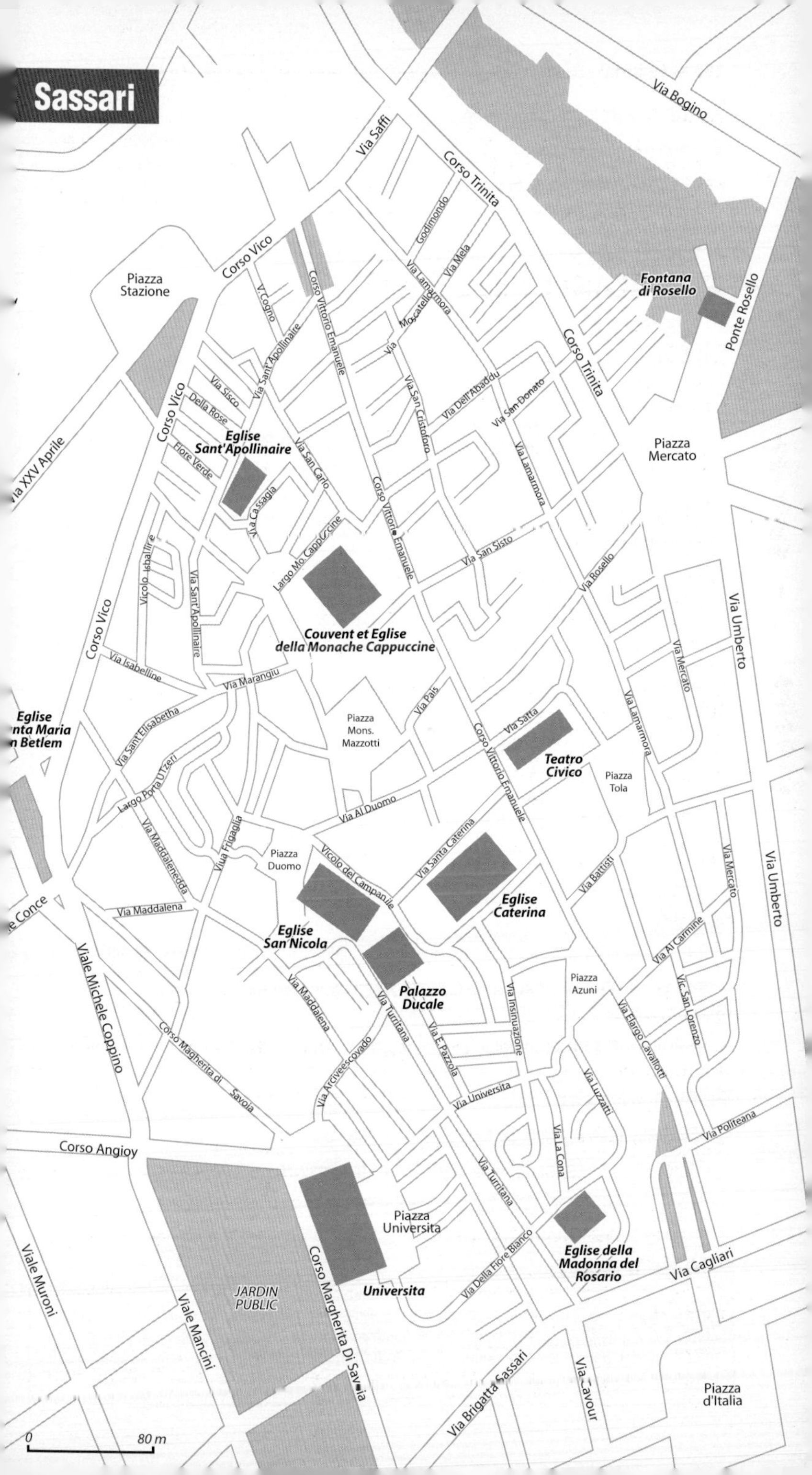
Sassari
Via Bogino
Via Saffi
Corso Trinita
Corso Vico
Piazza Stazione
Fontana di Rosello
Ponte Rosello
Corso Vittorio Emanuele
Via Lamarmora
Via Mela
Godimondo
Via Moscatelli
V. Cogno
Via Sant'Apollinaire
Via Sisco
Della Rose
Fiore Verde
Via XXV Aprile
Eglise Sant'Apollinaire
Via San Cristoforo
Via Dell'Abaddu
Via San Donato
Piazza Mercato
Via San Carlo
Via Cassagia
Largo Mo Cappuccine
Via San Sisto
Via Rosello
Vicolo Isabelline
Couvent et Eglise della Monache Cappuccine
Via Umberto
Via Mercato
Via Isabelline
Via Marangiu
Via Pais
Piazza Mons. Mazzotti
Via Satta
Teatro Civico
Piazza Tola
Via Sant'Elisabetha
Largo Porta Utzeri
Via Al Duomo
Via Santa Caterina
Via Maddalenedda
Via Frigaglia
Piazza Duomo
Vicolo del Campanile
Via Battisti
Eglise Caterina
Via Maddalena
Eglise San Nicola
Palazzo Ducale
Via Al Carmine
Vic. San Lorenzo
Piazza Azuni
Via Insinuazione
Via Elargo Cavallotti
Viale Michele Coppino
Corso Magherita di Savoia
Via Arcivescovado
Via Turritana
Via E. Pazzola
Via Universita
Via Luzzatti
Via La Cona
Via Politeana
Corso Angioy
Piazza Universita
Eglise della Madonna del Rosario
Via Cagliari
Via Della Fiore Bianco
Viale Muroni
Viale Mancini
JARDIN PUBLIC
Corso Margherita Di Savoia
Universita
Via Brigata Sassari
Via Cavour
Piazza d'Italia
0
80 m

- **STATIONS DE TAXI : gare routière, piazza Ruju,** piazza Castello et piazza Azuni.
- **COOP RADIOTAXI** ✆ (079) 253 939.

Location de voitures et de deux-roues

- **AVIS. ZI PREDDA NIEDDA NORD** ✆ (079) 263 90 00.
- **EURORENT. Via Roma, 56** ✆ **(079) 232 335.** Loue également des motos.
- **MAGGIORE. Piazza S. Maria, 6** ✆ (079) 235 507.
- **SACCARGIA. Viale Regina Margherita, 115** ✆ (079) 231 363.
- **ARDINYA. Viale Caprera, 8/A** ✆ **(079) 299 931.** Loue également des motos.

Pratique

- **OFFICE DU TOURISME. AAST. Via Umberto 72** ✆ **(079) 231 331. Fax : (079) 237 585 – aastss@tiscalinet.it – www.regione.sardegna.it/aastss –** Office d'informations de la ville. Le personnel parle français.
- **EPT. Viale Caprera 36** ✆ **(079) 299 544. Fax : (079) 299 415 – enteturismoss@tiscali.it – www.enteturismosassari.it –** Donne des informations sur Sassari et sa province.

Agences de voyages

- **AGITOUR. Piazza Italia, 13** ✆ (079) 231 767.
- **NURAGHE VIAGGI. Viale Dante, 29** ✆ (079) 281 515.
- **SARDA VIAGGI. Via Cagliari, 30** ✆ (079) 234 784.

Banques

- **BANCA COMMERCIALE ITALIANA. Piazza d'Italia, 23** ✆ (079) 221 100.
- **BANCA DI SASSARI. Piazza Castello, 8** ✆ (079) 221 511.
- **BANCO DI SARDEGNA. Via Sardegna** ✆ (079) 227 100.

Postes

- **UFFICIO POSTALE SASSARI.** Via Brigata Sassari, 13 ; via al Duomo, 13 et via Alghero, 102.

Internet

- **BAR DREAM. Via Cavour.** Un poste seulement. Compter 5 € l'heure environ. Plutôt cher !
- **BAR LA POLENA. Via Savoia, 41/b.(079) 29 23 78.** Ouvert tous les jours de 7h30 à 23h, ce café offre une seule poste Internet à 5 € l'heure.
- **WEBCAFE DE ROBERTO PELLA. Corso Vico, 45** ✆ **(079) 20 09 123.** Compter 1 € les 15 min. Cinq postes avec accès Internet très rapide.

Santé et urgences

- **OSPEDALE CIVILE. Via E. de Nicola** ✆ (079) 206 1000.
- **POLICLINICO SASSARESE. Viale Italia, 11** ✆ (079) 222 700.
- **GARDE MEDICALE. Piazza Fiume, 2** ✆ (079) 236 882.

Où se garer ?

▶ **Attention !** Plus vous vous rapprochez de la via Roma, et plus le prix du stationnement est élevé. Tâchez de vous garer à l'extérieur du centre historique, l'addition sera moins salée. Pour information, 1 heure de stationnement via Roma coûte 2 € ; 2 heures, 4 €. Mieux vaut le savoir !

■ **PHARMACIE SIMON. Via Brigata Sassari, 2 ✆ (079) 233 238.** *Service de nuit (de 20h30 à 9h10).*

■ **POLICE MUNICIPALE** ✆ (079) 274 100.

Hébergement

Bien et pas cher

■ **BED AND BREAKFAST CASACHIARIA. Vicolo Bertolinis, 7 ✆ (079) 20 05 052/(333) 695 71 18 – www.casachiara.net** – *Environ 30 € par personne avec un petit déjeuner copieux.* Dans le centre historique. Assez difficile à trouver. Luigi a restauré avec goût un appartement du XVIIIe siècle. 4 belles chambres confortables et hautes de plafond. 2 salles de bains très propres (une pour les messieurs, l'autre pour les dames). Une cuisine à disposition bien équipée, avec lave-linge, four, micro-ondes. Un accueil sympathique. Une bonne adresse !

■ **BED AND BREAKFAST IL GATTO E LA VOLPE. Canigia Località Monti di Jesgia, 23 ✆ (079) 318 00 12/(333) 695 71 18/(328) 692 32 48 – www.ilgattoelavolpebandb.com – marcello@ilgattoelavolpebandb.com** – *compter 25 € par personne, avec petit déjeuner. Studio pour 1 personne entre 25 et 35 € par jour.* A l'extérieur de la ville, au calme, dans une maison de campagne refaite à neuf, des chambres correctes et propres. Les propriétaires louent des vélos et organisent des excursions et des visites guidées.

■ **FRANK HOTEL. Via A. Diaz 20 ✆/Fax : (079) 27 64 56.** *Chambre double avec salle de bains environ 70 €.* Petit hôtel, bien tenu et calme, dans le centre-ville. Parking privé dans la cour.

Confort ou charme

■ **HOTEL LEONARDO DA VINCI. Via Roma, 79 ✆ (079) 280 744. Fax : (079) 285 733 – www.leonardodavincihotel.it – info@leonardodavincihotel.it** – *Chambres doubles environ 100 €, simples environ 75 €.* Un hôtel 3 étoiles, tout neuf, situé dans le centre historique, mais à l'écart de la foule et du bruit. Il possède 108 chambres climatisées, avec télévision et téléphone. Le décor est élégant et l'accueil chaleureux.

■ **HOTEL CARLO FELICE. Via Carlo Felice, 43 ✆ (079) 271 440. Fax : (079) 271 441.** *Compter de 90 à 130 € la chambre double. Demi-pension de 72 à 97 € par personne.* Dans ce 3 étoiles, 60 chambres très spacieuses, modernes, à la décoration élaborée. Un peu excentré.

■ **HOTEL MARINI 2. Via Pietro Nenni, 2 ✆ (079) 277 282. Fax : (079) 280 300 – www.hotelmarini.com** – *Chambres simples avec petit déjeuner compter 50 €, demi-pension 60 € ; doubles avec petit déjeuner 70 €, demi-pension 90 €.* Un peu excentré, près du Carlo Felice et à 15 km des plages, cet hôtel possède un agréable jardin, mais son architecture n'est pas des plus accueillantes… L'accueil aussi est loin d'être chaleureux…

Luxe

■ **HOTEL GRAZIA DELEDDA. Viale Dante, 47 ✆ (079) 271 235. Fax : (079) 280 884 – www.hotelgraziadeledda.it** – *Compter de 90 à 110 € la chambre double.* Situé en ville, cet hôtel 4 étoiles s'adresse plutôt à une clientèle d'affaires. Il propose 140 chambres et 4 suites au charme sophistiqué et un peu suranné, ainsi que tous les services nécessaires aux réunions ou conférences.

Restaurants

La ville de Sassari est connue pour sa gastronomie très particulière. Peu nombreux, les restaurants typiques proposent les spécialités de la ville : plats de viande de cheval, tripes, le « zimino », un plat de tripes et intestins de veau braisés, et, surtout, des escargots cuisinés de différentes façons selon leur taille : les « lumachine », de petite taille, sont assaisonnés de persil, d'ail et de piments ; les « lumache », de taille normale, sont cuits avec des tomates et des pommes de terre ; et les « lumachoni », de grosse taille et de couleur jaune, sont farcis. Quant aux « monzette », surnommés « bonnes sœurs » parce qu'ils sont présentés fermés par un « bonnet de nonne », on les sert grillés.

■ **L'ASSASSINO. Vicolo Ospizio Cappuccini, 1 ✆ (079) 235 041.** *Plats à 6 € environ, menus de 10 à 20 €.* Une petite trattoria traditionnelle, à essayer à tout prix. Dans une petite salle au décor typique sarde, on sert toutes les spécialités de Sassari (*escargots à 6 € et steaks de cheval à 7 € environ*), ainsi qu'un menu sarde ou de Sassari à base de fèves, tripes, viande d'âne et escargots.

■ **IL GIAMARANTO. Via Alghero, 69 ✆ (079) 274 598.** *Fermé le dimanche. Menu à partir de 30 €.* Très bonne cuisine à base de pâtes fraîches et un grand choix de viandes et poissons. Ambiance très cordiale.

■ **IL CASTELLO. Piazza Castello ✆ (079) 232 041.** *Fermé le mercredi. Environ 30 € pour 2 personnes.* Idéal pour déguster, sur sa jolie terrasse donnant sur la place Castello, un plat de poisson raffiné que l'on accommode à votre goût (au vin blanc, en croûte de sel...).

■ **TRATTORIA DA GESUINO. Via Torres, 17 ✆ (079) 273 392.** *Menu à partir de 25 €.* Cette trattoria, située dans une ruelle du centre-ville, est un restaurant sur 2 étages, très apprécié pour ses plats de poisson. On y déguste d'excellentes spécialités, comme les gnocchis au prosciutto ou les spaghetti à la bottarga... Egalement des bonnes pizzas.

■ **TRATTORIA ANTONIO. Via Arborea.** Pour goûter à la vraie cuisine sassarese : escargots, fèves au lard, pieds d'agneau et steak d'âne.

■ **L'ANTICA HOSTARIA. Via Cavour 55 ✆ (079) 200 066.** *Compter environ 40 € pour le repas complet.* Un restaurant haut de gamme situé en plein centre-ville. Dans un décor étudié, une cuisine pleine de finesse. Ses spécialités : ravioli de chicorie, filet avec salade de fruits et, parmi les desserts, le très original bavarèse d'asperges au chocolat.

Pizzerie

■ **IL QUIRINALE. Via Cavour ✆ (079) 232 363.** *Ouvert le dimanche.* De bonnes pizzas au feu de bois. Un jardin agréable.

■ **IL POSTO. Via Enrico Costa, 16 ✆ (079) 297 296.** *Pizzas à partir de 4 €.*

Sortir

Les cafés en terrasse se succèdent le long de la via Roma (l'endroit de la passegiata) et autour des piazza Italia et Castello.

Dans la via Cavour, le café Cavour permet de passer un bon moment en savourant une glace artisanale dans un décor désuet mais très chaleureux.

Sassari étant une ville étudiante, il y a de l'animation dans les rues durant l'année universitaire. Bars, discothèques et autres lieux nocturnes sont fermés de juin à septembre et rouvrent à partir d'octobre.

■ **CAFE GALLERIA. Piazza Mazzoni 1.** Dans la galerie commerciale. Pour prendre un snack au calme, à l'écart du bourdonnement du centre historique.

■ **BAR 3B. Via Roma 34.** Enorme choix de pâtisseries et de vins.

■ **LA DISCOTECA OMEGA. Via Carlo Felice 33.** La boîte la plus connue de Sassari. Pour faire la fête et danser toute la nuit.

Manifestations

▶ **La Faradda dei Candelieri de Sassari** est l'une des plus anciennes manifestations populaires de la Sardaigne. Elle a lieu le 14 août, en fin d'après-midi. La fête consiste en une procession des anciennes corporations de l'époque communale, comme les paysans, les artisans et les travailleurs de Sassari, tous vêtus de costumes traditionnels. Ils parcourent en procession les ruelles de la ville, en portant de grands cierges en bois décorés. Les différents corps représentés conservent jalousement, pendant toute l'année, leur cierge décoré aux symboles et aux couleurs de leur corporation. La procession part de la piazza Castello, puis longe le corso Vittorio Emmanuele et le corso Vico, avant de gagner l'église de Santa Maria di Betlemme, où se termine la cérémonie. Ici, le chef des « massai », la corporation des artisans, souhaite « A zent'anni ! » au maire de la ville. Ensuite on procède au rituel religieux. Cette fête, qui tire probablement ses origines d'une tradition médiévale pisane, date du XVIe siècle. A l'époque, une terrible épidémie de peste avait décimé la population de Sassari, épidémie qui cessa soudainement le 14 août. Pour remercier la Vierge de les avoir épargnés, les survivants s'engagèrent à promener tous les ans en procession ces grands cierges en bois.

▶ **La Cavalcata sarda.** Tous les ans, l'avant-dernier dimanche de mai, une course à cheval très particulière a lieu à Sassari. De courageux cavaliers, vêtus de costumes traditionnels, se lancent dans une course folle, en présence de milliers de personnes venues à Sassari pour fêter cet événement folklorique, et vêtues elles aussi des costumes traditionnels de leur région. Cette chevauchée, accompagnée de musiques, danses et chants, fut organisée pour la première fois en 1899, en l'honneur du roi Umberto Ier et de la reine Margherita. Elle est devenue aujourd'hui l'une des principales festivités sardes.

▸ **Pour plus de renseignements sur ces manifestations,** appeler la mairie de Sassari au ✆ (079) 27 93 72 ou 079 26 05 97.

Points d'intérêt

Le corso Vittorio Emmanuele regroupe la plupart des boutiques de la ville.

■ **LE CORSO VITTORIO EMANUELE.** Il est l'artère principale de la vieille ville. Très animé, ce boulevard est bordé de somptueux palais aragonais du XVIe siècle. Il donne sur la piazza Castello, qui doit son nom à un fort construit par les Espagnols en 1330 et détruit à la fin du XIXe siècle. On passe ensuite sur la piazza Italia, majestueuse avec ses palais néoclassiques (dont l'imposant Palazzo della Provincia). Au centre de la place, au milieu des palmiers, la statue de Vittorio Emmanuele II surveille les déambulations des passants.

▸ **Le soir, la piazza Castello et la piazza Italia sont le centre d'animation de la ville :** les cafés des alentours, et notamment ceux de la via Roma, se remplissent de monde.

■ **Sur la piazza Castello se trouve le MUSEE STORICO DELLA BRIGATA SASSARI,** qui raconte les exploits de cette légendaire brigade qui s'est distinguée dans les combats de la Première Guerre mondiale (*ouvert du mardi au vendredi de 9h à 12h30 et de 14h30 à 16h30, le samedi de 9h à 12h30*).

■ **DUOMO DI SAN NICOLA.** *Ouvert de 9h à 12h et de 16h à 19h.* C'est la cathédrale de Sassari, dédiée à saint Nicolas. Le portail en calcaire blanc du XVIIe siècle est richement décoré dans un style baroque espagnol. Il contraste fortement avec les lignes beaucoup plus simples de l'intérieur de la cathédrale datant du XVIe siècle.

Toute proche du Duomo se dresse la très belle et très épurée **Chiesa Santa Caterina,** une église du XVIe siècle, remarquable par sa coupole octogonale et ses peintures de Bilevelt.

■ **MUSEE ARCHEOLOGIQUE G.A. SANNA. Via Roma 64 ✆ (079) 27 220.** *Ouvert du lundi au samedi de 9h à 20h ; les dimanches et jours fériés de 9h à 19h30, fermé le lundi. Entrée adultes 2 €, de 18 à 25 ans 1 €, gratuit pour les moins de 18 ans et les plus de 60 ans. Visite guidée (payante) ou documentation gratuite en français.* Le Museo Archeologico de Sassari existe depuis 1868, mais ce n'est qu'en 1931 qu'il prit le nom de Giovanni Antonio Sanna, un député natif de la ville, pour le remercier du don qu'il fit au musée de sa collection privée d'antiquités. Les différentes salles présentent, de façon très didactique, au moyen de frises chronologiques et de schémas, les traces des civilisations qui se sont succédé en Sardaigne, depuis le Néolithique jusqu'au Moyen Age. On y verra ainsi un grand nombre de vases et de céramiques, de plus en plus raffinés et travaillés, mais, surtout, un vase de l'époque romaine encore plein de coquilles d'escargot, ce qui fait dire aux gens de Sassari que leur goût pour ces gastéropodes remonte aux origines de la ville. La pièce maîtresse du musée est la superbe collection de statuettes de bronze de l'époque nuragique. A l'étage se trouvent les costumes, masques et tapis typiques du folklore sarde.

Si ce type d'artisanat vous plaît, vous pouvez faire un tour à la **Mostra Permanente dell'Artigianato Sardo.** *Ouvert de 9h à 13h et de 16h30 à 19h30. Fermé le samedi après-midi et le dimanche. Entrée libre.*

■ **GIARDINO PUBBLICO.** Dans un pavillon moderne au centre du jardin sont exposées les œuvres d'artisans de la région, que l'on peut également acheter. Les prix sont plus élevés que dans les boutiques, mais on est sûr de l'origine des créations.

■ **FONTAINE DEL ROSELLO. Viale Umberto (s'éloigner un peu du centre, en empruntant le Corso Vittorio).** *Ouverte de 16h30 à 18h.* Au tout début de la viale Umberto, un escalier en pierre, le Col di Lana, conduit à la fontaine del Rosello, un monument datant de la Renaissance et devenu le symbole de la ville. Autrefois lieu de rendez-vous des notables de Sassari, cette bien modeste fontaine reste très importante aux yeux des gens de la ville.

■ **CHIESA DI SANTA MARIA DI BETLEM.** Un peu plus loin, en suivant le corso Vico. Fondée en 1106 par le juge Constantin, elle fut successivement occupée par les bénédictins et les franciscains. Elle est d'un style plus chargé que les autres églises de la ville. On s'attardera plus particulièrement dans la dernière chapelle à gauche, pour regarder les centaines d'ex-voto en forme de cœur accrochés aux murs. C'est aussi dans cette église que sont entreposés les candelieri que l'on promène à l'occasion de la fête des chandeliers, chaque 14 août.

■ **MUSEE ETHNOGRAPHIQUE FRANCESCO BANDE. Via Muroni 44 ✆ (079) 23 65 72.** Un intéressant musée des arts et traditions populaires, où les instruments typiques sardes occupent une place d'honneur.

Shopping

■ **MANGATIA. Via dell'Università, 68 – www.mangatia.com** – Spécialités gastronomiques sardes. Les fromages (surtout le pecorino) sont exceptionnels, de même que le pain (carasau, guttiau) et le miel. Service de livraison à domicile.

■ **ISOLA. Padiglione dell'Artigianato, viale Mancini ✆/Fax : (079) 23 01 01.** Tapis, céramiques, meubles... de bonne qualité et bon marché.

■ **MARCHE AUX PUCES. Piazza d'Italia ✆ (079) 27 94 00.** *Tous les derniers dimanches du mois. 50-60 exposants.* On peut y trouver des objets de collection et d'art, des antiquités et de l'artisanat local.

Loisirs et sports

Parcs

■ **WATER PARADISE. Strada provinciale 81 Porto Torres – Castelsardo, km 1, Sorso ✆/Fax : (079) 36 80 128 – waterparadise@tiscali.it** – *Ouvert de juin à septembre de 10h à 19h. Entrée : adultes de 13 à 15 € selon la saison, réduit de 9 à 11,50 €, enfants jusqu'à 1 mètre de hauteur de 7 à 8,50 €.* Un petit aquaparc à 10 km de Sassari. A visiter si on a des enfants.

Planche à voile, funboard, kite-surf et surf

■ **CENTRO VELICO DI LEVANTE. Porto Pozzo ✆ (01) 14 33 05 76 – www.levante-cnl.org** – *Une semaine entre 370 et 640 €.* Grande variété d'offres dans cette école basée à Porto Pozzo (Sassari), à 10 km de Santa Teresa di Gallura. Depuis 20 ans, ce centre organise des cours pour trois niveaux de difficulté.

Plongée

■ **CAPO TESTA-SANTA TERESA DI GALLURA (Sassari). La Secca delle Cernie.** Informations : No Limits Center Diving Mediterreneo Santa Teresa di Gallura ✆ (0789) 75 90 26. *Prix pour une plongée : 65 €.*

■ **ARCIPELAGO DELLA MADDALENA (Sassari). Secca di Budelli.** Informations : Diving Center Lavezzi, La Maddalena ✆ (0789) 37 289. *Prix pour une plongée : 35 €.*

PORTO TORRES

Deuxième port de l'île, Porto Torres est le terminal de nombreux bateaux en provenance de France et d'Italie. Les multiples industries (notamment pétrolières) installées sur son territoire gâchent quelque peu le charme de cette ville au passé très riche. A l'époque où elle était une colonie punique, les Romains firent de Turris Libysonis un centre urbain et commercial majeur. Après cette période florissante, la ville de Porto Torres tomba en déclin, jusqu'à son renouveau, au XXe siècle, grâce au développement des industries locales.

Mis à part la visite des thermes de l'ancienne ville romaine, la ville ne présente pas grand intérêt, aussi est-il conseillé d'y passer mais de ne pas y séjourner.

Transports

Location de voitures et de motos

■ **TRAPASSO AUTO. Zona Industriale ✆ (079) 516 318.** Loue également des motos.

■ **MUREDDU MARIO. Lungo mare Balai, 46** ✆ (079) 510 181.

Taxis

■ **TAXI. Piazza XX Settembre** ✆ (079) 510 439.

■ **TAXI. Corso Vittorio Emmanuele, 76** ✆ (079) 514 052.

Pratique

■ **OFFICE DU TOURISME. Piazza Garibaldi, 17 ✆ (079) 504 19 97 – infoturismo@porto-torres.ss.it – A 20 m du débarcadère, sur la gauche en remontant la route principale.** *Ouvert de 8h30 à 12h30 et de 15h à 20h du lundi au vendredi et de 8h30 à 12h le samedi.*

■ **PRO LOCO. Piazza 20 Settembre, 4 ✆ (079) 51 50 00.** Pour toute information à caractère touristique et culturel.

■ **URGENCES. Via delle Terme, 5** ✆ (079) 510 392.

■ **POLICE. Via Antonelli, 1** ✆ (079) 502 432.

Hébergement

L'Hébergement à Porto Torres laisse à désirer. Les hôtels sont très rares et de qualité médiocre. N'y séjourner donc que si l'on arrive par le ferry et que l'on ne peut faire autrement.

■ **HOTEL ELISA. Via Mare, 2 ✆ (079) 51 32 60. Fax : (079) 51 37 68.** *Chambre simple compter 50 €, double 70 € environ. Correct.* Situé juste en face du port, il dispose de 27 chambres très propres et au mobilier sobre, dans les tons verts. Particularité : cet hôtel est « wi-fi zone ».

■ **HOTEL TORRES. Via Sassari, 75 ✆ (079) 501 604. Fax : (079) 501 605 – www.albergotorres.com – info@albergotorres.com** – *Ouvert toute l'année. Chambre simple compter de 45 à 55 €, double de 65 à 75 €.* Propre, certes, mais on attend mieux d'un hôtel 4 étoiles. Au moins, les prix sont corrects...

■ **AGRITURISMO ROSA SOLINAS. Reg. Margoneddu, strada per Stintino ✆ (079) 516 183.** *Dans les terres, 11 chambres de 40 à 45 € par personne en demi-pension.* Possibilité de camper.

Restaurants

■ **IL CRISTALLO. Piazza XX Settembre, 11 ✆ (079) 514 909.** *Compter 35 € le repas complet.* Un bon restaurant de poisson, avec vue sur le port. Le service laisse un peu à désirer.

■ **IL CARILLON. Via delle Vigne, 14 ✆ (079) 512 232.** Peu cher. Un restaurant spécialisé dans le poisson. Bon rapport qualité/prix.

■ **IL MELOGRANO. Via Croce Benedetto, 2 ✆ (079) 513 065.** Assez cher. Propose une cuisine originale et raffinée.

■ **PIZZERIA SAN GAVINO. Piazza Marconi, 12 ✆ (079) 510 300.** On y mange de bonnes pizzas dans une ambiance conviviale. Décor agréable.

■ **PIZZERIA TESEO. Via Fattori, 24 ✆ (079) 503 663.** Les groupes de plus de 5 personnes peuvent composer eux-mêmes leurs pizzas.

Points d'intérêt

■ **BASILIQUE DI SAN GAVINO ✆ (333) 806 13 82.** *Ouverte tous les jours de 8h30 à 13h et de 14h30 à 19h. Entrée 1 €, entrée + visite guidée 2 €.* Edifiée vers l'an 1100, la basilique di San Gavino représente l'un des plus beaux et des plus importants vestiges romans de l'île. Elle a été érigée par des architectes de Pise sur une ancienne basilique paléochrétienne, au-dessous de laquelle avaient été ensevelis trois martyrs. Sa crypte abrite en effet les reliques de ces trois martyrs, Gavino, Proto et Gianuario, dont on peut voir les statues au fond de la basilique. La basilique possède également une pierre tombale byzantine et des sarcophages romains des IIIe-IVe siècles. On remarquera le plan original de cette basilique sans transept : elle ne possède pas de façade, l'entrée s'effectuant sur le côté.

■ **ANTIQUARIUM TURRITANO ET LES THERMES DE TURRIS LIBISONIS.** *Ouvert tous les jours, sauf le lundi, de 9h à 20h. Pour l'Antiquarium, entrée 2 €, tarif réduit 1 €. Pour l'Antiquarium et le Parc archéologique, 3 €, tarif réduit 1,50 €.* Ce musée archéologique est situé dans le Palazzo di Re Barbaro, un bâtiment de 2 étages à l'intérieur du site archéologique. Ici sont réunies les collections d'objets mis au jour dans les thermes. Dans la salle du bas sont exposées des collections de lampes à l'huile, de vases et d'ancres rappelant le passé commercial de la ville. Dans la salle du haut, des maquettes qui reconstituent la structure des thermes sont exposées à côté des mosaïques provenant de ces mêmes thermes.

■ **PARC ARCHEOLOGIQUE. Antiquarium Turritano. Via Ponte Romano, 97 © (079) 51 44 33.** *Ouvert de 9h à 20h, du mardi au dimanche. Fermé lundi. Entrée : 2 €, tarif réduit : 1 €.* Situé à côté du musée, il mérite une visite approfondie. On y trouve les ruines du palais du roi Barbare, gouverneur de la Sardaigne au IVe siècle, et qui mit à mort les martyrs Gavino, Proto et Gianuario, accusés d'être chrétiens. Autour des ruines s'étendent les vestiges de la cité romaine de Turris Libisonis (46 apr. J.-C.), de l'ancien nom de Porto Torrès. Les thermes, relativement bien conservés, abritent des mosaïques datant du IIe siècle apr. J.-C. A l'extrémité du parc, des vestiges des tabernae (« petites boutiques ») longent la voie romaine. A quelques mètres des thermes, on peut voir le pont romain, à sept arcades, long de 140 m.

■ **PLAGE DE PLATAMONA.** A 5 km à l'est de Porto Torrès, c'est l'une des plages les plus fréquentées du département.

Loisirs

■ **ASINARA YACHTING. Via Enrico Costa, 17 ©/Fax : (079) 512 459 ou 335 75 73 248 – www.asinarayachting.it – info@asinarayachting.it –** Une école nautique qui donne des cours de voile et de navigation. Organise tous les jours des excursions au parc national de l'Asinara.

STINTINO

Il n'y a pas si longtemps, Stintino, à une vingtaine de kilomètres de Porto Torres, était un paisible village de pêcheurs, jusqu'à ce que sa situation privilégiée et ses plages splendides finissent par attirer les touristes. Et avec l'arrivée des touristes, des resorts sont sortis de terre. Depuis, la population de Stintino (à peine plus de 1 000 habitants) est multipliée par 20 en été. Il faut bien dire que ce site magnifique mérite que l'on s'y arrête.

■ **SPIAGGIA DI PELOSA.** A quelques kilomètres au nord de la ville, vers le Capo di Falcone. L'une des plus belles plages de Sardaigne, avec son sable fin et ses eaux turquoise. Au bout de la plage, la Torre (ou « tour ») di Pelosa, vestige de l'époque espagnole, fait face aux îles Piana et Asinara.

■ **L'ASINARA** est un ancien centre pénitentiaire, devenu parc national en 1997, l'île ayant été préservée par plus d'un siècle d'isolement. Ses habitants les plus célèbres sont les ânes albinos aux yeux bleu clair, auxquels l'île doit son nom. Sur une surface de 52 km², la flore et la faune se sont maintenues si bien intactes que le lieu a mérité une protection particulière. Aussi, en 1997, le gouvernement italien a créé le parc national de l'Asinara. La loi protège l'île des interventions et exploitations touristiques. Le flux de touristes y est régulé par le parc, qui autorise le débarquement sur l'île seulement pour des visites guidées de quelques heures, à partir de Stintino ou de la Spiaggia di Pelosa. Une fois débarqué, on pourra découvrir ses plages préservées (Cala San Andrea, Cala d'Arena) et sa faune protégée (dont l'âne albinos d'Asinara).

Les Romans appelaient l'île Herculis insula, ou l'« île d'Hercule ». Au Moyen Age, quand on y implanta un couvent de moines camaldolesi et ensuite une forteresse, elle était appelée Azenara ou Sinuria. A partir du XVIIe siècle, l'Asinara fut habitée par des paysans, des bergers et des pêcheurs, comme semblent l'attester les vestiges mis au jour sur le site. Quant au pénitencier, installé ici en 1885, il est encore bien visible. Mais, aujourd'hui, ses murs gris abritent un centre didactique d'information sur la protection de l'environnement.

▶ **Pour tout renseignement sur le parc national : PARCO NAZIONALE ISOLA DELL'ASINARA,** via Iosto 7, Porto Torres (SS) © (079) 50 14 15 – www.parcoasinara.it – www.parks.it/parco.nazionale.asinara – Pour les billets © 800 56 11 66 (numéro gratuit de l'Italie), 079 37 65 045 ou 079 52 00 60 ; pour les visites guidées : Coop. Sinuaria © 333 46 79 085.

▶ **Pour obtenir les autorisations d'accès au parc, s'adresser à STINTOURS,** via C. Colomb 39, Stintino © (079) 52 31 60. S'il y a des courageux parmi vous qui se sentent capables de parcourir à la nage les 500 m qui séparent l'Asinara de la Sardaigne, qu'ils s'abstiennent : c'est strictement interdit.

Pratique

■ **PRO LOCO. Informations touristiques. Via Sassari 77, Stintino** © (079) 52 32 82.

■ **STINTOURS. Via C. Colombo 39, Stintino © (079) 52 31 60. Fax : (079) 52 30 48.** Il organise aussi des excursions dans l'île de l'Asinara.

Hébergement

Camping

■ **CAMPING VILLAGGIO LI NIBARI. Marina di Caposorso ✆ (079) 310 303 – www.campinglinibari.com** – *Adultes environ 12 €, enfants 7 €. Ouvert toute l'année.* Environ 350 emplacements dans une belle pinède près de la plage. Bar, restaurant, pizzeria et piscine à disposition des clients.

Hôtels

Les hôtels du Capo Falcone s'adressent à une clientèle aisée, et les prix montent au fur et à mesure que l'on s'approche de la Spiaggia di Pelosa.

■ **VILLAGGIO ROCCA RUJA. Stintino ✆ (079) 529 200. Fax : (079) 52 22 52 ou 0332 93 91 20.** *Ouvert de mai à septembre. Chambre double de 120 à 170 € ; mini-appartement pour 2 personnes, compter de 330 € par semaine en basse saison, et jusqu'à 1 100 € en août.* On peut attribuer la palme à ce complexe hôtelier 4 étoiles dont les pavillons, où se trouvent les chambres, occupent un terrain joliment aménagé et vert, donnant directement sur la Spiaggia di Pelosa. Dans un cadre luxueux, l'hôtel-club propose un grand nombre de services, dont 7 courts de tennis et 3 piscines… Les clients ont également accès à la plage privée de l'hôtel. Les chambres sont confortables, avec télévision, réfrigérateur, bar et climatisation. Et les prix correspondent à ces prestations haut de gamme.

■ **HOTEL CASA ROSA ✆ (079) 520 005. Fax : (079) 520 004.** *3 formules : chambre d'hôtes, demi-pension et pension complète. Dans ce dernier cas, il faut compter de 75 € par personne par jour et en basse saison à 150 € au plus chaud du mois d'août. Et 10,50 € de plus pour une chambre avec vue sur la mer.* Un peu en retrait de la plage et un peu moins cher que le précédent, ce village-club s'étend sur 3 ha joliment aménagés et fleuris. Ses 123 chambres sont décorées avec goût, mais, malheureusement, l'aspect extérieur n'est pas aussi réussi. Cet hôtel a tout du village de vacances : piscine, tennis, terrain de football, club pour les enfants et spectacles. Une navette emmène les clients sur la Spiaggia di Pelosa (3 min) pour 30 € environ par semaine.

■ **HOTEL-RESIDENCE ANCORA. Loc. Ancora ✆ (079) 527 085. Fax : (0795) 27 087 – www.hotelancora.info** – *Demi-pension compter de 50 à 105 € (selon la saison) par jour et par personne. A partir d'un minimum de 7 jours.* Un complexe hôtelier très confortable, au milieu d'un parc, à 300 m de la mer et à 1 km de la plage de la Pelosa. Jardin très agréable où il fait bon prendre son petit déjeuner. 50 chambres très soignées, avec balcons, dans des bâtiments de 2 étages. Cuisine de qualité au restaurant.

■ **CALA REALE ✆ (079) 5 23 127. Fax : (0795) 23 267 – www.calareale.it – calareale@tiscalinet.it** – *Compter de 45 € en basse saison à 100 € en août par personne et par jour en demi-pension.* Situé entre la Spiaggia di Pelosa et Stintino, un hôtel 3 étoiles dont toutes les chambres donnent sur la mer. Piscine, tennis et navette gratuite pour la Spiaggia di Pelosa.

Vous pouvez aussi opter pour un hôtel dans la ville même de Stintino, la Spiaggia di Pelosa n'étant qu'à 5 min en voiture :

■ **HOTEL-RESTAURANT SILVESTRINO. Via Sassari, 14 ✆ (079) 523 007. Fax : (079) 523 473 – www.silvestrino.it – albergosilvestrino@tin.it** – *Chambre double compter de 60 à 140 €, simple de 45 à 70 €. Demi-pension de 65 à 110 € par personne. Menu à partir de 25 € environ.* L'hôtel, récemment rénové, propre et confortable, est situé dans le centre historique de Stintino. Pour ce qui concerne le restaurant, on vous conseille le poisson : il est délicieux !

Agriturismo

Pour les petits budgets, une solution plus économique est offerte par ces deux fermes d'agriturismo :

■ **CALA SCOGLIETTI. Loc. Pedru Nieddu ✆ (079) 535 003/(349) 151 78 40 – www.calascoglietti.com – info@calascoglietti.it** – *9 chambres doubles de 23 à 28 € par personne.* A 4 km des plages.

■ **PIEDRU NIEDDU. Loc. Piedru Nieddu ✆ (079) 523 129 – www.agridepalmas.com** – *6 chambres avec salle de bains, compter de 25 à 30 € par personne. Demi-pension de 07 à 12 € par personne.* A 2 km de la mer.

Restaurants

■ **LU FANALI. Lungomare C. Colombo, 89 ✆ (079) 523 054.** Situé sur le port de Stintino, c'est l'un des endroits les plus sympathiques de cette côte, que ce soit le matin pour prendre un café au bar, dans l'après-midi pour déguster une glace ou le soir, quand il est plus animé, pour manger une pizza.

■ **DA ANTONIO.** Non loin de là, toujours sur le port, un petit restaurant très agréable.

Loisirs

La baie de Stintino est un endroit rêvé pour pratiquer tous les sports de voile, le vent étant en effet parfait pour la planche à voile, le catamaran, etc.

■ **A Stintino, STINTOURS – www.stintours.com – stintours@stintours.com –** Organise également des excursions en bateau vers l'Asinara. A noter qu'il loue aussi des voitures, des motos et des vélos.

■ **WINDSURFING CENTER STINTINO. Deux locaux sur la Spiaggia di Pelosa ✆ (079) 527 006. Fax : (079) 523 107 – www.windsurfingcenter.it – windsurfingcenter@tiscalinet.it** – On peut y louer catamarans, planches à voile et canoës, à l'heure ou à la journée. Les prix sont raisonnables : un canoë simple coûte 8 € de l'heure et 35 € la journée, un canoë double 10 € de l'heure et 35 € la journée ; une planche à voile de funboard 20 € de l'heure et 90 € la journée, un Hobie Cat 16 coûte 26 € de l'heure et 120 € la journée. Le centre propose des cours collectifs ou individuels : 1 heure de cours de windsurf 15 €, une journée 70 €. Organisation également d'excursions sur l'île d'Asinara à bord d'un catamaran (65 € pour l'excursion d'une journée, 40 € pour une demi-journée).

Plongée

■ **ASINARA DIVING CENTER ✆/Fax : (079) 527 000 – www.asinaradivingcenter.com – sub@asinaradivingcenter.com** – C'est le centre de plongée de Stintino le mieux équipé et le mieux encadré. Situé près du yacht-club Ancora, il dispose d'une piscine pour initier à ce sport avant d'autoriser les sorties en mer. C'est une bonne occasion pour passer son Padi et pour admirer un merveilleux spectacle aquatique.

Dans les environs

■ **LA NURRA.** La région située entre Capo Caccia au sud et les blanches plages de Stintino au nord est caractérisée par un contraste surprenant entre les plaines et les vieilles montagnes. Les attractions de la région de Nurra sont très variées : elles vont des tombes du Paléolithique à la grotte marine de Neptune et de la pittoresque ancienne mine d'argent d'Argentiera aux vignobles qui recouvrent la région environnante.

■ **ARGENTIERA.** Depuis l'Antiquité, cette ville a vécu de ses richesses minières, et en particulier de l'argent, qui a donné son nom à la ville. Aujourd'hui, si l'activité d'extraction a cessé depuis 1963, le centre minier du XIXe siècle vit encore grâce au tourisme. Les bâtiments de la mine constituent l'un des plus beaux témoignages du passé industriel de l'île. La plage locale est très jolie, mais la baie de Porto Palmas, au nord d'Argentiera, est encore plus belle.

■ ALGHERO ET SES ENVIRONS ■

La ville d'Alghero, aussi nommée « pupille d'Aragon », est l'une des destinations favorites des touristes français, qui y retrouvent un petit air de Saint-Malo. Les remparts qui entourent le centre historique font en effet penser à la ville fortifiée bretonne et il y règne la même douceur de vivre. Pourtant, une forte influence espagnole imprègne les murs de la ville et les esprits de ses habitants. De façon concrète, les noms de rues et les enseignes sont en catalan, et on y parle un dialecte dérivé de cette langue. On ne manquera pas de se promener dans les ruelles pavées de la vieille ville, de déambuler le long du Lungomare à l'heure de la passeggiata ou encore d'admirer le soleil couchant depuis les remparts.

Histoire

Le nom d'Alghero dériverait, selon Alberto Della Marmora, de aliga, c'est-à-dire « algue », S'Alighera, « le lieu de l'algue » étant encore utilisé par les paysans de la région pour désigner la ville.

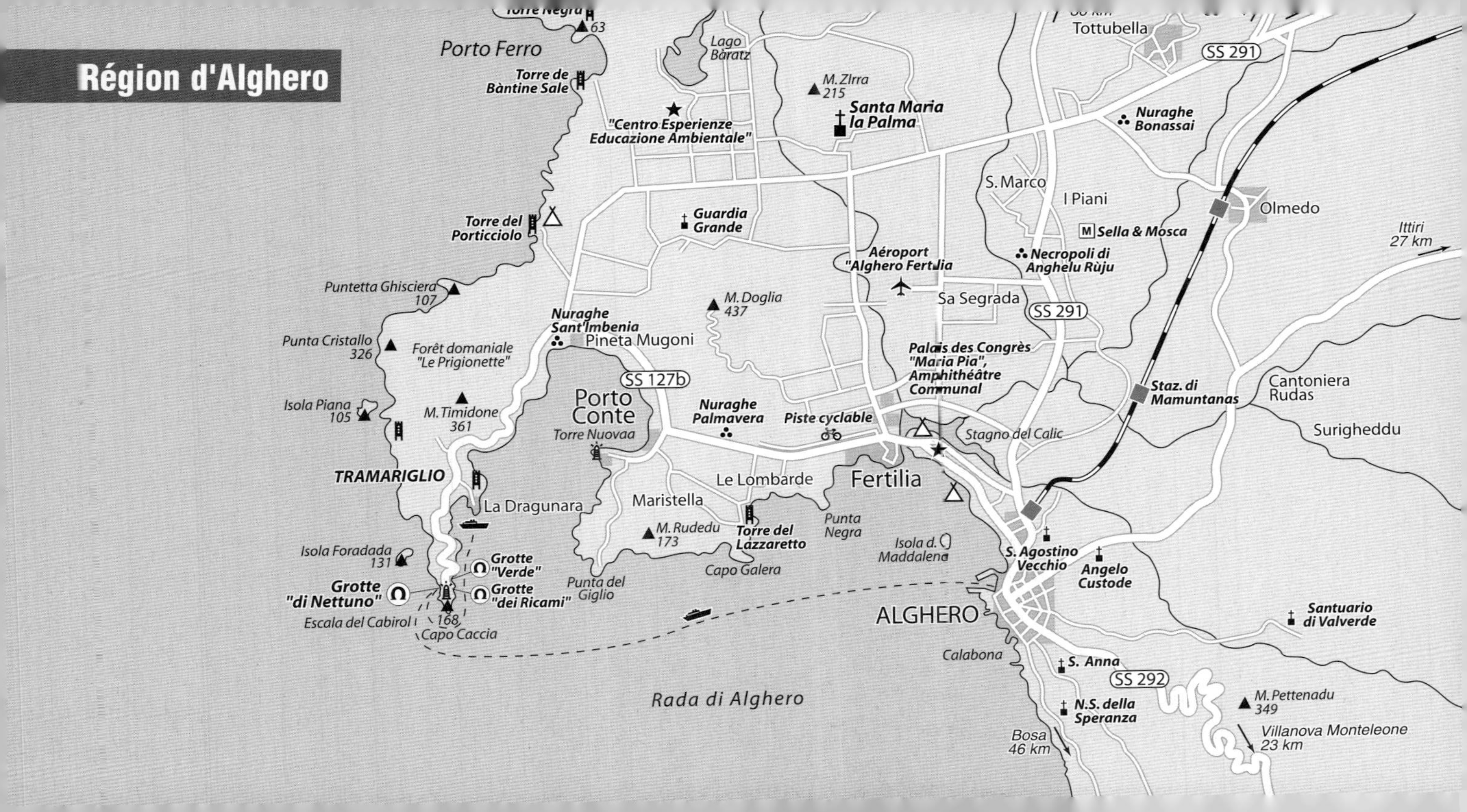
Région d'Alghero
Torre Negra
63
Porto Ferro
Torre de Bàntine Sale
Lago Baratz
"Centro Esperienze Educazione Ambientale"
M. Zirra 215
Santa Maria la Palma
Tottubella
SS 291
Nuraghe Bonassai
S. Marco
I Piani
Olmedo
Torre del Porticciolo
Guardia Grande
M Sella & Mosca
Ittiri 27 km
Aéroport "Alghero Fertilia"
Necropoli di Anghelu Rùju
Puntetta Ghisciera 107
M. Doglia 437
Sa Segrada
SS 291
Nuraghe Sant'Imbenia
Pineta Mugoni
Punta Cristallo 326
Forêt domaniale "Le Prigionette"
SS 127b
Palais des Congrès "Maria Pia", Amphithéâtre Communal
Staz. di Mamuntanas
Cantoniera Rudas
Porto Conte
Isola Piana 105
M. Timidone 361
Nuraghe Palmavera
Piste cyclable
Torre Nuovaa
Stagno del Calic
Surigheddu
TRAMARIGLIO
Le Lombarde
Fertilia
La Dragunara
Maristella
Punta Negra
M. Rudedu 173
Torre del Lazzaretto
Isola d. Maddalena
Isola Foradada 131
Grotte "Verde"
S. Agostino Vecchio
Angelo Custode
Capo Galera
Grotte "di Nettuno"
Grotte "dei Ricami"
Punta del Giglio
ALGHERO
Santuario di Valverde
168
Escala del Cabirol
Capo Caccia
Calabona
S. Anna
SS 292
M. Pettenadu 349
Rada di Alghero
N.S. della Speranza
Bosa 46 km
Villanova Monteleone 23 km

Alghero

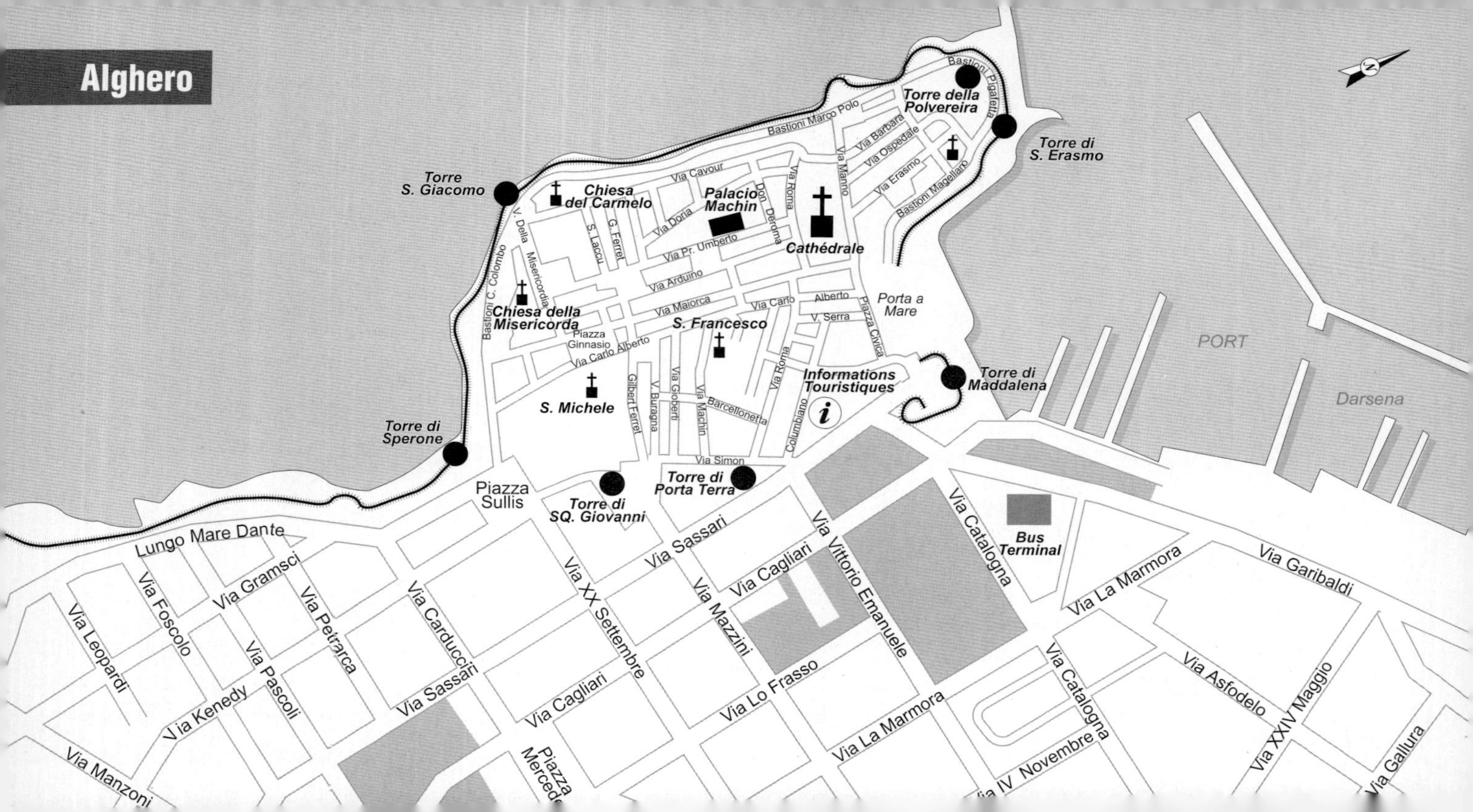
Torre della Polvereira
Bastioni Pigafetta
Torre di S. Erasmo
Bastioni Marco Polo
Via Barbara
Via Ospedale
Via Erasmo
Bastioni Magellano
Via Manno
Via Roma
Cathédrale
Don Deroma
Palacio Machin
Via Cavour
Torre S. Giacomo
Chiesa del Carmelo
Via Doria
Via Pr. Umberto
G. Ferret
S. Laccu
V. Della Misericordia
Bastioni C. Colombo
Via Arduino
Via Maiorca
Via Carlo Alberto
V. Serra
Piazza Civica
Porta a Mare
Chiesa della Misericordia
S. Francesco
Piazza Ginnasio
Via Carlo Alberto
PORT
Darsena
Torre di Maddalena
Informations Touristiques
Via Roma
Columbiano
Barcellonetta
Via Machin
Via Gioberti
V. Buragna
Gilbert Ferret
S. Michele
Torre di Sperone
Via Simon
Torre di Porta Terra
Torre di SQ. Giovanni
Piazza Sullis
Bus Terminal
Lungo Mare Dante
Via Gramsci
Via Sassari
Via Cagliari
Via Vittorio Emanuele
Via Catalogna
Via La Marmora
Via Garibaldi
Via Foscolo
Via Petrarca
Via Carducci
Via XX Settembre
Via Mazzini
Via Leopardi
Via Pascoli
Via Kenedy
Via Sassari
Via Cagliari
Via Lo Frasso
Via La Marmora
Via Catalogna
Via Asfodelo
Via XXIV Maggio
Via Gallura
Via IV Novembre
Piazza Merced
Via Manzoni

Les origines de la ville remonteraient au Néolithique ancien, mais les premières traces importantes de présence humaine découvertes dans la région sont les domus de janas contenant des objets servant au culte du dieu taureau et de la déesse mère, caractéristiques de la culture d'Ozieri. Les nuraghi de Palmavera et de Siseri attestent d'une activité humaine significative entre 1500 et 500 av. J.-C : il semble que plusieurs villages nuragiques coexistaient à cette époque.

A partir de l'an mille, les giudicati ont de plus en plus de mal à repousser les attaques des pirates. Peu à peu, profitant de cette faiblesse passagère, des familles italiennes de Pise et de Gênes viennent s'installer sur la côte. Ainsi, la famille génoise des Doria aurait véritablement posé les fondations de la ville, quand, vers 1102, elle fortifia le village de pêcheurs pour en faire un point de défense stratégique sur la côte nord-ouest de l'île. En 1353, les Espagnols, aidés des Vénitiens, ennemis héréditaires des Génois, mirent fin à la domination de ces derniers lors d'une terrible bataille navale. Après cette victoire, Pierre d'Aragon occupa la ville et la repeupla de Catalans. Charles Quint l'aurait trouvée « bonita y bien asendata » (gracieuse et bien située). Au cours des siècles suivants, Alghero va connaître un essor économique et urbain sans précédent, grâce à des privilèges fiscaux et commerciaux, au mépris cependant du peuple sarde, qui n'était même pas autorisé à entrer dans la ville. La fin de l'hégémonie espagnole, au XVIIIe siècle, sera suivie d'une période de troubles et de révoltes.

Au XXe siècle, un vaste programme de développement est mené dans la région d'Alghero : assainissement des terres, création des villes de Fertilia et La Palma. Après la guerre, la fondation Rockfeller reprend cet effort, en éradiquant la malaria de la région. Ainsi, à partir des années 1950, Alghero peut enfin exploiter son potentiel touristique.

Transports

Train

■ **GARE. STAZIONE FERROVIARIA DI S. Agostino. Via Don Minzoni ✆ (079) 950 785.** Environ 5 départs par jour pour Sassari. Aller simple 1,80 €, aller-retour 3,10 €.

Bus

Deux compagnies desservent la région d'Alghero :

■ **L'ARST** (✆ (079) 26 39 206) et la **FERROVIE DELLA SARDEGNA** (✆ (079) 95 04 58). Se renseigner à l'office du tourisme sur les horaires car ils changent tous les ans.

▶ **Transferts Alghero-aéroport Fertilia** avec la compagnie de bus « Ferrovie della Sardegna » ✆ (079) 950 458. Environ 20 min de trajet et 6 aller-retour chaque jour. Les billets (0,60 € par personne) sont vendus dans les bars et les bureaux de tabac.

Taxis

■ **ALGHERO. Via Vittorio Emmanuele, 1** ✆ (079) 975 396.

■ **CONSORZIO TAXI 24/24** ✆ (079) 989 20 28.

■ **AEROPORTO FERTILIA** ✆ (079) 935 035.

Location de voitures

■ **AUTOEXPRESS. Via Satta, 48** ✆ (079) 951 505. Fax : (079) 952 068.

■ **AVIS. Piazza Sulis, 9** ✆ (079) 979 577. Fax : (079) 977 716.

■ **EUROPCAR-NOLAUTOSARDA. Aéroport Fertilia** ✆ (079) 935 032. Fax : (079) 936 135.

■ **HERTZ. Aeroporto Fertilia** ✆ (079) 935 227. Fax : (079) 935 240.

■ **MAGGIORE BUDGET. Aeroporto Fertilia** ✆ (079) 935 045 – Via Sassari ✆ (079) 979 275. Fax : (079) 970 331.

■ **NOLAUTO ALGHERO. Via Vittorio Veneto, 11** ✆ (079) 953 047. Fax : (079) 984 594.

■ **SARDINIA AUTONOEGGIO. Aeroporto Fertilia** ✆ (079) 935 060/935 233.

■ **SICILY BY CAR. Aeroporto Fertilia** ✆ (079) 936 060. Fax : (079) 936 142.

Un particularisme local : le dialecte d'Alghero

La ville présente une particularité historique et linguistique exceptionnelle : depuis le XIVe siècle, elle a conservé pratiquement intacts une langue – le catalan –, des habitudes, des costumes ainsi que des traditions populaires et religieuses. Malgré les différentes colonisations, aucun élément étranger n'a dilué cette culture originale. Le dialecte d'Alghero est en effet la langue parlée en Catalogne entre la deuxième moitié du XIVe siècle et la fin du XVIIe. Ce dialecte, isolé de sa langue mère, a continué à évoluer indépendamment de celle-ci, d'autant plus qu'à l'éloignement physique s'ajoutait la pression de la langue sarde, dominante à l'époque. Aujourd'hui, le dialecte catalan d'Alghero est, paraît-il, en voie de disparition : même si tous les noms de rues sont écrits dans cette langue, ceux qui la parlent sont de moins en moins nombreux. Cependant, comment douter de son avenir, alors que ce particularisme résiste depuis le XIVe siècle, dans un environnement où il est difficile de lutter contre la langue dominante (le sarde, puis l'italien).

Location de vélos et motos

- **CICLOEXPRESS. Via Garibaldi** ✆ (079) 986 950.
- **BLUE SERVICE. Via Pisa, 12 ; Via Lido, 18** ✆ (079) 987 197.
- **SILVIO NOLEGGIO. Via Lo Frasso, 38** ✆ (079) 987 243. Fax : (079) 874 386 – Via Garibaldi, 113 ✆ 0759 67 924.
- **VELOSPORT. Via Veneto, 90** ✆ (079) 977 182. Fax : (079) 977 182.

Pratique

- **OFFICE DU TOURISME. Piazza Porta Terra 9** ✆ (079) 979 054 – www.infoalghero.it – unfotourism@infoalghero.it
- **POSTE. Via Carducci, 35** ✆ (079) 97 20 252.
- **GENDARMERIE. Via Don Minzoni, 48** ✆ (079) 986 824.

Internet

- **POCO LOCO. Via Gramsci, 8** ✆ **(079) 9731 034 –** *Ce café, ouvert tous les soirs à partir de 19h30, offre 3 postes internet à 5 € l'heure.*

Banques

- **BANCA DI SASSARI. Via Lamarmora** ✆ (079) 986 350. Fax : (079) 986 360.
- **BANCO DI SARDEGNA. Via Don Minzoni** ✆ (079) 986 069. **Largo San Francesco, 19** ✆ (079) 998 100.

Santé

- **HOPITAL. Via Don Minzoni** ✆ (079) 996 200.
- **GARDE MEDICALE. Via Don Minzoni** ✆ (079) 987 161.
- **PHARMACIE. Via Garibaldi, 13** ✆ (079) 952 115.

Hébergement

La ville d'Alghero dispose de très nombreux hôtels, dont la majeure partie se situe sur la plage. Les hôtels de catégorie moyenne sont pour la plupart le long de la plage sur la route qui mène à Capo Caccia, et les hôtels de catégorie supérieure occupent le bord de mer de la via Lungomare. Si vous disposez d'une voiture, vous pourrez également trouver des hôtels de charme à Capo Caccia.

- **CAMPING LA MARIPOSA. Via Lido, 22** ✆ **(079) 950 360. Fax : (079) 984 489 – www.lamariposa.it –** *Ouvert d'avril à octobre. Adultes compter de 8,50 à 11 €, enfants de 5 à 9 €.*

Emplacement de 4 à 11 €. Bungalow 2 places compter environ 30 €, 4 places de 45 à 80 €. Très bien situé en bord de mer, dans une pinède entourée d'eucalyptus et de genévriers, le camping La Mariposa est le premier complexe de logement en plein air créé en Sardaigne. A moins de 1 km du centre-ville et juste en face de sa plage privée, il propose de nombreux services et commodités.

Confort ou charme

■ **BED AND BREAKFAST JANAS. Lungomare Dante, 20 ✆ (079) 979 219 – gttalguer@tiscali.net.it** – *Compter de 40 à 55 € par personne.* Chez l'habitant, de très belles chambres indépendantes avec salle de bains et une cuisine commune à disposition. Tout est refait à neuf. Un lieu vraiment charmant et des propriétaires sympathiques qui parlent français. Mais 3 chambres seulement...

■ **HOTEL SAN GIUAN. Via Angyoi, 2 ✆ (079) 951 073. Fax : (079) 951 222.** *Compter 75 € la chambre double en basse saison, 85 € en haute saison.* 19 chambres assez grandes, propres, mais au décor plutôt froid.

■ **HOTEL FLORIDA. Via Lido, 15 ✆ (079) 950 500. Fax : (079) 985 424 – www.hotelfloridaalghero.it** – *Chambre double avec petit déjeuner de 78 à 104 €, simple avec petit déjeuner de 50 à 70 €. Demi-pension compter de 55 à 95 € (selon la saison) par personne.* Parmi les nombreux hôtels de la via Lido, c'est celui qui propose les meilleures équipements. Situé devant la plage, entièrement refait à neuf, avec tout le confort, il dispose de 2 piscines, 1 pour les adultes et l'autre pour les enfants, dans un beau jardin.

■ **EL BALEAR. Lungomare Dante, 32 ✆ (079) 97 52 29. Fax : (079) 9748 47.** *Chambre double de 74 à 98 € selon la saison.* Hôtel de catégorie moyenne, mais qui dispose de plusieurs chambres dont le balcon a vue sur la mer. Restaurant. Accueil cordial.

■ **HOTEL SAN FRANCESCO. Via Ambrogio Machin, 2 ✆ (079) 9803 30.** *Chambre double, compter de 75 à 90 € selon la saison.* Les chambres de cet hôtel sont au 1er étage du monastère annexé à l'église de San Francesco, en plein centre-ville. Vue sur l'un des plus beaux cloîtres d'Alghero. Très calme.

Luxe

■ **EL FARO. Loc. Porto Conte ✆ (079) 9420 10 – www.elfarohotel.it** – *Fermé de novembre à mars. Chambre double compter de 275 à 445 €, suite environ 1 000 €.* Un hôtel extrêmement luxueux idéalement situé sur le promontoire de Capo Caccia. 92 chambres avec balcons donnant sur la mer. Centre esthétique et massages pour une détente royale.

■ **VILLA LAS TRONAS. Lungomare Valencia, 1 ✆ (079) 981 818. Fax : (079) 981 044 – www.hotelvillalastronas.com** – *Chambre double avec balcon et vue sur la mer de 280 à 350 € environ. Chambre Suite environ 520 €. Demi-pension, compter de 140 à 175 € par personne.* Somptueux. Isolé sur un promontoire dominant la mer et faisant face à la ville, l'hôtel occupe l'ancienne résidence de la famille royale des Savoie en Sardaigne, et conserve encore l'atmosphère d'un « buen retiro » aristocratique d'antan. Il compte 20 chambres, 3 suites et 2 junior suites, spacieuses et au mobilier ancien. Il propose une piscine à l'eau de mer installée dans la falaise, un accès privé à la mer et une magnifique terrasse. Au restaurant, qui sert une cuisine raffinée, un pianiste vient jouer tous les soirs.

■ **CARLOS V HOTEL. Lungomare Valencia, 24 ✆ (079) 979 501. Fax : (079) 980 298 – www.hotelcarlosv.it** – *Chambre double avec petit déjeuner compter de 75 à 150 € par personne. Demi-pension de 110 à 185 € environ par personne. Ouvert de juin à septembre.* Un hôtel de 98 chambres en bord de mer. Les nouvelles chambres sont très confortables, dans un style moderne. Deux piscines à l'eau de mer, deux courts de tennis et un minigolf.

■ **HOTEL CATALUNYA. Via Catalogne, 20 ✆ (079) 953 172. Fax : (079) 953 177 – www.hotelcatalunya.it – info@hotelcatalunya.it** – *Chambre double avec petit déjeuner de 55 à 85 € par personne. Demi-pension, compter de 70 à 100 € par personne.* En plein centre-ville, le Catalunya propose 128 chambres toutes meublées avec élégance et où prédominent le bleu, le rouge et le jaune. A quelques min à pied du centre historique et de la plage du Lido.

■ **HOTEL PUNTA NEGRA. Strada Fertilia ✆ (079) 9302 22.** *Chambre double compter de 120 à 295 €, selon la saison.* Sur la plage de Punta Negra. Entouré d'un frais bois de pins maritimes, le Punta Negra est fort bien situé et d'un confort absolu. Court de tennis, piscine et plage privée.

Restaurants

Bien et pas cher

■ **TRATTORIA MARISTELLA. Via Fratelli Kennedy 9 ✆ (079) 9781 72.** *Fermé le dimanche en hiver. Menu à partir de 25 €.* Depuis 20 ans, cette trattoria proche de la mer prépare de délicieux plats régionaux de poisson.

■ **IL PESCE D'ORO. Via Catalogna, 12 ✆ (079) 9526 02.** *Une pizzeria sans prétention, avec un menu touristique à 15 €.*

■ **CASABLANCA. Via Principe Umberto, 76 ✆ (079) 983 353.** Une bonne pizzeria. Service rapide et souriant.

Bonnes tables

■ **AGRITURISMO SA MANDRA. Strada Aeroporto civile, Pod 21 ✆ (079) 99 91 50.** *Compter environ 28-35 € pour le repas complet.* Cuisine du terroir : jambons artisanaux, ravioli à la ricotta et aux herbes aromatiques, et le classique proceddu rôti.

■ **AL TUGURI. Via Maiorca, 113 ✆ (079) 976 772.** *Compter 30 € pour le menu dégustation et 35 € pour le menu langouste.* L'Al Tuguri est certainement l'une des meilleures tables de Sardaigne. Le chef, Benito Carbonella, natif de Nuoro, propose une cuisine catalane raffinée et originale, alliant épices, parfums, herbes aromatiques et produits de la mer. L'établissement, qui a célébré ses 25 ans il y a peu, se compose de deux petites salles au décor rustique, chacune comprenant environ 6 tables. Nous vous conseillons le menu dégustation de la mer, une véritable merveille : crème d'oursin, salade de seiches, mousse d'aubergines à la courgette, pâtes au curcuma, filets de raie, tomates et basilic, et d'excellents filets de poisson grillés. Les prix ne sont pas excessifs pour un restaurant d'une telle tenue.

■ **OSTERIA MACCHIAVELLO. Via Cavour 7 et Biastioni Marco Polo 57 (il a deux entrées) ✆ (079) 9806 28.** *Fermé le lundi en hiver. Compter entre 30 et 40 € le repas complet.* Ambiance rustique et confortable, dans le bastion du port. Spécialités typiques comme la paella à la catalane.

Luxe

■ **RISTORANTE ANDREINI. Via Arduino, 45 ✆ (079) 982 098.** *Pour un repas complet, compter environ 45 €.* Dans la petite salle voûtée d'Andreini est servie la cuisine de Claudio Puglia, également chef cuisinier à la Grande Cascade, à Paris, et présent dans son restaurant d'Alghero de juillet à septembre. Les spécialités sont, évidemment, le poisson, les fruits de mer et les spaghettis à la bottarga. Seul défaut : l'ambiance manque un peu de chaleur.

■ **DAPS. Via F. lli Cervi, 16 ✆ (079) 950 050.** Certes, on peut y manger la fameuse paella d'Alghero. Certes, la terrasse est agréable. Mais est-il normal de payer 3 € de « pane e coperto » + 10 % de l'addition pour le service ? A négocier avec le patron, mais nous n'apprécions pas tellement ce genre de pratique.

■ **LE LEPANTO. Via Carlo Alberto, 135 ✆ (079) 979 116.** *Compter environ 35-45 € pour le repas complet.* Un très bon restaurant de poisson, situé à proximité de la mer. Un très grand choix de crustacés. Le chef Moreno Cecchini se plaît également à dévoiler ses secrets culinaires dans des livres de cuisine. La terrasse est très agréable en été.

■ **IL PAVONE. Piazza Sulis 3-4 ✆ (079) 9795 84.** *Compter environ 45 € pour le repas complet.* Ambiance décontractée et cuisine typique d'Alghero.

Sortir

Les endroits où l'on sort se trouvent à l'extérieur de la vieille ville, car une loi municipale interdit aux bars de diffuser de la musique à partir d'une certaine heure. Ainsi les discothèques se trouvent exilées à plusieurs kilomètres d'Alghero. Les cafés animés sont également un peu à l'extérieur du port, sur la promenade qui longe la côte. C'est là que toute la population d'Alghero se rassemble les samedis soir, après le dîner. L'été, Alghero est pleine de monde, si bien qu'il est difficile de se frayer un chemin dans la rue ! Les fêtards apprécieront.

Cafés

- **CAFE ANGELO COSTANTINO. Piazza Civica, 30/31.** Dans la vieille ville, près du port, ce café tenu par un Français est logé dans l'ancienne habitation du roi Charles V. Les meubles proviennent d'une vieille pharmacie sarde. Le tout ne manque pas de charme. La terrasse sur la piazza Civica est très agréable et animée en été.

- **CAFE LATINO. Bastioni Magellano 10.** Sur les remparts d'Alghero, le plus beau café de la ville, avec une superbe terrasse panoramique.

Discothèques

- **LA SIESTA.** Sur la route de Sassari à Villa Nova, à 6 km d'Alghero. Pour les jeunes.
- **IL RUSCELLO.** Sur la route de Sassari, à 2 km d'Alghero. Pour les moins jeunes.

Concerts

- **DIVA CAFE.** Via Columbano.
- **MORGAN PUB.** Via Angioy.
- **SANTA CRUZ.** Sur la plage.
- **COHIBA BAR.** Fertilia.
- **LA STALLA.** Camping de Porto Conte.

Cinéma

- **CINEMA MIRAMARE. Piazza Sulis, 16** ✆ (079) 976 344.

Manifestations

- **Nostra Signora della Mercede.** La première semaine d'août, on fête la sainte patronne d'Alghero. La ville organise une procession et autres réjouissances en l'honneur de sa sainte protectrice.

- **Festivals.** La culture, la mode et la musique sont les reines du festival FestivAlguer, qui a lieu en été, de juillet à septembre, dans l'amphithéâtre Maria Pia d'Alghero, au bord de la mer. Après le 20 septembre, c'est à Mediterranea de remplir les scènes, avec son festival de musiques traditionnelles (parmi les invités : Elena Ledda, Franca Masu et Mauro Palmas). Enfin, Jazz in Sardegna à l'Alguér, le Festival de jazz d'Alghero, qui compte parmi ses invités Paolo Fresu, Horacio el Negro Hernandez, Erik Truffaz, et bien d'autres artistes de talent. Pour plus de renseignements : www.sardegnaconcerti.com

- **La Settimana santa.** Pendant la Semaine sainte (généralement entre le 7 et le 16 avril), des milliers de flambeaux sont promenés la nuit à travers les petites ruelles et les places d'Alghero. Le temps semble s'être arrêté et la ville retrouve toute son exceptionnelle identité culturelle et linguistique catalane d'Italie. Les rites, jalousement conservés par les Jermans Blancs de la Confraternita della Misericordia, sont une véritable fête baroque, avec des longues processions nocturnes, accompagnées de chœurs et de litanies. Au centre des cérémonies se trouve un crucifix du XVIIe siècle, apporté par la mer et provenant d'un bateau espagnol naufragé. Des compagnies religieuses des incappucciati, qui arrivent de la Catalogne, lui rendent hommage en participant à la procession vêtus de leurs costumes traditionnels. Pour plus de renseignements ✆ (079) 97 66 34 – www.settimanasantadialghero.it

Points d'intérêt

- **CATHEDRALE DE SANTA MARIA. Piazza Duomo.** *Ouverte de 7h à 12h en semaine et de 17h à 19h le week-end.* Construite à différentes époques, la cathédrale conserve les marques de ses multiples influences : campanile et abside de style gothico-catalan (fin XVIe siècle), coupole octogonale et piliers à colonnes doriques de style fin Renaissance, mausolée néoclassique.

- **EGLISE DE LA MISERICORDIA. Via Misericordia.** *Ouverte de 17h à 20h.* Cette jolie petite église fut édifiée en 1662. Le campanile est de style colonial espagnol. A l'intérieur, un précieux christ en bois du XVIe siècle figure aux côtés de plusieurs tableaux de l'école flamande.

■ **EGLISE DE SAN FRANCESCO. Via Carlo Alberto.** *Ouverte de 7h30 à 12h en semaine et de 16h30 à 20h le week-end.* Cette église est l'un des plus beaux vestiges de la civilisation catalane. On y voit cependant la trace de diverses époques. La rosace romane date du XIVe siècle, alors que la grande rosace et la partie supérieure sont du XVIe. Le cloître roman, en grès, présente 22 colonnes reposant sur des bases polyédriques à section circulaire et polygonale. Le dôme est revêtu de tuiles multicolores. En été, des concerts et d'autres manifestations musicales y sont organisés à l'occasion du Festival international de musique d'Alghero.

■ **PALAZZO D'ALBIS.** Erigé sur l'une des plus belles places d'Alghero, ce palais du XVIe siècle représente un remarquable vestige de l'architecture catalo-aragonaise de cette époque. Charles Quint y séjourna en 1541. Plus tard, le palais devint la propriété de la famille d'Albis et fut la demeure du gouverneur de la ville.

■ **PALAZZO MACHIN. Via Principe Umberto.** Edifié au début du XVIIe siècle, le Palazzo Machin possède un magnifique portail Renaissance et des fenêtres de style gothico-catalan.

■ **EGLISE SAN MICHELE. Via Carlo Alberto.** Cette église baroque fut édifiée en 1612. Elle possède deux grands autels en stuc qui datent de 1678.

■ **LES REMPARTS ET LES TOURS** furent construits par les Doria au XIIe siècle, puis fortifiés par les Catalo-Aragonais. Ils entourent la vieille ville et constituent un endroit idéal pour une belle balade au coucher du soleil. Les fortifications de la vieille ville sont ponctuées de plusieurs tours : la tour de La Maddalena, la tour de San Giacomo, octogonale, édifiée au XVe siècle, la tour de l'Espero Reial, du XVIe siècle, mesurant plus de 25 m de haut, et la tour del Portal, du XIVe siècle.

■ **DOMAINE VITICOLE SELLA E MOSCA. Loc. I Piani, Route d'Alghero, Porto Torrès, km 11 ✆ (079) 9977 00 – www.sellaemosca.com – sella-mosca@algheronet.it –** *Du 1er juin au 15 octobre, visites guidées gratuites du lundi au vendredi à 17h30.* La région d'Alghero n'est peut-être pas celle où l'on fait les meilleurs vins en Sardaigne, mais c'est celle qui a toujours su le mieux les vendre ! Cette visite guidée sera l'occasion de découvrir l'histoire du domaine Sella e Mosca, fondé en 1899. Vous visionnerez un film avant de visiter les caves, accompagné d'un sommelier qui vous expliquera le processus de vinification. Après un passage par le musée d'Archéologie, qui retrace également l'histoire du vignoble sarde, vous dégusterez un spumante du domaine, tout en grignotant du pain carasau. Libre à vous d'acheter du vin à l'œnothèque. A faire !

■ **PARC DE PORTO CONTE. Azienda foreste demaniali, via Roma 62, Sassari ✆ (079) 20 18 200 – www.alghero.org/main/parco.htm et www.parks.it/parco.porto.conte –** En face, près d'Alghero, c'est une zone protégée depuis 1999 et touristique depuis des années. Ce promontoire s'élève à 170 m au-dessus de la mer, ses parois calcaires plongeant à pic dans la mer, et offre un panorama sur le splendide golfe de Porto Conte.

Shopping

Alghero est la capitale sarde pour le travail du corail, appelé par les Sardes « l'or rose ». La ville perpétue une tradition artisanale qui dure depuis des générations, en recueillant le corail, très présent dans les rochers du Capo Caccia, et en le travaillant minutieusement pour créer de magnifiques pendentifs, colliers et boucles d'oreilles. Les meilleures adresses pour acheter des bijoux en corail à Alghero :

■ **ARTE ORAFA. Via Carlo Alberto 71.** Des superbes bijoux en or et corail précieusement travaillés, tout comme chez **FRANCA GIOIELLI.** Via Pierino Enrico 47.

■ **FRANCA GIOIELLI. Via Pierino Enrico 47.** Bijoux en or et corail précieusement travaillés.

■ **GIOIELLI DEL MARE. Via Carlo Alberto 1.** Le marché a lieu le mercredi matin, via A. de Gasperi.

■ **EFISIO MARRAS.** C'est une des boutiques de la famille Marras. La bonne adresse pour acheter des vêtements Antonio Marras, le célèbre styliste d'Alghero.

■ **STEFANO CHESSA.** Il sculpte dans le rocher des figures de femmes. Son atelier se trouve dans le village de Brancali, entre Alghero et Stintino. **Pour le visiter, appeler le** 079 30 97 77.

■ **ISOLA. Via Catalogna, 54/56 ✆ (079) 9521 56. Fax : (079) 9521 44.** Des objets de décorations et des meubles sont en vente.

La côte d'Alghero à vélo

La côte au nord d'Alghero et les vastes plaines de la Nurra qui s'étendent derrière la ville, entourées de bois de pins maritimes et de falaises à pic sur la mer, sont des lieux incontournables pour les amateurs de vélo. Température douce et parcours pas trop difficiles permettent aux sportifs de s'essayer au VTT ou au vélo tout simplement, pendant toute l'année. L'association **Mountain Bike Porto Conte** (via Catalogna, 28, Alghero ✆ (079) 95 29 92 ou (329) 46 06 604 – www.mtbportoconte.it) organise des excursions tous les jours en été et les week-ends de mai à octobre. Les itinéraires, conçus avec des guides autochtones et des instructeurs Simb (école italienne de VTT), sont parfaits pour découvrir les paysages mais aussi l'histoire de ces lieux.

Gourmandises

■ **BON BON. Via Einaudi, 21.** Tous les produits de la tradition d'Alghero dans le domaine de la confiserie. La tarte Mangia Blanc, à la crème au citron, est exquise.

■ **ENODOLCIARIA. Via Simon, 24.** Un grand choix de vins sardes et italiens.

■ **PASTICCERIA CIRO. Via Sassari, 35/b.** A ne pas manquer pour les bonboloni, la tarte au caramel et la bavarèse au myrte.

■ **CANTINA SANTA MARIA LA PALMA. Frazione Santa Maria La Palma.** A essayer, les vins Cannonau Riserva et Palmador.

Marché

■ **MARCHE AUX PUCES. Piazza Civica ✆ (079) 99 76 19.** *Tous les derniers samedis du mois. 20 exposants.* Une bonne adresse pour dénicher des antiquités !

Loisirs

■ **TOURS CULTURELS, trekkings et excursions dans la ville, organisés par la coopérative SILT, via Marmora 14** ✆ (079) 9532 00 – www.coopsilt.it

■ **EXCURSIONS EN BATEAU.** Tous les jours, les embarcations directes vers la grotte de Neptune partent du port d'Alghero (zone Bastione della Maddalena).

Équitation

■ **MANEGGIO EBAS. Loc. Guardia Grande ✆ (338) 167 80 42/339 756 91 07.** Organise des excursions à cheval. Compter 15 € l'heure, 50 € la journée.

■ **IL GRIFFONE. Loc. Calvia ✆ (079) 986 294/(338) 130 14 29.** Organise des excursions à cheval de 1 à 3 heures. 15 € l'heure environ.

Plongée

■ **BLUE SERVICE. Via Pisa, 12 ; via Lido, 18** ✆ (079) 987 197/(338) 185 26 63.

■ **POLL DIVING. Via V. Emmanuele, 1** ✆ (079) 979 229.

PORTO CONTE ET FERTILIA

Porto Conte est une des plus belles baies de la Sardaigne et un port naturel idéal. Les Romains l'appelaient Portus nympharum et les livres d'histoire la décrivent comme le plus grand point de mouillage naturel de la Méditerranée. Aujourd'hui, comme dans le passé, cette baie est encore très prisée. Elle est parsemée de tours espagnoles anciennes et d'hôtels et maisons de villégiature modernes. Le paysage devient encore plus pittoresque du côté occidental de la baie, dominé par le mont Timidone (361 m). D'ici, on peut voir jusqu'au Capo Caccia.

Fertilia, en revanche, est le typique village gris et industriel bâti à l'époque de Mussolini. Situé au nord d'Alghero, ce petit village a été l'un des points à partir duquel s'est fait le défrichement de la région de Nurra, et c'est également un intéressant exemple de l'architecture rationaliste. Les falaises, et les plages dans les petites baies de Fertila, telles que Le Bombarde et Lazzaretto, sont admirables.

Hébergement

Camping

■ **TORRE DEL PORTICCIOLO. Au nord-ouest d'Alghero (17 km) ✆ (079) 91 90 07. Fax : (079) 91 92 12 – www.torredelporticciolo.com** – *Ouvert de mai à octobre.* Merveilleusement situé sur la côte, un camping bien équipé. Piscine et très bon restaurant.

Bien et pas cher

■ **OSTELLO DEI GIULIANI. Via Zara, Fertilia ✆ (079) 930353 – ostellodeigiuliani@tiscalinet.it** – *Compter 8 € par nuit et par personne. Il faut être muni de la carte internationale des auberges de jeunesse, également vendue sur place pour 17 € (13 € si vous avez entre 18 et 26 ans).* Cet endroit charmant, où l'on peut prendre son petit déjeuner dans le jardin, est tenu par une famille très aimable. Les chambres, d'une capacité de 2 à 6 personnes, ne sont pas mixtes.

■ **HOTEL FERTILIA. Sur la route de Santa Maria La Palma ✆ (079) 93 00 98. Fax : (079) 9305 22.** *Chambre double compter de 65 à 75 €.* Hôtel tranquille à gestion familiale, avec un très bon restaurant.

Agriturismo

■ **AGRITURISMO AGAVE. Fertilia ✆ (079) 999 104.** Sur la route d'Alghero à Fertilia, vers l'aéroport, à proximité de Santa Maria La Palma, prendre sur la droite ; c'est à 500 m de la route principale. *Chambres compter de 18 à 26 € par personne, de 32 à 40 € en pension complète. Réservation très conseillée. Menus de 15 à 25 €. Attention, le dîner est servi une seule fois, à 20h30.* 5 charmantes chambres d'hôtes vous attendent dans cette ravissante maison de campagne. Le restaurant est très fréquenté et très bon.

■ **AGRITURISMO LE TRE GRAZIE. Santa Maria La Palma ✆/Fax : (079) 533 188 – www.letregrazie.it** – *Compter de 25 à 30 € par personne en chambre double. Demi-pension de 40 à 45 € environ.* Ferme biologique avec porcs, poulets, lapins et potager. Elle propose 4 chambres et 2 appartements.

■ **GRANJA ROSA. Podere 60, Santa Maria La Palma ✆ (079) 999 227.** *Chambre double compter de 50 à 60 €.* Cette ferme d'agriturismo dispose de 4 chambres et de 1 bungalow. La cuisine propose des plats traditionnels, avec des produits de la ferme.

Luxe

Dans cette localité, les hôtels de luxe se côtoient et rivalisent de charme. Nous en avons sélectionné quelques-uns qui nous ont paru agréables.

■ **EL FARO. Loc. Porto Conte ✆ (079) 942 010. Fax : (079) 942 030 – www.elfarohotel.it** – *Chambre double avec petit déjeuner compter 400 € environ.* Ce magnifique hôtel 5 étoiles occupe un emplacement inédit. Situé à l'extrémité d'un promontoire rocheux faisant face aux superbes côtes du Capo Caccia, il tient son nom du phare qui garde l'entrée d'un port naturel de toute beauté. Le charme de son architecture méditerranéenne réside dans ses murs blancs qui contrastent avec les couleurs vives des grappes de bougainvillées grimpantes. On y trouvera une tranquillité absolue et un service irréprochable. Toutes les chambres ont un balcon avec vue sur la mer. Le restaurant, situé au bord de la piscine à l'eau de mer, propose d'excellentes spécialités sardes.

■ **PORTO CONTE ✆ (079) 942 035. Fax : (079) 942 045 – www.hotelportoconte.com – info@hotelportoconte.com** – *Chambre double avec petit déjeuner compter de 55 à 120 € par personne. Demi-pension de 70 à 110 €.* Un hôtel parfait pour des vacances en famille. Situé sur la mer, avec sa plage privée, l'hôtel possède 148 belles chambres avec balcon. L'établissement a été conçu par l'architecte Simon Mossa, qui a réalisé l'impressionnant escalier menant à la grotte de Neptune. On y trouvera deux piscines extérieures, un mini-golf et une équipe d'animation qui entretient une excellente ambiance dans l'hôtel.

■ **PUNTA NEGRA ✆ (079) 930 222. Fax : (079) 930 642.** *Chambre double, compter de 150 à 300 €.* Immergé dans la pinède, à 500 m de Fertilia, cet hôtel de style méditerranéen donne directement sur la mer et possède une plage privée. Tennis, piscine, animations… L'hôtel organise aussi une soirée typique sarde par semaine, avec musiques et danses.

Restaurants

■ **DA BRUNO. Loc. Fighera-Fertilia ✆ (079) 930 098.** *Compter 30-40 € le repas (sans le* *vin).* C'est le restaurant de l'hôtel Fertilia. Le patron, Bruno Melone, propose des spécialités de la tradition sarde. Les culurgionis, des raviolis de pommes de terre, avec tomate, pecorino et basilic, sont vraiment très bons.

■ **SBISA. Via Pola 3-5 ✆ (079) 930 122.** *Ouvert seulement le soir. Pour un repas complet, comptez environ 25 €.* Une trattoria ouverte dans les années 1930, avec une charmante cour intérieure. Spécialité de poisson (frais).

Points d'intérêt

■ **NURAGHE PALMAVERA. Sur la route qui mène à Porto Conte, à environ 10 km d'Alghero.** *Visites tous les jours, de 9h à 19h d'avril à octobre, et de 9h30 à 16h de novembre à mars.* Construit en trois phases principales (XVe-Xe siècles av. J.-C., IXe siècle av. J.-C. et VIIIe siècle av. J.-C.), l'ouvrage comprend une muraille défensive ainsi qu'un village d'une cinquantaine de cabanes de forme circulaire.

■ **NECROPOLE D'ANGHELU RUJU. Sur la route de Porto Torres, à 10 km d'Alghero.** *Ouvert de 9h à 19h d'avril à octobre, et de 9h30 à 16h de novembre à mars. Entrée (nuraghe et nécropole) 3,60 € sans guide et 6,20 € avec. Séparément, 2 € et 3,60 €. Visites guidées possibles d'avril à octobre, du lundi au dimanche de 9h à 19h ; le reste de l'année, de 9h à 16h.* Découvert au début du XXe siècle, ce site très intéressant comprend 38 petites grottes artificielles funéraires (domus de janas) et un tombeau à fosses. Les tombeaux de la nécropole remontent à la culture d'Ozieri du néolithique récent (3300-2900 av. J.-C.). Ils sont tous pluricellulaires et l'on peut voir, à l'intérieur de certains tombeaux, des têtes de taureau gravées sur la paroi.

■ **CAVES SELLA & MOSCA.** En face de la nécropole. Dans un tout autre ordre d'idées, elles cultivent plus de 500 ha de vignobles. Les vins produits sont de haute qualité. Si vous êtes intéressé, vous pouvez demander à visiter les domaines et à déguster ou acheter leurs vins (comme l'Aanghelu Ruju, par exemple).

■ **GROTTE DE NEPTUNE ✆ (079) 946 540.** *Ouvert de 9h à 14h de novembre à décembre, de 9h à 19h d'avril à septembre et de 10h à 16h en octobre. Départ toutes les heures. Entrée 10 €, enfants 5 €, comprenant une visite guidée de 30 min.* Située à Capo Caccia, cette grotte représente l'une des plus belles curiosités d'Alghero et l'une des merveilles géologiques les plus précieuses du bassin de la Méditerranée. Cette vaste grotte de 2 500 m de longueur doit sa complexité aux nombreuses salles qui la composent, à ses vastes galeries et à ses lacs limpides. La partie ouverte à la visite est accessible par bateau depuis Alghero, quand la mer est calme. La grotte est également accessible depuis Capo Caccia, par un pittoresque escalier de 654 marches. Pour les courageux !

Les plages

Alghero est bordée de nombreuses plages, parmi lesquelles celles de **Bombarde** et de **Lazaretto**, qui reposent au milieu d'une crique, à une petite dizaine de kilomètres d'Alghero. En été, elles sont le lieu de rendez-vous des Sardes et des vacanciers.

Baie de Porto Conte

Itinéraires

La route des églises romanes

La via Carlo Felice (SS 131) est la principale artère de la côte ouest, joignant Porto Torres à Cagliari. Il s'agit d'une quatre-voies rapide, mais il serait dommage de ne pas prendre le chemin des écoliers pour profiter d'un patrimoine historique unique. En effet, de nombreuses églises romanes se trouvent dans cette région, la plupart ayant été édifiées entre le XIIe siècle et le XIIIe siècle par les Pisans et les Génois.

La première étape de ce parcours (et non la moindre, puisqu'il s'agit sans doute de la plus belle) est la Chiesa della Santissima Trinità di Saccargia (l'église de la Sainte-Trinité de la « vache sacrée »). Parmi les différentes explications de ce nom, on trouve une vache agenouillée en recueillement à l'endroit où a été construite l'église ou une façade en calcaire blanc et en basalte gris foncé rappelant la robe de l'animal. Toujours est-il que des vaches sont sculptées sur les chapiteaux du porche. L'édifice romano-pisan fut construit à la fin du XIe siècle, mais certains éléments (dont le porche et le clocher) furent ajoutés au XIIe. Le plan de l'église, à nef unique, est celui de la croix de saint Antoine, avec trois absides au fond. Dans celle du centre, on peut voir de magnifiques fresques du XIIIe siècle.

Quelques kilomètres plus loin, toujours sur la route qui mène de Sassari à Oshiri, avant la bifurcation pour Ploaghe, on passe devant la Chiesa di San Michele di Salvenero (XIIe siècle). A l'intérieur, on admirera une belle statue de saint Michel.

Continuez sur la SS 597 pendant environ 12 km, et prenez la direction d'Ardara. A l'entrée de ce village s'élève une imposante église en trachyte noir. La façade est percée d'une fenêtre cruciforme et, juste en dessous, d'une fenêtre bilobée. L'intérieur contraste avec la sévérité de la façade : toutes les colonnes sont peintes de portraits de saints à l'échelle humaine, et l'autel est richement coloré.

En poursuivant cette route en direction du sud-ouest (Siligo), on atteint, juste avant la SS 131, la Chiesa di Santa Maria di Mesumundu. L'édifice byzantin du VIe siècle est constitué d'une superposition de bandes de calcaire blanc et de basalte noir, dans un style typiquement pisan.

Il faut ensuite reprendre la via Carlo Felice, sur une dizaine de km, et la quitter à hauteur de Bonnanaro. Vous vous dirigerez ensuite vers le village de Borutta, pour vous arrêter devant la basilique de San Pietro di Sorrès, chef-d'œuvre de l'art roman en Sardaigne. La façade est magnifique, avec ses trois étages d'arcades et ses alternances colorées : calcaire doré en bas, bandes de calcaire blanc et de trachyte noir en haut.

La route des nuraghi

Le musée de la vallée des nuraghi. A Torralba. Il rassemble les objets trouvés sur le site nuragique de Santu Antine.

Vous croiserez ensuite la SS 131 et **vous pourrez faire une halte au nuraghe di Santu Antine.** C'est avec cet imposant monument que débute la « Vallée des nuraghi » : on en trouve énormément dans cette région. La plupart d'entre eux sont mal connus, d'accès difficile ou dans un état de ruine avancé. En revanche, celui de Santu Antine a encore fière allure, avec sa tour centrale de 17,50 m, en blocs de trachyte. Sur les trois étages qui existaient, on peut encore en voir clairement deux, avec leur chambre à tholos. Il est d'ailleurs possible de visiter le labyrinthe d'escaliers et de coursives qui constituent l'intérieur de cet édifice à l'apparence extérieure si simple. La tour principale est le centre d'une structure trilobée, aux extrémités de laquelle se dressaient trois tours secondaires. Autour de cette forteresse s'étendent les vestiges d'un village de huttes circulaires qui devait dépendre du nuraghe. Ce site nuragique fut utilisé par les Romains, comme en témoignent les plans de bâtiments rectangulaires (seul le cercle était utilisé pour la construction à l'époque nuragique), et il semble même que le lieu ait été habité jusqu'au Moyen Age.

En poursuivant cette route sur environ 9 km, vous arriverez à un croisement. **Prenez à droite en direction de Bonarva.** Il faudra alors vous éloigner de cette route pour emprunter un chemin en terre qui conduit à la nécropole de Sant'Andrea Priu (*ouvert de 10h à 13h et de 15h à 19h*). On y trouve une vingtaine de tombes creusées dans la roche (aussi appelées domus de janas), datant de la fin du IIIe millénaire av. J.-C. (2400-2000). Ces tombes ressemblent à autant de petites chambres reliées entre elles : certaines présentent des décorations qui devaient récréer un décor familier au défunt. Certains de ces hypogées ont servi encore au Moyen Age, ce qui explique la présence de fresques de cette époque.

En rentrant vers Bonorva, vous pourrez vous arrêter à la Fonte Nur Su Lumarzu.

Enfin, passez de l'autre côté de la via Carlo Felice pour visiter l'église de San Nicolà di Trullas, près du village de Semestène. Cette petite église romane en calcaire sera la dernière étape avant de reprendre la SS 191.

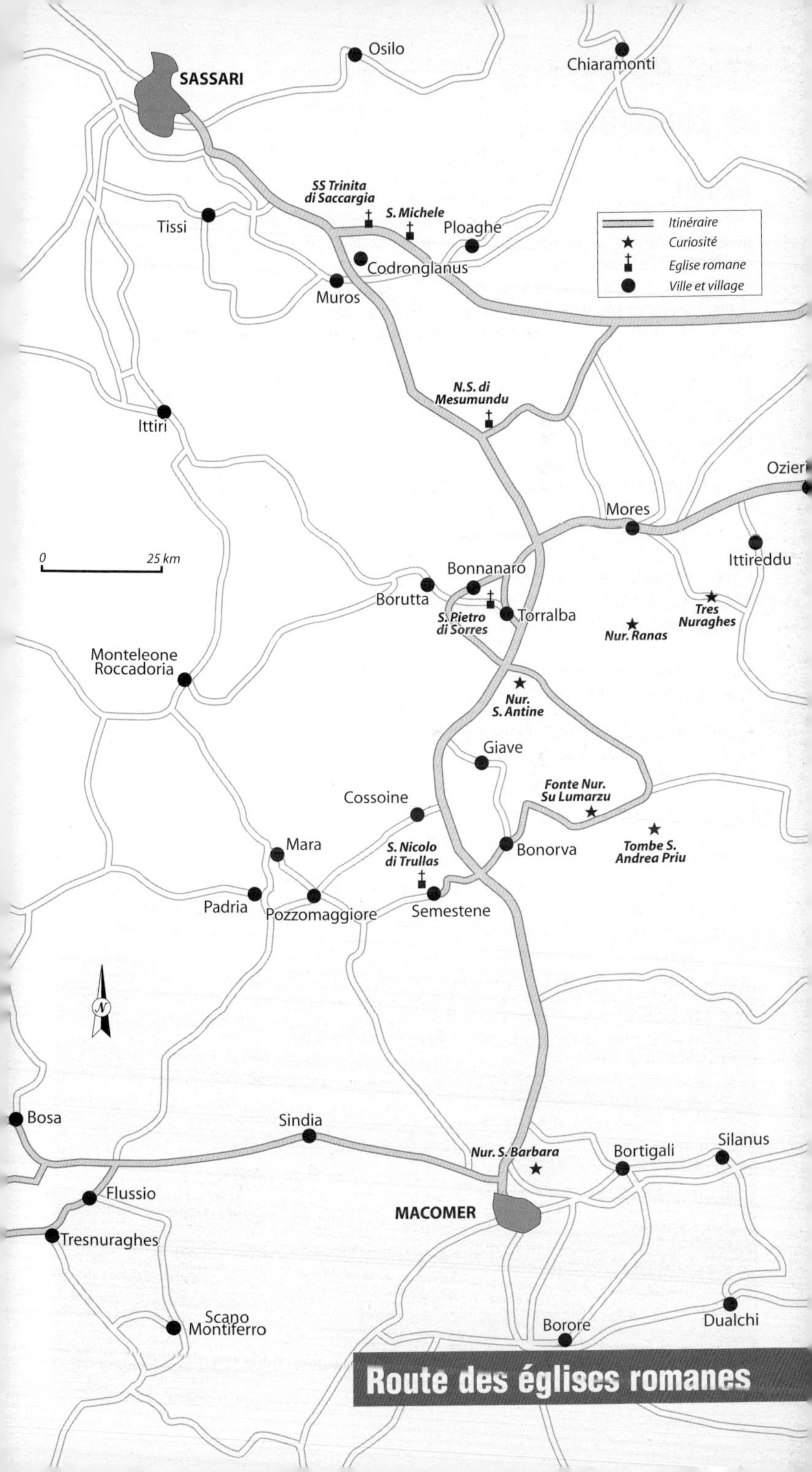

Route des églises romanes

LOGUDORO

OZIERI

Ozieri est la capitale du Logudoro (« lieu d'or », en raison de la fertilité de ses terres qui produisent quantité de céréales et de pâturages) et vit de l'agriculture et de l'élevage. Cette région est riche d'un patrimoine archéologique exceptionnel, au point que la ville a donné son nom à une période du néolithique : la culture d'Ozieri s'étend de 3200 à 2800 av. J.-C. Située à 400 m d'altitude, la ville domine les vastes plaines environnantes. Ses ruelles étroites et escarpées sont à visiter seulement à pied. En y flânant, on ne manquera pas d'admirer les remarquables maisons patriciennes du XIXe siècle.

A ne pas manquer : le suspiros, un gâteau fait avec des amandes broyées et recouvert d'un glaçage de sucre au citron vert. Un vrai régal !

Hébergement

■ **INASTINO. Via Vittorio Veneto, 13 ✆ (079) 787 041. Fax : (079) 787 059.** *Chambre simple compter 45 €, double 65 €, avec petit déjeuner.* 21 chambres dans le centre-ville. Un hôtel peu attrayant vu de l'extérieur, mais très confortable à l'intérieur.

Points d'intérêt

■ **LA CATHEDRALE.** De structure gothique aragonaise, la cathédrale est un must pour ses tableaux de Maestro d'Ozieri, le « maître d'Ozieri », peintre du XVIe siècle considéré comme l'un des plus célèbres peintres de l'île, mais dont on connaît pas grand-chose, à propos de son identité par exemple. D'un intérêt particulier : le *Retablo della Vergine di Loreto,* du XVIe siècle, chef-d'œuvre de la Renaissance sarde.

■ **MUSEE ARCHEOLOGIQUE. Place San Francesco.** *Ouvert du mardi au samedi de 9h à 13h et de 16h à 19h ; le dimanche de 9h à 12h30.* Situé dans le couvent San Francesco (XVIIIe siècle), le musée rassemble principalement les objets découverts dans la grotte de San Michele. Il expose aussi une collection de pièces d'époques punique, romaine et médiévale, trouvées dans le couvent.

■ **INSTITUT POUR LE DEVELOPPEMENT HIPPIQUE DE LA SARDAIGNE.** On y élève des spécimens de la fameuse race anglo-arabo-sarde, coqueluche des hippodromes du monde entier.

Collines du Logudoro

Li bucadori

Li bucadori, ou les bûcherons sardes qui coupent et gravent les écorces des chênes-lièges, ces écorces qui deviendront ensuite des bouchons pour les bouteilles de champagne. A Berchidda, dans le silence du petit matin, on peut entendre un son métallique qui se répand dans la vallée ; c'est le son des haches sur les troncs des chênes-lièges. En deux siècles, l'industrie du liège a changé, pour répondre à un marché en expansion et très exigeant. L'activité manuelle a pratiquement disparu des usines. Seul le bucadori, à l'ombre des bois de chênes-lièges, travaille encore pour nous offrir ce précieux et modeste produit de la nature.

Dans les environs d'Ozieri

■ **GROTTE DE SAN MICHELE.** Elle est située près du stade municipal, au nord de la ville. Dans cet hypogée ont été découverts des restes humains, mais aussi des céramiques et des statuettes de divinités appartenant à la culture d'Ozieri, également appelée culture de San Michele. Aujourd'hui la grotte est ouverte aux visiteurs seulement à de rares occasions.

PATTADA

La ville est connue dans toute l'Italie pour ses couteaux de berger, à la réputation bien établie, et toujours fabriqués selon les techniques traditionnelles.

Shopping

■ **LABORATORIO COLTELLI ARTIGIANALI PIETRO FOGARIZZU. Via Belvedere, 6 ✆ (079) 75 41 37.** Les voyageurs du passé avaient déjà remarqué qu'aucun Sarde ne se sépare jamais de son couteau. Pour défense, offense, mais aussi tradition. Aujourd'hui le couteau sarde est offert en cadeau et fait l'objet de collections. Pietro Fogarizzzu fabrique des couteaux selon une vieille tradition familiale et sa spécialité est le typique couteau pliant de Pattada, appelé sa resolza. La lame est en acier et la poignée est en corne de mouton, travaillée avec des décorations en laiton. Ces couteaux peuvent être réalisés, sur demande, en corail, en ivoire et en bois précieux. Le prix d'un couteau est d'environ 110 €, et peut monter jusqu'à 1 500 € pour les couteaux de collection.

BERCHIDDA

Gros village agricole au sud du Monte Limbara. L'activité essentielle de ce bourg est la production du vernimento, un vin blanc très apprécié en Sardaigne. Berchidda produit aussi un excellent pecorino. A 5 km à l'ouest de la ville se dressent les vestiges du château du Monte Acuto. Ce village est devenu célèbre grâce à Paolo Fresu, musicien et compositeur de jazz originaire de Berchidda. Ici, depuis des années, Fresu organise un festival de jazz qui accueille, en août, les meilleurs musiciens internationaux venant jouer dans le merveilleux cadre des forêts qui environnent Berchidda.

Restaurant

■ **BELVEDERE. Berchidda ✆ (079) 70 50 54.** C'est ici qu'il faut venir déguster les spécialités de Berchidda, tout en admirant le panorama sur le Monte Acuto.

Manifestation

▸ **Time in Jazz.** Festival de jazz. Pour informations, contacter l'Association culturelle Time in Jazz ✆ (079) 70 30 07 – www.timeinjazz.it – Au mois d'août, les places, les rues, les bois et les petites églises champêtres de Berchidda et ses environs sont envahis de milliers de personnes... Qu'est-ce qui les fait ainsi accourir ? Les concerts et les événements de Time in Jazz, le festival organisé par le musicien Paolo Fresu, né ici en 1961. Aujourd'hui Fresu est un trompettiste de renommée mondiale. Souvent, son festival conjugue le jazz avec la musique électronique et, récemment, le cinéma aussi a trouvé sa place dans cette kermesse, avec un festival du documentaire ethno-musical.

L'Ouest

Bosa > 185
Bosa Marina > 188
Tresnuraghes et Porto Alabe > 189
Macomer > 189
Cuglieri > 190
Santulussurgiu > 191
Ghilarza > 192
Région d'Oristano > 193
Péninsule de Sinis > 199
Dunes de Piscinas > 205
Costa Verde > 205
Barumini > 206
Iglesias et l'Iglesiente > 208
Carbonia et la région de Sulcis > 218
Île de Sant'Antioco > 220
Île de San Pietro > 224
Sanluri > 229

L'Ouest

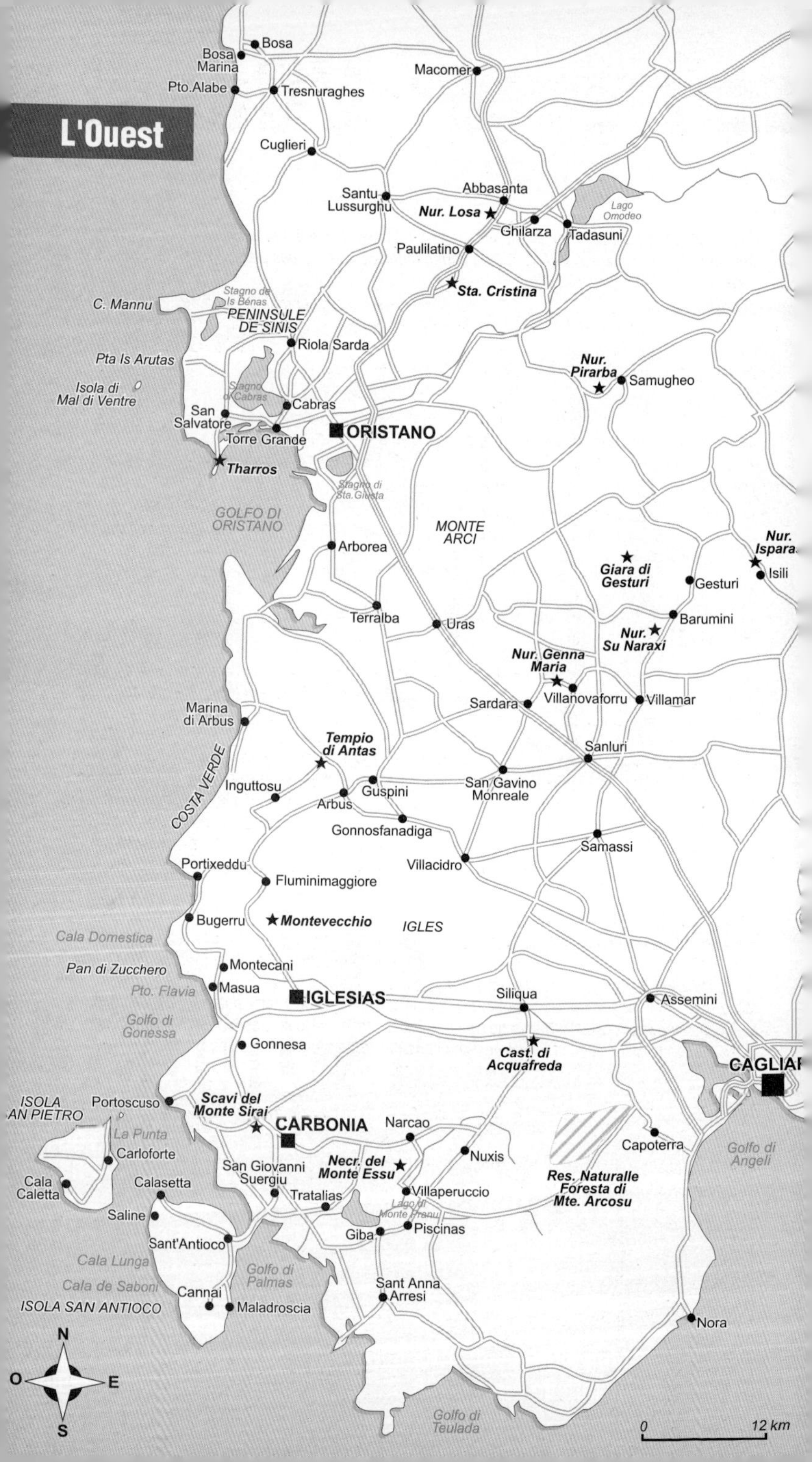

Bosa
Bosa Marina
Pto.Alabe
Tresnuraghes
Macomer
Cuglieri
Santu Lussurghu
Abbasanta
Nur. Losa
Ghilarza
Tadasuni
Lago Omodeo
Paulilatino
Sta. Cristina
C. Mannu
Stagno de Is Benas
PENINSULE DE SINIS
Riola Sarda
Pta Is Arutas
Isola di Mal di Ventre
Stagno di Cabras
Cabras
San Salvatore
Torre Grande
ORISTANO
Tharros
Nur. Pirarba
Samugheo
Stagno di Sta.Giusta
GOLFO DI ORISTANO
MONTE ARCI
Arborea
Giara di Gesturi
Nur. Ispara
Isili
Gesturi
Barumini
Terralba
Uras
Nur. Su Naraxi
Nur. Genna Maria
Villanovaforru
Villamar
Sardara
Marina di Arbus
Tempio di Antas
Sanluri
COSTA VERDE
Ingurtosu
Guspini
Arbus
San Gavino Monreale
Gonnosfanadiga
Samassi
Villacidro
Portixeddu
Fluminimaggiore
Bugerru
Montevecchio
IGLES
Cala Domestica
Pan di Zucchero
Montecani
Masua
Pto. Flavia
IGLESIAS
Siliqua
Assemini
Golfo di Gonessa
Gonnesa
Cast. di Acquafreda
CAGLIARI
ISOLA SAN PIETRO
Portoscuso
Scavi del Monte Sirai
CARBONIA
Narcao
La Punta
Carloforte
Nuxis
Capoterra
Golfo di Angeli
Cala Caletta
San Giovanni Suergiu
Necr. del Monte Essu
Res. Naturalle Foresta di Mte. Arcosu
Calasetta
Tratalias
Villaperuccio
Saline
Lago di Monte Pranu
Sant'Antioco
Giba
Piscinas
Cala Lunga
Golfo di Palmas
Cala de Saboni
Sant Anna Arresi
Cannai
ISOLA SAN ANTIOCO
Maladroscia
Nora
N
O
E
S
Golfo di Teulada
0
12 km

L'Ouest

Depuis les villes de Bosa et de Macomer, jusqu'aux îles de San Pietro et de Sant'Antioco, l'île déploie ses facettes variées et singulières, d'un charme différent de celui des plages plates du nord ou des paysages de montagnes du centre.

La région d'Oristano s'étend au sud de Bosa. C'est la région des nuraghi, des petites montagnes, vers Cuglieri, et du parc naturel de la Giara, vaste haut plateau basaltique où paissent encore des chevaux sauvages. La péninsule de Sinis, qui abonde en étangs et marais, accueille chaque année des centaines de flamants roses qui apprécient cette contrée humide.

Les ruines de l'antique Tharros, près d'Oristano, témoignent de l'ancienne activité commerçante de la région. Plus au sud, les dunes de Piscinas – site mystérieux aux vastes et hautes montagnes de sable – se dressent au milieu de la Costa Verde, qui prend là un aspect de désert aride.

Plus au sud encore, l'Iglesiente présente les vestiges d'un passé récent : une atmosphère étrange et désolée, qui ne manque pas de charme, entoure ses mines désaffectées, que l'on peut visiter.

La région de Sulcis, qui s'étend de Carbonia jusqu'à l'île de Sant'Antioco, abonde en sites archéologiques datant de l'époque phénicienne. Toutes ces îles sont devenues des lieux de villégiature très fréquentés par les Italiens.

BOSA

La route côtière la plus pittoresque de l'île traverse un paysage montagneux, insolite et totalement inhabité, entre Alghero et Bosa, l'un des joyaux des villes sardes. Un peu oubliée et pas très touristique, Bosa est un bon point de départ pour explorer le centre de la Sardaigne. La route, qui évite presque constamment la mer et les falaises, a été construite récemment. Les origines de la ville de Bosa remontent à l'époque phénicienne. Par la suite elle fut un centre romain. Le cœur de la ville se situait vers la charmante église romane de San Pietro, de 1062, perdue au milieu des arbres. Bâtie sur les rives du fleuve Temo (l'unique fleuve navigable de la Sardaigne, qui déborde souvent dans le quartier bas du vieux centre, appelé Sa Piana), Bosa est dominée par le château de Serravalle, forteresse militaire construite en 1112 par la famille génoise des Malaspina. La tour Maestra, en tuf rose, complétée en 1323 par les Pisans, est l'emblème de la puissante famille et de son ouvrage défensif, au pied duquel s'étendait le village médiéval.

Bosa est restée une petite bourgade (seulement 8 000 hab.) charmante et authentique.

Le corso Vittorio Emmanuele II, parallèle au Temo, est la principale voie commerciale et, comme la place Costituzione, un lieu idéal pour une belle promenade à l'écart de la foule de touristes. Ces derniers, en effet, se regroupent principalement à Bosa Marina (à 2 km du centre historique de la ville), le long de la très belle plage de sable fin. Le grand essor économique de la ville date du XIXe siècle et était dû au développement de l'industrie du tannage. La vachette de Bosa, très recherchée, était exportée dans le monde entier, ce qui faisait de Bosa l'une des villes les plus riches de Sardaigne.

Les immanquables de l'Ouest de la Sardaigne

- **La pittoresque ville de Bosa** et la route qui va de Bosa à Macomer, en traversant les vignobles de Malvasia, les oliveraies et les vergers.
- **Oristano,** avec son allure très méditerranéenne, et les ruines de la ville romaine de Tharros.
- **La vaste région minière** qui s'étend autour de la ville d'Iglesias.
- **Les îles de Sant'Antioco et de San Pietro,** avec leurs plages désertes et leurs petites criques aux eaux turquoise.
- **Les plages sauvages de la Costa Verde,** avec leurs dunes de sable et leur mer agitée.

C'est de cette époque que date le quartier industriel de Sas Conzas : une succession d'usines en brique où l'on tannait le cuir. Ces tanneries, qui ont fermé en 1960, offrent aujourd'hui un très intéressant exemple d'archéologie industrielle. Quant à la ville, après avoir perdu la suprématie dans le cuir, elle est tombée dans une sorte d'isolement et d'immobilisme dont elle semble n'être pas encore vraiment sortie.

Le long de la via Del Carmine, on peut voir des femmes assises devant leurs maisons et occupées à des travaux de dentelles traditionnelles de Bosa. La ville est, en effet, célèbre pour ses délicates dentelles, mais également pour son vin, le Malvasia di Bosa. Si le vin vous intéresse, adressez-vous à Giovanni Battista Columbu, l'un des plus célèbres producteurs de malvasia bosana doc. Son amour de la terre et ses produits lui ont valu un rôle dans le film documentaire Mondovino, du réalisateur américain Jonathan Nossiter (présenté à Cannes en 2004). Columbu sait tout en ce qui concerne la malvasia : l'exacte exposition au soleil nécessitée par ce cépage d'origine grecque, la façon dont les pollinies transportées par le vent influencent son parfum, et le temps nécessaire ou suffisant pour son séjour dans les barriques de châtaignier...

Transports

Voiture

La ville de Bosa est accessible par la route panoramique venant d'Alghero (ma-gni-fique !), par la 129bis venant de Macomer et par la route en lacet venant de Cuglieri.

Train

- **LA GARE DU PETIT TRAIN VERT se trouve près de la plage de Bosa Marina.** Elle accueille les trains en provenance de Macomer.

- **Les trains en direction de Bosa** partent de Macomer à 6h12, 8h26, 12h, 13h47, 14h08 et 17h47.

- **Les trains en direction de Macomer** partent de Tresnuraghes, près de Bosa, à 7h11, 10h43, 12h56, 15h06, 15h50 et 18h50. Le trajet dure moins d'une heure.

Taxi

- **TAXI** ✆ 335 659 05 68.

Pratique

- **OFFICE DU TOURISME « PRO LOCO ». Via Azuni 5** ✆ (0785) 37 61 07.

- **BANCO DI SARDEGNA. Piazza 4 Novembre** ✆ (0785) 37 31 15.

- **GARDE MEDICALE** ✆ (0785) 225 100.

Poste et télécommunications

- **POSTE. Via Pischedda** ✆ (0785) 37 32 66.

- **INTERNET POINT. Via Gioberti, 12** ✆ (0785) 372 049.

- **WEB COPY. Via Gioberti,12 ✆ (0785) 37 20 49.** *Ouvert de 9h à 13h et de 18h à 22h.* On y trouve 5 postes internet au prix de 6 € l'heure.

Hébergement

Bien et pas cher

- **CAMPING TURAS ✆ (0785) 359 270. Fax : (0785) 373 544. A 300 m de la plage, à Bosa Marina.** *Ouvert d'avril à octobre. Adulte, compter de 9 à 14 €, enfants de 4,50 à 10 €.*

- **AUBERGE DE JEUNESSE MALASPINA. Via Sardegna, 1, Bosa Marina ✆ 346 23 63 844. Fax : (0785) 37 50 09.** *Ouvert toute l'année. 10,50 € la nuit, eau chaude pour la douche 1 €. Petit-déjeuner 1,60 €.* L'auberge est propre, et c'est le logement le moins cher de Bosa.

Confort ou charme

■ **HOTEL SA PISCHEDDA. Via Roma, 2, Bosa ✆ (0785) 37 30 65. Fax : (0785) 377 054 – asapischedda@tiscalinet.it** – *Chambres doubles compter de 45 à 70 €.* Dans le quartier de Sas Conzas, cet établissement très bien tenu occupe une ancienne habitation rurale.

■ **HOTEL AL GABBIANO. Viale Mediterraneo. Bosa Marina ✆ (0785) 37 41 23. Fax : (0785) 37 41 09 – gabbianohotel@tiscalinet.it** – *Chambre double compter de 60 à 80 €. Demi-pension de 45 à 77 € par personne.* Hôtel moderne et bien tenu, avec un très bon restaurant. Une bonne adresse, tout près de la plage.

■ **HOTEL LA CORTE FIORITA. Via Lungotemo De Gasperi, 45 ✆ (0785) 377 058. Fax : (0785) 372 078.** *Ouvert toute l'année. Chambre double, de 60 à 110 € environ selon la saison, suite, 4 personnes de 100 à 155 €.* Un hôtel divisé en 3 bâtiments. Il propose des suites confortables, fonctionnelles (cuisine, frigo) et pas très chères. Un des bâtiments est en bordure du fleuve. Les chambres, neuves et spacieuses, sont propres. Même remarque pour les chambres de l'autre bâtiment, situé au cœur du centre historique, si ce n'est que les escaliers sont très raides (il n'y a pas d'ascenseur).

Restaurants

Bien et pas cher

■ **LA MARGHERITA. Via Parpaglia ✆ (0785) 37 37 23.** *Menu à partir de 15 €.* 30 variétés de pizzas et des plats traditionnels (en particulier du poisson).

■ **RISTORANTE GIANCARLO E RITA. Viale Alghero ✆ (0785) 375 306.** *Compter 25 € le repas complet.* C'est le restaurant de l'hôtel Mannu. Une bonne adresse, où l'on sert des spécialités de terre et de mer. Ce n'est pas indiqué sur la carte, mais le patron propose un menu à 15 €, midi et soir, d'un excellent rapport qualité/prix.

Bonnes tables

■ **SA PISCHEDDA. Via Roma, 2, Bosa ✆ (0785) 37 30 65. Fax : (0785) 377 054.** *Menu à partir de 30 €.* Le restaurant de l'hôtel cité ci-dessus peut servir jusqu'à 400 couverts en août, et les clients se pressent sous son treillis de fleurs pour déguster une cuisine délicieuse à des prix tout à fait abordables : les tagliatelles nere et bianche ai frutti di mare (à essayer, rien que pour voir des pâtes bicolores !), les raviolis sardi al pomodoro et basilico, ou encore les anguledas parcini e bottarga, le plat traditionnel de la région de Bosa.

■ **BORGO SANT'IGNAZIO. Via Sant'Ignazio, 33 ✆ (0785) 37 46 62.** *Compter environ 35 € le repas complet.* Une autre ambiance, un autre cadre. Une bonne adresse dans le quartier médiéval de Bosa, pour manger des poissons frais arrosés du très bon vin local, le Malvasia di Bosa.

■ **TATTORE. Piazza 4 Novembre ✆ (0785) 373 104.** Sur la grand-place de Bosa, ce restaurant, un peu cher, propose d'excellents plats de poisson.

Manifestations

▸ **Le carnaval de Bosa** débute le jour de la fête de San Antonio (17 janvier). Un feu est allumé devant la petite église du XVIe siècle et les habitants, revêtus de longues capes blanches, promènent des lanternes, en de longues processions dans la ville médiévale.

▸ **Fête de San Pietro et Paolo.** Le 29 juillet, une procession de bateaux s'allonge jusqu'à la cathédrale de San Pietro, pour fêter les deux saints.

▸ **Sagra di Santa Maria del Mare.** Une fête de pêcheurs qui a lieu le premier dimanche d'août. Une procession de bateaux décorés suit les rives du fleuve, depuis l'église de Bosa Marina jusqu'à la cathédrale dell'Immacolata.

▸ **Fête de Nostra Signora de Sos Regnos Altos.** Cette célébration, la plus typique de la ville, a lieu la deuxième semaine de septembre. La fête se déroule sur plusieurs jours, avec une procession aux flambeaux et de nombreuses animations folkloriques.

Points d'intérêt

■ **CATHEDRALE DELL'IMMACOLATA. Lungo Temo G. Matteotti.** *Ouvert de 8h à 13h et de 15h à 19h30.* A côté du vieux pont. Elle date du XVe siècle, mais a été en partie rénovée au début du XIXe siècle.

■ **EGLISE DEL ROSARIO. Corso Vittorio Emanuele.** *Ouvert de 7h30 à 20h.* On y verra une belle horloge de 1875. L'église est entourée des palais Delitala et Don Carlo, tous deux du XVIIe siècle.

■ **EGLISE DEL CARMINE. Piazza del Carmine.** *Ouvert de 8h à 20h.* L'église et son cloître sont riches de décorations en bois. Leur style piémontais baroque date de 1779.

■ **COUVENT DES CAPUCINS. Campo Italia.** Proche de l'église Carmine, il date du début du XVIIe siècle.

■ **LE QUARTIER MEDIEVAL DE SA COSTA** mérite absolument la visite, avec ses maisonnettes colorées en rose, vert, bleu azur, édifiées tout autour de la colline où se dresse l'imposant château de Serravalle. Erigé au début du XIIe siècle, cet emblème de la famille Malaspina est dominé par une tour en tuf de couleur rose. A l'intérieur, l'église de Nostra Signora di Regnos Altos, édifiée au XIVe siècle et décorée d'un cycle de fresques. Sur la rive opposée à la cité médiévale, du côté de la mer, on peut voir le quartier des tanneries, aujourd'hui désaffectées, datant du début du XVIIe siècle.

Balade

Bosa a des petits airs de Toscane. Le centre, avec ses hauts bâtiments, n'est pas sans évoquer Lucca ou certains quartiers de Florence. De même que les bords du fleuve Temo, avec en prime le Ponte Vecchio, peuvent éveiller en vous le souvenir des moments passés au bord de l'Arno (si, si !). Le centre médiéval de la ville, appelé le quartier de Sa Costa, est très intéressant. Il est caractérisé par un enchevêtrement de petites rues, arcades et places, où l'on peut encore voir des femmes travaillant les fameuses dentelles de Bosa.

Shopping

■ **VADILONGA. Piazza IV Novembre, 23.** Le filigrane de Bosa est né dans cette boutique. Vous y trouverez les plus jolis boutons sardes, des boucles d'oreilles et les caractéristiques bagues en or fabriquées artisanalement.

■ **ANTONIO SOTGIU. Viale Papa Giovanni XXIII.** Une autre boutique d'orfèvrerie. Bijoux en filigrane de bonne facture.

■ **GIOVANNI BATTISTA COLOMBU. Via Marconi, 1 ✆ (0785) 373 380.** La bonne adresse pour acheter quelques bouteilles du meilleur malvasia de Bosa.

Loisirs

■ **BOSA DIVING CENTER. Viale Colombo 2, Bosa Marina ✆ (0785) 375 649.** Ecole de plongée et location de bateaux.

■ **ESEDRA ESCURSIONI. Corso Vittorio Emmanuele, 64 ✆ (0785) 374 258/348 154 47 24 – www.esedrasardegna.it – coop.esadra@libero.it –** Cette agence organise des excursions en mer et en montagne dans toute la Sardaigne. Trekking, journée sur le thème de l'archéologie, avec repas traditionnels…

■ **CALLIS. Via Malaspina 73 ✆ (0785) 37 70 99.** L'agence organise des excursions sur toute la côte.

■ BOSA MARINA ■

En quittant Bosa en voiture, on peut suivre, au sud de la ville, le fleuve Temo jusqu'à son embouchure sur la mer. On arrive de cette façon au port fluvial de Bosa Marina, avec sa plage et son village résidentiel. Ici, on peut visiter l'église baroque de Santa Maria del Mare, datant du XVIIe siècle, et reconnaissable grâce à ses coupoles rouges. Un môle en pierre connecte Bosa Marina à l'Isola Rossa. Ici, Isabella da Castelvì fit édifier, à la fin des années 1500, une tour marquée par son écusson. Dans cette tour espagnole, on peut visiter un musée.

► **Pour des renseignements sur la tour espagnole de l'Isola Rossa et son musée** ✆ (0785) 37 61 07.

TRESNURAGHES ET PORTO ALABE

Porto Alabe est le petit port du village de Tresnuraghes. Il est possible d'y trouver un hébergement très correct et à proximité de Bosa, si les hôtels de la ville sont complets. La côte autour de Porto Alabe est particulièrement attrayante. Station balnéaire bien équipée, Porto Alabe possède une vaste plage dorée, entourée par de petites dunes. En poursuivant vers le sud sur la route côtière, on trouve la tour de Cala Columbargia et les énormes récifs de Corona Niedda.

Tresnuraghes, par ailleurs, offre la possibilité de se promener parmi des petits palaces datant du XIXe siècle, construits dans la rue centrale du village, via Roma, appelée aussi S'Istradone, la « grande rue » en dialecte sarde. Ici on peut visiter la petite église de San Lorenzo érigée au XVIIe siècle et dont la façade fut construite avec la trachyte des mines pas loin du village. L'église de Santa Croce et celle de San Giorgio, bâties au XVe siècle, méritent un petit détour.

Hébergement

■ **HOTEL I CEDRI. PORTO ALABE. Via Lungomare, 51 ✆ (0785) 359 125.** *Chambres simples, compter de 35 à 45 €, doubles, de 40 à 55 €.* Un charmant petit hôtel 1 étoile, sans grande prétention, mais aux chambres donnant sur la mer.

■ **PICCOLO HOTEL. Porto Alabe ✆ (0785) 359 056. Fax : (0785) 359 080.** *Chambre simple environ 45 €, double environ 65 €.* Un hôtel 3 étoiles regardant la mer. 20 chambres, bar, restaurant et court de tennis.

MACOMER

La petite ville de Macomer, perchée sur un promontoire granitique (à 563 m), est un important centre commercial et industriel, surtout dans le secteur laitier (la production locale de pecorino est un succès !). Macomer n'a pas d'attractions touristiques particulières à proposer, et bien peu d'hôtels, mais la ville est un point de départ idéal pour qui veut découvrir l'intérieur de cette partie de la Sardaigne, si riche en histoire et en paysages fantastiques.

Si vous y passez, vous pourrez toutefois jeter un coup d'œil à l'église de San Pantaleo, en trachyte rose, de style gothique aragonais (XVIe siècle). Le site fut habité à l'époque de la civilisation nuragique (1800-500 av. J.-C.), dont subsistent les tours de fortification. Ensuite, la ville a vu passer (plus ou moins vite) les Carthaginois puis les Romains. Ainsi, les routes qui partent de Macomer sont riches en vestiges des civilisations passées.

Hébergement

■ **SU TALLERI. Via Cavour ✆ (0785) 71 491.** *Chambre double avec salle de bains, environ 45 €.* En passant par Macomer... Un hôtel confortable, avec restaurant.

Points d'intérêt

Tous ces sites archéologiques sont à libre accès et sans aucune protection ni surveillance !

■ **NECROPOLE DE FILIGOSA ET NURAGHE DE SANTA BARBARA. La nécropole est accessible à partir de la SS 131.** Elle comprend un vaste ensemble de domus de janas (chambres funéraires) datant de la culture d'Ozieri. Un peu plus loin s'élève le nuraghe (ouvrage défensif, de 1500 à 500 avant notre ère) de Santa Barbara, constitué d'un bastion quadrilobé avec deux tours reliées par une cour centrale. Perché à 648 m, sur le côté ouest de la chaîne de montagnes du Marghine, cet ensemble nuragique est admirable, même vu de loin.

■ **NURAGHE D'OROLO.** Prendre la route SS 131, au nord de Macomer, puis tourner à droite pour Mulargia. 2 km plus loin, tourner en direction de Bortigali. Arrivé sur le territoire d'Orolo, il faut laisser la voiture et continuer à pied, sur 1 km, dans la verdure ; le nuraghe d'Orolo apparaît sur la droite, avec sa tour centrale de 14 m et les ruines de l'ancien bastion. La tour, recouverte de lierre, correspond bien à l'image classique du nuraghe.

■ **EGLISE ET NURAGHE DE SANTA SABINA. A partir de Macomer, prendre la route SS 129 en direction de Silanus.** L'église a été édifiée au début du XIe siècle ; elle est plutôt basse, avec trois absides couvertes par des coupoles d'inspiration byzantine. C'est un exemple unique d'architecture dans l'île, puisque l'église présente une structure romaine, en même temps que des éléments paléochrétiens et byzantins. Situé à côté de l'église, le nuraghe concourt à donner à l'ensemble un aspect encore plus archaïque.

■ **ABBAYE DE SANTA MARIA DI CORTE. Suivre la route 129bis en direction de Bosa.** L'édifice, construit au XIIe siècle par les cisterciens, s'élève au sein d'un vaste enclos.

■ **AIRE ARCHEOLOGIQUE DE TAMULI. Sur la route allant de Macomer à Santulussurgiu.** On y verra le nuraghe Tamuli et 3 « tombes de géant » près desquelles sont placés 6 bétyles (pierres sacrées vénérées par les anciens comme des idoles) de forme conique, dont certains présentent des caractéristiques féminines.

■ CUGLIERI ■

Le site, sur lequel s'est développé ce gros bourg montagnard (à 479 m d'altitude), était déjà habité au néolithique. La présence de cours d'eau le rendait en effet accueillant et propice à l'implantation humaine. Les Romains y fondèrent la ville de Gurulis Nova.

En 1160, Ottocore, frère du giudice Barisone de Torres, y fit construire le château de Montiferru, devenu par la suite propriété de la famille Malaspina puis du giudicato d'Arborea, avant de passer sous le contrôle de la couronne aragonaise. (Le terme de guidicato désigne les royaumes indépendants créés en Sardaigne vers l'an mille.)

Aujourd'hui le village compte 3 600 hab. et jouit d'une position privilégiée au cœur de l'ensemble montagneux du mont Ferru.

Pratique

■ **PRO LOCO.** Corso Umberto.

■ **BANCO DI SARDEGNA. Corso Umberto** ✆ (0785) 39 626.

Hébergement

■ **ALBERGO-RISTORANTE DESOGOS. Via Cugia ✆ (0785) 39 660. Fax : (0785) 39 660.** *Chambres doubles avec salle de bains, compter 40 € environ. Menu à partir de 20 €.* L'hôtel offre un bon rapport qualité/prix. Ce restaurant, à l'ambiance plutôt trattoria, propose des plats sardes exquis.

Restaurant

■ **MERIDIANA. Via Littorio, 1 ✆ (0785) 39 400.** *Menu dégustation compter 35 €, plus le vin. Réservation conseillée.* Le Meridiana est l'une des meilleures tables de Sardaigne. Le chef Emilio sert une cuisine délicieuse de simplicité à base de produits de la mer. La cuisine à la vapeur préserve le goût et l'authenticité des produits qu'Emilio va chercher tous les jours à Oristano. Vous débuterez par de savoureux antipasti : gambas à l'avocat, oursins, calmars mimosa, beignets de poissons frits… Les spaghettis à la langouste sont succulents. Enfin, vous pourrez déguster de délicieux filets d'espadon grillés ou de la langouste. Attention, le menu « dégustation » est un menu imposé, et on ne choisit pas ses plats, donc fiez-vous au choix du chef !

Manifestation

▸ **Fête de Santa Maria della Neve.** Du 3 au 7 août, une grande fête populaire en l'honneur de Sainte Marie de la Neige a lieu à Cuglieri.

Points d'intérêt

■ **CHATEAU DE MONTIFERRU.** Les restes du château se dressent au sommet d'une colline basaltique. Du château s'étend une vue superbe sur les montagnes et sur la ville de Cuglieri. Le paysage environnant est caractérisé par des broussailles et des bois de châtaigniers.

■ **EGLISE DE SANTA MARIA DELLA NEVE.** Dans le village de Cuglieri, au sommet de la colline Bardosu. Suivre les indications dans le village. L'église, du XVIe siècle, a un intérieur de style baroque où l'on remarque une statue en pierre peinte de la Madonna della Neve. Avec ses 2 campaniles, l'église domine tout le village. Elle offre une vue merveilleuse sur la mer, et l'on comprend pourquoi sa silhouette constitue un bon point de repère pour les marins.

■ **ARCHE NATURELLE S'ARCHITTU.** Sur la plage de S'Archittu se trouve une arche creusée dans la roche calcaire par les vagues et semblable à une grande porte. Belle à photographier et sympa pour nager, S'Archittu dispose également d'un plongeoir, haut d'environ 8 m et très prisé des touristes. Derrière la plage s'étendent des terrains de pâture quadrillés par des murets en pierre et parsemés d'oliviers.

■ **PLAGE DE SANTA CATERINA DI PITTINURI.** Autour de l'église de Santa Caterina di Pittinuri et dominée par la tour de Pittinuri, c'est la plage principale de la région. Près de l'église, on peut voir des restes nuragiques d'une grande valeur archéologique retrouvés sur différents sites de l'île.

■ **LA VILLE ROMAINE DI CORNUS.** En suivant un sentier au sud de Santa Caterina sur environ 1 km, on arrive à la localité de Columbaris, où des fouilles ont permis de découvrir une nécropole et un lieu de culte utilisés entre les IVe et IXe siècles. Les vestiges de deux églises et d'un bassin baptismal sont toujours visibles.

■ SANTULUSSURGIU ■

En venant de Cuglieri, sur la route qui mène à Santulussurgiu, on remarque un ensemble de montagnes rocheuses et les vestiges des murailles du château Monte Ferru. Le village de Santulussurgiu, accroché au flanc du mont Ferru, est un des joyaux de l'urbanisme sarde. Il est facile de se perdre dans ses petites ruelles étroites, mais quel bonheur d'y flâner ! Dans la piazza Meloni, on peut visiter l'église de la Renaissance de Santa Maria degli Angeli, construite dans le quartier le plus ancien de la ville dont les immeubles datent de XVIIIe siècle. Santulussurgiu est célèbre pour sa production artisanale de couteaux sardes et pour la passion de ses habitants pour l'équitation. La petite ville fut érigée sur un volcan éteint, vidé par l'érosion hydrique.

Restaurant

■ **LA BOCCA DEL VULCANO. Via Alagon, Santu Lussurgiu ✆ (0783) 55 09 74.** *Menu à partir de 20 €.* Plats riches de tradition locale soigneusement préparés. Plusieurs spécialités de sanglier.

Manifestations

▶ Tous les ans, le premier dimanche de juin, se tient à Santulussurgiu **le plus grand marché aux chevaux de Sardaigne.** Au programme, de nombreux concours équestres et autres réjouissances hippiques.

▶ **La Corsa de sa Carrela 'e Nanti.** A chaque carnaval, des chevaliers portant des masques traditionnels, se mesurent lors d'une course sur la Corsa de sa Carrela'e Nanti.

▶ **La Fête de San Lussorio.** Le 21 août, près de l'église paroissiale, des chevaliers en costume traditionnel participent à la compétition de l'Ardia. A l'occasion de cette célébration, une exposition d'artisanat local est organisée toutes les ans.

Points d'intérêt

■ **LE MUSEE DE LA TECHNOLOGIE PAYSANNE. Via Meloni ✆ (0783) 55 06 17/55 07 06.** Installé dans une maison paysanne datant du XVIIIe siècle, le Museo della tecnologia contadina renferme une collection exceptionnelle d'outils pour les activités bergères et agricoles utilisés jusque dans les années 1960 environ. On trouve ici des chars, des alambics pour la production d'eau-de-vie traditionnelle, des outils de labour et les fameux couteaux pliants qui ont fait la rénommée des artisans de Santulussurgiu.

■ **LE MONT FERRU.** Ce massif volcanique en trachyte et basalte haut de 1 000 m est entièrement recouvert d'arbres. Depuis ses sommets, on peut apprécier la vue des pointes volcaniques et des forêts.

■ **SAN LEONARDO DI SIETE FUENTES.** Village dans lequel Montaigne a résidé, San Leonardo est accessible depuis le Mont Ferru. Ce village est connu pour ses 7 sources d'eaux, qui lui ont donné son nom. Cette eau provient de torrents auxquels tout le monde a accès. A San Leonardo on peut aussi visiter l'église pisano-romanique de San Leonardo, édifiée vers 1150.

Shopping

■ **FRATELLI SALARIS. Viale D. A. Azuni 183, Santulussurgiu.** Couteaux traditionnels sardes faits à la main.

GHILARZA

Le petit village de Ghilarza, proche de celui d'Abbasanta, est situé sur un plateau basaltique. Ce bourg n'offre pas d'attractions touristiques particulières, et pourtant il mérite que l'on s'y arrête, ne serait-ce que pour visiter la maison d'Antonio Gramsci, qui attire tous les ans de nombreux admirateurs de l'écrivain et idéologue communiste. Les alentours du village sont particulièrement riches en nuraghi et églises.

Hébergement

■ **SU CANTARU. Ghilarza, via Monsignor Zucca 2 ✆ (0785) 54 200. Fax : (0785) 54 523.** *Chambres doubles de 50 à 55 € environ.* Idéal, si l'on est de passage dans ce petit village. Les chambres sont propres et les prix très intéressants !

Points d'intérêt

■ **COLLECTION D'INSTRUMENTS DE MUSIQUE DE DON GIOVANNI DORE. Via Adua 7. Hameau de Tadasuni, à 5 km de Ghilarza.** *Visite sur demande en appelant ce numéro : 0785 50 113. Entrée gratuite.* Le curé de la paroisse de Tadasuni possède une fantastique collection de tous les instruments de musique existant dans le monde, et le plus extraordinaire, c'est qu'il sait en jouer ! Il se fera une joie de vous jouer un air de launeddas, ces fameuses flûtes sardes. Pour visiter ce remarquable petit musée, appeler Don Giovanni Dore ✆ (0785) 50 113.

■ **MAISON-MUSEE D'ANTONIO GRAMSCI. Corso Umberto I, 36 ✆ (0785) 54 164 – www.casagramscighilarza.org** – *Fermé le mardi.* Souvenirs, objets et écrits, ayant appartenu à cet intellectuel communiste, sont réunis et exposés dans sa maison d'enfance.

■ **NURAGHE LOSA. A 3 km au sud d'Abbasanta, sur la SS 131.** *Ouvert tous les jours de 8h à 20h.* Le nuraghe Losa est l'un des nuraghi les mieux préservés qu'il soit possible de visiter. Il est constitué d'un bastion trilobé datant du bronze moyen, fait de basalte noir et entouré de deux grosses fortifications construites avec des blocs de pierre. Son aspect est imposant, bien que de ses 20 m de hauteur originels ne subsistent que 13 m. Ses murs circonscrivent une superficie d'environ 300 m de longueur et de 100 à 200 m de largeur. La tour centrale date du XIe siècle av. J.-C., et les murs extérieurs du VIe siècle av. J.-C., soit de la période de la domination carthaginoise. On y voit aussi les vestiges de villages datant des époques punique et romaine. Dans le petit centre d'information, vous pouvez vous procurer des cartes et des brochures qui vous aideront à vous repérer, et à mieux apprécier l'importance de cette aire archéologique.

■ **COMPLEXE NURAGIQUE DE SANTA CRISTINA A PAULILATINO. Sur la SS 131, à 4 km du nuraghe Losa.** *Ouvert de 8h30 à 21h l'hiver, et de 8h30 à 23h l'été. Entrée 3 € et 1,60 € pour enfants de 6 à 13 ans.* Le site porte le nom d'une petite église dédiée à Santa Cristina et entourée des maisons de pèlerins ayant appartenu, au Moyen Age, au monastère des Camaldules de Santa Maria de Bonarcado. Tous les ans, le 10 mai, ce sanctuaire fait l'objet d'un pèlerinage.

■ **L'AIRE ARCHEOLOGIQUE.** *Le site est ouvert de juin à septembre, de 9h à 13h et de 15h à 19h30 ; d'octobre à février, de 9h à 13h et de 14h30 à 17h.* Elle comprend les restes d'un village nuragique et de huttes, mais surtout les vestiges d'un puits sacré construit en gros blocs équarris. Le temple de l'eau est constitué d'un vestibule, d'un escalier descendant à la chambre souterraine et d'une pièce coiffée d'une fausse coupole appelée tholos. Le temple, érigé vers l'an mille av J.-C., était un lieu de rassemblement pour les populations nuragiques qui venaient y célébrer leur culte. Du temps des Carthaginois, ce temple était consacré au culte de Déméter et de Perséphone, donc à la fertilité. La forme de ce lieu sacré est effectivement comparée à celle du sexe féminin.

► Les objets mis au jour sur le site archéologique sont exposés au **Musée archéologique du village de Paulilatino.** *Ouvert de 9h à 13h et de 15h à 17h30 en hiver ; de 15h30 à 18h30 au printemps ; et de 16h30 à 19h30 en été.*

Shopping

■ **LABORATORIO DI PASTA FRESCA E DOLCIUMI PUDDU. Via Vittorio Emmanuele I, Ghilarza.** Un magasin où l'on prépare et vend d'innombrables sortes de gâteaux sardes et de pâtes fraîches. Les raviolis et les gnocchetti sardi sont délicieux !

RÉGION D'ORISTANO

La province d'Oristano a toujours joué un rôle politique important du fait de sa position géographique, de ses ressources et de ses deux principaux chemins d'accès : la plaine du Campidano et la vallée du Tirso.

Portée là par le mistral, la population nuragique s'y installa, il y a plus de trois millénaires, trouvant un habitat idéal, un climat doux, une plaine et des étangs, et y exploita l'obsidienne du mont Arci. D'importants vestiges archéologiques, datant du IIe siècle av. J.-C., témoignent de l'existence de cette population nuragique dans la région. C'est en effet la province d'Oristano qui regroupe le plus grand nombre de nuraghi au km². Les Phéniciens s'y installèrent vers 800 av. J.-C., puis ce fut le tour des Carthaginois, en 500 av. J.-C. Le port de Tharros devint un lieu de passage et un centre de forte activité commerçante. Sa position privilégiée au sein de la péninsule de Sinis, protégée du mistral, la fertilité de ses terres et sa richesse en minerais furent à l'origine de ce fort développement. Mais la ville de Tharros fut finalement abandonnée, au profit d'Oristano.

La région passa sous la domination d'Eleonora d'Arborea, dont la figure resta emblématique pour la région. Laquelle région connut une grande période de faste, de 900 à 1400, pendant le règne du giudicato d'Arborea, règne marqué par des progrès considérables en matière d'économie et de législation. Oristano fut la dernière ville à se rendre aux Aragonais, en 1478.

L'environnement naturel de cette région est constitué du plateau basaltique d'Abbasanta, situé entre le Monte Ferru, le Campidano d'Oristano et le Marghine. La côte est marquée de nombreux étangs et lagunes à la faune et flore riches et variées. Les flamants roses y ont trouvé un habitat naturel préservé.

ORISTANO

Située au cœur de la plaine du Campidano, la ville d'Oristano, fondée en 1070, se présente aux yeux du visiteur comme étant petite mais jolie. Son port et la fertilité des terres environnantes lui apportent un certain bien-être. La vieille ville a un aspect soigné et l'atmosphère méditerranéenne que l'on respire dans ses rues est tout à fait accueillante. Le centre est petit (on peut le visiter à pied en une demi-journée), et Oristano est relativement peu fréquentée par les touristes. Pourtant, elle est le point de départ de nombreuses excursions à la découverte d'un patrimoine historique particulièrement riche. Toutefois, la ville est très peu animée et, en été, les habitants et les touristes « émigrent » sur la péninsule de Sinis.

Oristano, torre de San Cristoforo

Histoire

Qui dit Oristano dit Eleonora, la giudicata Eleonora. La cité fut en effet la capitale du guidicato d'Arborea, du XIIIe au XVe siècle. La giudicata, qui gouverna la cité de 1383 à 1404, s'illustra par les batailles qu'elle livra contre les Aragonais, alors la plus grande puissance du monde méditerranéen occidental. A la fin du XIVe siècle, elle fit rédiger le Code de lois du territoire, le « Carta de Logu », écrit en langue sarde et qui concerne les lois civiles, pénales et administratives. La giudicata mourut en 1404, et le Code resta en vigueur jusqu'en 1827.

L'essor d'Oristano est très récent. En effet, la région était autrefois dominée par l'importante cité phénicienne de Tharros, qui fut élevée au statut de port principal de la région par les Romains. Ce n'est que vers 1070 que Tharros fut délaissée pour la nouvelle ville d'Oristano, édifiée en partie avec les pierres rapportées de Tharros. Une vieille chanson de la région disait « Da Tharru portan sa pedra a carru », en mémoire des longues files de charrues transportant, d'un site à l'autre, les pierres qui allaient servir à la construction des beaux palais et églises du giudicato.

Transports

Voiture

La SS 131 passe par Oristano. Compter environ 1 heure pour gagner Cagliari et 1 heure 30 min pour aller jusqu'à Sassari. Cuglieri est à 30 min de voiture par la route côtière 292 et Sanluri, à 45 min par la Carlo Felice.

Location de voitures

■ **AVIS** ©/Fax : (0783) 310 638.

■ **HERTZ. Agenzia Viaggi Sardatur** © (0783) 303 100.

■ **EURORENT. Via Cagliari, 52** © (0783) 212 458.

Train

■ **GARE FERROVIAIRE. Piazza Ungheria** © (0783) 892 021.

Bus

■ **BUS ARST. Via Cagliari, 102** © (0783) 71 776/0783 71 185.

Taxi

■ **POUR APPELER UN TAXI,** composer le © (0783) 70 280 (borne sur la piazza Roma) ou le 0783 74 328 (borne à la gare).

Pratique

Tourisme

■ **ENTE PROVINCIALE PER IL TURISMO. Piazza Eleonora, 19** © (0783) 36 831. Fax : (0783) 36 83 206 – www.provincia.or.it – ept.oristano@regione.sardegna.it

■ **OFFICE DU TOURISME. PRO LOCO. Via Vittorio Emmanuele, 8** © (0783) 70 621. Fax : (0783) 30 32 12.

Agences de voyages

■ **ALERICA. Via de Castro, 59** © (0783) 73 381.

■ **SARDATUR. Via Mazzini, 8** © (0783) 303 100.

■ **THARROS. Via Cagliari, pal. Saia** © (0783) 73 389.

Poste et télécommunications

■ **POSTE. Via Mariano, 4** ©0783 36 801.

■ **LE CENTRE COMMERCIAL** situé à la sortie de la ville, en direction de Torregrande, possède un point Internet.

■ **BAR ARISTON DI TANCHIS UGO. Via Cagliari, 170** © **(0783) 21 23 63.** *Ouvert de 7h à 21h. Fermé le lundi.* Ce café offre un seul poste à 5,15 € l'heure.

aujourd'hui par l'Hôtel de ville était autrefois un couvent de l'ordre des Scalopi et l'actuelle salle des réunions était l'église de cet ensemble religieux. Dans le hall d'entrée, une plaque rappelle que c'est dans ce lieu qu'a été fondé le Parti sarde d'action (PSdA), en 1921.

■ **PLAGE DE TORREGRANDE.** C'est la plage d'Oristano, située à 4 km de la ville. Bien qu'assez ventée, elle accueille un grand nombre de touristes.

■ **CATHEDRALE DE SANTA GIUSTA. Informations au pro loco, via Giovanni XXIII 228 ✆ (0783) 358 009.** Cette cathédrale, joyau du XIIe siècle, fut réalisée par des maîtres pisans, lombards, locaux et arabes. Ses nefs sont soutenues par des colonnes toutes différentes, qui proviennent des anciennes villes phénicienne, punique et romane de Neapolis, Tharros et Othoca. Le parvis de la cathédrale est le meilleur endroit d'où on peut suivre la régate d'« is fassonnis », qui a lieu le premier dimanche d'août sur l'étang en face du bourg.

Balade

Une balade dans le centre-ville permettra de flâner le long des ruelles jusqu'à la piazza Roma et la piazza Eleonora ; un petit tour qui vous prendra une demi-journée. L'hôtel de ville est logé dans un ancien monastère. Sur la piazza Eleonora, une statue a été érigée à la mémoire de la célèbre giudicata.

Shopping

La tapisserie, les filigranes, la vannerie sont quelques expressions de l'artisanat sarde, connu pour sa variété, sa richesse et son caractère unique.

■ **FRUVIN. Via Parpaglia, 12 ✆ 347 795 50 22.** Une petite boutique près de la piazza Roma où vous trouverez des produits gastronomiques de l'Oristanese et de la Sardaigne. Spécialisée dans le vin, elle propose également divers antipasti, huile d'olive, confitures, digestifs, miel... le tout à des prix raisonnables.

■ **MARCHE D'ANTIQUITES. Piazza Eleonora d'Arborea.** *Tous les premiers dimanches du mois.*

■ **ISOLA. Via Tirso, coin via Lombardia** ✆ (0783)/21 17 77.

■ **MARCHE AUX PUCES. Piazza Eleonora d'Arborea ✆ (349) 16 34 14.** *1er samedi du mois.* 50 exposants. Artisanat et antiquités.

Loisirs

■ **ASSOCIAZIONE CULTURALE RUGA NOA ✆ 328 180 46 55/340 861 70 29 – www.xoomer.virgilio.it/ruganoa – ruganoa@katamail.com –** *Ouvert toute l'année. Gianfranco organise des excursions dans l'Oristanese (péninsule de Sinis, Costa Verde, Lago Omodeo...), à bord de sa Land Rover 9 places. De 15 à 30 € la demi-journée, 8 personnes maximum.* Une manière idéale de découvrir la région : vous serez accompagné d'un guide local et, qui plus est, éminemment sympathique. Appeler 24 heures à l'avance pour participer à une excursion. Gianfranco pourra également vous renseigner sur le logement dans les fermes d'agritourisme.

Dans les environs

■ **MUSEO DELLE STAUTE MENHIR (musée des Statues Menhirs). Loc. Laconi, via Amsicora, 1 ✆ (0782) 86 62 16 – www.laconi.it/museo.html –** *Ouvert de 9h à 13h et de 16h à 19h (jusqu'à 18h du 1er octobre au 31 mars) ; fermé chaque premier lundi du mois. Entrée 3,50 €.* Lacon est le Stonehenge sarde : des monolithes en trachyte sculpté, de l'âge prénuragique, ont été découverts dans les campagnes environnantes. Le musée en possède 40 spécimens, classés par type : préanthropomorphes (ceux qui représentent le phallus masculin), anthropomorphes (avec les yeux et la bouche) et statues menhirs, plus riches en détails. Le personnel du musée vous donnera les indications pour vous permettre de gagner le site d'Is Cirquittus, où l'on peut voir des dolmens et de cercles mégalithiques qui, 2 500 ans avant notre ère, servaient aux hommes à calculer le lever et le coucher du soleil.

PÉNINSULE DE SINIS

La péninsule de Sinis, constituée essentiellement de roches calcaires, ferme au nord le golfe d'Oristano. A l'entrée de la péninsule s'étend un vaste dédale d'étangs et de marais, appelé Mar'e Pontis, où s'est développée une faune caractéristique : les lacs sont le lieu d'habitat de nombreux flamants roses et d'un poisson renommé pour ses œufs, à savoir, le mulet. Les œufs de mulet portent le nom de bottarga et jouent le rôle de « caviar » sarde. Les pêcheurs d'Oristano ont conservé leurs outils de pêche dans des cabanes construites avec des plantes lacustres, ainsi que leurs embarcations, les fassonis, faites avec ces mêmes plantes. La côte s'étend de San Giovanni di Sinis jusqu'au Capo Mannu.

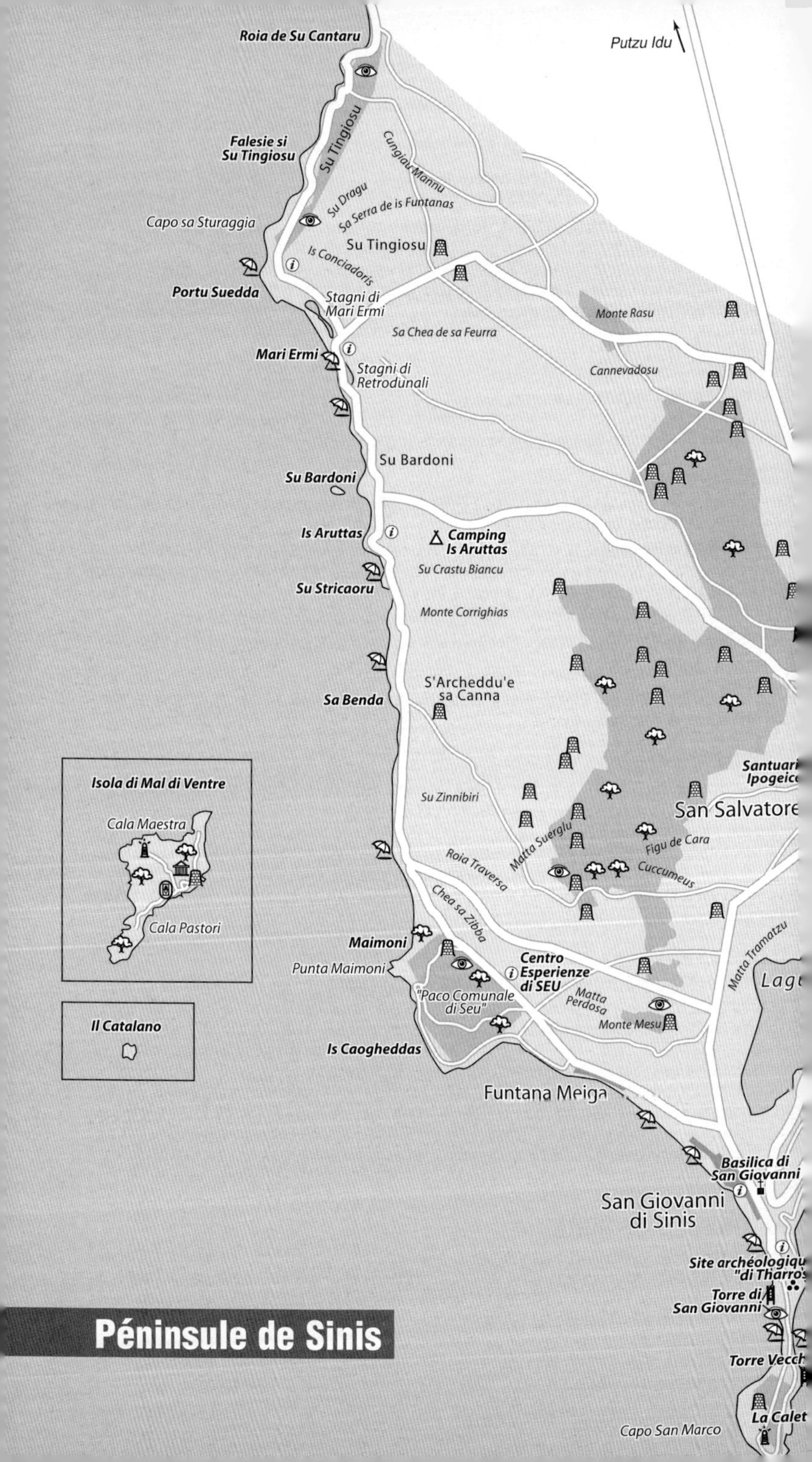

Péninsule de Sinis

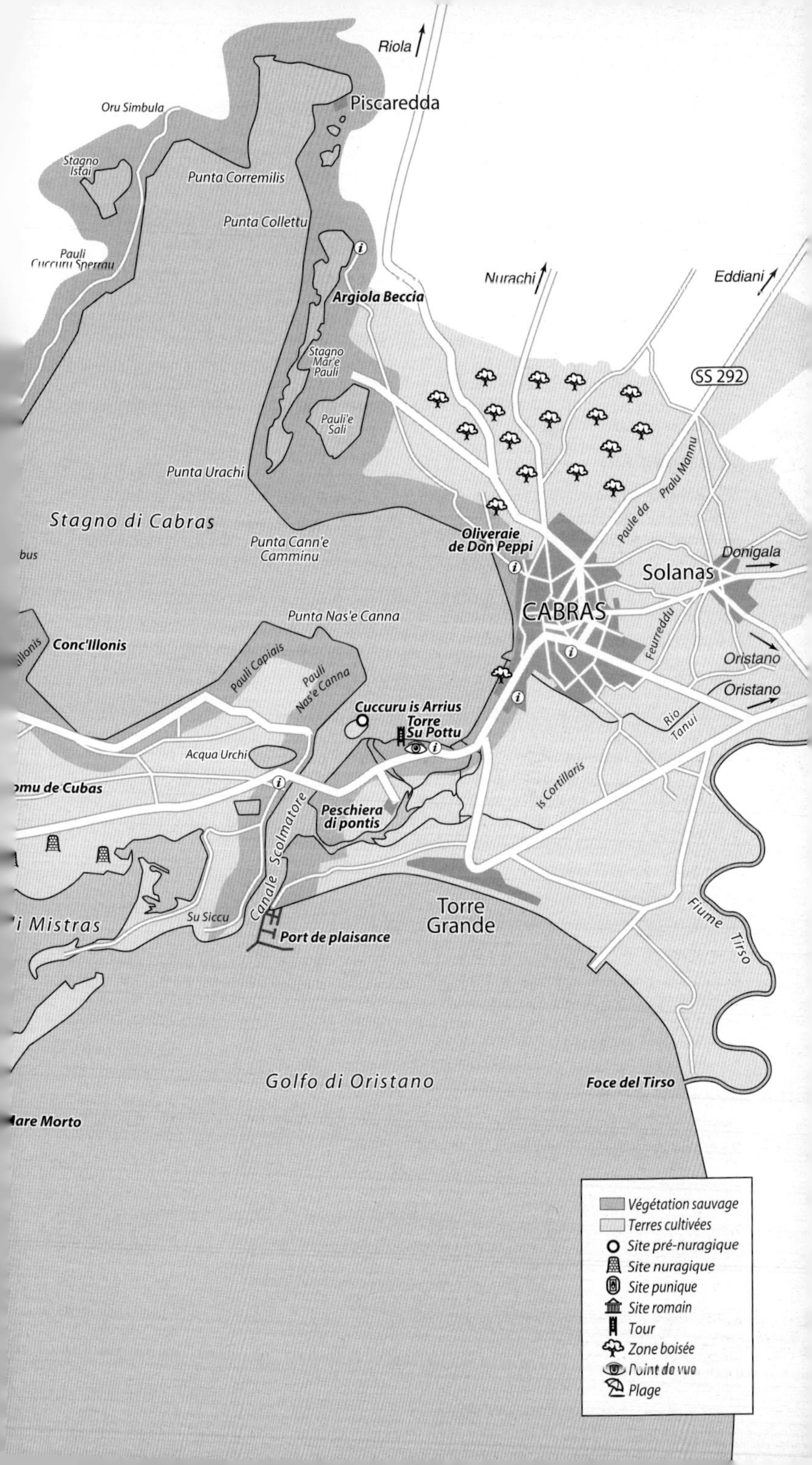

Riola
Piscaredda
Oru Simbula
Stagno Istai
Punta Corremilis
Punta Collettu
Pauli Cuccuru Sperrau
Argiola Beccia
Nurachi
Eddiani
Stagno Mar'e Pauli
Pauli'e Sali
SS 292
Punta Urachi
Stagno di Cabras
Punta Cann'e Camminu
Oliveraie de Don Peppi
Paule da Pralu Mannu
Donigala
Solanas
CABRAS
Punta Nas'e Canna
Conc'Illonis
Pauli Capiais
Pauli Nas'e Canna
Feurreddu
Oristano
Oristano
Cuccuru is Arrius
Torre Su Pottu
Rio Tanui
Acqua Urchi
Is Cortillaris
Peschiera di pontis
Canale Scolmatore
Su Siccu
Torre Grande
Port de plaisance
Fiume Tirso
Golfo di Oristano
Foce del Tirso
Végétation sauvage
Terres cultivées
Site pré-nuragique
Site nuragique
Site punique
Site romain
Tour
Zone boisée
Point de vue
Plage

A partir de San Giovanni s'aligne une série de plages aux eaux limpides et poissonneuses. Le paysage terrestre, en revanche, y est solitaire et désertique. La vaste plage d'Is Aruttas (« les grottes » en sarde) se caractérise par la couleur blanche des petits cristaux de quartz arrondis qui la composent. En face, on peut distinguer l'île de Mal di Ventre, aux plages de quartz blanc : Cala Siline, Cala del Nuraghe, Cala del Pontile et Cala dei Pastori.

Pour plus d'informations : Comune di Cabras (Or), piazza Eleonora 1 ✆ 078 32 90 071 – www.areamarinasinis.it et www.parks.it/riserva.marina.penisola.sinis –

Un peu plus au nord de la plage d'Is Aruttas, la plage d'Is Arenas, avec ses dunes reboisées de pins et d'acacias, étend ses 6 km sur le territoire de San Vero Milis. Encore plus au nord, la côte s'élève pour laisser place aux falaises de calcaire jaunâtre du Capo Mannu, qui se jettent dans la mer d'une hauteur de 25 à 50 m. Vers l'intérieur, de vastes espaces de verdure, couverts de buissons de lentisque et de romarin, donnent à la côte un aspect sauvage et mystérieux. On ne va pas vous mentir : les plages sont belles, certes, mais on ne peut pas les comparer à celles de la Costa Verde, un peu plus au sud. Donc, si vous êtes de vrais amoureux de la plage, n'hésitez pas à faire quelques kilomètres de plus.

Hébergement

■ **CAMPING NURAPOLIS. Loc. Is Arenas, sur la pointe nord de la péninsule, route SS 292 ✆ (0783) 52 283. Fax : (0783) 52 255 – www.nurapolis.it –** *Ouvert toute l'année.* Camping dans la pinède, sur la plage. Restaurant, école de plongée et de surf. Le tout géré par la coopérative CTS (œuvrant pour la protection de l'environnement), qui organise aussi des excursions.

■ **LA MIMOSA. San Vero Milis, loc. Sale Procus ✆ (0783) 522 61.** *Chambre double, compter 30 € environ.* Dans une végétation luxuriante, à 2 km de la mer, cette ferme d'agritourisme offre 9 chambres confortables et une cuisine typique.

Points d'intérêt

■ **RUINES DE THARROS.** *Ouvert tous les jours de 9h à 17h30, en été de 9h à 20h. Entrée 4 € et 2 € pour les 6 à 16 ans.* Situées au bord de la mer, à l'extrémité de la péninsule de Sinis, les ruines de la ville romaine reposent sur les vestiges d'un village de la période phénicienne. Malheureusement, Tharros fut mise à sac au XIe siècle et surtout au XIXe siècle. Des témoins de l'époque, dont Honoré de Balzac (au XIXe), évoquent les milliers de trésors découverts par les pilleurs des tombes, et volés. Aujourd'hui on peut se promener dans les anciennes rues romaines et contempler les ruines du temple érigé sur les fondations d'un lieu de culte carthaginois.

Quelques sites intéressants :

■ **VILLE ROMANO-PUNIQUE.** On reconnaît la route principale et l'aqueduc qui, partant de la source, alimente les 3 réservoirs d'eau situés dans la ville.

■ **CAPITOLE.** Dédié à Minerve, à Junon et à Jupiter, il n'est présent que par ses fondations et par le haut d'une colonne corinthienne reposant sur les colonnes reconstituées, qui font la renommée du site. On peut reconnaître le forum et les thermes. Edifiée par les Carthaginois, la ville de Tharros a été peu modifiée par les Romains, mis à part la construction de la voie centrale. L'emplacement de la ville était stratégique car elle était abritée du mistral. La tour qui domine le site a été construite par les Espagnols sur les ruines d'un nuraghe. Elle date du XVe siècle.

Presqu'île de Sinis-Oristano, plage d'Is Salongas

CABRAS

Situé au centre des étangs et des marais, le petit village de Cabras se caractérise par ses petites maisons à un seul étage. Ses marais et ses étangs abritent une faune très particulière (faucons, busards, hérons, rougets...) et sont le lieu de migration de flamants roses et de cormorans, un paradis ornithologique pour les bird-watchers ! A la sortie du village (en direction de Tharros), le **Museo Archeologico** expose des objets trouvés dans les ruines de l'ancien village de Cucurru is Arrius, ainsi que des barques typiques de la province d'Oristano, les su fassonis. *En été, le musée est ouvert de 9h à 13h et de 16h à 20h ; en hiver, de 9h à 13h et de 15h 19h ; fermé le lundi. Entrée 2,60 €, tarif réduit 1,50 €.*

Hébergement

■ **SA PEDRERA. Sur la route Cabras-San Giovanni di Sinis, km 5 ✆ (0783) 37 00 18. Fax : (0783) 37 00 40.** *Chambres doubles de 55 à 120 €.* Un hôtel de style rustique dans la nature sauvage de Cabras. De jolis bungalows avec petit jardin, court de tennis et restaurant.

■ **VILLA CANU. Via Firenze, 9 ✆ 078 32 90 155.** *Chambre double compter de 80 à 120 €.* Dans le petit centre du village. Comme dans une ancienne résidence, les chambres, sur 2 étages, sont distribuées autour d'une belle cour.

Agriturismo

Pour les petits budgets et les touristes en quête d'authenticité, les agriturismo de Cabras proposent de belles chambres et une restauration de qualité. Voici deux adresses qui valent le détour :

■ **SU SATTU. Loc S'Arrieddu ✆ (0783) 391 701/347 717 17 47.** *60 € environ par personne en pension complète.* 8 belles chambres.

■ **PAUI. Via Donizetti, 19 ✆ (0783) 290 789.** *Compter 40 € environ par personne en demi-pension. A 2 km de la mer.* 6 chambres et 3 salles de bains à l'extérieur. La cuisine de la propriétaire est très honnête.

Restaurants

■ **CASAS. San Giovanni di Sinis ✆ (0783) 37 0071.** *Menu à partir de 20 €.* Des plats sardes typiques à des prix tout à fait corrects.

■ **IL CAMINETTO. Cabras, via Battisti 8 ✆ (0783) 39 11 39.** *Fermé le lundi. Menu à partir de 25 €.* Excellent poisson frais.

■ **LE DUNE. San Giovanni di Sinis, via Chiesa, 1 ✆ (0783) 370 089.** *Environ 30 € le repas complet.* Dans une maisonnette en face des ruines de Tharros, une bonne cuisine à base de poisson préparée selon la tradition sarde. La spécialité : le muggine agli aromi, plat typique de la presqu'île de Sinis.

■ **SA FUNTA. Cabras, via Garibaldi, 25 ✆ (0783) 290 685.** *Compter environ 40-45 €.* Spaghetti à la bottarga et anguilles avec pecorino, tomate et herbes fines sont les spécialités de ce restaurant.

Manifestations

▶ **Fête de Santa Maria Assunta.** Le 24 mai. Cette fête religieuse se termine par une régate sur l'étang de Cabras.

▶ **Fête de Saint-Salvatore et la course des Scalzi.** Aux premiers jours de septembre, des femmes vêtues du costume traditionnel portent en procession une petite effigie du saint patron de Cabras jusqu'au sanctuaire du village. Lieu sacré depuis l'Antiquité, ce sanctuaire abrita un culte païen consacré à l'eau. Le 1er samedi de septembre, au lever du soleil, des centaines de jeunes gens habillés de blanc parcourent, pieds nus, les 8 km qui séparent Cabras de San Salvatore, où se trouve le sanctuaire. A l'arrivée, on prie et on fait la fête. Le lendemain soir, les jeunes scalzi (« sans chaussures ») reprennent, toujours en courant, le chemin de Cabras, en portant sur leurs épaules l'effigie de saint Salvatore. Ce pèlerinage est censé assurer aux habitants de bonnes moissons, des étangs poissonneux et la fertilité des troupeaux...

▶ **Informations :** Comune di Cabras – www.prolococabras.it/italiano/corsa.htm

Shopping

■ **GRAZIANO VIALE. Zone archéologique de Tharros ✆ (333) 96 68 581.** Son atelier se trouve à Cabras, mais on le contactera plus facilement sur le site de Tharros. Il réalise des masques en cuir, de styles différents mais tous faits à la main : masques sardes typiques, masques phéniciens, puniques et masques de la Commedia dell'Arte.

■ **TRADITIZIONI NOSTRANE DI GIOVANNI SPANU. Via Carducci, 20.** La bottarga de Cabras et le muggine fumé sont les spécialités de cette boutique gourmande.

FORDONGIANUS

Forum Traiani, l'ancien nom de Fordongianus, était la principale fortification romaine de l'intérieur de la Sardaigne. De cette époque sont encore visibles les ruines de l'aqueduc, de l'amphithéâtre et des thermes. Les eaux thermales de Fordongianus, riches en acide sulfurique, en chlore et en acide nitrosé, sont en effet connues pour leurs vertus. Les Romains aimaient à s'immerger dans ces eaux qui jaillissaient naturellement de terre à 55 degrés. Aujourd'hui, on peut faire comme eux, dans le très moderne **Centro Terme di Sardegna** (Strada Provinciale 48 ✆ (0783) 60 037 – www.termesardegna.it – *25 € par jour environ*), ou encore, à 200 m de là, près de la rive du Tirso, dans un petit établissement thermal. Les habitants de Fordongianus vont se baigner dans ses 3 vasques, et ils ont bien raison : l'entrée n'y coûte que 3,50 € ! Le village de Fordongianus est une agglomération en trachyte rouge. Son édifice le plus intéressant est la **maison Madeddu,** du XVIIe siècle. Du bourg, on arrive à **l'église de San Lussorio,** bâtie vers 1100 sur un hypogée paléochrétien.

SAN SALVATORE

Ce petit village a été réaménagé en style mexicain pour les besoins d'un film en 1965, et il a été restauré en 1990. Sur la route en direction de Tharros se trouve le sanctuaire de San Salvatore. Il a été érigé au IVe siècle par les Romains sur un puits sacré de l'époque nuragique, dédié au culte de l'eau et utilisé ensuite par les Carthaginois et les Romains pour la célébration de leurs cultes.

► **Visites guidées** les mardi, jeudi et samedi de 9h à 12h et de 16h à 17h.

ARBOREA

Située à la sortie d'Oristano vers le sud, cette petite ville a été fondée du temps de Mussolini et s'appelait alors Mussolinia. Ses rues perpendiculaires et ses bâtiments de style Liberty portent la marque de l'esthétisme fasciste. La création de cette ville en 1928 s'inscrit dans une politique d'aménagement du territoire d'envergure puisque Arborea fut entièrement érigée sur une ancienne zone marécageuse. Aujourd'hui la ville est connue pour sa production massive des laitages et pour l'élevage des bovins de pure race. Les pastèques, les fraises et les légumes sont aussi parmi les produits les plus exportés par cette petite ville.

Hébergement - Restaurant

■ **CAMPING S'ENA ARRUBIA. Strada al Mare, 29 ✆ (0783) 80 20 11.** *Ouvert toute l'année.* Emplacements dans une belle pinède donnant sur la plage.

■ **HOTEL ALA BIRDI. Strada al Mare, 24 ✆ (0783) 80 10 83. Fax : (0783) 80 10 86 – www.alabirdi-arborea.it** – *Chambres doubles compter de 70 à 100 €.* Un vaste complexe hôtelier avec un centre équestre régional. Deux hôtels luxueux, avec piscines, accueillent de nombreux touristes, amateurs de vacances sportives. Le tout au bord d'une grande plage et d'une vaste pinède. L'établissement propose des stages d'équitation, ainsi que des excursions à cheval dans la péninsule de Sinis, au Monte Arci ou vers Montevecchio. Il est très renommé parmi les passionnés d'équitation.

■ **IL CANETTO. Strada al Mare, 26 ✆ (0783) 80 05 61.** *Chambre double avec salle de bains, compter de 40 à 50 €.* Sur la plage, avec un très bon restaurant.

MONT ARCI

Situé dans le parc géominéral, à 812 m d'altitude, le mont Arci est connu pour ses extraordinaires gisements minéraux. Il est recouvert de chênes-lièges et sa végétation abrite une population de sangliers, renards, chats sauvages… La montagne abonde également en sources d'eau minérale. Certaines de ces eaux sont mises en bouteille et vendues sous les noms d'Aquafria et Sennisceddu. De belles promenades à cheval dans le parc naturel sont organisées par **Sardatour** ✆ 078 33 00 991 – www.sardinia-holidays.com – Renseignements sur le **parc du Monte Arci :** Via Roma, Morgongiori ✆ 078 39 28 014.

DUNES DE PISCINAS – COSTA VERDE

On appelle Costa Verde toute la partie de la côte ouest qui s'étend du sud du golfe d'Oristano au nord de Buggerru. Cette partie de la côte, faite de très hautes dunes pouvant atteindre plusieurs dizaines de mètres, est recouverte dans son arrière-pays de maquis et de végétation qui lui valent son nom. Le mistral y a poussé le sable déposé par la mer sur le rivage, formant ces gigantesques dunes. La sécheresse qui y règne lui donne l'aspect d'un désert. Au nord se trouve le centre touristique de Torre dei Corsari, la « tour des Corsaires ». La zone située à quelques km au nord de Piscinas porte le nom de S'Acqua'e S'Ollastu, les « sables de la source de l'olivier ». Cette région peut être très ventée et son accès assez difficile. Un 4X4 peut se révéler très utile pour se balader dans les sentiers qui mènent aux plages les plus reculées.

Plages

Les côtes italiennes ont la réputation d'être très calmes, la baignade est donc l'activité principale, sauf dans cette région de la Sardaigne. La Costa Verde est le meilleur endroit de l'île pour pratiquer le surf : de grandes vagues et un vent très fort ont fait la renommée de ce spot. Les jeunes surfeurs sardes viennent ici toute l'année pour s'entraîner. Ces plages sauvages sont assez vastes et peu fréquentées par les touristes. La plage principale de **Torre dei Corsari** est la seule à ne pas être trop loin de la station balnéaire et de ses maisons de vacances et clubs. Une petite église, des magasins d'articles pour la pêche et des supermarchés sont aussi à disposition des touristes qui ont ici leurs maisons d'été. Des clubs dans le village et des kiosques sur la plage animent les nuits d'été. En descendant vers le sud, les **plages de Funtanazza** et **Marina di Arbus** sont relativement faciles à atteindre depuis la rue principale qui longe la Costa Verde. Piscinas est sans doute la plage la plus célèbre de la région. A quelques kilomètres au sud, les **plages de Ingurtosu et Scivu** offrent de très beaux paysages. Scivu peut être rejoint en suivant un chemin côtier jusqu'à un parking installé sur un récif. Des marches permettent de descendre vers la plage entourée de dunes.

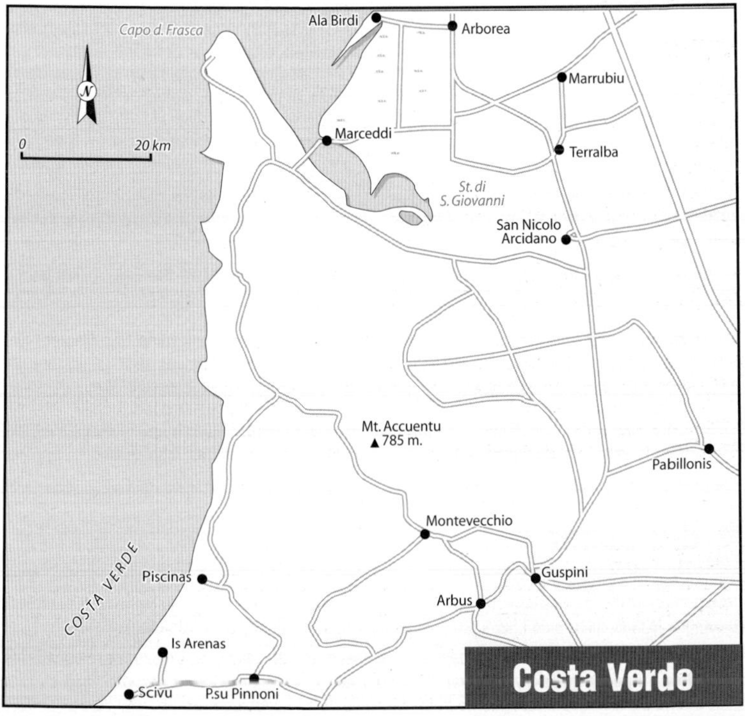

Costa Verde

Nuraghe Barumini

Transports

La petite route au-delà du pont de Marceddi serpente à travers les dunes sur une trentaine de km. Ensuite, la route goudronnée s'arrête brutalement pour devenir un petit sentier cahoteux sur 7 km. Il vous faut emprunter ce chemin difficile qui traverse quelques ruisseaux très peu profonds, dont le rio Piscinas, à l'eau rouge, riche en minerai de fer, pour atteindre la superbe plage de Piscinas qui s'étend au milieu des dunes. Les dunes sont également accessibles depuis Guspini. Tourner à droite à l'entrée du village en direction de Montevecchio (10 km). Après Montevecchio, la route descend vers la Costa Verde.

Hébergement

■ **AGRITURISMO L'AQUILA. Loc. Is Gennas, Arbus ✆ (347) 82 22 426/70 81 775 (n'appeler qu'en italien) – www.aglaquila.com – ginetta.leo@aglaquila.com** – *Cet hôtel-restaurant est ouvert toute l'année. Chambre avec petit déjeuner de 24 à 31 € par personne selon la saison, de 41 à 49 € en demi-pension, 49 à 54 € en pension complète. Au restaurant, menus de 12 à 25 €.* Les 5 chambres avec salle de bains sont toutes installées au 2e étage d'une maison bâtie sur les monts autour de Arbus, non loin des plages de la Costa Verde et des mines de Montevecchio. Ici, Ginetta et son mari Pietro font eux-mêmes leur fromage et ne servent que des produits faits maison à table.

■ **COSTA VERDE. Marina di Arbus ✆/Fax : (070) 97 70 09 – www.campingcostaverde sardinia.it** – *Ouvert du 1er juin au 30 septembre.* Un camping très simple, mais avec tout le nécessaire pour un bon séjour dans la nature.

■ **HOTEL LE DUNE. Via Bau 1, loc. de Ingurtosu, Arbus ✆ (070) 97 71 30. Fax : (070) 97 72 30 – www.leduneingurtosu.it** – *Chambre double avec salle de bains de 83 à 177 € par personne. En pension complète de 106 à 200 € par personne. Réservation 5 mois à l'avance.* Seul sur cette plage, un hôtel très singulier, le Dune, s'est installé sur les ruines d'une mine désaffectée. Cet endroit fait partie de l'histoire de la région et a été aménagé dans les années 1990. Vous pourrez y contempler les vestiges de l'ancienne mine, dans une atmosphère mystérieuse et hors du temps. Quant à l'hôtel lui-même, où un long corridor en pierre conduit au hall d'entrée et au salon central, il est calme, luxueux et parfaitement confortable. Très couru, il accueille chaque année (dans ses 27 chambres) une clientèle d'habitués.

■ BARUMINI ■

Dans cette petite ville de 1 413 habitants située cœur de la province du Medio Campidano, on trouve les vestiges nuragiques les plus importants et les mieux préservés de Sardaigne. « Su Nuraxi », le complexe nuragique le plus célèbre de l'île, a été proclamé patrimoine mondial par l'Unesco en 1997.

■ **COMPLEXE NURAGIQUE DE SU NURAXI. A proximité du village de Barumini. Suivre les indications à partir de la SS 131.** *Ouvert de 9h à 19h30. Entrée 4,20 €, tarif réduit 3,10 €. Pour des raisons de sécurité, le nuraghe ne peut être visité qu'en compagnie d'un guide. Visites guidées* *toutes les demi-heures.* Le bon état de conservation du nuraghe rend sa visite particulièrement intéressante. C'est d'ailleurs le nuraghe le plus visité de Sardaigne et le plus connu. Sa construction a commencé au XVIe siècle av. J.-C. : la tour centrale et le donjon, les quatre tours secondaires et, enfin, le bastion quadrilobé de 4 m d'épaisseur. Des restes de cabanes d'habitation circulaires entourent le bastion. Le nuraghe fut habité par les populations nuragiques, mais également par les Carthaginois, qui l'assiégèrent et le détruisirent en partie, et par les Romains (Ier siècle apr. J.-C.). Mises au jour vers 1950, les ruines de la forteresse se trouvaient enfouies sous une colline couverte de végétation. Aujourd'hui, parfaitement restauré, le nuraghe est inscrit sur la liste du Patrimoine mondial de l'Unesco.

A 300 m environ du complexe nuragique, des ruines datant du Ier siècle apr. J.-C. ont été récemment découvertes et ouvertes au public : un vrai château peut être visité dans le palais espagnol Zapata, construit en 1500 et habité par des contes locaux jusqu'en 1980.

Dans les environs

■ **MUSEE ARCHEOLOGIQUE DE VILLANOVAFORRU. Dans le village de Villanovaforru, à 7 km de Sardara, sur la SS 131.** *Ouvert de 9h30 à 13h et de 15h30 à 18h l'hiver, de 9h30 à 13h et de 15h30 à 19h l'été. Entrée 2,50 € (parc et musée).* Installé sur 2 étages dans le grenier communal du XIXe siècle, le musée présente les pièces découvertes sur le site archéologique de Genna Maria.

■ **NURAGHE ET VILLAGE DE GENNA MARIA. A 1 km du village de Villanovaforru.** Le nuraghe comporte un bastion trilobé avec un donjon central datant du XVe siècle av. J.-C., ainsi que 3 tours latérales. Il est entouré d'un village de huttes, en partie construites sur les murs d'enceinte.

■ **Si vous désirez loger à Villanovaforru, point de départ idéal pour explorer toute la région, on vous conseille L'HÔTEL LE COLLINE ✆ (070) 93 00 123. Fax : (070) 93 00 134.** *Chambre double de compter 60 € environ.* Il est bien situé et son restaurant est plus que correct.

■ **SARDEGNA IN MINIATURA ✆ (070) 93 61 004/114/ (348) 56 12 826 – www.sardegna inminiatura.it – A proximité immédiate du site de Su Nuraxi (suivre les indications).** *Ouvert de mars à septembre, de 9h au coucher du soleil. Entrée adultes 6 €, enfants 4 €.* Dans ce parc d'attractions sont reconstituées les principales curiosités de Sardaigne. A visiter si vous avez des enfants.

■ **CHATEAU D'ELEONORA D'ARBOREA. Sanluri, sur la SS131, dans la ville de Sanluri.** Ce château du XIVe siècle aux 4 tours dentelées abrite le musée du Risorgimento, que l'on peut visiter. On y expose les souvenirs les plus divers de l'armée sarde datant de 1800 et des deux guerres mondiales.

■ **COMPLEXE ARCHEOLOGIQUE DE SANTA VITTORIA DI SERRI. Serri, dans la région du Sarcidano, au pied de la Giara di Serri (650 m).** *Ouvert de 9h à 12h et de 15h à 19h. Entrée 4 €, tarif réduit 2 €.* Le complexe, situé à 4 km du village de Serri, comprend un authentique village nuragique, un temple à puits entouré d'une enceinte elliptique, un atrium, un escalier et une chambre à tholos. La petite église de Santa Vittoria, datant du Moyen Age, a été bâtie sur les ruines de l'unique tour que comptait cet ensemble nuragique.

■ **NURAGHE ARRUBIU. 5 km au sud d'Orroli.** Ce nuraghe est le seul de Sardaigne à posséder 5 lobes unis entre eux par une épaisse courtine. L'ensemble est entouré d'une courtine extérieure comprenant 7 autres tours et 3 cours extérieures. Le tout date du XIIe siècle av. J.-C. A l'origine, la tour centrale mesurait 20 m.

■ **GIARA DI GESTURI.** Le parc naturel de Giara di Gesturi est situé au cœur de la Sardaigne méridionale. Ce vaste haut plateau basaltique s'étend sur une surface de 5 000 ha. La flore de la Giara est dominée principalement par les chênes-lièges, dont on recueille le liège (appelé sughero) tous les 9 ans. Le maquis méditerranéen fait partie de la végétation environnante : lentisques, cistes, myrtes, sauge, lavande embaument le parc de leurs différents parfums. De nombreux animaux trouvent refuge dans cette oasis de verdure : renards, sangliers, martes, chèvres et, surtout, des chevaux sauvages, qui peuvent être aperçus au bord des lacs. On peut visiter le parc à pied (les excursions peuvent aller de 2h à une journée), mais également à vélo, à cheval ou en Land Rover. *Compter 3 € pour la location d'un vélo pour une heure, 10 € la demi-journée et 16 € la journée. A cheval, l'heure coûte 15 € environ, avec un guide. En Land Rover, la location avec un guide revient à 50 € environ l'heure, 120 € la demi-journée et 190 € la journée.* On peut aussi réserver un « pranzo del pastore », le repas typique des bergers sardes qu'on appelle le murzu, à manger en plein air. A l'entrée du parc, les gardiens sont très accueillants et prêts à vous donner plein d'informations intéressantes. Le printemps est la saison idéale pour visiter le parc et voir les petits chevaux sauvages. Pour plus de renseignements, reportez-vous au site de la coopérative Sa Jara Manna (www.sajaramanna.it) qui organise les visites.

► **Pour réserver des excursions à pied,** en Land Rover et en mountain bike ou pour organiser un repas berger, contacter **la compagnie Helychrysum** © (320) 62 67 966/(346) 37 53 407 – helycrysum.coop@tiscali.it

■ IGLESIAS ET L'IGLESIENTE ■

On appelle Iglesiente cette vaste région minière qui s'étend autour de la ville d'Iglesias et forme un triangle à angle droit depuis le Cixerri jusqu'à l'ouest de la vallée du Flumentepido. Depuis plus de 3 000 ans, la région vit de l'exploitation de ses mines riches en fer, zinc, plomb et argent. Les premières extractions remontent à la civilisation nuragique, avant que les populations phénicienne et romaine n'y emploient leurs esclaves. Aujourd'hui les mines sont désaffectées, mais peuvent être visitées. Elles offrent une tout autre vision de ce qu'était la Sardaigne avant les années 1950, industrielle alors, et pourtant ne manquant pas de charme.

IGLESIAS

La ville d'Iglesias a toujours été très courtisée en raison de la richesse de son bassin métallifère. Son autre richesse, ce sont ses églises, tellement nombreuses au Moyen Age qu'elles lui ont valu le surnom de « Villa di Chiesa » (la ville des églises). Les Pisans l'appelèrent Argentaria, en référence aux mines d'argent environnantes. En 1324, les Aragonais reprirent la ville, à l'issue d'un long siège au cours duquel périrent plus de 12 000 soldats. La ville fut ensuite dirigée par diverses familles illustres, telles que les maisons d'Arborea et d'Aragon, jusqu'en 1409.

Jusqu'aux dernières années du XIVe siècle, la ville frappait des pièces d'argent portant la mention « Federicus Imperator » entourant une aigle, et, sur l'autre face, « Facta in villa Ecclesiae pro Communi Pisani ». Plus tard, les invasions et les épidémies de peste, en 1653 et en 1681, freinèrent la croissance de la population. Toutefois Iglesias renoua avec la prospérité dans la deuxième moitié du XVIIIe siècle, quand elle devint l'un des principaux centres miniers d'Italie. A l'heure actuelle, elle est toujours le siège de l'évêché. Sa population dépasse aujourd'hui les 30 000 habitants.

Transports

■ **GARE FERROVIAIRE. Via Garibaldi** © (0781) 420 41.

■ **GARE ROUTIERE. Via Croccefisso, 92** © (0781) 400 78.

Pratique

Agences de voyages

■ **VIAGGI PLAISANT. Piazza Stella, 4** © (0781) 22 257.

■ **SULCIS TURIST SUD. Via Roma, 52** © (0781) 22 690.

■ **PRO LOCO IGLESIAS. OFFICE DU TOURISME DE IGLESIAS. Via Gramsci (dans la bibliothèque communale, près de la piazza Sella) © (0781) 41 795 – prolocoiglesias@tin.it** – *Ouvert du lundi au vendredi de 17h à 20h30.*

Iglesiente et Sulcis

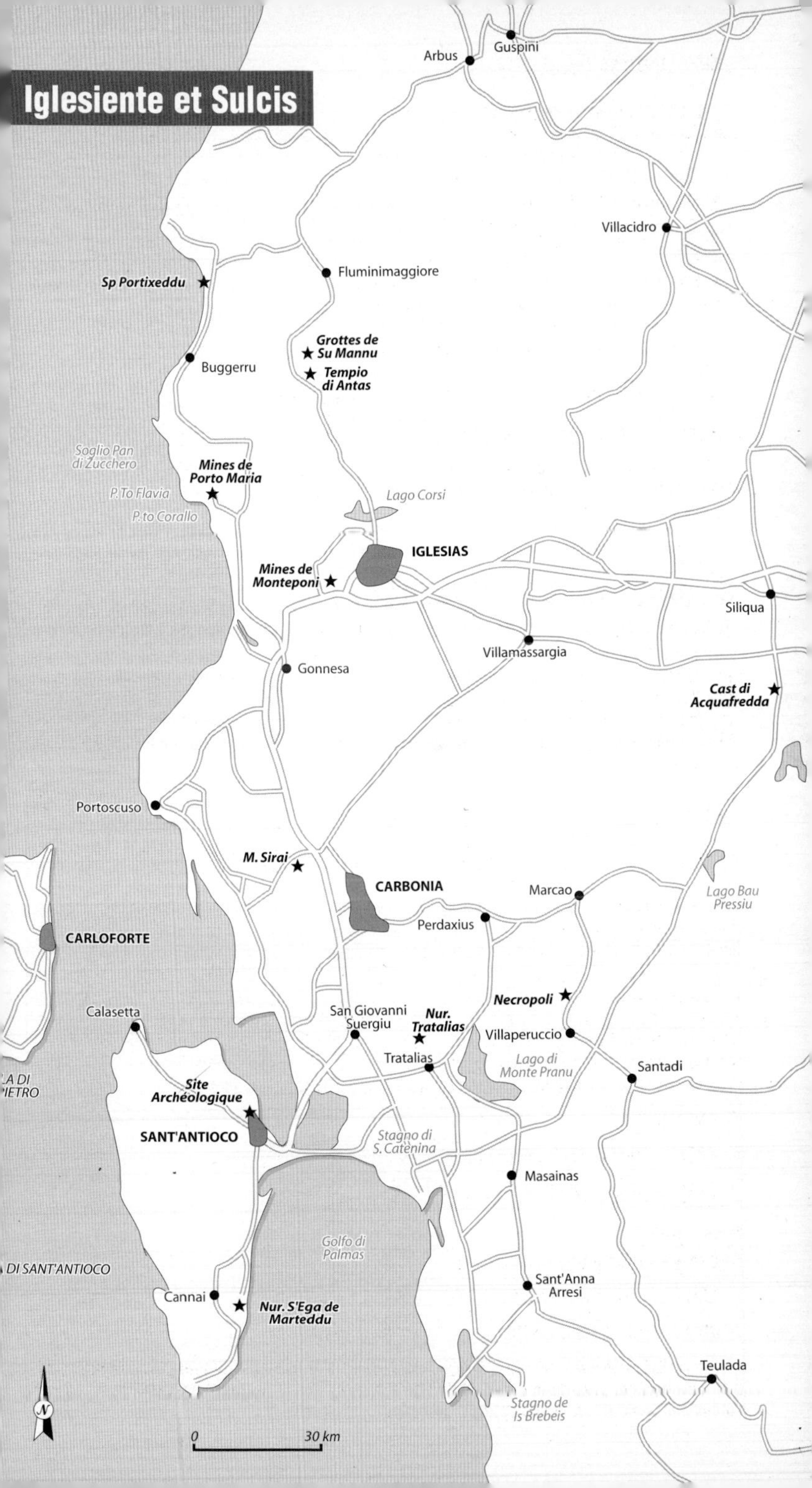

Poste et télécommunications

- **POSTE** ✆ (0781) 32 603.
- **POINT INTERNET.** Via don Minzoni.
- **TECNOLOGY SERVICE MULTIMEDIA. Via Don Minzoni, 62 ✆ (0781) 22 606.** *Ouvert du lundi au samedi de 9h à 13h et de 17h à 21h. Dans ce magasin on trouve 2 postes Internet à 4,50 € l'heure.*
- **CYBERTECN@. Via Diaz, 9 ✆ 0781 41 645.** *Ouvert tous les jours de 8h30 à 13h et de 17h à 20h. On y trouve 6 postes Internet mais le prix est un peu cher : 5,20 € l'heure.*

Hébergement

- **HOTEL ARTU. Piazza Sella, 15 ✆ (0781) 12 24 92. Fax : (0781) 13 24 49 – www.hotelartuiglesias.it – hotelartu@tiscalinet.it –** *Chambres simples compter de 45 à 60 €, doubles de 75 à 90 €. Demi-pension de 60 à 70 €, pension complète de 85 à 95 €.* Situé dans le centre historique de la ville, c'est un hôtel de 18 chambres décorées dans les tons roses. Le restaurant propose de la cuisine locale : malloreddus, fregola, porcetto… La maison organise des excursions dans les mines de Monteponi et de Porto Flavia.
- **HOTEL IL SILLABARIO. Strada Statale 130, km 47,400 ✆ (0781) 33 833. Fax : (0781) 33 790.** *Chambres simples compter de 40 à 50 €, doubles de 65 à 75 €. Demi-pension de 55 à 65 €, pension complète de 70 à 80 €.* Un hôtel perdu dans la verdure, à 10 min du centre. Tennis et piscine.
- **AGRITURISMO LINASIA. Loc. Case Marginai ✆ (0781) 200 61 – www.web.tiscali.it/linasia – A 15 min d'Iglesias. D'accès assez difficile (petite route) et pas simple à trouver.** *2 appartements (1 pour 3 personnes, l'autre pour 6 personnes) 20 € environ par personne. Repas campagnard très complet compter 25 €.* Perdu dans la nature comme le précédent, dans un cadre idyllique au milieu des chênes verts, un endroit d'une tranquillité absolue. Les propriétaires organisent des excursions à pied, à cheval, à VTT et en 4x4. Le Linasia possède également un magnifique jardin botanique (*entrée 2 €, visites guidées seulement*).

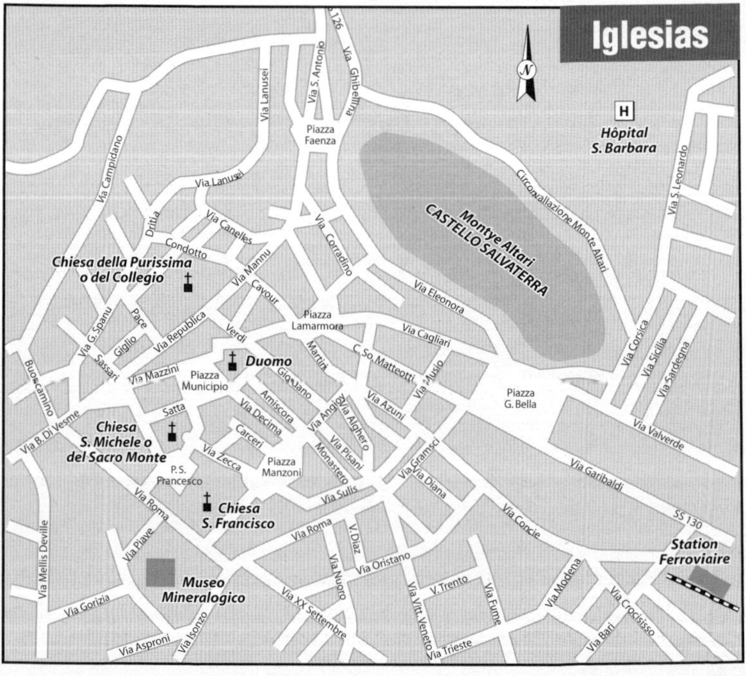

Mine près d'Iglesias

Restaurants

A l'heure du déjeuner, ne soyez pas étonnés de trouver fermés certains des restaurants indiqués plus bas. Cela ne sera sans doute pas le cas en juillet et août, mais, en basse saison, ce n'est pas impossible, pour diverses raisons et selon l'humeur du propriétaire.

Bien et pas cher

■ **BUDDY'S. Via Cappuccini, 16 ✆ (0781) 255 029.** *Fermé le lundi. Menu de à 10 € environ, avec les antipasti.* Restaurant-pizzeria-spaghetteria. 40 sortes de pizzas.

■ **VILLA DI CHIESA. Piazza Municipio, 8/10 ✆ (0781) 23 124.** *Fermé le lundi. Une bonne adresse.* Les antipasti sont bons et servis copieusement.

■ **BISTROT. Via De Amicis, 3 ✆ (0781) 34 020.** *Fermé le dimanche. Menu touristique, compter 10 €.* Panini et plats de pâtes. La terrasse, le vieux juke-box et la musique rendent le lieu sympathique.

■ **FREE TIME BAR. Piazza Sella, 29.** Sur la grand-place de la ville. Pour les petits budgets. Un bar qui ne paie pas de mine, mais qui propose des antipasti et panini de qualité, et à petits prix. Un des rares lieux où l'on peut s'installer sur une terrasse pour le déjeuner.

Bonnes tables

■ **GAZEBO « IL MEDIOEVALE ». Via Musio, 21 ✆ (0781) 30 871.** *Fermé le dimanche. Menu à partir de 30 € environ.* Le cadre est médiéval, comme l'ambiance, et la décoration est belle. Spécialités de viande et de poisson.

■ **LE SORGENTI. SS 126, km 26 ✆ (0781) 36 713 – www.agriturismosorgenti.com** – *20 € environ le repas complet.* Une ferme d'agritourisme qui propose une cuisine de qualité.

Sortir

En été, les jeunes désertent la ville pour aller se divertir sur l'île de Sant'Antioco, plus animée. La passeggiata s'effectue, malgré tout, sur le corso Matteotti. Un des lieux les plus vivants :

■ **VOLTERS E MURION. Piazza Collegio, 1 ✆ (0781) 33 788.** Le pub anglais où les jeunes se réunissent le soir.

Points d'intérêt

■ **MUSEE DE L'ART DE LA MINE (MUSEO DELL'ARTE MINERARIA). Via Roma, 45 ✆ (0781) 35 00 37 – www.museoarteminieraria.it –** *Ouvert en avril et mai, les samedi et dimanche de 18h à 20h. De juin à septembre, ouvert du vendredi au dimanche de 19h à 21h ; visite possible tous les jours en téléphonant au moins 24 heures à l'avance.* En 1871 fut ouverte à Iglesias une école pour les chefs de mine, avec un musée minéralogique et un laboratoire. L'école, qui se trouvait dans l'ex-couvent des Frères franciscains, put emménager ici en 1911, grâce au financement de l'ingénieur Giorgio Asproni, à qui l'Institut est dédié. Le musée présente une intéressante collection de pierres rares trouvées dans la région de l'Iglesiente. Il expose également des machines d'origine et toutes sortes d'autres matériels liés aux mines, des modèles réduits ainsi que de nombreuses photographies témoignant du patrimoine minier d'Iglesias.

■ **MINE DE MONTEPONI. Loc. Monteponi ✆ (0781) 491 300/348 154 95 56 – www.igeaminiere.it** –*Réservation obligatoire. Entrée 8 €.* Quelques associations organisent les visites (accompagnées de techniciens spécialisés) de la mine de Monteponi, qui s'étend au sud de la ville. On en extrayait du plomb, du zinc et du cadmium. La « Societa di Monteponi » fut créée en 1850 pour exploiter les mines métallifères. Cette société connut un essor considérable dans les années 1960, avant de finalement cesser toute activité en 1971. Les vestiges de ces mines sont impressionnants et témoignent de l'énorme activité qui animait cet endroit au XIXe siècle. L'ensemble industriel minier de Monteponi se développa autour de l'élégant palais Bellavista, de style Liberty, où, à partir de 1866, se trouvait le siège de la direction de la mine. Dans un bâtiment non loin de là, on peut voir l'imposante et très évocatrice fresque, La Miniera, d'Aligi Sassu. La galerie Villamarina, creusée à partir de 1852, relie les 2 puits les plus importants de la mine (le Vittorio Emmanuele et le Sella).

■ **LA GHERARDESCA. Via Don Minzoni, 62 ✆ (0783) 33 850.** Cette association propose des excursions de 4 heures dans la mine de Monteponi ainsi que des excursions dans la mine de Porto Flavia, sur la côte à l'ouest d'Iglesias.

■ **MINE DE SAN GIOVANNI.** De l'extérieur, la mine de San Giovanni ne semble pas différente des autres mines de l'Iglesiente. Les visiteurs d'aujourd'hui, comme les mineurs d'autrefois, montent sur les petits wagons d'un petit train électrique, qui part avec une secousse vers l'obscurité souterraine. Au terminus de la course, on monte par un ascenseur et une rampe d'escalier, et on arrive à une grotte surprenante. Elle a été découverte en avril 1952, alors que les mineurs étaient en train de creuser un four. Tout à coup, parmi les rochers, ils ont aperçu de la calcite blanche, et ils ont débouché dans une caverne exceptionnelle, très belle, avec ses concrétions blanches, ses colonnes, ses cristaux sombres et ses arabesques de calcite blanche qui défient la force de gravité. Pendant des centaines d'années, cette caverne est restée cachée au cœur du rocher. Elle a été dédiée à sainte Barbara, patronne des mineurs.

Balades

Le centre de la ville est fait de petites ruelles piétonnes escarpées qui s'enchevêtrent autour de la piazza Municipio, où se dressent le palazzo Vesvovile et la cathédrale de Santa Chiara, du XIIIe siècle. L'église de San Francesco, sur la place San Francesco, est de style roman.

Les mineurs sardes

L'une des pires malédictions pour un Sarde serait de lui dire d'aller à la mine, où les Romains reléguaient ad metalla leurs ennemis. Déjà les Carthaginois, les Romains, les Pisans et les Piémontais extrayaient de l'argent, du plomb et du zinc dans l'Iglesiente. Au XIXe siècle, les commerces européens commencèrent à s'intéresser aux ressources minières de la Sardaigne et l'industrie des mines reçut une forte impulsion, surtout à l'époque du fascisme. La période qui suivit la Seconde Guerre mondiale fut encore très prospère mais, ensuite, les mines commencèrent à fermer l'une après l'autre. L'Iglesiente conserve de nombreux témoignages de la vie pénible des mineurs, ainsi que des décharges, des villages abandonnés et des mines en ruine. Et de ces cendres est née une nouvelle ressource : le tourisme minier. Les galeries abandonnées sont à nouveau exploitées, mais cette fois-ci pour permettre des visites, et l'on construit des musées dans les communes qui se consacraient aux activités minières comme l'Iglesiente et le Sulcis.

Région côte Ouest, Cabras, dunes

■ **LE DUOMO,** sur la piazza Municipio, construit au XIIe siècle, est de style romano-gothique. Inséré dans la cité et situé dans la rue de l'Indépendance, le vaste complexe de la caserne Trieste est le siège du 3e bataillon des élèves carabiniers. C'est dans ce bâtiment qu'à partir de 1946 ont été formées les nouvelles générations de soldats. Pour la population de la ville, ce bataillon symbolise la continuité d'une tradition militaire dont les racines remontent à une époque lointaine.

▶ **A partir d'Iglesias,** on pourra faire une excursion d'une demi-journée dans les environs de la ville et également visiter les impressionnants sites miniers désaffectés.

DOMUSNOVAS

Une dizaine de kilomètres à l'est de Iglesias, la petite ville de Domusnovas fut fondée par les Pisans au Moyen Age, en raison de l'exceptionnelle richesse en eau et en ressources agricoles de son territoire. Les fortifications originaires de la ville n'existent plus. Sur le lieu du château érigé au centre, sur la centrale via Cagliari, on trouve aujourd'hui l'église de la Madonna Assunta, datant du XVIIe siècle. Très simple mais élégante. Non loin d'ici, on arrive à l'église de Santa Barbara, construite sur les ruines d'une ancienne église romane.

Cette petite ville attirent les visiteurs non seulement grâce à ses églises mais aussi à son site archéologique, qu'on peut atteindre depuis la via Cagliari en prenant à droite la via Nuraghe et en poursuivant à gauche jusqu'à l'ensemble nuragique S'Omu 'e su Orcu, la maison de l'ogre en dialecte sarde.

Vallée d'Antas

Entrée : 3 €, tarif réduit 2 €. Cette zone archéologique garde les ruines des trois civilisations qui ont choisi de s'installer dans cette vallée, riche en ressources minières. Le temple romain d'Antas est une merveille architecturale dressée au milieu d'une végétation luxuriante. Le temple, dédié à la divinité sarde Sardus Pater Babai, a d'abord été un édifice punique édifié sur un site nuragique. Cette divinité, connue par les Carthaginois comme Sid Addir Babai et par la civilsation nuragique comme Sid Addir, a été reprise à l'époque romaine par les Sardes, qui utilisent toujours le mot babai en signifiant « père ». Sardus Pater était un chasseur et un guerrier vénéré dans cette vallée.

▶ **Le temple, qui date de l'époque d'Auguste et qui a été reconstruit au IIIe siècle apr. J.-C.,** est constitué de colonnes ioniques, d'un pronaos (cf. entrée des temples grecs) et d'un adyton (cour des temples grecs) en deux parties (chambre secrète où seuls entraient les prêtres). Découvert en 1836 et reconstruit en 1967, il contient une mosaïque et deux vasques pour les cérémonies de purification. Une statue du dieu, dont un doigt a été retrouvé, était placée dans la structure. Une inscription visible sur la façade du temple certifie la restauration romaine. Des statues en bronze, des monnaies et des pointes en fer ont été retrouvées dans les environs du temple.

▶ **A quelques mètres du temple,** 3 tombes appartenant à une nécropole ont été découvertes en 1984. Deux contenaient les restes de deux hommes, l'autre ne contenait que les affaires des morts. Face au temple, les ruines du lieu de culte punique, érigé entre les VIe et IVe siècles av. J.-C., sont encore visibles. De nombreuses inscriptions ont été retrouvées ici. Pour atteindre le temple, suivre la SS 126, une route pittoresque en lacet qui remonte d'Iglesias vers le nord, sur 12 km.

A partir du temple, on pourra faire des randonnées menant à d'autres sites archéologiques. A 20 min du temple, on peut visiter les caves dont les Romains extrayaient les blocs de calcaire qu'ils utilisaient pour la construction du temple. Les lignes de coupe sont encore bien visibles. A 5 min du temple, on trouve les ruines des habitations circulaires d'un ancien village nuragique, qui fut aussi utilisé à l'époque romaine tardive. D'ici, en marchant 1h30 environ, on peut atteindre les grottes de Su Mannau. On peut encore y voir des restes de lucernaires en terre cuite qui prouvent l'existence du culte de l'eau par les civilités autochtones Des lentisques centenaires et des roches vieilles de quelque 500 millions d'années sont disséminées le long des parcours de randonnée. Les itinéraires sont exposés à l'entrée du site.

FLUMINIMAGGIORE

Le village de Fluminimaggiore, qui est habité principalement par une communauté de mineurs, s'étend le long du fleuve Mannu, bordé d'orangeraies et de roseaux. Il a été fondé au XVIIIe siècle, mais il est probable qu'à l'époque romaine il existait déjà sous le nom de Metalla. Une petite halte dans ce village perdu au milieu de la nature permettra d'admirer les montagnes arides de Fluminimaggiore et les épaisses forêts qui les entourent. Dans le village, en la piazza Gramsci, on peut visiter le musée ethnographique « Antico Mulino ad acqua licheri », qui a été aménagé dans un ancien moulin à l'eau datant du XVIIIe siècle.

Les grottes de Su Mannau

Entrée : 6 €, 3,50 € de 6 à 10 ans. Visites guidées d'une heure. Ouvertes du 26 décembre au 30 juin et du 16 septembre au 30 octobre de 9h30 à 17h30, jusqu'à 18h30 du 1er juillet au 15 septembre et sur réservation du 1er novembre au 26 décembre. Le parcours touristique de ces grottes, qui s'étend pour 500 m environ, offre la possibilité de visiter des sites d'intérêt archéologique et spéléologique. Une salle utilisée pour le culte de l'eau est la première à être montrée aux visiteurs, suivie par la salle centrale. Une énorme pigne couverte par des minuscules cristaux en calcite et des longues stalactites certifie l'ancienneté de ces grottes. Un lac habité par les *stenasellus* (crustacé isopode), des petits croûtasses qui habitent les grottes, est visible par les visiteurs.

Une source d'eau et des petits lacs s'observent tout au long du parcours, qui mène les visiteurs à travers un couloir entouré par des stalactites blanches, jusqu'au Pozzo Rodriguez, où on peut admirer une colonne de 8 m, formée par la rencontre d'une stalactite et d'une stalagmite. Vers la fin de la visite, on arrive jusqu'à un pic sur une cavité de 30 m de profondeur. Les amateurs de spéléologie peuvent réserver des visites guidées dans un parcours de 8 km de longueur qui leur est réservé et qui les conduira jusqu'à 1,5 km de profondeur. Tout l'équipement nécessaire pour la visite est mis à disposition des visiteurs par l'association qui organise les excursions (d'une durée de 3h à 8h).

La dernière salle qui peut se visiter est la Sala Vergine, qui contient des aragonites et des longues stalactites blanches. Les grottes de Su Mannau peuvent être atteintes en suivant la SS 126 ou à travers un parcours de randonnée depuis le site archéologique d'Antas. Pour des renseignements ou pour la réservation des visites spéléologiques, contacter :

■ **GROTTE DI SU MANNAU, via Vittorio Emanuele III, Fluminimaggiore** ✆ (0781) 58 04 11/58 01 65 – (347) 54 13 624/33 13 665. Fax : (0781) 58 01 89 - www.sumannau.it - http ://web.tiscali.it/grottasumannau - sumannau@tiscalinet.it

Pour des renseignements sur le musée ethnographique de Fluminimaggiore, le site archéologique d'Antas, les grottes de Su Mannau, les restaurants et l'hébergement dans les environs, contacter le bureau d'informations de Fluminimaggiore : ✆ (0781) 58 09 90.

PORTIXEDDU

La longue plage de Portixeddu, à quelques km du village de Fluminimaggiore, est souvent exposée au vent. La mer y est fréquemment agitée, offrant des paysages superbes.

Hébergement

■ **GOLFO DE LEON EN. Loc. Caburu de Figu (2,5 km de la plage de Portixeddu, en direction de Fluminimaggiore)** ✆ **(0781) 54 923. Fax : (0781) 54 952.** *Chambre double compter de 40 à 70 €.* Hôtel à gestion familiale, avec restaurant. Simple mais propre.

ARBUS

Arbus se trouve à une quinzaine de kilomètres de Fluminimaggiore et, même si ce village n'est pas très joli, il vaut le détour son artisanat local, à contempler au Musée du Couteau sarde (*via Roma 15 ; ouvert du lundi au vendredi de 9h à 13h et de 16h à 20h et le samedi et le dimanche sur réservation*). Deux pièces parmi celles qui sont exposées dans ce petit musée ont permis à leur créateur, l'artisan local Paolo Pusceddu, de rentrer dans le Guinness des records pour la confection des plus grands et le plus lourds couteaux pliants au monde. Des pointes de flèches de l'âge néolithique, des petites épées et des rasoirs des XVIIIe et XIXe siècles sont aussi exposés dans le musée, qui a été arrangé par Pusceddu dans une maison traditionnelle à côté de son laboratoire. L'entrée est gratuite.

▸ **Pour réserver ou recevoir des renseignements sur le musée et les couteaux** en exposition ou en vente, contacter Paolo Pusceddu : ✆/Fax : (070) 97 59 220 – (349) 05 37 765 – www.museodelcoltello.it

MONTEVECCHIO

Ouvertes en 1848, les imposantes mines de Montevecchio assuraient un important rendement de plomb et de zinc, avec des pointes d'activité durant les deux guerres mondiales. A partir des années 1960, la Sardaigne a subi de plein fouet le phénomène de désindustrialisation. En 1991, les mines ont fermé définitivement. Il en subsiste un vaste ensemble désaffecté, couvrant une surface impressionnante au sein d'un environnement de montagnes et de forêts d'une beauté exceptionnelle.

Hébergement

■ **AGRITURISMO L'AQUILA. Loc. Is Gennas, Arbus ✆ (347) 82 22 426/ 70 81 775 (uniquement en italien) – www.aglaquila.com – ginetta.leo@aglaquila.it** – *5 chambres avec salle de bains, demi-pension de 41 à 49 € selon la saison, nuit et petit déjeuner de 24 à 31 €. Repas complet de 12 à 25 €.* Une ferme dans les collines de la région, à quelques km des plages et des mines de Montevecchio, où on peut manger des produits fait maison : des chèvres et des cochons sont élevés à côté de la bâtisse.

■ **HOTEL LA CALETTA. Torre dei Corsari, Arbus ✆ (070) 97 70 33. Fax : (070) 97 71 73.** *Chambre double avec salle de bains, compter de 70 à 90 €.* Hôtel un peu anonyme mais confortable, avec restaurant.

Points d'intérêt

■ **POZZO DI SANT'ANTONIO ET GALLERIA ANGLOSARDA.** *Visites à 9h, 10h30, 12h, 15h30 et 17h l'été ; 9h, 10h30, 12h l'hiver. Entrée : 6 € adultes, 3 € de 6 à 12 ans.* La galerie Anglosarda tire son nom de la compagnie La Piemontese Reale Anglosarda qui exploita le filon minier de Sant'Antonio à partir du 1852. Aujourd'hui on peut la visiter en compagnie d'un guide. Le chantier de Piccalinna, à quelques km de la galerie Anglosarda, peut être aussi visité. Il exploitait le même filon minier.

■ **LA DIRECTION DE LA MINE DE MONTEVECCHIO.** *Visites guidées tous les jours. Entrée 3 €.* Construit par le patron de la mine de Montevecchio Giovanni Antonio Sanna, ce palace avait la double fonction d'héberger l'entrepreneur avec sa famille et de donner une image de richesse aux hommes d'affaires qui y venaient conclure des contrats. Les peintures qui ornaient les murs de chaque salle dans le palace ont été partiellement détruites par les changements apportés à l'immeuble par la compagnie Piemontese Reale Anglosarda, mais les locaux ont été récemment restaurés et rouverts au public. Dans une des salles principales du palace, des tableaux de Napoléon sont exposés : Giovanni Antonio Sanna aimait s'identifier à l'empereur français en raison de sa puissance économique. La salle bleue, la première à avoir été restaurée, est sans doute la plus riche en décorations.

■ **LES VILLAGES DES MINEURS DE MONTEVECCHIO ET INGURTOSU.** Construits pour héberger les mineurs et leurs familles, ces villages sont aujourd'hui des villes fantômes, où on ne rencontre que quelque touristes. A l'entrée du village de Montevecchio, un kiosque sert toujours la bière appelée Gennas, bue par les mineurs. Une église construite pour les ingénieurs de la mine est parmi les bâtisses à voir dans Montevecchio, où on peut aussi visiter le **musée des Mines** ✆ 335 53 14 198. Le petit palace de la direction de la mine d'Ingurtosu est aussi à visiter.

■ **LE MONT ARCUENTU ET SES ENVIRONS.** Symbole de la région de Arbus, ce mont et les collines qui l'entourent offrent une exceptionnelle variété de paysage et de faune (100 espèces d'animaux et 40 espèces végétales), protégés par la l'Union européenne. Le cerf sarde est l'exemple le plus représentatif de cette zone. Des sentiers pour des randonnées à pied, à cheval et en vélo ont été mis au point par le Cai (Club Alpini Italiano). Ces parcours, dont la route est signalée, permettent d'admirer la richesse naturelle de la région, ses montagnes et ses plages, ses mines et ses lavoirs abandonnées, notamment le Pozzo Amsicora, symboles des dernières luttes syndicales des mineurs.

▶ **Pour recevoir des renseignements sur les excursions dans les mines,** contacter la **Cooperativa Promoserapis :** Via Carbonia 54, Montevecchio ✆ (335) 53 14 198. Fax : (070) 97 41 88, ou l'Igea : www.igeaminiere.it – ✆ (0781) 49 13 00 – (348) 15 49 556. Fax : (0781) 49 13 45 – segr.igea@virgilio.it

▶ **Pour des excursions en quad dans le site minier de Ingurtosu** ✆ (349) 25 92 083/ (0781) 44 83 642 – romana.atzeni@tiscali.it

GUSPINI

Ce centre agricole et industriel à 6 km de Arbus a été toujours parmi les plus riches de la région, même pendant la crise minière qui frappa l'économie du pays dans les années 1960 et 1970. Edifiée sur une surface habitée depuis l'Antiquité, Guspini garde, dans ses environs, des vestiges archéologiques très importantes. A 5 km du centre environ, sur le mont Saurecci, on trouve le fort nuragique de Saurecci, avec ses 4 tours. En poursuivant sur la route provinciale, en tournant à droite au km 17,2, on arrive aux creusements archéologiques de Neapolis. Ici on peut visiter les restes d'un village romain, dont les thermes et les rues sont toujours visibles.

A visiter dans le centre-ville, l'église de San Nicola di Mira qui à garder sa structure originaire du XVe siècle, de style gothique, et sa façade avec une rosace centrale.

Pour les amateurs de géologie, la ville offre aussi un exceptionnel monument naturel. Les basaltes en colonnes de Guspini sont des formations géologiques très rares vieilles de 3 millions d'années environ. Ces murs de roche basaltique sont caractérisés par une structure en colonnes à base hexagonale, qui furent produites par l'expulsion et le refroidissement immédiat des coulées de lave. L'entrée du site qui est gratuite se fait par des jardins privés, pas toujours facile à trouver. On y arrive en suivant les indications pour les « basalti colonnari » depuis le centre-ville.

BUGGERRU

Buggerru est un autre centre minier, qui date également du milieu du XIXe siècle. La première grève des mineurs en Italie fut organisée ici en 1904. Après 5 jours de protestations, les grévistes furent

Les mines de Montevecchio

Avant de devenir un des sites extractifs les plus productifs d'Europe entre 1850 et 1960, la région de Montevecchio était déjà très connue pour sa richesse en plomb et zinc. Les Romains et les Carthaginois extrayaient déjà ces métaux sur 12 km, jusqu'à l'ouest d'Ingurtosu, avec des techniques différentes. Les Romains frappaient la roche dans des galeries minuscules. Les Carthaginois la chauffaient et la congelaient après pour la casser. Aux XIIIe et XIVe siècles, les extractions furent augmentées sous les dominations pisane et aragonaise. Vers l'année 1850, l'entrepreneur sarde Giovanni Antonio Sanna obtint par Carlo Alberto, roi de Sardaigne et du Piémont, le droit d'exploiter le site, où il fit construire un village pour les mineurs. Payés avec une monnaie utilisable uniquement dans les magasins et les bars du village, les mineurs et leurs familles restèrent ainsi esclaves de leur patron. Les hommes travaillaient dans les galeries, leurs femmes cassaient les roches et séparaient les poudres des métaux à l'extérieur. Les enfants travaillaient aussi, avec leurs parents, sans rétribution ni aucune forme de sécurité sociale. Quand la compagnie Piemontese - Anglosarda obtint la gestion du site, sa production grandit énormément, surtout pendant les deux guerres, avec la demande de matériels pour la création des armes. Dans les années 1960, les minières de Montevecchio deviennent de plus en plus chères à gérer et leur activité cessa définitivement au début des années 1990. Les ex-mineurs qui y travaillaient sont aujourd'hui des guides touristiques qui conduisent les visiteurs dans les galeries minières.

massacrés par les autorités. La ville abrite un petit port au bord duquel se dresse un complexe de mines désaffectées depuis 1998. Des visites guidées sont organisées dans la Galleria Henry, une galerie creusée dans le rocher qui permettait le transport du matériel dans de petites locomotives à vapeur. **Réservations pour les visites au** *© (0781) 54 023. Horaires : d'octobre à mars à 9h30 et 11h30 ; les autres mois à 9h, 11h, 16h30 et 18h30.* Le village de Buggerru, construit dans une gorge qui descend vers la mer, fut parmi les centres les plus développés de la Sardaigne au début du XXe. Sa croissance économique était poussée par la présence de nombreuses compagnies étrangères dans l'exploitation de ses mines de granit. Grâce à sa vitalité industrielle, Buggerru eut l'énergie électrique et l'éclairage public avant la plupart des autres villes sardes. En raison de ce développement, elle fut surnommée « la petite Paris ». Depuis quelques dizaines d'années, Buggerru commence à connaître un certain développement touristique, avec la plage de Portixeddu à proximité. La plage de Buggerru, à 1 km au nord du port est délimitée par les dunes de San Nicolo, couvertes de pins et de genévriers. En descendant vers le port depuis la centrale via Roma, on peut voir les restes des mines, du lavoir Malfidano et de la galerie Henry. Au sud de la sauvage Costa Verde, Buggerru est aussi très appréciée par les surfeurs, en raison de ses fortes vagues.

■ **PLAGE DE CALA DOMESTICA.** A 1,2 km au sud de Buggerru, cette crique est logée entre 2 promontoires recouverts de maquis méditerranéen.

MASUA ET PORTO FLAVIA

En continuant sur la petite route pittoresque qui longe la côte depuis Buggerru, vous parviendrez au village de Masua devant lequel se dresse l'étonnant rocher portant le nom de « Pan di Zucchero » (pain de sucre), en raison de son aspect lisse et de sa couleur blanche. Cet îlot de calcaire blanc, haut de 133 m, fut autrefois l'objet d'exploitations minières. Aujourd'hui il est un lieu prisé des amateurs du free climbing. Une fois arrivé dans le petit village de Masua, sur la mer, une promenade vous amène aux vestiges de la Laveria Lamarmora (1897). Ce lavoir garde des arches et des murs rosés qui contrastent magnifiquement avec le bleu de l'eau.

C'est de là et du village de Buggerru, que les bateaux à voile latine partaient pour apporter le calcaire à Carloforte, le seul port de la zone où les navires marchands qui allaient à Gênes pouvaient accoster le long d'un quai. Mais l'acheminement du calcaire ralentissait le trafic. Aussi, en 1924, dans la falaise en face du monument naturel du Pan de Zucchero, fut creusé un tunnel d'environ 700 m de long ; à la base de deux galeries, un ruban transporteur, le plus long du monde à l'époque, recevait le minerai des gisements souterrains et le transportait au rythme de 300 tonnes par heure ; un habile bras mobile les déchargeait directement dans les bateaux qui mouillaient devant la falaise. Le résultat de cet ouvrage colossal fut impressionnant : le prix du transport, depuis les mines jusqu'au port de Gênes, passa de 80 à 20 lires par tonne de calcaire ! Aujourd'hui, les visiteurs qui ne craindront pas de se pencher de la galerie de Porto Flavia éprouveront une forte émotion devant le contraste offert par le monde obscur de la mine et le bleu intense de la mer.

■ **LE VILLAGE DE MASUA.** Il regroupe d'anciennes maisons de mineurs. La mine de Porto Flavia, qui tire son nom de la fille aînée de l'ingénieur qui fit construire ces galeries en 1924, est creusée dans la falaise et donne sur la mer, ce qui en fait sa beauté et son originalité. Son entrée est placée à mi-paroi, à plusieurs dizaines de mètres au-dessus du niveau de la mer. Pour réserver une visite guidée à la mine, téléphoner au © (0781) 49 73 00.

NEBIDA

Situé à 2 km de Masua, il abrite les vestiges du lavoir Lamarmora, où les femmes employées dans les mines nettoyaient les minéraux bruts avec de l'eau de mer. Situé près de la côte, cette structure a été récemment restaurée. Pour y arriver il faut descendre un perron de 300 marches environ. Fatigant mais spectaculaire, le panorama permet de voir entièrement le littoral de Nebida, le golfe de Gonnesa, l'île Piana et l'île de San Pietro.

▶ **Pour visiter les mines de Porto Flavia,** vous pouvez vous adresser aux hôtels de la région ou au professeur Salvadori Ilio (© (0781) 491 308).

Hébergement

■ **PAN DI ZUCCHERO. Nebida ©/Fax : (079) 114 71 14.** *Chambre double avec salle de bains environ 50 €.* Posé à pic sur la falaise, cet hôtel offre un panorama merveilleux ainsi qu'un bon restaurant.

SERUCI ET PORTOSCUSO

A Seruci, on pourra visiter un village nuragique de la période punique. Pour y accéder, depuis la route pour la mine de lignite de Seruci, prendre, peu avant la carrière, une petite rue sur la droite. On y trouvera environ 100 cabanes nuragiques récemment restaurées, mais les travaux continuent. Beaucoup de ces cabanes sont encore recouvertes de broussailles.

Portoscuso est une charmante petite station balnéaire, fondée au XVIe siècle par les Espagnols qui pratiquaient ici la pêche au thon et au corail. Avec ses baies rocheuses et ses belles plages, c'est un ravissant lieu de villégiature. La tour de 30 m en trachyte rouge sombre date aussi de l'époque espagnole. Elle est accessible depuis le port. Restaurée par les Pisans, elle fut transformée en hébergement privé au milieu du XIXe siècle. Aujourd'hui on peut la visiter. L'église de la Madonna d'Itria, reconstruite en 1955 sur le site d'un sanctuaire remontant à 1655, est aussi à voir. Elle a conservé ses murs, un crucifix et une statue en bois appartenant à l'église espagnole. Entre l'église et le port, on trouve le thonaire de Su Pranu, datant du XVIe siècle. La pêche au thon a repris il y a 20 ans en Sardaigne, après son interruption en 1970. Ce thonaire est donc à nouveau en activité. Même si on retiendra davnatage son activité portuaire, sachez que la vile a conservé quelques curiosités qui valent le détour comme son cadran datant de 1680 et sa petite chapelle de 1630.

■ **OFFICE DU TOURISME – PRO LOCO. Via Galilei** ✆ (0781) 50 95 04.

Hébergement

■ **HOTEL DON PEDRO. Piazza A. Vespucci, 19 ✆ (0781) 510 219. Fax : (0781) 510 039** – *42 chambres simples, compter de 45 à 70 €, doubles de 60 à 85 € environ.* Un hôtel 3 étoiles devant la mer.

■ **LA GHINGHETTA. Via Cavour, 26 ✆ (0781) 508 143. Fax : (0781) 508 144 – la.ghinghetta@tiscalinet.it** – *Ouvert de mai au 15 octobre. 130 € environ la chambre double. Restaurant fermé le lundi. Menu dégustation 50 €.* Un hôtel de charme 4 étoiles qui a aménagé 8 belles chambres dans une ancienne maison de pêcheurs. Le restaurant est raffiné, et la cuisine nouvelle et délicieuse, à base de poissons et produits de la mer.

Restaurant

■ **LA GHINGHETTA. Via Cavour 26, Portoscuso ✆ 078 15 08 143.** *Fermé le dimanche et de novembre à mars. Pour un repas complet, compter environ 40-45 €. Réservation conseillée.* Un restaurant réputé et raffiné, au mobilier ancien. Sa cuisine est vraiment excellente. Spécialité de semifreddo au safran.

Points d'intérêt

■ **EGLISE DE LA BEATA VERGINE DEL PILAR. Village de Villamassargia, à 10 km d'Iglesias, sur la place principale.** Cette charmante petite église date du début du XIVe siècle. Sa jolie façade comprend une rosace, de petits arcs et un clocher-mur.

■ **CHATEAU D'ACQUAFREDDA. Sur la route qui va de Siliqua à Villamassargia, à 25 km d'Iglesias.** Il fut construit au XVIe siècle par la famille pisane des Donoratico della Gherardesca, au sommet d'une étrange colline. Il n'en reste que quelques pans de mur et le donjon central.

CARBONIA ET LA RÉGION DE SULCIS

CARBONIA

Carbonia se trouve au centre de la région de Sulcis, connue, comme l'Iglesiente, pour ses richesses minières. Commencé au XIXe siècle, le développement de la région s'est affirmé à partir des années 1920, jusqu'à la période fasciste et l'après-guerre.

Carbonia est une ville nouvelle, qui tire son nom des mines de charbon qui ont fait sa richesse. Fondée en 1937 par Mussolini, elle est un exemple significatif de centre minier planifié, avec son architecture droite et imposante rappelant le style fasciste. Sur la piazza Roma se trouvent la mairie, l'église en trachyte rouge San Ponziano et la Torre Civica, haute de 27 m. Le théâtre fait aussi partie du centre-ville d'origine, ses lignes très régulières rappellent le style fasciste.

Dans la banlieue sud de la ville, non loin de la gare, on peut voir les vestiges de la mine de Serbariu, attestantt de l'Histoire minière de la ville. Première et plus importante mine de charbon de la région, cette exploitation abandonnée a conservé ses 2 puits presque intacts encore aujourd'hui. En 1938, les galeries furent inondées ce qui causa la mort de 5 mineurs, à l'époque la mine comptait 11 000 employés. Après cette période, une chute du prix du charbon du Sulcis fit tomber la production de la mine, qui fut fermée en 1971. Abandonnée pendant longtemps, elle a été récemment valorisée par la création du parc géo-minéralogique.

Au moment de son apogée, la ville comptait 60 000 habitants. L'activité des mines ayant cessé, elle n'en compte aujourd'hui plus que 30 000.

Cette ville ne présente aucun intérêt particulier. Depuis quelques années, les gens restent à Carbonia, car ils y trouvent plus d'animation, comme en témoignent les divers spectacles programmés dans l'anfiteatro.

Pratique

■ **OFFICE DU TOURISME – PRO LOCO. Piazza Roma 19, Carbonia** ✆ (0781) 67 16 27.

■ **INTERNET CAFÈ. Via Costituente ✆ (0781) 66 20 78.** *Ouvert tous les jours de 5h30 à 20h.* On y trouve 2 postes internet à 4,13 € l'heure.

Restaurant – Sortir

■ **RESTAURANT BOVO DA TONINO. Via Costituente 18 ✆ (0781) 62 217.** *Fermé le lundi. Menu à partir de 25 €.* Spécialités de poisson.

■ **FUSION BAR. Via delle Poste, 6.** Un lieu que l'on ne s'attend pas à trouver à Carbonia. Une décoration moderne, branchée, et réussie ! Idéal pour prendre un apéritif, généreusement accompagné de tapas.

Point d'intérêt

■ **MUSEE ARCHEOLOGIQUE VILLA SULCIS. Via Napoli, 4.** *Ouvert de 9h à 13h et de 15h à 19h en hiver, et de 16h à 20h en été. Fermé le lundi. Entrée 2 €, tarif réduit 1 €.* Situé dans la Villa Sulcis, ancienne habitation du directeur des mines, le musée expose les pièces mises au jour sur le site du mont Sirai.

Dans les environs

■ **NECROPOLE DE MONTESSU.** A une quinzaine de km de Carbonia, sur la route entre Villaperuccio et Santadi. Très facile d'accès et bien indiquée quand on vient de Nuxis, sur la droite, en prenant la direction de Villaperuccio. *Ouvert tous les jours de 9h à 13h et de 15h à 19h. Entrée 2,60 €, tarif réduit 1,60 €.* La nécropole, qui date de la culture d'Ozieri (5000 av. J.-C.), est creusée dans un amphithéâtre rocheux et comprend 35 tombes appelées domus de janas. On peut y voir deux tombes sanctuaires, les plus grandes de Sardaigne. Des dessins gravés dans la roche représentent des cornes de taureau, alors que, à l'intérieur des tombes, des spirales gravées sont les symboles de la divinité Dea Madre, la déesse mère. La visite dure environ 2 heures ; de bonnes chaussures de marche sont recommandées, car la balade est assez longue et en pente.

■ **AIRE ARCHEOLOGIQUE DU MONT SIRAI. Sur la SS 126, à 2 km au nord de Carbonia.** *Ouvert de 9h à 17h en hiver, et de 9h à 13h et de 16h à 20h en été. Fermé le lundi.* La forteresse a été édifiée par les Phéniciens au VIIIe siècle av. J.-C., avant d'être conquise par les Carthaginois au VIe siècle. Le site, abandonné au IIe siècle av. J.-C., a conservé des vestiges du temple di Ashtart, fondé par les Phéniciens, de la nécropole punique et du Tophet.

Les origines du charbon du Sulcis

Les dépôts carbonifères du Sulcis remontent à 20 millions d'années avant J.-C environ. Durant cette époque, la formation des couches de calcaire succède à des périodes de floraison de la végétation qui finit par se stratifier créant ainsi le lignite de poix, c'est-à-dire le charbon du Sulcis. Etant riche en soufre, le charbon du Sulcis est de basse qualité et sa combustion est hautement polluante. Pour être utilisé aujourd'hui, il nécessiterait des interventions de nettoyage qui coûteraient trop cher.

■ **VILLAGE FANTOME DE TRATALIAS.** Ce village, complètement abandonné, fut un siège épiscopal jusqu'au début du XVe siècle. Il conserve en son centre la belle église de Santa Maria, de style romano-pisan.

SAN GIOVANNI

▶ **A visiter :** la grotte de Santa Barbara, découverte en 1952 par hasard, pendant le creusement d'un four dans la mine de San Giovanni, elle est accessible au public depuis peu. Elle est constituée de divers cristaux rares. Pour la visiter, la réservation est obligatoire :

■ **LGROTTA DI SANTA BARBARA © (0781) 49 13 00/(348) 1 49 556/(349) 55 03 147. Fax : (0781) 49 13 95 – www.igeaminiere.it/visite/sbarbara.html** – *12 € par personne, 6 € pour les enfants. Visites guidées à 9h30 et 11h30 en hiver, à 9h30, 11h30, 15h30 et 18h30 en été.*

■ ÎLE DE SANT'ANTIOCO ■

Située à 90 km de Cagliari, l'île de Sant'Antioco s'étend sur une surface de 74 km^2 et c'est la 4e île d'Italie par sa grandeur. Depuis 1939, elle est reliée à la Sardaigne par un pont moderne sur un isthme de 5 km, qui rend son accès très facile. Durant l'été, l'île est un centre touristique apprécié par les Sardes, avec ses nombreuses plages et son infrastructure de station balnéaire très développée. La ville de Sant'Antioco, à l'extrémité du pont, est la première localité de l'île, suivie par la jolie station balnéaire de Calasetta, au nord.
Sa position stratégique, fort convoitée, a valu à l'île des invasions successives de différentes populations. **Les menhirs Su Para et Sa Mongia,** situés près de l'étang de Santa Caterina, ainsi que les **domus de janas** que l'on peut voir sur la route menant à Maladroxia, sont un héritage de la civilisation prénuragique. La zone de Canai, au sud de l'île, compte de **nombreux nuraghi.** Au IXe siècle av. J.- C., l'île a été colonisée par les Phéniciens, venant du continent africain. La cité de Sulcis, devenue l'actuelle Sant'Antioco, fut fondée pendant cette période. Très vite, elle devint un important port de commerce pour les Phéniciens, qui y échangeaient or et minerais. L'île passa sous le contrôle de Carthage en 500 av. J.-C., puis sous celui de Rome en 238. Elle connut alors une longue période de prospérité. Le **pont romain,** dont on peut admirer les ruines, reliait Sant'Antioco au reste du pays de Sulcis. L'île subit ensuite le même sort que le reste de la Sardaigne, subissant de nombreuses invasions barbares, avant de devenir partie du giudicato de Cagliari, en 700.

▶ **Aujourd'hui on peut visiter sa côte et les petits îlots du Toro,** de la Vacca et du Vitello, en réservant une promenade avec les bateaux d'Antonello Vadilonga © 078 18 40 417 et d'Annibale Mei © 078 18 01 089. De la mer, on peut admirer Portixeddu, la blanche plage de Maladroxia et celle de Turri ; on peut ainsi continuer jusqu'au Capo Sperone et les falaises de la côte ouest. Pour une approche de l'histoire millénaire de l'île, contacter Archeotour (© 078 18 41 089 – www.archeotour.it), qui organise des excursions dans des lieux d'intérêt culturel. Le point de départ est le bourg de Sant'Antioco, le principal centre habité, avec le **Musée archéologique,** le fort Sabaudo et le **Musée ethnographique** qui retrace la tradition désormais disparue du tissage de « la soie de la mer », tissu obtenu à partir de la Pinna nobilis, le plus grand bivalve de la Méditerranée. On continue avec la visite du **tophet,** sur la colline de trachyte de **Sa Guardia de Is Pingiadas** (la Garde des casseroles), où ont été découvertes environ 3 000 urnes funéraires du VIIIe siècle. L'île compte de nombreux sites protohistoriques, parmi lesquels **le nuraghe S'Ega de Marteddu.**

▶ **Pour plus de renseignements,** consulter le site : www.santantioconline.com

SANT'ANTIOCO

Transports

Un pont moderne relie la ville de Sant'Antioco au reste de la Sardaigne.

■ **LES BUS FMS** relient Sant'Antioco à Carbonia et Iglesias (départs réguliers environ toutes les heures) et à Cagliari (6 départs par jour).

■ **EUROMOTO. Via Nazionale, 57 © (0781) 840 907/(347) 880 38 75.** Location de scooters, de petites voitures et de vélos.

■ **LES FERRIES DE SAREMAR. Port de Calasetta © (0781) 85 44 005 – www.forti.it/saremar –**

Assurent des liaisons régulières (toutes les 30 min environ en été) avec San Pietro et entre San Pietro et la Sardaigne.

Pratique

- **PRO LOCO. Piazza Republica, 41** ✆ (0781) 82 031 – www.tuttosantantioco.it
- **POSTE. Piazza Umberto, 1** ✆ (0781) 83 051.

Banques

- **BANCA DI SASSARI. Piazza Umberto, 5** ✆ (0781) 800 767.
- **BANCO DI SARDEGNA. Via Roma, 2** ✆ (0781) 83 007.
- **BANCO SAN PAOLO. Piazza Umberto, 2/4** ✆ (0781) 83 528.

Hébergement

- **CAMPING TONNARA. Cala dei Saboni ✆ (0781) 809 058. Fax : (0781) 80 90 36 – tonnaracamping@tiscalinet.it –** *Ouvert de mi-avril à octobre. Adultes de 8 à 10,70 €, enfants de 3 à 10 ans de 2,60 à 4,70 €, de 11 à 15 ans de 4,40 à 7 €, selon la saison. Emplacements de 7,20 à 17,50 €. Bungalows de 4 ou 5 places.* Situé au sud-ouest de l'île, à proximité de la baie.

La plupart des hôtels sont situés le long des plages et à Calasetta.

Bien et pas cher

- **HOTEL MODERNO. Via Nazionale, 82 ✆ (0781) 83 105.** *Chambres doubles à partir de 65 € environ.* Un hôtel très simple, mais propre et accueillant, avec un restaurant à ne pas manquer !

Confort ou charme

- **HOTEL EDEN. Piazza Parrochia, Sant'Antioco 15/17 ✆ (0781) 840 768. Fax : (0781) 840 469.** *Ouvert toute l'année. Chambres doubles compter de 70 à 80 €.* Dans le centre-ville, près de la basilique. Avec un bon restaurant.

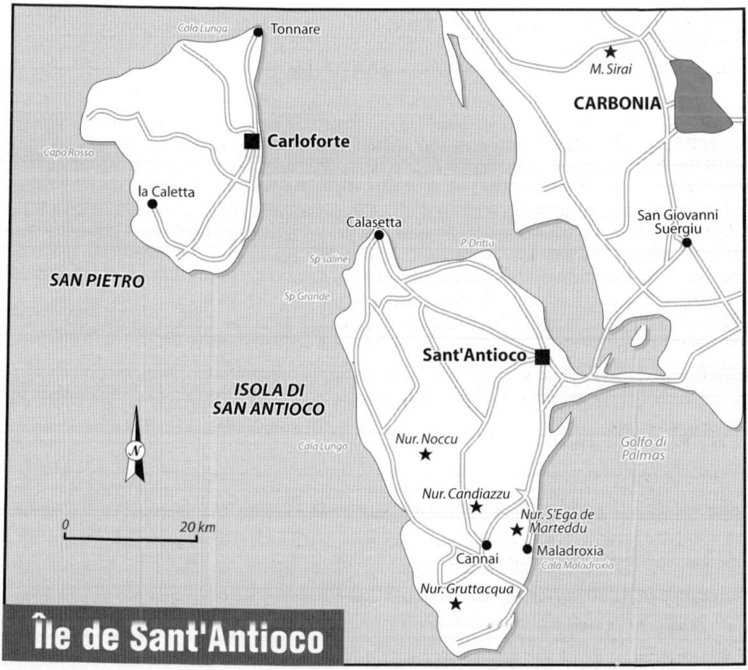

■ **HOTEL MALADROXIA. Loc. Maladroxia © (0781) 81 70 12. Fax : (0781) 809 055 – www.hotelmaladroxia.com** – *Chambres doubles de 55 à 90 € selon la saison.* A 50 m de la plage, avec vue sur le beau golfe de Palmas. Belle terrasse panoramique.

■ **CAFFE HOTEL DEL CORSO. Corso Vittorio Emmanuele, 32 © (0781) 80 02 65.** *Chambres doubles compter de 70 à 100 €, selon la saison.* 11 belles chambres dans cet hôtel situé au cœur de Sant'Antioco.

■ **HOTEL SOLKI. Piazza Pertini © (0781) 80 05 21.** *Chambre double de 70 à 110 € environ, selon la saison.* Discret et tranquille, à deux pas du port. Il dispose de 21 chambres et d'un restaurant. Très bons plats traditionnels de poisson.

Restaurants

Vous trouverez en ville de nombreux restaurants assez chers, parmi lesquels les **7 Nanni,** via Garibaldi, 139 ; et **La Lapuna,** Lungomare Vespucci, 37. Le restaurant qui mérite vraiment le déplacement est celui de l'hôtel Moderno (voir plus haut), qui propose une cuisine de qualité, ainsi que le restaurant suivant :

■ **RISTORANTE PIZZERIA DEL PASSEGGERO. Lungomare Vespucci, 52 © (0781) 837 94.** *Compter environ 25 € par personne.* Pour un dîner à base de poisson frais. Spécialité : la soupe de poisson.

Sortir

■ **IL BUCANIERE. Via de Pompeis © (0781) 83 505.** Sur le porto turistico, un pub où vous pourrez boire une Guinness, à moins que vous ne préfériez un verre de cannonau accompagné d'une pizza ou de spécialités sardes. Beaucoup de monde.

■ **DISCOTECA PARADISE. SS 126. km 4,2 © (329) 375 13 49 – www.paradisediscoclub.com** – *Ouvert les samedis en juin, juillet, août et début septembre à partir de 0h30.* Si vous voulez de l'animation, c'est là que ça se passe. Très, très chaud !

Manifestation

▶ **La sagra di Sant'Antioco.** Le saint patron de l'île est célébré 15 jours après Pâques. Une procession conduit la statue de Sant'Antioco jusqu'au port, suivie par un défilé des groupes folkloriques en costumes traditionnels provenant de toute la Sardaigne.

Points d'intérêt

■ **ZONE ARCHEOLOGIQUE.** On y arrive en suivant la via Castello jusqu'au sommet d'une colline, où un fort piémontais appelé Su Forti fut construit en 1700 dans le but de contrer les attaques. Il est toujours en bon état. En face du fort, on voit les restes d'un portique romain érigé sur les ruines d'une structure datant de l'époque carthaginoise. En poursuivant à droite, on arrive à l'entrée d'une nécropole datant de la même époque. On rejoint les tombes en descendant au sous-sol. Certaines, datant d'une époque plus récente, abritent toujours des squelettes. A quelques centaines de mètres, on trouve le tophet, le site sacrificiel phénicien le plus important de l'île. Ici, les Phéniciens et, plus tard, les Carthaginois, sacrifiaient les fils aînés des familles les plus importantes, dont on voit toujours les urnes cinéraires. Des animaux étaient aussi sacrifiés. La plupart des pièces retrouvées ici ont été déplacées au Musée archéologique de Sant Antioco afin de les protéger des voleurs.

■ **MOSTRA ARCHEOLOGICA DI SANT'ANTIOCO. Via Regina Margherita © (0781) 80 05 96.** *Ouvert tous les jours de 9h à 13h et de 15h30 à 19h de juin à septembre, fermeture à 18h d'octobre à mai.* Dans ce musée on peut admirer des témoignages des époques pré-nuragique, nuragique, phénicienne, punique et romaine retrouvés sur l'île de Sant'Antioco. Le musée est plutôt petit. Il expose les urnes du Tophet. Le Tophet, vaste espace funéraire à ciel ouvert, où l'on a découvert des stèles gravées et des urnes, abrite des restes carbonisés d'enfants et d'animaux. Le Tophet date du VIIe siècle av. J.-C. et était utilisé par les Phéniciens comme lieu de sacrifice pour leurs rituels religieux. Parmi les pièces exposées, les bijoux de Sulci sont parmi les plus étonnants.

■ **LE MUSEE AGROPASTORAL. Via Necropoli.** *Ouvert tous les jours de 9h à 13h et de 15h30 à 18h.* Le musée présente une riche collection de tous les objets de la vie quotidienne locale d'autrefois : le coin du pain, avec toutes les sortes de pains (pain pascal, fregola…) ; le coin du fromage, où sont expliquées les techniques de fabrication de la ricotta et du pecorino ; le coin du menuisier, avec d'anciens rabots en bois ; le coin de la vigne et le coin des travaux des champs, rassemblant selles, charrues et jougs pour les bœufs. Il a été aménagé dans une ancienne exploitation viticole datant du XVIIIe. La rue où la bâtisse fut construite tire son nom de la nécropole punique qui s'étend jusqu'ici, et dont certaines tombes furent utilisées comme maisons, et sont toujours utilisées comme dépôts.

▶ **Les visites guidées** de la zone, du musée archéologique de Sant' Antioco et du musée ethnographique du Sulcis sont gérées par la **Cooperativa Archeotur. Via Ugo Foscolo, Sant'Antioco** ✆ (0781) 83 590/ 84 10 89 – www.archeotur.it – *Ouvert de 9h à 13h et de 15h30 à 18h en hiver, et de 15h30 à 19h en été. Entrée 8 €, tarif réduit, pour les enfants de 6 à 14 ans et pour les plus de 65 ans, 4,50 (3 € pour les plus de 70 ans).* Billet cumulatif valable pour toutes les sites archéologiques et pour les musées. La zone archéologique s'organise autour de trois pôles principaux, situés à quelques centaines de mètres les uns des autres.

■ **NURAGHI.** La localité de Canai, au sud de l'île, compte de nombreux nuraghi et tombes de géants.

■ **MUSEE ARCHEOLOGIQUE. Situé dans les environs de la forteresse de Sant'Antioco, à Monte Granatico** ✆ **(0781) 83 590.** *Ouvert d'avril à septembre de 9h à 13h et de 15h30 à 19h30 ; d'octobre à mars de 9h à 13h et de 15h30 à 18h.*

Les plages

La côte est bordée de nombreuses plages parmi lesquelles celle de **Maladroxia**, où est installé le beau resort du même nom (✆ (0781) 817 012). La **Cala Lunga,** une adorable petite baie sauvage, se trouve à proximité de Portu Sciusciau. L'arrière-pays abonde en petits bois de lentisques et de genévriers. **La côte près de Su Cavu de su Logu** est d'origine volcanique, comme en témoigne sa couleur noire.

Loisirs

■ **EXCURSION EN BATEAU** ✆ (328) 285 51 95.

■ **CINEMA IN LAGUNA** ✆ **(329) 135 34 68/(349) 355 51 20.** *5 € le billct.* Cinéma en plein air, en juillet, août et début septembre, au « campo esterno palasport ».

CALASETTA

La station balnéaire de Calasetta, à une quinzaine de km de la ville de Sant'Antioco, est aussi la 2e ville de l'île. Elle possède de bonnes installations touristiques. Ses petites ruelles étroites, bordées de maisons aux couleurs pastel, lui donnent du charme et assurent sa tranquillité. Si Sant'Antioco est plus animée, Calasetta a une ambiance plus familiale.

Hébergement

■ **CAMPING LE SALINE. Spiaggia le Saline** ✆ **(0781) 88 615. Fax : (0781) 88 489 – www.campinglesaline.com** – *Adultes de 5,20 à 8,80 €, enfants de 3,60 à 5,70 €. Emplacement de 5 à 12 €.* Un joli camping très propre et très fleuri, sur la belle plage des Salines. Douches et sanitaires un peu vieillots.

■ **HOTEL STELLA DEL SUD. Spiaggia Grande** ✆ **(0781) 810 188. Fax : (0781) 810 148 – www.hotelstelladelsud.com** – *Chambres doubles de 55 à 110 € par personne en demi pension.* Sur la plage de sable blanc, 50 chambres modernes. Piscine et tennis : le grand luxe !

■ **HOTEL BELLAVISTA. Via Panoramica** ✆ **(0781) 88 971. Fax : (0781) 88 211 – www.calasettabellavista.it** – *Chambres simples compter de 50 à 55 €, doubles de 55 à 65 €.* Près de la plage. Restaurant avec de bonnes spécialités.

■ **HOTEL FIBY. Via Solferino, 83** ✆ **(0781) 88 444. Fax : (0781) 887 089 – htl.fjby@tiscalinet.it** – *Chambre double compter de 55 à 80 €, de 50 à 70 € par personne environ en demi-pension.* Dans le centre de Calasetta, un petit hôtel sans prétention, mais aux chambres correctes et propres.

Restaurants

■ **RISTORANTE L'ANFORA. Via Regina Margherita, 10.** *Ouvert d'avril à octobre, le soir uniquement. Menu complet à 30 €. Correct.* Fait pizzeria également. Le menu est plutôt riche.

■ **RISTORANTE DA PASQUALINO. Via Roma 99, 85 ✆ (0781) 88 473.** *Fermé le mardi. Menu à partir de 25 €.* Cuisine sarde et ligure avec des influences maghrébines comme le cascà (« couscous »). Moins bien que le précédent.

Loisirs

Les plages

De nombreuses plages sur la côte ouest de l'île, au sud de Calasetta (Spiaggia Grande et Spiaggia Cala Lunga, plus au sud).

Plongée

■ **SCUBA DREAM. Calasetta, Viale Columbo, 13 ✆ (338) 450 52 69.** *Programme baptême, avec 2 immersions, à 93 €. Open water à 362 €. Une plongée à 30 € environ et snorkelling à 16 €.*

ÎLE DE SAN PIETRO

Seulement 30 min de bateau séparent Sant'Antioco de l'île San Pietro. Colonisée par les Phéniciens, puis par les Carthaginois et les Romains, San Pietro fut abandonnée jusqu'en 1738. Cette année-là, Carlo Emmanuele III y envoya un petit groupe de pêcheurs de Ligurie originaires de Pegli, qui avaient été déportés sur la côte tunisienne 2 siècles auparavant et se trouvaient menacés par les attaques barbares. Les pêcheurs retrouvèrent à Carloforte la possibilité de pêcher le corail et y apportèrent leurs traditions et leur culture. Aujourd'hui, en effet, les habitants de San Pietro parlent un ancien dialecte de la Ligurie, introduit par ces familles qui abandonnèrent l'île nord-africaine de Tabarka, ex-colonie génoise. San Pietro doit son nom au séjour qu'a fait dans l'île l'apôtre Pierre, à l'occasion de son voyage vers Karalis, l'actuelle Cagliari. San Pietro est l'île de la solitude, des plages désertes, des petites criques et des roches claires se fondant dans une mer turquoise. Le doux parfum du myrte, du genièvre et du romarin embaume l'intérieur de l'île. Ces terres privilégiées abritent des espèces rares de cormorans et de faucons royaux.

La capitale de l'île, Carloforte – 7 000 hab. et plus du double en été –, est célèbre pour ses coraux et ses thons rouges, pêchés à l'extrême nord de l'île. C'est une ravissante petite station balnéaire aux ruelles colorées.

L'île est assez montagneuse. Le site de Capo Sandalo abrite un phare du même nom. Plus au sud, la montagne de Caporosso, haute de 173 m, est composée de terres riches en minéraux de couleur rougeâtre. Autour, il est possible de visiter le village minier de Becco, et les rochers et falaises des Epines. Encore plus au sud, la belle plage de sable blanc de la Caletta, la plus fréquentée de l'île, est bordée d'une épaisse pinède et de roches rouges. Sur la côte sud-orientale, la baie de la Mezzaluna jouxte la Scogliera La Conca et son étroite gorge pareille à un fjord miniature, avec une belle piscine naturelle aux eaux claires.

CARLOFORTE

La seule ville de l'île, Carloforte, est très influencée par les origines ligures de ses habitants. Elle a été récemment nommée ville honoraire de la province de Gênes, en raison des liens très forts entre la petite île sarde et la capitale de la Ligurie. Le dialecte, mais aussi l'architecture de Carloforte, présentent des caractéristiques uniques en Sardaigne. On s'en rend compte en arrivant au port, entouré par des petits palaces datant du XIXe, de style Liberty, aux tonalités légères de rose, vert et bleue. Ici, en été, les Carlofortins et les touristes se donnent rendez-vous pour leur promenade du soir. La place centrale sur la rue qui longe le port est dominée par la statue de Carlo Emanuele III, à laquelle il manque un bras. Elle fut érigée en 1788 en l'honneur du roi ligure qui fonda la ville 50 ans avant.

En suivant la via Tagliafico, on arrive à la piazzetta Repubblica, entourée par des des magnolias, et on peut visiter l'église de style baroque tardif de San Carlo. Le centre de Carloforte offre des vues pittoresques : ses rues régulières, peu ouvertes au trafic et trop petites pour les véhicules, se transforment parfois en escaliers. Ses palaces aux couleurs claires ont tous des petits balcons d'où les gens regardent la rue en été, et où ils y étendent leur linge. Sur un de ces balcons, près du port, deux femmes furent tuées pendant un bombardement qui frappa la ville pendant la Deuxième Guerre mondiale. Une plaque de commémoration se trouve à l'entrée de la bâtisse.

Si vous quittez la zone du port en montant vers la partie haute de la ville, vous arrivez aux fortifications érigées par les premiers habitants de l'île, qui craignaient une invasion des Tunisiens. Ces fortifications ressemblent au plan d'un château sans compter que la rue qui les longe, s'appelle la via Castello, la rue du château en italien. Mais la coincidence et la ressemblance s'arrêtent là car les tours et les arches n'appartenaient qu'à de simples murs de fortifications de la ville. Sur la via Castello, le palace du gouvernement, une ancienne prison, est aujourd'hui connue comme la Casa del Duca. Parmi les édifices les plus datés de Carloforte, elle abrite la maison du gouverneur et la première église de la ville.

Transports

■ **SAREMAR ET DELCOMAR** assurent des liaisons quotidiennes avec Calasetta, sur l'île de Sant'Antioco, et Portovesmo, sur la côte sarde. La Delcomar est moins chère, mais les départs sont moins fréquents.

▸ **De Carloforte à Calasetta,** une douzaine de départs quotidiens, de 7h à 23h10. Durée : 40 min.

▸ **De Carloforte à Portovesme,** une dizaine de départs quotidiens de 5h à 21h. Durée : 40 min.

■ **Il est possible de louer une voiture chez ANTONIO PELOSO, à Carloforte.** Via 20 Settembre, **100** ✆ (0781) 855 824 ; ou chez **ANGELO GRANARA** ✆ (0781) 856 100/330 524 129.

■ **TAXI. Via Roma, 18** ✆ (0781) 854 392.

Pratique

■ **OFFICE DU TOURISME. Corso Tagliafico, 1** ✆ (0781) 854 009 – www.carloforte.it

■ **POSTE** ✆ (0781) 854 038.

■ **PHARMACIE. Via XX Settembre, 63** ✆ (0781) 854 001.

■ **URGENCES. Via Don Gabriele Pagani, 2** ✆ (0781) 855 666.

Banques

■ **BANCO DI SARDEGNA** ✆ (0781) 854 035.

■ **BANCA COMMERCIALE ITALIANA** ✆ (0781) 854 041.

Hébergement

■ **CAMPING LA CALETTA (côte sud-ouest) ✆/Fax : (0781) 85 21 12.** *Ouvert du 1er juin au 20 septembre.* Emplacements très simples mais corrects. Bon restaurant.

Bien et pas cher

■ **HOTEL CALIFORNIA. Via Cavalleria, 15 ✆ (0781) 854 470. Fax : (0781) 855 539.** *Chambre simple de 26 à 42 €, double de 44 à 85 €.* Un hôtel simple, 2 étoiles, situé dans le centre.

Confort ou charme

■ **HOTEL DAU GALMAN. Loc. Bellavista ✆ (0781) 85 20 88/85 20 89, Portable 340 35 81 205/ 329 61 62 624. Fax : (0781) 85 20 77 – daugalman@ilperiplo.it – www.ilperiplo.it –** *Ouvert d'avril à octobre. Chambre double de 120 à 180 € selon la saison, demi-pension par personne de 88 à 118 €.* 20 chambres très élégantes, en face aux salines de l'île, à quelques km de la ville et des plages, avec un restaurant spécialisé dans la cuisine locale. Accueil superbe.

■ **HOTEL LA VALLE. Loc. Commende ✆ (0781) 85 70 01.** *Chambre double de 60 à 100 € environ, selon la saison.* Une oasis verdoyante dans le calme champêtre de l'île. 13 chambres, piscine et jardin.

■ **HIERACON HOTEL. Corso Cavour, 62 ✆ (0781) 85 40 28 – www.hotelhieracon.it –** *Chambre double de 76 à 106 €, selon la saison.* Situation centrale et petit jardin intérieur. 7 chambres et 7 appartements.

■ **HOTEL PAOLA. Loc. Tacca Rossa ✆ (0781) 85 00 98.** *Fermé d'octobre à avril. Chambre double, compter de 50 à 100 €, petit-déjeuner inclus.* Madame Vittoria et sa fille gèrent cet agréable hôtel près de la plage de Cala Lunga, l'une des plus sauvages de l'île de San Pietro. Très belle vue sur la mer.

Restaurants

■ **AL TONNO DI CORSA. Via Marconi 47 ✆ (0781) 85 51 06 – www.tonnodicorsa.it –** *Fermé le lundi. Repas complet de 30 à 50 €.* Excellent restaurant de poisson, avec une belle terrasse sur la mer. A goûter absolument sa spécialité : le cascà, une variété de couscous tunisien. Mais la trippa de thon avec pommes de terre, tomate fraîche et oignon est également excellente.

■ **A NICOLO. Via Cavour 32 ✆ (0781) 85 40 48 – www.carloforte.net/danicolo/index.htm –** *Compter à partir de 50 € le repas. Fermé à midi.* Aménagé dans un ancien dépôt de minéraux construit il y a quelque 250 ans, ce restaurant s'est récemment imposé comme le plus renommé de la ville. Ici on déguste une version moderne des spécialités traditionnelles à base de poisson.

■ **DAU GALMAN. Loc. Bellavista ✆ (0781) 85 20 88/85 20 89 - (340) 35 81 205/329 61 62 624. Fax : (0781) 85 20 77 – daugalman@ilperiplo.it. – www.ilperiplo.it –** *Compter 30 € le repas.* Situé à quelques kilomètres de la ville et de la plage de la Caletta, ce restaurant spécialisé en plats de la mer, notamment à base du thon, est très renommé dans l'île. Une cuisine très recherchée, dans une ambiance romantique. On mange dans une terrasse en face aux salines de l'île ou dans une salle qui offre une vue panoramique sur la côte.

■ **LO HIERACON. Corso Cavour, 62 ✆ (0781) 854 028.** *Compter 25 € le repas complet.* Restaurant de l'hôtel cité un peu plus haut. Une très bonne adresse dont la spécialité est le tonno alla carlofortina. Vous pourrez essayer le couscous, composé uniquement de semoule et de légumes. Les diverses invasions subies ont apparemment laissé des traces à Carloforte.

■ **DAU BOBBA. Loc. Segni, km 0,300 ✆ (0781) 85 40 37.** *Compter 45 € le repas complet.* Situé dans une ancienne tonnara, ou « madrague », ce restaurant propose des plats à base de langouste et de thon. Ses spécialités : le filet de thon aux fines herbes avec légumes, et le thon cru avec courgettes grillées et cumin.

■ **RISTORANTE DA VITTORIO. Corso Battellieri, 11 ✆ (0781) 85 52 00.** *Compter environ 35 €.* C'est l'un des restaurants les plus traditionnels et les plus renommés de Carloforte. Spécialités de la maison : la trippa de thon et le thon à la carlofortina.

■ **TRATTORIA LA CANTINA. Via Gramsci, 34 ✆ (0781) 85 45 88.** *Compter environ 20 € pour un repas.* Célèbre dans toute la Sardaigne, la Cantina prépare aussi des plats à emporter.

Les gourmandises de l'île de San Pietro

Les habitants de l'île de San Pietro ont conservé leurs traditions dont la tradition culinaire. Leurs spécialités sont le résultat de nombreuses influences qui ont marqué l'île : le cascà, par exemple, est une variété de couscous arabe, alors que le pesto carlofortino vient de la cuisine ligure. Le thon est cuisiné de mille façons différentes et on en mange presque toutes les parties. Ses œufs séchés, salés et pressés sont utilisés pour préparer la bottarga. Coupée en petites tranches et assaisonnée avec de l'huile d'olive et du citron, c'est un antipasto exquis. Râpée, la bottarga peut être tartinée sur des tranches de pain ou bien elle peut devenir un savoureux condiment pour les spaghettis. A Carloforte, le foie du thon est séché, puis mis dans un récipient rempli d'eau pour quelques heures, et ensuite cuisiné dans une poêle avec de la tomate, du laurier et des morceaux de pommes de terre. Pour en savoir plus sur l'intéressante histoire culinaire de l'île et sur les traditions de ses habitants, visitez le Musée Civico de Carloforte.

Sortir

■ **PUB BARONE ROSSO. Via XX Settembre ✆ (0781) 85 70 22.** Pour savourer une bière fraîche.

■ **DISCOTECA MARLIN. Loc. La Punta ✆ (0781) 850 121.** A la pointe nord de l'île Guardia Mori. Si vous cherchez de l'animation, c'est là que les jeunes (et les moins jeunes) vont passer la nuit !

■ **L'OBLO. Via Garibaldi 23 ✆ (0781) 85 70 40 – oblopub@carloforte.net –** Un pub avec un point Internet.

Gelati

■ **BABY YOGURT. Corso Battellieri 6.** Pour des glaces, frappés et des granités à base de yaourt à partir de 1 €.

Shopping

■ **GROTTA AZZURRA. Via XX Settembre 27.** Pour acheter du thon ou d'autres poissons pêchés dans la mer de l'île.

Manifestations

▸ **Sagra del Tonno.** 27 et 28 mai. C'est la grande fête populaire du thon. Une bonne occasion pour déguster, dans de nombreux stands, ce poisson si apprécié dans l'île.

▸ **Fête de San Pietro.** 29 juin. Procession en bateau et feu d'artifice pour fêter le saint patron.

▸ **Le festival della Canzone Tabarchina.** Ce festival a lieu pendant 2 jours à la mi-juillet. Les artistes qui chantent en dialecte carlofortin se donnent rendez-vous ici.

Points d'intérêt

■ **EGLISE DE NOSTRA SIGNORA DELLO SCHIAVO. Via XX Settembre.** Très petite et pas incluse dans les circuits touristiques, cette église est un bijou précieux à voir absolument. Blanche à l'extérieur, ses murs sont peints en bleu céleste à l'intérieur. Elle représente une valeur inestimable pour les Carlofortins, qui viennent prier ici très souvent. Son importance est due à la raison pour laquelle cette église fut édifiée : commémorer les pêcheurs de Pegli morts sous la domination tunisienne de l'île de Tabarka dont ils étaient originaires. Une statue de la vierge en bois, dans la niche au-dessus de l'autel, fut retrouvée sur une plage en Tunisie par un esclave tabarkin qui la transporta à Carloforte.

■ **EGLISE DE SAN CARLO BORROMEO. Piazza San Carlo.** Edifiée vers la fin du XVIIIe siècle, cette église est très lumineuse. Dans le clocher, une petite lumière rouge indique la rue aux bateaux qui rentrent dans le port pendant la nuit.

■ **CHIESA DEI NOVELLI INNOCENTI.** Via dei Novelli Innocenti. Pour rentrer dans cette église, il faut demander la clef à l'église de San Pietro, sur la via Corvetto, à quelques mètres. Elle fut édifiée en 1796 sur les ruines d'une église datant de 1200. Selon la tradition, l'ancienne église fut construite pour commémorer un groupe de gamins morts lors d'un naufrage, dans un bateau qui devait les transporter en Terre Sainte pendant les Croisades. On y trouve les tombes de 3 membres de la famille Porcile, qui contrôlait l'île en 1700.

■ **MUSEE CIVICO DE CARLOFORTE. Via Cisterna del Re ✆ (0781) 855 880. Dans le fortin de Carlo Emanuele III.** *Ouvert de mai à septembre de 9h à 13h et de 17h à 21h du jeudi au dimanche et uniquement l'après-midi les mardis et mercredis, fermé le lundi. Entrée : 2 €, réduit 1 €.* Une visite bien utile pour se familiariser avec les traditions de l'île. On y verra également une embarcation typique pour la pêche au thon et la reconstitution d'un établissement pour la conservation du poisson. Le thon rouge pêché au large de l'île est le plus recherché de la Méditerranée. Des conches pêchés dans les mers de l'île et des documents datant des XVIIIe au XIXe siècles sont aussi conservés dans le musée.

■ **OASI LIPU DE CARLOFORTE. Lipu ✆ (338) 27 76 307 – www.lipu.it/oasi/oasi_40_carloforte.htm –** Pour les amoureux de la nature. Dans cette falaise de 6 km, déclarée aire protégée depuis 1981, on peut observer le rare faucon de la reine ; environ 100 couples viennent nidifier ici tous les ans. Le nom de ce rapace vient de la reine Eleonora d'Arborea, qui, il y a 6 siècles, déclara les faucons « espèce protégée ».

■ **LE COLONNE.** A 20 m de la côte sud de l'île, très faciles à atteindre en suivant un sentier signalé à partir de l'entrée de la plage La Bobba, ces deux colonnes en trachyte rouge violet, sont le monument naturel le plus représentatif de l'île, qui les a choisis comme symbole.

■ **PLAGE DE LA CALETTA.** Sur la cote sud-ouest de l'île, vous y arriverez en suivant la strada provinciale 102. Cette plage est le seul vaste littoral de sable de l'île, qui possède une série de petites plages très fréquentées et entourées par les roches.

■ **CAPO SANDALO.** A l'extrémité nord-occidentale de l'île, vous y arriverez en suivant la strada provinciale 104. La place principale est le point panoramique le plus intéressant de l'île, 107 m sur la mer. Les couchers de soleil sont inoubliables. D'ici vous pouvez aussi effectuer une session de bird-watching en vous renseignant au kiosque de l'Oasi Lipu, l'association italienne qui protége les oiseaux. En descendant vers Cala Fico, on arrive à l'abri préféré des faucons de la reine, l'espèce protégée pour laquelle l'île de San Pietro est connue. Une énorme roche en trachyte grise en forme de figue, quelques mètres de la cote en accueille des dizaines.

Loisirs

■ **TABARKA DIVING CENTER. Corso Cavour 38, Carloforte ✆ (0781) 85 55 26.** Ecole de plongée.

■ **MARINATOUR ✆ (0781) 85 41 10 – www.carloforte.net/marinatour –** Pour louer des scooters ou des bateaux à San Pietro.

■ **ATTILIO PADRE I ✆ (368) 71 42 361 – www.pescaturismoap.it –** Pour aller pêcher dans une grande embarcation.

▶ **Pour des sejours organisés en camping libre** dans les endroits les plus suggestifs de l'île de San Pietro, contacter l'association Bötti du Shöggiu ✆ (0781) 85 70 53/340 53 73 818 – info@isolabotti.org

▶ **Pour des immersions dans le thonaire,** contacter l'Isla Divin ✆ (02) 54 12 12 70 – www.isladiving.it

La langouste, reine de la mer

Dans les eaux qui entourent l'île de San Pietro, on pêche des langoustes à la saveur intense et à la couleur claire. Celles que l'on peut trouver ici, dans les cavités rocheuses et riches en corail, sont de taille plus petite et, selon les connaisseurs, d'un goût plus savoureux que les autres. De mai à août, les pêcheurs sardes attrapent les langoustes avec des nasses de roseaux qu'ils mettent à l'eau le soir, puis les enferment dans des cages qu'ils appellent maruffi. Les crustacés arrivent sur les marchés aux poissons au lever du soleil, encore vivants, prêts pour les poêles ou pour les aquariums des restaurants. Ils sont rares et coûteux. Mais, en Sardaigne, on peut pêcher les langoustes même dans les eaux d'Alghero, Bosa, Anglona et Santa Teresa di Gallura… La façon la plus classique de préparer les homards, dans l'île, est « à la catalane », c'est-à-dire bouillis et assaisonnés avec de la tomate et de l'oignon cru ou avec un filet d'huile d'olive extra-fine et un tout petit peu de poivre ou de citron. Ils sont exquis également frits, leur chair ôtée de la carapace, coupée en petits morceaux et mélangée avec de la chapelure, avant de les faire frire dans une poêle.

Mais la fantaisie ne faisant pas défaut aux cuisiniers sardes, on déguste aussi langoustes et homards accompagnées d'une mousse de ricotta, céleri, persil, basilic et tomate, ou bien cuisinés avec des oranges. A Bosa, la recette locale recommande de couper la langouste en petits morceaux et de la faire frire avec des petites tomates et de l'ail : elle devient alors un sublime assaisonnement pour les alisanzas (une variété de pâtes). Sinon, on peut la préparer « à la bosana » : bouillie et accommodée sur un lit de céleri et des pommes de terre, elle est assaisonnée avec une sauce de corail. C'est délicieux ! Une autre recette sarde conseille de cuire la langouste dans l'eau avec du vin Vernaccia di Oristano, de l'oignon et des clous de girofle, puis de l'assaisonner avec une vinaigrette d'huile, citron, ail et poivre. Les meilleurs vins pour accompagner ces gourmandises de la mer sont le Vermentino di Gallura, un vin blanc aromatisé, ou le Nasco di Cagliari, un blanc sec.

Ile de San Pietro, Caloforte

▶ **Des excursions en bateau** partent du port de Carloforte à la découverte de l'île, vers la côte sud et vers le Pan di Zucchero.

▶ **Un cinéma en plein air** est organisé en été dans la cour des écoles primaires en la via dei Naviganti. *La nuit à 21h45. Entrée 5 €, 5 films 20 €.* Pour des renseignements, Cine Club Auvea © (0781) 85 70 53 – info@isolabotti.org

■ SANLURI ■

Chef-lieu de la nouvelle province du Medio Campidano – et ville natale de Renato Soru, le Monsieur Tiscali de la new economy sarde et président de la région –, Sanluri est un grand village qui possède quelques beautés architecturales et artistiques, comme le château fort d'Eleonora d'Arborea, l'église de Santa Maria delle Grazie et le couvent des Capucins avec le Musée ethnographique. Dans les environs, nous vous recommandons la visite du bourg de Sardara, qui est aussi un centre thermal, et les paysages de la Marmilla.

Point d'intérêt

■ **CHATEAU FORT DE SANLURI © (070) 93 07 105.** *Ouvert du 25 juin au 15 septembre : les mardi, mercredi, vendredi de 16h30 à 20h, du 16 septembre au 24 juin le premier et 3e dimanche du mois.* Construit au XIIIe siècle et remanié un siècle plus tard, avec l'adjonction de quatre tours angulaires, ce château fort est célèbre pour la bataille qui s'y déroula le 30 juin 1409. Ici les troupes aragonaises menées par Martino il Giovane, roi de Sicile et héritier du trône espagnol, battirent l'armée de Guillaume III, vicomte de Narbona et juge d'Arborea, et décrétèrent la fin de l'indépendance de l'île. Les soldats de Sanluri furent capturés et, parmi eux, une très belle jeune fille dont le roi Martino il Giovane tomba amoureux. La légende raconte que le roi et sa belle s'aimèrent passionnément dans la forteresse de Sanluri, où le roi mourut un mois plus tard. Laissé à l'abandon, le château fut acheté en 1927 par le comte Nino Villa Santa, qui le restaura et y rassembla archives, témoignages et souvenirs de l'histoire du Risorgimento et des campagnes d'Afrique. Aujourd'hui, c'est le fils du comte, Alberto, qui accompagne les visiteurs dans le château et dans son musée consacré au Risorgimento et aux ex-colonies italiennes. **Pour plus d'informations :** www.prolocosanluri.da.ru

Dans les environs

■ **LES THERMES DE SARDARA. Loc. Santa Maria de Is Acquas.** A quelques kilomètres au nord de Sanluri. On y arrive en suivant la SS 131. Les Terme di Sardara offrent des traitements à base d'eaux thermales de la source de Santa Maria de Is Acquas. *Massages relaxants de 15 min, 14 €. Drainage lymphatique de 25 min, 20 €. On peut aussi réserver des séjours. 77 € la chambre double* © (070) 93 87 200/025 – www.termedisardara.it – info@termedisardara.it

Le Sud

Cagliari > 233
Quartu Sant'Elena > 254
Pula > 257
Chia > 263
Santadi > 264
Villasimius > 264

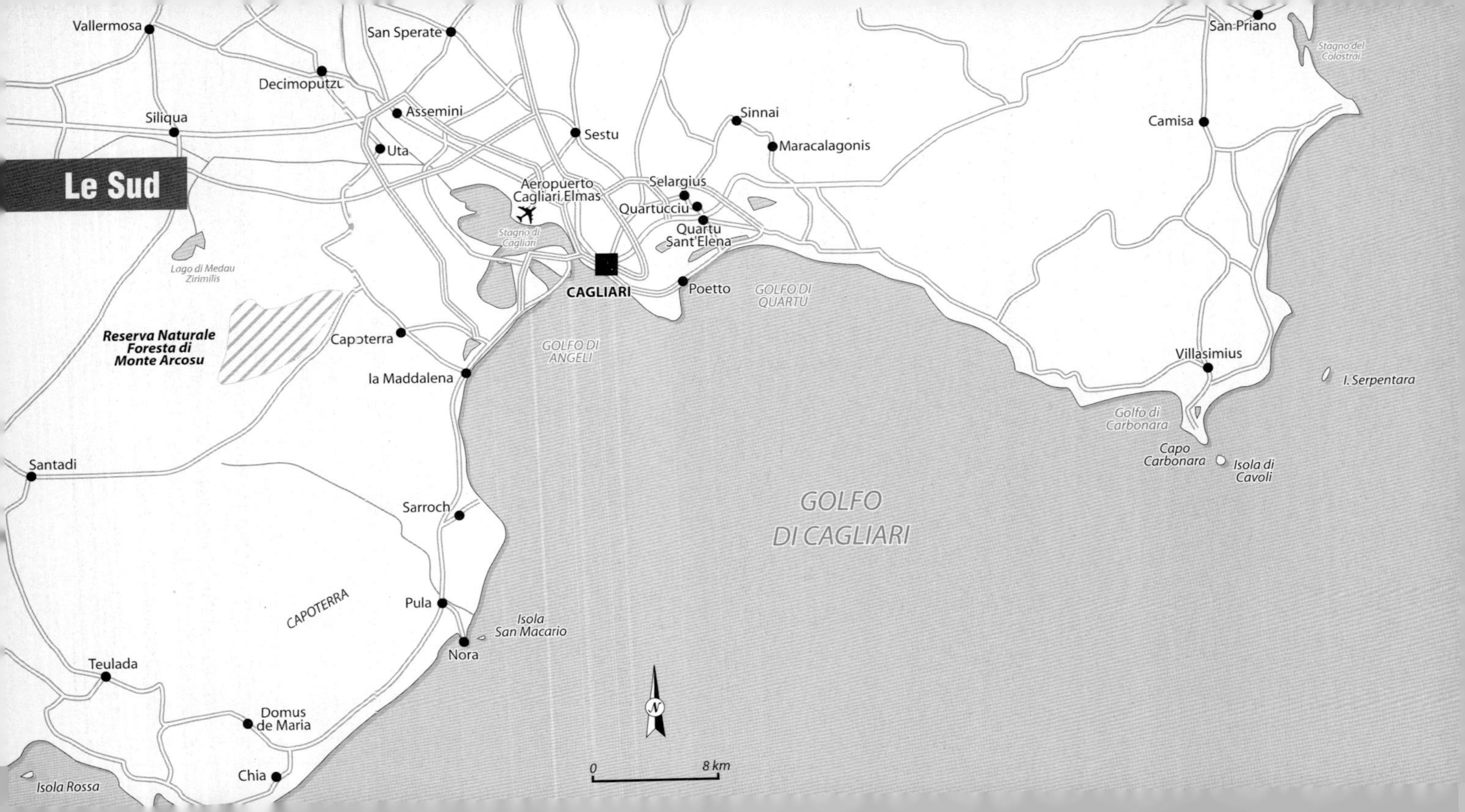
Le Sud
Vallermosa
San Sperate
Decimoputzu
Assemini
Siliqua
Uta
Sestu
Sinnai
Maracalagonis
Aeropuerto
Cagliari Elmas
Selargius
Quartucciu
Quartu
Sant'Elena
Stagno di
Cagliari
Lago di Medau
Zirimilis
CAGLIARI
Poetto
GOLFO DI
QUARTU
Reserva Naturale
Foresta di
Monte Arcosu
Capoterra
GOLFO DI
ANGELI
la Maddalena
Santadi
Sarroch
GOLFO
DI CAGLIARI
CAPOTERRA
Pula
Isola
San Macario
Nora
Teulada
Domus
de Maria
Chia
Isola Rossa
0
8 km
San-Priano
Stagno del
Colostrai
Camisa
Villasimius
I. Serpentara
Golfo di
Carbonara
Capo
Carbonara
Isola di
Cavoli

Le Sud

La partie sud de la Sardaigne s'étend de Capo Teulada à Capo Carbonara, vers Villasimius. Les plages de cette côte sont d'une grande beauté, des plages plates qui s'étendent sur des kilomètres.

De Capo Teulada à Cagliari, la Costa del Sud est formée de longs bancs de sable fin et blanc, parmi lesquels la plage de Chia, surmontée d'une belle tour espagnole, est l'une des plus appréciées de l'île. La route panoramique qui va de Capo Teulada à Chia est une petite merveille qui, à chaque instant, vous donne envie de plonger dans cette mer bleu turquoise que l'on surplombe.

Le site de Nora, à Pula, par sa situation caractéristique en bordure de la côte, est un des vestiges archéologiques les plus précieux de la région de Cagliari. Cette partie de la côte sud attire énormément de vacanciers, qui viennent trouver, dans ses magnifiques resorts, calme et repos.

La côte qui s'étend vers Villasimius, moins plate, a son charme. La couleur bleue de ses eaux contraste avec la végétation luxuriante de la côte, que longe une pittoresque route côtière. Emprunter la route panoramique qui relie Cagliari à Villasimius est d'ailleurs une expérience fantastique. Prenez votre temps pour admirer ces somptueux paysages et, pourquoi pas, pour vous arrêter et profiter de ces plages idylliques, souvent désertes.

Au terme de ce parcours, vous découvrirez Villasimius, à l'extrême pointe sud-est de l'île, et le magnifique promontoire du Capo Carbonara.

Le Sud est sous l'influence dominante de la capitale, Cagliari. Etalée sur plusieurs collines dominant la mer, cette jolie ville a profité de sa position avantageuse pour développer une activité commerciale et maritime florissante. Cagliari est tout autant une ville de farniente (ses plages, notamment celle de Poetto, font le bonheur des baigneurs tout au long de l'année) qu'une ville de culture. De nombreux monuments y illustrent les étapes architecturales de l'histoire sarde, de l'amphithéâtre romain aux églises et autres édifices éparpillés dans ses différents quartiers. On sera bien inspiré de s'attarder un peu dans cette ville animée, de flâner dans ses ruelles ou musarder à ses terrasses de café.

CAGLIARI

La capitale de la Sardaigne s'étend sur plusieurs collines qui plongent dans la mer en formant la « baie des Anges », ce qui fit dire au romancier anglais D.-H. Lawrence qu'elle était « un bijou qui s'ouvre à l'improviste, comme une rose, dans la profondeur de la vaste baie ». Il y a en effet de quoi tomber en admiration devant la blanche Karalis, comme l'appelaient les Phéniciens. Ce nom, qui dérive de Kar (c'est-à-dire « pierre » en carthaginois), semble désigner le calcaire blanc, la pierre que l'on trouve dans les carrières des environs et avec laquelle ont été construits la plupart des bâtiments de la ville.

Histoire

L'histoire de Cagliari est un résumé de celle de la Sardaigne. Grâce à sa position privilégiée et à ses rivages facilement accessibles, le site fut habité dès la fin du IVe millénaire, comme en témoigne un domus de janas découvert sur la colline de San Bartolomeo.

Les immanquables du Sud de la Sardaigne

- **Cagliari,** la capitale de la Sardaigne, avec ses merveilleuses fortifications pisanes ;
- **Les plages de Chia :** un paysage de dunes et de forêts de pins bordé par une mer turquoise ;
- **La magnifique route panoramique de Chia** jusqu'à Porto Teulada ;
- **Les alentours de Villasimius,** comme les merveilleuses plages de Capo Carbonara.

La baie des Anges

Une petite légende sarde, pour commencer, sur l'origine de cette « baie des Anges ». Un groupe d'anges se présenta un jour devant Dieu, et lui dit : « Seigneur, Toi qui as créé tant de belles choses sur terre, pourquoi ne donnes-tu pas aussi un cadeau, à nous, Tes anges ? D'accord, répondit le Seigneur. Allez, et prenez la terre que vous voulez. » Et les anges descendirent sur terre et visitèrent tous les continents, mais ils ne trouvaient rien à leur convenance : ici, il faisait trop chaud, là, trop froid, cet endroit était plein de bêtes sauvages, cet autre était désertique...

Ils allaient rentrer penauds et déçus au Paradis, quand ils virent, au milieu d'une mer incroyablement bleue, une très belle île, recouverte d'un manteau vert de forêts piqueté de petits points blancs, comme autant de paisibles brebis. C'était juste l'endroit qu'ils cherchaient. Ravis, ils s'arrêtèrent pour se reposer sur la plage. Le climat était doux, le sable si blanc et si fin qu'il semblait être en velours, et l'eau si transparente qu'ils pouvaient voir les petits poissons frétiller dans l'onde joyeuse. Les anges étaient heureux, mais leur bonheur déchaîna la jalousie des diablotins, qui, guidés par Lucifer, arrivèrent en masse pour les faire fuir et s'emparer de leur nouvelle terre. Ce fut une bataille terrible et, en dernier recours, l'archange Michel dut accourir au secours des anges avec son épée enflammée. Les diables furent mis en déroute, et ils s'enfuirent en hurlant, avec Lucifer qui, dans sa fuite, fut désarçonné de sa monture. Sa selle tomba dans la mer, se figeant en pierre, et encore aujourd'hui, devant la plage qui se nomme désormais la baie des Anges, se dresse un énorme rocher appelé la Selle du Diable.

Les Phéniciens firent de ce lieu leur port d'ancrage sur la côte sarde et l'occupèrent à partir du VIIIe siècle av. J.-C. Au IVe siècle av. J.-C., la ville carthaginoise s'organisa en forteresse et en centre de commerce important du bassin méditerranéen. La prise de contrôle de la Sardaigne par les Romains en 238 av. J.-C. a laissé des traces dans la ville : aux édifices construits pas les Carthaginois, les Romains ajoutèrent de nouveaux éléments, comme l'amphithéâtre ou la Villa Tigellius.

A partir du IIIe siècle apr. J.-C., Cagliari servit de porte d'entrée au christianisme en Sardaigne, et la diffusion de la nouvelle religion résista aux attaques successives des Vandales (V^e^ et VIe siècles) et des Arabes (1015-1016).

Les colonisateurs qui comprirent le mieux l'importance stratégique de Cagliari furent les Pisans, qui entreprirent une transformation radicale de la ville à partir de 1258. Ils entourèrent le Castello d'une muraille, dont ils firent le centre administratif et commercial de la cité, et organisèrent les trois autres quartiers : Marina, Stampace et Villanova.

La colonisation espagnole ne figure pas parmi les heures les plus heureuses de Cagliari. En 1328, les habitants sardes reçurent l'ordre de quitter la cité fortifiée, occupée désormais uniquement par les Catalans, Majorquins et Aragonais. Reste que le passage des Espagnols a laissé des traces importantes, que l'on retrouve notamment dans le dialecte de Cagliari, truffé de mots espagnols. Le mot fenêtre, par exemple, se dit ventana.

En 1708, pendant la guerre de Succession d'Espagne, la ville fut assiégée puis occupée par les Anglais. Quelques années plus tard, en 1718, le traité de Londres donna Cagliari, ainsi que toute la Sardaigne, à la maison de Savoie. La situation de la ville était alors critique : les murailles fortifiées s'étaient montrées insuffisantes pour faire face à l'envahisseur britannique, et la ville souffrait d'une sévère crise du logement.

La première action entreprise par les Piémontais fut donc d'ordre immobilier avec la construction de nouveaux bâtiments (l'université et le séminaire Tridento, la basilique de Bonaria) ou avec des rénovations (les quais, avec la via Roma ; le palais Viceregio).

La Révolution française déclencha un vaste débat à Cagliari entre les intellectuels, qui adhéraient à la nouvelle république, et l'Eglise, qui y était hostile. Quand la flotte française de l'amiral Truguet débarqua au pied du Castello, en 1793, une importante bataille ensanglanta la ville, qui résista vivement, forçant les Français à mettre un terme à leurs prétentions sur l'île.

Dans le but de rattacher plus fermement la Sardaigne au royaume d'Italie, un décret royal supprima Cagliari de la liste des places fortes en 1860. On abattit les murailles fortifiées de Marina, Stampace et Villanova, mais celles du Castello furent conservées. D'importants travaux furent menés à la fin du XIXe siècle et au début du XXe, notamment par le maire Ottone Bacaredda, pour améliorer l'organisation de la cité : c'est de cette époque que datent les grandes artères qui modèlent encore la ville aujourd'hui.

Dans la section Vivere a Cagliari, le journal L'*Unione Sarda* recense les programmations de cinémas et théâtres, les concerts, les horaires de bus, trains, bateaux, avions et taxis (et les numéros pour les appeler).

Agences de voyages

- **SARDAMONDIAL. Via Roma 9** ✆ (070) 66 80 94.
- **CONSULVIAGGI. Via S. Benedetto 80/82** ✆ (070) 49 34 34.
- **PLANISFERO. Viale Bonaria 118** ✆ (070) 670 743. Fax : (070) 670 520 – www.planisfero.com
- **ORRU VIAGGI. Via Roma 95** ✆ (070) 659 858.
- **COSMORAMA. Piazza Republica 8** ✆ (070) 497 872.

Poste et télécommunications

- **LA POSTE. Strada Aeroporto Militare** ✆ (070) 21 14 073/58.

On trouvera de nombreux cybercafés du côté des universités, dans les hauteurs de la ville.

- **WEBTRAVEL POINT. Via Maddalena, 34** ✆ (070) 65 92 79.
- **Il Computerpoint. Via Domenico Cimarosa, 49** ✆ **(070) 40 05 00 –** *Ouvert du lundi au samedi de 10h à 13h30 et de 16h15 à 22h.* Ce cyber-café offre huit places à 3 € l'heure.
- **Neverland. Via Mameli,124 D** ✆ **(070) 65 29 93 –** *Ouvert tous les soirs de 20h30 à 1h30, ce pub est doté de trois postes internet.* Prix honnêtes : 2,60 € l'heure.
- **Ev@net Via Molise, 62** ✆ **(070) 25 52 34 –** *Ouvert tous les jours de 9h à 19h30.* Ce cybercafé offre 10 postes internet, mais il est un peu cher : 5 € l'heure.

Santé

- **AMBULANCES CROCE AZZURA. Via Liguria, 13** ✆ (070) 29 01 41.
- **GARDE MEDICALE. Via Talete, 6** ✆ (070) 50 29 31.
- **HOPITAL SAN GIOVANNI. Via Ospedale** ✆ (070) 60 92 215.
- **HOPITAL BROTZU. Via Peretti** ✆ (070) 53 92 10.
- **HOPITAL MARINO. Viale Poetto** ✆ (070) 60 94 30.
- **HOPITAL SANTISSIMA TRINITA. Via Is Mirrionis** ✆ (070) 60 95 722.
- **PHARMACIES OUVERTES 24H/24. Corso Vittorio Emmanuele, 67** ✆ (070) 650 799 ; **Plage du Poetto, Via Lungo Saline, 11** ✆ (070) 373 111.

Police

- **POLICE MUNICIPALE** ✆ (070) 53 35 33.
- **CARABINIERI. Via Nuoro, 9** ✆ (070) 60 361.
- **POMPIERS** ✆ (070) 409 33 74.
- **POSTE CENTRALE.** Piazza Carmine, 27/29.

Supermarchés

Les hypermarchés se trouvent à l'extérieur de la ville. Ils sont suffisamment bien signalés sur la route pour que nous n'ayons pas à les indiquer de nouveau. Vous pouvez aller faire vos courses via Sardegna en plein centre-ville, où vous trouverez tout ce dont vous aurez besoin, cette rue étant celle des épiciers, boulangers, charcutiers… et des restaurants.

- **UPIM.** Piazza Repubblica 25.

■ **LA RINASCENTE. Via Roma.** *Ouvert de 10h à 20h30 en semaine, et de 9h à 21h le samedi et de 10h à 21h le dimanche.* Un grand magasin élégant situé dans un ravissant bâtiment.

■ **COIN.** Via Dante.

Orientation et quartiers

Cagliari est composée d'anciens et de nouveaux quartiers, tous dominés par des collines. Le Colle Castello est situé au cœur de la ville, c'est le quartier historique de la ville ; à l'est du quartier Castello se dessine Villanova, ancienne bourgade riche en bâtiments pleins de charme. Le quartier Colle de Monte Urpinu se trouve à l'est de la capitale alors que le Colle San Michele s'étire exactement à l'opposé, à l'ouest. Les vieux quartiers de Stampace et Marina sont plus écartés, situés en face du port principal de Cagliari.

Hébergement

La ville de Cagliari regorge de petits hôtels à prix moyens situés entre la via Roma et la via Sardegna, pour lesquels il est recommandé de réserver. Les hôtels plus chers se trouvent plus loin du centre-ville.

Bien et pas cher

■ **ALBERGO PALMAS. Via Sardegna 14 ✆/Fax : (070) 651 679.** *Compter 25 € la chambre simple, moins de 50 € la double avec douche, et 35 € sans.* Idéal pour les petits budgets : c'est l'hôtel le moins cher de Cagliari. 14 chambres refaites à neuf dans ce petit établissement, propre et agréable. Certaines chambres n'ont pas de douche.

■ **HOTEL MIRAMARE. Via Roma 59, 2e étage à droite ✆/Fax : (070) 664 021.** *Chambre simple, compter de 30 à 50 €, double de 40 à 65 € environ avec petit déjeuner.* Cet appartement, transformé en hôtel, propose 7 chambres propres et confortables. Certaines n'ont pas de douche.

■ **ALBERGO LA PERLA. Via Sardegna, 18 ✆/Fax : (070) 669 446.** *Chambre simple à partir de 35 €, double à partir de 45 €.* 8 chambres correctes avec salle de bains commune. Pour les petits budgets.

■ **HOTEL LA TERRAZZA. Via S. Margherita, 21 ✆ (070) 66 86 52. Fax : (070) 66 08 63 – hotellaterrazza@tin.it** – *Chambre double avec douche, de 45 à 60 €, sans douche à partir de 30 €.* Hôtel sans prétention, au pied du quartier de Castello. 14 très belles chambres avec télévision et climatisation. Bon rapport qualité/prix.

Confort ou charme

■ **HOTEL ITALIA. Via Sardegna, 31 ✆ (070) 660 410. Fax : (070) 650 240.** *Chambre simple de 50 à 66 €, double de 70 à 90 € avec petit déjeuner.* Un hôtel on ne peut plus classique, dans le centre-ville, entre le port et le château. Il dispose de 108 chambres. Un très bon restaurant.

■ **HOTEL QUATTRO MORI. Via G. M. Angioy, 27 ✆ (070) 66 85 35. Fax : (070) 66 60 87 – www.hotel4mori.it – info@hotel4mori.it** – *Chambre double 75 €, petit déjeuner inclus.* Dans le centre historique de la ville, un hôtel refait à neuf dans un style raffiné. Très calme.

■ **HOTEL CALAMOSCA. Viale Calamosca, 50 ✆ (070) 371 6 28. Fax : (070) 370 346 – www.hotelcalamosca.it – hotelcalamosca@aruba.it** – *Chambre simple de 51 à 56 €, double, de 84 à 86 €. Ajouter 20 € par personne en demi-pension et 40 en pension complète.* A 5 km de la ville, au calme, un bel hôtel très confortable avec vue sur la mer (sur demande pour les chambres). La plage est juste à côté. Un restaurant de qualité, dont la terrasse donne sur la mer. Une bonne adresse et un accueil souriant.

Luxe

■ **HOTEL CAESAR'S. Via Darwin 2/4 ✆ (070) 34 07 50. Fax : (070) 34 07 55 – info@caesarshotel.it – www.caesarshotel.it** – *Chambre simple à 130 €, double à 180 €.* Un 4 étoiles très chic et confortable dans un quartier résidentiel tout nouveau pas loin de la plage du Poetto. 48 chambres, dont certaines avec hydromassage.

■ **SARDEGNA HOTEL. Via Lunigiana 50 ✆ (070) 28 62 45. Fax : (070) 29 04 69 – sarhotel@tin.it** – *90 chambres élégantes. Chambre double compter de 110 à 140 € environ.* Pour ceux qui ont un moyen de locomotion. Un service impeccable, un restaurant régional et international pour

> Costa Rei

> Costa Rei

> Cagliari

> Détail d'une église à Cagliari

> Village du nord de l'île

> Eglise dans le sud de l'île

> Anciennes installations minières de la côte ouest

> Panneau de la poste

> Fresque à Orgoloso

cet hôtel 4 étoiles qui accueille plutôt une clientèle d'affaires. Un service de navettes relie l'hôtel à l'aéroport d'Elmas et à la plage de Poetto.

■ **REGINA MARGHERITA. Viale Regina Margherita 44 ✆ (070) 67 03 42. Fax : (070) 66 83 25 – booking@hotelreginamargherita.com – www.hotelreginamargherita.com** – *Chambre simple 132 €, double 175 €.* Un hôtel de standing qui a surtout le mérite d'être bien situé dans le centre-ville. Le bâtiment est moderne, les chambres et les suites confortables et élégantes. Le service est satisfaisant et le restaurant aussi.

■ **HOTEL MEDITERRANEO. Lungomare C. Colombo 46 ✆ (070) 34 23 61. Fax : (070) 30 12 74 – www.hotelmediterraneo.net** – *Chambre simple à 129 €, double à 175 €, suite 240 €.* L'hôtel est situé entre le centre de Cagliari et la plage de Poetto, et donne sur la baie des Anges. Les chambres ont tout le confort qu'on attend d'un 4 étoiles, et le service est excellent.

■ **HOTEL PANORAMA. Viale Armando Diaz ✆ (070) 30 76 91. Fax : (070) 30 54 13 – info@hotelpanorama.it - www.hotelpanorama.it** – *Chambre simple à 103 €, double 85 € par personne.* Un hôtel au standing un peu inférieur à celui des précédents, mais également moins cher. Structure moderne et fonctionnelle. A 5 min du centre-ville.

Restaurants

Cagliari présente des spécialités gastronomiques intéressantes. Il serait dommage de ne pas essayer les malloredus, plat typique du Campidano (des gnocchis à la semoule accompagnés de saucisses et de tomates) ou bien le riso alla Cagliaritana (riz cuit dans une farine de pois chiches agrémentée d'un hachis de lard), ou encore l'angioni cun su limoni (agneau parfumé au citron). Mais si vous devez n'en goûter qu'un, ce sera la burrida, Le plat de Cagliari par excellence : il s'agit de poisson mariné dans de l'huile et du vinaigre, aromatisé aux noisettes et à l'ail.

Une petite nuance à apporter toutefois. Les cartes des restaurants sont relativement similaires et assez classiques. Nous avons été déçus par le manque d'originalité des divers établissements, compte tenu de la richesse de la cuisine sarde.

Trattorie

■ **TRATTORIA LA TAVERNA. Viale Regina Margherita, 22 ✆ (070) 65 84 74.** Une vraie petite trattoria traditionnelle comme on les aime, un peu en retrait des zones les plus touristiques. On y trouve viandes (*environ 5 €*), poissons (*6 €*) et pasta (*4 à 5 €*), ainsi qu'un menu touristique intéressant à 10 € environ.

■ **TRATTORIA CI PENSA CANNAS. Via Sardegna, 37 ✆ (070) 66 78 15 – pensacannas@tiscalinet.it** – *Fermé le dimanche. Menu traditionnel complet à base de poisson à 15 € environ.* Rien d'exceptionnel, mais présente un bon rapport qualité/prix. Un décor marin.

■ **RATTORIA LILLICU. Via Sardegna, 78 ✆ (070) 65 29 70.** *Fermé le dimanche. Menu à 25 € environ.* Depuis 50 ans, une institution dans le quartier de Marina. Bonnes spécialités sardes.

■ **IL CORSO. Corso Vittorio Emmanuele, 78 ✆ (070) 66 26 90.** Spécialités de fruits de mer dans un décor de supporters de l'équipe locale de football.

■ **TRATTORIA GENNARGENTU. Via Sardegna, 60 ✆ (070) 658 247.** *Fermé le dimanche.* Située près du port, dans le quartier touristique, cette trattoria familiale propose des plats de poisson (tonno alla Carlo Fortina, burrida, cagliaritana…), mais aussi des viandes (porcetto et sanglier).

Ristoranti

■ **ANTICA HOSTARIA. Via Cavour, 60 ✆ (070) 66 58 70.** *Compter environ 35 € pour un repas complet.* Traditionnel rendez-vous des Cagliaritani, dans la zone du port. Les gnocchetti sardes avec saucisson et la friture de poissons figurent parmi ses spécialités.

■ **CALGLIARI AL PORTO. Via Sardegna, 44 ✆ (070) 66 31 31.** *Repas complet environ 35 €.* Propose des spécialités sardes comme les spaghettis aux oursins, soupe de moules et friture. L'huile est faite maison, légère et fruitée.

■ **DA CESARE. Via Darwin 2/4 ✆ (070) 90 47 68.** *Environ 50 € pour un repas complet.* C'est l'élégant restaurant de l'hôtel Caesar's, près du stade de Cagliari. Ses spécialités : antipasti de thon, anguille et fruits de mer, langouste à la sarde et de la délicieuse ricotta au safran et miel.

■ **DAL CORSARO. Viale Regina Margherita, 28 ✆ (070) 66 43 18 – www.dalcorsaro.com –** *Fermé le dimanche. Compter environ 70 € pour un repas complet. Réservation conseillée, surtout le week-end.* Depuis trois générations, Dal Corsaro est l'une des meilleures tables de Sardaigne. Gianluigi Deida perpétue la tradition familiale et propose une cuisine sarde revisitée. Sa fregola et ses malloredus valent le détour, ainsi que ses spécialités de viande (porcetto ou agioni). La salle, décorée avec goût, peut accueillir 90 personnes. Depuis 1964, les Deida ont aussi un restaurant à Poetto, plus informel, mais toujours d'une excellente qualité, servant aussi bien des plats élaborés que des pizzas (**Lo Spinnaker.** Marina Piccola ✆ (070) 37 02 95).

■ **FLORA. Via Sassari, 45 ✆ (070) 66 47 35.** *Fermé en août. Environ 30 € le repas. Menu dégustation compter 30 €.* Un restaurant incroyable. Tout d'abord, la nourriture est d'excellente qualité et proposée à des prix plutôt moins élevés qu'ailleurs. Le menu fait preuve d'originalité, entre les spaghetti ai granchi (au crabe) et les ravioli di cipolla (faits maison). Comme secondi, on vous conseille les spezzatino di pecora alla cacciatora (mouton cuit au vin rouge), ou les trippa alla cagliaritana, si le chef les propose, car le menu varie selon la saison. En parlant du chef, celui-ci est un amateur d'art, vous vous en rendrez compte au premier coup d'œil, car son restaurant ressemble beaucoup à un musée. Giuseppe Deplano collectionne les antiquités et adore en parler. Vous y trouverez, pêle-mêle, des vases Lalique, Daum ou Gallet, des verreries de Murano, un juke-box de 1950… le tout réparti en trois salles : Liberty Art déco, néoclassique et XVIIe siècle. En été, quelques tables sont installées en terrasse, tandis qu'en hiver la cheminée piémontaise réchauffe la salle.

■ **IL BUONGUSTAIO. Via Concezione, 7 ✆ (070) 66 81 24.** *Fermé le lundi soir et le mardi. Primi, compter 6 €, repas environ 25 €.* Un restaurant charmant, de très bon rapport qualité/prix. C'est ici qu'il faut goûter la burrida, à moins que vous ne choisissiez la fregola con arselle ou les culurgionis.

■ **IL VIALE. Viale Trieste, 120 ✆ (070) 57 59 85.** *Compter 30 € pour un repas complet.* Ce n'est ni pour la décoration (qui, il faut le dire, est assez sinistre) ni pour l'ambiance qu'il faut aller dans ce restaurant, mais bel et bien pour sa cuisine. Des plats inventifs, du poisson frais, une carte des vins complète, voilà pourquoi c'est une des adresses préférées des Cagliaritani.

■ **ITALIA. Via Sardegna, 30 ✆ (070) 65 79 87.** Une institution locale. La famille Mundula, qui tient ce restaurant depuis 1921, a aménagé et décoré cet ancien magasin de sel en trois salles avec trois ambiances et trois cartes différentes : bistrot (*environ 20 € par repas*), rustique (*spécialités locales, prix plus élevés, environ 35 €*), et Liberty. Aujourd'hui, c'est Tarciso (le père) et Filippo (le fils) qui offrent l'apéritif dans une ambiance familiale et font goûter leurs spécialités : fregola con arselle, culurgionis, zuppa di pesce, porcetto, ou trippa pour les plus braves. Un coup de cœur…

■ **LA GRIGLIA D'ORO. Viale Marconi, 12 ✆ (070) 49 99 98.** *Fermé le lundi. Compter environ 20 € pour un repas complet.* Un restaurant-pizzeria aux prix abordables et qui propose d'excellents plats locaux, notamment des spaghetti al cartoccio ou une spigole Griglia d'Oro con funghi porcini.

■ **LA TERRA DI MEZZO. Via Portoscalas 1 ✆ (070) 66 28 89.** A notre connaissance, le seul restaurant végétarien de la ville. Très bon choix de primi. Le nom du restaurant et de ses plats s'inspirent de romans de Tolkien. Les passionnés des jeux de rôle organisent ici leurs tournois.

■ **QUATTRO MORI. Via G. M. Angioj ✆ (070) 65 02 69.** *Fermé le dimanche soir et le lundi. Menu à 15,50 €. Compter 35 € environ pour un repas complet.* Une cuisine typiquement sarde, avec des spécialités de viande et de poisson. L'ambiance luxueuse est relevée le samedi par des groupes de musique locale.

■ **QUIRINUS. Via G. M. Angioj 82 ✆ (070) 67 07 02.** *Compter 35 € environ le repas.* Ambiance très chic. Spécialités de poisson et excellents antipasti.

■ **SAN CRISPINO. Corso Vittorio Emmanuele 190 ✆ (070) 65 18 53.** *Fermé le dimanche. Menu à 25 € environ.* Spécialités sardes dans une ambiance accueillante. Cuisine de bonne qualité. Bonne carte de poisson et de viande, selon les recettes traditionnelles de Cagliari et de Nuoro, au centre-est de l'île. Ce restaurant offre des plats typiques de la cuisine traditionnelle sarde, mais difficiles à trouver aujourd'hui, comme la chèvre aux pommes de terre, la cervelle frite et les abats de cheval.

■ **SAN REMY. Via Torino, 14 ✆ (070) 65 73 77.** Un cadre « antique » avec des petites salles voûtées au plafond bas. Les murs sont décorés de fresques romaines. Malheureusement, on a un peu l'impression de payer davantage le décor que le contenu de l'assiette. Pourtant, certains plats locaux méritent d'être essayés : les tappadas ou escargots (*compter 12 €*) ou l'agneau brace (*12 €*), et surtout les desserts flambés, idéals pour finir le repas (*8 à 10 €*).

■ **S'APPOSENTU. Via Sant'Alenixedda (dans le Teatro Lirico) ✆ (070) 40 82 315 –www. sapposentu.it** – *Fermé le dimanche et le lundi. Menu dégustation compter 50 € environ.* Restaurant haut de gamme qui propose une cuisine raffinée à la hauteur de ses prix ! Homards avec pommes de terre, courgettes et haricots verts, soupe de tomate avec poisson en sauce aigre-douce. Le cadre est tout à fait remarquable : on est dans l'enceinte du Théâtre lyrique de Cagliari. Pour une plongée simultanée dans l'art culinaire et l'art lyrique.

Spaghetteria

■ **CON VINO. Via Sassari, 86.** *De 5 à 7 € l'assiette de spaghettis.* Un petit resto pas cher et où l'on peut tester toutes les espèces de pasta recensées !

Pizzerie

■ **DA TARCISIO. Via Pascoli, 13/15 ✆ (070) 49 98 87.** *Fermé le lundi, et en août.* Une pizzeria familiale qui offre un grand choix de pizzas. Ses spécialités ? La pizza della casa (saucisse sarde, pancetta, tomate, mozzarella, lonza di maiale) et la pizza betta (aubergine, tomate, pecorino, parmesan, mozzarella). Cette petite pizzeria du centre-ville est connue comme l'endroit où on peut goûter la meilleure pizza de Cagliari.

■ **160. Lungomare Poetto 160 ✆ (070) 38 11 60.** Une des nombreuses pizzerias de la plage de Poetto. Très animée le soir en été.

■ **3 ARCHI. Viale A. Diaz, Viale Colombo 22 ✆ (070) 664 487.** Pizzeria qui retransmet les matchs de la Squadra Azzurra et du Cagliari. Les allergiques au foot pourront se réfugier sous les palmiers du beau jardin intérieur. Service souriant mais pas forcément rapide.

■ **PIPER. Viale Diaz 154 ✆ (070) 30 11 94.** *Compter 12 € environ par personne.* Cette pizzeria face à la foire de la ville offre aussi des très bonnes salades. Pour le dessert, à essayer son affogato al cioccolato, une coupe de glace à la vanille avec nutella. Grand ou petit.

■ **BUFFALO RANCH. Via dei Conversi 25 ✆ (070) 49 46 23.** Une pizzeria où l'on peut goûter aussi des très bons steaks de cheval. Avec animation musicale dans la salle ou au jardin.

■ **LO ZODIACO. Via Sassari 59 ✆ (070) 67 03 33.** *Pizza et boisson, compter 10 € environ. Réservation impérative le week-end.* Un des restaurants-pizzeria les plus agréables de la ville. Très bonne cuisine.

■ **SPAZIO NEWTON. Via Newton 11 ✆ (070) 49 69 69.** *Un peu cher : compter entre 15 et 20 € pour une pizza et une boisson.* Un restaurant-pizzeria très élégant où l'on peut poursuivre sa soirée dans la discothèque attenante.

■ **IL FANTASMA. Via San Domenico 94 ✆ (070) 65 67 49.** Parmi les pizzerias préférées des Cagliaritani. Bon rapport qualité/prix.

■ **KOCH. Via Koch 1 ✆ (070) 50 09 10 – info@dakoch.it – www.dakoch.it** – *Pizzas et menus. Compter 15 € environ par personne.* Dans le quartier des hôpitaux et du parc de Monte Claro.

Spécialités étrangères

■ **CANTON. Via Alagon 4/c ✆ (070) 65 67 38.** *Ouvert tous les jours sauf le lundi à midi.* Parmi les restaurants chinois les plus anciens de la ville et avec un excellent rapport qualité/prix.

■ **IL PARADISO. Via Roma 197 ✆ (070) 66 95 88.** Un concept : une pizzeria chinoise ! Le résultat n'est pas tout à fait convaincant sur le plan gustatif, mais les prix sont corrects. A essayer.

■ **LA PAGODA. Via Cavour 17 ✆ (070) 65 14 97.** *Ouvert toute la semaine.* Menu en anglais. Cuisine chinoise.

■ **ORFEAS. Via Mameli, 122 ✆ (070) 65 13 48.** *Fermé le dimanche et en août.* Le seul restaurant grec de la ville. Pour ceux qui rêvent de moussaka, de souvlaki ou de tiropita, sur fond de musique grecque.

■ **SHANGHAI. Corso Vittorio Emmanuele, 51 ✆ (070) 65 88 28.** Cuisine chinoise.

■ **TERRA BRASILIS. Via Oristano 14 ✆ (070) 65 44 17.** Cuisine et musique brésilienne en plein centre-ville. Spécialités à base de viande.

■ **LA PARRANDA. Via Salaris 27 ✆ (070) 42 155.** *Compter de 20 à 30 € le repas.* Cuisine et décor mexicains, avec des spectacles de danse et musique.

■ **LA KASBAH. Via Dante, 204 ✆ (070) 49 70 70.** Cuisine africaine et arabe et pizzas avec kebab. Le propriétaire gère aussi un restaurant tunisien en la piazza Yenne.

■ **CHEZ VICTOR CREPERIE. Via Ospedale 42 ✆ (070) 27 28 07.** Le nom est explicite... Crêperie bretonne.

■ **BLACK SUN 2. Via Sonnino 147.** Selon les jeunes Cagliaritani, on y trouve les crêpes et les gaufres les meilleures de la ville. Douces, salées ou à la glace.

Sortir

Grande ville ou pas, c'est partout la même chose : on ne rigole pas avec la sieste. La ville est morte entre 13h et 16h30, et la vie reprend doucement son cours à partir de 17h. La passeggiata a lieu via Garibaldi et via Manno, les rues des magasins de mode. Le point de rassemblement est sur la piazza Yenne, où l'on s'arrête pour manger une glace ou boire un verre. En été, les promenades nocturnes ont lieu aussi au port touristique de Marina Piccola, à côté de la plage du Poetto, qui compte des nombreuses pizzerias et kiosques à glaces.

Gelaterie

■ **L'ISOLA DEL GELATO. Piazza Yenne.** Une décoration incroyable, des serveurs déguisés en corsaires et le plus grand choix de parfums de glaces de Cagliari. Sans aucun doute, la meilleure gelateria de Sardaigne. Propose également un excellent yaourt maison. Le soir, c'est le lieu de rassemblement de la jeunesse locale. A voir et à déguster absolument.

■ **BABY YOGURT. Via Dante, 72 ✆ (070) 65 37 58.** A notre connaissance, la seule yogurteria de la ville. Pour changer des gelati !

■ **SA CARAPIGNA. Via Monte Mixi, 10 ✆ (070) 30 84 43.** C'est la gelateria la plus ancienne de Cagliari, dans le quartier des stades et des installations sportives, et parmi les moins chères. Elle propose des glaces aux parfums tout à fait originaux, comme le basilic, le myrte et la ricotta. Sa crème fouettée est à goûter absolument !

■ **ICE STOP. Via Dante, 65/A ✆ (070) 49 45 16.** Point d'arrêt obligatoire pour les Cagliaritaines pendant leurs promenades sur la via Dante, avec un vaste choix de parfums.

■ **TUTTO GELATO. Viale del Poetto, 102 ✆ (070) 37 13 33.** Parmi les plus grandes gelaterie de la ville, à quelques centaines de mètres de la plage du Poetto.

Cafés et bars

■ **VIA ROMA,** vous pourrez vous arrêter sous les arcades pour prendre un verre, au **Caffé Parigino** (n° 54) pour vous rappeler la rue de Rivoli, au **Nuovo Caffé Torino** (n° 123) ou bien au **S'Offelleria** (n° 157). Vous trouverez aussi un grand nombre de cafés agréables sur la piazza Yenne, notamment le **Forum Café.**

■ **ANTICO CAFFE. Piazza Costituzione, 10/11 ✆ (070) 65 82 06.** Cet établissement existe depuis 1855 et a accueilli tout ce que la Sardaigne a compté d'artistes et d'hommes politiques. Aujourd'hui encore, l'Antico Caffè est le café à la mode, lieu de passage obligé de l'intelligentsia locale ou de passage. On peut y prendre un verre, une glace, mais aussi y déjeuner ou dîner dans un cadre historique incomparable.

■ **SVIZZERO. Largo Carlo Felice, 6/8.** Un café très classe, installé dans un ancien palais tout près du port. Beaucoup le considèrent comme le plus beau café de Cagliari.

■ **CAFE LIBARIUM NOSTRUM. Via Santa Croce, 33/35.** Dans le quartier du Castello, un des cafés les plus fréquentés de la ville. Pendant l'été, il devient un bar à cocktails, avec sa terrasse panoramique donnant sur la vieille ville.

■ **SOTTO LA TORRE. Piazza S. Giuseppe.** Dans le quartier du Castello, un café au décor intime, pour prendre un espresso, ou une bière Ichnusa avec les habitants de Cagliari.

■ **DE CANDIA, WINE & SPIRITS CAFFE. Via De Candia, 3.** Pour être sûr de passer une bonne soirée, ce bar-disco, sur le Bastione San Remy.

■ **KAREL. Via Università, 37 ✆ (070) 65 38 21.** Construit dans les citernes romaines creusées au-dessous du quartier de Castello et en face de la vieille université.

■ **SAX BY MARCELLA. Via Sassari, 98 ✆ (070) 66 61 74.** *Fermé le dimanche.* Pour boire un café ou un verre l'après-midi ou la nuit, jusqu'à tard.

Live music

■ **AMPURIAS. Via Savoia, 4 ✆ (070) 66 65 66.** Bar à cocktails, restaurant et pizzeria, pour manger ou boire en écoutant des groupes pop ou des DJ locaux au centre ville.

■ **DONEGAL. Via Caprera, 7 ✆ (070) 65 47 77.** Pub irlandais où les jeunes de la ville se donnent rendez-vous pour boire une bière, écouter de la musique acoustique ou chanter au karaoké.

Discothèques

Les discothèques vivent au rythme de l'année universitaire. Elles sont donc fermées en été. Les jeunes se dirigent alors vers la plage du Poetto ou du côté de Pula ou de Villasimius.

■ **SPAZIO NEWTON. Via Newton, 11** ✆ (070) 49 69 69.

■ **NEW CHARLIE.** Via dei Carroz.

■ **SA ILLETTA. SS 195, Km 3,3.** Une jolie discothèque en plein air qui donne sur l'étang Santa Gilla.

■ **THE CUBE. Via Venturi 18. Sur la plage du Poetto.** De juin à septembre, c'est sur l'énorme plage de la ville que la jeunesse se donne rendez-vous le jour et la nuit, pour déjeuner, boire un verre ou danser.

▶ **Les kiosques.** Bars à café et glace le matin et l'après-midi, ils se transforment en restaurants à midi et en clubs le soir. Chez Il Nilo on peut goûter des salades ou des plats mixtes avec des recettes de pâtes et viande pour moins de 10 €. Tous les kiosques organisent des concerts sur la plage presque chaque nuit. Certaines offrent aussi des cours d'aquagym le matin ou le soir.

▶ **Les discothèques sur la mer.** Pour danser toute la nuit dans une atmosphère fraîche et romantique. Deux clubs ont été créés dans les établissements balnéaires les plus anciens de la ville. **Il Lido** est depuis des années le club d'été le plus fréquenté par les jeunes de Cagliari. Chez **La Rotondina,** dans l'établissement balnéaire **D'Aquila,** on danse sur une ronde en bois sur l'eau.

▶ **Les restaurants à oursins.** Les oursins sont les fruits de mer les plus appréciés des habitants de Cagliari. Ils les mangent crus ou avec des pâtes. Des restaurants à côté de la plage du Poetto ont remplacé les kiosques des pêcheurs où on pouvait acheter les oursins frais. Chez **Al Solito Posto** ou dans les restaurants alentour, dans une atmosphère familiale et pour un prix de 10 € environ, on peut commander des pâtes aux fruits de mer avec des oursins crus comme entrée.

La fête de Sant'Efisio

Il a vécu comme un soldat et il est mort comme un martyr, cet Efisio qui est le saint des Sardes et qui arriva d'Afrique à l'époque de Dioclétien. De persécuteur des chrétiens, il est devenu un adepte passionné de la foi chrétienne. Arrêté, il fut incarcéré dans les prisons de Stampace, un quartier de Cagliari. De ce quartier part, tous les ans, le 1er mai, une procession très colorée qui parcourt le dernier chemin que suivit Sant'Efisio, enchaîné, avant d'être tué sur la plage de la ville punico-romaine de Nora, où s'érige aujourd'hui sa petite église. Les Sardes, très dévots, l'invoquèrent en 1656 pour qu'il les sauve de la peste. Le saint exauça leur vœu et, depuis, son peuple n'a jamais manqué, chaque année, de lui rendre hommage par cette procession. Celle-ci part donc de Cagliari, où les rues du centre historique sont couvertes de pétales de roses. Tous les costumes traditionnels de l'île, les chars traînés par des bœufs, les joueurs de launeddas et les chevaliers défilent en un cortège animé. Autour de la statue d'Efisio, les groupes des religieux prient le saint. On marche ainsi jusqu'à la côte et la plage de Nora, avec des haltes très pittoresques, comme celle de Giorgino, un bourg de pêcheurs. La nuit venue, on retourne à Cagliari, encore toute jonchée de pétales de roses.

▶ **Renseignements :** Comune di Cagliari ✆ 800 01 60 58 –www.sagradisantefisio.com

Cinémas

■ **CINEWORLD. Viale Monastir, 128 ✆ (070) 277 60 02.** Grand cinéma, films grand public.

■ **WARNER VILLAGE. Via delle Serre, 2. Quartucciu ✆ (070) 836 221 71.** Films grand public dans un des centres commerciaux les plus grands de la banlieue de Cagliari.

■ **ODISSEA. Viale Trieste, 84 ✆ (070) 271 079.** Cinéma d'art et d'essai.

■ **GREENWICH. Via Sassari, 55a ✆ (070) 66 68 59.** Cinéma d'art et d'essai.

■ **NAMASTE. Via Ospedale, 4 ✆ (070) 68 36 38.** Ciné-club pour les amateurs du cinéma d'essai.

Manifestations

■ **BOX OFFICE. Viale Regina Margherita, 43 ✆ (070) 65 74 28.** C'est le bureau d'information et billetterie pour les spectacles à Cagliari et dans les environs. Musique, comiques et music-hall.

▶ **En été, des spectacles d'opéra et des concerts ont lieu dans l'amphithéâtre romain.** Pour recevoir le programme et acheter les billets, il faut s'adresser au **Teatro Lirico di Cagliari,** via S. Alenixedda ✆ (070) 408 22 30 – www.teatroliricodicagliari.it

■ **SAGRA DI SANT'EFISIO.** Fête populaire du 1er au 4 mai. La statue de Sant'Efisio est transportée en procession jusqu'au village de Nora (à 25 km de Cagliari), lieu du martyre du saint, et puis ramenée à Cagliari.

■ **LE NOTTI DELL'ACCADEMIA ✆ 347 35 30 803 – www.accademiadicagliari.org –** Ce festival, du 1er au 10 septembre, est le rendez-vous de jeunes talents de la musique classique. Toutes les années, une quinzaine de chefs d'orchestre de renommée mondiale dirigent de jeunes musiciens dans le cadre de ce beau festival.

■ **LA FIERA CAMPIONARIA. Viale Diaz.** *Fin avril-mi-mai.* Parmi les rendez-vous les plus attendus, chaque année, par les Cagliaritani et les Sardes en général, dans cette énorme foire, on achète tout ce qu'on peut imaginer : des piscines aux spécialités gastronomiques sardes, des meubles aux bijoux indiens, des animaux à la maroquinerie. Il y là aussi un parc d'attractions. A éviter, le 1er mai, jour d'affluence extrême.

■ **SA DIE DE SA SARDIGNA.** Le 28 avril, jour de la Sardaigne, l'île célèbre sa rébellion au gouvernement piémontais, qui eut lieu en 1794. Une reproduction théâtrale très suggestive est organisée à l'occasion dans les rues de Castello et sur le bastion San Remy.

■ **SHOPPING SOTTO LE STELLE.** Pendant la période des soldes d'été, les comités des commerçants du centre-ville organisent des soirées d'ouverture nocturne (Shopping sous les étoiles) avec des concerts et des spectacles dans les rues. Les via Garibaldi, via Dante et via Paoli sont toujours touchées par cette initiative. Pour des renseignements, on peut contacter l'office de tourisme de Cagliari.

Points d'intérêt

Castello

Difficile d'envisager de commencer la visite de Cagliari autrement que par son centre historique : le Castello. Cette enceinte fortifiée érigée par les Pisans au XIIIe siècle entoure ce qui était autrefois le cœur administratif de Cagliari. Des 3 tours d'entrée, il ne reste que 2 (la Torre dell'Elefante et la Torre San Pancrazio), la 3e (la tour des Aigles) ayant été démolie au XIXe siècle.

▶ **En sortant de la Citadella dei Musei,** vous pourrez flâner dans les rues étroites du Castello. La via La Marmora est bordée de boutiques, notamment de boutiques d'antiquités. La via Genovesi, comme son nom l'indique, est l'ancienne rue des commerçants génois.

■ **BASTIONE DI SAN REMY.** Cet imposant ouvrage en calcaire blanc fut construit entre 1899 et 1920 pour relier la partie haute et la partie basse de Cagliari. Avec son escalier monumental et sa terrasse panoramique, le bastion de Saint-Rémy constitue l'un des exemples les plus représentatifs des travaux entrepris à la fin du XIXe siècle (par Ottone Bacaredda) pour moderniser la ville. Le dimanche matin, un marché aux puces se tient sur la terrasse Umberto.

■ **CATHEDRALE DI SANTA MARIA.** *Ouverte de 8h à 13h et de 16h à 20h.* L'église, construite par les Pisans entre le XIIe et XIIIe siècle, mêle différents styles architecturaux : la façade, ornée de mosaïques, est de style romano-pisan, alors que l'intérieur est plus baroque. On remarquera notamment une chaire, sculptée entre 1159 et 1162 par le maestro Gugliemo. Dans la crypte sous l'autel se trouvent les restes des 179 martyrs de Cagliari ainsi que des tombes de la famille de la maison de Savoie.

A côté de la cathédrale, sur la piazza Palazzo, se trouvent deux demeures historiques : le palais épiscopal et le palais du vice-roi, résidence de Carlo Felice au début du XIXe siècle.

En continuant vers la via Martini, on débouche sur la piazza Independenza, devant la Torre di San Pancrazio. La tour de 36 m de haut fut érigée en 1305 par l'architecte sarde Giovanni Capula. Avec ses 129 m, c'est le point le plus élevé de la ville ; au Moyen Age, c'était un observatoire idéal pour guetter les armées et les bateaux.

Entrez ensuite dans la Cittadella dei Musei, bâtie entre les bastions espagnols du XVIe siècle et l'arsenal Sabaudo, qui regroupe quatre musées :

■ **MUSEO ARCHEOLOGICO NAZIONALE. Piazza Arsenale ✆ (070) 68 40 00.** *Ouvert de 9h à 20h, fermé le lundi. Entrée 4 €.* Le musée expose, sur 4 étages, une riche collection d'objets représentatifs des différentes cultures. Les visiteurs pressés apprécieront le rez-de-chaussée qui fait la synthèse des découvertes archéologiques datant du Néolithique ancien au haut Moyen Age. Ceux qui disposent de davantage de temps pourront explorer plus en détail les trésors des 3 étages supérieurs du musée, qui rassemblent, de façon géographique, les résultats des fouilles entreprises dans les provinces de Cagliari, Nuoro, et Oristano. Ne manquez surtout pas l'impressionnante collection de figurines nuragiques, et celle, non moins admirable, de bijoux carthaginois.

■ **MUSEO D'ARTE SIAMESE « STEFANO CARDU » ✆ (070) 651 888.** *Ouvert de 9h à 13h et de 15h30 à 19h30. Fermé le lundi.* Le musée présente une importante collection d'objets (principalement du Siam) offerts par Stefano Cardu, un Sarde qui vécut au Siam. Les poteries chinoises Ming et Qing sont remarquables, ainsi que la collection d'armes à feu du XIe siècle au XIXe siècle.

■ **PINACOTECA NAZIONALE ✆ (070) 674 054.** *Ouvert de 9h à 20h. Entrée 2 €, gratuit pour les moins de 18 ans et les plus de 65 ans.* Un intéressant panorama des différentes écoles de la peinture sarde, dont une collection de retables des XVe et XVIe siècles, importés d'Espagne, puis produits et imités en Sardaigne par des artistes le plus souvent anonymes. On remarquera les œuvres de Pietro Cavaro, qui inaugurera un style connu sous le nom d'« école de Stampace ». L'essentiel de la production artistique des XVIIe et XVIIIe siècles est constitué de tableaux importés, alors que les toiles du XIXe siècle sont signées par des peintres locaux.

■ **RACCOLTA DI CERE ANATOMICHE DI CLEMENTE SUSINI – www.pax.unita.it/cereng.htm – riva@waxca1.unica.it –** 23 modèles de cire réalisés au début du XIXe siècle par le Florentin Clemente Susini. Curieux, mais pas follement intéressant.

■ **LA ZONE ARCHEOLOGIQUE DE SANT'EULALIA. Vico Collegio 2.** *Ouverte de 10h à 13h et de 17h à 20h. Fermée le lundi. Entrée 2,50 €.* Découverte par hasard en 1990, lors des travaux de restauration de l'église de Sant'Eulalia, cette zone archéologique, dont on a accès que de la basilique, comprend des ruines des installations romaines, médiévales et modernes. Les creusements ont permis de découvrir les structures stratifiées des installations humaines dans la ville pendant différentes époques. On peut se promener parmi les restes de ces anciennes villes. Parmi les pièces les plus étonnantes, 13 m d'une rue pavée remontant au Ve siècle, qui montre toujours les traces du passage des chars. Un temple, des statues et des monnaies datées du IIIe siècle av. J.-C. ont aussi été retrouvés. Un bunker où les Cagliaritani se cachaient pendant les bombardements de la Deuxième Guerre mondiale constitue le début de la visite. La crypte de Santa Restituta, au-dessous de l'église, remonte à 1600. L'entrée est en via Sant'Efisio 14, dans les quartiers de Stampace.

■ **LA VIA SANTA CROCE,** près des remparts, offre une belle vue sur l'ouest de Cagliari. Le soir, il est particulièrement agréable de s'y promener, en s'arrêtant dans un de ses cafés. Autrefois, cette rue était au cœur du ghetto juif. La Torre dell'Elefante (*ouverte tous les jours, entrée 3 €*), visible également dans la rue Santa-Croce, fut construite par les Pisans en 1307. Son nom vient du petit éléphant en pierre sculpté sur sa façade. Sous la domination espagnole, on accrochait à la herse de la tour les têtes des criminels exécutés. De façon moins sanglante, la tour fut convertie au XIXe siècle en prison pour les prisonniers politiques. Passez sous la tour, et empruntez la via Università : on passe à présent devant l'université (au n° 32), qui fait partie de l'ensemble réalisé à la fin du XVIIIe siècle sous le règne de Carlo Emanuele III et qui comprend aussi le Seminario Tridentino et le Teatro. On parvient ensuite aux abords du bastion San Remy.

■ **PALAZZO BOYL.** Le palais, qui donne sur la terrasse du Bastione di San Remy, date de 1840. Il ne reste malheureusement que peu de choses de sa splendeur passée : sur sa façade, quatre statues personnifient les quatre saisons, alors que des boulets de canon incrustés sur le mur extérieur rappellent les trois sièges français, anglais et espagnol, subis par Cagliari. Vous pourrez ensuite descendre l'escalier monumental qui mène au quartier de la Marina. Au passage, admirez les têtes de lions qui donnent son nom à la Porta dei Leoni.

Quartier de la Marina

Le quartier de la Marina est l'un des plus animés de Cagliari. Il est bordé par les remparts du Castello au nord, et par les trois plus importantes artères de la ville : le largo Carlo Felice à l'ouest, la via Roma longeant le port au sud et la viale Regina Margherita à l'est. Si cette zone est moins riche en monuments, elle offre aux flâneurs des rues ombragées et fleuries, bordées de boutiques et de cafés.

A ceux qui voudraient visiter rapidement ce quartier, nous proposons un parcours qui suit l'itinéraire précédent, et commence donc en bas de l'escalier du Bastione di San Remy, piazza Costituzione. A partir de la piazza Costituzione, empruntez la via Manno, la rue la plus commerçante de la ville. Il faut y être à l'heure de la passeggiata, quand les Cagliaritani s'y promènent en famille ou avec des amis. Sur votre gauche se trouve la Chiesa di Sant'Antonio Abate, du XVIIe siècle, dédiée au saint protecteur des bandits (vianditi) et des animaux.

► **Vous arrivez ensuite sur la piazza Yenne,** qui compte de nombreux cafés agréables pour prendre un verre. Elle accueille aussi une statue en bronze de Carlo Felice et une colonne marquant le point de départ de la SS 131 (aussi appelée Carlo Felice), l'autoroute qui traverse l'île du sud au nord, reliant Cagliari à Porto Torres.

► **Descendez à présent le largo Carlo Felice,** en admirant les arbres qui bordent cette avenue : les jacarandas, d'origine sud-américaine, sont emblématiques de Cagliari. Ils donnent de très belles fleurs violettes en mai et en septembre.

► **Tournez à gauche dans la via del Mercato Vecchio :** vous croisez la via Baylle. Dans cette rue, à gauche, vous trouverez la Chiesa di Sant'Agostino (1580), un des seuls exemples de l'architecture Renaissance en Sardaigne. Revenez sur vos pas et prenez à gauche la via Sicilia, puis à droite la via Napoli.

► **Vous croiserez ensuite la via Sardegna,** peuplée de petites trattorie pour vous restaurer à moindre prix. Vous pouvez la parcourir jusqu'à la préfecture : tournez à droite et empruntez la via Roma dans l'autre sens. Vous pourrez alors vous promener sous les arcades des bâtiments de style Liberty qui font face aux bateaux amarrés au port. Les nombreux cafés et boutiques installés sous ces arcades sont autant de haltes possibles avant de recroiser le largo Carlo Felice et d'aborder la visite de Stampace.

Quartier de Stampace

Ce nom (qui signifie « allez en paix ») vient de la formule de bénédiction donnée par le prêtre au condamné à mort juste avant son exécution. Malgré cela, le quartier de Stampace est un endroit paisible, et avant tout résidentiel : on y découvrira, au hasard de ses déambulations, de belles demeures de style Liberty datant du siècle dernier.

► **L'itinéraire commence à l'angle de la via Roma et du largo Carlo Felice.** Vous ne pouvez pas manquer la structure imposante du Palazzo Civico (l'actuelle mairie de Cagliari). L'édifice, qui s'inspire de l'architecture gothique catalane, présente une façade Art nouveau en calcaire blanc, achevée en 1907. A l'intérieur sont exposées de nombreuses œuvres d'artistes sardes (Ciusa, Delitala, Marini, Melis). Dans la Stanza del Sindaco se trouve une très belle toile de Giovanni Marghinotti représentant l'hommage de la Sardaigne à Carlo Felice.

► **En poursuivant votre chemin sur la via Roma,** vous laisserez la gare sur votre gauche pour rejoindre la piazza del Carmine, en empruntant la via Sassari sur votre droite. La place doit son nom à la statue de Nostra Dama del Carmine, au centre. Cet ancien forum romain est fleuri de Ficus retusa, un arbre d'origine sud-américaine qui a la particularité d'être toujours vert. Ces dernières années, la municipalité a entrepris d'importants travaux de rénovation pour rendre à la place l'aspect qu'elle avait au début du siècle, avec ses lampadaires surannés et la belle poste de 1932.

► **En empruntant la via Trieste** qui donne sur la place, vous passerez devant l'église Notre-Dame-del-Carmine, qui possède une immense fresque en mosaïque de l'artiste Aligi Sassu. Remontez ensuite sur votre droite pour voir la villa di Tigellio. Pour visiter le site archéologique, il faut téléphoner (✆ (070) 60 51 82 31), mais vous pourrez vous contenter de le regarder de l'extérieur : à travers les grilles, on voit l'essentiel.

Il ne s'agit pas réellement d'une villa romaine, mais vraisemblablement d'un quartier aristocratique de la cité de Karalès, datant de l'époque impériale. L'une de ces maisons aurait appartenu au chanteur et poète sarde Tigellio Ermogène, un proche de César.

■ **JARDINS BOTANIQUES. Viale San Ignazio, 11.** *Ouvert le matin de 8h à 13h toute l'année et l'après-midi de 15h à 19h du 1er avril au 15 octobre. En été, visites guidées à 11h le dimanche (se renseigner au ✆ (070) 49 43 54). Entrée 1 €.* Les jardins s'étendent sur 5 ha et rassemblent d'intéressants spécimens des 5 continents : lentisques du maquis méditerranéen, cactus des déserts américains, plantes tropicales, des ficus magnoliodes monumentaux. Lors des visites guidées, d'autres parties du jardin sont ouvertes, en particulier une zone archéologique qui comprend des puits et citernes romano-carthaginois.

■ **GALLERIA COMUNALE D'ARTE. Largo Dessì (jardins publics) ✆ (070) 49 07 27 – www.collezioneingrao.it** – *Ouvert de 9h à 13h et de 15h30 à 19h30 ; en juillet et août de 9h à 13h et de 17h à 21h. Fermé le mardi. Entrée 3,10 €.* Un élégant bâtiment du XVIIIe siècle abrite les œuvres données à la mairie de Cagliari par les héritiers du collectionneur Francesco Paolo Ingrao. Ce sont 250 tableaux et sculptures du XIXe et XXe siècle, signés d'artistes célèbres. Parmi les plus connus : Boccioni, Balla, Depero, Morandi, Severini et De Pisis. Trois salles au rez-de-chaussée, surnommées « les chambres du collectionneur », réunissent d'autres œuvres : tableaux, dessins, incisions, bronzes, le tout disposé en un fascinant (et seulement apparent) désordre.

■ **ANFITEATRO ROMANO. Viale San Ignazio.** *Ouvert en septembre et octobre de 9h à 13h et de 14h à 19h. Entrée libre.* L'amphithéâtre à plan elliptique date du IIe siècle apr. J.-C. On peut encore voir ses gradins qui pouvaient accueillir jusqu'à 2 000 personnes, mais aussi la cavea (la « fosse aux fauves »). Pendant la Deuxième Guerre mondiale, ses galeries souterraines ont servi d'abris antiaériens et d'arsenal. Aujourd'hui, cette superbe structure est utilisée en été pour des manifestations culturelles exceptionnelles.

Au-dessus de l'amphithéâtre s'étire la viale Buoncamino, qui sépare Stampace du Castello. C'est une promenade très agréable d'où s'étend un très beau panorama sur la ville, le port et les montagnes de Capoterra.

▶ **En revenant dans la partie basse de Stampace par la via Ospedale,** on pourra faire un arrêt à la Chiesa di Sant'Efisio (*ouverte de 9h à 13h et de 15h30 à 19h30*). L'église espagnole à la façade baroque est construite à l'emplacement même où le saint aurait été emprisonné avant d'être martyrisé à Nora. C'est d'ailleurs d'ici que part la procession du 1er mai qui refait le trajet jusqu'à Nora. L'intérieur est richement décoré avec des autels en marbre polychrome, de nombreux tableaux et statues datant du XVIIIe siècle.

▶ **A l'extrémité de la via Ospedale** se dresse la très baroque Chiesa di San Michele (*ouverte du lundi au samedi de 7h à 11h et de 18h à 20h30, le dimanche de 7h à 11h et de 19h à 20h30*). L'église fut construite par les jésuites à la fin du XVIIe siècle, mais l'intérieur, qui date du XVIIIe, présente un style rococo assez rare en Sardaigne. On pourra y admirer des autels en marbre, des œuvres en stuc, et des portraits de jésuites dans la sacristie.

Vue d'ensemble de Cagliari

Villanova

A l'est du Castello, le quartier de Villanova était autrefois la partie la plus campagnarde de la ville. Aujourd'hui encore, les espaces verts y sont nombreux, et les constructions résidentielles assez modestes de style Liberty n'ont pas fait totalement disparaître cette atmosphère paisible et fleurie.

▸ **La via Regina Elena,** qui part de la piazza Costituzione, offre une très belle vue sur la partie orientale de Cagliari, et mène aux **Giardini Pubblici** (*ouverts de 9h à 13h et de 16h à 20h, fermés le lundi*). A l'intérieur de ces jardins se trouve un petit palais ravissant qui accueille la **Galleria Comunale d'Arte Moderna.** Le musée présente les œuvres d'artistes sardes contemporains ainsi qu'une collection italienne « néo-avant-garde » des années 60 et 70. En redescendant vers le port, promenez-vous dans les rues de Villanova. C'est le quartier des artisans et des commerçants. La via San Giovanni et les rues des alentours sont bordées d'ateliers de menuiserie et de peinture, de boutiques de cordonniers, de barbiers…

▸ **Les nombreuses églises de Villanova** témoignent de l'influence espagnole. Certaines possèdent des cloîtres, comme la Chiesa di San Mauro ou la Chiesa di San Domenico.

Nouveaux quartiers

Des tours d'habitation du plus pur style « reconstruction hâtive d'après-guerre » comblant les espaces encore vacants à l'est et à l'ouest de Cagliari : voilà ce que pourrait penser de ces quartiers le visiteur pressé. Même si cette description n'est pas totalement fausse, elle ne rend pas tout à fait justice à cette partie de Cagliari qui possède quelques monuments tout à fait dignes d'intérêt.

▸ **Au sud-ouest de la ville,** le Castello di San Michele, récemment restauré, appartient à l'histoire pisane de la ville. Seul le parc qui l'entoure est ouvert au public.

▸ **A l'est du quartier de Stampace,** les anciens abattoirs municipaux ont été restaurés et accueillent maintenant le **Centro Comunale d'Arte et Cultura** « EXMA » (ex-Mattatoio municipale). Via San Lucifero, 71 ✆ (070) 66 63 99. *Ouvert de 9h à 20h en hiver et de 10h à 14h et de 17h à minuit en été. Entrée adultes 2,60 €, moins de 26 ans 0,60 €, gratuit pour les moins de 5 ans et les plus de 65 ans.* Dans un cadre moderne et spacieux sont présentées des expositions temporaires très variées, allant de la photographie au design, en passant par l'artisanat sarde.

■ **MUSEE ARCHEOLOGIQUE « SA DOMU NOSTA ». Via Scaledda, 1 ✆ (070) 98 09 071 – www.museodomunosta.it –** *Ouvert de 9h à 13h et de 16h à 19h, fermé le lundi. Entrée 2 €.* Les salles qui s'articulent autour de la cour de cette demeure ancienne abritent une remarquable collection archéologique. Dans la première section sont exposés des objets provenant du site de Senorbì, datant du Néolithique au Moyen Age, avec une petite incursion aux époques nuragique et carthaginoise. La seconde salle réunit divers objets mis au jour lors des fouilles sur le site de la nécropole de Monte Luna : des vêtements funéraires, des bijoux et des plats ornementaux du Ve et IIIe siècle avant J.-C. ont été découverts dans les hypogées, certains représentant des scarabées, identiques à ceux de l'ancienne Egypte. Le musée organise des excursions sur les sites archéologiques des environs.

■ **BASILICA DI SAN SATURNIO. Piazza San Cosimo.** C'est l'un des plus anciens monuments chrétiens de Sardaigne : la première structure date du IVe ou Ve siècle apr. J.-C. et aurait été édifiée à l'endroit même où saint Saturnio fut martyrisé en 304. La basilique fut ensuite remaniée et une coupole lui fut ajoutée à l'époque byzantine. Au XIe siècle, les moines de Saint-Victor de Marseille

Pour les aspirants archéologues

Le parcours pour rejoindre la grotte de la Vipera (de la « vipère ») s'adresse aux passionnés d'archéologie qui ne se découragent pas facilement. Pour s'y rendre, il faut prendre le corso Vittorio Emmanuele et continuer tout droit jusqu'à la viale Trento, laquelle devient plus loin la viale Sant'Avendrace. Là, au n° 85, se trouve une tombe rupestre romane, presque cachée entre deux bâtiments anciens, derrière une grille. Sur le portail décoré de reliefs en forme de serpents, on peut voir des incisions en grec et en latin et des poèmes de Lucio Cassio Filippo, dédiés à sa femme Pomptilla, morte avant lui. Leur tombe est située au pied de la colline Tuvixeddu, où se trouve la nécropole de Tuvixeddu (du Ve siècle avant J.-C.), un important site archéologique. Malheureusement, ce site est mal entretenu et on le visite seulement sur demande.

▸ **Pour réserver une visite,** appeler au ✆ (070) 65 18 84.

Salines de Cagliari

lui donnèrent un aspect romano-provençal. Plus tard, abandonnée par les moines, la basilique se dégrada. Enfin, endommagée par les bombardements de la Seconde Guerre mondiale, elle fut restaurée après la guerre.

■ **SPIAGGIA DEL POETTO. A 10 min du centre-ville.** On ne peut pas la comparer aux plages de Chia ou de Villasimius, mais on s'en contentera largement. Même si son sable, blanc et très fin autrefois, est aujourd'hui plus grossier. Il a en effet été mélangé avec un sable de l'extérieur suite à une opération d'agrandissement de la plage. L'opération, connue comme ripascimento a été très critiquée par les Cagliaritani, qui n'arrivent toujours pas à pardonner à la mairie d'avoir changé l'aspect de leur plage. Une belle plage cependant, fréquentée majoritairement par des Cagliaritani, qui identifient ses différentes zones avec les arrêts du bus. Par exemple : le kiosque Il Nilo se trouve à la sesta fermata, la zone la plus chic est celle de la prima fermata, etc.. On y trouve des clubs de kayak, de voile et de windsurf. Si vous souhaitez vous dessoûler, vous pouvez prendre une douche (froide) dans ces clubs, ça n'a l'air de poser de problème à personne. Il Poetto est très animé le soir. Les Cagliaritani y vont pour boire un verre et pour prendre le frais. Des feux d'artifice et un concert avec des artistes internationaux sont normalement organisés ici la nuit du 15 août. Pendant l'été, le Poetto est aussi une des étapes du championnat italien de beach-volley, qui arrive ici (sesta fermata) avec un vrai village, où l'on peut aussi jouer. Les tournois itinérants de beach-rugby et celui de beach-foot se déroulent ici parfois aussi. Pour obtenir des renseignements, s'adresser au kiosque Il Nilo.

■ **LE VILLAGE DES PECHEURS DE GIORGINO.** Sur la côte sud-occidentale qui s'entend de Cagliari à Capo Teulada, le village des pêcheurs a récemment été reconstruit sur la plage de Giorgino, à quelques km de la ville. On y trouve des restaurants rustiques gérés par les pêcheurs où l'on mange du poisson et des fruits de mer à volonté pour des prix très honnêtes.

■ **LA PLAGE DE CALAMOSCA.** Les deux petites plages pierreuses de Cala Mosca se trouvent au pied du mont La Sella del Diavolo, site d'une vaste zone militaire. On y arrive en tournant à droite du viale Diaz avant d'atteindre le Poetto. Ici on est toujours à l'abri du vent, insupportable lorsque l'on prend le soleil sur le sable.

Parcs

■ **MONTE CLARO. Entrée via Cadello.** Des pelouses vertes où sont organisés, au printemps, des concerts des jeunes groupes locaux, des spectacles de capoeira ou des tournois de jeux de rôle live. Il y a aussi un café et un restaurant-pizzeria en plein air à côté d'un petit lac avec des canards.

■ **SAN MICHELE. Entrée via Cornalina.** Le mont de San Michele fut le site d'une des premières installations humaines de l'île, remontant à l'âge énéolithique. Un château fut édifié par les Pisans au XIIIe siècle sur le sommet du mont, à la place d'un monastère dédié à l'Archange Michel. A côté du château, une citerne construite par les Carthaginois est toujours visible. Dans le château, sont organisées aujourd'hui des expositions d'art. Le restaurant installé en face est sympathique.

■ **MONTE URPINU. Entrée viale Europa.** C'est le parc le plus ancien de la ville, lieu traditionnel de rencontre pour les jeunes couples. Aujourd'hui on y trouve des lacs avec des cygnes, des jeux pour les enfants et des jolis cafés et gelaterie.

■ **STAGNO DI MOLENTARGIUS. Viale Marconi.** Cette étang a été transformée en zone écologique protégée lorsque, en 1993, une colonie de flamants roses y a établit domicile. Jusqu'alors ces échassiers ne s'observaient qu'en France et en Espagne, leur arrivée en Sardaigne a donc créé la surprise, d'autant que plusieurs milliers de naissances ont rapidement suivi. Depuis 1997, les nouveaux-nés sont recensés et bagués. Même si la réserve se trouve dans l'un des coins les plus animés de l'île, son statut de parc régional (depuis 1999) permet la mise en œuvre d'installations performantes assurant la tranquillité des flamants roses, surtout pendant la période des amours au printemps. D'autres variétés d'oiseaux ont investi les lieux, comme des avocettes, des mouettes, des cormorans et des hérons.

Shopping

Bijoux

■ **GIANVITTORIO. Corso Vittorio Emmanuele, 259 ✆ (070) 66 33 38.** Francesco Vacca, connu sous le nom de Gianvittorio, est une figure emblématique du bijou sarde. Aujourd'hui il se consacre à la peinture figurative appliquée à l'orfèvrerie, sur des thèmes inspirés par la Sardaigne. Il expose ses œuvres dans ce point de vente qu'il gère avec sa femme Ileana. Colliers et épingles en corail, or, argent et turquoise sont tous des modèles uniques. Une curiosité : la collection de rosaires de facture traditionnelle sarde. Le prix de chaque objet varie selon le poids de l'or et le type de décoration.

Couteaux

■ **COLTELLERIA CLEMENTE BINELLI. Via Angioy, 72-74.** Une grande variété de couteaux pour les collectionneurs, comme le pattadese, à pointe, et arburese pour couper le cuir.

Décoration

■ **ARTE SARDA. Via Roma, 19.** Coraux et filigranes, colliers et bagues sardes, mais aussi des tapis, nappes, masques, porcelaines et lampes réalisés par les artisans de l'île.

■ **CROCIERA TOTALE. Via Sardegna, 126.** Tout ce qui concerne la mer : des livres aux cartes en passant par les instruments de navigation.

■ **GUGLIELMO CAO, DAL 1818. Via Manno, 88.** Nappes et tissus artisanaux. Tapis sardes, masques traditionnels, petites statues en terre cuite peintes à la main, objets en cuivre.

■ **KERNOS. Via Cimarosa, 31-33 ✆ (070) 40 14 71 – www.kernosceramiche.com –** De cet atelier du centre-ville sortent des objets en céramique ornés de motifs traditionnels, principalement bleu clair sur fond blanc. Mais la tradition n'interdisant pas la fantaisie, les artisans ne refusent pas les schémas créatifs nouveaux et bien souvent plats, vases et lampes sont très appréciés pour leurs couleurs sombres. A remarquer également, les décorations en bas-reliefs. *Compter 10 € pour un cendrier, 200 € pour une lampe.* Show-room estival sur la petite, mais animée, place de Carloforte.

■ **ISOLA. via Bacaredda, 176-178 ✆/Fax : (070)/49 27 56.** Vous pourrez acheter des tapis, des céramiques, de paniers, des meubles, des petites statues en bois, bon marché et de bonne qualité

Épiceries

■ **SAPORI DI SARDEGNA. Vico dei Mille ✆ (070) 684 87 47.** Pane carasau, dolci sardi, antipasti, pecorino, une excellente sélection de vins sardes… Une boutique qui propose des produits typiques sardes de qualité. Laissez-vous conseiller (en français) par le très sympathique et exubérant Giorgio Marongiu, qui représente l'alimentation sarde dans le monde entier. Fervent défenseur de la gastronomie, du vin et de la culture sarde, il organise des repas, des événements culturels et des spectacles en langue sarde, tout au long de l'année. Passez au magasin pour vous renseigner.

■ **ANTICA ENOTECA CAGLIARITANA. Salita Santa Chiara, 21.** C'est le bon endroit pour acheter des vins typiques comme le cannonau, le vermentino di Gallura, le vernaccia di Oristano, et d'autres distillés comme le myrte et la liqueur filu 'e ferru.

■ **GASTRONOMIA PISU. Via Baylle, 39.** Jambons de porc et de sanglier, fromage pecorino et panadas, pâtes farcies à la viande de porc ou d'agneau…

Marchés

■ **MARCHE DE SANT'ELIA.** *Tous les dimanches matin dans le quartier de Sant'Elia, via Carta Raspi.* Alimentation et poissons fraîchement pêchés.

■ **MARCHE AUX PUCES DI SAN BENEDETTO.** *Tous les jours.* On y trouve tout et n'importe quoi. Sinon **piazza del Carmine.** *Tous les 2e et 4e dimanches du mois.* 70-80 exposants ✆ 349 16 34 146 et **Piazza Giovanni XXIII.** *Tous les 1er et 3e dimanches du mois.* 80 exposants ✆ 349 16 34 146.

■ **MARCHE DE L'ARTISANAT.** *Dimanche matin, piazza del Carmine.* Collections et artisanat.

■ **MARCHE DE L'ARTISANAT.** *Dimanche matin, piazza Trento.* Artisanat et antiquités.

Mode

■ **VIA MANNO, VIA SARDEGNA, VIA GARIBALDI, VIA ROMA, VIA DANTE, VIA PAOLI.** Boutiques de vêtements. Si vous aimez le look italien, c'est ici qu'il faut venir vous habiller.

■ **CASTANGIA 1850. Via Manno, 21.** Boutique d'un ancien tailleur qui façonne des vêtements sur mesure et des accessoires à la mode.

Sports et loisirs

■ **OBSERVATION DES OISEAUX SUR LES ETANGS DE CAGLIARI : LIPU (Ligue italienne pour la protection des oiseaux). Via Cilea 79, Quartu S. Elena** ✆ (070) 83 74 58.

■ **VELO. BIKE CLUB SARDEGNA. Via Costa 35 ✆ (070) 41 779 – www.bikesardegna.it** – Des tours guidés à vélo et à VTT.

Plongée

■ **CAPO CACCIA (Cagliari). Grotta del Nereo. Informations : Karibu Diving. Capo Caccia ✆ 079 94 66 66.** *Prix pour une plongée : 50 €.*

■ **ILE DE SAN PIETRO (Cagliari). Scoglio del Corno. Informations : Isla Diving. San Pietro ✆ 078 18 55 634.** *Prix pour une plongée : 35 €.*

Les environs de Cagliari

Séparées de la ville que par le viale Marconi ou des brefs tracés d'autoroutes statales, ces municipalités sont toutes très vastes et chacune d'entre elles a sa propre histoire. Pas aussi belles que Cagliari, elles méritent tout de même qu'on s'y arrête, voire plus. On y trouve en effet des hôtels moins chers que dans la capitale.

Les gens rouges

Les Sardes du Sud de l'île ont toujours été fascinés par les flamants roses. Ces grands oiseaux migrateurs venaient ici déposer leurs œufs et quittaient les côtes de la Sardaigne juste après. Installés dans le Sud de la France, ils ne visitaient l'île que pour une courte durée. Les premières études sardes au sujet de ces échassiers remontent au XVIIIe siècle.

Depuis une quinzaine d'années une colonie de flamants roses a choisi la lagune salée de Cagliari comme leur base permanente. Parfois tués par des vandales ou par des chiens errants, ces élégants oiseaux sont en général très respectés par les Cagliaritani, qui les protégent et ne se lassent pas de les observer. Ils les appellent toujours en dialecte sarde sa genti arrubia, les « gens rouges », un nom mystérieux qui a été donné aux flamants roses quand ils n'étaient pour les Sardes que de mystérieux visiteurs.

Les premières villes sardes

Au cours des derniers siècles de la période nuragique, les Phéniciens fondèrent tout au long des côtes de l'île leurs premières colonies, qui passèrent ensuite aux Carthaginois. Parmi elles : Sulci, l'actuelle Sant'Antioco, Tharros et Nora, à 40 km de Cagliari. Ces 3 sites permettent aux visiteurs de percevoir la structure urbaine originelle, avec les lieux de culte et les nécropoles de cette captivante civilisation. Une belle excursion de Cagliari vers le site archéologique de Nora en est un bon exemple. L'aspect actuel de ce port phénicien remonte à la période romaine. Une promenade dans les rues et les ruines de Nora est un voyage dans le temps. Parmi les divers vestiges architecturaux, on remarquera surtout le théâtre de l'époque d'Auguste, le forum et le temple. Des thermes centraux, on peut admirer les vestiges des mosaïques de sol et un porche. En suivant une allée verdoyante, on arrive à la casa dell'atrio dalle quattro colonne, une belle maison aux quatre colonnes et au pavement décoré de mosaïque. Enfin, à l'extrémité du promontoire, on sera frappé par l'étonnante beauté du sanctuaire d'Esculape.

QUARTU SANT'ELENA

Avec ses 70 000 hab., Quartu Sant'Elena est la 3e ville de la Sardaigne après Cagliari et Sassari, située sur le littoral du golfe. A 6 km de la capitale, jusqu'en 1960 elle n'était qu'un village qui tirait ses ressources de l'agriculture, de l'artisanat et de l'extraction du sel. Depuis une cinquantaine d'années, la proximité de Cagliari a provoqué un développement résidentiel sans précédent. Elle fut habitée par les Phéniciens et par les Romains et tire son nom de la pierre de signalisation indiquant le quatrième millet de la rue romaine qui mena jusqu'au centre de l'île. Les petites collines sur la côte de Quartu étaient aussi un site de la civilisation nuragique, dont on peut voir toujours quelques vestiges. En 1793 la ville, dont la structure urbaine remonte au Moyen Age, repoussa sur sa côte l'invasion des troupes françaises de l'amiral Troguet. Quartu ne fut reconnue comme ville qu'en 1956, quand à son nom fut rajouté celui de sa sainte patronne.

Le littoral

Les plages de Quartu s'entendent du Poetto jusqu'à la localité de Mari Pintau, « mer peinte » en dialecte local, appelé de cette façon en raison de sa beauté. Le côté oriental et quartais du Poetto arrive jusqu'au Margine Rosso, quartier résidentiel le plus agréable de la ville. Dans ce secteur, on trouve des kiosques, des établissements balnéaires et des parcs très agréables faire du vélo et du roller-blades. Il y a aussi un parc pour les chiens. En poursuivant vers l'est, on trouve la plage de Murtaucci, « myrte douce », et celle de Kal'e moru (l'accostage des sarrasins), qui a obtenu le drapeau européen bleu en raison de ses eaux propres et ses services touristiques. Les plages de Cala Regina, Is Mortorius et Geremeas, sur la route pour Villasimius, méritent aussi une visite. Si on possède un bateau, on peut s'arrêter dans le port touristique de la localité de Capitana.

Hébergement

■ **BEST WESTERN HOTEL ITALIA. Via Panzini 67 ✆ (070) 82 70 70. Fax : (070) 82 70 71 – hitalia.quartu@tiscali.it – www.book.bestwestern.com** – *Chambre double à 94 €, chambre simple à 76 €. Studio pour trois personnes à 116 €, deux pièces (4 places) à 129 €. Petit déjeuner continental 8 €.* Sur la rue centrale viale Colombo, cet hôtel de 84 chambres est très agréable et confortable. A 1 km de la plage et 7 km du centre de Cagliari, il est une alternative très satisfaisante aux hôtels très chers de la capitale.

■ **HOTEL CALIFFO. Via Leonardo da Vinci 118 ✆ (070) 89 01 31. Fax : (070) 89 01 34 – info@hotelcaliffo.com/calif@tiscali.it – info@hotelcaliffo.com/calif@tiscali.it** – *Chambre double entre 44 et 51 € par personne selon la saison. Pour la chambre simple, il faut rajouter 20 €.* Ce 4 étoiles sur la route de Villasimius se trouve à 1,5 km de la plage de Flumini. Il possède une piscine, des courts de tennis et une discothèque.

■ **HOTEL SETAR 4 TORRI. Via Leonardo da Vinci 1 ✆ (070) 86 021. Fax : (070) 86 02 510 – hotelsetar@tiscalinet.it – www.hotelsetar.it** – *Selon la saison, chambre double entre 110 et 125 € par personne avec petit déjeuner. De 92 à 126 € la chambre simple.* Ce 4 étoiles dans la localité S'oru 'e mari n'est pas loin de la plage et dispose d'un centre d'animation pour les enfants.

Points d'intérêt

■ **LES SALINES.** Elles bordent la rue qui mène de la centrale viale Colombo jusqu'à la plage du Poetto. On peut les traverser en suivant les sentiers sur l'eau ou s'arrêter pour observer les flamants roses et les autres oiseaux, notamment les chevaliers d'Italie, les hérons et les hiboux des marais.

■ **L'EGLISE DE SANT'AGATA. Piazza Azuni.** Cette petite église du centre-ville est la plus ancienne de la ville. Elle garde toujours un tableau de la crucifixion remontant à 1600 et réalisé par le maître génois Orazio di Ferrari.

■ **SA DOMU 'E FARRA. Via Eligio Porcu 143.** Cette maison quartaise typique a été pendant des dizaines d'années le musée ethnographique le plus important de la région, avec une collection d'outils datant du XVIIe au XXe siècle, collectés par son propriétaire. Actuellement fermée pour une restauration, elle va bientôt réouvrir ses portes au public.

■ **MUSEE ETNOGRAPHIQUE IL CICLO DELLA VITA. Via Eligio Porcu 271 ✆ (070) 81 24 62 – ciclodellavita@libero.it –** *Ouvert du 1er mai au 31 octobre de 9h à 13h et de 17h à 22h30 et du 1er novembre au 30 avril de 9h à 13h et de 16h à 20h. Entrée 3 €, réduit 2 €.* Installé dans une maison traditionnelle du XIXe siècle, ce musée contient environ 5 000 pièces (meubles, documents, vêtements, outils, livres, photos et objets sacrés) provenant de toute l'île et datant du XVIIIe au XXe siècle. Le parcours de la visite est organisé selon les étapes de la vie humaine, de la naissance à la mort, dans la société paysanne et bergère sarde.

Restaurants

■ **METROPIZZA. Via Venezia 21 ✆ (070) 82 44 47.** *Compter 10 € environ.* On y mange la pizza au mètre : 1/4 de mètre par personne pour les solides estomacs. A essayer.

■ **IL GABBIANO. Loc. Margine Rosso ✆ (070) 83 04 50.** *Compter 10 € environ par repas.* Pizzeria en face à la plage du Margine rosso.

■ **ARKE'. Viale Colombo 3 ✆ (070) 88 36 63.** Un café-restaurant parmi les plus élégants de la ville. Bon choix de primi et de vins, mais un peu cher.

■ **HIBISCUS. Via Dante 81 ✆ (070) 88 13 73. Fax : (070) 88 05 084 – figusibiscus@tiscalinet.it – www.antoniofigus.it –** *Compter 30 € environ pour un repas.* Dans une typique « casa campidanese », une steakerie parmi les plus appréciées de Quartu.

■ **LA MARINELLA. Lungomare Poetto ✆ (070) 81 01 26.** *En hiver, fermé le mercredi.* Un restaurant connu pour ses plats à base de poissons et fruits de mer sur la plage du Poetto.

Gelaterie

■ **ICE STREET. Viale Colombo 184 ✆ (070) 81 47 94.** Située au milieu de la rue principale de la ville, cette gelateria offre une variété exceptionnelle de parfums. Des gâteaux à base de glace sont aussi en vente.

■ **COPACABANA. Viale Colombo, côté salines.** Parmi les gelaterie ouvertes plus récemment, Copacabana dispose d'un joli jardin où l'on peut commander des cocktails à base de glace.

■ **TROPICANA. Loc. Flumini di Quartu, Costa degli Angeli ✆ (070) 80 53 14.** Située sur la route côtière, cette gelateria est très animée pendant l'été. Elle dispose d'un vaste jardin où sont organisés des concerts de groupes locaux.

■ **CLIPPER. Via Leonardo da Vinci 185 ✆ (070) 89 02 67. Fax : (070) 89 11 68.** Dégustation de bonnes glaces dans un cadre agréable. Sur la route de Villasimius.

Brasseries

■ **DA MICHELE. Via Magellano 16 ✆ (070) 81 17 19 – www.beerhouse.com – www.beerhouse.com –** La brasserie allemande la plus ancienne de la région de Cagliari. Son patron Michele est un passionné de tabac à priser et garde dans son pub-restaurant une tabatière qui lui a valu de figurer dans le guide des records. Michele est aussi connu pour ses blagues faites aux clients. Un conseil pour les dames : faites attention dans les toilettes !

■ **WINTERGARTEN. Viale Marconi 125 ✆ (070) 88 12 04.** Une autre brasserie-restaurant allemande. Agréable, mais le choix des bières et des plats n'est pas très étendu.

Manifestations

▶ **La Festa di Sant'Elena.** La patronne de la ville est célébrée à la mi-septembre dans la centrale piazza Sant'Elena, où se trouve l'église dédiée à la sainte. La fête des raisins, celle du vin et celle du pain font partie des initiatives ainsi que des défilés des costumes et des danses traditionnelles. Les célébrations ont lieu tous les soirs et terminent par un concert et des feux d'artifices.

▶ **La Festa di Santa Maria.** Elle précède d'une semaine environ celle de Sant'Elena. Célébrée sur la place Santa Maria pendant plusieurs soirs, elle attire pas mal du monde avec des manifestations sportives et musicales.

▶ **La Festa di San Giovanni Battista.** C'est la célébration la plus ancienne et la plus fascinante de Quartu, qui remonte aux rituels phéniciens et au culte du dieu Adonis et qui a lieu durant le mois de juillet. A l'époque, un tribut humain était payé périodiquement aux envahisseurs phéniciens. Maintenant, sept jeunes filles sont choisies chaque année parmi les familles du comité organisateur. Elles sont habillées avec des costumes traditionnels et des bijoux en or et transportées sur un char, appelé sa tracca, symbolisant un bateau vers une petite église sur le littoral de la localité de Flumini.

▶ **Sciampitta.** Cette fête du folklore international a lieu à Quartu fin juillet, pendant une semaine, depuis 30 ans. Des spectacles de danse traditionnelle avec des groupes provenant des quatre coins du monde sont organisés chaque soir.

Shopping

▶ **Les rues propices aux promenades sont le viale Colombo,** du viale Marconi aux salines, et la via Eligio Porcu, dans le vieux centre-ville. Ici, on trouve de nombreux magasins de vêtements, mais aussi des boulangeries à visiter impérativement : Quartu est connu pour ses gâteaux typiques et pour son pain des fêtes. Très bons et très artistiques.

Dans les environs

■ **SA DOMU 'E S'ORCU. Loc. Is Concias.** Cette tombe des géants en pierres granitiques, appelée « la maison de l'ogre », est parmi les plus intéressantes et mieux préservées de l'île. Sa forme taurine, symbole de fertilité, est toujours visible. On y arrive en suivant la SS 125 depuis Quartucciu, en tournant à gauche au km 20,2 après le pont Piscina Nuscedda et en longeant le petit fleuve pendant 2 km.

■ **DIVERLAND. SS 125, Km 19,500, Loc. Gruxi Lillius, Quartucciu ✆ (070) 82 99 012/91 97 – www.diverland.it – www.diverland.it –** *Ouvert du début juin jusqu'à la fin de septembre de 10h à 19h. Ouverture à 9h30 en juillet et en août. Entrée 14 €, 12 € tarif réduit, en juin et en septembre – 16 €, 13 € tarif réduit en juillet et en août.* Ce parc aquatique, le plus grand de la Sardaigne, vient d'ouvrir, avec des jeux aquatiques pour adultes et enfants. On y arrive très simplement avec les bus au départ de la gare centrale de Cagliari. 22 bungalows sont aussi à disposition pour ceux qui veulent y séjourner. *De 45 à 70 € par personne, 70 à 85 € en demi-pension.*

■ **LA FORET DES SETTE FRATELLI.** Ce parc naturel tire son nom des 7 monts qui entourent Cagliari. Il offre des parcours superbes de randonnée et des vues spectaculaires. On y arrive en suivant la SS 125 vers Muravera et en tournant à gauche vers Burcei. On peut obtenir des informations à la caserma forestale di Campu Omu et s'arrêter à l'ancienne caserne de Maidopis, ou près du monolithe granitique Perda de sa Pippia.

■ **LE MARIAGE TRADITIONNEL DE SELARGIUS.** Le Sposalizio selargino a lieu à Selargius, entre Cagliari et Quartu, le 2e dimanche de septembre depuis 1962. Un vrai mariage traditionnel, auquel tout le village assiste, a lieu ce jour-là. Le couple et les deux familles s'habillent en costumes traditionnels et défilent en deux processions séparées précédées par des joueurs de launeddas, le flûte sarde. Du sel et du grain (symboles de la richesse de la ville de Cerargius) sont jetés sur le couple pendant toute la cérémonie.

■ PULA ■

A une trentaine de km au sud-ouest de Cagliari, la ville de Pula (6 500 hab.) est une station balnéaire très fréquentée. Il faut dire qu'il y a de quoi attirer plus d'un visiteur : des plages de sable fin à perte de vue, une eau transparente, un climat clément (température moyenne sur l'année de 18 °C) et des structures hôtelières nombreuses et prestigieuses. Mais c'est bien là le problème : il est difficile de trouver un hébergement à un prix abordable, surtout l'été où certains hôtels n'hésitent pas à tripler leurs prix. A moins d'aller dans les campings.

Transports

Bus

- **Liaisons Cagliari/Pula** en 45 min avec l'**ARST.** En été, un départ toutes les 30 min environ.
- **Des bus toutes les heures** environ pour Chia.

Excursions en bateau

Un excellent moyen de découvrir la côte et ses plages. L'excursion d'une journée coûte 60 € environ par adulte et 40 € par enfant (déjeuner compris). Départs les mercredis, vendredis et dimanches. Billets en vente à l'agence Torri.

Location de vélos

■ **CYCLISERRA. Corso Vittorio Emmanuele.** *50 € par jour.*

■ **PRO BIKE. Corso Vittorio Emmanuele, 118** ✆ (070) 920 80 77/347 507 47 50.

Pratique

■ **OFFICE DU TOURISME. Casa Frau** ✆/Fax : (070) 9 245 250.

■ **PRO LOCO. Viale Nora 20** ✆ (070) 92 45 250.

■ **LE TORRI. Via Corinaldi, Angolo Viale Nora ✆ (070) 92 08 373. Fax : (070) 92 49 142 – info@agenzialetorri.com** – Une société privée qui vous donnera de nombreux renseignements sur la ville et la région.

■ **INTERNET POINT. Via Circonvallazione, 16 ✆ (070) 920 94 62/347 886 90 30.** *Ouvert tous les jours de 9h30 à 13h, de 17h30 à 20h et de 21h30 à 23h.*

Hébergement

Campings

Les hôtels de la région de Pula étant très chers (et même hors de prix en haute saison), le camping est ici la solution idéale. Attention cependant, ils ne disposent pas d'une capacité d'accueil illimitée et il est donc prudent de réserver.

■ **FLUMENDOSA. Km 33,8 sur la SS 195 (au niveau de l'hôtel Flamingo) ✆ (070) 92 08 364. Fax : (070) 924 92 82 – www.campingflumendosa.it** – *140 emplacements de 6 à 8,50 € par jour selon la saison, de 4,50 à 7,50 € par adulte et de 3 à 4,50 € par enfant de 3 à 10 ans.* A 4 km du centre de Pula, dans une pinède près de la plage, ce camping ombragé dispose d'un centre nautique où pratiquer planche à voile, bateau ou ski nautique.

■ **CALA D'OSTIA. Santa Margherita di Pula. Loc. Cala d'Ostia ✆/Fax : (070) 92 14 70 – cop.tur@tin.it** – *Ouvert d'avril à septembre. De 5 à 8 € par personne. Emplacement de 5 à 8 €.* Au bord de la plage, dans la forêt, un camping ombragé et bien entretenu. Pizzeria, bar, épicerie, jeux pour enfants et terrain de foot.

Bien et pas cher

■ **SA LAUNEDDA (CAFE K). Km 34,7 sur la SS 195 ✆ (070) 92 09 596. Fax : (070) 92 45 356.** *Chambre double de 60 à 100 €.* Ce petit hôtel de 7 chambres ne donne pas sur la mer, mais ses prix sont plus abordables que ceux des autres hôtels de Pula.

Pula
vers Nora
vers Perd'e Sali
Vers Cagliari
vers Villa S. Pietro Sarroch et Cagliari
S. Margherita Chia Teulada
Via Delle Rose
Via Delle Margherite
Via Delle Mimose
Via Dei Bouganville
Via Marconi
Via Fermi
Galilei
Viale Europa
RIO DI PULA
Viale Segni
Viale Nora
Station service
Medecin
Informations touristiques
Piazza Popolo
Via Nora
Cagliari
Maggio
Enaudi
Via 25 Aprile
Via Diaz
Via Bolzano
Via Bologna
Via Nuoro
Via Oristano
Via Pisani
Via Firenze
Strada Statale 195
Monte Grappa
Via Monte Santo
Poste
Santa Croce
Piazza Municipio
V. Santa Croce
Via Crispi
Via Sant'Ignazio
Carabinieri
Via Giolitti
Via Garibaldi
Via Cavour
Via Dei Mille
Via Regina
Via Masenti
Corso Vittorio Emanuele
Musée Patroni
Umberto I
Azara
Amiscora
Trieste
Via Frau
Palme
Banque
Corinaldi
Corso V. Emanue
Margherita
Pharmacie
Via Sauro
Via Toti
Piazza Dante
Via Tigellio
Via Lamarmora
Stade
Raimundo
Via Maestrale
Tasso
Via Petrarca
Pascoli
Via Sant'Efisio
Scirocco
Via Ponente
Via Levante
Via Grecale
Musée
Police
Garde médicale

■ **HOTEL SANDALYON. Via Cagliari 30 ✆ (070) 92 09 151.** *Chambre double de 60 à 75 €.* Hôtel très simple mais d'un bon rapport qualité/prix.

■ **HOTEL SU GUNVENTEDDU. Sur la route allant de Nora à Pula ✆/Fax : (070) 92 09 092 – info@suguventeddu.com – www.suguventeddu.com** – *Chambre double de 50 à 80 € environ. Demi-pension, compter 55 € en juillet et 65 € en août. 9 chambres.* Dans la même catégorie que le précédent, mais avec l'avantage d'être tout à côté de la plage.

■ **HOTEL QUATTRO MORI. Via Cagliari, 10 ✆ (070) 920 91 24.** *Chambre simple, compter entre 20 et 25 €, double 35 €.* L'hôtel le moins cher de Pula. Service et confort minimum.

Confort ou charme

■ **ROCCA DORADA. Loc. Santa Margherita di Pula, km 41,200 sur la SS 195 ✆ (070) 92 90 037. Fax : (070) 92 90 150 – roccadorada@virgilio.it – www.hotelroccadorada.it** – *Ouvert de fin mai à fin septembre. Chambre double de 57 à 119 € par personne en pension complète.* Ce joli hôtel situé à quelques centaines de mètres de la plage de Santa Margherita di Pula dispose de 103 chambres. Des courses de windsurfing et de natation sont organisées pour les clients sur le lieu du littoral réservé à l'hôtel, équipé de parasols et de chaises. Animation pour les adultes et germinal-club pour les enfants. Cuisine excellente. Très bon rapport qualité/prix.

■ **FLAMINGO. Loc. Santa Margherita di Pula, km 33,8 sur la SS 195 ✆ (070) 92 08 361/2/3. Fax : (070) 92 08 359 – www.hotelflamingo.it** – *De 80 à 140 € par personne en demi-pension.* Un hôtel-village de vacances très accueillant pour les familles : sa piscine, sa plage de sable blanc et ses activités sportives raviront les enfants et leurs parents. Toutes les chambres disposent d'un balcon avec vue sur la mer ou sur le parc, de la climatisation, d'un mini-bar et de la télévision satellite.

■ **MARE PINETA. A 300 m du Flamingo.** *Demi-pension de 60 à 105 € par personne.* Faisant partie du même groupe hôtelier que le précédent, il est un peu plus petit (60 chambres) et moins cher. Abrité par une pinède et donnant sur la mer, c'est également un hôtel très agréable.

■ **GIARDINI DI ALICE. Loc. Baustella, km 28 sur la SS 195 ✆ (070) 92 09 104. Fax : (070) 92 49 091 – www.igiardinidialice.it – igiardinidialice@tiscalinet.it** – *Demi-pension de 47 à 88 € par personne, chambre double seule de 62 à 130 €.* A la différence des autres hôtels, ce « centre touristique » n'est pas sur la plage mais à quelques kilomètres à l'intérieur des terres. Bon point de départ pour des excursions dans la forêt de Su Cucumeo, à pied ou à cheval, puisqu'il possède une écurie de 15 chevaux. Se renseigner à l'accueil (très sympathique) sur les possibilités d'équitation (*environ 15 € de l'heure*).

■ **NORA CLUB HOTEL. Viale Nora, Pula ✆ (070) 92 44 22. Fax : (070) 92 09 129 – www.zona-net.com/noraclub** – *Chambre double de 100 à 140 €.* Sûrement une bonne adresse, même si c'est un peu cher. L'hôtel est entouré d'un beau jardin et les chambres sont bien équipées. Bon accueil.

Luxe

■ **IS MORUS RELAIS. Km 37,4 sur la SS 195 ✆ (070) 92 11 71. Fax : (070) 92 15 96 – www.ismorus.it** – *Ouvert de mars à novembre. De 99 à 275 € par personne en demi-pension en chambre double, 133 à 308 € pour les suites.* Entourée d'un superbe jardin de 7 ha, une résidence élégante et confortable de 156 lits répartis en chambres et suites, une plage privée et une piscine, une cuisine raffinée et variée… le tout dans une ambiance cosy et paisible. Mais tout cela a un prix…

■ **COSTA DEI FIORI. Km 33,2 sur la SS 195 ✆ (070) 92 45 333. Fax : (070) 92 45 335 – www.costadeifiori.it – info@costadeilfiori.it** – *Demi-pension de 79 à 210 € par personne.* Un hôtel de grand standing avec un accès privé à la Baia Gabriele et une plage de sable. En plus de la très grande piscine, l'hôtel dispose d'un sauna, d'un hammam et de 3 courts de tennis. Les 28 chambres et les 50 suites sont somptueuses, avec climatisation, réfrigérateur bar, télévision et téléphone direct.

■ **IS MOLAS GOLF CLUB HOTEL. Km 30,7 sur la SS 195. Loc. Is Molas ✆ (070) 924 10 06. Fax : (070) 924 10 02 – www.ismolas.it – ismolashotel@tiscali.it** – *Demi-pension de 70 à 125 € par personne en chambre double.* Un bel hôtel 4 étoiles au pied de la colline Piscinas. Des chambres très confortables avec terrasse ou balcon. Une grande piscine très agréable ainsi qu'un centre de remise en forme, où officie (entre autres) Dante Bisio, spécialiste du shiatsu. Une plage privée, à une dizaine de km, accessible avec la navette de l'hôtel. Un excellent restaurant qui renouvelle sa carte tous les jours. Le golf accueille l'Open d'Italie (accès libre pour les clients en demi-pension).

Forte Village Resort : « luxe, calme et volupté »

L'un des tout premiers resorts en Sardaigne, d'une catégorie tout à fait différente des autres villages de vacances qui peuplent les côtes de l'île. Un monde où tout est mis en œuvre pour vous faire passer des moments délicieux. Le cadre est époustouflant : jardins impeccables et fleuris toute l'année sur 25 ha, végétation luxuriante, plage de sable fin et eau émeraude, ciel invariablement bleu. L'architecture de style sardo-méditerranéen s'intègre harmonieusement à l'environnement naturel. Les sept hôtels à thème (Il Villaggio, Le Palme, La Pineta, Il Borgo, Villa del Parco, Le Dune et Il Castello) vont du haut de gamme au plus haut standing. Le Forte Village propose une cuisine raffinée de tous les pays du monde, chacun des 16 restaurants ayant sa spécialité. Le Sardo sert de la vraie cuisine locale, de la langouste à l'aragosta au porcetto ; le Dune, en bord de mer et éclairé aux bougies, a tout du grand restaurant traditionnel ; le Pineta est renommé pour son buffet pantagruélique en plein air ; le Libanese, où officie le chef Khoory, propose les spécialités libanaises des plus réputées, servies au bord de la piscine Oasis. Un restaurant est même réservé aux enfants, pour qui le resort est un véritable paradis : le mini-club leur assure des activités toute la journée.

Pour les plus grands, des infrastructures sportives de qualité sont prévues pour agrémenter les journées ensoleillées : 12 courts de tennis dont 7 en terre battue, une piste de karting, un terrain de quad, un club de voile, un bowling...

Mais le must de ce resort est son centre de thalassothérapie, unique en Sardaigne. Sa méthode est fondée sur des immersions successives dans des bains à teneur en sel décroissante, cachés dans une oasis de verdure. *Entrée aux thermes 80 € ; gommage 95 €. Une semaine en demi-pension à partir de 1 300 €.* Des stars du monde entier viennent profiter du calme de ce resort hollywoodien et du service irréprochable de ses 700 employés.

■ **FORTE VILLAGE RESORT. Route SS 195, km 39 600, 09 010 Santa Margherita di Pula (à 42 km de Cagliari). Réservations** ✆ (070) 92 1 516 – Standard ✆ (070) 92 171. Fax : (070) 92 12 46 – www.fortevillageresort.com – forte.village@forte-hotels.com

Restaurants

Bien et pas cher

■ **BACCHIXEDDU. Km 33,3 sur la SS195 (sur la droite en allant vers Teulada) ✆ (070) 92 09 653.** *Repas complet (primi, secondi, contorni et boisson) environ 25 €.* Un restaurant familial où l'on mange très bien pour des prix tout à fait corrects.

■ **PIZZERIA-BAR S'INCONTRU. Piazza del Popolo, 63 ✆ (070) 924 60 90.** *Pizzas de 4 à 10 €.* On est au cœur de la place principale de Pula, bercé par les allées et venues de la passeggiata. Un large choix de bonnes pizzas. Le service est un peu lent, mais peu importe, on est tellement bien, sur cette place.

■ **ELEONORA. Via Nora, 37 ✆ (070) 92 09 691.** Un restaurant à prix modérés tout près de la piazza del Popolo. Très bonne cuisine de spécialités locales. Connu pour ses pizzas géantes. A goûter sa pizza Regina aux tomates et mozzarella di bufala.

Bonnes tables

■ **LA BIADA. Km 35 sur la SS 195 ✆ (070) 921 526.** Une auberge d'agritourisme qui propose aussi des chambres. Excellente cuisine, dont des spécialités sardes.

■ **DA GIANCARLO. Viale Nora, 10 ✆ (070) 924 61 64.** *Restaurant non fumeur. Repas complet 25 €.* Pas vraiment facile à trouver. Un bon restaurant de poisson, spacieux et aux couleurs chaleureuses. A essayer absolument, les antipasti ai frutti di mare. Service rapide et sympathique. Fait aussi pizzeria.

■ **IS MORUS RANCH. Via Rirso, 33 ✆ 0333/24 38 791. Fax : (070) 924 00 51 – www.ranchismorus. it – ranchis@tiscalinet.it –** *Compter 25 € environ par personne.* Une ferme d'agritourisme aux allures d'hacienda et ouverte sur un grand jardin. Possibilité de louer des VTT ou de faire de l'équitation (*15,50 € de l'heure*), dans la montagne ou sur la plage (sauf en été).

■ **I MILLENARI. Loc. Sa Perda Fitta, sur la route de Nora.** Un restaurant-pizzeria un peu plus cher, mais où l'on dîne dans un cadre ravissant…

■ **SA CARDIGA E SU SCHIRONI. Loc. Maddalena Spiaggia, sur la SS 195, dans le territoire de Capoterra ✆ (070) 71 652 – www.sacardigaesuschironi.it – murgia@sacardigaesuschironi.it –** Un restaurant connu pour ses plats traditionnels à base de poisson et fruits de mer qui organise des déjeuners et des dîners pour un minimum de 10 personnes et un maximum de 600.

Sortir

▸ **Le soir, à Pula,** vous ne manquerez pas de faire comme tout le monde : vous irez flâner sur la **piazza del Popolo,** le centre animé de la ville, et prendre un verre ou une glace au joli café Su Nuraghe. En été, des concerts en plein air sont organisés sur la place du Peuple… pour le peuple.

▸ **Dans la via Nora,** qui donne sur la piazza del Popolo, le Fior di Panna (n° 91) fabrique d'excellentes glaces artisanales, mais les meilleures glaces de Pula se trouvent un peu plus loin, chez Olla (via Nora, 174). Cette charmante petite boutique propose aussi un grand choix de dolce sardi : des tilicas, des papassine, des guefus, des amaretti… On y fait également des pains sardes, aussi beaux que bons, et vendus au kilo.

Discothèques

C'est sur la côte de Pula que la jeunesse de Cagliari se retrouve pour danser en fin de semaine. L'été surtout, il y a beaucoup d'ambiance dans les discos-bars de la région. Les plus grandes boîtes de nuit sont **Zelig Zone** (Villa San Pietro), **Tsunami** et **L'Aquilone** (Santa Margherita) et **Corto Noa** (km 32,3 sur la SS 195 ✆ (070) 92 455 55 – www.cortenoa.com).

Manifestations

▸ **La Notte dei Poeti.** Depuis 1983, de la mi-juillet à la mi-août, le théâtre romain de Nora, à 40 km de Cagliari, accueille la Notte dei Poeti. Ce festival, qui programme des manifestations culturelles en tout genre – opéras, concerts, théâtre – se déroule dans le cadre extraordinaire d'une des régions côtières parmi les plus sauvages de la Sardaigne. Y participent des artistes mondialement connus, tels que Giorgio Albertazzi, Paolo Conte, Alessandro Baricco, Juliette Gréco, Amalia Rodriguez, Cesaria Evora, et bien d'autres.

▸ **Informations** au ✆ (070) 270 577 – www.lanottedeipoeti.it – cedac@tiscalinet.it – Billets 18 € (tarif réduit 10 €). Pré-vente à **Nora,** à **Pula** (office du tourisme) et à **Cagliari** (Box Office, viale Regina Margherita, 43 ou Teatro Alfieri, via della Pineta, 209).

Points d'intérêt

A part son cadre privilégié, la ville même de Pula ne présente que peu d'intérêt. On pourra cependant flâner dans le centre historique et y admirer quelques belles demeures du XIXe siècle très bien conservées. L'édifice le plus remarquable se trouve sur la via Nora, à droite quand on vient de la piazza del Popolo. Il s'agit de la **villa Santa Maria,** un bâtiment néoclassique construit en 1838.

Toujours dans la via Roma, en remontant vers la piazza del Popolo, on arrive à la Chiesa di San Giovanni Battista. Mais la visite de Pula n'est pas complète sans celle du **Musée archéologique G. Patroni** (corso Vittorio Emanuele), *ouvert tous les jours de 9h à 19h, qui rassemble les objets mis au jour lors des fouilles menées sur le site de Nora : amphores, ancres marines, céramiques, lampes à huile…*

Sports et loisirs

Plongée

■ **DIVING CENTER « BLUE EXPERIENCE ». Km 33 sur la SS 195 ✆ 347/92 29 232 – www.tiscalinet.it/bluexperience – bluexperience@tiscalinet.it –** Ce centre de plongée fait découvrir les eaux sardes du Capo Pula au Capo Teulada, en toute sécurité. Il applique les méthodes de l'organisation internationale Padi et les plongées sont encadrées par un personnel sympathique et qualifié.

■ **DIVING CENTER FRA LO MAR. Porto Calaverde. Km 38,7 sur la SS 195 ✆ (070) 921 082/335 347 631 – fralomar@tiscalinet.it –** Excursions guidées et location d'équipement.

Parc aquatique

■ **BLUFAN. Km 24,650 sur la SS 195 ✆ (070) 905 91 07 – www.blufan.it –** *Ouvert de 9h30 à 18h30.* Un grand complexe, royaume des enfants et autres casse-cou. Toboggan, piscine, hydromassages…

Équitation

La région se visite très agréablement à cheval : certains hôtels proposent des excursions avec un guide. Les structures ne sont cependant pas toujours très professionnelles. Nous vous conseillons I Giardini di Alice.

Golf

■ **IS MOLAS GOLF CLUB. Strada Statale 195, Km 30,600, Santa Margherita di Pula 09010 (CA) ✆ (070) 92 41 013. Fax : (070) 92 41 015 – www.ismolas.it –** *Entrée pour une journée, du lundi au vendredi, 75 € ; les samedi et dimanche 85 €.*

Thalassothérapie

■ **THALASSO FORTE VILLAGE RESORT. Km 36,9, Santa Margherita di Pula ✆ (070) 92 15 16 – www.fortevillage.com –** *Prix spa par jour 80 € ; massages de 115 à 150 €.*

■ **HOTEL FLAMINGO. Santa Margherita di Pula (CA) ✆ (070) 92 08 361 – www.hotelflamingo.it –** *Ouvert d'avril à fin octobre. Day Spa 25 € ; massage de 50 min, 60 €.* Un centre moderne de remise en forme. Massages ayurvédiques, tonifiants, antistress. Possibilité de sauna, hammam, douches aromatisées, hydrothérapie et massages aux algues.

Dans les environs

■ **NORA.** *Site archéologique romain. Ouvert de 9h à 20h en été, et de 9h au coucher du soleil en hiver. Entrée adultes 5,50 €, (avec visite guidée du site ; environ 45 min).* Selon la légende, Nora serait la plus ancienne ville de Sardaigne. Elle aurait été fondée par le héros phénicien Norax, fils d'Hermès et de la nymphe Erithya. Il semble, en tout cas, que cette ville ait été fondée vers 700 av. J.-C. par des marchands phéniciens qui revenaient de la péninsule Ibérique. C'est à Nora que fut découverte la fameuse tablette, datant de cette époque, qui mentionne pour la première fois le nom de Sardaigne. La ville carthaginoise continua à jouer un rôle majeur sous la domination romaine (à partir de 238 av. J.-C.). Les Romains y construisirent un théâtre et un forum (encore visibles aujourd'hui) et, vers 150 apr. J.-C., des thermes et un marché (*macellum*). Ils y aménagèrent également un réseau routier et un système d'égout efficace. Certains de ces ouvrages conservent encore leurs décorations en mosaïques, l'une des spécificités de l'antique ville de Nora. On pense, en effet, que vers la fin du IIe siècle apr. J.-C., une école de mosaïque se serait ouverte à Nora, ce qui expliquerait l'épanouissement qu'a connu cet art dans la ville romaine au IIIe et IVe siècle apr. J.-C. La principale caractéristique de cette école est l'utilisation presque constante des couleurs blanche, ocre et noire, dont on retrouve les belles harmonies notamment sur les pavements du frigidarium des thermes du centre. En été, des spectacles sont organisés dans l'ancien théâtre romain.

En visitant l'aire archéologique de Pula, vous pourrez admirer également la Torre del Coltellazo. La tour espagnole, perchée sur un promontoire de roche volcanique, et qui domine la plage de Nora, fut construite entre 1580 et 1610 pour défendre la côte contre les envahisseurs arabes.

■ **CHIESA DI SANT'EFISIO.** Sur la route qui va de Pula à Nora, on verra cette petite église bâtie à l'emplacement d'une église paléochrétienne et consacrée au début du XIIe siècle. Intéressante pour son architecture d'influence franco-catalane, cette église est au cœur de la fête de Sant'Efisio, qui se déroule sur les quatre premiers jours de mai. Le 2 mai, vers midi, une procession venant de Cagliari arrive à l'entrée de l'agglomération, au Ponte di Su Rondo. La statue du saint, transportée en carrosse, est accompagnée par la foule et par des groupes folkloriques locaux. Le jour suivant, la fête a lieu près de l'église di Sant'Efisio. Ces quatre jours sont l'occasion de nombreux concerts, ballets, danses folkloriques et de bien d'autres manifestations culturelles.

CHIA

Les plages de Chia comptent parmi les plus belles de Sardaigne, avec leurs paysages de dunes et de forêts de pins. Ces plages sont très fréquentées, mais elles sont tellement larges et étendues qu'il y a de la place pour tout le monde : on ne s'y sent pas à l'étroit. Dominés par la Torre de Chia, la petite plage et l'îlot Cardulinu, relié à la terre par une lagune, ont des eaux d'une merveilleuse transparence et un sable fin comme de la farine. Les plages pour lesquelles nous avons craqué sont Su Giudeu, Tuerredda et Cala Cipolla, qui sont très bien indiquées sur la route. A propos des parkings payants (*3 €*) pour accéder aux plages, nous avons eu droit à plusieurs explications : les parkings sont payants « pour préserver les dunes » ou encore « pour arrondir les fins de mois ». A vous de voir, en tout cas, il existe une multitude d'endroits où l'on peut se garer gratuitement.

Chia n'a pas de centre à proprement parler. C'est une localité qui dépend de Domus de Maria, à 5 km. C'est au Méridien (hôtel 4 étoiles) que vous trouverez pharmacie, épicerie, et bar-tabac. Les prix des hôtels sont inabordables. La route panoramique de Chia jusqu'au Porto Teulada est magnifique. A faire absolument pour le plaisir des yeux. N'hésitez pas à vous attarder sur les plages sauvages de Porto-Tramatzu. Dans les terres, la route qui mène de Teulada à Domus de Maria s'accompagne de superbes paysages de montagne sur une vingtaine de km.

Hébergement

Campings

■ **TORRE CHIA. Domus de Maria, loc. Chia ✆ (070) 92 30 054/339 168 53 79. Fax : (070) 92 30 055 – www.campeggiotorrechia.it – torre.chia@tiscali.it** – *De 7 à 8 € par adulte, 5,50 ou 6 € par enfant de 1 à 10 ans. Emplacements de 8 à 13 €, bungalows 4 places de 60 à 115 €. Ouvert du 1er juin au 31 août.* Ce camping occupe une position privilégiée sur l'une des plus belles plages de Chia.

■ **CAMPING PORTU TRAMATZU. Teulada, loc. Portu Tramatzu ✆ (070) 928 30 27. Fax : (070) 928 30 28 – www.italiaabc.com – coop.proturismo@libero.it** – *Ouvert du début avril au 31 octobre. De 5 à 9 € par personne selon la saison. Emplacement de 6 à 12 € par personne. Roulotte 3 places de 35 à 60 €, 4 places de 40 à 65 €.* Sur la route panoramique Chia – Porto Teulada (à 20 km de Chia). A l'écart de tout, un havre de tranquillité au bord d'une belle plage et ombragé.

Luxe

■ **CHIA LAGUNA. Domus de Maria, loc. Chia ✆ (070) 92 391 – info@chialagunaresort.com – www.chialagunaresort.com** – *Fermé de novembre à avril. Chambre double compter de 160 à 520 € par personne en demi-pension.* Magnifiquement situé, ce complexe hôtelier donne sur des dunes de sable doré et sur la mer cristalline. Piscines, gym, courts de tennis, golf, animation pour les enfants, 6 restaurants, plage privée… bref, tout ce que l'on peut désirer !

La côte verdoyante entre Chia et Porto Pino

La côte qui s'étend entre Cagliari et Sant'Antioco est particulièrement belle, surtout dans sa partie entre Chia et Porto Pino. En partant de Cagliari, on arrive aux étangs de Santa Gilla, Macchiareddu et Capoterra : ce sont des points d'observation idéals pour le bird-watching. Après Sarroch et sa raffinerie, s'étend la belle et peu fréquentée plage de Foxi Durci, en face de laquelle se trouve la petite île de San Macario. Dans les environs, des pinèdes et des plages désertes de sable blanc modèlent le littoral. Ici, l'élément de la côte le plus spectaculaire est le promontoire entre Cala Bernardini et Bithia, recouvert de maquis méditerranéen. Juste après, dans la baie de Chia, il y a cinq merveilleuses plages et des étangs, tel que le Stagioni de su li Sali. Le lieu est très fréquenté en été mais, en juin ou en septembre, on peut se promener en toute solitude sur la longue plage de Su Giudeu, en contemplant les changeantes tonalités de la mer et les hautes dunes de sable. Non loin de là, après un éperon rocheux tombant à pic sur la mer, on arrive à Cala Cipolla, un coin de paradis entre la mer et la végétation. Le sauvage Capo Spartivento est à visiter à pied ou à VTT. Du haut de la falaise, où se dresse un petit phare, on peut admirer les quatre immenses rochers sur la mer. Ceux qui grimperont au sommet du mont Sa Guardia Manna (176 m), auront droit à un somptueux spectacle : la côte rocheuse, avec l'île de Tuaredda en face de la plage homonyme, est d'une rare beauté. Ce site est l'un des plus enchanteurs de la Costa del Sud, mais il ne peut être apprécié vraiment que vu de la mer.

Restaurants

■ **RISTORANTE CRAR'E LUNA. Viale Chia 41, Loc. Spartivento, Domusdemaria ✆ (070) 923 00 56 – www.crareluna.it –** *Ouvert d'avril à octobre. Fermé le lundi, sauf juillet et août. Compter 25 € pour un repas complet.* Un restaurant qui propose une cuisine typique de qualité. La terrasse couverte est très agréable, avec ses nombreuses plantes. Un grand choix de poissons et de vins locaux.

■ **TRATTORIA DA GIANNI. Teulada, loc. Porto Teulada ✆ (070) 92 83 015.** *Fermé le lundi. Menu à partir de 25 €.* Trattoria avec une belle terrasse panoramique. Spécialité de poisson.

■ SANTADI ■

Cette petite ville de 4 000 hab est située à une vingtaine de km au nord de Teulada. Bien que pas trop proche des merveilleuses plages de la région, Santadi demeure très fréquenté par les touristes qui viennent voir les **grottes de Is Zuddas.** Ouvertes il y a vingt ans, celles-ci peuvent être visitées toute l'année, et à Noël on y installe une crèche.

Dans la ville, on peut visiter le **musée ethnologique Sa domu antiga,** une maison-exposition *ouverte de 9h à 12h30 et de 15h à 19h30 de mars à septembre et sur rendez-vous le reste de l'année.* Pour des renseignements ✆ (0781) 95 59 83.

Dans les environs, en suivant la rue pour Giba, à 1 km de la ville, le **fort de Pani Loriga** fut édifié par les Phéniciens et agrandi par les Carthaginois.

A sud de la ville, on peut se promener dans la **forêt de Pantaleo.** En août, Santadi offre aussi la possibilité d'assister à des fêtes traditionnelles : la fête de San Nicola di Bari et le Matrimonio mauritano (le « mariage maure »). Cette dernière fête, qu'on appelle Sa coia maureddina en dialecte sarde, célèbre le mariage coutumier d'un couple de la ville. Les deux jeunes et leurs familles et amis, qui défilent dans le cortège nuptial, endossent les costumes traditionnels de Santadi. Après la cérémonie religieuse, dont certains rites relient la tradition catholique à des éléments nord-africains, des bals et des chants sont organisés dans le centre ville. La fête est célébrée le 1er dimanche du mois d'août.

▶ **Pour des renseignements** sur les grottes de Is Zuddas ou sur la ville de Santadi on peut contacter la Pro Loco Santadi, via Veneto 2 ✆ (0781) 95 51 78/338 19 80 445 – locosan@tiscali.it – www.santadi.it.

■ **BITHIA. Loc. Chia ✆ (070) 923 00 69.** *Ouvert de mai à septembre. Compter 20 € pour un repas complet.* Sur le bord de la route en venant de Pula, à l'entrée de Chia. Un resto suffisamment excentré pour ne pas entendre le bruit des voitures. Une cuisine sans prétention (pizza, pâtes...), mais bon marché et correcte. Des tables également dans le jardin, sur la pelouse.

Sports

■ **IS ARENAS GOLF CLUB & COUNTRY CLUB. Pineta Is Arenas, Loc. Narbolia (OR) 09070 ✆ (0783) 52 036. Fax : (0783) 52 235 – www.isarenas.it –** *Entrée pour une journée, en juillet et en août, 70 € ; le reste de l'année de 55 à 60 €.*

■ **CHIA LAGUNA GOLF CLUB. Loc. Chia, Domus de Maria ✆ (070) 92 30 111.** Golf club à seulement 150 m du luxueux resort Le Meridien Chia Laguna. Le terrain est caractérisé par des dunes de sable et des vallées verdoyantes. *Une journée : 30 €.*

■ VILLASIMIUS ■

Située dans un magnifique environnement naturel, à 50 km au sud-est de Cagliari, Villasimius mérite vraiment une visite. Ici, les résidences touristiques n'ont pas entamé le charme de cette paisible et sympathique station balnéaire. Ici, la mer est peut-être plus belle qu'ailleurs, à moins que ce ne soit l'effet du sable clair rencontrant l'eau turquoise. Si la ville en elle-même n'offre un réel intérêt que le soir, quand visiteurs et autochtones se retrouvent pour la passeggiata, via del Mare et piazza Gramsci, en revanche, ses environs méritent une attention particulière.

Le Capo Carbonara, au sud de Villasimius, est bordé de plages toutes plus belles les unes que les autres : la spiaggia del Riso (où l'on peut voir des domus de janas) et la spiaggia di Campulongu à l'ouest, la spiaggia di Simius à l'est, sans oublier la spiaggia di Portu Giuncu, la plus spectaculaire. Il s'agit d'une bande de sable fin et blanc, véritable lagune séparant l'étang Notteri de la mer, et dominée à son extrémité par une superbe tour aragonaise, la Torre di Porto Giunco.

Vous pouvez aussi marcher jusqu'à la pointe du Capo Carbonara, d'où un splendide panorama se déploie jusqu'à l'isola dei Cavoli (l'île aux Choux) et l'isola di Serpentara. Des excursions en bateau sont organisées pour rejoindre ces deux îles granitiques merveilleusement sauvages, et admirer la statue de la Madonna del Naufrago, sculptée en 1979 par l'artiste sarde Pinuccio Sciola, et immergée par une dizaine de mètres de fond au large de l'isola dei Cavoli.

■ **POUR PLUS D'INFORMATIONS :** Comune di Villasimius (Ca), viale Colombo 2 ✆ (070) 79 02 34 – www.parks.it/riserva.marina.capo.carbonara

▸ **Chaque année, le 2e dimanche de juillet, une fête très émouvante** a lieu pour célébrer le souvenir des marins disparus en mer. Des dizaines de bateaux se réunissent autour de la statue de la Madonna del Naufrago et jettent à la mer des gerbes de fleurs.

Pratique

■ **OFFICE DU TOURISME.** Piazza Gramsci ✆ (070) 79 30 232.

Agences de voyages

■ **VIA DEL MARE. Via Umberto, 44 ✆ (070) 79 10 09 – www.laviadelmare.com – laviadelmare@tiscalinet.it** – Locations de voitures, excursions en bateau ou en car pour visiter Cagliari, Barumini et d'autres sites touristiques du sud de la Sardaigne.

■ **SERPENTARA. Via Marconi, 1 ✆ (070) 79 15 46. Fax : (070) 79 15 52 – www.serpentara.com – serpentara@tiscalinet.it** – Organise notamment des excursions en bateau à voile le long de la côte de Villasimius.

Sécurité

■ **POLICE MUNICIPALE.** Piazza Gramsci ✆ (070) 79 30 223.

■ **GARDE MEDICALE** ✆ (070) 791 374.

Santé

■ **GUARDIA MEDICA.** Via Regina Elena ✆ (070) 79 13 74.

■ **PHARMACIE.** Via Bixio, 2 ✆ (070) 79 12 46.

■ **PHARMACIE.** Piazza Gramsci ✆ (070) 791 238.

Banques

■ **BANCA DI SASSARI.** Via Cap. Gatta, 4.

■ **BANCO DI SARDEGNA.** Piazza Gramsci, 10.

Hébergement

Villasimius est une ville d'hôtels et de villages de vacances haut de gamme. Les prix dans cette région, s'ils n'atteignent pas les plafonds de la Costa Smeralda, sont cependant élevés et les hôtels bon marché se font rares.

Camping

■ **CAMPING SPIAGGA DEL RISO. Loc. Capo Carbonara ✆ 070 79 10 52. Fax : (070) 79 71 50 – campriso@tiscali.it_ – www.villaggiospiaggiadelriso.it** – *Ouvert du 1er mai au 31 octobre. Adultes et enfants de 5 à 8 € suivant la saison. Emplacements de 13 à 30 €. Bungalows pour 4 personnes entre 50 et 150 €.* Le camping est idéalement situé, à l'ombre d'une pinède au bord de la mer. Les infrastructures communes sont propres et bien équipées. Finalement, bien que chère, c'est sans doute la meilleure solution pour séjourner à Villasimius, que ce soit sous la tente, en caravane ou bungalow.

Bien et pas cher

■ **STELLA D'ORO. Via Vittorio Emmanuele 25 ✆ (070) 79 12 55. Fax : (070) 79 26 32.** *17 chambres. Chambre double de 45 à 70 €, demi-pension de 45 à 80 € par personne.* Dans le centre-ville, une auberge familiale qui existe depuis 1926.

■ **FIORE DI MAGGIO. LOC. CAMPULONGU ✆/Fax : (070) 79 73 82.** *Chambre double compter de 45 à 70 €.* Petit hôtel avec des chambres très simples mais correctes. A 150 m de la plage.

■ **TRE LUNE. Via del Mare ✆ (070) 79 03 02. Fax : (070) 79 24 22 – www.trelune.it – trelunevilla@tiscalinet.it** – *Chambre double de 40 à 95 € par personne suivant la saison. Demi-pension de 55 à 115 € par personne.* Un hôtel familial, à proximité de la mer. Les chambres avec terrasse ont vue sur la mer.

Luxe

■ **HOTEL CALA CATERINA. Loc. Cala Caterina (sud-ouest du Capo Carbonara) ✆ (070) 79 74 10. Fax : (070) 79 74 73.** *Chambre double entre 80 et 210 €.* Cet hôtel est un enchantement. Conçu dans un style méditerranéen, il est entouré d'un jardin parfaitement taillé qui donne directement sur la spiaggia di S. Caterina. Une véritable sérénité règne dans cet hôtel aux tons doux, décoré avec soin et raffinement. Les chambres sont somptueuses, dotées de tout le confort rêvé…

■ **SIMIUS PLAYA. Via del Mare ✆ (070) 79 311. Fax : (070) 79 15 71 – www.simiusplaya.com** – *Chambre double de 100 à 220 €.* Hôtel pratique et tranquille sur la plage. Grand confort et bon restaurant.

■ **SOFITEL THALASSA TIMI AMA. Loc. Notteri ✆ (070) 79 791 – www.accorthalassa.com/gb/centres/timi_ama/site.html** – *Pour 6 jours de traitement, compter environ 550 € ; pour chaque traitement compter 20 € ; demi-pension à partir de 125 € par jour.* Dans une baie magnifique à la pointe sud-est de la Sardaigne, cet hôtel 4 étoiles, entouré d'une pinède de 11 ha, est également un centre de thalassothérapie. Leur truc spécial : le massage «sirène» à quatre mains avec un baume de cire d'abeille.

Restaurants

■ **CARBONARA. Via Umberto, 60 ✆ (070) 79 12 70.** *Fermé le mercredi. Repas de 25 à 40 €.* Un restaurant familial qui prépare, depuis trois générations, une cuisine sarde et marine. La carte

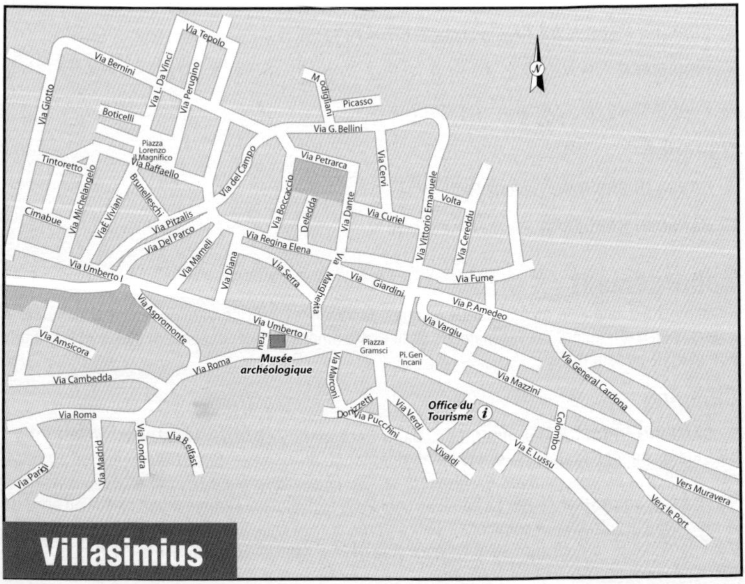

La Fortezza Vecchia : un bastion contre les pirates

Dans le passé, les incursions soudaines des pirates semaient la terreur dans l'île. Ils pillaient, tuaient et enlevaient hommes, femmes et enfants qu'ils vendaient ensuite comme esclaves. Quelques-uns de ces pirates sont devenus légendaires, comme Khair ed-Din, appelé Barbarossa, qui naviguait sous le drapeau de Soliman le Magnifique. Pour protéger leurs côtes, les habitants de la Sardaigne bâtirent des centaines de tours et de forteresses. Parmi ces dernières, l'une des plus importantes, érigée à l'extrémité orientale du golfe de Cagliari et destinée à contrôler le port de Villasimius et à surveiller le Capo Carbonara, était la Fortezza Vecchia, bâtie au IVe siècle par les Aragonais et agrandie deux siècles plus tard. Aujourd'hui, ce bastion, devenu une attraction touristique, présente une exposition permanente : «Enemigos de la fe» (pirates et défenseurs de la côte). L'histoire de la piraterie en Sardaigne vous est racontée à l'aide de documents anciens, d'estampes et d'objets, comme cette réplique d'un galion espagnol. Dans la cour, on peut voir deux canons du XVIIIe siècle repêchés dans la mer.

■ **POUR VISITER LA FORTEZZA VECCHIA ✆ (070) 79 30 232 – www.villasimiusweb.com/fortezza.asp** – *Ouverte du 15 juin au 15 septembre, de 10h à 13h et de 18h à 21h, fermée le jeudi. Le reste de l'année, ouverte les samedis et dimanches de 10h à 13h et de 15h à 17h. Entrée 1 €.*

est appétissante, comprenant notamment des linguine aux œufs d'oursin, moules et safran et un bon choix de vins sardes.

■ **IL GIARDINO. Via Brunellesci, 4 ✆ (070) 791 441.** *Fermé le jeudi, sauf en été.* Fregola (*compter 9 €*), malfatti et spaghettis aux fruits de mer.

■ **LA LANTERNA. Via Roma, 62 ✆ (070) 79 16 59.** Un peu moins cher que le précédent, il propose une très bonne cuisine sarde.

■ **DA BARBARA. Loc. Solanas ✆ (070) 750 630. A 10 km de Villasimius, sur la route en venant de Cagliari.** *Compter 25 € le repas complet.* Un bon restaurant de poisson. Antipasti et pâtes faites maison. La fregola maison est un délice. Une bonne adresse.

Sortir

Villasimius est très animée le soir pendant la période estivale.

■ **NEW TOMA TOMA. Piazza Gramsci ✆ (070) 79 1370.** Le lieu de rendez-vous des jeunes de Villasimius.

■ **EL PEYOTE. Loc. Santa Maria ✆ (070) 79 14 16.** El Peyote est sans doute la boîte de nuit la plus excentrique du coin.

■ **LAGOON ✆ 335 811 68 91.** Une discothèque plus V. I. P.

Manifestation

▸ **La Sagra Madonna del Naufrago.** Le 2e dimanche de juillet, une procession de bateaux défile le long de la côte de Villasimius.

Loisirs

Plongée

■ **AIR SUB SERVICE.** Via Roma ✆ (070) 79 20 33.

■ **AQUAMAN.** Via Umberto I, 25 ✆/Fax : (070) 79 15 79.

Sports nautiques

■ **SUR LA SPIAGGIA DI PORTU GIUNCU,** un club installé sur la plage vous invite à pratiquer tous les sports nautiques (✆ 320 020 78 06 Valerio) : canoë (10 €) hobby-cat (35 €), laser (25 €), ski nautique (16 € les 10 min).

Thalassothérapie

■ **GRAND HOTEL CAPO BOI. Loc. Piscadeddus, Villasimius (CA) ✆ (070) 79 80 15.** *Ouvert du 14 mai au 1er octobre.* Le centre est entouré d'un immense parc méditerranéen. A l'extérieur, la piscine avec l'hydromassage et les deux piscines d'eau douce. Massages relaxants et traitements esthétiques en Day Spa : 150 € ; 1 heure de massage, compter 60 €.

■ **SOPHITEL THALASSA TIMI AMA. Loc. Notteri, Villasimius (CA) ✆ (070) 79 791 – www.accor.com** – *Ouvert de mai au 18 octobre.* Massages anti-stress, watsu, bains aromatiques. Forfaits journaliers de 30 € ; massages 40 €.

Dans les environs

▸ **La route panoramique qui relie Villasimius à Cagliari est magnifique :** elle longe la mer, découvrant des paysages superbes : des plages presque désertes, des falaises abruptes, des tours aragonaises défendant la côte… Bien que la route soit sinueuse et lente, c'est un itinéraire obligé pour qui veut admirer une Sardaigne encore authentique, même si des complexes touristiques colonisent de plus en plus ses abords. Pour les petits budgets, nous conseillons le logement dans les fermes d'agritourisme à Castiadas, à 10 km de Villasimius, plus dans les terres et très proche des merveilleuses plages de la Costa Rei, sur la cote sud-orientale de l'ile. Il vous en coûtera entre 40 et 50 € en demi-pension. Une dizaine de ces fermes sont éparpillées dans la localité. En voici une sélection :

■ **AGRITURISMO CESARO M. CATERINA. Loc. Sabadi, 17 ✆ (070) 995 050.** *De 40 à 50 € par personne en demi-pension. 25 à 30 € par personne en bed and breakfast.*

■ **AGRITURISMO USAI MARIA TERESA. Loc. San Pietro** ✆ (070) 995 036.

■ **AGRITURISMO CESARO SERRA. Loc. San Pietro** ✆ (070) 995 027.

Camping

■ **LIMONE BEACH. Loc. Cala Sinzias ✆ (070) 99 50 06. Fax : (070) 99 50 26 – limone@limonebeach.com_ –www.limonebeach.com_** – *Ouvert du 1er avril au 20 août. Adultes de 7 à 14 € par journée selon la saison. Enfants de 3 à 10 ans de 5 à 11 €.* Ce camping est situé à 200 m de la plage de Cala Sinzias.

La côte Est et le Centre

La Costa Rei > 272
Tortolì et Arbatax > 273
Barisardo > 277
Marina di Barisardo > 277
Jerzu > 278
Ulassai > 278
Lanusei > 278
Santa Maria Navarrese > 279
Baunei > 280
Nuoro et la Barbagia > 282
Golfe d'Orosei > 295
La Baronie > 305
San Teodoro > 309
Onani et ses environs > 309

La côte Est et le Centre

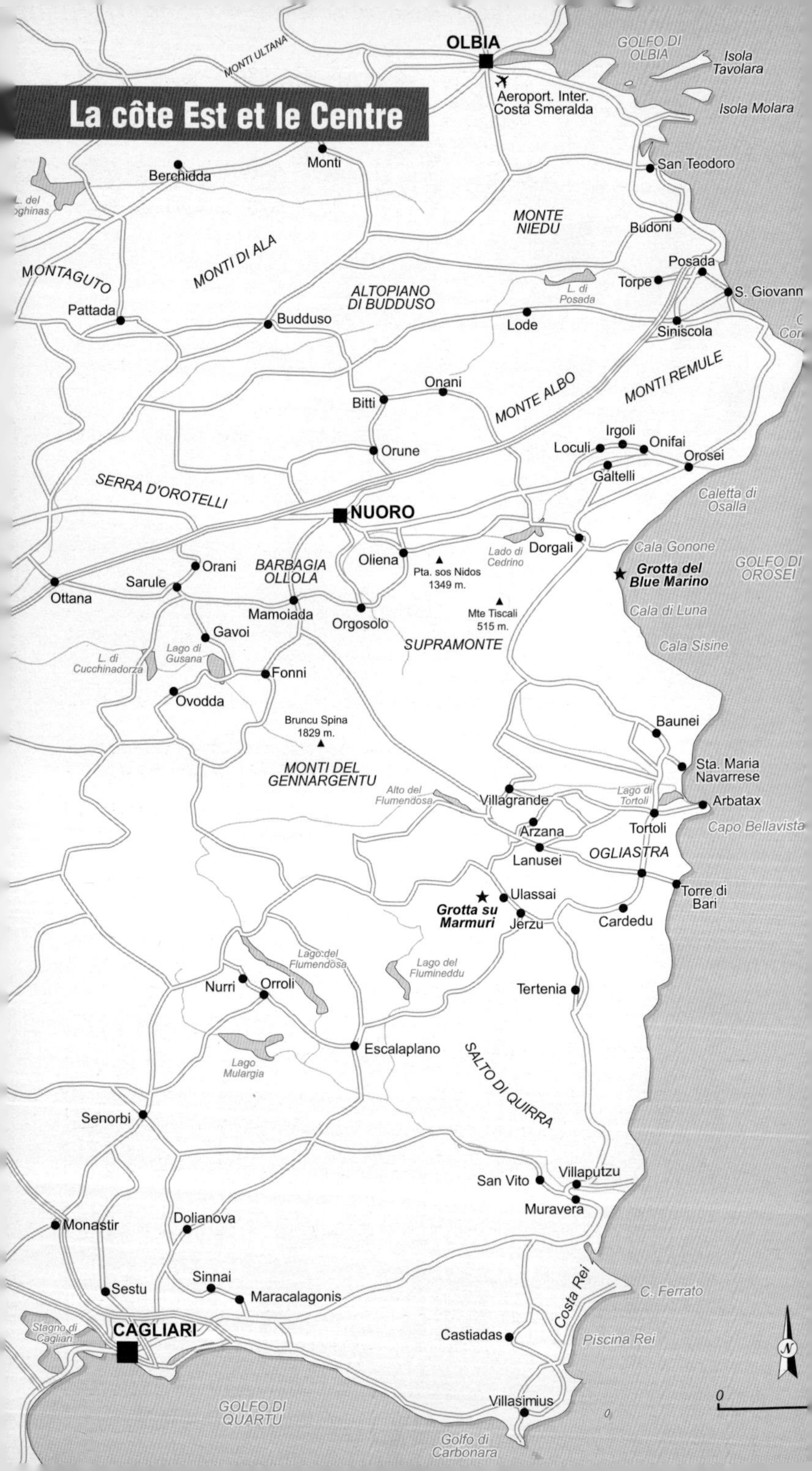

La côte Est et le Centre

Silence, montagnes, traditions. Tels sont les mots qui caractérisent cette vaste région située au cœur de l'île, à l'abri de l'agitation extérieure. En raison de leurs tentatives infructueuses d'envahir et de dominer cette large contrée d'un accès si difficile, les Romains donnèrent à la province de Nuoro le nom de Barbaria, devenu ensuite Barbagia.

La région, qui s'étend sur une superficie de 7 044 km², est faiblement peuplée, et dominée à 80 % par des collines et des montagnes. Elle est limitée à l'est par la côte de San Teodoro et le golfe d'Orosei, et au sud par les montagnes du Supramonte et du Gennargentu.

Les paysages pittoresques que forment les gorges, ravins et forêts, la richesse de la faune et de la flore, les centaines de pistes et sentiers parcourant le maquis et des forêts millénaires de chênes verts sont un vrai bonheur pour les randonneurs.

Les villages reculés permettront aux visiteurs curieux de découvrir les traditions et les coutumes du peuple sarde, empreintes d'une culture insulaire et montagnarde très forte.

La côte peut se targuer d'être ici la plus belle de Sardaigne. En effet, de Tortoli et Arbatax au sud jusqu'à San Teodoro au nord, les paysages restent encore préservés de l'engouement touristique qui affecte la Costa Smeralda. L'eau limpide et pure que bordent des plages de sable fin, des criques et de hautes falaises offrent des panoramas inoubliables. La pittoresque SS 125 serpente en suivant des falaises, dominant des paysages envoûtants.

De la Costa Rei jusqu'à Arbatax, le littoral demeure plutôt rectiligne, avec de longs bancs de sable fin et une mer quelquefois agitée.

La côte est du golfe d'Orosei, avec ses insolites falaises de calcaire et ses parois tombant à pic sur la mer, ses eaux turquoise et transparentes, offre au visiteur des vues d'une pure splendeur et permet la pratique de nombreux sports comme l'escalade ou le canoë, en restant au contact d'une nature magnifique. Cette côte s'étend d'Arbatax à Orosei, en passant par Calagonone et Dorgali. Au nord d'Orosei, les falaises calcaires laissent place aux basses côtes sablonneuses de Siniscola, Posada et San Teodoro.

Une continuité certaine existe entre le centre et la côte : les paysages de montagnes du Gennargentu et du Supramonte s'étendent jusqu'aux falaises abruptes du bord de mer, et les traditions millénaires des peuples de l'intérieur ont cours depuis très longtemps dans les villages proches des stations balnéaires. Danses, fêtes, coutumes offrent une grande parenté dans toute la région, même si chaque village garde ses propres spécificités dans ses costumes, ses rites et ses traditions. Cette partie de la Sardaigne surprend par son authenticité et sa splendeur.

Les immanquables de la côte Est et du Centre

- **Les plages de sable blanc** et très fin de la Costa Rei.
- **Les roches rouges d'Arbatax,** du haut desquelles on peut plonger dans les eaux bleues et calmes de la côte d'Ogliastra.
- **Les superbes cascades de Lecorci et de Santa Barbara,** dans les environs du petit village d'Ulassai.
- **Le village d'Oliena,** un exemple typique de bourg du Supramonte qui a gardé ses traditions montagnardes.
- **Les peintures murales d'Orgosolo** dans les montagnes de la Barbagia.
- **Le carnaval de Mamoiada,** avec le cortège des masques mamuthones.
- **Le golfe d'Orosei :** grottes sous-marines, criques et plages de sable fin bordent une mer aux eaux transparentes.

LA COSTA REI

Entre le cap Ferrato au nord et le mont Nai au sud, une plage de sable fin et blanc, bordée de pinèdes et d'orangeraies, s'étend sur 10 km dans une baie d'eau cristalline. C'est ainsi que la Costa Rei se présente aux touristes, qui la choisissent pour ses bonnes infrastructures touristiques. De nombreux hôtels et campings bordent notamment les plages de la commune de Muravera.

Au sud de la Costa Rei, Cala Sinzias entoure une plage sableuse d'environ 2 km, tout près des montagnes. Dans cette admirable baie, on peut trouver du calme même en été.

Pratique

■ **OFFICE DU TOURISME : UFFICIO INFORMAZIONI ESTIVO. Piazza Sardegna 18, Loc. Costa Rei ✆ (070) 991 350.** *Ouvert seulement en été.*

■ **CONSORZIO TURISTICO COSTA REI. Piazza Sardegna 19, loc. Costa Rei ✆ (070) 991 415 – www.costarei.com** – Renseignements sur les hôtels et les loisirs de la Costa.

▸ **Des excursions** dans toute la région sont organisées par la **Cooperativa Monte Sette Fratelli,** Piazza Centrale, Castiadas ✆ (070) 994 7200.

Hébergement

Campings

■ **GARDEN. Castiadas, loc. Cala Sinzias ✆ (070) 995 037. Fax : (070) 995 082 – www.calasinzias.com** – *Ouvert du 15 avril au 1er octobre.* Bien situé, ombragé et en bordure de plage. Ecole de surf et plongée.

■ **PORTO PIRASTU. Muravera, loc. Capo Ferrato (au nord de Costa Rei) ✆ (070) 991 439 – www.portopirastu.sardatrading.com** – *Ouvert du 1er avril au 30 septembre.* Très bien situé, sur une plage de rêve.

Bien et pas cher

■ **AGRITURISMO DOMUS DE JANAS. Loc. Sito Castiadas ✆ (070) 994 7034.** *Compter de 25 à 35 €. En demi-pension de 40 à 50 €.* Trois petits appartements et une chambre double.

Confort ou charme

■ **ALBARUJA. Via C. Colombo, loc. Costa Rei ✆ (070) 991 557. Fax : (070) 991 459 – www.albaruja.com** – *Ouvert d'avril à octobre. Chambre double de 49 à 104 € par personne selon la saison.* Hôtel avec des bungalows. Piscine et beau jardin. Tout près de la plage.

Luxe

■ **SANT'ELMO BEACH. Entre Costa Rei et Cala Sizias ✆ (070) 995 161. Fax : (070) 995 140.** *Ouvert de mai au début octobre. Chambre double de 80 à 290 € par personne en demi-pension selon la saison et la chambre.* Grande structure hôtelière donnant sur la plage ; architecture originale, dans un cadre luxueux.

Restaurant

■ **SA CARDIGA E SU PISCI. Piazza Italia 12, Loc. Costa Rei ✆ (070) 991 108.** *Menu à partir de 25 €.* Cuisine raffinée, mentionnée depuis des années par le guide des restaurants Michelin.

Points d'intérêt

■ **PLAGE DE COSTA REI.** Une superbe étendue de sable fin et doré, sur plus de 6 km.

■ **MENHIRS DE PISCINA REI.** Près de Piscina Rei, dans le nord de la Costa Rei, on peut voir un ensemble de 22 menhirs datant de l'époque néolithique.

■ **MURAVERA.** Au nord de la Costa Rei, Muravera est une petite ville qui se développa à partir de l'époque romaine, en raison de sa situation sur la voie romaine menant à Olbia. Son église paroissiale, San Nicola di Bari, est de style gothique catalan.

TORTOLÌ ET ARBATAX

La petite ville de Tortolì, qui abrite une petite dizaine de milliers d'habitants, est l'un des centres les plus importants de la région de l'Ogliastra. Cette vaste région, d'un accès assez difficile, est délimitée par les montagnes de la Barbagia, qui se dressent à l'horizon jusqu'à 1 000 m d'altitude. Tortolì, abritée des vents par les montagnes du Gennargentu, et aux environs autrefois recouverts de marécages et d'étangs, était sujette aux épidémies de malaria. La pauvreté de la région en termes de vestiges archéologiques témoigne du fait qu'elle fut délaissée par les Vandales et les Sarrasins, qui considéraient la ville comme insalubre et refusaient de s'y installer. La cité est plutôt accueillante aujourd'hui, avec ses petites places et ses ruelles bordées de boutiques. Depuis une dizaine d'années, les rues de la ville ont été transformées en un musée d'art contemporain en plein air avec l'installation de sculptures réalisées par des artistes italiens et étrangers.

Arbatax, le port de Tortolì, est ancré à la base du grand promontoire granitique du Capo Bellavista, avancée de porphyre accidentée, célèbre pour ses fameuses Roches Rouges. Le port d'Arbatax ne fait pratiquement plus qu'un avec la ville de Tortolì. Il était déjà connu au XIIIe siècle avec le nom d'Abataxara. La tour du XVIe siècle en roches granitiques, située à l'entrée du village, a été construite par les Espagnols pour protéger la côte des pirates. Aujourd'hui, le port d'Arbatax est le point d'accostage principal sur la côte orientale de la Sardaigne pour les bateaux provenant de Gênes, de Civitavecchia ou Fiumicino (Rome), de Olbia et de Cagliari. Le port en lui-même n'a pas grand intérêt, si ce n'est sa petite crique, la Cala Moresca, très pittoresque.

Transports

Bus

■ **Les bus de la compagnie ARST** desservent toute la Sardaigne… Dommage que les horaires ne soient pas fiables ! Pour plus de renseignements, consultez le site Internet des lignes ARST : **www.arst.sardegna.it**

- **D'Arbatax,** *toutes les heures de 7h à 18h30.*
- **De Nuoro** *à 8h15, 14h et 14h10.*
- **D'Olbia** *à 6h30 et 8h.*
- **De Cagliari** *à 6h15, 10h25, 15h et 17h.*
- **Vers Arbatax** *toutes les heures de 5h à 18h30.*
- **Vers Nuoro** *à 5h25, 13h, 15h30 et 18h30.*
- **Vers Olbia** *à 5h20, 15h30 et 18h30.*
- **Vers Cagliari,** plusieurs bus par jour.

Voiture

La ville de Tortolì est accessible par la longue SS 125. Du sud, la route est très praticable ; au nord, les virages et les lacets ralentissent le trajet mais ne nuisent pas à sa beauté. Un nouveau tracé de la route permet d'éviter près de 70 km de virages à l'arrivée de Cagliari. Cette nouvelle section de l'orientale Sarda, qui côtoie l'est de l'île, est toujours en construction et va bientôt relier la capitale à Tortolì. Une belle quatre-voies qui se termine par une deux-voies relie Nuoro à Lanusei. De Lanusei, quelques lacets dans les collines rejoignent Tortolì.

Bateau

■ La compagnie **TIRRENIA** relie les ports principaux de l'Italie et de la Sardaigne avec le port d'Arbatax. Deux départs par semaine vers et depuis les destinations de Cagliari, Olbia, Civitavecchia, Fiumicino et Gênes – **www.tirrenia.it.**

Avion

Tortolì dispose d'un tout petit aéroport avec une seule piste d'environ 1 500 m. Pendant l'été, des petits vols charter ou réguliers transportent les touristes venant des principaux aéroports italiens et autres aéroports européens. Pour obtenir des renseignements, on peut contacter la **Gestione Aeroporto di Tortolì** ✆ (0782) 624 900. Fax : (0782) 624 901.

Pratique

■ **PRO LOCO DI TORTOLI. Via Mazzini, 7 ✆ (0782) 622 824.** *Ouvert de 9h à 12h30 et de 18h à 21h.* Au centre de Tortoli, dans la rue principale.

■ **PRO LOCO DI ARBATAX. Via Lungomare ✆ (0782) 667 690.** *Ouvert de 7h30 à 8h30, de 9h30 à 12h30 et de 17h30 à 20h30.* Sur le port.

■ **PHARMACIE TORTOLI** ✆ (0782) 623 030.

■ **GUARDIA MEDICA TORTOLI** ✆ (0782) 624 850.

Hébergement

Campings

■ **CAMPING TELIS. Arbatax ✆ (0782) 66 71 40 – www.campingtelis.com – prenotazioni@campingtelis.com –** *Ouvert toute l'année. Adultes de 6 à 10 €, enfants de 2 à 10 ans de 5 à 6 €. Emplacements de 7 à 10 €. Locations de bungalows.* Situé dans la magnifique baie de Portu Frailis, le camping Telis est niché dans une garrigue d'eucalyptus et de mimosas. On peut y pratiquer le tennis et l'équitation.

■ **CAMPING ORRI. Loc. Orrì ✆ (0782) 624 927. Fax : (0782) 624 565 – www.campingorri.it –** *Ouvert de mai à septembre. Adultes de 5 à 10 €, enfants de 3 à 10 ans de 3 à 6 €. Emplacements de 2 à 7 €. Bungalows pour 4 personnes de 60 à 105 €.* Situé à 4 km du port d'Arbatax, le camping est installé à proximité d'une grande plage. Tennis et volley.

Bien et pas cher

■ **B&B IL LECCIO. Via Monsignor Virgilio 56 ✆ (0782) 626 033 / (328) 8122 267 – www.il-leccio-bb.it –** Situé au centre de Tortolì. Ce petit Bed & Breakfast de gestion familiale offre 3 chambres climatisées avec salle de bains et balcon. Petit déjeuner à base des produits typiques de la région.

■ **HOTEL SPLENDOR. Viale Arbatax ✆/Fax : (0782) 623 037 – www.hotelsplendor.com –** *Chambres doubles : compter de 40 à 55 € environ. Simples de 30 à 45 € ; petit déjeuner 4 €.* Hôtel sans prétention mais propre et d'un excellent rapport qualité/prix.

Confort ou charme

■ **HOTEL IL VECCHIO MULINO. Via Parigi, Loc. Portu Frailis ✆ (0782) 664 041/664 380 – www.hotelilvecchimulino.it – h.vecchiomulino@tiscali.it –** *Ouvert toute l'année. De 30 à 65 € par personne en chambre double selon la saison, petit déjeuner inclus.* 20 chambres climatisées, meublées avec des pièces réalisées par des artisans locaux et plafonds à poutres apparentes. Très bon accueil, ascenseur à disposition des clients. Superbe petit déjeuner à base des gâteaux typiques de l'Ogliastra.

■ **HOTEL VILLAGIO SARACENO. Loc. San Gemiliano ✆ (0782) 667 318. Fax : (0782) 667 621 – saraceno@arbataxhotels.com – www.arbatax-hotels.it –** *Séjours d'une semaine en pension complète, de 420 à 1 050 € par personne en chambre double.* Prendre à droite en sortant de Tortolì vers Arbatax. Un hôtel-résidence qui propose essentiellement des locations à la semaine pour les familles, mais où il est également possible de rester pour une ou plusieurs nuits, et ainsi de profiter de la belle plage, de la grande piscine face à la mer, des installations sportives et des animations (danses sardes un soir par semaine). Un endroit familial, très accueillant, situé dans un beau cadre de mer et de verdure.

Luxe

■ **HOTEL VICTORIA. Viale Monsignor Virgilio, 72 ✆ (0782) 623 457. Fax : (0782) 624 116.** *Chambre double de 87 à 106 € selon la saison.* Prendre à droite en sortant de Tortolì vers Arbatax. Un hôtel de luxe très agréable situé au bord de la mer, qui propose principalement des séjours à la semaine. Les chambres sont chaleureuses, avec leur charpente en bois. Belle piscine.

Agriturismo

■ **SU CALONIGU DI GIUSEPPE GIACOBBE. Loc. Su Calonigu ✆ (0782) 623 671.** L'idéal pour des vacances dans la nature, à l'écart des foules des plages de la côte. Possibilité d'hébergement en tente.

Maisons et appartements

■ **CAFFARENA. Via Manzoni 19 ✆ (0782) 667 086.** La bonne adresse pour louer un petit appartement ou une grande maison à partager avec des amis...

Restaurants

■ **RISTORANTE DEL PORTO. Via Bellavista 14 ✆ (0782) 667 226.** *Menu fixe à 16,50 €. Essayez surtout les spaghettis all'arbataxina (compter 8 €).*

■ **RISTORANTE PIZZERIA IL FARO. Loc. Portu Frailis, Arbatax ✆ (0782) 667 499.** *Pizza à partir de 4 €, service 0,5 €.* Un restaurant sur la plage où on peut goûter des spécialités locales à base de poisson et fruits de mer ou des pizzas pour des prix honnêtes.

■ **RISTORANTE PIZZERIA LO SPIEDO D'OGLIASTRA. Via Zinnias 4 ✆ (0782) 623 856.** *Primi à partir de 9 €, service 1,50 € par personne.* Ses prix ne sont pas les plus intéressants de Tortolì, mais ce restaurant est très renommé pour ses délicieuses pizzas, notamment celle aux fruits de mer (*9 €*).

Sortir

▸ **C'est sur la rue centrale Monsignor Virgilio** que la jeunesse de Tortolì et les touristes se promènent. Pendant l'été, les magasins restent ouverts tard et des expositions des produits locaux sont organisées avec des jeux pour les enfants et des concerts. On peut s'arrêter pour boire un verre ou manger une glace artisanale dans les nombreux cafés qui bordent la rue.

Points d'intérêt

■ **LES ROCHES ROUGES D'ARBATAX.** Deux hauts filons d'écueils en porphyre rouge s'allongent verticalement sur la mer du Capo Bellavista, parmi des roches blanches et roses. Très fréquentées par les amateurs des plongée, les Rocce Rosse sont parmi les symboles de la Sardaigne. Elles sont couvertes par la mer jusqu'aux côtes de Santa Maria Navarrese, plus au nord, où elles forment une petite île. Malheureusement, ce site naturel d'une beauté étonnante n'est pas suffisamment protégé du vandalisme ni régulièrement nettoyé.

■ **MENHIRS.** En suivant la SS 125 vers le sud de Tortolì, on tourne à gauche, vers le petit mont Terli. Ici, on trouve deux grands menhirs préhistoriques. Il y a aussi une domus de janas et une tombe de géant.

Shopping

■ **PANE E DOLCE. Via Monsignor Virgilio 112 ✆ (0782) 623 396.** *Ouvert tous les jours de 7h à 24h.* Chaîne de boulangerie et pâtisserie traditionnelle la plus connue en Ogliastra, Pane e Dolce a son site à Tortolì. Son magasin principal dans la ville se trouve dans la rue centrale de la ville. On y achète du pain et des gâteaux sardes typiques de la région, mais aussi des pizzas et des sandwichs qu'on peut consommer sur place.

Sports et loisirs

■ **VISITE DE LA CÔTE EN BATEAU. Consorzio Marittimo Ogliastra – Via Monsignor Virgilio 1, Tortolì – Porto turistico, Arbatax – Rotonda c/o Torre di Barì, Barisardo ✆ (0782) 628 024/615 173 ✆ (348) 730 1728/29.** *Selon la destination, 25, 27 ou 30 € par personne.* Départs du port touristique d'Arbatax ou de Santa Maria Navarrese. Le golfe d'Orosei offre des vues parmi les plus belles de l'île, sur des côtes qu'on ne peut pas atteindre en voiture. La plupart des visites en bateau partent d'ici. On peut s'arrêter à la Cala Mariolu, après la merveilleuse Cala Goloritzé, ou aller jusqu'aux grottes du Bue Marino, en passant par Cala Sisine et Cala Luna.

Plages

La localité de Portu Frailis, entre Arbatax et Tortolì, offre une petite plage toujours très fréquentée. Mais c'est au Lido di Orrì, au sud de Tortolì, qu'il faut aller si on veut trouver une plage vaste au sable blanc et une mer transparente. Ici, sur les roches qui bordent la plage, une cage métallique, œuvre en acier inoxydable du sculpteur milanais Massimo Kauffmann, symbolise la solitude de l'homme face à la grandeur de la nature, qui le rend prisonnier. La cage fut construite en 1998. En poursuivant sur la route panoramique vers le sud, on arrive à la localité de Cea et aux plages de Is Scoglius Arrubius, les Récifs Rouges, qui tirent leur nom des deux grandes roches en porphyre rouge émergeant de la mer. Encore plus au sud, la Marina di Cea mérite aussi un arrêt.

■ **EXCURSION EN TRAIN A SADALI.** *Adultes compter 40 €, enfants de 17 à 22 € environ.* Informations et réservations aux offices du tourisme d'Arbatax ou de Tortoli. En partant de Tortolì ou d'Arbatax, un petit train vous emmène jusqu'à Sadali en traversant un merveilleux paysage de forêts peuplées de cerfs, sangliers et mouflons. En chemin, visite d'églises romanes, de sources karstiques et de la grotte Sa Ucca Manna. Déjeuner où l'on goûte la cuisine typique de Sadali, et retour vers 20h.

■ **En été, le TRENINO VERDE** (le petit train vert) fait deux trajets par jour d'Arbatax à Mandas. Pour renseignements, téléphoner au numéro gratuit (de l'Italie) 800 460 220 ou consulter le site : **www.treninoverde.com** – Vous pourrez aussi vous adresser aux offices du tourisme d'Arbatax ou de Mandas.

Dans les environs

Les routes autour de Tortolì, sinueuses et difficiles, permettent de faire de petites excursions dans les montagnes, d'une demi-journée ou d'une journée, pour découvrir les paysages et les villages de la région environnante.

■ **BALADE EN VOITURE : de Dorgali à Tortolì.** Informations : mairie de Tortolì ✆ (0782) 623 013. Itinéraire entièrement sur route. 50 km à parcourir pour une durée d'environ 2 heures. Cette route de montagne (col Genna Silena, 1 050 m) est considérée comme l'une des plus belles et sauvages d'Europe. Elle offre de magnifiques paysages et d'exceptionnels points de vue pour les amateurs de photographie. A découvrir : le territoire de Baunei possède une trentaine de km de côte et un singulier chaînon montagneux, avec ses grottes et ses forêts. Les randonnées y sont souvent difficiles, mais la beauté du milieu naturel récompense les efforts. A voir : le gouffre de Golgo.

■ **GIRASOLE ET LOTZORAI.** En suivant la SS 125 vers le nord, à quelques kilomètres de Tortolì, on arrive au village de Girasole. Cette petite ville compte moins de 1 000 hab., mais son histoire remonte à 2000 ans av. J.-C. Les Romains fondèrent ici le port le plus important de la région. Aujourd'hui, Girasole est connu pour sa plage dorée, pour sa petite église gothique-catalan de la Madonna di Monserrato et pour ses nombreux hôtels qui propose un hébergement moins cher que dans les localités voisines de Tortolì et Santa Maria Navarrese. Plus au nord, la petite ville de Lotzorai a été habitée à partir de l'époque pré-nuragique. En suivant la SS 125 jusqu'au centre-ville et en tournant à gauche, on arrive au musée ethnographique Sa Dom'e Donna Nassia, installé dans une maison du XVIIIe siècle. Les ruines du château de la Medusa et de l'église médiévale de Sant'Elena sont toujours visitables, même si elles se trouvent dans un état d'abandon total. En traversant le quartier de Donigala, on arrive à la plage de Is Orrosas, qui s'étend sur 3 km vers Tortolì au sud et vers Tancau au nord.

Manifestations : la Sagra nel Bosco (la Fête du Bois)

Une fête très particulière est la Sagra de Ir Gathulis, dédiée à un primo piatto (« entrée ») typique du pays, à base de pommes de terre et de fromage salé fixiu, servi avec des olives. Elle a lieu le deuxième samedi d'août sur la place Sennorigau à Villagrande Strisaili. Le jour suivant, la fête se déplace jusqu'au bois de Santa Barbarba, où est célébrée la Sagra della pecora arrosta, une délicieuse viande de brebis accompagnée de pain pistoccu et de vin Cannonau.

■ **PRO LOCO DE VILLAGRANDE STRISAILI ✆ (0782) 32 779 – www.prolocovillagrande.it** – Active et présente sur le territoire, cette association est une référence sûre. Elle organise, entre autres, des séjours en Bed & Breakfast dans des familles locales sélectionnées, de nombreuses excursions (spécialement au printemps et en automne) et des festivités.

■ **SA PERDA PERA.** Cette roche en granit rose en forme de poire donne son nom au nuraghe voisin et à la plage dont elle est l'attraction principale. On y arrive depuis le village de Cardedu, sur la SS 125.

BARISARDO ET MARINA DI BARISARDO

A 10 km au sud de Tortolì, Barisardo est une petite ville de 4 000 habitants réputée pour ses textiles.

Pratique

■ **OFFICE DU TOURISME – PRO LOCO DI BARISARDO. Via Parrocchia, 10 ✆ (0782) 28 222.** Office du tourisme de Barisardo.

Hébergement

Campings

■ **CAMPING L'ULTIMA SPIAGGIA. Loc. Barisardo, Torre di Bari ✆ (0782) 29 363. Fax : (0782) 28 963** *(du 1er mai au 30 septembre, de 9h à 13h et de 16h à 20h)* **✆/ Fax : (070) 381 105** *(du 1er octobre au 30 avril, de 9h à 13h et de 16h à 20h)* **– www.campingultimaspiaggia.it –** *Ouvert de mai à septembre. Adultes de 6 à 13 €, enfants de 1 à 6 ans, de 3,50 à 6 €. Emplacements de 5,50 à 10,50 €.* Beau camping très propre dans un environnement vert et agréable. Bonnes installations sportives, tennis et centre équestre.

■ **COCCOROCCI. Marina di Gairo ✆/ Fax : (0782) 24 147.** *Ouvert toute l'année.* Ce camping donne directement sur la plage. Avec un bon restaurant.

■ **CAMPING LA PINETA. Loc. Planargia ✆/ Fax : (0782) 29 372 – www.campingbungalowlapineta.it –** *Ouvert d'avril à octobre. Adultes de 4 à 8 €, enfants de 3 à 10 ans de 2,50 à 4 €. Bungalows 4 places de 50 à 80 €.* Un peu plus loin de la plage.

Bien et pas cher

■ **DOMUS DE JANAS. Loc. Torre di Barisardo, via della Torre ✆/ Fax : (0782) 28 081 – amaduzzi@hotmail.com – www.domusdejanas.com –** *Chambres doubles de 34 à 54 €. Studio 2 places avec cuisine et balcon de 64 à 104 €.* Hôtel discret et propre en bordure de mer. Très bon rapport qualité/prix.

■ **SANT'EFISIO. 5 km à l'ouest de Lotzorai (en direction de Talana, tourner à gauche devant l'église) ✆/Fax : (0782) 646 921.** *Chambre double compter de 65 à 85 €.* Joli hôtel à l'écart de la foule. Bon restaurant.

Confort ou charme

■ **HOTEL LA TORRE. Via della Torre ✆ (0782) 28 030. Fax : (0782) 29 577 – www.hotellatorresardegna.it –** *Chambre double de 85 à 140 €. Demi-pension de 65 à 125 € par personne. Ouvert d'avril à octobre.* Ce superbe hôtel 4 étoiles à l'architecture moderne est joliment décoré est situé juste en face de la plage. 60 chambres agréables. Piscine et minigolf.

■ **HOTEL BAIA AZZURA. Via della Torre ✆ (0782) 28 987. Fax : (0782) 28 985.** *Ouvert d'avril à octobre. 21 chambres doubles. Compter de 70 à 130 €. Demi-pension de 50 à 90 € par personne.* Moins luxueux que l'hôtel précédent. Propre et confortable.

Restaurants

■ **L'ISOLOTTO. Via Ariosto 6, Lotzorai ✆ (0782) 669 431.** *Fermé le lundi. Menu à partir de 25 €.* Les antipasti, entrées et assiettes de poisson, sont exceptionnels.

■ **PRINCIPE D'OGLIASTRA. Bari Sardo, Via Parrocchia, 3 ✆ (0782) 28 263.** *Menu à partir de 20 €.* Cuisine régionale exquise dans une ambiance raffinée.

Points d'intérêt

■ **LA PETITE ÉGLISE** du XVIIe siècle possède un campanile de style baroque.

■ **TORRE DI BARI.** La plage de la Marina di Barisardo côtoie une petite pinède et une tour de 8 m de haut, en granit et basalte. Cette Torre di Barì fut édifiée au XVIe siècle pour défendre le village des incursions de pirates.

■ JERZU ■

En vous enfonçant un peu plus dans les montagnes environnantes, vous parviendrez, après de nombreux virages en épingle à cheveux, au village de Jerzu, réputé pour sa production de vin rouge, le Cannonau. Tout autour, des vergers, des oliviers et, un peu plus loin, des bois de chênes-liège. Mais le village a été si endommagé qu'aujourd'hui seules les petites ruelles du centre historique présentent quelque intérêt. La région autour d'Ulassai et de Jerzu est célèbre pour ses étranges formations rocheuses. Les rochers calcaires, modelés par le vent et de fortes averses, ont donné vie à des figures fantastiques.

■ ULASSAI ■

A 300 m de ce village niché à flanc de montagne, vous pourrez admirer les cascades de Lecorci et de Santa Barbara, à 7 km. Ces dernières sont impressionnantes (80 m de haut et 60 à 70 m de large). Un coin sauvage, aux superbes paysages, encore épargné par le tourisme de masse. Après quelques kilomètres au nord du village, vous atteindrez la grotte de Su Marmuri, une étonnante curiosité géologique à découvrir.

Point d'intérêt

■ **GROTTA DI SU MARMURI © (0782) 79 859.** *Attention ! La grotte ne peut être visitée qu'aux horaires suivants : avril et octobre à 11h, 14h30 et 17h ; mai, juin, juillet, septembre à 11h, 14h, 16h et 18h ; août à 11h, 13h, 15h, 17h et 18h30. En hiver, visite possible les samedi et dimanche à 14h, mais il est préférable de téléphoner avant. Entrée 6,50 €, tarif réduit 3 €. Visite guidée en italien, anglais ou français, d'une heure environ.* La température ambiante étant de 10 °C, il est conseillé de prévoir un gros pull. La grotte, l'une des plus vastes d'Europe, atteint jusqu'à 57 m de hauteur et est longue de plus de 1 km. Les différentes salles ont été formées par un fleuve souterrain aujourd'hui disparu. La faune de cette grotte intéresse fortement les spécialistes. Quant à la colonie de chauves-souris qui s'y est établie, elle inquiète rarement les visiteurs.

Shopping

■ **COOPERATIVA TESSILE ARTIGIANA. A l'entrée du village d'Ulassai.** *Ouverte toute l'année du lundi au vendredi de 8h à 12h et de 14h à 18h. Ouverte le samedi de juin à septembre.* Il est possible de visiter cette petite coopérative, où l'on peut voir fonctionner des métiers à tisser et acheter des tapis de production artisanale (© (0782) 79 076).

■ LANUSEI ■

Lanusei est la première localité située à la sortie de Tortolì, à 490 m d'altitude, sur le flanc de la montagne dominant la vallée d'Arbatax. Cette localité de quelque 6 000 hab. offre un splendide panorama sur la mer. Elle est aussi la « capitale » historique de l'Ogliastra, évêché et siège du Tribunal.

Pratique

■ **OFFICE DU TOURISME – PRO LOCO LANUSEI. Via Umberto 30** © (0782) 42 434.

Hébergement

■ **OSTELLO DELLA GIOVENTU LA NUOVA LUNA. Via Indipendenza 35 © (0782) 41 051. Fax : (0782) 48 03 66 – www.lanuovaluna.it** – *Ouvert toute l'année. De 16 € la nuit en chambre multiple. 37 € en chambre double. Petit déjeuner inclus.* Une auberge de jeunesse propre. Pour les petits budgets.

■ **VILLA SELENE. Lanusei, Loc. Coroddis (sortie à l'ouest) ✆ (0782) 42 471. Fax : (0782) 41 214 – www.hotelvillaselene.net –** *Chambre double de 78 à 103 €.* Au cœur d'un environnement vert, avec une belle vue sur la mer. Restaurant de spécialités sardes.

Point d'intérêt

■ **LE SITE ARCHÉOLOGIQUE DE SELENE** abrite des tombes dites « tombes de géants ». Construites en granit, elles proviennent d'époques différentes, la plus ancienne datant du bronze moyen. Le site se trouve dans le bois de Selene, à proximité du village.

SANTA MARIA NAVARRESE

Point de départ de nombreuses excursions en bateau pour les criques de la côte est et le golfe d'Orosei, la petite station balnéaire de Santa Maria Navarrese dispose de quelques hôtels et d'une jolie plage.

A l'entrée de Santa Maria, on pourra admirer la petite église du XIe siècle. Selon la légende, elle fut construite par une fille du roi de Navarre, rescapée d'un naufrage qui fit échouer son bateau sur la côte. Cette histoire a été confirmée en 1955 par la découverte, pendant des travaux de restauration, d'un reliquaire en argent en forme de cœur, réalisé selon le style arabe présent dans la région espagnole de la Navarre au XIe siècle. Le reliquaire, offert probablement par la princesse espagnole, est gardé dans le musée diocésain de Lanusei. Près de l'église, qui reste ouverte jusqu'à tard le soir pendant l'été, on verra de nombreux oliviers (Olea europea), et en particulier un olivier millénaire de 9 m de hauteur, mais surtout doté d'un tronc, partiellement creux, de 8,40 m de circonférence.

En face, sur la place de l'église, une oliveraie longe une plage pierreuse aux eaux transparentes. La tour de Santa Maria Navarrese (12 m de diamètre et 10 m de hauteur) date de 1785.

Pratique

■ **OFFICE DU TOURISME – PRO LOCO SANTA MARIA NAVARRESE. Viale Plammas 9** ✆/ Fax : (0782) 615 537.

■ **CARABINIERI** ✆ (0782) 610 825.

■ **PHARMACIE** ✆ (0782) 610 847.

Hébergement

Bien et pas cher

■ **HOTEL PLAMMAS. Viale Plammas, 49 ✆ (0782) 615 130. Fax : (0782) 61 54 99 – hotelplammas@aruba.it – www.hotelplammas.com –** *Chambre double de 23 à 45 € par personne. Petit déjeuner 5 €. Cet hôtel est situé dans le centre de Santa Maria Navarrese, à 150 m de la mer.* Il possède un restaurant de spécialités méditerranéennes à des prix très convenables (culurgiones à 4,70 €, gamberi fritti 4,70 €, calamari fritti 4,50 €...), un parking privé et un service de bateau pour visiter le golfe d'Orosei.

■ **MURRU. Piazza Roma, Arzana ✆ (0782) 37 348. Fax : (0782) 37 665.** *Chambre double de 51 à 120 €.* Hôtel élégant dans le centre du village. Restaurant de très bonne cuisine sarde.

■ **MEDITERRANEO. Via Lungomare ✆ (0782) 615 380. Fax : (0782) 615 428 – www.albergomediterraneo.it –** *Chambre double de 43 à 89 € par personne en demi-pension, selon la saison et la chambre.* Hôtel bien soigné avec une très bonne cuisine. Il dispose d'un jardin très agréable. TV satellite et climatisation dans toutes les chambres.

Confort ou charme

■ **HOTEL STELLA DEL MARE. Via Lungomare ✆ (0782) 615 370. Fax : (0782) 615 527.** *Chambres simples compter de 50 à 65 €, doubles de 65 à 85 €. Demi-pension de 65 à 75 €, pension complète de 70 à 85 €.* Un hôtel 3 étoiles près de la mer. Le bâtiment en lui-même n'est pas très beau, mais les chambres sont confortables. Restaurant de spécialités sardes et marines.

■ **HOTEL AGUGLIASTRA. Piazza Principessa di Navarra, 27 ✆ (0782) 615 005. Fax : (0782) 615 053 – agugliastra@tiscali.it – www.hotelagugliastra.it –** *Demi-pension en chambre double de 38 à 75 € par personne ; pension complète de 53 à 90 €. Supplément de 13 € pour la chambre simple.* A 50 m de la mer, bordé d'oliviers, cet hôtel dispose de 19 chambres simples mais propres, toutes climatisées.

Agriturismo

■ **SANT'EFISIO. Loc Sant'Efisio, Talana ✆ (0782) 646 921. A 4,5 km de Lotzorai, sur la route de Talana.** *Chambres autour de 55 €, repas complet 25 € environ.* Cette ferme d'Agriturismo, à 7 km de Santa Maria Navarrese, propose 10 chambres d'hôtes et un restaurant de spécialités locales (culurgiones, raviolis, liqueurs faites maison).

Restaurants

■ **PIZZERIA GELATERIA OKAY. Piazza Principessa di Navarra 24 ✆ (0782) 61 54 24.** Dans ce restaurant-pizzeria au centre de Santa Maria Navarrese on goûte de très bonnes pizzas à des prix honnêtes. *Pizza margherita à 4,50 €, service 1,50 €.*

■ **L'OLIVASTRO. Via Lungomare ✆ (0782) 615 513.** Ce café-gelateria-fast food est très bien placé à l'ombre de l'oliveraie qui côtoie la plage. On y peut goûter la spécialité arabe ramhadam, une sorte de pizza sur une base de pain de pommes de terre. Le soir, il y a aussi de la musique live. Très original, mais un peu cher : ramhadam à partir de 5 €.

Manifestations

■ **ROCCE ROSSE BLUES ✆ 800 50 50 77 – www.roccerosse.it –** Ce festival international de musique blues et jazz prend son nom des roches rouges d'Arbatax, où il a été organisé pendant une dizaine d'années. Aujourd'hui, il se déroule en face, à l'église de Santa Maria Navarrese pendant les mois de juillet et août. On peut acheter les billets pour chaque concert (de 10 à 20 € selon l'artiste) ou des places « cumulatives » (de 20 à 50 €) sur place ou dans des nombreux magasins de l'île.

■ **L'ASSOMPTION** (le 15 août) est l'occasion d'une grande fête champêtre en l'honneur de Santa Maria Navarrese.

Points d'intérêt

Santa Maria Navarrese est le point de départ de nombreuses excursions par bateau pour le golfe d'Orosei et ses jolies plages accessibles seulement par la mer : Portu Cuadu, Cala Goloritze, Cala Mariolu, Cala Sisine, Cala Luna et la grotte del Bue Marino.

Agences de tourisme

■ **CONSORZIO TRASPORTI MARITTIMI OGLIASTRIA. Billetterie à Santa Maria Navarrese :** porto turistico. **A Tortoli :** via Monsignor Virgilio, 1 ✆ (0782) 628 024. Fax : (348) 73 01 728. **A Arbatax :** molo di Ponente. **A Barisardo :** rotonda c/o Torre di Bari ✆ (0782) 615 173. Fax : (348) 73 01 729. Les croisières à la journée partent de Santa Maria Navarrese ou d'Arbatax.

■ **COMPAGNIA COSTA ORIENTALE CHARTER. Réservations au kiosque en face du port touristique de Santa Maria Navarrese ✆ (340) 64 98 136/(339) 83 87 788.** Croisières en motoryacht, bateau à moteur, goélette, canot de pêche et pneumatique. On peut aussi réserver des repas à base de spaghettis à bord et la visite de la grotte del Fico.

■ **CENTRO SUB-NAUTICA. VIA MONTE OILI, 3 ✆/ Fax : (0782) 615 522 – portosantamaria@tiscalinet.it –** Sorties en mer, location de bateaux et initiation à la plongée.

■ BAUNEI ■

Le village de Baunei est attenant à la station balnéaire de Santa Maria Navarrese, à 10 km au nord de la station. Ce village à flanc de montagne est connu pour ses belles maisons blanches « à tour » et ses petites rues « à escalier » adossées à la montagne. Son artisanat est aussi très apprécié : tissage et gravure sur bois. En suivant la SS 125, on arrive à la place centrale où se trouve l'ancienne façade de l'église de San Nicola. Le reste de la structure, datant de 1700, a été privé de sa nef et une nouvelle façade a été construite à l'arrière. Face à l'entrée de l'église, on peut s'arrêter à une terrasse panoramique à pic sur la montagne.

Points d'intérêt

■ **MUSÉE ETHNOGRAPHIQUE SA DOMU 'ECCIA.** *Piazza Indipendenza. Ouvert de 9h à 12h30 et de 17h à 20h30. Entrée : adultes 2 €, enfants de 7 à 12 ans 1 €.* Dans le vieil immeuble d'une ancienne crèche religieuse, on peut visiter la reconstitution d'une maison traditionnelle de Baunei, avec ses chambres meublées. Dans la chambre à coucher, il y a une collection de costumes typiques de Baunei. Le musée garde aussi des crânes et des os humains retrouvés sur les montagnes autour du village !

■ **LE GOLGO.** En suivant la SS 125 et les indications depuis le centre-ville, on prend la route panoramique vers l'église champêtre de San Pietro, sur le haut plateau du Golgo, à 10 km environ du village. Sur la route, des puits nuragiques et d'anciennes bergeries toujours utilisées par les éleveurs locaux. Des ânes et des cochons s'approchent souvent des voitures. L'église en pierre et très simple dispose à proximité d'une étable utilisée pendant les fêtes religieuses. Face à l'église, un menhir d'époque nuragique, dit anthropomorphe car on peut y voir une tête humaine creusée dans la pierre. En revenant vers Baunei, on suit les indications pour le nuraghe Coe Serra : on se gare à 200 m environ du point d'observation. Enfin, en poursuivant pendant 3 km environ, on peut s'arrêter aux bords d'un gouffre de 300 m de profondeur dans la roche granitique et vulcanienne, qu'on appelle Su Sterru.

■ **LA GORGE SU GORROPPU.** Avec ses murs rocheux qui s'élèvent jusqu'à 500 m, cette gorge est sûrement la merveille de la nature la plus pittoresque de la Sardaigne. **La Cooperative Su Gorroppu** (via Preda Lada, 2 ✆ (0782) 649 282. Fax : (0782) 649 253 – franc@tiscalinet.it) organise des excursions dans la gorge et propose les services de guides expérimentés. Pour une plongée dans la vraie vie des villages sardes, la coopérative organise, à des prix avantageux, des séjours de quelques nuits dans des maisons privées du village d'Urulei.

Excursions

■ **COOPERATIVA GOLORIZE. Loc. Golgo ✆ (0782) 610599 – www.web.tiscali.it/coopgoloritze – goloritze@tiscalinet.it** – Excursions à cheval, à pied ou en voiture vers toutes les principales destinations de la région. Possibilité de passer la nuit sur l'altopiano du Golgo. Dépaysement garanti et ambiance assurée.

De San Pietro di Baunei à Goloritze

▸ **Informations :** Mairie de Baunei ✆ (0782) 615 065.

▸ **Itinéraire :** de San Pietro à la plage de Goloritzé. Sentier marqué, bien visible mais assez rude. La descente vers la mer peut se faire en 1h30 environ. Possibilité de bivouac.

▸ **Curiosités :** faune, flore et falaises littorales contribuent à la rigueur sauvage d'un paysage extrêmement singulier et pittoresque. En hiver et au printemps, une source entre en activité sur la plage, au pied de la falaise.

Perda Longa – Santa Maria Navarrese – Lotzorai

▸ **Informations** : Mairie de Baunei ✆ (0782) 615 065.

■ **RESTAURANT IL GOLGO. Loc. Golgo ✆ (0782) 61 06 75 ou 337 81 18 28.** *Menu à partir de 20 €.* Très bonnes spécialités culinaires de la région. Possibilité de camping.

▸ **Itinéraire conseillé :** une randonnée inoubliable au bord du plus grand canyon d'Europe et une magnifique vue sur la vallée du Flumineddu. L'aiguille, les falaises littorales, Santa Maria Navarrese et Lotzorai. Un parcours très pittoresque, sans difficulté, et qui comprend des falaises majestueuses mais aussi des plages. Dans l'arrière-pays, il faut visiter les tombes (domus de janas) de Pranu Su Ergiu, la tombe des « géants » au lieu-dit Santu Tomau, ainsi que le château de Medusa.

▸ **Hébergement :** nombreux hôtels et campings sur le parcours.

▸ **A découvrir :** la gastronomie locale et ses spécialités de la mer, ainsi que les produits de l'arrière-pays : vins et fromages (ceux de chèvre en particulier). Sans oublier les fameux gulurgiones (les raviolis du coin).

Le serpent du Golgo

Une malédiction terrible tourmentait les habitants du village de Baunei, sur le haut plateau du Golgo. Un serpent géant y habitait, qui se nourrissait d'humains. Ce monstre exigeait un tribut de sang très lourd pour le village qui, chaque année, devait envoyer une jeune fille sur le haut plateau afin que le serpent puisse la manger. Ce fut Saint-Pierre qui tua le monstre avec son épée et, pour le remercier, les habitants de Baunei lui dédièrent une église sur le Golgo. C'est la légende accompagnant la création, au XVIIIe siècle, de l'église champêtre San Pietro, construite grâce aux offrandes des bergères locales. Une histoire très simple, métaphore du triomphe du christianisme sur les rites païens les plus sanguinaires.

Dans les environs

■ **LA GROTTA DEL FICO.** *Ouverte tous les jours de juin à septembre, sur réservation le reste de l'année. Entrée : adultes 7 €, enfants de 6 à 12 ans 4 €.* Cette grotte, située à 10 m du niveau de la mer, est accessible à travers des escaliers qu'on ne peut atteindre qu'en bateau. On y arrive après 50 min environ de navigation depuis les ports de Arbatax et Santa Maria Navarrese. La grotte a été ouverte au public en 2003. Ici se cachaient, jusqu'à ce que la grotte soit découverte par les spéléologues dans les années 1950, les derniers spécimens de phoques moines sardes, aperçus pour la dernière fois dans le golfe d'Orosei il y a vingt ans. Actuellement, 2 km environ de profondeur ont été explorés, mais les travaux poursuivent. Pour un tarif de 30 € on peut participer à une visite spéléologique des salles et des puits fermés au public. Pour des informations sur les bateaux ou pour réserver pour des visites, on peut contacter la **Società Speleologica Baunese** ✆ 333 96 34 349/349 14 63 802 – www.grottadelfico.it

■ **CALA SISINE.** C'est la plage principale du golfe d'Orosei avec la Cala Luna. Elle est entourée de forêts et séparée de Cala Luna par des grottes. En 1987, cette région du golfe fut déclarée zone protégée pour la sauvegarde du phoque moine. De même que celles de la merveilleuse Cala Goloritzé, ces plages ne sont pas faciles à atteindre. On peut y arriver en bateau ou par le biais de parcours de randonnée réservés aux experts.

■ **LE VILLAGE NURAGIQUE DE BAU NURAXI.** En poursuivant vers le nord sur la SS 125, on peut accéder au village de Triei, à quelques kilomètres de là. En suivant les indications depuis le centre pendant 1 km, on arrive au village nuragique de Bau Nuraxi, dont les ruines des tours en granit sont toujours visibles malgré l'abandon qui caractérise cet endroit. En poursuivant pendant 5 km sur la même route, on arrive à la tombe des géants de Osono, une structure en granit dont l'entrée et l'intérieur sont très bien préservés.

■ NUORO ET LA BARBAGIA ■

Tour à tour, les nombreux envahisseurs de la Sardaigne tentèrent d'occuper cette vaste contrée difficile à maîtriser : les Carthaginois ne purent jamais soumettre la totalité de la population, les Romains rencontrèrent également une farouche résistance, les Sarrasins, quant à eux, furent écrasés par les Sardes, dont une grande partie venait de la Barbagia.

Au Moyen Age, la région était divisée en trois zones : la Barbagia supérieure, la Barbagia centrale et la Barbagia inférieure. Son histoire a suivi ensuite sensiblement celle de l'île.

Aujourd'hui, ces trois zones ne forment plus qu'une seule région, réputée pour ses sentiments insulaires très forts. En 1973, un auteur sarde écrivait : « A l'intérieur de la Sardaigne, on vit parmi des gens qui sont restés comme hermétiques à tout ce qu'on appelle communément la civilisation européenne ; les Phéniciens ont vécu ici, puis les Romains et les Byzantins ; vinrent ensuite les Génois et les Espagnols, puis les Piémontais et maintenant les Italiens... et tout se passe comme s'ils n'étaient jamais venus. Ils ont tous été rejetés. » Si le sentiment de rejet de l'envahisseur n'est plus présent que sur les murs peints du village d'Orgosolo, les traditions de la Barbagia font aujourd'hui davantage partie du folklore local et la région s'ouvre lentement au tourisme. Amateurs de randonnées, d'escalade et de montagne se donnent rendez-vous dans ce paradis d'isolement et de tranquillité.

NUORO

La ville de Nuoro, perchée dans les montagnes de la Barbagia, ressemble plus à un gros bourg montagnard qu'à une ville. Fondé au Moyen Age, le village a commencé à acquérir de l'importance au XVIIIe siècle, quand il devint un évêché. Des traces de la civilisation byzantine laissent cependant penser qu'un village existait au VIIe siècle apr. J.-C. Nuoro appartint probablement au giudicato de Torres jusqu'en 1326, puis passa aux mains du giudicato d'Arborea jusqu'en 1600, lorsque le marquis d'Orani en prit le contrôle. En 1300, en dépit des guerres qui dévastaient la Sardaigne, Nuoro acquit de l'importance et devint la plus grande cité du diocèse d'Ottana. En 1600, Nuoro comptait 1 600 habitants et comprenait la région de Seuna (le quartier des paysans) et la région de Santu Predu (le quartier des bergers), séparées par le Bia Majore, l'actuel corso Garibaldi. Au XIXe siècle, Nuoro connut la période la plus dévastatrice de son histoire, quand le roi piémontais Carlo Felice promulgua un édit qui instaurait la propriété privée, créant ainsi de nombreux conflits entre paysans et bergers. En 1836, Nuoro obtint le statut de ville et devint le centre administratif du royaume du Piémont de 1848 à 1859. En 1926, quand la Barbagia devint une province de l'Italie, on attribua à Nuoro le statut de capitale de la province.

Aujourd'hui, la ville possède de nombreuses constructions modernes et une population de 30 000 hab. Ville natale de l'écrivain très célèbre Grazia Deledda, qui obtint le prix Nobel de littérature en 1926, et du poète Sevastiano Satta, Nuoro est fière de sa culture et de ses traditions. Le corso Garibaldi et la place Vittorio Emmanuele, d'où partent de nombreuses rues piétonnes bordées de boutiques et de cafés, constituent le centre de la ville. Nuoro est très peu animée. Ne vous étonnez pas de trouver une ville endormie, même un samedi après-midi.

Transports

Bus

■ **STATION DE BUS DE L'ARST. Via Sardegna** ✆ (0784) 29 41 73.

Voiture

Nuoro est facilement accessible par la SS 131 qui traverse le pays de la côte ouest jusqu'à Olbia, et à la quatre-voies qui redescend vers Lanusei.

■ **MAGGIORE RENT A CAR. Via Convento, 92 ✆ (0784) 30 461.** *Ouvert de 8h30 à 13h et de 15h30 à 19h30, fermé le samedi après-midi et le dimanche.* Location de voitures.

Taxi

▸ **Vous trouverez des taxis sur la piazza Stazione** (✆ (0784) 30 115) et via Lamarmora (✆ (0784) 34 647).

Pratique

Tourisme

■ **PRO LOCO ENTE PROVINCIALE DEL TURISMO. Piazza d'Italia, 19 ✆ (0784) 30 083. Fax : (0784) 334 322 – www.enteturismo.nuoro.it – info@enteturismo.nuoro.it –** *Ouvert de 9h30 à 13h et de 15h30 à 19h.*

■ **PUNTO INFORMA. Corso Garibaldi, 155 ✆ (0784) 38 777 – www.viazzos.it –** *Ouvert du lundi au samedi de 10h à 13h et de 16h à 19h.*

Agences de voyages

■ **LA NUOVA BARBAGIA TOURS. Via Dante, 28** ✆ (0784) 37 777.

■ **ANCOR. Via Manzoni, 85** ✆ (0784) 30 463.

■ **CHESSA VIAGGI. Via Manzoni, 21** ✆ (0784) 259 011.

Santé

■ **URGENCES** ✆ (0784) 240 249.

■ **PHARMACIE. Corso Garibaldi, 65** ✆ (0784) 30 143.

Utile

■ **LAVERIE. Via Gramsci, 51** ✆ (0784) 35 374.

■ **INTERNET.** Quelques points d'accès à Internet sur le corso Garibaldi.

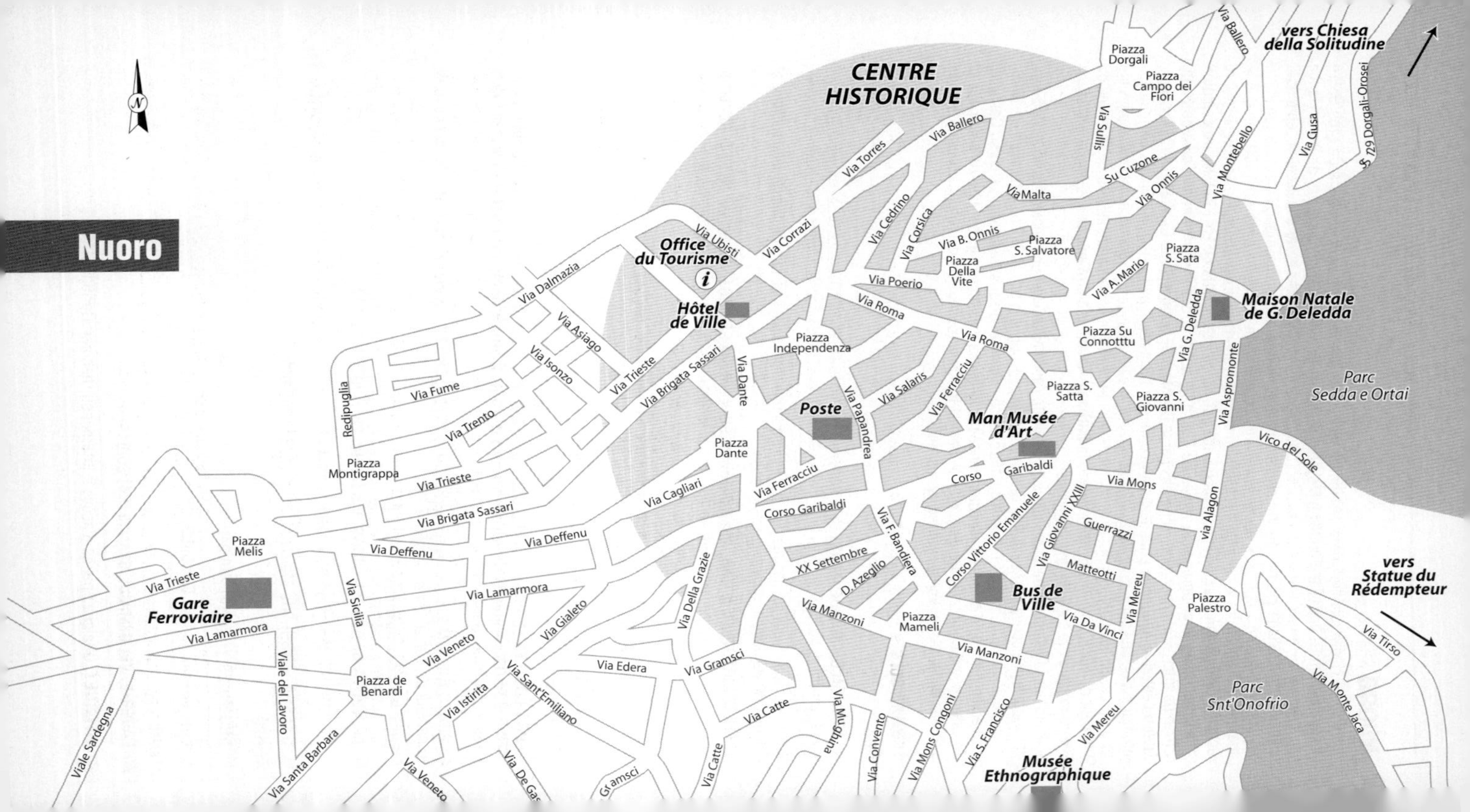
Nuoro
CENTRE HISTORIQUE
vers Chiesa della Solitudine
vers Statue du Rédempteur
Office du Tourisme
Hôtel de Ville
Poste
Man Musée d'Art
Maison Natale de G. Deledda
Bus de Ville
Musée Ethnographique
Gare Ferroviaire
Parc Sedda e Ortai
Parc Snt'Onofrio
Piazza Dorgali
Piazza Campo dei Fiori
Piazza S. Salvatore
Piazza Della Vite
Piazza S. Sata
Piazza Su Connotttu
Piazza S. Satta
Piazza S. Giovanni
Piazza Independenza
Piazza Dante
Piazza Mameli
Piazza Palestro
Piazza Montigrappa
Piazza Melis
Piazza de Benardi
Via Ballero
Via Sullis
Via Montebello
Via Gusa
129 Dorgali-Orosei
Su Cuzone
Via Onnis
Via Malta
Via Torres
Via Corrazi
Via Cedrino
Via Corsica
Via B. Onnis
Via Ubisti
Via Poerio
Via A. Mario
Via G. Deledda
Via Aspromonte
Vico del Sole
Via Roma
Via Dalmazia
Via Asiago
Via Isonzo
Via Trieste
Via Brigata Sassari
Via Dante
Via Papandrea
Via Salaris
Via Ferracciu
Via Fume
Via Trento
Redipuglia
Via Cagliari
Corso Garibaldi
Corso
Garibaldi
Via Mons
Via Alagon
Via Giovanni XXIII
Guerrazzi
Matteotti
Via Mereu
Corso Vittorio Emanuele
Via F. Bandiera
XX Settembre
D. Azeglio
Via Manzoni
Via Da Vinci
Via Tirso
Via Monte Jaca
Via Deffenu
Via Sicilia
Via Lamarmora
Via Gialeto
Via Della Grazie
Via Edera
Via Gramsci
Via Veneto
Via Sant'Emiliano
Via Istirita
Via Catte
Via Mughina
Via Convento
Via Mons Congoni
Via S. Francisco
Viale del Lavoro
Via Santa Barbara
Viale Sardegna
Via De Gas
Gramsci

Hébergement

La qualité de l'hébergement à Nuoro est loin d'être bonne. En effet, la plupart des hôtels sont chers ou peu accueillants. Il est préférable de s'éloigner un peu de la ville, vers les montagnes d'Oliena par exemple, ou à Cala Gonone, sur la côte. Cela dit, on vous signale quelques hôtels qui sont acceptables pour leur rapport qualité/prix.

Bien et pas cher

■ **CHAMBRES D'HOTES CASA SOLOTTI ✆ (0784) 33 954/328 16 02 89 75 – www.casasolotti.it –** *5 belles chambres, balcon avec vue sur les montagnes, et petit déjeuner copieux, de 26 à 30 € par personne.* C'est là qu'il faut aller à Nuoro. Situées un peu en dehors de la ville, sur la route qui mène au mont Ortobene, les chambres d'hôtes de Mario Zizi offrent un accueil chaleureux dans un paysage de montagnes très agréable.

■ **HOTEL LA PINETA. Via Verdi, 20 ✆ (0784) 39 499. Fax : 784 38 443.** *Chambre simple, compter 40 €, double 60 € environ.* Un hôtel moderne, complètement rénové. Très bon rapport qualité/prix. 13 chambres très spacieuses et joliment meublées. Vue surplombant la ville.

Confort ou charme

■ **FRATELLI SACCHI. Monte Ortobene ✆ (0784) 31 200. Fax : 784 34 030.** *Ouvert d'avril à octobre. Chambres simples, compter de 45 à 55 €, doubles de 50 à 70 €.* Hôtel tranquille récemment restauré, avec vue panoramique et restaurant.

■ **PARADISO. Via Aosta, 44 ✆ (0784) 35 585. Fax : 784 23 278.** *Chambre double de 50 à 70 €.* Hôtel moderne avec restaurant. Décor soigné.

■ **HOTEL GRILLO. Via Mons Melas ✆ (0784) 38 678. Fax : 784 32 005.** *65 € la chambre simple, 91 € la chambre double.* Situé près du musée du Costume, un bâtiment moderne assez laid, mais aux chambres confortables.

Agriturismo

■ **MANCA GIAN MARIO. Loc. Sedda Ortai, Monte Ortobene ✆ (0784) 36 585/(0784) 34 345.** *Ouvert du 25 avril au 30 septembre, cet agriturismo offre des repas typiques et un hébergement pas cher pour 10 personnes maximum dans un paysage pittoresque.* Il y a aussi 5 emplacements pour des tentes. On organise des randonnées à cheval et à vélo.

■ **SECCHI SEBASTIANO. Loc. Testone ✆ (0784) 230 539 – www.agriturismotestone.com** – *23 € le repas. De 46 à 50 € en demi pension selon la saison, Chambres climatisées avec salle de bains.* Dans cet agriturismo, on organise aussi des cours d'italien. Site internet en français.

Restaurants

■ **RISTORANTE CIUSA. Viale Ciusa, 55 ✆ (0784) 257 052.** *Fermé le mardi. Compter 30 € le repas complet. Menu à partir de 25 €.* Une très bonne adresse ! Une carte variée et originale (et c'est rare en Sardaigne !), un service digne d'un grand restaurant et un décor agréable. Un peu plus cher que les autres, mais c'est justifié.

■ **MONTE MACCIONE. Vicolo del Pozzo, 4 ✆ (0784) 23 23 55.** *Fermé le mercedi. Menu à partir de 25 € environ.* Restaurant avec vue merveilleuse sur les montagnes. Spécialités sardes mais aussi des pizzas classiques.

■ **Les deux restaurants IL RIFUGIO** (via Mereu ✆ (0784) 251 036. Fermé le lundi) et **RUSTICO** (viale Costituzione, 85 ✆ (0784) 200 904. Fermé le lundi) proposent des plats classiques de la tradition culinaire sarde. Bon choix de viandes.

Sortir

La passeggiata s'effectue sur le corso Garibaldi, mais ce n'est apparemment pas l'occupation favorite des Nuorese, qui semblent préférer rester à la maison.

■ **BAR PUB THE KILLTIME. Via A. Mereu, 45 killtime-pub@yahoo.it** – Si vous n'avez rien à faire, venez « tuer le temps » dans ce bar animé. Concerts.

■ **BOCACCICA. Via Mugina.** Un des rares lieux nocturnes animés de Nuoro.

Manifestations

▶ **Carnaval de Ottana.** Février. Il a lieu le jeudi, le dimanche et le mardi de la semaine de Mardi gras. Ce carnaval est connu pour ses masques, parmi lesquelles le merdùle (l' « homme »), le boe (le « bœuf ») et la filonzana (la « fille »).

▶ **Fête du Rédempteur (Sagra del Redentore).** Cette fête se déroule à Nuoro la troisième semaine d'août. Une longue procession d'habitants costumés parcourt les rues de la ville puis se dirige vers le mont Ortobene, jusqu'à la statue du Rédempteur. La fête est célébrée depuis 1901, année de l'érection de la statue. Environ 80 groupes folkloriques vêtus de costumes traditionnels se défient à cette occasion lors d'une grande compétition de danse. Le ballo tondo est l'archétype de la danse sarde, déclinée en plusieurs variations : en général, hommes et femmes se tiennent par la main en dansant rapidement. De temps en temps, un couple de danseurs se détache du tourbillon pour improviser, au centre, les pas d'une chorégraphie plus compliquée. Tout ça au rythme des launeddas, de la guitare ou de l'accordéon, qui est l'instrument le plus important du bal musette et de la musique populaire sarde.

▶ **La Fête de la Santa Vergine delle Grazie** est célébrée chaque 21 novembre à Nuoro. Une procession d'habitants en costumes traditionnels défile dans les rues de la ville.

Points d'intérêt

■ **MAISON NATALE DE GRAZIA DELEDDA. Via Grazia Deledda ✆ (0784) 31 426.** *Ouvert de 9h à 20h en été et de 9h à 13h et de 14h à 19h en hiver. Entrée 2,60 €.* Au cœur du vieux quartier de Santu Pedru, remarquable pour ses petites ruelles étroites, on peut visiter la maison de la célèbre romancière qui obtint le prix Nobel de littérature à Stockholm en 1926.

■ **MUSÉE ETHNOGRAPHIQUE OU MUSÉE DU COSTUME ET DES TRADITIONS SARDES (Museo della vita e delle tradizioni popolari sarde). Via Mereu, 56 ✆ (0784) 257 035.** *Ouvert de 9h à 13h et de 15h à 19h ; du 15 juin au 30 septembre ouvert de 9h à 20h. Entrée 3 €.* Situé sur une colline qui domine la ville, ce musée est l'un des plus intéressants de Nuoro. Les nombreuses salles de cette très jolie demeure présentent les costumes sardes de diverses époques, en faisant ressortir les spécificités de chaque région, de chaque village. Sont également exposés de nombreux bijoux, des instruments de musique, des répliques des différents pains et gâteaux locaux. Enfin, les dernières salles, très étonnantes, rassemblent les costumes portés par les habitants des villages de la région pendant le carnaval. Dans la première de ces salles sont exposés les costumes du village d'Orrotelli, les thurpos, faits de grandes capes noires à capuche ; les hommes qui les endossent se noircissent le visage au liège brûlé et portent des cloches sur leur dos. Dans la salle attenante, on peut voir les merdules d'Ottana, puis enfin les très beaux costumes des mamuthones de Mamoiada.

■ **MUSÉE MAN (MUSEO D'ARTE NUORO). Via Satta, 15 ✆ (0784) 252 110 – www.museoman.it –** *Ouvert du mardi au dimanche de 10h à 13h, et de 16h30 à 20h30. Entrée 3 €.* Il est situé dans la province la plus « dure » de la Sardaigne, cependant le « MAN » a réussi en peu de temps à se faire une réputation au-delà des frontières nationales. Dans ce palais rénové du XIXe siècle, situé en plein centre-ville, sont exposées sur 4 étages les œuvres de divers artistes sardes du XXe siècle, parmi lesquels Mario Delitala, Biasi, Floris, le sculpteur Francesco Ciusa, Manca et Nivola. Mais grâce à la savante direction de la jeune Cristina Collu, ce musée est en perpétuelle évolution : la collection d'art sarde du XXe siècle a été seulement le point de départ pour un voyage à la découverte de la production contemporaine, avec une attention particulière accordée aux jeunes talents et aux artistes de la région.

■ **CATHÉDRALE. Sur la place Santa Maria della Neve.** Une église du XIXe siècle.

■ **MONT ORTOBENE ET STATUA DES REDENTORE.** La route qui mène au mont Ortobene, la via Ortobene, sillonne la ville puis s'élève dans un beau paysage de montagne sur 5 km environ. Arrivé au sommet du mont, à 995 m d'altitude, vous pourrez admirer la splendide vue qui s'étend au pied de la statue du Rédempteur sur la ville de Nuoro et sur les montagnes de la Barbagia. Cette statue en bronze, de 7 m de hauteur, due au sculpteur Vincenzo Lerace, a été dressée ici en 1901. Une petite excursion à faire absolument en raison du splendide panorama qu'elle permet de découvrir.

■ **LA TOMBE DE GRAZIA DELEDDA** se trouve à la sortie de la ville, dans la petite église de Nostra Signora della Solitudine que l'écrivain aimait à visiter.

Shopping

■ **CREAZIONI ANTONELLO. Via Malta, 13 ✆ (0784) 39 008 – www.orodisardegna.com –** Le filigrane sarde est « le fil d'or » porté par les Phéniciens, travaillé comme la plus précieuse broderie. Dans cet atelier, on part d'une recherche approfondie sur le matériel archéologique et sur les anciens ornements, avec leurs significations symboliques, pour aboutir à la conception de bijoux uniques. Sa particularité : réussir à capter la lumière en façonnant l'or en spirales et dentelles. Bagues, pendentifs et broches sont réunis dans des collections aux noms de rêve : Organza, Corbula, Soffioni... Les prix varient selon le poids de l'or et le travail ornemental. Possibilité d'acheter par Internet.

■ **GRAMELOT. Via Sulis, 17 ✆ (0784) 38 204.** Dans le centre historique de Nuoro, ce petit atelier confectionne des produits d'artisanat uniques, dignes d'être exposés dans une galerie d'art. Paola Soddu transforme sa passion pour les tissus anciens en une production particulière, toute centrée sur la décoration et l'ameublement : coussins, rideaux, nappes aux dessins empruntés aux costumes traditionnels, mais aussi papiers précieux décorés des motifs ornementaux de l'île. Sur demande, Madame Paola réalise aussi des projets personnalisés.

■ **ISOLA. Via Monsignor Bua, 10 ✆ (0784) 31 507.** La grande enseigne est installée à Nuoro. Une très bonne halte pour acheter à prix raisonnable : tapis, meubles, céramiques, statuettes en bois...

■ **MARCHÉ AUX PUCES. Corso Garibaldi ✆ (0784) 30 212.** *Tous les 2e samedi du mois.* 20 exposants. Artisanat local et antiquités.

Loisirs

■ **MARINA DI OROSEI (Nuoro). Relitto KT12. Informations : Orosei Diving Center. Orosei ✆ (338) 94 79 980.** *Prix pour une plongée : 45 €.*

Dans les environs

Au sud de Nuoro s'étend une vaste contrée dominée par les montagnes, les collines et les vallées de la Barbagia. La région de Nuoro est extrêmement riche en traditions. Les villages qui s'y côtoient rivalisent en fêtes et en particularités. L'une de ces fêtes est la Sagra delle Launeddas, qui a lieu à San Vito in Barbagia, le 4e dimanche d'août. Pour l'occasion, les virtuoses de cet instrument polyphonique s'exhibent sur la place publique. Les launeddas n'ont pas d'équivalent au monde, exception faite pour un type d'instrument égyptien qui leur ressemble vaguement. Cet instrument fait partie de la famille des cornemuses, mais, contrairement à celles-ci, les launeddas possèdent trois tuyaux de longueur différente et sont dépourvues de la vessie fournissant l'air pour l'émission du son. Ce rôle est rempli par le musicien lui-même, qui doit s'exercer longuement à la difficile respiration circulaire. Les origines de cet instrument, qui accompagne toujours les danses et les processions, remontent à au moins 2 700 ans. C'est de cette époque-là, en effet, que date le petit bronze nuragique qui représente une sorte de dieu païen en train de jouer des flûtes très semblables aux launeddas. Découvert dans les campagnes d'Ittiri, il est aujourd'hui conservé au musée archéologique de Cagliari.

OLIENA ET LES MONTAGNES DU SUPRAMONTE

A une quinzaine de km de Nuoro, le village d'Oliena (8 000 habitants), avec sa petite église Santa Maria, du XVe siècle, est l'un de ces villages typiques de la région. Il est renommé pour ses costumes, ses broderies et ses vins. Gabriele D'Annunzio a lui-même nommé le vin le plus connu de la ville, tant il le trouvait bon : le Nepente. Oliena a gardé et cultive ses traditions artisanales, gastronomiques et œnologiques. Vous y trouverez des magasins de couteaux, de poterie, de cuir, des boutiques de vin, d'huile d'olive...

C'est aussi le point de départ pour les randonneurs désirant s'attaquer aux montagnes du Supramonte. Attention ! Ne partez pas seul et mal équipé pour le Supramonte, où les chemins de randonnée sont très difficiles. Il est vivement recommandé de bien s'équiper et de partir avec des guides ou des agences spécialisées dans le trekking (*voir ci-dessous la rubrique « Randonnées »*).

A l'extérieur de la ville se dressent deux sanctuaires, celui de Nostra Signora di Monserrato et celui de San Giovanni, sur la route de Dorgali, près duquel jaillit la source naturelle de Su Gologone, verte et pure.

Au sud d'Oliena s'élèvent les monts du Supramonte, vaste massif calcaire, à l'aspect dolomitique, que domine la Punta Corrasi. Ces lieux mystérieux et d'un accès difficile abritent le village nuragique de Tiscali.

Pratique

■ **OFFICE D'INFORMATIONS TOURISTIQUES. Oliena, piazza Mercato (dans la bibliothèque municipale)** ✆ (0784) 287 612.

■ **GARDE MÉDICALE** ✆ (0784) 288 014.

■ **PHARMACIE. Logheri** ✆ (0784) 285 674.

■ **POSTE. Via Badu'e Rivu** ✆ (0784) 287 529.

■ **BANCO DI SARDEGNA. Via Melis, 39** ✆ (0784) 287 568.

Hébergement

A Oliena, l'hébergement est d'une qualité bien supérieure à la moyenne. Les quelques établissements présents proposent des randonnées dans les montagnes.

Bien et pas cher

■ **COOPERATIVE ENIS. Monte Maccione (suivre les indications à partir d'Oliena) ✆ (0784) 288 363. Fax : (0784) 288 473 – www.coopenis.it – coopenis@tiscalinet.it –** *De 36 à 45 € la chambre simple, de 30 à 37 € par personne la double et de 51 à 60 € en demi-pension. Possibilité de camping de 6 à 7 €, 13 € avec petit déjeuner. Menu à partir de 25 € environ. Menu spécial pour les céliaques.* Cette coopérative est à la fois un hôtel, un restaurant et un centre d'excursions très sympathiques, le tout perché au sommet du mont Maccione. Ses 17 chambres sont très confortables, avec des salles de bains très propres et une belle vue sur les montagnes. Le restaurant sert des spécialités sardes (pane frattau et malloreddus), mais aussi des pizzas. La coopérative vend également des produits locaux et propose de nombreuses excursions avec guide dans les montagnes du Supramonte et dans la vallée de Lanaitto.

■ **AI MONTI DEL GENNARGENTU. Loc. Settiles (sur la route de Pratobello, à 7 km au sud d'Orgosolo) ✆ (0784) 40 23 74.** *Chambre double compter de 50 à 60 €. Menu à partir de 25 €.* Au cœur du paysage montagneux. Chambres propres. Bon accueil. Le restaurant sert des spécialités de la région de Barbagia.

Confort ou charme

■ **HOTEL SU GOLOGONE ✆ (0784) 287 512. Fax : (0784) 287 668 – www.sugologone.it –** *Chambre double de 105 à 145 € par personne en demi-pension selon la saison. De 135 à 185 € la chambre simple.* Situé à quelques km d'Oliena, cet hôtel est un havre de paix, où l'on dort paisiblement et où l'on mange formidablement bien. Son architecture est en parfaite harmonie avec le paysage montagnard ; ses balcons et son jardin sont abondamment fleuris. L'hôtel dispose de 65 chambres doubles avec salle de bains, air conditionné et télévision. Leur décor rustique contribue à leur charme, et toutes disposent d'une vue magnifique. La vaste piscine, bordée de verdure, voisine avec le Jacuzzi et la salle de musculation. Le restaurant est l'une des meilleures tables de Sardaigne. Il propose une cuisine familiale sarde, délicieuse et simple. A goûter absolument : les très copieux et succulents antipasti sardi, les plats de pâtes maison, le pane frattau et le porcetto. Des danseurs folkloriques donnent un petit spectacle convivial tous les vendredis. L'hôtel organise également des excursions dans le Supramonte et à Tiscali (cette dernière pour 30 €), et une excursion en Land Rover qui vous emmènera plus haut que les autres concurrents. Les prix ne sont pas excessifs étant donné la qualité de l'hôtel, qui appartient à la catégorie des hôtels indépendants dits de charme.

Agriturismo

■ **AZIENDA AGRITURISTICA « GUTHIDDAI » DE GIANLUCA FLORIS, sur la route d'Oliena à Dorgali, à proximité de Su Gologone ✆ (0784) 286 017.** *2 chambres, une double et une triple à 40 € environ en demi-pension. Dîner complet compter 25 € environ.* La petite maison toute blanche et bleue, très fleurie, est d'un charme ravissant, mais ne dispose que de 2 chambres. Le patron propose une très bonne cuisine typique : antipasti, raviolis, pane frattau, porcetto, gnocchetti au fromage. La maison organise également des excursions à Tiscali et au mont Corrasi.

Deux autres fermes d'Agriturismo proposant des services et une cuisine de qualité pour un prix comparable au précédent :

■ **FELE GRAZIELLA Loc. Logheri** ✆ (0784) 285 338.

■ **CARRUS PATRIZIA Loc. Enatuda** ✆ (0784) 287 066.

Restaurants

■ **RISTORANTINO MASILOGHI. Via Galiani, 68 ✆ (0784) 285 696. Fax : 784 286 296.** Un joli petit restaurant, au décor ravissant, qui dispose d'une soixantaine de places à l'intérieur et du même nombre à l'extérieur. Spécialités sardes (pane frattau, ravioli au pecorino, culurgiones, pane carasau…).

■ **CI KAPPA. Oliena, Via M. L. King, 24 ✆/ Fax : 784 28 87 33.** *Menu à partir de 20 €. Egalement chambres doubles à environ 50 €.* Très bonne cuisine régionale.

■ **SU GOLOGONE. Loc. Su Gologone ✆ 078 42 87 512.** *Compter environ 40 à 45 € le repas complet.* Une dizaine de chefs officient aux fourneaux du Su Gologone, en nous offrant le meilleur de la tradition gastronomique de la Barbagia. Parmi les entrées, les sa cordula (les « entrailles du porc »), les raviolis de ricotta ou au fromage local sa casizolu, le porceddu. Pour dessert, les classiques seadas recouvertes de miel.

Manifestations

▶ **Cortes Apertas.** Cette manifestation, qui s'étend sur 3 jours, début septembre, a pour but de mettre en avant l'artisanat, la gastronomie et le vin d'Oliena, à travers une quinzaine de « cours » thématiques qui se répartissent entre forgerons, bijoutiers, couturiers, producteurs de vins, de miel, d'huile d'olive, de fromage… Leurs activités font l'objet d'expositions. Les artisans producteurs présents font profiter le public de leur savoir-faire. Repas, concerts et bals concluent gaiement les journées. **Informations :** Presidio Turistico « Su Sole », via Grazia Deledda, 32 ✆ (0784) 286 078 – www.galaveras.it

▶ **S'Incontru.** Les processions de rencontre entre la statue de Jésus-Christ et celle de Marie le dimanche de Pâques sont très habituelles dans les petites villes sardes. Celle de Oliena est parmi les plus intéressantes en raison du scénario suggestif et des costumes traditionnels endossés par la procession qui mène la statue du Christ ressuscité depuis la petite église de San Francesco jusqu'à la piazza Santa Maria. Ici a lieu la rencontre, en face à l'église en style roman tardif de Santa Maria.

▶ **Festa di San Lussorio.** Cette fête religieuse se déroule à la fin du mois d'août. Des défilés en costumes locaux sont organisés pendant les célébrations.

Points d'intérêt

■ **VILLAGE NURAGIQUE DE TISCALI.** Prévoir de bonnes chaussures de randonnée : l'ascension qui mène au site vous demandera en effet d'escalader quelques roches. C'est une excursion (environ 26 €) d'une demi-heure de voiture en partant d'Oliena et de 2 heures d'ascension à pied jusqu'au village (compter une demi-journée en tout). L'accès au site coûte 2,60 €. Il est possible de faire le tour du village. Le site, étonnant, se trouve à l'intérieur d'une sorte de grotte à ciel ouvert, nommée doline, qui s'est formée au centre du mont Tiscali. La doline est constituée de roches calcaires d'origine organique datant de 160 à 180 millions d'années, dont la voûte s'est écroulée. La présence de l'homme dans cette doline remonte à plus de 14 000 ans. Des fouilles y ont mis à jour des vestiges de la civilisation nuragique. Les habitants de la vallée de Lanaitto auraient, à la suite de conflits avec des populations voisines, mais surtout après l'arrivée des Romains en Sardaigne, déserté leurs villages et seraient venus chercher refuge dans cet endroit reculé. Mais les probabilités pour que le village ait été habité de façon permanente sont faibles. En effet, il n'y a aucun point d'eau aux alentours et les terres cultivables sont quasi inexistantes. Le village est composé des vestiges de deux groupes d'habitations. Le premier groupe comporte une quarantaine de cabanes dont certaines sont rondes, d'autres carrées ou rectangulaires. Le deuxième comprend une vingtaine de cabanes rectangulaires plus petites que les précédentes. Les murs étaient constitués de larges pierres soudées entre elles par de la boue, et la toiture était faite de matériaux végétaux. Il est possible de visiter ce village, situé au cœur des montagnes, à l'occasion d'une randonnée dans un décor fabuleux. Cependant le lieu est difficilement accessible sans guide, en raison de l'absence totale de signalisation. La plupart des hôtels disposent d'excellents guides et de Land Rover permettant de parvenir au pied du mont Tiscali.

■ **VILLAGE NURAGIQUE DE SA SERRA'E SOS CARROS.** Ce village, situé à proximité de la grotte Sa Oche, était pourvu d'un temple sacré qui servait à la fois de source pour les besoins des habitants du village et de lieu de culte. La fontaine centrale est décorée de gravures représentant des têtes de béliers. Le village se trouve à l'entrée de la vallée de Lanaittu et est accessible avec un guide.

■ **MONTAGNES DU SUPRAMONTE.** Les vallées d'Oliena, d'Orgosolo, de Dorgali et d'Urzelei sont encerclées d'un paysage étrange formé d'imposantes roches abruptes, dominées par le mont Corrasi (1 463 m). Le haut plateau calcaire du Supramonte est l'une des régions les plus sauvages et les moins peuplées d'Europe. L'eau y est rare, chaque goutte de pluie glissant le long des falaises jusqu'à de profondes grottes souterraines. La faune y est variée : renards, sangliers, mouflons et aigles vivent sur les sommets. De nombreuses excursions sont ici possibles, mais il est recommandé de s'adresser à un guide, car les sentiers ne sont guère fléchés et les grottes et ravins rarement indiqués.

■ **SUPRAMONTE D'ORGOSOLO.** A partir d'Orgosolo, aller jusqu'à la caserne de Montes ; de là partent de nombreux sentiers conduisant à une vaste forêt de chênes verts.

■ **LA VALLÉE DE LANAITTO ET TISCALI.** Accessible aux randonneurs.

■ **SOURCE D'EAU DE SU GOLOGONE.** De cette source karstique coule une eau verte et transparente. La source, qui déverse 300 litres d'eau par seconde, est l'une des plus importantes de Sardaigne. Prendre la route qui va d'Oliena à Dorgali ; la source est à 200 m de l'hôtel Su Gologone.

Shopping

■ **CARMELA TUPPONI. Piazza Fiotto.** Châles, costumes typiques et tapisseries confectionnés selon la tradition d'Oliena.

■ **SALUMIFICIO PUDDU. Loc. Orbuddai.** Un salumificio où l'on vend des jambons mais aussi d'excellents vins locaux. Des raisins cannonau, on tire le rosato Tiscali et le nepente, à la couleur rouge foncé.

Sports et loisirs

Randonnées

■ **SOCIETA GUIDE LA MONTAGNA** © (0784) 288 260.

■ **TISCALI TREKKING DI GIAMPAOLO DUI** © (0784) 202 953.

■ **BARBAGIA INSOLITA DI GIOVANNI SANNA** © (0784) 288 167.

■ **CORRASI TREKKING. Piazza Santa Maria, 30 ©/ Fax : (0784) 287 144 – Portable : (328) 576 84 49 – www.corrasi.com – corrasi@hotmail.com –** Barbara et Fabio sont passionnés par leur région et par le trekking. Ils organisent des excursions dans le Supramonte, le Genargentu et à Tiscali. Vous partirez en Jeep pour ensuite continuer la balade à pied. Corrasi Trekking organise également des journées spéléologiques, de l'escalade et aussi des visites guidées des artisans de la ville. Une structure très professionnelle et compétente.

ORGOSOLO

Comme Oliena, Orgosolo est un village de bergers très représentatif de la vie des habitants de la Barbagia. Il est connu comme la patrie du banditisme. A 18 km au sud d'Oliena, on peut voir ses murs peints qui ont envahi le cœur du village. Réalisées dans les années soixante, ces peintures murales expriment les idées politiques de la région.

Les bergers d'Orgosolo sont en effet réputés comme étant des têtes fortes et le village aurait été la patrie des nombreux bandits sardes, comme en témoigne le film *Bandits à Orgosolo*. Les façades de la petite rue principale, où les hommes du village, très nombreux, se rassemblent pour prendre un café ou discuter, est recouverte de fresques colorées. Le village est en lui-même un véritable musée en plein air.

Fiers habitants de la Barbagia, les hommes d'Orgosolo regardent le visiteur d'un œil méfiant, voire menaçant. Mais non, ce village n'est pas dangereux ni inaccessible, on peut s'y rendre et s'y balader... en restant vigilant ! On vous recommande simplement de ne pas exhiber vos objets de valeur et de rester discret.

Hébergement

■ **PETIT HÔTEL. Via Mannu, 9 ©/ Fax : (0784) 402 009.** *Chambre double 39 €, demi-pension 31 € par personne. Environ 25 € pour un repas complet.* Si vous voulez vraiment vous immerger dans l'ambiance du village d'Orgosolo, descendez dans cet hôtel tenu par une famille locale. Tout y

Les bergers et les bandits

Le bandit et le berger sont des personnages centraux dans la littérature sarde, où ils sont séparés seulement par une ligne subtile. Les deux sont décrits par l'écrivain et berger Gavino Ledda (né en 1938) comme des personnes opprimées soit par les propriétaires du bétail, soit par l'extrême pauvreté et solitude de leur vie. Lorsque bergers subissaient leur destin, aux yeux de l'écrivain, les bandits avaient le courage de se rebeller. « Beaucoup d'entre eux étaient des héros, des martyrs de la liberté, que leurs gens n'avaient jamais eue », disait Ledda à propos des bandits qu'il avait rencontrés dans son enfance.

En effet, avant l'apparition des véhicules à moteur, les bergers passaient une grande partie de leur vie éloignés de leurs maisons et de leurs familles, isolés avec chèvres et brebis sur les terres de pâture. Ils habitaient dans de simples cabanes de pierre et de tôle (parfois même dans des nuraghi ou des cavernes) et se nourrissaient presque exclusivement de pain, de fromage et de lait. Leur vie ne devait donc pas être très différente de celle des bandits. Des siècles de pauvreté, de privation des droits et d'exploitation ont constitué le terreau sur lequel s'est développée une culture faite de vols, d'homicides et de trahisons. Cette culture trouvait sa plus grande expression dans les luttes entre deux familles (ou plus) : les disamistade. De tels conflits pouvaient dégénérer jusqu'à la vengeance homicide et, parfois, la sanglante faida entre deux familles pouvait continuer sur plusieurs générations.

Aujourd'hui, du point de vue social et de la criminalité, la Sardaigne présente bien peu de différences par rapport au reste de l'Italie. On y trouve bien sûr des criminels isolés et de petits malfaiteurs, mais qui n'ont plus un rôle prédominant. Reste que, comme à peu près partout, les touristes devront prendre garde aux voleurs de voitures et aux cambrioleurs.

est typique, le confort, les repas et le bar rempli d'hommes du village toute la journée. Le restaurant prépare le capretto in umido, les culurgiones d'épinards et, pour le dessert, de superbes sebadas.

Points d'intérêt

■ **MURS PEINTS.** Revendications politiques aussi bien qu'œuvres d'art, ces murs peints envahissent le centre du village. De nombreux événements du XXe siècle y sont représentés : la fusillade de Tien an Men, la destruction de Sarajevo... Certains empruntent le style de peintres célèbres, comme Picasso ou Léger. On peut reconnaître également sur l'un d'eux une réplique de *La Liberté guidant le peuple*, de Delacroix. D'autres représentent les revendications d'indépendance du peuple sarde ou exaltent son histoire. De nombreuses représentations de bergers ou de bandits sardes côtoient des dessins de mamuthones ou de femmes sardes. A l'entrée du village, sur la route venant de Nuoro ou Oliena, un rocher peint représentant un visage de bandit est censé effrayer tout étranger pénétrant dans le village.

■ **DOMUS DE JANAS SU CALAVRICHE.** Prendre la route qui va de Nuoro à Orgosolo sur 10 km ; les domus de janas se trouvent sur la gauche, tout près de la route, à mi-chemin d'une longue ligne droite. L'un des domus surprend par sa position élevée, au sommet d'un gros rocher isolé à l'apparence tourmentée que lui ont donné les intempéries. Les tombeaux sont caractéristiques du Néolithique et du Chalcolithique (3500 – 2500 av. J.-C.). La présence d'ocres rouges et jaunes sur la roche souligne les structures des semi-colonnes, pilastres et fausses fenêtres.

■ **NURAGHE MEREU.** Au sommet d'une colline en face de la gorge de Gorropu, se dresse le « nuraghe blanc », entièrement construit avec des blocs de calcaire blanc.

Sports et loisirs

Randonnées

■ **GUIDES. Piredda Pasqualino** ✆ (0784) 402 207 – **Dore Cossu** ✆ (0784) 402 247.

■ **ANTONIO RUBANU** ✆ (0784) 402 496 organise des repas typiques en plein air en compagnie de bergers de la région. La cuisine pastorale est à l'honneur, avec le porcetto, le pecorino et le vin sarde.

MAMOIADA

Mamoiada est connue pour son carnaval et ses costumes très particuliers que portent les mamuthones. Ces costumes sont constitués d'un masque noir, d'une épaisse cape en poil d'animaux et d'énormes cloches pesant jusqu'à 50 kg. Ils donnent à ceux qui les portent l'aspect de créatures étranges, mi-hommes, mi-animaux. Les masques en bois endossés par les mamuthones sont réalisés par des artisans locaux qui se passent cette tradition de génération en génération. On peut aussi les acheter chez les producteurs et visiter leurs laboratoires. Les environs de Mamoiada abondent en sites archéologiques, mais encore faut-il les trouver : ces sites ne sont pas indiqués.

Hébergement

■ **DA TITINA. Via Vitt. Emmanuele, 124 ✆/ Fax : (0784) 56 065.** *8 chambres chez l'habitant. Compter 25 € par personne, petit déjeuner compris, et 30 € en demi-pension (repas typique sarde avec produits du jardin).* Propre et bien tenu.

Points d'intérêt

■ **MUSÉE DES MASQUES MÉDITERRANÉENS « Museo Delle Maschere Mediterranee ». Piazza Europa, 15 ✆ (0784) 569 018 – www.museodellemaschere.it** – *Ouvert du mardi au dimanche de 9h à 13h et de 15h à 19h. Entrée 4 €, tarif réduit 2,60 €.* Grâce à une visite guidée et à la mise en scène d'un spectacle multimédia, on entre ici dans la magie des couleurs et des sons du carnaval barbaricino : la technologie permet ainsi aux visiteurs d'assister aux danses des mamuthones qui animent les rues de Mamoiada, de la fête de Sant'Antonio Abate (le 17 janvier) jusqu'au Mardi gras. Ce n'est donc pas une simple exposition de masques et de costumes de la Barbagia que propose le musée, mais une passionnante « leçon » d'histoire sur les traditions populaires et les rituels des mamuthones, et sur le syncrétisme entre rites païens et christianisme.

Sports et loisirs

■ **MAMUTOURS. Via Berlinguer, 17 ✆/ Fax : (0784) 56 90 17 – Portable : (340) 08 68 898 – www.mamutours.com – posta@mamutours.com** – Idéal pour découvrir la Barbagia de l'intérieur ! Francesco Crisponi et son équipe organisent des journées guidées dans la région. Museo delle Maschere, sites archéologiques, déjeuner typique barbaricino (bon et copieux) et Orgosolo composent la journée classique. Ce sont des guides locaux qui maîtrisent parfaitement leur sujet. Passer par cette structure vous permettra de vous faire expliquer des lieux, des coutumes, des rites dont beaucoup d'éléments vous auraient échappé. Organise également des excursions sur le Supramonte.

Les mamuthones

La figure emblématique du carnaval de Mamoiada est le mamuthon. Les mamuthones sont des personnages au visage caché par un masque noir, qui avancent en dansant lentement, les épaules couvertes de peaux et des clochettes. Ils représentent le côté obscur et sauvage du rituel du carnaval. Pendant leur mascarade, ils affrontent les coups de corde des issohadores, vêtus du costume traditionnel avec un masque blanc. Les issohadores représentent les chasseurs divins qui cherchent à capturer les mamuthones, et leur poursuite ressemble plutôt à une danse magique. Les gens massés tout autour participent à cette danse avec beaucoup d'émotion. Cette étrange et passionnante manifestation a lieu tous les ans entre le 23 et le 28 février. **Pour plus d'information,** adressez-vous au ✆ (0784) 56 90 32 ou visitez le www.mamuthonesmamoiada.it/carnevale.php.htm

ORANI

Situé en plein cœur de la Sardaigne, ce village est la ville natale de Constantino Nivola, grand sculpteur du XXe siècle. C'est Nivola qui réalisa les graffitis sur la façade de la petite église de style gothique tardif de Nostra Signora d'Itria, à la périphérie de la ville. Orani offre aussi des points panoramiques évocateurs sur le monte Gonare.

Points d'intérêt

■ **MUSEO COSTANTINO NIVOLA. Via Gonare, 2 ✆ (0784) 730 063 – www.museonivola.it – museo.nivola@tiscalinet.it** – *Ouvert de 9h à 13h et de 16h à 20h d'octobre à mai. Ouvert jusqu'à 21h de juin à septembre. Fermé le lundi matin. Entrée 2 €, tarif réduit 1 €.* De la Barbagia à New York, tel est le parcours géographique de la vie de Costantino Nivola (Orani 1911 – Long Island 1988), sculpteur, peintre et designer du XXe siècle. Le musée, une ancienne blanchisserie reconvertie, lui est entièrement dédié et illustre bien son éclectisme artistique. On peut y admirer ses sculptures en marbre, des primitives Grandes Mères aux Travailleurs sardes d'inspiration cubiste, de même que ses tableaux et œuvres graphiques. Dans une autre salle sont présentées des œuvres réalisées avec une technique conçue par Costantino, le sand casting, qui consiste à faire couler du plâtre ou du ciment dans du sable modelé en négatif. Nivola utilisa cette technique en collaboration avec Le Corbusier, Niemeyer et Sert, pour réaliser des sculptures destinées à des places et bâtiments publics. Bien que l'artiste ait surtout vécu aux Etats-Unis, il a toujours tiré son inspiration de sa terre natale.

■ **ÉGLISE DE SANT'ANDREA.** Située au centre-ville, cette église construite vers la fin du XVIIIe siècle garde un polyptyque datant du XVIe siècle et des fresques réalisées par Stanis Dessy et Mario Delitala.

■ **LA TOUR PISANE.** Ce clocher gothique, dont on ne voit aujourd'hui que les ruines, fut construit au XIVe siècle par les Aragonais, et non par les Pisans auxquels il est traditionnellement attribué. Il fait partie de l'ancienne église de Sant'Andrea, à la périphérie de la ville.

■ **MODOLO SARTORIA. Corso Garibaldi, 141 ✆ (0784) 74 990.** Pour les amateurs de velours, une usine de vêtements originaux, inspirés des costumes traditionnels de la Barbagia, dessinés par Paolo Modolo, styliste, qui habille les plus grands d'Italie. Prix intéressants.

Dans les environs

La région d'Orani est connue pour ses églises champêtres, situées pour la plupart dans des points panoramiques et qu'on peut atteindre en mountain bike. Il est cependant préférable d'y aller avec un guide. Parmi ces églises, le **sanctuaire de la Madonna di Gonare** est le plus important. On y arrive en suivant les indications à partir de la ville. On vous conseille de visiter cet endroit pendant la fête du 8 septembre, quand des centaines de gens se rencontrent ici pour manger et écouter les chants traditionnels pendant les messes.

FONNI

Le petit village montagnard de Fonni, à plus de 1 000 m d'altitude, est le bourg le plus haut de la Sardaigne. Il est protégé par la chaîne du Gennargentu dont les pentes sont complètement enneigées l'hiver. Fonni est le point d'accès à la seule station de sports d'hiver de Sardaigne, la station du Bruncuspina (1 600 m de hauteur, 4 km de piste). L'été, Fonni devient une destination prisée par tous ceux qui désirent faire des randonnées dans des bois de chênes séculaires peuplés de mouflons, de cerfs, d'aigles royaux, de sangliers… Grazia Deledda a écrit à propos de ce village qu'il était comme un vautour au repos. L'origine de Fonni se perd dans un lointain passé.

Son isolement lui a permis de conserver un trésor archéologique : 18 villages nuragiques (avec plus de 1 000 cabanes), 25 tombes de géants, 55 domus de janas, 45 nuraghi (dont le plus célèbre est celui de Dronnoro) et quelques menhirs. Le centre historique du village conserve quelques constructions traditionnelles en granit, comme, par exemple, le sanctuaire de la basilique de la Madonna dei Martiri, sur la piazzale dei Martiri. Cette basilique, édifiée à l'intérieur d'un couvent franciscain du XVIIe siècle, conserve une série de fresques du XVIIIe peintes par des artistes locaux.

En l'honneur de la Madone, tous les ans, le premier dimanche de juin, une fête est célébrée avec l'émouvant cortège équestre de S'Istangiartu. Pendant ce défilé, des hommes à cheval portent en procession le Su Cohone 'e Vrores, un pittoresque pain fleuri de Fonni. Ensuite, ces cavaliers s'exhibent dans les traditionnelles parillas, des démonstrations acrobatiques avec les chevaux lancés au galop.

Un peu partout dans Fonni, on peut observer des peintures murales représentant des scènes de la vie quotidienne du village : des bergers, la transhumance des troupeaux, des figures féminines en costume traditionnel, le carnaval avec ses masques zoomorphes.

Pratique

■ **OFFICE DU TOURISME – PRO LOCO DE FONNI. Via M. Spada** ✆ (0784) 57 333.

Hébergement – Restaurant

■ **HOTEL CUALBU. Viale del Lavoro, 19 ✆ (0784) 57 054. Fax : (0784) 58 403 – www.hotelcualbu.com – hotelcualbu@tiscalinet.it** – *Chambre double de 70 à 80 €. Demi-pension de 35 à 70 € par personne.* Etonnant ! Un hôtel très confortable dans la plus haute localité de Sardaigne. Un bâtiment moderne, des chambres spacieuses et bien tenues. Piscine, bains turcs et hydromassage. Le restaurant propose une cuisine locale de qualité et organise, sur réservation, des repas typiques (copieux). A cette occasion, les serveurs revêtent leurs costumes sardes et les groupes traditionnels locaux accompagnent gaiement votre repas. Le personnel de l'hôtel, très accueillant, saura parfaitement vous conseiller pour vos activités.

■ **AGRITURISMO FALCONI GIOVANNINA Loc. Muggiana** ✆ (0784) 57 579.

@ *« Nous avons, sur vos conseils, séjourné à l'hôtel Cualbu, à Fonni. Je dois vous dire que vos commentaires élogieux sont encore en dessous de la réalité et l'accueil remarquable de sérieux, de gentillesse et d'attention. Pour faire bonne mesure, nous nous sommes laissé tenter par une virée en quad, amusante, belle et réellement instructive, avec un guide passionné. Et le pique-nique rustique qui a suivi restera également dans les annales. » Paul Cioni.*

Manifestations

▶ **Palio di Fonnu.** Le premier dimanche d'août, une grande course à cheval a lieu dans le village d'Aritzo. Des chevaux et cavaliers du monde entier participent à cette manifestation, qui vous permettra d'assister à de stupéfiantes figures de voltige.

▶ **Sagra delle Castagne.** Tous les ans, le dernier dimanche d'octobre, cette fête villageoise est organisée pour célébrer… les châtaignes !

Point d'intérêt

■ **TOMBE DE GEANT DE BITISTILI OU DURANE.** Pour y accéder, prendre la route qui va de Nuoro à Mamoiada et qui descend ensuite vers Fonni. A la hauteur de la borne kilométrique 126, prendre à gauche pendant 80 m en direction du sud-est. Le tombeau date de l'époque nuragique. Sur la gauche, la vaste exèdre abrite un petit bétyle autour duquel ont été retrouvés des fragments de poteries. La petite chambre mortuaire, de forme rectangulaire, est constituée par de larges dalles orthostatiques. L'abside régulière contribuait à donner au monument l'aspect d'une barque

Le parc naturel du Gennargentu

Le parc du Gennargentu, même si on en parle depuis une trentaine d'années, n'a été créé qu'en 1998. Ce vaste parc naturel de 59 000 ha couvre les régions de Fonni, Desulo, Aritzo, Arzana et Villagrande et se caractérise par ses longs pics arides formant des demi-cercles à environ 1 800 m d'altitude. Cœur antique et intact de la Sardaigne, cette région a été habitée à partir du Néolithique (on trouve des traces de vie humaine datant de cette époque dans des grottes près d'Oliena). Le point culminant de la région est la Punta La Marmora (1 834 m), qui porte le nom du général Alberto della Marmora, auteur de nombreux traités sur la nature sarde. Les massifs sont formés de schistes et de strates de porphyre. L'élevage des moutons et l'exploitation de la forêt sont les principales activités de ce parc. Aigles royaux, aigles de Bonelli, faucons pèlerins, sangliers, renards, chats sauvages, belettes, lièvres font partie de la faune environnante. La flore est riche en chênes verts, châtaigniers, thym et genévriers. Des sentiers de berger permettent d'atteindre facilement à pied la « Bruncu Spina » et la « Punta Lamarmora », des sommets offrant des paysages grandioses. Les excursions partent des villages de Fonni et de Desulo. Renseignements :

■ **COMUNITÀ MONTANA NUORESE, via Trieste 46, Nuoro** ✆ (0784) 241 900 – www.parcogennargentu.it – www.parks.it/parco.nazionale.gennargentu

renversée rappelant les navetas de Minorca aux Baléares. Les écuelles carénées attestent de la présence de lits funéraires.

LACS DE GUSANA ET GAVOI

Ces lacs artificiels, créés au moyen de digues et de barrages, s'étendent entre les montagnes et les collines. Endroit idéal pour des balades en canoë ou des promenades à travers les forêts de chênes verts qui les entourent.

Pratique

■ **OFFICE DU TOURISME PRO LOCO DE GAVOI. Via Roma, 132** © (0784) 53 400. Fax : 784 52 260.

Hébergement

■ **HOTEL SA VALASA. Sur le lac © (0784) 53 423.** *Chambre double environ 45 €.* Jolies chambres avec balcon et vue sur le lac. Très bon rapport qualité/prix par rapport aux autres hôtels de la région.

■ **HOTEL TALORO. Gavoi, sur le lac de Gusana © (0784) 53 033. Fax : (0784) 53 590 – www.hoteltaloro.it – info@hoteltaloro.it** – *De 74 à 78 € la chambre double, demi-pension de 56 à 58 €. Supplément chambre simple 15 €.* Cet hôtel confortable et moderne de 42 chambres se fond dans une nature resplendissante. Possibilité d'excursions à cheval (*30 € environ, repas compris*), piscine et tennis. Des week-end tout compris avec des excursions sont aussi organisés à un prix de 180 € par personne.

■ **HOTEL GUSANA. Au bord du lac © (0784) 53 000. Fax : (0784) 52 178.** *Chambre double, compter de 60 à 65 €. Demi-pension de 45 à 48 € par personne.* Un petit hôtel très calme, au bord du lac, à l'aspect un peu vétuste. Restaurant familial. Possibilité de faire des excursions.

Agriturismo

■ **TODDE SPERANZA Loc. Sa Matta, Gavoi © (0784) 52 021.** *De 21 à 24 € par personne selon la saison. De 38 à 41 € en demi-pension.* Chambres avec salle de bain. Dans cet agriturismo on peut aussi manger pour 20 € environ. On parle français.

■ **SANNA UGO FRANCO Loc. Conchedda, Gavoi © (0784) 52 052.** *De 28 à 35 € par personne selon la saison avec pétit-dejeuner. De 45 à 65 € en demi-pension, de 60 à 85 € en pension complète. 20 € environ le repas.* On y trouve 2 chambres pour quatre sans salle de bains et 2 chambres doubles avec.

Shopping

■ **FRANCA CURRELI.** *Via Don Bosco.* Une fabrique de pâtisserie artisanale spécialisée dans la préparation des cunfettura, savoureux biscuits à l'orange, aux amandes, au miel et au sucre.

■ GOLFE D'OROSEI ■

Le golfe d'Orosei peut être considéré comme la plus belle région côtière de Sardaigne. Ses 40 km de falaises calcaires abritent grottes sous-marines, criques et plages de sable fin bordées d'une mer aux eaux turquoise et transparentes. La zone est encore très préservée, car elle n'est accessible qu'en bateau ou à pied après quelques heures de randonnée. Il n'est pas rare d'apercevoir un aigle royal ou un vautour griffon survoler les hauts sommets. Quant aux épaisses forêts de l'intérieur, elles abritent des mouflons.

Plus à l'intérieur, on découvre une région extrêmement riche en grottes souterraines et en vestiges archéologiques de tout genre. Au centre de cette région, la ville de Dorgali compte 8 000 habitants et peut se targuer d'occuper une position idéale, entre les montagnes majestueuses du Supramonte et la superbe côte du golfe d'Orosei.

DORGALI

Le village pastoral de Dorgali est situé sur un col et domine une vallée habitée depuis des millénaires, la vallée de Cedrino. Aujourd'hui encore, on peut y voir de nombreux nuraghi à proximité desquels les villages se sont établis. Dorgali est connu depuis longtemps pour son artisanat. Ses bijoux en filigrane sont longuement travaillés au cours d'un processus transformant l'or ou l'argent en filaments fins et délicats. Ses tapis colorés sont tissés au moyen d'une méthode très peu utilisée dans le reste de la Sardaigne : le point oriental. Ses céramiques se sont développées à la suite du travail de Salvatore Fancello, qui a promu cette activité au sein du village. Enfin, le cuir y est travaillé pour la confection de sacs à dos traditionnels entièrement faits en cette matière.

Pratique

■ **OFFICE DU TOURISME. Via Lamarmora, 18** ✆ (0784) 96 243 – www.dorgali.it

■ **POSTE** ✆ (0784) 94 712.

■ **GARDE MÉDICALE** ✆ (0784) 96 521.

Banques

■ **BANCA DI SASSARI** ✆ (0784) 96 141.

■ **BANCO DI SARDEGNA** ✆ (0784) 96 211.

Internet

■ **PC-TIME. Via La Marmora, 199 ✆ (0784) 94 333.** *Ouvert de 9h à 13h et de 17h à 20h.* Un seul poste internet à 5 € de l'heure.

Hébergement

Bien et pas cher

■ **HOTEL SANT'ELENE. Localité Sant'Elene ✆ (0784) 94 572. Fax : (0784) 95 224.** *Ouvert d'avril à octobre. Chambres simples de 30 à 35 €, doubles de 45 à 70 € environ.* Un hôtel 2 étoiles sur une colline, au milieu de la végétation. Restaurant de cuisine locale.

Confort ou charme

■ **HOTEL IL QUERCETO. Via Lamarmora, 4 ✆ (0784) 96 509. Fax : (0784) 95 254.** *Chambres simples compter de 45 à 55 €, doubles de 80 à 110 €. Ouvert d'avril à octobre.* Hôtel propre et accueil sympa ; très bon rapport qualité/prix. Restaurant et jardin dans un bois de chênes-liège.

■ **HOTEL MONTEVIORE. Localité Monteviore (environ 6 km au sud de Dorgali) ✆ (0784) 96 293.** *Chambres simples de 50 à 60 €, doubles de 60 à 80 €. Ouvert d'avril à octobre.* Possibilité de demi-pension et pension complète. Un bel hôtel 3 étoiles avec une splendide vue sur les montagnes.

■ **CANALES. Loc. Canales ✆ (0784) 96 760.** *Chambres doubles de 50 à 55 €.* Sur le lac Cedrino, à 13 km de la plage la plus proche. 6 chambres propres. Le restaurant propose des viandes du terroir et des pâtes artisanales.

Agriturismo

■ **AZIENDA AGR. Biriddo di Francello Pier Paolo ✆ (0784) 96 356.** *4 bungalows à 4 ou 2 places. De 50 à 55 € par personne en demi-pension selon la saison. De 25 à 30 € la nuit, petit-déjeuner inclus.* Le pain de pommes de terre est une des spécialités de cet agriturismo.

■ **FANCELLO PANTALEO Loc. Muristene ✆ (0784) 94 548.** *De 25 à 36 € selon la saison nuit et petit-déjeuner. 20 € environ le repas.* Dans cet agriturismo on trouve deux chambres triples, une double, sans salle de bain.

■ **MARRAS SALVATORE Loc. Ilogne ✆ (0784) 94 453.** *6 chambres avec salle de bain. 16 places maximum.* On parle français.

■ **S'ORROALI MANNA. Loc. Villanova Strisaili ✆ (0782) 30 067.** *Compter 45 € par personne en demi-pension.* Sur un terrain de 15 ha, cette ferme d'Agriturismo dispose de 7 chambres confortables. Restaurant avec spécialités régionales.

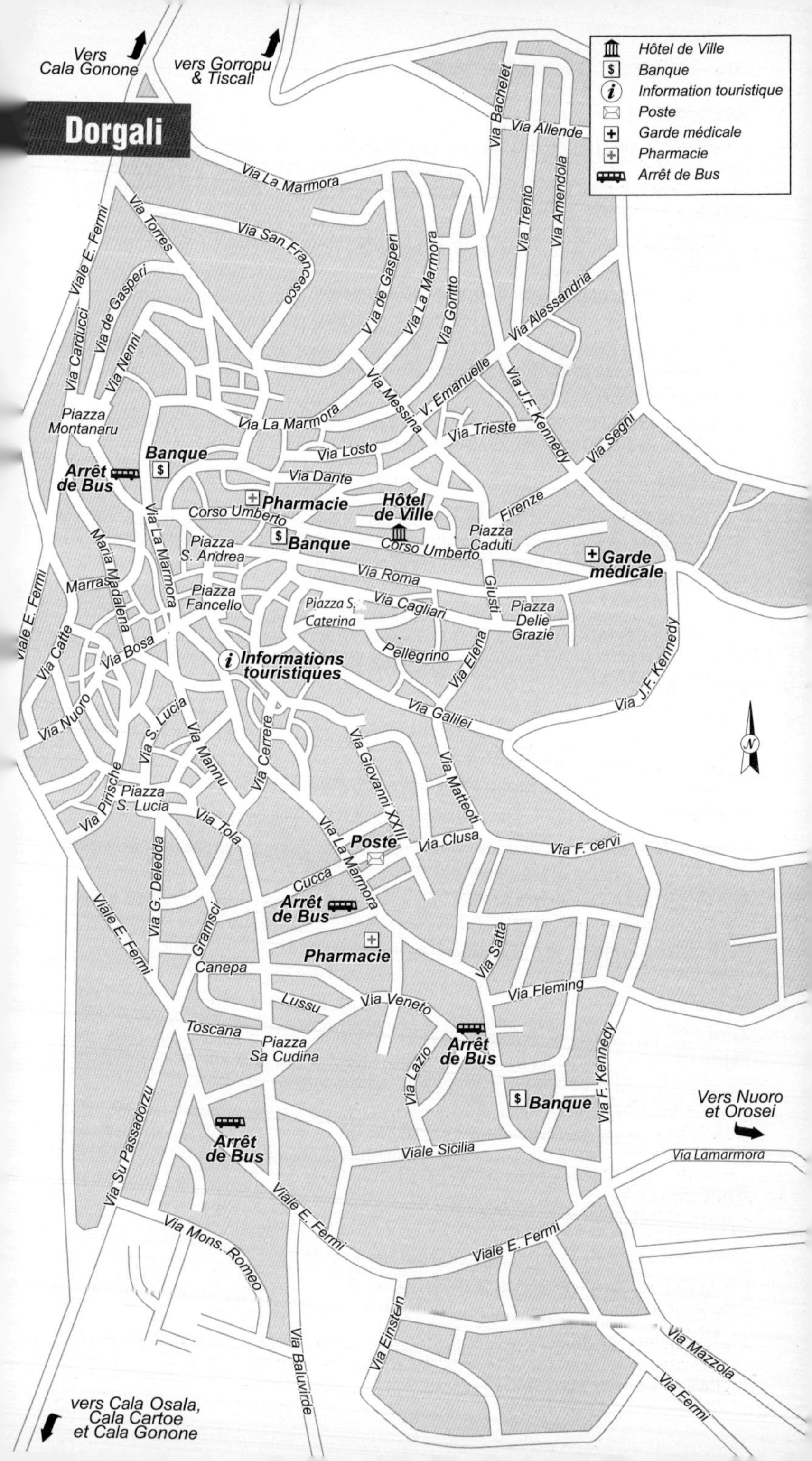

Dorgali
Vers Cala Gonone
vers Gorropu & Tiscali
Hôtel de Ville
Banque
Information touristique
Poste
Garde médicale
Pharmacie
Arrêt de Bus
Via Bachelet
Via Allende
Via La Marmora
Via Torres
Viale E. Fermi
Via San Francesco
Via de Gasperi
Via Trento
Via Amendola
Via Alessandria
Via Carducci
Via Nenni
V. via de Gasperi
Via La Marmora
Via Goritto
V. Emanuelle
Via Messina
Via J.F. Kennedy
Via Segni
Via Trieste
Piazza Montanaru
Via Losto
Via Dante
Banque
Arrêt de Bus
Pharmacie
Hôtel de Ville
Corso Umberto
Firenze
Piazza Caduti
Banque
Corso Umberto
Garde médicale
Piazza S. Andrea
Via La Marmora
Maria Madalena
Marras
Via Roma
Giusti
Piazza Fancello
Piazza S. Caterina
Via Cagliari
Piazza Delie Grazie
Viale E. Fermi
Via Catte
Via Bosa
Pellegrino
Informations touristiques
Via Elena
Via J.F. Kennedy
Via Galilei
Via Nuoro
Via S. Lucia
Via Mannu
Via Cerrere
Via Giovanni XXIII
Via Matteoti
Via Pirische
Piazza S. Lucia
Via Tola
Via La Marmora
Poste
Via Clusa
Via F. cervi
Cucca
Arrêt de Bus
Viale E. Fermi
Via G. Deledda
Gramsci
Pharmacie
Via Satta
Canepa
Via Fleming
Lussu
Via Veneto
Toscana
Piazza Sa Cudina
Arrêt de Bus
Via F. Kennedy
Via Lazio
Banque
Vers Nuoro et Orosei
Via Su Passadorzu
Arrêt de Bus
Viale Sicilia
Via Lamarmora
Viale E. Fermi
Via Mons. Romeo
Viale E. Fermi
Via Einstein
Via Baluvirde
Via Mazzola
Via Fermi
vers Cala Osala, Cala Cartoe et Cala Gonone

Restaurants

■ **ISPINIGOLI. Loc. Ispinigoli (6 km au nord de Dorgali, près de la grotte) © (0784) 94 293.** *Menu autour de 20-30 €. Tout près des grottes.* Cuisine traditionnelle, bon choix de viandes et poissons. Possibilité de passer la nuit dans l'hôtel (24 chambres) ; chambre double entre 75 et 98 € selon la saison.

■ **SANT'ELENE. Loc. Sant'Elene © (0784) 94 572.** Spécialités sardes dans une ambiance pittoresque.

■ **COLIBRI. Via Gramsci © (0784) 96 054.** *Compter 25 € le repas complet.* Une bonne adresse, mais ne vous attendez pas à y trouver des produits de la mer.

■ **CODULA. Via Lamarmora 4 © (0784) 96 509.** *Menu à partir de 20 €.* Le restaurant de l'hôtel Querceto prépare des spécialités régionales : gnocchis à la ricotta, au pecorino ou à la crème de lait. Le porceddu y est exquis.

■ **RIFUGIO GORROPU © (0784) 94 897.** *Menu à partir de 22 €.* Au menu de cette ferme, porceddu et rôti de brebis, pain carasau maison, ricotta de chèvre avec du miel.

Manifestation

▸ **Le Feu de Sant'Antonio** est une des fêtes les plus originales de Sardaigne. Des buissons de roses odorantes sont brûlés la veille de la commémoration de Saint Antoine, le 16 janvier. Les gâteaux Su Pischeddu sont préparés spécialement pour cette occasion.

Point d'intérêt

■ **SALVATORE FANCELLO MUSEO.** Dans le centre du village, ce musée est dédié au jeune céramiste Salvatore Fancello, qui mourut pendant la Seconde Guerre mondiale.

Shopping

■ **CANTINA SOCIALE. Via Piemonte 11.** Une cave célèbre, prisée pour son vin Cannonau de Dorgali.

■ **COOPERATIVA OLEARIA. Via Fleming 4.** Huile d'olive d'excellente qualité.

■ **PELLETTERIE ARTISTICHE. Via A. Gramsci 7.** Produits artisanaux en cuir.

■ **SPANU LUCIANO. Via G. Deledda 17.** On trouvera ici en vente des couteaux de berger typiques.

■ **SENETTE SERAFINA. Piazza Asproni 22.** La bonne adresse pour acheter des tapis traditionnels et autres tissus.

■ **FRANCESCO NONNE. Via Lamarmora, 35.** Une verrerie d'art qui produit des lampes, des mosaïques et d'autres objets décoratifs.

Gourmandises

■ **MULAS. Via Galilei, 39.** Pâtisserie artisanale spécialisée dans les papassinas (pâte brisée, raisins secs et noix), dans les girelles à la confiture (petit gâteau rond très typique) et dans les aranzadas, des petits-fours aux amandes, miel et écorces d'orange confites.

■ **ESCA DOLCIARIA. Viale Kennedy.** Des biscuits tels que les Savoiardi, les amaretti, et des gâteaux typiques comme les pesche de Dorgali (pâte garnie de crème et de liqueur), les tiliccas (pâte brisée garnie d'amandes et de miel) et les immanquables papassinas.

Randonnées

Grotta Ispinigoli – Serra Orrios – S'Ena Thomes

▸ **Localisation :** entre les communes de Dorgali, Baunei et Tortoli.

▸ **Informations :** mairie de Dorgali © (0784) 96 113) ; Pro Loco (Office du tourisme) de Dorgali (© (0784) 96 243).

▸ **Itinéraire :** itinéraire mixte mêlant route et piste.

▸ **Distance totale du parcours :** 20 km.

Curiosités : grotte d'Ispinigoli (visite guidée toutes les heures), Serra Orrios, village nuragique de l'âge du bronze, grandiose et très bien conservé, avec 70 habitations disposées en groupes autour de l'aire centrale. Des lieux de culte sont également visibles comme S'Ena Thomes, superbe tombe de géant. Balisage et indications excellents.

A découvrir : au départ de Cala Gonone, excursions conseillées : les plages de Cartoe et d'Osalla, la grotte du Bue Marino et les plages au sud du golfe (tourisme équestre), de très nombreuses grottes dont celle de Su Palu. Sur le Monte Tului, il existe une rampe pour deltaplanes.

De Telettotes à Cala Luna

Localisation : entre les communes de Dorgali et Urzulei.

Informations : mairie de Dorgali © (0784) 96 113 ; Pro Loco (Office du tourisme) de Dorgali © (0784) 96 243.

Itinéraire : route jusqu'à Telettotes, puis 10 km de sentier jusqu'à la plage. C'est un parcours en terrain plat qui suit le lit d'un torrent et les criques du Rio Codula di Luna. Ce site est l'un des plus beaux et des plus sauvages de Sardaigne.

Curiosités : faune et flore très riches avec environ 80 espèces botaniques endémiques ; très belle grotte de Su Palu.

A découvrir : l'immense territoire de Dorgali s'étend de la côte à l'arrière-pays. On y pratique l'escalade, la spéléologie et les randonnées à cheval. Important patrimoine archéologique. Gastronomie exceptionnelle.

Dans les environs

■ **DOLMEN MOTORRA. A 400 m de la borne kilométrique 208, sur la SS 125 en direction d'Orosei, sur la droite.** Ce dolmen est constitué de 8 pierres basaltiques disposées en cercle et recouvertes par un énorme bloc basaltique. Il date d'environ 2100 ans av. J.-C.

■ **GROTTE DI ISPINIGOLI. Prendre la SS 125 en direction d'Orosei, tourner sur la droite après l'église de Su Babbu Mannu.** *Visites guidées d'avril à juin toutes les heures de 9h à 12h et de 15h à 17h ; en juillet, août et septembre de 9h à 13h et de 15h à 18h. Durée de la visite : environ 45 min.* La longue colonne crayeuse de 38 m qui relie la voûte au sol fait la spécificité de cette grotte, son caractère unique. Un escalier de 280 marches conduit à la base de la grotte, qui est entourée d'autres groupes de concrétions crayeuses spectaculaires. Dans ce gouffre de 80 m, où la température (15 °C) reste constante, un cours d'eau et un fantastique jeu de lumières créent une ambiance féerique.

■ **NÉCROPOLE CONCA'E JANAS. Prendre la SS 125 en direction d'Orosei, tourner à gauche à la borne du kilomètre 211,5.** Le site est constitué d'un groupe de 8 domus de janas.

Roches rouges d'Arbatax

■ **TOMBE DE GÉANT DE THOMES. A 6 km du village de Serra Orrios, sur la SS 131 direction Olbia-Nuoro.** La stèle centrale en granit s'élève à 3,65 m de hauteur. La chambre sépulcrale, réalisée selon la technique des dalles dressées, est longue de 11 m. Les grandes dalles de couverture étaient autrefois surmontées d'un grand extrados lithique qui donnait à l'ensemble l'apparence d'une tête de bovidé.

■ **VILLAGE DE SERRA ORRIOS. A 10 km de Dorgali. En sortant de Dorgali, prendre la route pour Oliena puis tourner à droite vers la SS 129 après le pont. On accède au site par un chemin de 400 m.** *Ouvert de mai à octobre de 9h à 12h et de 16h à 18h ; les autres mois de 9h à 12h et de 14h à 16h.* Ce village sanctuaire était le centre religieux le plus important du Dorgali préhistorique. Il se trouve sur le haut plateau basaltique qui longe la rive gauche du réservoir, sur le fleuve Cedrino. Sa structure urbaine complexe comprend deux temples à mégaron insérés dans des enceintes. Des points d'eau sont présents dans divers endroits à l'intérieur et à l'extérieur du village. La grande enceinte en marge des habitations aurait été consacrée aux fêtes religieuses. Près de 300 personnes peuplaient ce village qui conserve une soixantaine de huttes.

CALA GONONE

Cala Gonone est la station balnéaire de Dorgali. On y accède à partir de Dorgali par un tunnel qui débouche sur une route en lacets descendant vers la station sur 8 km. Cala Gonone est pourvue de bonnes infrastructures touristiques, de nombreux hôtels de catégorie moyenne, où règne une atmosphère très conviviale.

La station possède une vaste plage aux eaux émeraude, la Spiaggia Centrale, mais il est également possible de gagner en bateau les superbes plages environnantes, comme la belle Cala Luna et Cala Sisine, où le sable est blanc comme neige !

Transports

■ **LOCATION DE VOITURES** chez **Prima Sardegna** (✆ (0784) 93 367) ou chez **Secci Salvatore** (✆ (0784) 95 130).

Pratique

■ **PRO LOCO (Office du tourisme) ✆ (0784) 93 696.** Sur la route en arrivant à l'entrée de la station.

■ **POSTE** ✆ (0784) 93 278.

■ **NEW AGE INTERNET POINT INFORMATICA. Via Cristofo Colombo, 5 ✆ (0784) 920 198.** *Ouvert de 9h à 13h et de 17h à 20h.* A deux pas du port. Connexion très rapide. Ce cyber-café offre 6 postes internet au prix de 6,50 euros l'heure.

■ **PHARMACIE. Via Cristofo Colombo** ✆ (0784) 93 343.

Hébergement

■ **CAMPING CALA GONONE. Via Collodi, 1 ✆ (0784) 93 165. Fax : (0784) 93 256 – www.campingCala Gonone.it –** *Ouvert du 1er avril au 15 octobre. Adultes de 12,50 à 18 €, enfants de 6,50 à 9 €. Emplacement compris dans le tarif. Bungalows pour 2 personnes de 46 à 100 €, pour 4 personnes de 62 à 136 €.* Un camping très agréable, au bord de la mer. Piscine et restaurant.

Bien et pas cher

■ **PICCOLO HOTEL. Via Marco Polo ✆ (0784) 93 232.** *Chambre double de 35 à 55 € environ.* Simple, soigné et central, mais un peu bruyant.

■ **HÔTEL FAVORITA. Viale Palmasera, 30 ✆ (0784) 93 169.** *Chambre simple compter de 50 à 60 €, double de 60 à 70 €.* Très simple mais propre et d'un bon rapport qualité/prix.

Confort ou charme

■ **HÔTEL-RESTAURANT CALALUNA. Lungomare, 6 ✆ (0784) 93 133. Fax : (0784) 93 162 – lfancel@box1.tin.it –** *Compter de 70 à 100 € environ la chambre double. Demi-pension de 50 à 80 €.* Un 2 étoiles agréable. Restaurant (spaghettis à la bottarga à 8 € environ et gambas grillées à 15 €) en terrasse donnant sur la mer.

Cala Gonone

vers Ispinigoli Cala Cartoe, Cala Osala et Dorgali
Via Lorca
Via Ungaretti
Via Neruda
Via Quasimodo
Via Picasso
Via Marco Polo
Lungomare Acqua Dulce
Viale Cala Luna
Poste
Via S'Ischina Esure
Via Codula e Gustui
Arrêt de Bus
Viuale C. Colombo
Via Vespucci
Piazza Porto
Banque
Pharmacie
Piazza Giardini
Via Colombo
Informations touristiques
Arrêt de Bus
Piazza Nettuno
Via Del Lecci
Via Caio Duilio
Via dei Delfini
Cedrino
Via del Bue Marino
Via Vasco de Gama
Conchiglie
Via Codula e Gustui
Via della Luna
Via Taloro
Via Tirso
Lungomare Palmasera
Via dele Meduse
Via del Lentischio
Via Flumendosa
Piazza del Sole
Via Delle Ginestr
Via Degli Oleandri
Gabbiani
Via dei Coralli
Vico I
Vico II
Delle Rose
Via C. Colombo
Via dei Ginepri
Via dei Rosmarini
Via delle Grotte
vers Dorgali
Via del Mirto
Via Nuraghe Arvu
Rettore Mura
Via del Lentishio
Viale del Bue Marino
PLAGE
N
Via Laconi
vers Cala Fuili

■ **POP HOTEL. Via Marco Polo, 2 ✆ (0784) 93 185. Fax : (0784) 93 158 – www.pophotel.com** – *Chambre double compter de 50 à 100 €. Demi-pension de 45 à 80 € par personne.* Un hôtel très agréable sur le port, avec vue sur la mer. Excellent restaurant de poisson.

■ **COSTA DORADA. Via Lungomare ✆ (0784) 93 333. Fax : (0784) 93 445 – www.hotelcostadorada.it** – *Chambre double de 50 à 90 € par personne.* Ambiance élégante. Bon restaurant, avec une belle vue sur la mer.

■ **HOTEL MIRAMARE. Piazza Giardini, 12 ✆ (0784) 93 140. Fax : (0784) 93 469 – www.htlmiramare.it – miramare@tiscalinet.it** – *De 60 à 120 € la chambre double ; de 50 à 80 € environ en demi-pension.* Tout près de la plage. Très confortable.

Restaurants

■ **SPAGHETTERIA SNOOPY. Lungomare.** *Très bons plats de pâtes autour de 7 €. Tables donnant sur la mer.*

■ **IL PESCATORE. Via Acqua Dolce, 7 ✆ (0784) 93 174.** *Menu à partir de 30 € (compter plus pour les crustacés).* Devant le petit port, sur une véranda ouverte sur la mer. Il est rare de trouver des poissons et des fruits de mer d'une telle fraîcheur.

■ **LA SIESTA, CAFE BAR GELATERIA. Lungomare.** Très jolie terrasse en bord de mer.

Manifestation

▸ **Cala Gonone Jazz.** Organisée depuis une vingtaine d'années à Cala Gonone pendant les mois de juillet et d'août, ce festival international de musique jazz attire dans la petite localité balnéaire sarde certains artistes parmi les musiciens jazz et blues les plus appréciés du monde. Pour plus de renseignements, on peut contacter l'association culturelle : **L'Intermezzo.** Via Lamarmora 2, Nuoro ✆ (0784) 232 539/194 2140. Fax : (0784) 233 539 – www.festivalcalagononejazz.it

Points d'intérêt

■ **GROTTE DEL BUE MARINO.** Les grottes de Bue Marino portent le nom du phoque moine, un gentil mammifère marin qui vivait dans la région jusque dans les années 1980. Ouvertes au public à partir des années 1950, les grottes sont accessibles depuis Cala Gonone par un service de bateaux régulier. Après une demi-heure de traversée, le bateau vous dépose à l'entrée de la grotte et l'on continue à pied le long d'un chemin qui s'enfonce à l'intérieur de la cavité. La visite dure environ 30 minutes.

■ **GROTTE SU MIRACULU. Loc. Cala Sisine.** La grotte est accessible de Cala Sisine par un sentier.

■ **LE NURAGHE ET LE VILLAGE NURAGIQUE DE MANNU.** Ils sont accessibles par la route en lacets qui descend jusqu'à Cala Gonone. Le nuraghe est entouré de nombreux restes d'habitations, découverts dans les années 1990. Le village était alors recouvert de végétation et de ruines romaines. A l'époque romaine, il avait servi de poste militaire et de centre de commerce. Des visites guidées sont organisées sur le site.

Shopping

■ **GIANLUIGI MELE. Loc. Su Romasinarzu.** La boutique d'un artiste qui fabrique des objets en céramique comme des vases, pichets, plats colorés…

■ **GUSKIN GIOIELLI. Viale Colombo 38.** Magasin de bijoux en or, filigrane, argent et cuir. Les pendentifs sont inspirés de la tradition sarde.

Sports et loisirs

Les plages

■ **LE GOLFE D'OROSEI.** Le golfe d'Orosei s'étend de la Punta Nera (au nord) au Capo di Monte Santu (au sud). La partie sud, où se trouve Cala Gonone, se caractérise par des chaînes de montagnes calcaires, couvertes de maquis méditerranéen ou tombant de façon abrupte dans la mer. La hauteur de ses montagnes contribua en grande partie à la préservation de la côte qui demeura inaccessible pendant très longtemps.

■ **LA PLAGE DE S'ABBA MEICA,** à 300 m de la fin de la via Lungomare, est accessible à pied depuis la ville. Cala Fuili est une plage au sud de la ville, la dernière qui soit accessible en voiture. Pour se rendre à Cala Luna, qui compte parmi les plus belles plages de la région en raison de ses grottes, il faudra marcher pendant 2 ou 3 heures le long du sentier côtier.

▸ **Les plages qui suivent doivent plutôt être abordées par bateau.** Encore très préservées, elles comptent parmi les plus belles de Sardaigne. Il s'agit de la Cala Sisine, jolie étendue de sable blanc, de la sauvage Cala Mariolu, entrecoupée de rochers, et de la très belle Cala Goloritzé, qui se caractérise par un pont naturel qui avance sur la mer. Des services de navettes sont assurés par de nombreuses compagnies et un consortium situés sur le port de Cala Gonone. Leurs représentants seront d'ailleurs nombreux à vous aborder pour vous proposer des excursions à la journée.

Cependant, si vous voulez échapper aux flots de touristes amenés sur les plages par ces compagnies, préférez une croisière en voilier sur le Dovesesto. Le prix est un peu plus élevé (*65 € environ*), mais vous ne serez pas déçu : 16 personnes maximum sont acceptées à bord.

Giampaolo et Gaetano, les hommes d'équipage, se feront un plaisir de vous donner toutes les informations nécessaires et de vous emmener sur les plages les moins fréquentées, comme Cala Sisine, Le Piscine ou Cala Mariolu, et de vous faire visiter les grottes cachées dans les falaises. A proximité de Cala Sisine se dresse l'impressionnante Punta Plumare, la deuxième plus haute falaise d'Europe (415 m).

Randonnées et trekking

■ **RANDONNÉE.** Du centre de Cala Gonone, prendre la viale Bue Marino sur 3 km. Descendre les escaliers en bois jusqu'au chemin menant à Cala Fuili Beach. Suivre les indications sur le panneau en céramique et emprunter le chemin, indiqué par des panneaux verts, menant dans les montagnes et longeant la côte. Après 30 min de marche, vous trouverez un croisement. Prendre à droite. Après 1h30 de marche à travers les chênes, vous parviendrez à la magnifique Cala Luna (*voir le guide « Faire du trekking en Sardaigne », disponible dans les Offices du tourisme*).

■ **TREKKING ET EXCURSIONS** sont organisés par la coopérative **GHIVINE, via Montebello 5, Dorgali et Cala Gonone** ✆/ Fax : 784 96 721 ou portable 338 83 41 618 – www.ghivine.com

Canoë

■ **VELIERO DOVESESTO. Box n° 5 (sur le port)** ✆ **(335) 743 8186/(0784) 93 737. Fax : (0784) 93 158 – www.dovesesto.com – gaetmura@tin.it** – Les eaux transparentes de la côte et ses paysages spectaculaires sont très propices à la pratique du canoë.

■ **PRIMA SARDEGNA. Lungomare Palmasera, 32** ✆**/ Fax : (0784) 93 367.** *Location de canoës (compter 25 € la journée), de vélos et de scooters.* Cet organisme propose également des excursions avec guide : randonnée dans le canyon de Gorroppu, « archéotour » en minibus pour la visite de tous les sites archéologiques environnants (*21 € environ, 8 personnes maximum*).

Plongée

■ **CENTRE DE PLONGÉE DIMENSIONE MARE. Viale Colombo** ✆ (0784) 96 766 – www. Cala Gonone.com/dimensionemare

■ **ARGONAUTA DIVING CLUB. Via dei Lecci, 10** ✆**/ Fax : (0784) 93 046 – www.argonauta.it** – Ecole de plongée et excursions organisées.

Cala Gonone, les grottes de Bue Marino

Orosei
vers Siniscola et Olbia
vers Marina di Orosei
vers Santuario del Rimedio, Galtelli et Nuoro
Musée
Poste
Police
Garde médicale
Pharmacie
Divers
Pro Loco
Pharmacie
Musée Guiso
Hôtel de Ville
Police de l'Etat
Poliambulatorio
Garde médicale
Poste
Carabinieri
Piazza Fondazione Rockefeller
Piazza del Popolo
Piazza Sas Animas
Piazza Genova
Piazza Mercato
Piazza Martineriu
Piazza Sant'Antonio
Piazza Petrarca
Piazza Vinci
Piazza Monteverdi
Piazza Rinascimento
Piazza Marisciano
Via Martin Luther King
Via De Nicola
Via P. Nenni
Via John e Robert Kennedy
Via Matteoti
Via San Gavino
Via San Giacomo
San Giacomo
Via Sebastiano Chisu
Via del mare
Via Togliatti
Via Berlinguer
Via Nazionale
Via 4 Novembre
Via Santa Veronica
Via Liguria
Via S'Ortale
Via Marco Polo
Via Mannironi
Via Venezia
Via Trento
Via G. Muggianu
Via Rossini
Via A. Gramsci
Garibaldi
Cavour
Via Angioy
Via Canduti in Guerra
Via Musio
Via delle Pieta
Via G. Satta
Via Roma
Via Fratelli Rosselli
Via Sebastiano Satta
Via Grazia Deledda
Via Giacomo Leopardi
Via San Francesco
Via San Francisco
Via Po
Via Giotto
Via Pirandelo
Via D. Vittorio
Via Paisiello
Via Paganini
Via A. Toscanini
Via G. Bellini
Via G. Verdi
Via Buonarroti
Via Leonardo da Vinci
Via Tiziano
Via Caravaggio
Donizetti
Via Nurache
Via Lazio
Via Sebastiano satta
Campania
Via G. Poru
Via Lombardia
Vardeu

LA BARONIE

La région de la Baronie s'étend du golfe d'Orosei jusqu'à Budoni. Le nom de cette région évoque la domination oppressive des barons espagnols qui envahirent le golfe d'Orosei. La Baronia, en fait, s'ouvre si généreusement sur la mer qu'elle a été la proie des envahisseurs et des pirates pendant des siècles. Les plages de sable blanc de la Caletta, jusqu'à Berchidda, s'étirent tout le long de la côte, interrompues seulement par les rochers rouges du Capo Comino où se maintient un système de dunes unique en Europe.

Les montagnes de l'intérieur (massif du Monte Albo et le Monte Tuttavista) sont propices à l'escalade et à la randonnée. Le nord de la Baronie bénéficie de l'expansion touristique évidente de la Costa Smeralda. De plus en plus de touristes arrivant à Olbia descendent maintenant vers San Teodoro et Siniscola, qui commencent à se doter de bonnes infrastructures touristiques. La Baronie descend, plus au sud, jusqu'à la petite ville d'Orosei, pas encore atteinte par le tourisme de masse.

OROSEI

La ville d'Orosei, qui compte près de 5 000 habitants, donne son nom au célèbre golfe de la côte nord-est de la Sardaigne. Capitale historique de la Baronie, la ville a été un centre important au Moyen Age et au XVe siècle. En 1317, Orosei était le centre le plus peuplé de la Baronie, avec 900 hab., et le plus riche du giudicato di Gallura. En 1449, elle passa sous le contrôle du premier baron, Guiso Salvatore. Elle fut ensuite envahie par les Sarrasins.

Le centre-ville, typiquement méditerranéen, est riche en petites ruelles, places fleuries, maisons anciennes ; riche aussi en églises puisqu'on en compte jusqu'à 18. Orosei, située dans un cadre naturel d'une grande beauté, entre l'embouchure du fleuve Cedrino et le bord de mer, est surtout célèbre maintenant pour ses plages de Cala Liberotto et Cala Ginepro, à quelques kilomètres au nord de la ville.

Transports

Bus

■ **Le numéro de l'ARST** pour s'informer sur les possibles modifications d'horaires est le © (0784) 294 173.

▶ **Vers Olbia.** *Départs d'Orosei à 8h50, 14h50, 17h55 et 19h50. Compter 1 heure et 40 min de trajet.*

▶ **Vers Nuoro.** *Départs d'Orosei à 6h35, 7h15, 16h20 et 19h50. Compter 1 heure de trajet.*

Voiture

Orosei est accessible très facilement depuis Nuoro par la SS 129 et depuis Dorgali par la SS 125. Il faut compter 45 min depuis Nuoro et une bonne demi-heure depuis Dorgali.

Pratique

■ **OFFICE DU TOURISME – PRO LOCO OROSEI. Piazza del Popolo, 54 © (0784) 998 367. Fax : (0784) 998 189.** *Ouvert de juin à octobre de 9h15 à 13h et de 17h30 à 20h.*

Hébergement

Autour des plages d'Orosei s'est développée toute une infrastructure touristique, avec notamment de nombreux campings. Les hôtels de luxe bordant la mer appartiennent souvent à des tours-opérateurs qui y organisent des séjours d'une semaine ou plus.

Campings

■ **CAMPING CALA GINEPRO. Cala Ginepro © (0784) 91 017. Fax : 784 91 362 – www.campingcalaginepro.com** – *Adultes de 5 à 10 €, enfants de 4 à 8,50 €. Emplacement de 5 à 10 €. Ouvert toute l'année.* Un beau camping 3 étoiles à proximité de Cala Ginepro.

■ **CAMPING SA PRAMA. Cala Liberotto ©/Fax : 784 91 072 – www.saprama.it** – *Adultes de 5 à 10 €, enfants de 4 à 8 €. Emplacement de 4,50 à 10,50 €. Ouvert de mars à octobre.* Près de la plage, avec belle pinède et restaurant.

■ **CAMPING IL GOLFO. Loc. Marzellinu © (0784) 91 036/(0784) 91 117.** *Adultes de 6 à 10 €, enfants de 3 à 7 €. Emplacement de 4 à 10 €.* Beau camping dans un beau site. Douches et toilettes plutôt propres.

Agriturismo

■ **CABRAS PAOLA LOC. Piricone © (0784) 98 698.** 5 chambres doubles à un prix raisonnable. On parle français.

■ **LAI ANTONIO LOC. FORTICHES © (0784) 94 575.** *De 10 à 20 € la nuit, de 18 à 30 € avec petit-dejeuner, de 28 à 38 € en demi-pension, de 38 à 45 € en pension complète.*

■ **AGRITURISMO DONNA LINA DI PAOLA CABRAS. Localité Piricone, à 4 km d'Orosei.** La propriété s'étend sur une dizaine d'hectares couverts de vignes, d'oliviers et d'arbres fruitiers. La ferme dispose d'appartements de 2 ou 3 pièces avec salle de bains et kitchenette.

Confort ou charme

■ **QUASAR. Loc Sos Alinos ©/Fax : (0784) 91 259.** *Chambres doubles, compter de 55 à 85 €. Ouvert d'avril à octobre.* 10 chambres. Petit hôtel bien soigné. Tout confort.

■ **SU BARCHILE. Via Mannu 5 © (0784) 98 979. Fax : (0784) 998 113.** *Chambre double de 65 à 90 €. Menu à partir de 30 €.* Petit hôtel dans le centre-ville avec 10 jolies chambres et 1 restaurant de spécialités de poisson.

■ **S'USTIARVU. Loc Sos Alinos © (0784) 91 236. Fax : (0784) 919 128.** *Chambres doubles de 55 à 80 € environ.* 10 chambres propres et accueillantes.

Luxe

■ **TORRE MORESCA. Cala Ginepro © (0784) 91 230. Fax : (0784) 91 270.** *Chambres doubles compter de 85 à 130 €. Ouvert de mai à octobre.* Hôtel 4 étoiles. Grande structure hôtelière avec appartements, restaurant, piscine, magasins et bien d'autres choses encore…

■ **HÔTEL LE PALME. Viale delle Mimose, Cala Liberotto © (0784) 91 270. Fax : 784 919 156.** *Chambres doubles compter de 90 à 195 € environ. Ouvert de mai à octobre.* Grand hôtel dans un bel environnement, tout près de la mer.

Restaurants

■ **DA MARIO. Via del Mare © (0784) 98 148.** Bonnes spécialités sardes.

■ **LA VERANDA. Via del Mare © (0784) 98 029.** Cuisine régionale. Accueil agréable.

■ **SU BARCHILE. Via Mannu, 5 © (0784) 98 879.** *Menu à partir de 28 €.* Ici vous trouverez de la qualité plus que de la quantité. La carte est originale. Les spécialités régionales incluent les macarrones de busa su barchile (des pâtes bucatini à la sauce de langoustines, homards et clovisses). Poisson grillé, friture mixte, calmars et crustacés. A signaler, parmi les desserts, la crème catalane.

Manifestation

▶ **La procession de Santa Maria del Mare** a lieu au mois de mai. elle se déroule le long du fleuve, accompagnée d'un cortège de barques de pêcheurs.

Points d'intérêt

■ **MUSÉE GIOVANNI GUISO. Via Musio, 2 © 078 49 98 367.** *Ouvert du 1er juillet au 15 septembre de 9h30 à 12h30 et de 17h à 22h. Fermé le lundi. De juin à la 2e moitié de septembre, ouvert les mardi, vendredi, samedi et dimanche de 9h30 à 12h et de 17h à 19h30. Sur demande le reste de l'année. Entrée 4 €.* Le noble Nanni Guiso a fait don à la ville d'une extraordinaire collection, aujourd'hui conservée ici, au Palatzos Vetzos, de modèles réduits de théâtres datant du XVIIIe siècle à nos jours. En bois ciselé, peints à la main et enrichis de mobilier de scène, ils recréent à la perfection les atmosphères des grands opéras : la Venise nocturne de Don Carlos, la Provence parfumée de violette dans la Traviata…

On y verra également une exposition de dessins, de costumes du XIXe siècle confectionnés par le tailleur parisien Callot, et l'on pourra visiter une bibliothèque dotée de livres rares consacrés à la Sardaigne, comme cette *Storia della Magia* (« Histoire de la magie »), de 1587.

■ **LES PLAGES DE CALA GINEPRO ET DE CALA LIBEROTTO** sont entourées de rochers et de verdure. Ces attrayantes stations balnéaires ne sont pas encore trop fréquentées.

Shopping

■ **PATRIZIA DELOGU GIOIELLERIA. Via Nazionale, 1 © (0784) 99 83 77.** Dans cette bijouterie

Plage et parc naturel de Biderrosa

Tout près des plages de Cala Ginepro et Cala Liberotto, les cinq baies de Biderrosa se déploient dans toute leur splendeur. Elles font partie d'une aire protégée d'environ 300 ha. Pour des raisons environnementales, l'accès aux plages de Biderrosa est fort limité et payant : la commune d'Orosei n'autorise l'entrée que de 100 voitures par jour, avec 5 passagers, et le péage est de 8 €. L'argent ainsi recueilli est investi par la mairie dans l'entretien et la protection de cette merveilleuse côte.

haut de gamme, on admirera de belles argenteries, des vases de verre ouvragés et les bijoux artistiques de la bijouterie d'art. Accueil vraiment charmant de Madame Patrizia et de ses collaboratrices.

Sports et loisirs

Excursions

■ **Pour des excursions en montagne ou en mer (canoe), adressez-vous à KENYA TOUR**
✆ (0784) 98 295 ou (348) 65 30 682 – www.kenya-sardegna.it

GALTELLI

Siège de l'évêché jusqu'en 1495, Galtelli conserve d'importants témoignages architecturaux de son passé, comme le château de Pontes et la cathédrale Saint- Pierre, aux nombreuses fresques du XIIe siècle. Le village est dominé par le massif calcaire du mont Tuttavista. La gigantesque paroi de Preta Istampata est étonnante, avec ce trou bien régulier qui s'ouvre dans sa partie supérieure.

Galtelli ne possède ni hôtel ni camping, mais il faut découvrir ses excellents restaurants. Le village est connu pour sa grande tradition pâtissière et ses spécialités culinaires.

Randonnée sur le mont Tuttavista

- **Départ :** commune de Galtelli.
- **Informations :** mairie de Galtelli ✆ (0784) 90 005.
- **Itinéraire :** une piste en terre battue s'élève de Galtelli jusqu'aux premiers escarpements. Les sentiers qui grimpent sont bien visibles ; le parcours jusqu'au sommet s'avère en général assez facile. Le mont Tuttavista domine la partie centrale du golfe d'Orosei.
- **Curiosités :** faune intéressante en altitude et panoramas exceptionnels.

IRGOLI

Ce petit village de 2 000 habitants, dont l'économie repose sur l'élevage et la production du lait et de ses dérivés, possède un domus de janas appelé « Sa Conca'e Mortu » en raison de sa forme de tête de mort.

LOCULI

L'architecture rurale du centre de Loculi, avec son église et ses vieilles demeures, vaut le coup d'œil.

ONIFAI

A Onifai, vous pourrez admirer la charmante église champêtre Santu Juanne Istranzu. L'endroit plaira aux amateurs de fêtes locales (San Sebastiano, Sant'Antonio et San Giorgio).

SINISCOLA ET POSADA

Le territoire de Siniscola est constitué d'une succession de montagnes et de mer, comme le Monte Albo, âpre et sauvage, et la belle plage de Capo Camino. Le village de Posada, fondé au XIe siècle av. J.-C., se dresse sur un éperon calcaire dominé par le Castello della Fava. Le vieux centre historique est intéressant. Les villes de cette région connaissent depuis peu un essor touristique ; elles sont connues pour leurs belles plages encore peu fréquentées : San Giovanni, Budoni, Capo Camino.

- **A découvrir :** les spécialités locales, surtout celles à base de poisson frais pêché sur place.

Pratique

Internet

■ **BARONIA COMPUTER TIME. Via Nazionale / (0784) 854 316.** *Ouvert de 8h30 à 13h et de 16h30 à 20h.* On y trouve 3 postes internet mais le prix est cher : 7 € de l'heure.

Hébergement

Voici quelques bonnes adresses de campings dans les environs, tous installés dans une pinède en bordure de plage :

■ **CAMPING CALA PINETA. Loc. Mandras** ✆/ Fax : (0784) 819 184.

■ **CAMPING LA MANDRAGOLA. Loc. Santa Lucia** ✆ (0784) 819 119.

■ **CAMPING SELEMA. Siniscola, Loc. Santa Lucia ✆/ Fax : (0784) 819 068.** *Ouvert de mai à fin octobre.*

Confort ou charme

■ **L'ARAGOSTA. Siniscola, loc. La Caletta ✆ (0784) 810 046. Fax : (0784) 810 576.** *Chambre double compter de 70 à 80 € environ.* Hôtel confortable et décor élégant. Chambres décorées avec style.

■ **SA ROCCA. Posada, piazza Eleonora, 30 ✆ (0784) 854 139. Fax : (0784) 854 166.** *Chambre double de 45 à 50 €.* Dans le centre historique de Posada. Chambres avec une belle vue. Bon restaurant.

Agriturismo

■ **BELLU GIOVANNI BATTISTA. Loc. Santa Lucia ✆ (0784) 878 401.** Ouvert de juin à fin septembre, cet agritourisme offre un hébergement à un prix avantageux pour la région.

■ **DEMURTAS LUIGI. Loc. Guparza ✆ (0784) 854 528.** *De 36 à 42 € selon la saison, petit-déjeuner inclus. De 50 à 62 € en demi-pension, de 56 à 64 € en pension complète. Repas complet de 25 à 32 €.* On organise des randonnées à cheval.

Randonnée : de Capo Comino à Berchidda

- **Localisation :** commune de Siniscola.
- **Informations :** mairie de Siniscola ✆ (0784) 878 524.
- **Itinéraire :** itinéraire plat le long du littoral. 6 km d'un sentier facile, bien visible et pittoresque. Durée : environ 2 heures.

Région Côte Est, golfe de Orosei, cala Goloritze

Curiosités : les dunes de sable blanc de Capo Comino. Ce parcours peut se faire aussi à cheval, en longeant des plages parmi les plus belles de la Sardaigne.

Dans les environs

- **CAMPING CALA CAVALLO Loc. Coda Cavallo** © (0784) 834 156.
- **CAMPING CALA D'AMBRA Loc. Cala d'Ambra** © (0784) 865 650.

SAN TEODORO

San Teodoro, avec ses 3 000 hab., connaît un fort développement touristique lié au succès de la Costa Smeralda. Le littoral offre de grandes plages de sable et des petites baies qui feront le plaisir des amateurs de plongée, de pêche en haute mer et de planche à voile. Le long de la côte s'étend une vaste zone humide, une des plus importantes d'Europe, où vivent des colonies de flamants roses.

Hébergement

- **CAMPING S. TEODORO LA CINTA. San Teodoro © (0784) 8657 77.** Camping 3 étoiles.

Sports et loisirs

- **GOLF CLUB PUNTALDIA. Loc. Punta Sabbatino © (0784) 864 477 – www.duelune.com –** *Greenfee pour une journée, du 1er mars au 15 juin : 35 € ; du 15 juin au 15 septembre : de 48 à 72 €.* Dans un paysage très pittoresque, un terrain de golf ouvert seulement de mars à septembre.

ONANI ET SES ENVIRONS

ONANI

Les façades de la rue principale du village sont recouvertes de peintures murales, œuvres du peintre Diego Asproni qui datent de la fin des années 1980. D'autres ont été réalisées par les étudiants de l'académie de Brera, sur le thème de la paix. La petite église de Saint-Pierre, de style roman, était autrefois l'église de la paroisse.

LODE

Ce petit village possède également toute une série de murs peints illustrant les traditions locales et des scènes de la vie quotidienne.

BITTI

A quelques kilomètres d'Onani, Bitti abrite le village nuragique de Su Romanzesu et le puits sacré de Poddi Arvu. On pourra également visiter le musée de la Civilta Contadina, consacré à la vie et aux traditions des arts et des métiers des gens du village.

Manifestation

Le 30 septembre est le jour de la fête du village. Des fidèles en costumes traditionnels descendent le long des rues, en passant par les églises de Santa Croce et de Santa Maria delle Grazie. C'est de ce village que sont originaires les fameux tenores (ou « chœurs polyphoniques ») di Bitti.

Shopping

- **TERRA PINTADA. Via Brigata Sassari, 74 © (0784) 414 072 – www.terrapintada.it –** C'est l'atelier de Robert Carzedda, qui a consacré sa vie au grand art de la céramique. Sa technique est strictement traditionnelle, mais avec des variations significatives. Carzedda connaît la tradition, mais il l'enrichit d'apports personnels sur le plan décoratif. Plats, plateaux, vases sont conçus avec des formes inédites qui, tout en maintenant la fonctionnalité des objets, en varient les lignes. Les couleurs les plus utilisées sont le vert, le bleu, le bleu azur et le rouge. *Prix à partir de 20 €.*

Organiser son séjour

Pense futé > 312
Les droits du voyageur > 335
Partir en voyage organisé > 345
Partir seul > 349
Sites Internet futés > 357
Séjourner > 361
Index général > 371

Pense futé

ARGENT

Monnaie

Ici, comme dans toute l'Union européenne, les transactions s'opèrent en euros.

Coût de la vie

Mis à part l'essence et les belles chambres d'hôtel, plus nombreuses qu'en France et aussi plus chères, le coût de la vie dans l'île est, à qualité égale, moins élevé qu'en France. « A qualité égale » est, bien sûr, subjectif, mais, par exemple, on ne mange jamais médiocrement dans un restaurant, même en payant moins de 15 €. Cependant la Sardaigne n'est pas une destination « petit budget ». Ceux qui connaissent l'Italie n'en seront pas surpris. De plus, la Sardaigne est une île, alors tout y est plus cher, surtout l'hébergement ! Et les commerçants ont plutôt tendance à s'entendre sur le niveau des prix qu'à faire jouer la concurrence...

Indications de prix

La Sardaigne est indiscutablement une région chère, surtout sur la côte. Prévoyez donc un budget assez important, notamment pour ce qui concerne les hôtels.

- **Les tarifs pour une chambre double avec salle de bains dans un hôtel :** 1 étoile, entre 40 € et 70 € ; 2 étoiles, entre 55 € et 95 € ; 3 étoiles, entre 80 et 120 € ; 4 étoiles, entre 120 € et 170 €.
- **Une bouteille d'eau :** entre 1,50 € et 3 €.
- **Un panino :** entre 2,50 € et 5 €.
- **Une pizza :** entre 4,50 € et 11 €.
- **Un menu à prix fixe :** entre 10 € et 15 €.
- **Un repas complet dans un bon restaurant :** entre 30 € et 50 €.
- **Un café :** entre 80 € et 1,50 €.
- **Une entrée au musée :** entre 3 € et 8 €.

Région Sud, Cagliari, quartier du Castello

Moyens de paiement

- **Les cartes de crédit** comme Visa, American Express, MasterCard sont généralement acceptées dans les hôtels et dans les restaurants des grandes villes et des villages touristiques (dans les banques également pour retirer des devises). En Italie, les distributeurs ont presque tous l'enseigne CARTASI, c'est-à-dire affilié à Visa. Toutefois, vérifiez que le logo figure bien sur le distributeur, le réseau le plus important, BANCOMAT, ne permettant pas le retrait avec une carte Visa. De plus, sachez que vous n'avez droit qu'à un plafond de retrait de 300 € par semaine.
- **Les chèques de voyages** (American Express, Thomas Cook, Visa) sont peu utilisés. Vous aurez parfois des difficultés à les changer dans les banques ; en tout cas, en Italie, les chèques ne sont pas acceptés dans les commerces et les hôtels.

ASSURANCE ET SÉCURITÉ

Avant de partir, n'oubliez surtout pas de souscrire une assistance qui, en cas de pépin, vous assurera le remboursement des frais de rapatriement, les frais médicaux, etc.

- **Un conseil :** inscrivez les coordonnées de vos assurances dans plusieurs endroits différents pour vous prémunir contre un vol éventuel.

Assurance

Assurance maladie

Une assurance médicale complémentaire à la « Carte européenne d'assurance maladie »(ancienne feuille E111), pour couvrir vos dépenses (remboursement des médicaments et des frais de consultation ou d'hospitalisation, rapatriement sanitaire, etc.) est souhaitable. Les compagnies d'assurances vous garantissent une couverture plus importante que la couverture offerte par la sécurité sociale, comprenant parfois la totale prise en charge des frais médicaux et d'hospitalisation. A vous de choisir la compagnie offrant le plus d'avantages.

Bien souvent, les sociétés de cartes de crédit (Visa...) et les mutuelles incluent aussi dans leurs contrats un service d'assurance pour l'étranger, quand le séjour ne dépasse pas une certaine durée (vous êtes généralement assuré à l'étranger jusqu'au 3e mois de votre voyage). *Voir plus loin.*

Lisez toujours attentivement les conditions de prise en charge et encore plus attentivement les clauses d'exclusion ; certains sports, par exemple les sports dits « à risques », comme la plongée sous-marine par exemple, ne sont pas toujours pris en charge. N'oubliez pas, bien sûr, de prendre les coordonnées et numéros de téléphone d'urgence de votre assureur.

Assurances liées aux cartes bancaires

Si vous possédez une carte Visa ou Eurocard Mastercard vous bénéficiez automatiquement d'une assurance médicale et d'une assistance rapatriement valables pour tout déplacement à l'étranger de moins de 90 jours.

- **Pour les deux,** un plafond de 11 000 € est prévu.
- **Franchise de 75 € pour EuroCard Mastercard.** ✆ 01 45 16 65 65.
- **Visa prend en charge les frais d'hospitalisation.** ✆ 01 42 99 08 08.

Avant de partir, n'oubliez surtout pas de souscrire à une assistance qui, en cas de pépin, vous assurera le remboursement des frais de rapatriement, les frais médicaux, etc.

Sécurité

En matière de sécurité, la Sardaigne ne présente pas de dangers particuliers. Le temps des enlèvements dans la Barbagia est totalement révolu et, en ville, vous ne risquez, pas plus qu'en France, de vous faire agresser ou voler. Cela dit, veillez à respecter les précautions élémentaires de sécurité : pas d'objets voyants dans les voitures, et toujours un œil sur votre sac à main ou portefeuille...

Jeunes

Si vous êtes jeune et que vous voyagez sans vos parents, vous entendrez peut-être des réflexions étonnées des Sardes, pour qui il est impensable de visiter un pays étranger seul avant d'atteindre au moins ses 25 ans.

SANTÉ

Le niveau d'hygiène en Sardaigne est équivalent à celui de l'Italie, et l'on ne risque donc pas grand-chose de plus qu'en France, en Suisse, en Belgique ou au Canada. Les quelques précautions sanitaires à prendre relèvent plutôt de la situation insulaire. La plus grande prudence sera de mise en cas de petites plaies et l'on évitera les piqûres d'insectes et les coups de soleil. Afin que votre séjour se déroule dans les meilleures conditions, veillez à ne pas abuser du soleil ni de la marche. Buvez régulièrement et abondamment, et nourrissez-vous correctement. Vous trouverez de toute façon tous les médicaments essentiels (aspirine, antiseptique...) dans les pharmacies de Sardaigne.

Urgences

- **PREMIERS SECOURS** ✆ 113.
- **POLICE** ✆ 112.
- **URGENCES MEDICALES** ✆ 118.
- **POMPIERS** ✆ 117.
- **SECOURS EN MER** ✆ 1530.
- **INCENDIES** ✆ 1515.
- **DEPANNAGE** ✆ 116.

Vaccinations

Aucun vaccin particulier n'est requis et seuls les vaccins classiques (diphtérie, tétanos et poliomyélite) doivent être mis à jour. La vaccination contre l'hépatite A peut être recommandable en l'absence d'immunité antérieure (d'autant plus fréquente que vous avez des antécédents de jaunisse, de séjour prolongé à l'étranger, ou êtes âgé de plus de 45 ans). En cas de doute, n'hésitez pas à rechercher la trace d'une infection passée par un test sanguin : positif vous évitez une vaccination inutile, négatif le vaccin est d'autant plus nécessaire que vous êtes âgé ou porteur d'une maladie du foie, mais cette maladie peut être grave en dehors de ces circonstances. La vaccination contre l'hépatite B peut se discuter en fonction des modalités du voyage (c'est avant tout une maladie sexuellement transmissible).

Maladies transmises par les moustiques

Il n'y a plus de paludisme en Sardaigne. Néanmoins il est toujours préférable d'avoir de quoi se protéger des piqûres de moustiques et autres insectes. Le mieux est d'utiliser un répulsif à appliquer sur les zones découvertes pour les sorties le soir et un insecticide en diffuseur (nécessite le courant) pour la chambre. Une efficacité supérieure peut être obtenue en portant des vêtements imprégnés d'insecticide (par trempage ou pulvérisation sur la face externe) le jour, et en dormant sous une moustiquaire la nuit (très romantique !).

Mer et plages

La mer est parfois dangereuse, il faut donc être prudent : ne pas se baigner seul, loin du bord, ne pas se baigner après un lourd repas (de surcroît bien arrosé) ou une exposition solaire prolongée et toujours entrer dans l'eau progressivement. Se méfier des oursins, coraux et méduses (pas trop dangereuses en Méditerranée).

Soleil

L'abus de soleil est dangereux. A court terme, les coups de soleil et autres allergies solaires sont désagréables, mais à long terme trop de soleil, c'est un vieillissement accéléré de la peau avec ses conséquences : éventuellement cancer de la peau mais, surtout, à 50 ans, vous en ferez 10 à 20 de plus. Alors mieux vaut le savoir. L'idéal est de ne pas s'exposer, sinon exposez-vous prudemment (avec écran solaire), en évitant les heures les plus chaudes et en tenant compte de votre « capital soleil», c'est-à-dire de votre capacité génétique à réparer les dégâts causés par le soleil. Elle varie de zéro chez les roux à l'infini chez les personnes à peau noire, qui sont les seules à pouvoir encaisser sans dommage les rayons solaires.

Sexe

Comme partout dans le monde, avoir des relations sexuelles non protégées fait courir le risque de maladies sexuellement transmissibles dont le sida, mais aussi beaucoup d'autres (herpès, hépatite B, chlamydia...). Alors, rappelez-vous : une seule fois suffit, et le préservatif est le seul vaccin actuel contre le sida. Le vaccin contre l'hépatite B est efficace contre cette maladie, transmissible sexuellement ou par les aiguilles.

Tabac

Pour l'achat des cigarettes, ne vous étonnez pas si les distributeurs automatiques ne fonctionnent pas pendant la journée : une loi récente a limité leur usage strictement à la nuit (à partir de 9h du soir), pour éviter que les mineurs ne puissent s'acheter des cigarettes.

Drogues

A priori, c'est l'abus des drogues (quantité prise et chronicité) qui provoque la mort ou la dépendance, mais l'apparition de drogues frelatées (notamment l'ecstasy) n'est pas sans conséquences. Sachez que drogues douces et drogues dures provoquent des troubles de la vigilance, ceci étant valable pour la conduite automobile comme pour les comportements sexuels.

Animaux domestiques

Si vous souhaitez emmener votre chien ou votre chat, deux certificats délivrés par un vétérinaire selon les normes internationales sont nécessaires :

- **un certificat de bonne santé remontant à moins de dix jours,** valable un mois ;
- **un certificat de vaccination antirabique,** signé entre onze mois et un mois avant la date d'entrée, visé par le consulat italien du pays d'origine ;
- **les animaux domestiques sont acceptés par certains hôtels (se renseigner),** mais interdit dans les taxis, les bus, et dans les restaurants... Autant dire qu'il vous est fortement déconseillé de partir avec vos animaux domestiques, sauf si vous pensez passer la majorité de votre temps dehors !

AVANT DE PARTIR

Quand partir ?

Si vous le pouvez, évitez la Sardaigne en juillet et en août (surtout le nord du pays et plus particulièrement ses côtes) : outre la chaleur caniculaire, l'île est littéralement envahie à cette époque par les touristes, et les prix des hôtels flambent. La période la plus agréable pour visiter l'île est sans doute le printemps : le temps est idéal, la nature en fleurs, et les fêtes populaires ou religieuses se succèdent. Cependant le climat méditerranéen permet de profiter de l'île quasiment toute l'année. Attention toutefois : l'hiver est frais, voire froid, dans les montagnes de la Barbagia et le centre de l'île.

Que mettre dans ses bagages ?

De juin à septembre, on privilégiera les vêtements amples, de préférence en coton : emportez tee-shirts, shorts et robes d'été, sans oublier, bien sûr, votre maillot de bain. Laissez en revanche votre monokini en France : vous risqueriez de faire sensation sur les plages sardes, où ce genre de démonstration est considéré par beaucoup comme de la provocation... Prévoyez aussi une petite laine, car les soirées sont souvent fraîches et ventées, surtout sur les côtes de l'île. Hors saison, prévoyez quelques vêtements chauds, en particulier si vous avez l'intention de découvrir l'intérieur de l'île. Enfin, si vous avez l'intention de profiter des beaux paysages sardes et de faire de la randonnée, n'oubliez pas les vêtements adéquats : chaussures de marche, chaussettes de laine, vêtements de pluie et pantalons en Gore-tex par exemple.

Matériel de voyage

- **www.inuka.com –** Ce site vous permet de commander en ligne tous les produits nécessaires à votre voyage : vous recevrez ensuite vos achats chez vous, en quelques jours. Matériel d'observation (jumelles, télémètre, lunettes terrestres...), instruments outdoor (alimentation lyophilisée, éclairage, gourde, montres...) ou matériel de survie (anti-démangeaison, hygiène). Tout ce qu'il vous faut pour préparer votre séjour que vous partiez dans les montagnes ou dans le désert.

■ **AU VIEUX CAMPEUR. A Paris, Quartier Latin : 23 boutiques autour du 48, rue des Ecoles, Paris Ve – A Lyon, Préfecture-université : 7 boutiques autour du 43, cours de la Liberté, Lyon IIIe – A Thonon-les-Bains, entre lac et montagne : 48, avenue de Genève – A Sallanches, au pied du Mont Blanc : 925, route du Fayet – A Toulouse Labège : 23, rue de Sienne, Labège Innopole – A Strasbourg : 32, rue du 22-novembre – Et à Albertville : 10, rue Ambroise Croizat ✆ 03 90 23 58 58 – infos@auvieuxcampeur.fr – www.auvieuxcampeur.fr –** Qui ne connaît pas le fameux Vieux Campeur ? Vous qui partez en voyage, allez y faire un tour : vous y trouverez cartes, livres, sacs à dos, chaussures, vêtements, filtres à eau, produits anti-insectes, matériel de plongée… Et pour tout le reste, n'hésitez pas à leur demander conseil !

■ **BAGAGES DU MONDE. 102, rue du Chemin Vert 75011 Paris ✆ 01 43 57 30 90 – Fax 01 43 67 36 64 – www.bagagesdumonde.com – info@bagagesdumonde.com –** Une véritable agence de voyage pour vos bagages : elle assure le transport aérien de vos effets personnels depuis Orly ou Roissy-Charles de Gaulle à destination de tout aéroport international douanier, et vous offre une gamme complète de services complémentaires : enlèvement, emballage, palettisation, stockage (à l'aéroport), assurance, garantie… Vous pouvez déposer vos effets au bureau de l'agence à Paris. Une idée futée pour voyager l'esprit serein et échapper aux mauvaises surprises que réservent les taxes sur les excédents de bagages.

■ **DECATHLON. Informations par téléphone au ✆ 0 810 08 08 08.** Liste des adresses de points de vente consultable sur Internet : wwww.decathlon.com – Le grand spécialiste du matériel de sport (plongée, équitation, pêche, randonnée…) offre également une palette de livres, cartes et CD-rom pour tout connaître des différentes régions du monde.

■ **LOWE ALPINE. Inovallee. 285, rue Lavoisier 38330 Montbonnot Saint Martin ✆ 04 56 38 28 29 – Fax 04 56 38 28 39 – www.lowealpine.com – infoconso@lowealpine.fr –** En plus de ses sacs à dos techniques de qualité, Lowe Alpine étoffe chaque année et innove avec ses collections de vêtements haut de gamme consacrés à la randonnée et au raid, mais aussi à l'alpinisme et à la détente.

■ **NATURE & DECOUVERTES. Pour obtenir la liste des 45 magasins ✆ 01 39 56 70 12 – Fax 01 39 56 91 66 – www.natureetdecouvertes.com – serviceclient@nature-et-decouvertes.com –** Retrouvez dans ces magasins une ambiance unique dédiée à l'ouverture sur le monde et à la nature. Du matériel de voyage, mais aussi des livres et de la musique raviront celles et ceux qui hésitent encore à parcourir le monde…. Egalement vente par correspondance.

■ **TREKKING. BP 41, 13410 Lambesc ✆ 04 42 57 05 90 – Fax 04 42 92 77 54 – www.trekking.fr –** Partenaire incontournable, Trekking propose dans son catalogue tout ce dont le voyageur a besoin : trousse de voyage, ceinture multipoche, sac à dos, sacoches, étuis… Une mine d'objets de qualité pour voyager futé et dans les meilleures conditions.

Décalage horaire

L'Italie appartient au même fuseau horaire que la France, la Belgique et la Suisse. En mars, on avance d'une heure et en septembre on retarde d'une heure. Le décalage horaire avec Montréal est de 6 heures.

Formalités

▶ **Citoyens de l'Union européenne et les citoyens suisses.** Pour un séjour inférieur à 3 mois : carte d'identité ou passeport périmé depuis moins de 5 ans. Au-delà des 3 mois, il faut se faire délivrer par la Questura (préfecture) le *permesso di soggiorno* (carte de séjour) qui sera valable pour une période de 5 ans.

▶ **Citoyens canadiens.** Pour un séjour inférieur à 3 mois : passeport en cours de validité. Pas de visa. Au-delà de 3 mois, demander un visa à l'ambassade ou au consulat italien le plus proche ou faire délivrer sur place par la Questura une prolongation de 3 mois (rarement délivrée).

Douane

▶ **Citoyens de l'Union européenne.** Inutile de déclarer les articles achetés en Italie au passage de la frontière. Cependant on ne peut plus accéder aux boutiques hors taxes pour l'achat d'alcools, parfums et cigarettes.

▶ **Citoyens suisses.** Pour un séjour d'au moins 24 heures dans un pays frontalier de la Suisse, vous avez le droit de rapporter jusqu'à 200 FS de marchandise. Les plus de 17 ans peuvent acheter jusqu'à 2 litres de vin, 1 litre d'alcool de plus de 15° et 200 cigarettes.

Région Sud, île de San Pietro, Faraglioni Le Colonne

Citoyens canadiens. Pour un séjour d'une semaine, vous avez le droit de rapporter jusqu'à 500 C$ de produits hors taxe sous condition de les déclarer à l'arrivée. Pour un séjour entre 48 heures et 6 jours : 200 C$. Les personnes majeures ont le droit de rapporter jusqu'à 200 cigarettes, 1 litre d'alcool, 2 litres de vin et 500 g de café (plus d'infos sur www.revcan.ca).

Apprendre la langue

L'italien et le français étant des langues relativement proches, puisque d'origine latine, vous pourrez toujours essayer de vous faire comprendre en rajoutant par-ci par-là quelques a au féminin, o au masculin, ou autres i au pluriel ! et e pour le genre féminin... mais cela ne suffira peut-être pas, même avec l'aide des mains. Achetez donc un petit manuel (comme le lexique de poche « Assimil », très complet et très bien conçu), ou contactez l'institut culturel italien ou le centre de langue et de culture italiennes pour des cours (*voir ci-dessous dans la rubrique « Carnet d'adresses »*).

PHOTOS

L'été, la lumière est évidemment très intense, et vous pouvez ainsi prendre des films de faible sensibilité (100 Asa). Pour les « professionnels de la profession »qui utilisent des films spécifiques (la Tri-X notamment), sachez que vous ne trouverez que des films standards et amateurs (à part quelques Ilford... peut-être périmées), et aucun véritable laboratoire « professionnel ».

Pour développer ses films, il est préférable pour les plus exigeants d'attendre de confier son matériel à son labo préféré.

Pour les autres, vous trouverez des labos express (développement en 1 heure) sans aucune difficulté.

MÉDIAS

Presse écrite

On trouve très facilement dans l'île tous les quotidiens et hebdomadaires italiens, mais la Sardaigne possède aussi ses propres journaux dont les plus connus et les plus lus sont *L'Unione Sarda* (au sud) et *La Nuova Sardegna* (au nord). Depuis quelques années un nouveau quotidien régional, Il Sardegna, est lui aussi très diffusé dans l'île. Les différentes régions ont également leurs publications quotidiennes, comme *Il Quotidiano di Sassari* ou *Sassari Sera*. La presse régionale en Sardaigne, et de manière générale en Italie, est de très bonne qualité.

www.univ-tours.fr/kiosquitalie.html – Il s'agit d'une liste de liens sur la presse italienne.

Radio

En Sardaigne, on capte surtout des stations italiennes. Les premières émissions radiophoniques datent du 1er janvier 1925 et, très vite, la RAI (Radio Audizione Italia) a été inaugurée. Monopole d'Etat, elle est toute-puissante et incontournable. Il existe aujourd'hui trois stations nationales italiennes et un grand nombre de stations locales sardes, à découvrir en se baladant sur les ondes. Parmi les principales, on trouve Radiolina et, dans la région de Cagliari, Radio Sintony, Radio Manila et Radio Press. Dans le nord de la Sardaigne, vous tomberez peut-être sur Europe 1, France Inter ou Radio France International : la Corse n'est qu'à une dizaine de kilomètres.

Télévision

Les premiers programmes télévisuels datent du 1er janvier 1954. Jusqu'en 1975, comme dans de nombreux pays européens, la radio et la télévision sont restés sous contrôle de l'Etat. A la suite à la libération de cet espace, de nombreuses chaînes privées et commerciales firent leur apparition, comme Canale 5, Rete 4, Italia 1 (appartenant à Silvio Berlusconi).

RAI est, bien sûr, la première chaîne italienne. Sardegna 1 est la première chaîne de télévision régionale européenne émettant des programmes régionaux : informations, sport... **Pour en savoir plus :** www.sardegna1.it – Videolina, Tcs et Cinque Stelle (au nord uniquement) ont aussi une audience importante.

Plusieurs chaînes étrangères émettent en Italie, comme France 2, TV5, Capodistria (Yougoslavie), la télévision suisse (en langue italienne) ou Télé Monte-Carlo.

BIBLIOGRAPHIE

Littérature

La littérature sarde abonde en récits de la vie rurale et pastorale. L'auteur phare de cette littérature est une femme : Grazia Deledda, Prix Nobel de littérature en 1927.

Parmi ses chefs-d'œuvre, *Elias Portolu* (1900), *Serene* (1903), *Des roseaux sous le vent* (1913), *Cosima (*1937), *Le Lierre sur l'arbre mort, Braises, Tentations, La Madre* (Stock).

D'autres auteurs encore permettent de découvrir le patrimoine littéraire sarde :

- **Dominique Fernandez :** *Mère Méditerranée* (éditions Grasset).
- **Marcello Fois :** *Sempre Caro, Un silence de fer, Sang du ciel, Plutôt mourir, Sheoi* (Seuil).
- **Sergio Atzeni :** *Le Fils de Bakounine.*
- **Giuseppe Dessi :** *San Silvano* (Verdier, 1988), *Paese d'ombre* (*Pays d'ombre,* Actes Sud, 1991).
- **Gavino Ledda :** *Padre padrone, L'Educazione di un pastore* (1975) (Gallimard). Roman adapté par les frères Taviani, dont le film a reçu la Palme d'or à Cannes, en 1977.
- **Francesco Masala :** *Le Braconnier* et autres poèmes de Sardaigne (Actes Sud, 1984), *Le Curé de Sarrok* (Actes Sud, 1989), *Ceux d'Arasolé* (Zulma, 1999).
- **Franco Cagnetta :** *Bandits d'Orgosolo* (Buchet-Chastel). Un peu daté mais très intéressant, un récit enquête qui décrypte les origines du banditisme dans la région de la Barbagia.
- **Maria Brando-Albini :** *Sardaigne sans cagoule* (Subervie).

Histoire

- **Manlio Brigaglia :** *Storia della Sardegna* (éditions della Torre, Cagliari, 1994).

Culture

- **Dolores Turchi :** *Maschere, miti e feste della Sardegna* (Newton & Compton Editori, Edizioni della Torre, Roma, 1994).
- **Franco Fresi :** *Guida insolita ai misteri, ai segreti, alle leggende e alle curiosità della Sardegna* (Newton & Compton Editori). A la découverte des lieux mystérieux et légendaires de l'île. Prix : 17,50 €.
- **Francesco Enna, Franco Fresi, Gianluca Medas et Natalino Piras :** *La Sardegna dei Sortilegi* (Newton & Compton Editori). Les auteurs de ce livre ont exploré quatre aires géographiques de la région (la Gallura, la Barbagia, le Campidano et le Logudoro) et ont recueilli légendes, fables et mythes de ces villages cachés. Prix : 18 €.
- *Sardi, guida ai migliori difetti e alle peggiori virtù* (Edizioni Sonda). Un guide insolite et très ironique pour mieux comprendre les défauts et les vertus des Sardes. Prix : 9,50 €.
- *Provebi sardi (Ilisso).* Les proverbes et les expressions les plus bizarres de la langue sarde. Prix : 11 €.
- **Enzo Gravante : Paolo Fresu.** *La Sardegna il Jazz* (Condaghes). Le journaliste musical interviewe le musicien Paolo Fresu. Pour découvrir le jazzman, sa musique et « sa »Sardaigne. Livre + CD : 25 €.

Guides

- **Maurizio Oviglia :** *Pietra di Luna.* Recense les voies d'escalade en Sardaigne.
- **Maurizio Oviglia :** *Gennargentu, ultimo paradiso.*
- **Egidio Trainito :** *Tragedie di Guerra e di Mare. 40 Relitti nel Mare della Sardegna* (Taphros- Collana dei Libri Blu).

Romans

- **Jean-Michel Bartholi :** *Le Sang du Nuraghe* (Editions Eboris).
- **Salvatore Niffoi :** *La Leggenda di Redenta Tiria* (Adelphi). C'est une belle histoire pour les adultes, qui parle de la mort et de la vie en Sardaigne.

Photos

- **Antonio Franco Fadda :** *Paesaggi minerari in Sardegna* (Editions Coedisar). La Sardaigne est une terre de mines. De vastes aires dégradées, d'imposantes structures industrielles abandonnées et des villages des mineurs, ce sont les restes d'une intense activité minière. Un patrimoine d'archéologie industrielle à sauvegarder. Le tout très documenté dans ce beau livre de photos. Prix : 80 €.
- **Aldo Martelli, Angelo Mereu :** *La Leggenda di Porto Rafael.* A la découverte d'une des localités les plus exclusives de l'île. Prix : 12 €.
- *Viaggio in Sardegna, Fotografie tra '800 e '900 dalle Collezioni Alinari.* Un parcours dans la mémoire en 276 pages (avec 200 photos), grâce aux archives de l'une des plus grandes agences de photos italiennes. (Fondée en 1852, l'agence Alinari possède 3,5 millions de photographies, des daguerréotypes aux photos modernes). Prix : 45 €.
- *Emozione Sardegna* (Priuli & Verlucca Editori). Plus de 200 photographies pour un hommage aux différents aspects de cette région. Prix : 60 €.

LIBRAIRIES

En France

Les librairies généralistes du voyage proposent de nombreux guides, récits de voyages et autres manuels du parfait voyageur. Bien se préparer au départ et affiner ses envies permettent d'éviter les mauvaises surprises.

Le voyage commence souvent bien calé dans son fauteuil, un récit de voyage ou un guide touristique à la main. Voilà pourquoi nous vous proposons une liste de librairies de voyage à Paris et en province. Si jamais vous ne trouvez pas votre bonheur chez ces professionnels, frappez à la porte de librairies plus pointues, spécialisées dans l'Italie et sa culture.

Les généralistes

Paris

■ **ESPACE IGN. 107, rue La Boétie (8e). ✆ 01 43 98 80 00 – www.ign.fr –** *M° Franklin-D. Roosevelt. Ouvert du lundi au vendredi de 9h30 à 19h, et le samedi de 11h à 12h30 et de 14h à 18h30.* Les bourlingueurs de tout poil seraient bien inspirés de venir faire un petit tour dans cette belle librairie sur deux niveaux avant d'entamer leur périple. Au rez-de-chaussée se trouvent les documents traitant des pays étrangers : cartes en veux-tu en voilà (on n'est pas à l'Institut géographique national pour rien !), guides de toutes éditions, beaux livres, méthodes de langue en version Poche, ouvrages sur la météo, conseils pour les voyages. L'espace est divisé en plusieurs rayons consacrés chacun à un continent. Tous les pays du monde sont représentés, y compris les mers et les océans. Les enfants ont droit à un petit coin rien que pour eux avec des ouvrages sur la nature, les animaux, les civilisations, des atlas, des guides de randonnée... Ils ne manqueront pas d'être séduits, comme leurs parents sans doute, par l'impressionnante collection de mappemondes, aussi variées que nombreuses, disposées au centre du magasin. Les amateurs d'ancien, quant à eux, pourront se procurer des reproductions de cartes datant pour certaines du XVIIe siècle ! Le premier étage est entièrement consacré à la France.

■ **ITINERAIRES, LA LIBRAIRIE DU VOYAGE. 60, rue Saint-Honoré (1er). ✆ 01 42 36 12 63. Fax : 1 42 33 92 00 – www.itineraires.com – itineraires@itineraires.com –** *M° Les Halles. Ouvert le lundi à 11h et du mardi au samedi de 10h à 19h.* Cette charmante librairie vous réserve bien des surprises. Logée dans un bâtiment classé des Halles, elle dispose d'un ravissant patio et de caves dans lesquelles sont organisées de multiples rencontres. Le catalogue de 15 000 titres est disponible sur le site Internet. Dédié à « la connaissance des pays étrangers et des voyages », cette librairie offre un choix pluridisciplinaire d'ouvrages classés par pays. Si vous désirez connaître un pays, quelques titres essentiels de la littérature vous sont proposés, tous les guides de voyage existants, des livres de recettes, des précis de conversation, des études historiques... Dans la mesure du possible, les libraires mettent à votre disposition une sélection exhaustive, un panorama complet d'un pays, de sa culture et de son histoire. La librairie organise régulièrement des expositions de photos. On peut toujours passer commande, grâce à des délais de livraison très courts (1 à 3 jours pour des livres qui ont été édités aux quatre coins du globe, et 3 semaines pour ceux qui arrivent de chez nos amis britanniques...).

■ **LA BOUTIQUE MICHELIN. 14, avenue de l'Opéra (1er). ✆ 01 42 68 05 20 – www.michelin.com – M° Opéra.** *Ouvert le lundi de 13h à 19h, du mardi au samedi de 10h à 19h.* Avis à tous les sillonneurs des routes de France, de Navarre et même d'ailleurs, puisque les guides et les cartes Michelin couvrent le monde entier. Dans cette boutique, ils trouveront de nombreux documents pour préparer leur voyage d'un point de vue touristique mais aussi logistique. Un espace Internet les invite à établir (gratuitement) leur itinéraire et à le calculer (en euros, en km, en temps...). A part ça, toute la production Michelin est en rayon, des guides verts (en français, en anglais, en allemand) aux guides rouges en passant par les collections Escapade, Néos et les cartes France et étranger. Et ce n'est pas tout, une bibliothèque propose aussi les ouvrages des éditeurs concurrents : Lonely Planet, Gallimard, Petit Futé... Notez que des beaux livres et des essais sur la saga Michelin sont en vente, ainsi que de vieilles affiches publicitaires. En plus de tout cela, les amateurs du Bibendum pourront acheter un grand nombre de produits dérivés comme des serviettes, vêtements, jouets...

■ **AU VIEUX CAMPEUR. 2, rue de Latran (5e). ✆ 01 53 10 48 48 – www.au-vieux-campeur.fr – M° Maubert-Mutualité ou Cardinal-Lemoine. A Paris. Quartier Latin. 23 boutiques autour du 48, rue des Ecoles, Paris 5e – à Lyon. Préfecture-université. 7 boutiques autour du 43, cours de la Liberté, Lyon 3e – A Thonon-les-Bains entre lac et montagne. 48, avenue de Genève – A Sallanches au pied du mont Blanc. 925, route du Fayet – A Toulouse Labège. 23 rue de Sienne, Labège Innopole – A Strasbourg une boutique sur 3 étages, 32, rue du 22-Novembre – www.auvieuxcampeur.fr – infos@auvieuxcampeur.fr –** *Ouvert du lundi au vendredi de 10h30 à 19h30, le mercredi jusqu'à 21h, le samedi de 9h30 à 19h30.* Les magasins du Vieux Campeur disposent d'une librairie dédiée au tourisme sportif en France. Vous y trouverez de nombreux guides, mais aussi des cartes, des beaux livres, des revues et un petit choix de vidéo. Quelques pays d'Europe et d'autres contrées plus lointaines (comme l'Himalaya) sont également évoqués, mais ce sont surtout les régions de France qui sont ici représentées. Le premier étage met à l'honneur le sport, les exploits, les découvertes. Vous pourrez vous y documenter sur l'escalade, le VTT, la plongée sous-marine, la randonnée, la voile, le ski... Commande possible par Internet.

■ **LIBRAIRIE ULYSSE. 26, rue Saint-Louis-en-l'île (4e). ✆ 01 43 25 17 35 – www.ulysse.fr – ulysse@ulysse.fr – M° Pont-Marie.** *Ouvert du mardi au samedi de 14h à 20h.* Comme Ulysse, Catherine Domain a fait un beau voyage. Un jour de 1971, elle a posé ses valises sur l'île Saint-Louis où elle a ouvert une petite librairie. Depuis, c'est elle qui incite les autres au départ. Ne soyez pas rebutés par l'apparent fouillis des bibliothèques : les bouquins s'y entassent jusqu'au plafond, mais la maîtresse des lieux sait exactement où trouver ce qu'on lui demande. Car ici, il faut demander, le panneau accroché devant la porte de l'entrée vous y encourage franchement : « Vous êtes dans une librairie spécialisée à l'ancienne, au contraire du self-service, de la grande surface ou du bouquiniste. Ce n'est pas non plus une bibliothèque, vous ne trouverez pas tout seul. Vous pouvez avoir des rapports humains avec la libraire qui elle aussi a ses humeurs. » Vous voilà prévenus ! La boutique recèle plus de 20 000 ouvrages (romans, beaux livres, guides, récits de voyage, cartes, revues) neufs et anciens sur tous les pays. Un service de recherche de titres épuisés est à la disposition des clients. Laissez-vous donc conter fleurette par cette globe-trotteuse insatiable : l'écouter c'est déjà partir un peu.

■ **GITES DE FRANCE. 59, rue Saint-Lazare. ✆ 01 49 70 75 75. Fax : 1 42 81 28 53 – www.gites-de-france.fr –** *Ouvert du lundi au vendredi de 10h à 18h30 et le samedi de 10h à 13 h et de 14h à 18h30 (sauf en juillet-août).* Pour vous aider à choisir parmi ses 55 000 adresses de vacances, Gîtes de France a conçu une palette de guides comportant des descriptifs précis des hébergements. Mais vous trouverez également dans les boutiques d'autres guides pratiques et touristiques, ainsi que des topo-guides de randonnée, des cartes routières et touristiques. Commande en ligne possible.

■ **LA BOUTIQUE DU PETIT FUTÉ. 44, rue des Boulangers (5e) ✆ 01 45 35 46 45 – www.lepetitfute.com – librairie@petitfute.com – M° Cardinal-Lemoine.** *Ouvert du mardi au samedi inclus de 10h30 à 14h et de 14h45 à 19h.* Le Petit Futé fait dans le guide de voyage, vous l'ignoriez ? Et saviez-vous qu'il possédait sa propre librairie ? S'il porte bien son nom, celui-là ! La Boutique du Petit Futé accueille une large clientèle de Parisiens en partance, ou rêvant de l'être. Outre tous les Petits Futés de France, de Navarre et d'ailleurs (Country Guides, City Guides, Guides Régions, Guides Départements, Guides thématiques, en tout près de 350 titres), vous trouverez ici des recueils de recettes exotiques, des récits de voyages ou romans ayant trait à cette saine activité (parus chez Actes Sud ou Payot), des ouvrages sur l'art de vivre en Papouasie, des beaux livres sur la Patagonie ou l'Alaska (éditions Transboréal), de nombreux ouvrages pratiques commis par les confrères (cartes routières IGN, éditions Assimil, beaux livres régionaux Déclics, guides Michelin, Lonely Planet en français et en anglais) ainsi qu'une collection de livres sur la découverte de Paris (de la série « Paris est à nous » au *Paris secret et insolite*...).

■ **LIBRAIRIE DE VOYAGEURS DU MONDE. À Paris : 55, rue Sainte-Anne (2e). ✆ 01 42 86 17 37. Fax : 1 42 86 17 89. A Marseille (13e) : 25, rue Fort Notre-Dame. ✆ 04 96 17 89 26 – A Toulouse : 26, rue des Marchands. ✆ 05 34 31 72 72 – A Lyon (2e). ✆ 04 72 56 94 50 – www.vdm.oom – librairie@vdm.com – M° Pyramides ou Quatre-Septembre.** *Ouvert du lundi au samedi de 9h30 à 19h sans interruption.* Située au sous-sol de l'agence de voyages Voyageurs du Monde, cette librairie est logiquement dédiée aux voyages et aux voyageurs. Vous y trouverez tous les guides en langue française existant actuellement sur le marché, y compris les collections relativement confidentielles. Un large choix de cartes routières, de plans de villes, de régions vous est également proposé ainsi que des méthodes de langue, des ouvrages truffés de conseils pratiques pour le camping , trekking et autres réjouissances estivales. Rayon littérature et témoignages, récits d'éminents voyageurs et quelques romans étrangers.

■ **LIBRAIRIE MARITIME OUTREMER. 55 avenue de la Grande-Armée (16e). ✆ 01 45 00 17 99 – www.librairie-outremer.com – M° Argentine.** *Ouvert du lundi au samedi de 10h à 19h.* La librairie de la rue Jacob dans le 6e a rallié les locaux de la boutique de l'avenue de la Grande-Armée. Des ouvrages sur l'architecture navale, des manuels de navigation, des ouvrages de droit marin, les codes Vagnon, les cartes du service hydrographique et océanique de la marine, des précis de mécanique pour les bateaux, des récits et romans sur la mer, des livres d'histoire de la marine… tout est là. Cette librairie constitue la référence dans ce domaine. Son catalogue est disponible sur Internet et en format papier à la boutique.

■ **L'ASTROLABE. 46, rue de Provence (9e). ✆ 01 42 85 42 95. M° Chaussée-d'Antin.** *Ouvert du lundi au samedi de 9h30 à 19h.* Une des plus importantes librairies de Paris consacrée exclusivement au voyage. On trouve ici sur deux niveaux un choix énorme d'ouvrages : 40 000 références ! A l'étage, les guides, les beaux livres et les cartes d'Europe, et au rez-de-chaussée le reste du monde avec guides touristiques, récits de voyage, les plans des grandes villes… Car la grande spécialité de l'Astrolabe, c'est la cartographie : 35 000 cartes toutes échelles et tous pays, mais aussi des cartes maritimes et aéronautiques, routières, administratives, de randonnées… On peut même les choisir pliées ou roulées ; ce n'est pas du luxe, ça ? En outre, on peut aussi y acheter des guides et des livres en langue étrangère (anglais et espagnol), des atlas et des globes, des cartes murales, des boussoles et plein d'objets concernant le sujet. Disposant de services de qualité (commandes à l'étranger, recherches bibliographiques…), L'Astrolabe est l'endroit rêvé pour organiser ses voyages.

Bordeaux

■ **LA ROSE DES VENTS. 40, rue Sainte-Colombe. ✆/Fax : 05 56 79 73 27. rdvents@hotmail.com –** *Ouvert du lundi au samedi de 10h à 12h30 et de 14h à 19h.* Dans cette librairie, le livre fait voyager au sens propre comme au figuré. Les cinq continents y sont représentés à travers des guides et des cartes qu'il sera possible de déplier sur une table prévue à cet effet, et décorée… d'une rose des vents. Des ouvrages littéraires ainsi que des guides de nature garnissent également les étagères. Le futur aventurier pourra consulter gratuitement des revues spécialisées. Lieu convivial, la Rose des vents propose tous les jeudis soir des rencontres et conférences autour du voyage. Cette librairie fait maintenant partie du groupe Géothèque (également à Tours et Nantes).

Brest

■ **MÉRIDIENNE. 31, rue Traverse. ✆ 02 98 46 59 15.** *Ouvert de 9h30 à 12h30 et de 14h à 19h du mardi et le samedi de 9h30 à 12h et de 14h à 19h.* Spécialisée dans les domaines maritimes et naturalistes, cette librairie est aussi une boutique d'objets de marins, de décoration et de jeux où il fait bon faire escale. Les curieux y trouveront des ouvrages de navigation, d'astronomie, des récits, des témoignages, des livres sur les sports nautiques, les grands voyages, l'ethnologie marine, la plongée, l'océanographie, les régions maritimes…

Caen

■ **HÉMISPHERES. 15, rue des Croisiers. ✆ 02 31 86 67 26. Fax : 02 31 38 72 70 – www.aligastore.com – hemispherescaen@aol.com –** *Ouvert du mardi au samedi de 9h à 19h sans interruption.* Dans cette librairie dédiée au voyage, les livres sont classés par pays : guides, plans de villes, littérature étrangère, ethnologie, cartes et topo-guides pour la randonnée. Les rayons portent aussi un beau choix de livres illustrés et un rayon musique. Le premier étage allie littérature et nourriture, et des expositions photos y sont régulièrement proposées.

Lille

■ **LE FURET DU NORD. 15, place Général de Gaulle. ✆ 03 20 78 43 43. Fax : 03 20 78 23 42 – www.furet.com –** *Ouvert du lundi au samedi de 9h30 à 19h30.* LA librairie de Lille. Mais pourquoi diable, cette célèbre enseigne porte-t-elle un nom pareil ? C'est qu'avant d'être une librairie de renom – il y a fort longtemps (dans les années 1930) –, c'était un magasin de fourrure saluant les talents dans l'art de la chasse au lapin du petit mammifère rusé. Joyeuse augure pour cette institution lilloise qui fouine et déniche depuis 70 ans des livres aussi nombreux que diversifiés. Installée sur la grand-place depuis 1959, la librairie est la première librairie en libre-service de France, sur 500 m². Dans les années 1980 et 1990, l'entreprise familiale s'agrandit jusqu'à s'étendre sur 8 étages et 7 000 m² ; bien évidemment, un large espace est consacré au voyage (livres, essais, beaux-livres, cartes…) sans compter que des ouvrages plus précis sur le pays de votre choix sont en vente. Bref vous trouverez de quoi préparer votre voyage. Le Furet du Nord, c'est également 11 autres boutiques dans la région lilloise (Boulogne-sur-Mer, Béthune, Lens, Arras, Douai, Cambrai, Saint-Quentin, Maubeuge, Valenciennes, Villeneuve-d'Ascq et Roubaix).

■ **LIBRAIRIE DE VOYAGEURS DU MONDE. 147, bd de la Liberté. ✆ 03 20 06 76 30. Fax : 03 20 06 76 31 – www.vdm.com –** *Ouvert du lundi au samedi de 10h à 19h.* La librairie des Voyageurs du Monde lilloise est située dans le centre-ville. Elle ne compte pas moins de 14 000 références, livres et cartes, uniquement consacrées à la découverte de tous les pays du monde, de l'Albanie au Zimbabwe en passant par la Chine.

Lyon

■ **RACONTE-MOI LA TERRE. Angle des rues Thomassin et Grolée (2e). ✆ 04 78 92 60 20. Fax : 04 78 92 60 21 – www.raconte-moi.com – bienvenue@raconte-moi.com –** *Ouvert du lundi au samedi de 10h à 19h30.* La librairie des explorateurs de notre siècle. Connexion Internet, restaurant « exotique», cette libraire s'ouvre sur le monde des voyages. Des guides aimables nous emmènent trouver l'ouvrage qu'il nous faut pour connaître tous les pays du globe. Ethnographes, juniors, baroudeurs, tous les genres gravitent autour de cette Terre-là.

■ **LIBRAIRIE DE VOYAGEURS DU MONDE. 5, quai Jules Courmont (2e). ✆ 04 72 56 94 50. Fax : 4 72 56 94 55 – www.vdm.com –** *Ouvert du mardi au samedi de 10h à 12h et de 13h à 19h.* Tout comme ses homologues de Paris, Marseille ou Toulouse, la librairie propose un vaste choix de guides en français et anglais, de cartes géographiques et atlas, de récits de voyages et d'ouvrages thématiques... Egalement pour les voyageurs en herbe : des atlas, des albums et des romans d'aventures.

Marseille

■ **LIBRAIRIE DE VOYAGEURS DU MONDE. 25, rue Fort Notre Dame (1er). ✆ 04 96 17 89 26. Fax : 04 96 17 89 18 – www.vdm.com –** *Ouvert le lundi de 12h à 19h et du mardi au samedi de 10h à 19h sans interruption.* Les bureaux des conseillers Voyageurs du monde et ceux de Terre d'aventures sont regroupés sur le même site. La librairie détient plus de 5 000 références : romans, ouvrages thématiques sur l'histoire, spiritualité, cuisine, reportages, cartes géographiques, atlas, guides (en français et en anglais). L'espace propose également une sélection d'accessoires incontournables : moustiquaires, bagages…

■ **LIBRAIRIE MARITIME OUTREMER. 26, quai Rive-Neuve (1er). ✆ 04 91 54 79 26. Fax : 4 91 54 79 49 – www.librairie-maritime.com –** *Ouvert du mardi au vendredi de 9h à 12h30 et de 14h à 18h30, le samedi de 10h à 12h30 et de 15h à 18h30.* Que vous ayez le pied marin ou non, cette librairie vous ravira, tant elle regorge d'ouvrages sur la mer. Ici, les histoires sont envoûtantes, les images incroyables... De quoi se mettre à rêver sans même avoir jeté l'ancre !

Montpellier

■ **LES CINQ CONTINENTS. 20, rue Jacques-Cœur. ✆ 04 67 66 46 70. Fax : 04 67 66 46 73.** *Ouvert du 10h à 19h15 du mardi au samedi et de 13h à 19h15 le lundi.* Cette librairie fait voyager par les mots et les images, elle est le passage obligé avant chaque départ vers… l'ailleurs. Les libraires sont des voyageurs infatigables qui submergent leurs rayons de récits de voyages, de guides touristiques, de livres d'art, de cartes géographiques et même de livres de cuisine et de musique. Régions de France, pays du monde surtout, rien ne leur échappe et ils sont capables de fournir nombre de renseignements. A fréquenter avant de partir ou pour le plaisir du voyage immobile. Régulièrement, la librairie organise des rencontres et animations (programme trimestriel disponible sur place).

Nantes

■ **LA GÉOTHÈQUE. 10, place du Pilori. ✆ 02 40 47 40 68. Fax : 02 40 47 66 70. geotheque-nantes @geotheque.com –** *Ouvert le lundi de 14h à 19h et du mardi au samedi de 10h à 19h.* Vous trouverez des centaines de guides spécialisés et plus de 2 000 cartes IGN. Pour savoir où l'on va et, en voyageur averti, faire le point avant que de s'y rendre… Une bonne adresse. Cartes, guides et magazines sur tous les pays du monde.

Nice

■ **MAGELLAN. 3, rue d'Italie. ✆ 04 93 82 31 81. Fax : 04 93 82 07 46.** *Ouvert de 14h à 19h le lundi et de 9h30 à 13h et 14h à 19h du mardi au samedi.* Avant de partir, pour vous procurer un guide ou une carte, pour organiser une expédition, aussi bien au Sri Lanka que tout simplement dans l'arrière-pays, mais aussi pour rêver, pour vous évader le temps d'un livre. Bienvenue dans la librairie du Sud-Est.

■ **LIBRAIRIE DE VOYAGEURS DU MONDE. 4, rue du Maréchal Joffre. ✆ 04 97 03 64 65. Fax : 04 97 03 64 60 – www.vdm.com –** *Ouvert de 10h à 19h du lundi au samedi.* Elle propose tous les ouvrages utiles pour devenir un voyageur averti ! Il faut d'ailleurs savoir que les librairies Voyageurs du Monde travaillent en partenariat avec plusieurs instituts géographiques à travers le monde, et également quelques éditeurs privés.

Région Nord, Aggius, vallée de la Luna

Rennes

■ **ARIANE. 20, rue du Capitaine-Alfred-Dreyfus. © 02 99 79 68 47. Fax : 02 99 78 27 59 – www.librairie-voyage.com – librairie-voyage@club-internet.fr –** Le voyage commence dès le pas de la porte franchi. En France, en Europe, à l'autre bout du monde. Plutôt montagne ou résolument mer, forêts luxuriantes ou déserts arides... quelle que soit votre envie, vous trouverez de quoi vous documenter en attendant de partir. Cartes routières et marines, guides de voyages, plans... vous aideront à préparer votre voyage et vous accompagneront sur les chemins que vous aurez choisis. Articles de trekking, cartes et boussoles sont également vendus chez Ariane.

■ **LIBRAIRIE DE VOYAGEURS DU MONDE. 31, rue de la Parcheminerie. © 02 99 79 30 72. Fax : 02 99 79 10 00 – www.vdm.com –** *Ouvert de 10h à 19h du lundi au samedi.* Comme toutes les librairies Voyageurs du Monde, celle de Rennes possède tout ce qu'il faut pour faire de vous un professionnel du voyage ! Guides en français et en anglais, cartes géographiques, atlas, récits de voyage, littérature étrangère, ouvrages thématiques, livres d'art et de photos, et pour les voyageurs en herbe : atlas, albums et romans d'aventures... Les librairies de Voyageurs du Monde vendent également des photos anciennes, retirées sur les négatifs originaux.

Strasbourg

■ **GÉORAMA. 20, rue du Fossé-des-Tanneurs. © 03 88 75 01 95. Fax : 03 88 75 01 26 –** *Ouvert le lundi de 14h à 19h et du mardi au samedi de 9h30 à 19h.* Le lieu est dédié au voyage, et les guides touristiques voisinent avec les cartes routières et les plans de ville. Vous voulez partir en Chine ? Pas de problème : voici les Petits Futés Chine et Pékin, le plan des principales infrastructures routières du pays ainsi qu'un plan de Pékin en bilingue anglais/mandarin. Des accessoires indispensables au voyage (sac à dos, boussole) peuplent aussi les rayons de cette singulière boutique. Notez également la présence (et la vente) de fascinants globes lumineux et de cartes en relief.

Toulouse

■ **LIBRAIRIE PRESSE DE BAYARD – LA LIBRAIRIE DU VOYAGE. 60, rue Bayard. © 05 61 62 82 10. Fax : 05 61 62 85 54.** *Ouvert du lundi au samedi de 7h30 à 19h.* Pour passer de bons moments en voyage sans tourner 36 heures dans une région inconnue, cette librairie offre toutes sortes de cartes IGN (disponibles aussi en CD-Roms), topos guides, guides touristiques, cartes du monde entier et plans de villes (notamment de villes étrangères)... Cette surface de vente – la plus importante de Toulouse consacrée au voyage – possède également un rayon dédié à l'aéronautique (navigation aérienne), à la navigation maritime et aux cartes marines. Pour ne pas se perdre dans cette promenade littéraire, suivez les bons conseils de l'équipe de Toulouse presse. Dès qu'on pousse les portes de cette indispensable librairie, le voyage commence... Pour les futés qui n'ont pas envie de se paumer, une des librairies où vous trouverez le plus grand choix de Petit Futé.

■ **OMBRES BLANCHES. 50, rue Gambetta. © 05 34 45 53 33. Fax : 05 61 23 03 08 – www.ombres-blanches.com – voyage@ombres-blanches.com –** *Ouvert du lundi au samedi de 10h à 19h.* On entre, et on tombe sur une tente de camping. Pas de panique, ceci est bien une librairie, la petite sœur de la grande Ombres Blanches d'à côté. Mais une librairie spécialisée dans les voyages et le tourisme, donc dans le camping également ! ! Beaux livres, récits de voyage, cartes de randonnées et de montagnes, livres photos... La marchandise est dépaysante et merveilleuse, tandis que l'accueil est aussi agréable que dans la librairie jumelle. Pourquoi ne pas y aller, ne serait-ce que pour voyager virtuellement ?

■ **LA LIBRAIRIE DE VOYAGEURS DU MONDE. 26, rue des Marchands. © 05 34 31 72 72/55. Fax : 05 35 31 72 73 – www.vdm.com –** *Ouvert le lundi de 13h à 19h et du mardi au samedi de 10h à 19h sans interruption.* Cette librairie propose l'ensemble des guides touristiques en français et en anglais, un choix exceptionnel de cartes géographiques et d'atlas, des manuels de langue et des guides de conversation. Mais on trouve également des récits de voyage, de la littérature étrangère, des ouvrages thématiques sur l'histoire, la spiritualité, la société, la cuisine, des reportages, des livres d'art et de photos... Pour les voyageurs en herbe, des atlas, des albums et des romans d'aventures.

Tours

■ **LA GÉOTHÈQUE, LE MASQUE ET LA PLUME. 14, rue Néricault Destouches. © 02 47 05 23 56. Fax : 02 47 20 01 31.** Totalement destinée aux globe-trotters, cette librairie possède une très large gamme de guides et de cartes pour parcourir le monde. Et que les navigateurs des airs ou des mers sautent sur l'occasion : la librairie leur propose aussi des cartes, manuels, CD-Roms et GPS...

Les librairies spécialisées

À Paris

■ **FRANCO MARIA RICCI. 15, galerie Véro Dodat (1er). ✆ 01 40 41 02 02. M° Louvre-Rivoli.** Editeur italien, de Parme plus précisément, Franco Maria Ricci est spécialisé dans la publication de beaux livres, de très beaux livres même. Le souci du détail est une religion chez cet éditeur : couvertures en soie noire avec dorures, magnifique papier, planches couleurs collées à la main. Les livres sont disponibles en plusieurs langues, en italien et français, bien sûr. La maison n'a pas de thèmes de prédilection, juste un goût prononcé pour les belles choses.

■ **LIBRAIRIE ITALIENNE LA TOUR DE BABEL. 10, rue du Roi-de-Sicile (4e) Paris. ✆ 01 42 77 32 40. M° Saint-Paul.** *Ouvert du mardi au samedi de 10h à 13h et de 14h à 19h.* Plus de 10 000 livres (littérature, essais, beaux-livres, méthodes de langues, etc.) en italien ou traduits en français. Si vous cherchez un livre en particulier, vous pouvez le commander. Bon choix de dictionnaires et de vidéos de films italiens.

■ **LIBRAIRIE DU MUSÉE DU LOUVRE. Rue de Rivoli (1er). ✆ 01 40 20 53 53. M° Palais-Royal.** Les étudiants en histoire de l'art s'y rendent au moins une fois par semaine, c'est dire si le stock de cette librairie est conséquent. Concernant l'art italien et romain, vous aurez l'embarras du choix : livres, vidéos, CD-roms, reproduction, cartes postales…

Librairies en Belgique, Suisse et Canada

■ **PEUPLES ET CONTINENTS. Galerie Ravenstein 17/19, 1000 Bruxelles. ✆ 02 511 27 75 – www.peuplesetcontinents.com –** Une librairie qui comblera le voyageur passionné d'ethnologie. Y sont rassemblés des guides, des cartes mais aussi une pléthore de bouquins (parfois fort luxueux) évoquant des peuples et contrées lointaines. Du chamanisme de Mongolie Extérieure au culte de l'Orange Volante chez les Binchoux, les mystères du monde se dévoilent ici un à un. A noter également : un rayon africain très complet.

■ **LA ROUTE DE JADE. Rue de Stassart, 116, 1050 Bruxelles. ✆ 02 512 96 54. Fax : 02 513 99 56 – www.laroutedejade.com – laroutedejade@proximedia.be –** Le voyageur trouvera ici toutes sortes de guides, un très grand choix de cartes (terre, ciel et mer), des bouquins sur l'ethnologie, des récits de voyages ainsi que des albums photos et des beaux livres. Egalement en rayon : des CD-Roms et de bonnes occasions.

■ **ANTICYCLONE DES AÅORES. Rue Fossé aux Loups, 34, 1000 Bruxelles. ✆ 02 217 52 46.** Première librairie de voyage de la capitale, vous y trouverez tout ce qu'il faut pour réussir votre séjour : une très grande sélection de guides touristiques, une multitude de cartes, des atlas, de beaux bouquins de photos, des récits... Mais aussi un grand choix de matériel de voyage : balises, boussoles, mappemondes, planisphères... Bref, s'y croisent routards, touristes, explorateurs et passionnés d'astronomie...

■ **LES 4 VENTS. Avenue Legrand, 88, 1180 Uccle. ✆ 02 647 25 29.** Un endroit particulièrement apprécié par tous les amoureux du cheval. La librairie propose, en outre, une large sélection de livres de voyages et de guides de tourisme, mais aussi tout un tas de manuels de cuisine, polars...

■ **LES ALIZES. Coin de la rue Saint-Jean en Isle-Rue de la casquette, 4000 Liège. ✆ 04 221 41 90.** *Ouvert tous les jours de 10h30 à 18h, le samedi de 10h30 à 18h30. Fermé le lundi.* Une librairie de voyage dans laquelle vous pourrez dénicher des guides, des atlas, ainsi que de magnifiques livres sur les différentes régions du monde.

En Suisse

■ **LA LIBRAIRIE DU VOYAGEUR. 10, rue de rive, 1204 Genève. ✆ (022) 810 23 33. Fax : (022) 810 23 34 – libr.voyageur.ge@bluewin.ch –** Une librairie dédiée aux voyages et aux voyageurs. Vous y trouverez un grand choix de guides touristiques, de cartes géographiques et d'ouvrages thématiques.

■ **LE VENT DES ROUTES. 50/52, rue des bains, 1205 Genève. ✆ (022) 800 33 81. Fax : (022) 800 33 82 – www.vdr.ch – info@dvr.ch –** Un vaste choix de guides et de cartes, pour parcourir le monde.

Au Canada

- **LIBRAIRIE ULYSSE. 4176, St Denis – Autre adresse : 560, Président Kennedy – www.ulysse.ca** – *Ouvert tous les jours, du lundi au mercredi de 10h à 18h, les jeudi et vendredi de 10h à 21h, le samedi de 10h à 17h30, le dimanche de 11h à 17h30.* Qui ne connaît pas Ulysse ? L'éditeur québécois de voyages possède une librairie spécialisée dans le même domaine. Quelle que soit votre destination, vous y trouverez toutes les informations utiles pour bien préparer votre séjour.

- **AUX QUATRE POINTS CARDINAUX. 551, Ontario Est Montréal. ✆ (514) 843 8116 – www.aqpc.com** – La référence dans le domaine de la topographie, de la carte marine, mais aussi dans les guides de voyages.

- **GLOBE TROTTER. LA LIBRAIRIE DU VOYAGE. Place de la Cité, local 128 2600, boulevard Laurier, 128 Sainte-Foy. ✆ (418) 654 9779. Fax : (418) 654-1150 – guide.globetrotter@qc.aira.com** – Guides, cartes routières, atlas, accessoires de voyages, langues étrangères, livres illustrés, librairies conseil.

- **GLOBE TROTTER. 1024, avenue Cartier Québec, Québec G1R2S4. ✆ (418) 529 77 17. Fax : (418) 529 71 68 – www.voyagesglobetrotter.com – info@voyagesglobetrotter.com** – *Ouvert de 9h à 17h30 du lundi au mercredi, de 9h30 à 20h le jeudi et vendredi et de 10h à 16h le samedi.* Cette agence de voyages possède sa propre librairie, permettant au globe-trotter de trouver toutes les informations indispensables pour préparer au mieux son voyage.

- **TOURISME JEUNESSE. 205 avenue Mont-Royal, Est Montréal (Québec) H2T 1P4. ✆ (514) 844 52 46 – Fax : (514) 844 52 46 – boutiquemtl@tourismejeunesse.org** – Destinée aux étudiants, cette coopérative élabore l'itinéraire le plus adapté pour un voyage différent et peu coûteux. Les accessoires de voyage, livres, sacs à dos et matériels divers font également partie de l'expertise.

- **TOURISME JEUNESSE. 94, boulevard René Lévesque, Ouest Québec (Québec) G1R 2A4. ✆ (418) 522 25 52 / 1 888 461 85 85. Fax : 418 522 24 55 – boutiquemtl@tourismejeunesse.org** – Tout comme son homologue à Montréal, cette coopérative propose un espace librairie et divers accessoires afin de bien préparer son voyage.

SUR PLACE

Poste et télécommunications

Poste

- **Poste.** La poste italienne a la réputation d'être un peu lente. Disons plutôt que les délais d'acheminement peuvent être aléatoires (jusqu'à 3 semaines) mais que, comme en France, le courrier finit toujours par arriver. Les postes sont ouvertes le matin, souvent jusqu'à 13h ou 14h. Généralement, les bureaux sont ouverts du lundi au samedi de 8h à 13h30. Quelques bureaux seulement sont ouverts même l'après-midi jusqu'à 18h.

Téléphone

- **Pour appeler la Sardaigne depuis la France :** 00 39 + indicatif de la ville + le numéro.

- **Pour appeler la France de Sardaigne :** 00 33 + numéro complet sans le zéro.

- **Pour appeler d'une province à l'autre :** indicatif complet de la province + numéro du correspondant. Profitez des périodes de réduction, de 18h30 à 8h (réduction complémentaire après 22h).

Très pratique, la carte France Telecom permet de téléphoner de n'importe quel poste dans le monde entier. Le montant de la communication est prélevé directement sur votre compte téléphonique. Il convient de passer par le numéro France Direct (depuis l'Italie : 172 00 33), qui vous met en relation avec un opérateur. Tous les appels sont facturés au tarif français. Pour tout renseignement, n° Vert : 0 800 202 202.

Région Nord-Est, Costa Smeralda, Arzachena, Capriccioli

Cabines téléphoniques. Deux sortes de cabines : à pièces, « antiques », fonctionnant mal, en voie de disparition ; à cartes, identiques à celles de nos contrées. Si vous téléphonez d'une vieille cabine, prévoyez environ 0,10 €. Pour les cabines à cartes, dont l'installation et l'utilisation se généralisent, des cartes sont en vente un peu partout, dans les bureaux de poste, kiosques à journaux ou débits de tabac (de 5 € à 100 €).

Centres téléphoniques (Call Centers). Assez nombreux en ville, ces centres de téléphonie font concurrence aux cabines, car les prix y sont largement en dessous des tarifs couramment pratiqués.

Téléphone mobile (telefonino ou cellulare). En quelques années, plus vite et mieux qu'en France, le pays a été presque entièrement couvert, et l'on peut appeler avec un mobile d'à peu près n'importe quel coin d'Italie, même le plus perdu. Le parc de *telefonino* (ou *cellulare*) s'est développé à la vitesse grand V, le produit rencontrant un succès d'autant plus spectaculaire que les Italiens adorent bavarder dans la rue. Au restaurant, où il y en a au moins un par table (pendant que la mère fait manger les enfants, le chef de famille ne s'ennuie plus : il téléphone), à la plage, au bar le soir pour régler les ultimes rendez-vous, mieux que partout dans le monde, on comprend combien une telle invention était indispensable à l'Italien et à l'Italienne modernes. Seul petit tracas, cet appareil magique tue un peu la palabre directe puisqu'on peut s'installer seul sur un banc du campo et bavarder tout l'après-midi avec des interlocuteurs virtuels. On devient vite tellement conditionné aux habitudes italiennes que, si quelqu'un se tient l'oreille, on est tout étonné en découvrant qu'au bout de sa main il n'y a aucun cellulare.

Internet

Cybercafés. On trouve assez facilement de quoi surfer sur le web en Sardaigne. On en aura généralement pour 5 € de l'heure, avec une connexion plus ou moins rapide, altitude oblige.

Langues parlées

La langue parlée est l'italien. Entre eux, les Sardes parlent leurs dialectes et la tradition perdure. Le dialecte change de village en village, si bien qu'un Cagliaritan ne comprendra pas le dialecte sassarese, tout comme un Nuorese ne parlera pas en patois avec un habitant d'Alghero.

Sur les côtes, dans les endroits touristiques, l'anglais est parlé par beaucoup de jeunes gens, mais est moins populaire chez les personnes plus âgées… Il faudra alors vous faire comprendre avec les mains, cette langue parallèle très pratiquée en Sardaigne !

Horaires d'ouverture

Les Italiens sont des mélomanes mais pas des métronomes. Il existe pourtant des règles élémentaires pour comprendre les horaires. Tout d'abord, le moment de la siesta est sacré et, en Sardaigne, il est rare de trouver un commerce, un musée ou une banque ouverts entre 13h et 15h30. En outre, les Sardes commencent en général à travailler assez tard dans la matinée, c'est-à-dire vers 9h ou 9h30, pour finir un peu plus tard dans la soirée, vers 19h30 ou 20h.

Castelsardo

Les commerces sont donc généralement ouverts de 9h à 13h, puis de 16h à 20h, et fermés le dimanche. Dans les localités touristiques, les magasins sont ouverts même la nuit, jusqu'à minuit environ. Les musées, en revanche, sont souvent accessibles au public uniquement le matin jusqu'à 14h (les jours de forte affluence seulement ou pour les musées très sollicités, on ouvre les portes l'après-midi) et le dimanche jusqu'à 13h. Les bureaux de poste et les administrations sont également ouverts seulement le matin, jusqu'à 13h ou 14h. Enfin, les banques ouvrent le matin, et généralement une heure ou deux dans l'après-midi (de 15h à 16h ou 17h).

Jours fériés

Les jours fériés sont à peu près les mêmes qu'en France (pour les fêtes religieuses) :

- **1er janvier :** Jour de l'an.
- **début janvier :** Épiphanie.
- **Mars ou avril :** lundi de Pâques.
- **25 avril :** jour de la Libération.
- **1er mai :** fête du Travail.
- **2 juin :** fête de la République.
- **15 août :** Assomption.
- **1er novembre :** Toussaint.
- **8 décembre :** Immaculée Conception.
- **25 décembre :** Noël.
- **26 décembre :** Santo Stefano.

Sur la devanture de maints établissements, particulièrement en juillet et en août, on peut lire l'inscription *chiuso per ferie*, qui signifie « fermé pour congés ». En effet, on ne se soucie pas vraiment des périodes de grandes migrations touristiques pour ajuster ses vacances. Les patrons de bar, de gelateri, de trattori ou de restaurant prennent leur congé quand bon leur semble, l'été étant bien sûr la période la plus propice aux voyages.

Que rapporter de son voyage ?

- **La richesse des bijoux sardes** présente un singulier contraste avec la vie simple des Sardes eux-mêmes, un contraste qui, depuis le XIXe siècle jusqu'à nos jours, continue d'étonner les visiteurs.

- **L'artisanat d'orfèvrerie** est une tradition encore bien vivante. Chaque ville ou province possède son pendentif typique, porté par toutes les femmes du coin et qui raconte un morceau de leur vie. Des coraux et filigranes de Bosa aux colliers de Dorgali, vous n'aurez que l'embarras du choix !

- **Les liqueurs à l'honneur** sont le Mirto et le Fili'e ferru, la typique eau-de-vie sarde. Mais la Sardaigne est également une terre de grands vins, dont le rouge nepente produit à Oliena, au cœur de la Barbagia. Attention aux effets collatéraux, tels que les a décrits, en 1910, le poète Gabriele D'Annunzio : « Je suis certain que, si vous en buviez une gorgée, vous ne voudriez jamais plus partir de l'ombre de ces blanches collines, et vous désireriez vivre comme un ermite dans ces cellules excavées dans le rocher que les Sardes appellent domus de janas… ».

- **Le pecorino** est le souvenir gastronomique le plus caractéristique de cette île, riche d'une population d'environ 7 millions de brebis ! On en compte environ 15 variétés, mais le Fiore Sardo est absolument le roi des pecorini.

- **Les couteaux.** Dans la partie centrale de la Sardaigne, le travail des métaux est encore très présent. Les forgerons de Gavoi sont spécialisés dans la production d'éperons et de mors, alors que ceux de Pattada fabriquent traditionnellement les meilleurs couteaux. Le sa resola est le couteau sarde à cran d'arrêt, objet typique de l'ancien art de la forge et de la gravure. Les forges les plus connues se trouvent à Pattada, Santu Lussurgiu et Guspini. Plus généralement, les objets en fer forgé sont la spécialité des maîtres d'lili. Attention ! Souvenez-vous que, en avion, on ne peut pas les transporter dans les bagages à main !

Photo : Alistair Sinclair

CARNET D'ADRESSES

La France en Sardaigne

- **AGENCE CONSULAIRE FRANÇAISE DE CAGLIARI (rattachée à la Section consulaire de Rome). M. Andrea DORE.** ✆ (070) 66 42 72/0039 – (070) 65 76 97. Fax : (070) 66 76 30 – studio.borghesan@tiscalinet.it

La Sardaigne en France

- **OFFICE DU TOURISME ITALIEN (ENIT). 23, rue de la Paix, 75002 Paris. ✆ 01 42 66 66 68. Fax : 1 47 42 19 74. M° Opéra.** *Ouvert du lundi au vendredi de 9h à 17h.* Vous y trouverez toute la documentation nécessaire à l'organisation de votre voyage sur l'île (en fonction des arrivages de Sardaigne !).

Instituts culturels italiens

- **PARIS : HOTEL DE GALLIFFET. 50, rue de Varenne, 75007 Paris.** ✆ 01 44 39 49 39. Fax : 01 42 22 37 88 – www.iicparis.org – M° Sèvres-Babylone, Rue-du-Bac.
- **GRENOBLE. 47, avenue Alsace Lorraine, 38000 Grenoble** ✆ 04 76 46 09 38. Fax : 04 76 85 32 91 – www.iicgrenoble.esteri.it
- **LILLE. 2, rue d'Isly, 59045 Lille (Giorgio Mattioli).** ✆ 03 20 93 32 95. Fax : 3 20 08 98 58 – www.iiclilla.esteri.it
- **LYON. 45, rue de la Bourse, 69002 Lyon (Gabriella Fortunato).** ✆ 04 78 42 13 84. Fax : 04 78 37 17 51 – www.iiclione.org
- **MARSEILLE. 6, rue Fernand-Pauriol, 13005 Marseille (Mara Muscetta).** ✆ 04 91 48 51 94. Fax : 04 91 92 67 90 – www.iicmarsiglia.esteri.it
- **STRASBOURG. 7, rue Schweighaeuser, 67000 Strasbourg (Vito Stigliani).** ✆ 03 88 45 54 00. Fax : 03 88 41 14 39 – www.iicstrasbourg.org
- **REPRESENTATION PERMANENTE AUPRES DE L'UNESCO. 1, rue Miollis, 75015 Paris.** ✆ 01 45 68 31 41. Fax : 01 45 66 41 78. M° Cambronne, Ségur.

Arts

- **MUSEE DU LOUVRE. Entrée principale par la Pyramide du Louvre, 75001 Paris. ✆ 01 40 20 51 51 – www.louvre.fr – M° Palais-Royal.** *Ouvert tous les jours, sauf le mardi.* En guise d'apéritif ou de révision nostalgique (selon qu'on s'apprête à partir en Italie ou qu'on en soit déjà revenu), on ne manquera pas de visiter les salles du Louvre consacrées aux arts italien et romain. S'il est évident que le fonds est moins riche qu'en Italie, il n'en constitue pas moins un excellent florilège de la production artistique transalpine.

Restaurants

- **LA FONTANAROSA. 28, bd de Garibaldi, 75015 Paris. ✆ 01 45 66 97 84.** *Plats autour de 14,50 €. Au déjeuner, menu entre 13,60 et 18,30 €, le soir à la carte.* Petit patio très agréable en été. Spécialités sardes traditionnelles (gnocchis sardi, calmars, polenta…).
- **SARDEGNA A TAVOLA. 1, rue de Cotte, 75012 Paris. ✆ 01 44 75 03 28.** *Réservation recommandée. Repas entre 35 et 50 €. Environ 10,70 € le plat.* On y déguste d'excellentes spécialités sardes, dans un décor rustique et très accueillant. Très bon rapport qualité/prix.

Cercles sardes

- **FÉDÉRATION DES CERCLES SARDES DE FRANCE. 168, rue Raymond-Losserand, 75014 Paris.** ✆ 01 45 43 62 12. Fax : 1 45 43 18 60.
- **CERCLE SARDE DE CORSE SU NURAGHE. 7, rue Comte-Bacciochi, 20000 Ajaccio.** ✆/Fax : 4 95 22 15 31 – su-nuraghe.corsica@wanadoo.fr
- **ASSOCIATION SARDE SARDINIA. 4, avenue Beauvert, 38100 Grenoble.** ✆ 04 76 84 92 02. Fax : 4 76 84 92 03.

La Sardaigne en Belgique

Adresses utiles

- **OFFICE NATIONAL ITALIEN DE TOURISME ENIT – ITALIAANSE NATIONALE DIENST VOOR TOERISME ENIT. Avenue Louise, 176, Louizalaan, 1050 Bruxelles.** ✆ (00322) 647 1154. Fax : (00322) 640 5603.

- **AMBASSADE D'ITALIE. 28, rue Emile Claus, 1050 Bruxelles. ✆ (02) 643 3850. Fax : (02) 648 5485. ambbruxelles@esteri.it** – *Ouvert du lundi au vendredi de 9h à 13h et de 14h30 à 17h30.*

- **FEDERAZIONE SARDA IN BELGIU. Rue Maghin, 11, 4000 Liege.** ✆ (0032) 42 272 085. Fax (2) 274 304 – fcsardibelgio@online.be

- **CENTRE CULTUREL SARDEGNA NOSTRA. Rue Saint-Bernard 163, B 1030 Bruxelles.** ✆/Fax (0032) 2 53 49 723.

- **CIRCOLO QUATTRO MORI. Rue de Charbonnage, 251, B 6200 Chatelineau-Charleroi.** ✆ (0032) 71 402209. Fax : (0032) 71 402408 – quattromori.belgio@swing.be

- **ASSOCIAZIONE SARDI DI MONS – SU NURAGHE. Place de la Gare, 16, B7012 Flénu Mons.** ✆ (0032) 65 885 830. Fax : (0032) 65 884 055.

La Sardaigne en Suisse

Adresses utiles

- **OFFICE NATIONAL DU TOURISME ITALIEN – STAATLICHES ITALIENISCHES FREMDENVERKEHRSAMT. Uraniastrasse, 328001 Zurich.** ✆ 00 8000 048 25 42 et (0041) 43 466 40 40. Fax : (0041) 43 466 40 41.

- **AMBASSADE D'ITALIE. Elfenstrasse 14, 3006 Bern.** ✆ (031) 350 07 77. Fax : (031) 305 07 11.

La Sardaigne au Canada

Adresses utiles

- **ITALIAN GOVERNMENT TOURIST BOARD – OFFICE NATIONAL DU TOURISME. 175 Bloor Street E. Suite 907, South Tower, M4W3R8 Toronto (Ontario).** ✆ (001 416) 925 4882. Fax. (001 416) 925 4799.

- **AMBASSADE D'ITALIE – OTTAWA.** 275 rue Slater, 21e étage. Ottawa (ON), Canada K1P 5H9.

- **CLUB SARDEGNA DEL NIAGARA. 17 Gale Crescent, LR2 4M St Catharines, Ontario.** ✆ (001 905) 98 48 922 – Fax : (001 905) 98 46 221 – sardegna@vaxxine.com

- **ASSOCIAZIONE SARDI QUEBEC. 4220, boulevard Gouin. H1H-1E1, Montréal Nord.**

Alghero

Les droits du voyageur

Par Maître Cyril GORY, Avocat au Barreau de Paris

Pour voyager sans souci, mieux vaut connaître ses droits. Le législateur encadre la relation contractuelle entre les professionnels du voyage et les voyageurs à tous les stades du voyage : de l'achat du voyage jusqu'au retour au point de départ.

ACHAT DU VOYAGE EN AGENCE OU EN LIGNE

Forfait touristique et vente en ligne

Le voyageur bénéficie de droits renforcés car il peut dorénavant engager la responsabilité du vendeur sans devoir établir sa faute.

Définition. Le législateur définit le forfait touristique comme une prestation comprenant classiquement le transport et l'hébergement, vendue à un prix tout compris et incluant une nuitée (article 2 de la loi n°92-645 du 13 juillet 1992, codifié article L.211-2 du Code du tourisme instauré par ordonnance n°2004-1391 du 20 décembre 2004) et la vente en ligne comme l'activité économique par laquelle une personne propose ou assure à distance et par voie électronique la fourniture de biens ou de services (article 14 de la loi n°2004-575 du 21 juin 2004).

Quels droits ? En effet en cas de vente de forfaits touristiques en agence (article 23 de la loi n°92-645 du 13 juillet 1992, codifié article L.211-17 du Code du tourisme) ou de toutes prestations commercialisées en ligne (article 15 I de la loi n°2004-575 du 21 juin 2004), celui-ci est automatiquement responsable de tout manquement, de son fait ou de celui de ses prestataires, aux prestations contractuelles promises.

A qui s'adresser ? Adressez-vous à votre vendeur, en ligne ou en agence.

Prestations hors forfait vendues en agence

En revanche, en cas de commercialisation de prestations individuelles, vols secs ou nuits d'hôtels, en agence, les droits du voyageur sont moins étendus.

Quels droits ? Vous devez établir une faute de la part de votre cocontractant, agent de voyages, transporteur, hôtelier...

A qui s'adresser ? Votre vendeur n'est pas responsable des autres prestataires, vous devez donc vous adresser au prestataire fautif.

Exemple

L'avion que vous devez prendre est annulé et reporté de 24 heures.

En cas de forfait touristique ou d'achat en ligne, le vendeur est automatiquement responsable, sans avoir à démontrer sa faute, et il doit vous indemniser dans la mesure de votre préjudice.

En cas de vol sec vendu en agence, l'agent de voyages n'est responsable que des informations mentionnées sur le titre de transport émis par ses soins, mais nullement de la non exécution du transport, dont il n'a pas la charge... aucune indemnité ne vous est due par l'agent de voyages ! Vous devez vous adresser au transporteur.

Consultez pour plus d'informations le *Guide pratique des droits du voyageur*, Cyril GORY, Avocat au Barreau de Paris, Editions CHIRON, 240 pages.

Paiement en ligne

Afin d'éviter toute fraude, assurez-vous que votre paiement en ligne est sécurisé et recourrez à l'E-Carte Bleue qui vous permet d'obtenir un numéro de carte pour chaque transaction.

En tout état de cause, votre responsabilité n'est pas engagée en cas de paiement avec votre numéro de carte effectué frauduleusement, à distance, sans utilisation physique de la carte.

Vous disposez alors d'un délai de 70 jours pour contester par écrit toute opération de paiement ou de retrait et votre banque est dans l'obligation de recréditer votre compte des sommes contestées sans frais, au plus tard dans le délai d'un mois à compter de la réception de la contestation (articles L.132-1 à L.132-6 du Code monétaire et financier).

MODIFICATION DU VOYAGE ORGANISÉ : AVANT LE DÉPART

Modification imposée des éléments essentiels du voyage

Avant le départ, les éléments essentiels du voyage - destination, hébergement, moyen de transport... - ne sont pas modifiables, ni par le voyageur ni par l'agence de voyages, exception faite en cas d'élément extérieur qui s'impose au vendeur et dont il doit justifier (article 2 de la loi n°92-645 du 13 juillet 1992, codifié article L.211-14 du Code du tourisme et article 101 du décret n°94-490 du 15 juin 1994), telle qu'une tempête ou des inondations obligeant à un changement d'hôtel.

Choix du voyageur

En cas de non-respect d'une obligation essentielle du contrat, l'agent de voyages doit vous en informer par lettre recommandée avec avis de réception, tout en vous indiquant votre choix entre :

- obtenir l'annulation du voyage et le remboursement immédiat des sommes versées sans frais ni pénalité, outre une indemnité complémentaire en cas de préjudice (vacances annulées, frais annexes engagés pour l'occasion, etc...),
- accepter la modification proposée.

Si la prestation modifiée n'est pas remplacée ou si elle est d'un niveau inférieur, son remboursement total ou partiel vous est dû avant le départ.

En retour, vous devez informer votre agence au plus tôt.

Exemple

Si une croisière au tarif de 1.500 € en bateau 5* est remplacée par une croisière identique mais sur un bateau 3* au prix de 1.300 €, l'agence de voyages doit vous rembourser avant le départ la différence de prix, soit la somme de 200 €, si vous avez accepté la modification du voyage.

ANNULATION DU VOYAGE ORGANISÉ

Conditions d'annulation

Le voyage peut être annulé tant par le voyageur, moyennant le paiement de l'indemnité mentionnée au contrat, fonction du nombre de jours restant avant le départ, que par l'agence de voyages moyennant le remboursement de la totalité des sommes versées ainsi que le montant de la pénalité que le voyageur aurait dû acquitter s'il avait annulé son voyage (article 21 de la loi n°92-645 du 13 juillet 1992, codifié article L.211-15 du Code du tourisme et article 102 du décret n°94-490 du 15 juin 1994).

Exemple

Supposons que la pénalité contractuelle soit de 50% du prix du voyage d'un montant de 1 000 €, en cas d'annulation par l'agence de voyages, celle-ci doit rembourser le montant du voyage de 1 000 € et verser au voyageur la pénalité de 500 €.

A titre indicatif, la pénalité n'est généralement due qu'en cas d'annulation plus de 30 jours avant le départ. Vous êtes remboursé du prix du voyage et vous ne supporterez alors que les frais de dossiers.

En revanche, si vous annulez votre voyage moins de 30 jours avant le départ la pénalité est due et plus tard vous annulez votre voyage, plus importante sera la pénalité. Vous n'êtes alors remboursé que partiellement du prix du voyage, déduction faite du montant de la pénalité, soit dans notre exemple un remboursement du voyage d'un montant de 500 €.

Les assurances annulations vous permettent d'être indemnisé du montant de la pénalité d'annulation, si l'annulation est due à une cause prévue au contrat, comme le décès d'un proche, une convocation administrative, les complications de grossesse, un licenciement économique, une mutation professionnelle...

Exonération

Toutefois, la pénalité n'est pas due si l'annulation est imposée par un cas de force majeure - attentat, tempête, grève surprise... paralysant l'ensemble du trafic - (article 23 de la loi n°92-645 du 13 juillet 1992, codifié article L.211-17 du Code du tourisme) ou en cas d'insuffisance de voyageurs, si cette faculté est expressément prévue par le contrat (articles 96 et 98 du décret n°94-490 du 15 juin 1994).

TRANSPORT AÉRIEN

Le transport aérien est régi par la convention de Montréal du 28 mai 1999 entrée en vigueur depuis le 28 juin 2004 ainsi que par le règlement européen n°261/2004 du 11 février 2004, applicable à compter du 17 février 2005.

Les droits des passagers sont renforcés, en cas de surbooking, d'annulation de vol et de retard d'avion, dès lors que le vol, régulier ou charter, est :

- au départ d'un aéroport situé sur le territoire d'un État membre de l'Union européenne,
- à destination d'un aéroport situé sur le territoire d'un État membre de l'Union européenne, s'il est assuré par un transporteur aérien communautaire.

Surbooking : une pratique légale encadrée

Le transporteur aérien, qui émet plus de titres qu'il n'y a de places disponibles, se trouve dans l'impossibilité d'embarquer tous les passagers pour cause de surbooking.

C'est une pratique admise par le droit communautaire, qui prévoit cependant le droit à une indemnisation pour les voyageurs munis d'une réservation confirmée et présents à l'enregistrement avant l'heure limite d'enregistrement.

Vous bénéficiez d'une indemnité financière ainsi que de l'assistance et d'une prise en charge par le transporteur.

Quelle Indemnisation financière ?

L'indemnisation, qui doit vous être offerte immédiatement par le transporteur et payée en espèces, par virement bancaire ou par chèque, ou, avec l'accord signé du passager, sous forme de bons de voyage, est fonction de la distance du vol :

- 250 € pour les vols de moins de 1 500 kilomètres,
- 400 € pour les vols intracommunautaires de plus de 1 500 kilomètres et pour tous les autres vols de 1 500 à 3 500 kilomètres,
- 600 € pour tous les autres vols.

Cette indemnité est diminuée de moitié lorsque le transporteur propose de vous réacheminer à destination finale sur un autre vol dont l'heure d'arrivée ne dépasse pas celle du vol initialement réservé respectivement de deux heures, trois heures et quatre heures.

Quelle prise en charge ?

Vous bénéficiez gratuitement de rafraîchissements, de la faculté de vous restaurer en suffisance, de passer 2 contacts (appels téléphoniques, télex, télécopies ou e-mails) ainsi que d'un hébergement à l'hôtel et du transport depuis l'aéroport jusqu'au lieu d'hébergement, si le réacheminement est prévu au moins le jour suivant.

Quelle assistance ?

Vous avez également le choix entre le remboursement du billet dans un délai de sept jours, et le cas échéant un acheminement gratuit à votre point de départ, ou au report de votre vol vers votre destination finale, dans des conditions de transport comparables et dans les meilleurs délais ou à une date ultérieure à votre convenance.

Annulation de vols

Vous bénéficiez de la même indemnité financière qu'en cas de surbooking ainsi que de l'assistance et d'une prise en charge par le transport, sous réserve de deux exceptions :

- vous êtes informé au moins deux semaines avant l'heure de départ prévue,
- vous êtes réacheminé par la compagnie au plus tôt deux heures avant l'heure de départ prévue permettant d'atteindre la destination finale avec un retard de moins de deux heures.

Si l'annulation est due à des circonstances extraordinaires qui n'auraient pas pu être évitées, même si toutes les mesures raisonnables avaient été prises, l'indemnité financière n'est pas due par le transporteur, qui vous doit tout de même assistance et prise en charge.

Retard d'avions

En cas de retard, aucune indemnité financière n'est due par le transporteur, sauf preuve d'un préjudice. Toutefois, il doit vous offrir une prise en charge (rafraîchissements, restauration, 2 contacts, hébergement et transport à l'hôtel si nécessaire), au-delà de :

- 2 heures de retard pour les vols de moins de 1 500 kilomètres,
- 3 heures de retard pour les vols intracommunautaires de plus de 1 500 kilomètres et pour tous les autres vols de 1 500 à 3 500 kilomètres,
- 4 heures de retard pour tous les autres vols.

Dans ce dernier cas, si le retard est supérieur à 5 heures, vous avez le droit au remboursement de votre billet d'avion dans un délai de sept jours et, si nécessaire, à un billet de retour vers votre point de départ dans les meilleurs délais.

Perte, détérioration et retard des bagages

Au titre du contrat, le transporteur s'engage également à transporter vos bagages à bon port et sans retard (article 17 et 19 de la convention de Montréal).

- **Que faire si vous ne trouvez pas vos bagages ?** Adressez-vous dans les plus brefs délais au comptoir du transporteur pour lui signaler l'absence de vos bagages par une déclaration écrite, contre récépissé.
- **Quelle indemnisation ?** L'indemnisation couvre votre préjudice subi, tant au titre du contenant que du contenu de votre bagage, dans la limite du plafond de garantie de 1 000 DTS (Droits de Tirage Spéciaux), soit environ 1 150 € par passager (article 22 de la convention de Montréal).

Toutefois, si vous transportez des objets de valeur et que vous voulez échapper au plafond de garantie, il vous appartient alors de procéder à une déclaration spéciale au transporteur lors de la remise de vos bagages, moyennant le paiement une somme supplémentaire.

Comment prouver le préjudice ? Il vous appartient d'établir votre préjudice.

En cas de retard des bagages, l'indemnité couvre le coût de l'acquisition des effets de première nécessité, dont vous devez justifier par vos factures d'achat.

En cas de perte ou de détérioration des bagages, vous devez fournir un inventaire de votre bagage et les factures des effets contenus.

Toutefois et à titre indicatif, les transporteurs vous indemnisent généralement sans justificatif à hauteur de 100 €.

MODIFICATION DU VOYAGE ORGANISÉ : APRÈS LE DÉPART

En cas de modification du voyage après le départ, le professionnel doit instantanément proposer une prestation de remplacement afin de vous permettre de profiter du voyage dans les meilleures conditions (article 22 de la loi n°92-645 du 13 juillet 1992, codifié article L.211-17 du Code du tourisme et article 103 du décret n°94-490 du 15 juin 1994).

Vous pouvez refuser la modification proposée pour des « motifs valables », par exemple l'affrètement d'un autocar au lieu et place d'un transport aérien. Vous bénéficiez alors d'un titre de transport gratuit pour votre retour immédiat au point de départ et du remboursement des prestations non exécutées, outre l'allocation de dommages et intérêts, notamment du fait de la perte de vacances.

Si vous acceptez la prestation de remplacement, aucune indemnité n'est due. Mais vous devez être remboursé de la différence de prix, si la prestation de remplacement est d'un niveau inférieur à la prestation initialement prévue, par exemple, si l'agence vous propose un hébergement dans un hôtel de standing inférieur à celui payé.

METTRE EN ŒUVRE LES ASSURANCES VOYAGE

Constat

En cas de sinistre, prenez toutes mesures pour attester du lieu, de la date, de l'heure et de l'étendue du sinistre (photographies, vidéos, témoignages…) et pour limiter l'étendue des dommages (rafistoler une valise déchirée, conserver les objets de valeur...).

Information

Ensuite, informez, verbalement et par écrit, dans les meilleurs délais l'agence de voyages et le prestataire local, ainsi que l'assureur dans un délai de 5 jours ouvrés. En cas de vol, le délai est ramené à 2 jours et les autorités de police locales doivent être saisies d'une déclaration de vol.

Preuve du sinistre et du préjudice

Enfin, adressez à l'assureur tous documents utiles à votre indemnisation (contrat d'assurance, bulletin de voyage, titres de transport, cartes d'hébergement, certificat médical, constat des autorités locales de police…) pour établir la réalité du sinistre et l'étendue de votre préjudice.

Attention

Pour bénéficier des garanties d'assistances médicales et de rapatriement, l'accord préalable de la compagnie d'assistance est obligatoire pour engager le moindre frais, sauf cas d'urgence médicale.

Consultez pour plus d'informations le *Guide pratique des droits du voyageur*, Cyril GORY, Avocat au Barreau de Paris, Editions CHIRON, 240 pages.

FORMALITÉS DOUANIÈRES

Voyage dans l'UE

La libre circulation des biens vous autorise à acheter pour vos besoins personnels des biens dans un autre Etat membre de l'UE sans limitation de quantité ou de valeur, sauf tabacs et alcools pour l'achat desquels, au-delà des franchises, vous devez acquitter les droits de douane.

Voyage hors l'UE

Dans un souci de protection de l'économie européenne, vous ne pouvez importer tous objets licites que pour un montant total de 175 € maximum par personne et 90 € par mineur de moins de 15 ans (sous réserve de modification, vous renseigner).

Taxes et droits de douane. Si vous rapportez des biens en valeur ou en quantité supérieurs aux franchises indiquées, vous devez alors les déclarer à la douane et acquitter la TVA (en principe 19,6%) sur la valeur des marchandises, majorée du montant du droit de douane.

Franchises par personne âgée de plus de 15 ans

Informations indicatives, hors Andorre et DOM-TOM (vous renseigner)

Provenance → / Produits ↓		Depuis l'UE	Depuis un Etat tiers
Tabac	Cigarettes (unités)	800	200
	Tabac à fumer (g)	1 000	250
	Cigares (unités)	200	50
Alcools	Vins (litres)	90	2
	- 22°C (litres)	20	2
	+ 22°C (litres)	10	1
Parfums (g)		-	50
Eaux de toilettes (litre)		-	0,25
Café ou extraits et essences de café (g)		-	500 / 200
Thé ou extraits et essences de thé (g)		-	100 / 40
Carburant		-	Réservoir du véhicule plus un bidon de 10 litres

Biens prohibés et réglementés

En raison de leur dangerosité et du monopole de l'Etat, la détention et la commercialisation de certains biens sont prohibées (animaux et végétaux protégés, armes, biens culturels, drogues et médicaments, sauf usage personnel justifié par une ordonnance) ou strictement réglementées (tabac, alcools...). Les espèces et devises font l'objet d'une déclaration de douane, si leur montant est au moins égal à 7 600 €.

Contrefaçon

La contrefaçon se définit comme l'utilisation sans droit d'un élément de la propriété intellectuelle protégée par le Code de la propriété intellectuelle, notamment en cas d'atteinte aux droits des marques.

Vous vous exposez à la confiscation du bien (article L.716-8 du Code de la propriété intellectuelle) et à une peine d'amende de 300 000 € et jusqu'à deux fois la valeur de l'objet de fraude et à une peine d'emprisonnement de trois ans (articles 414 du Code des douanes et L.716-10 du Code de la propriété intellectuelle). Toutefois, si vous n'êtes pas le contrefacteur, l'utilisation et la détention en vue de l'utilisation ne sont sanctionnées que si vous avez eu connaissance de la contrefaçon. Celle-ci est généralement déduite du prix d'achat que vous avez acquitté.

SÉCURITÉ & RÈGLES DE VIE À L'ÉTRANGER

Tout voyageur se rendant à l'étranger est tenu de se renseigner et de se conformer à la législation, aux uses et coutumes du pays, notamment en ce qui concerne la conduite automobile, la consommation d'alcool, les relations sexuelles...

Infractions & Incarcération

Pour tout litige à l'étranger, sollicitez des autorités locales votre mise en relation avec le consulat ou l'ambassade de France et mettez en œuvre votre assurance protection juridique, si vous en disposez, afin de bénéficier d'un avocat et de joindre vos proches.

Soins médicaux

Vous bénéficierez du remboursement des soins médicaux grâce au paiement de ceux-ci dans les Etats de l'UE avec la carte européenne d'assurance maladie (qui remplace le formulaire E111), que vous devez solliciter avant le départ auprès de votre Caisse Primaire d'Assurance Maladie. Dans les Etats tiers, vous devez effectuer à votre retour une demande de prise en charge à votre caisse d'assurance maladie accompagnée de vos factures.

Droits du ressortissant communautaire

En cas de perte de vos papiers d'identité et des titres de transport à l'étranger, à défaut de représentation de la France, en qualité de citoyen européen adressez-vous au corps diplomatique d'un Etat membre de l'UE. Il doit demander aux autorités françaises de vérifier votre nationalité et vous remettre un titre de voyage provisoire afin de regagner la France.

TRAVAUX PHOTOS

De retour de voyage, le scénario tourne au cauchemar quand le laboratoire, auquel vous avez confié le développement de vos pellicules, les égare... ou les endommage.

Quelle indemnisation ?

Réparation intégrale ou forfaitaire ? En principe, le montant de l'indemnisation allouée est égal au préjudice subi, qui prend en compte certes la perte financière du coût de la pellicule et de son développement, mais encore le préjudice moral que constitue l'absence de souvenirs de vacances.

Les clauses écartant toute responsabilité du laboratoire sont sans effet à l'égard des consommateurs, en revanche les clauses limitant sa responsabilité « au coût de la pellicule et leur développement » sont valables.

Le professionnel doit alors vous offrir la faculté d'opter (Recommandation 82-04 du 24 septembre 1982 de la Commission des clauses abusives) :

- soit pour une réparation intégrale, en cas de preuve par vos soins de la faute du laboratoire,
- soit pour une indemnisation forfaitaire fonction de la valeur déclarée des travaux photos selon leur importance.

En pratique, la déclaration de valeur de votre part a pour effet de majorer le prix du développement et du tirage afin d'intégrer le coût des assurances.

DOMAINE & CHATEAU
AUZIAS
11610 PENNAUTIER - LANGUEDOC - FRANCE
VDP de la CITÉ DE CARCASSONNE - AOC CABARDÈS
DOMAINE AUZIAS
Mis en bouteille au Domaine
2004
2003
CABARDÈS
Château AUZIAS
Cabernet-Syrah
DOMAINE AUZIAS
PARETLONGUE
Cabardès
CHATEAU AUZIAS
PARETLONGUE
Recherche Agent et
importateur en Sardaig
Contact : auzias@auzias
Tél : + 33 4 68 47 28 28

Partir en voyage organisé

La majorité des agences présentées ci-dessus propose des séjours et un grand choix d'hôtels toutes catégories. Selon vos envies, vous pouvez découvrir l'aspect authentique de la Sardaigne avec ses magnifiques paysages en trek (les circuits proposés requièrent généralement un niveau relativement facile). Pour les amoureux d'histoire et de vieilles pierres, des circuits culturels sont au programme. Et pour recharger les batteries, farniente à la plage.

Les spécialistes

- **AGRITOURISME & FAR VOYAGES. 8/10, rue Saint-Marc 75002 Paris © 01 40 13 97 87 – Fax 01 40 13 96 33 – www.locatissimo.com –** Propose des locations de maisons et de gîtes ruraux (chambres ou appartements dans des fermes rénovées) avec l'association italienne « Agritourist ». Catalogue sur commande ou consultable sur le site.

- **BRAVO VOYAGES. 5, rue de Hanovre 75002 Paris © 0 826 10 43 00 – Fax 01 45 35 65 33 – info@bravovoyages.com – www.bravovoyages.fr –** Spécialiste de la Sicile, des îles Eoliennes et de la Sardaigne, Bravo Voyages propose plusieurs formules pour découvrir l'île : circuit organisé, une sélection d'hôtels et des séjours en clubs.

- **CHAMINA VOYAGES. Naussac – BP 5 48500 Langogne © 04 66 69 00 44 – Fax 04 66 69 06 09 – contact@chamina-voyages.com – www.chamina-voyages.com –** Ce spécialiste de la randonnée vous propose des voyages en petit groupe ou en liberté vers de nombreuses destinations. Pour la Sardaigne, le tour-opérateur vous invite à marcher grâce à ces deux formules. Une randonnée de 8 jours entre mer et montagne afin de découvrir la beauté sauvage de l'île. Mais également une randonnée de 14 jours entre Cagliari et Alghero. En prime : cuisine traditionnelle sarde et logement en hôtel ou chez l'habitant.

- **CORSICATOURS. Avenue du Général-Boissoudy BP 53 20537 Porto-Vecchio Cedex © 04 95 70 10 36 – Fax 04 95 70 48 64 – infos@corsicatours.com – www.corsicatours.com –** Séjours en famille dans un village de vacances, entre amis dans un hôtel-club, en amoureux dans un établissement luxueux... Les différents produits choisis par Corsicatours permettent à tous les types de voyageurs de profiter pleinement de leur séjour et de découvrir la Sardaigne et sa région. La brochure est directement téléchargeable sur le site.

- **DONATELLO. 140, rue du Faubourg-Saint-Honoré 75008 Paris © 0 826 10 20 05/01 53 83 00 10 – Fax 01 44 58 30 86/87 – serviceclient@donatello-to.com – www.donatello.tm.fr –** Donatello est spécialiste des voyages en liberté et vous propose des séjours à la carte, avec une large gamme d'hôtels et d'hôtels-clubs, comme le Matta Village (4 étoiles) situé au bord de mer.

- **IMAGES DU MONDE. 14, rue Lahire 75013 Paris © 01 44 24 87 88 – Fax 01 45 86 27 73 – info@images-du-monde.com – www.images-du-monde.com –** Images du Monde est le spécialiste du Sud de l'Europe et des îles méditerranéennes. Avec ce tour-opérateur, c'est du sur mesure. Afin de découvrir les richesses de la Sardaigne, des voyages personnalisés sont proposés avec une large gamme d'hébergements : appartements, hôtels de différents standings, agritourisme, villas et bungalows. Pour ceux qui souhaitent voyager en groupe, pas de problèmes. Plusieurs autotours sont au programme. Images du Monde propose également des vols secs et la location de véhicules.

- **INTERMEDES. 60, rue La Boétie 75008 Paris © 01 45 61 90 90 – Fax 01 45 61 90 09 – info@intermedes.com – www.intermedes.com –** Spécialiste des voyages culturels, Intermèdes propose des séjours sur mesure. Pour découvrir la beauté de la Sardaigne, Intermèdes vous invite à sillonner l'arrière-pays à la découverte d'une île authentique grâce à un circuit de 8 jours au nom évocateur de « l'île aux mystères ».

TOURISME CHEZ l'HABITANT,
le spécialiste des chambres d'hôtes dans
plus de 40 pays depuis 1992 et
TCH VOYAGES,
le voyagiste de l'Authentique
vous proposent en
SARDAIGNE
• Un grand choix de chambres et maisons d'hôtes sur toute l'île.
• Des séjours et accueils en agritourisme "à la carte".
• Egalement des vols les transports à tarifs avantageux
Et plein d'autres propositions sur notre site http://www.tch-voyages.com
Brochures gratuites sur demande.
Informations et réservations :
TCH VOYAGES
Tourisme chez l'Habita
«Service privilège»
08 92 680 33
www.tch-voyages.com
email : informations@tch-voyage.fr
BP 38338 - 15 rue des Pas Perdus
95804 Cergy St Christophe Cedex
fax 01 34 25 44 45 - tél 01 34 25 44

▪ **MERILIA. 11, rue Denis-Poisson 75017 Paris ✆ 01 56 68 12 00 – Fax 01 56 68 02 34 – resa. merilia@wanadoo.fr – www.merilia.com** – Spécialiste des îles méditerranéennes, Merilia vous aide à préparer votre voyage en Sardaigne de A à Z selon vos goûts et votre budget. Ce tour-opérateur vous propose une sélection d'hôtels de différents standings, des circuits accompagnés et des circuits auto. Mais également des séjours thalasso et détente, sans oublier la location de véhicules.

▪ **TCH / TOURISME CHEZ L'HABITANT. 15, rue des Pas-Perdus BP 38338 95804 Cergy-Saint-Christophe Cedex ✆ 0 892 680 336 (service privilège) ou 01 34 25 44 72 – Fax 01 34 25 44 45 – informations@tch-voyage.fr – www.tch-voyages.com** – Ce voyagiste propose un large choix de chambres d'hôtes et d'accueil en agritourisme « à la carte ». Egalement des vols à tarifs avantageux sur cette destination. Nouveau : possibilité de réservation d'hôtel en Sardaigne en ligne 24h/24 sur www.book-your-room.com –

▪ **VOY'AILES / TOURISME FRANCAIS. 35, rue d'Aire 95660 Champagne-sur-Oise ✆ 01 34 70 40 89 – info@voyailes.fr – www.voyailes.fr** – Voy'ailes vous propose de découvrir la Sardaigne au volant à votre rythme. Les hôtels sont réservés pour vous, structurant ainsi votre séjour grâce à plusieurs étapes. L'équipe est également à votre disposition pour un voyage entièrement cousu main.

Les généralistes

▪ **DIRECTOURS. 90, avenue des Champs-Elysées 75008 Paris ✆ 0 811 90 62 62/01 45 62 62 62 – serviceclients@directours.com – www.directours.com** – Directours, tour-opérateur en vente directe, propose des choix différents : un moteur de vols spécifiques permettant la réservation en ligne et des hôtels tous visités et validés. Vous pouvez consulter l'intégralité de la brochure de ce T.-O. en ligne. Vous avez ainsi accès à la totalité de sa production de voyages individuels à la carte. Directours met l'accent sur la qualité de ses prestations. Ce n'est pas forcément plus cher, et même souvent très accessible.

▪ **GO VOYAGES. 22, rue d'Astorg 75008 Paris ✆ 0 825 825 747 / – www.govoyages.com** – Go Voyages propose le plus grand choix de vols secs, charters et réguliers, au meilleur prix, au départ et à destination des plus grandes villes. Possibilité également d'acheter des packages sur mesure « vol + hôtel » permettant de réserver simultanément et en temps réel un billet d'avion et une chambre d'hôtel. Grand choix de promotions sur tous les produits sans oublier la location de voitures. La réservation est simple et rapide, le choix multiple et les prix très compétitifs.

▪ **THOMAS COOK ✆ 0 826 826 777 (0,15 €/min) – www.thomascook.fr** – Thomas Cook offre une large gamme de produits pour organiser votre voyage en Sardaigne : réservation de billets d'avion, location de voitures, séjours en hôtel mais aussi des circuits accompagnés ou individuels. Vous pouvez trouver des promotions sur le site ainsi que des conseils pratiques avant votre départ.

Région Sud, Masua

Partir seul

Grâce aux vols low-cost, vous pourrez trouver un aller Paris-Cagliari à partir de 9 € ! Pour des vols réguliers, le prix est plus élevé. Vous trouverez un aller-retour pour environ 300 € mais selon les saisons, le prix peut augmenter très vite et il ne faut pas hésiter à vous servir des comparateurs de prix.

En règle générale, les vols pour la Sardaigne transitent par Rome. Comptez alors environ 4 heures pour un trajet Paris-Olbia et un peu moins de 5 heures pour Cagliari. La compagnie Meridiana propose des vols directs, comptez environ 2 heures de vol.

Compagnies aériennes

■ **AIR FRANCE ✆ 36 54 (0,34 €/mn à partir d'un poste fixe) – www.airfrance.fr –** Air France propose un vol quotidien de Paris à Cagliari, via Rome, en partenariat avec la compagnie Alitalia. Comptez en moyenne 4h45-5h de trajet. Un vol pour Olbia, toujours via Rome est également proposé tous les jours en partenariat avec la Compagnie Meridiana. Comptez au minimum 4h de voyage.

Depuis le 5 octobre 2006, Air France a changé de numérotation. Ce nouveau numéro permet notamment aux voyageurs de réserver ou acheter un billet, de choisir leur siège côté couloir ou hublot ou de s'informer sur l'actualité des vols en temps réel.

Air France propose une gamme de tarifs attractifs accessibles à tous :

- **« Evasion » :** en France et vers l'Europe, Air France propose des réductions. « Plus vous achetez tôt, moins c'est cher. »
- **« Semaine » :** pour un voyage aller-retour pendant la semaine.
- **« Evasion week-end » :** pour des voyages autour du week-end avec des réservations jusqu'à la veille du départ.

Air France propose également, sur la France, des réductions jeunes, seniors, couples ou familles. Pour les moins de 25 ans, Air France propose une carte de fidélité gratuite et nominative « Fréquence Jeune » qui leur permet de cumuler des miles sur Air France ou sur les compagnies membres de Styteam et de bénéficier de billets gratuits et d'avantages chez de nombreux partenaires. Tous les mercredis dès minuit, sur www.airfrance.fr

Air France propose les tarifs « Coups de cœur », une sélection de destinations en France pour des départs de dernière minute. Sur Internet, possibilité de consulter les meilleurs tarifs du moment, rubrique « offres spéciales », « promotions ».

■ **ALITALIA. 31/33, rue Mogador 75009 Paris ✆ 0 820 315 315 ou 01 44 94 44 20 – Fax 01 44 94 44 80 – www.alitalia.fr –** La compagnie italienne propose deux vols quotidiens entre Paris et Cagliari, via Rome et en partenariat avec Meridiana. A titre indicatif, départs à 8h50 et 12h35.

Cars Air France

■ **RENSEIGNEMENTS ✆ 0 892 350 820.** Pour vous rendre aux aéroports de Charles-de-Gaulle et d'Orly dans les meilleures conditions, utilisez les services des cars Air France, qui vous offrent confort, rapidité, vidéo, climatisation à bord ainsi qu'un bagagiste qui prend en charge vos valises à chaque arrêt ! Quatre lignes sont à votre disposition.

- **Ligne 1 :** Orly – Montparnasse – Invalides : 7,50 € pour un aller simple et 12,75 € pour un aller/retour.
- **Ligne 2 :** CDG – Porte Maillot – Etoile : 10 € pour un aller simple et 17 € pour un aller/retour.
- **Ligne 3 :** Orly – CDG : 15,5 € pour un aller simple.
- **Ligne 4 :** CDG – Gare de Lyon – Montparnasse : 11,50 € pour un aller simple et 19,55 € pour un aller/retour.

Roissybus – Orlybus

■ **RENSEIGNEMENTS ✆ 0 892 68 77 14 ou sur www.ratp.fr –** La RATP permet de rejoindre facilement les deux grands aéroports parisiens grâce à des navettes ou des lignes régulières.

▸ **Pour Roissy CDG,** départs de la place de l'Opéra entre 6h et 23h toutes les 15 ou 20 minutes. Compter 8,30 € l'aller simple et entre 45 et 60 minutes de trajet. Possibilité également de prendre le RER B.

▸ **Pour Orly,** départs de la place Denfert-Rochereau de 5h30 à 23h toutes les 15 à 20 minutes. Compter 5,80 € l'aller simple et 30 minutes de trajet. Possibilité également de prendre le RER C ou l'Orlyval (connexion avec Antony sur la ligne du RER B).

Low cost

■ **MERIDIANA ✆ 01 42 61 61 50 – www.meridiana.it –** Meridiana vend des billets à bas prix car elle est la principale compagnie aérienne italienne au capital complètement privé. Au départ de Paris, Meridiana propose des vols à destination d'Olbia et de Cagliari. La compagnie propose un billet d'avion vers Cagliari à partir de 9 € et des vols de dernière minute vers Olbia.

Location de voitures

■ **AUTO ESCAPE ✆ 0 800 920 940 ou 04 90 09 28 28 – www.autoescape.com –** En ville, à la gare ou dès votre descente d'avion. Les meilleures solutions et les meilleurs prix de location de voitures sont sur le site d'Auto Escape – Cette compagnie qui réserve de gros volumes auprès des grandes compagnies de location de voitures vous fait bénéficier de ses tarifs négociés. Grande flexibilité. Pas de frais de dossier, pas de frais d'annulation, même à la dernière minute. Des conseils et des informations précieuses, en particulier sur les assurances.

■ **AVIS ✆ 0 820 05 05 05 – www.avis.fr –** Décidé à faire « mille fois plus », Avis a installé ses équipes dans plus de 5 000 agences réparties dans 163 pays. Un large choix de véhicules de location, du cabriolet à l'utilitaire, et un système de réservation rapide et efficace.

■ **EUROPCAR FRANCE. 3, avenue du Centre – Immeuble Les Quadrants 78881 Saint-Quentin-en-Yvelines Cedex ✆ 0 825 358 358 – Fax 01 30 44 12 79 – www.europcar.fr –** Chez Europcar, vous aurez un large choix de tarifs et de véhicules : économiques, utilitaires, camping-cars, prestige, et même rétro. Vous pouvez réserver votre voiture via le site Internet, et voir les catégories disponibles à l'aéroport (il faut se baser sur une catégorie B, les A étant souvent indisponibles).

Région Nord, Sassari, piazza d'Italia

faire du ciel le plus bel endroit de la terre
Les Vacances selon Air France.
Les Vacances plus accessibles que jamais avec les tarifs Tempo.
Les Vacances dans le monde entier vers plus de 650 destinations, les Vacances où l'on devient le centre de toutes les attentions, les Vacances en toute sérénité, les Vacances selon Air France.
www.airfrance.fr
A petit prix
sur airfrance.fr

■ **AUTO EUROPE ✆ 0 800 940 665 (appel gratuit) – reservations@autoeurope.fr – www.autoeurope.fr –** Réservez en toute simplicité votre voiture aux meilleurs tarifs avec la garantie de services exceptionnels sur plus de 4 000 stations dans le monde entier. Auto Europe négocie toute l'année des tarifs privilégiés auprès des loueurs internationaux et locaux afin de proposer à ses clients des prix compétitifs. Les conditions Auto Europe : le kilométrage illimité, les assurances et taxes incluses dans de tout petits prix et des surclassements gratuits dans certaines destinations. N'hésitez pas à consulter le site www.autoeurope.fr pour profiter de leurs offres promotionnelles.

■ **HERTZ. Renseignements ✆ 0 803 853 853 – www.hertz.com –** Dans cette agence de location, vous pouvez obtenir différentes réductions si vous possédez la carte Hertz ou celle d'un partenaire Hertz. Le prix de la location comprend un kilométrage illimité, des assurances en option, ainsi que des frais si vous êtes jeune conducteur. Toutes les gammes de voitures sont représentées.

Bateau

■ **SNCM (SOCIETE NATIONALE CORSE MEDITERRANEE). BP 80090 13472 Marseille Cedex 02 ✆ Appeler le 32 60 et dites « SNCM » – Fax 04 91 56 35 86 – www.sncm.fr –** Embarquement à Marseille, gare maritime de La Joliette, terminal 2. La SNCM dessert Porto Torres au départ de Marseille, Toulon et de la Corse (Ajaccio et Propriano) d'avril à octobre, 2 fois par semaine en haute saison. A bord des cruise ferries Napoléon Bonaparte et Danielle Casanova, retrouvez des prestations de grand confort (4 restaurants, suites, cabines privatives, boutiques, salle de spectacle, discothèque, piscine, etc...). Les traversées sont proposées également à bord de navires mixtes comme le Pascal Paoli offrant convivialité et confort comparables. Pour voyager à des tarifs futés, la SNCM propose ses tarifs promotionnels aller/retour en périodes bleues et vertes selon disponibilités et des tarifs réduits toute l'année aux jeunes, seniors, handicapés. **En Sardaigne, représentée par Paglietti Petertours,** Corso Vittorio Emmanuele 19, Porto Torres ✆ (39) 079 51 44 77.

Région Nord, Santa Teresa Di Gallura

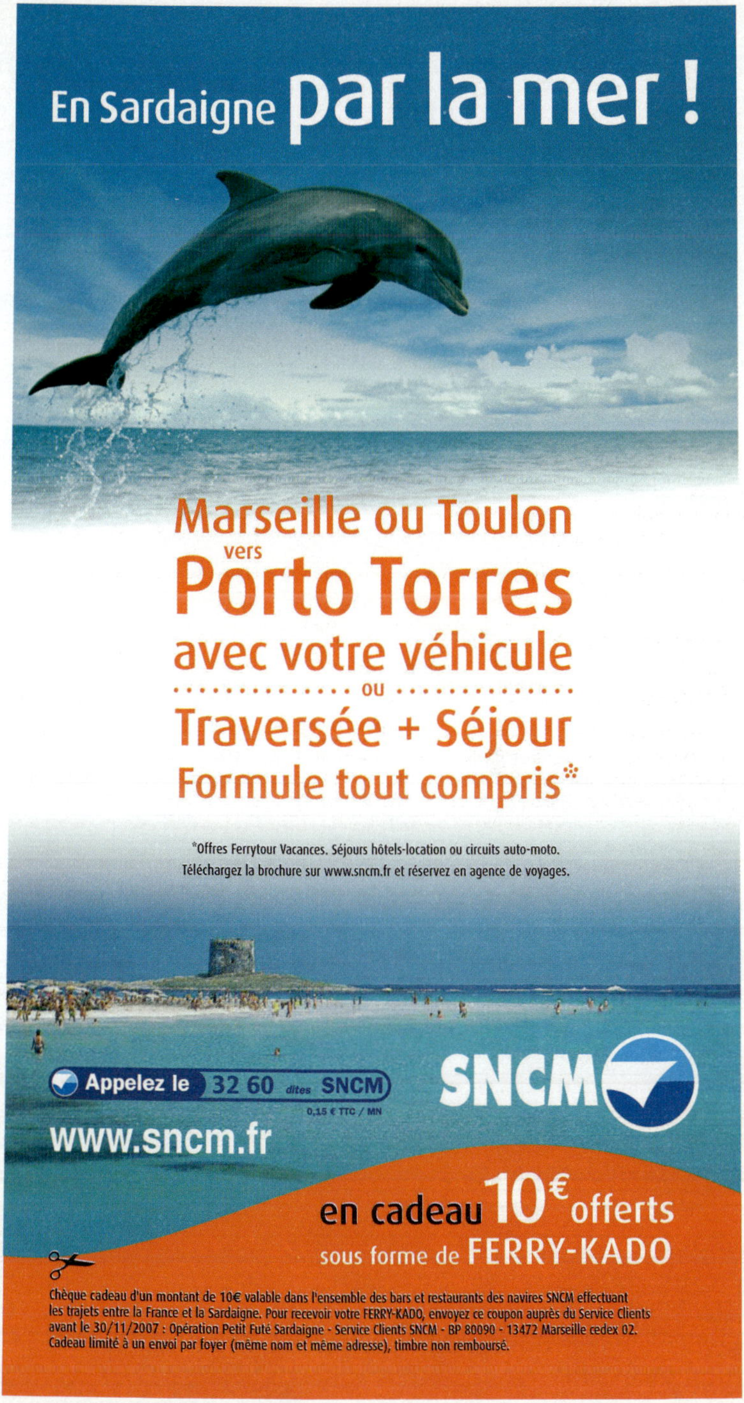
En Sardaigne par la mer !
Marseille ou Toulon
vers
Porto Torres
avec votre véhicule
ou
Traversée + Séjour
Formule tout compris*
*Offres Ferrytour Vacances. Séjours hôtels-location ou circuits auto-moto.
Téléchargez la brochure sur www.sncm.fr et réservez en agence de voyages.
Appelez le 32 60 dites SNCM
0,15 € TTC / MN
www.sncm.fr
SNCM
en cadeau 10€ offerts
sous forme de FERRY-KADO
Chèque cadeau d'un montant de 10€ valable dans l'ensemble des bars et restaurants des navires SNCM effectuant
les trajets entre la France et la Sardaigne. Pour recevoir votre FERRY-KADO, envoyez ce coupon auprès du Service Clients
avant le 30/11/2007 : Opération Petit Futé Sardaigne - Service Clients SNCM - BP 80090 - 13472 Marseille cedex 02.
Cadeau limité à un envoi par foyer (même nom et même adresse), timbre non remboursé.

Région côte Ouest, Stintino, la Pelosa

- **LA MERIDIONALE (CMN). 4, quai d'Arenc BP 62345 13213 Marseille Cedex 02 ✆ 0 810 20 13 20 – Fax 04 91 99 45 95 – cmn-corse@cmn.fr – www.cmn.fr –** Lignes maritimes régulières en traversées de nuit entre Marseille et la Sardaigne. Pour plus d'informations sur la Compagnie et ses lignes : agence commerciale d'Ajaccio Port de Commerce Bd Sampiero – Fax : 04 95 21 57 60. *Accueil du lundi au vendredi de 8h15 à 18h, le samedi de 8h15 à 12h.* Agence commerciale de Bastia Port de Commerce – Fax : 04 95 32 37 01. *Accueil du lundi au vendredi de 8h à 12h et de 14h à 18h, le samedi de 8h à 12h.* A Propriano : agence maritime Sorba, quai Cdt-L'Herminier ✆ 04 95 76 04 36. A Porto Torres : agenzia Paglietti, Corso Vittorio Emanuele ✆ (0039) 079 51 44 77.

- **EUROMER. 5-7 Quai de Sauvages 34070 Montpellier Cedex 3 ✆ 04 67 65 67 30 – Fax 04 67 65 20 27 – euromer@euromer.net – www.euromer.net –** Spécialiste des traversées maritimes en Europe, Euro-Mer vous propose de rejoindre la Sardaigne de France ou d'Italie. Départs quasi quotidiens de Marseille en direction de Propriano. Navires très confortables. Départs aussi de Toulon via la Corse. De Gênes, La Spézia, Naples, Livourne, Fiumicino, Piombino, Civitavecchia. Départs quiasi quotidiens sur de véritables bateaux de croisière. Animation, piscine, confort et rapidité. Possibilités d'arriver sur Palau, Olbia, Golfo Arranci, Cagliari, Arbatrax, Porto-Torres. Compagnie Grandi Navi Veloci : représentée en France par Euro-Mer. Propose des traversées de luxe à des tarifs intéressants. Navires de très grandes qualités. Nombreux départs d'Italie (Gênes et Livourne) en direction de Porto-Torres et Olbia.

- **VIAMARE CAP MER. 6/8, rue de Milan 75009 Paris ✆ 01 42 80 94 87 – Fax 01 42 80 94 99 – resa@viamare.fr – www.viamare.fr –** Viamare Cap Mer, agence spécialisée dans les traversées maritimes, représente un grand nombre de compagnies maritimes étrangères et à ce titre propose un large éventail de destinations au départ des ports européens les plus proches de la France. Forte de son expérience et de son savoir-faire, vous y trouverez conseils, devis et disponibilités en temps réel. La Sicile, la Sardaigne ainsi que toute la péninsule italienne font partie de son catalogue.

Sites Internet futés

www.departgaranti.com – L'agence vous propose une large sélection de voyages – circuits et séjours –, dans plus de 70 pays, à certaines dates. En individuel ou en groupe, profitez de leur savoir-faire, de leur excellent rapport qualité/prix et de leurs dates de départs garantis. Départ garanti est une marque de Dinamic Voyages, tour-opérateur depuis plus de 22 ans, spécialiste des voyages culturels et à thèmes. Consultez nos offres sur www.departgaranti.com ou au ✆ 01 44 89 81 83.

www.diplomatie.fr – Un site pratique et sûr pour tout connaître de votre destination avant de partir : informations de dernière minute, sécurité, formalités de séjour, transports et infos santé.

www.easyvoyage.com – Le concept de Easyvoyage.com peut se résumer en trois mots : s'informer, comparer et réserver. Gros plan sur cette triple fonction. Des infos pratiques sur quelque 255 destinations en ligne (saisonnalité, visa, agenda...) vous permettent de penser plus efficacement votre voyage. Après avoir choisi votre destination de départ selon votre profil (famille, budget...), easyvoyage.com vous offre la possibilité d'interroger plusieurs sites à la fois concernant les vols, les séjours ou les circuits. Enfin grâce à ce méta-moteur performant, vous pouvez réserver directement sur plusieurs bases de réservation (Lastminute, Go Voyages, Directours, Anyway... et bien d'autres).

www.ebookers.fr – Il vous suffit de quelques minutes pour réserver votre vol en ligne avec ebookers.com – Sur ce site, des billets d'avion à prix réduits, négociés en direct auprès de 100 grandes compagnies aériennes sur plus de 900 destinations.

www.govoyages.com – Go Voyages propose un grand choix de vols secs, charters et réguliers, au meilleur prix, au départ et à destination de n'importe quelle ville du monde entier. Le voyagiste propose également des packages sur mesure « vol + hôtel » permettant de réserver simultanément et en temps réel un billet d'avion et une chambre d'hôtel.

www.kelkoo.com – Ce site vous offre la possibilité de comparer les tarifs des vols ou des voyagistes. Pratique et indispensable. Vous aurez du mal à vous en passer une fois que vous l'aurez découvert !

www.meteo-consult.com – Pratique, ce site Internet vous donne des prévisions météorologiques pour le monde entier.

www.nationalchange.com – Le premier site français de vente de devises en ligne avec un paiement sécurisé par carte bancaire et le plus qui caractérise cette offre est la livraison à domicile. Les taux proposés sont meilleurs que ceux des banques et le choix des devises est important (27 devises et 7 travellers chèques). Vous aimerez la convivialité du site ainsi que la rapidité pour commander la devise de son choix. Après validation de votre commande, vous la recevrez très rapidement à votre domicile ou sur votre lieu de travail (24h à 72h). Un site à utiliser sans modération !

www.opodo.fr – Pour préparer votre voyage, Opodo vous permet de réserver au meilleur prix des vols de plus de 500 compagnies aériennes, des chambres d'hôtels parmi plus de 45 000 établissements et des locations de voitures partout dans le monde. Vous pouvez également y trouver des locations saisonnières ou des milliers de séjours tout prêts ou sur mesure ! Opodo a été classé meilleur site de voyages par le banc d'essai Challenge Qualité – l'Echo touristique 2004. Des conseillers voyage sont à votre écoute 7 jours/7 au ✆ 0 892 23 06 82 (0,34 €/min).

www.travelonweb.com – C'est l'agence de voyages virtuelle de la société Carlson Wagonlit. Site à scruter si vous partez de Belgique ou de Suisse : il propose plus d'un million de tarifs négociés au départ de l'Europe. La recherche est bien guidée et plutôt efficace, mais les prix proposés restent bien supérieurs à ceux de certains sites. Consultez également la rubrique de location de voitures : vous serez relié, au choix, aux sites d'Avis, d'Europcar ou de Holiday Autos.

www.travelsante.com – Un site intelligent qui vous donne des conseils santé selon votre destination : vaccinations, trousse de secours, précautions à prendre sur place.

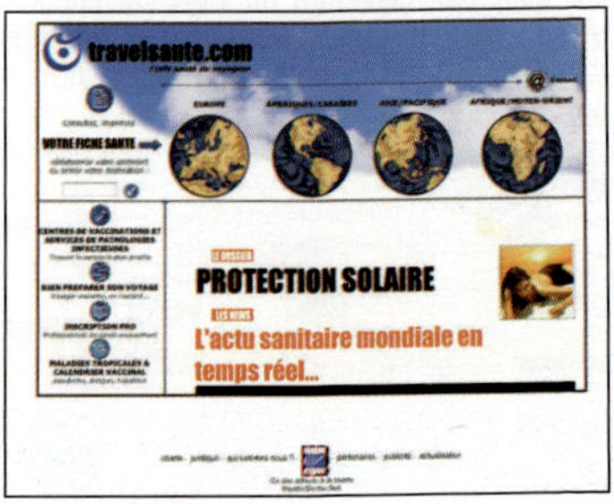

www.vivacances.fr – Vivacances est une agence de voyages en ligne créée en 2002. Depuis elle est devenue une référence incontournable sur le Web grâce à ses prix négociés sur des milliers de destinations et des centaines de compagnies aériennes. Vous trouverez un catalogue de destinations soleil, farniente, sport ou aventure extrêmement riche : vols secs, séjours, week-ends, circuits, locations... Enfin, vous pourrez effectuer vos réservations d'hôtels et vos locations de voitures aux meilleurs tarifs. Vivacances propose des offres exclusives sans cesse renouvelées, à visiter régulièrement. Vous pouvez également compter sur l'expérience de ses conseillers voyage pour répondre à toutes vos questions et trouver avec vous le séjour de vos rêves. Et, pour vous, « petits futés » munis de cartes de fidélité, vous pourrez en plus échanger en ligne les points S'Miles distribués par près de 80 enseignes en France !

Région Nord, Castelsardo, vieille ville

Séjourner

SE LOGER

Hôtels

Autant le dire tout de suite, en Sardaigne les hôtels sont chers. En contrepartie, la plupart d'entre eux offrent tout de même des services intéressants. Le problème, c'est que les hôtels bon marché sont rares. L'accroissement du tourisme a entraîné sur l'île le développement d'un parc hôtelier important, avec un grand nombre de villages de vacances installés sur la côte. Ce déferlement touristique a conduit le gouvernement de la région autonome de Sardaigne à édicter des lois plus strictes en ce qui concerne, notamment, la possibilité pour ces hôtels d'avoir des plages privées (ce qui était le cas et empêchait parfois totalement l'accès des visiteurs à la mer). Aujourd'hui, la situation s'est largement améliorée.

Classification et réservations

La classification des hôtels en Sardaigne va de l'établissement 1 étoile (confort minimum) aux 5 étoiles (luxe). Nombreux sont ceux qui proposent des formules de demi-pension ou pension complète. Il faut également savoir que pendant la haute saison (juillet et août), certains hôtels imposent l'une de ces deux formules. Dans la plupart des hôtels, le petit déjeuner est inclus. Toutefois, mieux vaut demander au moment de la réservation, afin de ne pas avoir de mauvaises surprises. Si vous voulez visiter la Sardaigne en été, les réservations sont absolument nécessaires : en juillet et en août, les touristes, italiens notamment, sont très nombreux, et les hôtels affichent souvent complet. Mais, même si vous venez sur l'île en basse saison, il est prudent de réserver, ne serait-ce que pour vérifier si l'hôtel est bien ouvert, car de nombreux établissements ferment à partir d'octobre ou novembre pour ne rouvrir qu'à Pâques.

Prix

Les prix des hôtels varient considérablement en fonction de la saison. Dans les zones très touristiques (Costa Smeralda, côte de Pula), il n'est pas rare de voir les prix doubler, voire tripler, entre la basse et la haute saison. Cette dernière concerne particulièrement les mois de juillet et d'août, le summum étant atteint lors de la semaine du 15 août. Sachez toutefois que, pour prévenir les abus, la législation italienne impose aux hôtels de faire figurer les prix de manière claire à la réception et/ou dans les chambres. On constate aussi de grands écarts de prix en fonction de la région : sur la Costa Smeralda, vous aurez le plus grand mal à trouver un hôtel en dessous de 120 € la nuit. La côte ouest, au contraire, propose des établissements familiaux assez bon marché. Pour vous donner une idée un peu générale des prix pratiqués, les hôtels les moins chers proposent des chambres doubles à partir de 40 ou 50 € environ, les chambres un peu plus confortables se situent aux alentours de 60 ou 70 €, alors que, dans les hôtels 4 étoiles, il faut compter autour de 120 à 140 € pour la nuit (prix basse saison).

Attention : les prix indiqués dans ce guide sont à prendre avec précaution, sachant que les hôteliers pratiquent une inflation de leurs prix de l'ordre de 5 à 10 % par an et que les tarifs peuvent subir une « dérégulation à la hausse » en haute saison, le prix de la chambre pouvant augmenter au fur et à mesure que les chambres se louent. Une pratique déplorable, mais dont il vaut mieux être averti.

Agriturismo

Le tourisme vert, ou vacances à la ferme, est l'un des meilleurs moyens pour vraiment « rencontrer »la Sardaigne, ses habitants et sa cuisine. Ce mode de tourisme, très répandu en Italie, s'est développé de façon très rapide en Sardaigne ces dix dernières années : certains agriculteurs voyaient là un moyen lucratif de profiter de la manne touristique pour arrondir leurs fins de mois... parfois au détriment du visiteur. Une mise au point a été faite dernièrement, édictant des règles plus claires sur la définition de l'agriturismo (des hôtels se présentaient en effet sous cette étiquette pour ne pas payer de taxes, alors qu'ils n'avaient vraiment rien d'agricole). Les faux agriturismo sont toujours présents, alors attention : si vous en voyez en plein centre-ville, avec des drapeaux français, suisse, belge ou autres à l'entrée, et qu'en plus il y a une discothèque dans un bâtiment (ça peut se voir), alors vous pouvez vous poser des questions sur la nature de la structure. Le propriétaire d'un agriturismo doit, en effet, avoir une réelle activité agricole et doit servir les produits de son exploitation à ses hôtes. Dans un agriturismo, le rapport qualité/prix d'un repas est très bon. Les antipasti sont faits maison, les légumes viennent du jardin, la viande de l'élevage, le vin maison est servi à volonté, le tout pour environ 25 €. Certains établissements proposent en outre des excursions guidées dans la campagne environnante, d'autres des randonnées à cheval, la traite des vaches, le travail à la ferme, l'artisanat ou une quelconque initiation aux coutumes locales. Aux débuts de l'agritourisme, les chambres étaient encore très rustiques, parfois même sans eau courante, mais aujourd'hui la plupart des fermes ont entrepris des travaux d'aménagement, et le confort est souvent largement comparable à celui d'un hôtel 2 ou 3 étoiles. En plus des prix attractifs proposés par les agritourismes (autour de 45 € la chambre double), vous y trouverez souvent une ambiance conviviale et accueillante. Les agriturismo sont souvent membres d'associations nationales que vous pourrez contacter, mais étant donné le nombre d'établissements qui ouvrent et ferment chaque année, les renseignements les plus actualisés seront sans doute disponibles à l'office du tourisme local.

Associations d'agriturismo

- **AGRITURIST. Corso Vittorio Emmanuele 101, 00186 Roma.** ✆ 06 68 52 337/338/342. Fax : 06 68 52 424 – www.agriturist.it – agritur@confagricoltura.it

- **AGRISPORT & AGRITURISMO.** Viale Cassiodoro 28, Milano – www.agrisport.com

Louer une maison

Pour ceux qui veulent louer une maison, **Interhome** (✆ 02 48 39 141 – www.interhome.it) a sélectionné environ 300 maisons indépendantes et des appartements dans les zones touristiques les plus prisées de l'île. Parmi ces maisons, des maisonnettes dans un complexe résidentiel avec piscine à Porto San Paolo, à partir de 897 € par semaine. A Palau, des appartements et des studios pour 2 ou 4 personnes, avec jardin ou terrasse, sont à 899 € par semaine.

Campings

Les campings sont de bonne qualité. Ce sont souvent de véritables complexes qui proposent, outre des sanitaires propres, restaurants, supermarchés, tennis, piscine... Comme les hôtels, ils sont notés avec un système d'étoiles suivant la qualité de leurs prestations. Evidemment, les prix suivent, même si le camping reste le moyen le plus économique pour visiter la Sardaigne. Le système de prix comprend une taxe applicable par personne (*5 à 12 € par adulte et 2,50 à 9 € par enfant*), plus une charge pour l'emplacement (*5 à 12 €*). Notez aussi qu'il est souvent possible de louer un bungalow sur les terrains de camping (*prix très variables, de 25 à 150 €*), pouvant loger de 4 à 6 personnes. C'est souvent une alternative à l'hôtel très intéressante financièrement. Une chose est sûre : c'est la solution la plus rentable en termes d'hébergement et pas forcément de moindre qualité. Les campings sont en effet souvent très bien placés (bord de plage, proximité du centre...). Mieux vaut payer un camping pas trop cher, aux belles prestations et bien placé, qu'une pension sordide qui coûtera le double, mal entretenue, mal placée et à l'accueil glacial. Enfin, nous vous rappelons que le camping sauvage est formellement interdit sur l'île. Ce manque de respect pour l'environnement est souvent sanctionné par l'apparition, en pleine nuit, de carabinieri, ce qui n'est jamais très agréable.

SE RESTAURER

En principe, une trattoria est un établissement familial, plus petit et moins cher qu'un ristorante. Dans les faits, la distinction est beaucoup plus floue, puisque des établissements qui sont en fait des restaurants se font appeler trattoria, et vice versa. En tout cas, la façon la plus économique de manger est d'aller dans une pizzeria qui, outre les pizzas, propose souvent des spécialités sardes. Il existe aussi, comme sur le continent, des spaghetterias pour les inconditionnels des pâtes, qui pourront déguster des plats de pâtes aux sauces variées pour 6 € environ. Enfin, des paninotecas servent des snacks (paninis, sandwiches, salades...). Les fermes d'agriturismo cuisinent leurs propres produits et servent des repas typiquement sardes. Les gelaterias proposent des glaces artisanales délicieuses aux parfums variés. Les restaurants sont généralement ouverts de 12h30 à 14h30 et le soir à partir de 20h. En haute saison, ils sont ouverts tous les jours, mais en basse saison, ils pratiquent un jour de fermeture hebdomadaire. Un repas complet se compose d'un primo piatto (pâtes ou riz), secondo piatto (viande ou poisson) et contorno (légumes). Beaucoup de restaurants proposent des menus à prix fixes (menu a prezzo fisso ou menu turistico), comportant un choix de primo, secondo et contorno pour 18 à 30 €, sans compter les boissons. Vous pouvez aussi vous contenter d'un primo ou d'un secondo, et l'addition baissera proportionnellement. Un repas dans une pizzeria revient à environ 15 €.

Pane e coperto. Selon une longue tradition en Italie, le simple fait de s'asseoir à table est le premier motif de facturation : de nombreux restaurants facturent le pain et le couvert (*en général de 1,50 à 2 €*). Il est d'usage également de laisser un pourboire pour le service (*de 10 à 15 % du montant de l'addition*).

SE DÉPLACER

Il est très facile de se déplacer en Sardaigne où les distances sont relativement courtes. En effet, en quelques heures de voiture, on peut traverser l'île d'est en ouest, et en une demi-journée du nord au sud. Trois moyens de transport sont à votre disposition : le chemin de fer, très peu utilisé, est davantage une attraction touristique qu'une façon de se déplacer rapidement. Le bus, moyen de transport assez répandu sur l'île, assure de nombreuses liaisons, mais à des horaires quelquefois variables. La voiture est donc le mode de transport le plus sûr et le plus adapté à l'île.

En train

Le réseau ferroviaire, qui s'étend sur 1 000 km, est peu efficace. La lenteur des trains n'en fait pas un moyen de transport privilégié en Sardaigne. La majeure partie du réseau est réservée au train touristique « Trenino Verde ». C'est au début des années 1980 que la Société des chemins de fer de Sardaigne (FdS) entreprit de remettre sur pied le réseau ferroviaire local, en rénovant une ancienne locomotive à vapeur, la Reggiane 400. Petit à petit, le réseau a été amélioré et les gares rénovées. Désormais les lignes sont desservies par six locomotives à vapeur (dont la plus ancienne, la Wintherthur, date de 1893) et par trois principaux itinéraires : Tempio/Palau, Arbatax/Sassari et Sassari/Tempio. Le petit train vert circule lentement à travers les paysages sardes, laissant au touriste rêveur le temps d'admirer les forêts, les plaines et les montagnes environnantes. Les arrêts, fréquents, permettent de s'attarder dans les petits villages reculés ou de faire une petite pause.

En voiture

Avoir une voiture à sa disposition est plus que recommandé en Sardaigne. En effet, de nombreux endroits sont difficilement accessibles, et la voiture permet d'explorer l'île plus en profondeur.

Locations

Méfiez-vous des prix annoncés : il faut souvent ajouter les taxes et l'assurance collisions voiture. Finalement, les prix ne sont donc pas plus intéressants qu'en France. N'oubliez pas, en plein été, que la climatisation peut être un élément appréciable. Pour conduire ou louer une voiture, il suffit d'être titulaire d'un permis de conduire européen valide (rose, ou rose et vert). L'âge minimum requis pour louer une voiture est de 23 ans.

AUTO ESCAPE. © 0800 920 940 appel gratuit en France ou 33(0)4 90 09 28 28 – www.autoescape.com – Une centrale de réservation qui ne propose que de la location de voitures. Spécialiste dans ce domaine, Auto Escape offre les meilleurs tarifs parmi les plus grands loueurs. Les agences gèrent les tarifs, la réservation et le service relation clients. Vous pouvez modifier ou annuler à tout moment sans frais. Solutions très compétitives dans 92 pays. Location de voiture prépayée depuis la France. Avantage : disponibilité et élimination des surprises de dernière minute.

Limitations de vitesse

La vitesse est limitée à 50 km/h dans les villes, à 90 km/h sur les routes nationales et à 110 km/h sur l'autoroute, 130 km/h selon le type de voiture (à vérifier avec l'agence de location).

Signalisation

La signalisation est internationale. Elle est souvent défaillante et il vous faudra parfois tourner plusieurs fois avant de trouver la bonne direction.

Routes

Le réseau routier est en très bon état. De grands axes relient les principales villes entre elles. La SS 131, qui porte le nom de Carlo Felice, est une longue « quatre-voies » qui relie Sassari à Cagliari. Un embranchement de la SS 131 rejoint Nuoro et Olbia. Les autres voies principales sont la route nationale 130, qui relie Cagliari avec le bassin minier et industriel du Sulcis ; la 195 dans la région du Sulcis ; et les routes 597 et 199 sur le parcours Sassari-Olbia. Sur la côte Est, la SS 125 est moins praticable, mais très pittoresque. Elle s'étend sur des kilomètres de lacets et de virages. Les routes secondaires sont, pour la plupart, très faciles d'accès, mis à part quelques routes en lacets dans les montagnes de la Barbagia et sur les côtes. Il existe également des sentiers très caillouteux qui semblent interminables. Il est conseillé de les éviter, bien que, parfois, on n'ait pas le choix, quand, par exemple, une route en bon état débouche subitement sur l'un de ces sentiers.

Petit lexique de la circulation

- **Senso Unico :** Sens unique.
- **Divieto di Sosta :** Interdit de stationner.
- **Divieto Acustico :** Interdit de klaxonner.
- **Divieto Accesso :** Accès interdit.
- **Rallentare :** Ralentir.

Accidents

Si vous êtes accidenté avec votre propre véhicule, vous bénéficiez sans doute d'une assistance par l'intermédiaire de votre compagnie d'assurances (faites-vous bien préciser ce point par votre assureur et, si ce n'est pas le cas, prenez un contrat supplémentaire auprès d'un spécialiste : Europe Assistance, Mondial Assistance...). Contactez-les dès que possible : ils connaissent leur métier, noueront les contacts et mettront tout en œuvre pour vous tirer de là. Il faut, dans ce cas, simplement s'armer de patience. Si le pépin est vraiment grave, avec des blessés, on apprécie alors beaucoup que les démarches soient facilitées. Si vous êtes près d'une borne téléphonique, le numéro d'urgence est le 116. Si vous êtes dans une voiture de location, là encore, il doit y avoir un contrat écrit qui mentionne la situation. Si vous êtes responsable, vous aurez sans doute une franchise à acquitter (la franchise est généralement perdue en cas de vol ou d'accident responsable, mais, bizarrement, on a tendance à se soucier davantage d'un vol éventuel). N'oubliez pas, si vous avez le montant de la franchise en tête, que, dans la plupart des cas, à moins que le tarif qui vous a été donné inclut les taxes, il vous faut rajouter la TVA italienne à 19 %. Enfin, il n'est pas du tout sûr que le loueur mette à votre disposition un autre véhicule. Là encore, il vaut mieux s'en assurer avant le départ. Si l'accident ne se limite pas à un simple constat, mais entraîne l'intervention des gendarmes, ne vous désolez pas trop de votre voyage contrarié, tant que, par chance, personne n'est blessé. Contrairement à ce que prétendent quelques malveillants, l'efficacité de l'administration italienne, en tout point du territoire, au sud comme au nord, vaut bien celle de l'administration française. Conseil sans doute superflu, car vous auriez le même bon réflexe en n'importe quel point du globe, en France comme en Italie : n'abandonnez pas votre véhicule accidenté avec les bagages à l'intérieur pour aller chercher de l'aide un peu plus loin, si vous êtes seul. Par chance, le réseau des téléphones mobiles est beaucoup plus dense qu'en France, et il suffit généralement d'arrêter un automobiliste et de lui demander de téléphoner à une dépanneuse ou de prévenir les carabinieri : il y a de fortes chances qu'il puisse le faire de sa voiture et avec vous. Panne et dépannage : en cas de problème grave sur route, composez le ✆ 116 (service gratuit 24h/24 de dépannage pour les voitures immatriculées à l'étranger). Sur autoroute, il existe, comme en France, des bornes d'urgence. La carte verte internationale d'assurance voiture (ou un certificat équivalent d'assurance internationale) est valable en Italie et doit être présentée en cas d'accident ou de contrôle de police.

Feux

Il semblerait (peut-être n'est-ce qu'une illusion) que le semaforo soit mieux respecté que jadis en toutes régions, et particulièrement dans le sud de l'île, où il n'était pas rare de se voir rappeler à l'ordre s'il vous prenait l'idée de vous arrêter au feu rouge.

Dans un autre registre, depuis 2001, il est obligatoire d'allumer les feux de croisement de nuit comme de jour.

Ceinture

Alors que nos amis transalpins nous riaient au nez quand ils nous voyaient traverser la frontière la ceinture attachée, le port de la ceinture est obligatoire en Italie depuis 2002. Les réfractaires ont d'abord acheté des tee-shirts avec une ceinture peinte, pour tromper les carabinieri. Mais, désormais, l'usage de la ceinture est entré dans les mœurs.

Klaxon

L'usage du Klaxon n'est pas systématique ou intempestif comme dans certains pays et, surtout, il n'a pas forcément le caractère agressif que lui prête l'automobiliste français. Inutile donc de bondir de votre voiture à chaque fois, c'est juste un gentil rappel à l'ordre, une façon de se signaler. On klaxonne pour avertir (« avertisseur »), pas pour râler. Si, d'aventure, un usager voit sa porte de garage obstruée par un véhicule l'empêchant de sortir, il klaxonne une fois ou deux et après il attend. Si le gêneur n'arrive qu'au bout de 5 min, il ne vocifère même pas : c'est la planète Mars, non ?

Région Nord-Est. Loiri Porto San Paolo

Parking

La plupart des grandes villes possèdent des zones de parking indiquées par un P blanc sur fond bleu. Les horodateurs sont en fait des gardiens qui viennent déposer un ticket prévoyant l'heure de départ. En général, le tarif est de 0,50 € de l'heure. Les lignes jaunes indiquent une interdiction de stationner.

Essence

Les stations sont ouvertes du lundi au vendredi de 7h30 à 12h30 et de 15h à 19h30 en général, et le samedi de 7h30 à 12h30. Les stations ouvertes 24h/24 sont assez fréquentes sur l'ensemble du réseau routier. La plupart acceptent les cartes bancaires.

Police

La police ou gendarmerie est indiquée par l'enseigne Carabinieri, Polizia Stradale ou Guardia di Finanza. Si l'agent vous appelle avec un panneau circulaire « ALT», vous devez vous arrêter et montrer vos papiers.

Sécurité routière

S'il y a beaucoup de scooters en Italie, c'est aussi parce qu'on n'y met pas de casque. C'est la vraie liberté et pas une liberté conditionnelle. Si, demain (cela ne risque pas d'arriver), on obligeait les « scootéristes »à porter un casque, ce serait pire qu'un bandeau sur les yeux pour la passeggiata ou des boules Quiès pour la retransmission du match de foot à la radio : une façon de dénaturer le projet. Cette façon de vivre, répétons-le, est difficilement transposable en France où la conduite des automobilistes à l'égard des deux-roues est beaucoup moins attentive et donc plus dangereuse. C'est aussi, chez nous, une conséquence de la rigidité, des interdictions multiples et d'une répression bien organisée : quand ce n'est pas interdit, quand il n'y a pas de gendarme, on peut tout se permettre. L'approche est très différente en Italie, où franchir une ligne continue, rouler sans casque ou ne pas marquer le stop n'est – a priori – pas considéré comme dangereux, et donc pas réprimé dans la mesure où chaque manœuvre est effectuée avec la plus grande prudence, qu'elle soit autorisée ou non.

En bus

Les trains relient toutes les principales villes de la Sardaigne, mais ils sont très lents. Il vaut mieux utiliser les bus. Les bus bleus de l'ARST (Agence régionale sarde des transports) parcourent toute l'île et sont efficaces. Les liaisons entre les principales villes sardes sont aussi assurées par les bus Pani, un service régulier et raisonnablement ponctuel. Pour obtenir des renseignements sur les horaires et les destinations, on peut s'adresser aux stations de bus ou appeler ce numéro verde (gratuit) : ✆ 800 86 50 42.

Du 1er juin au 30 septembre, on peut acheter un ticket touristique pour les bus de l'ARST, pour 7, 14, 21 ou 28 jours, sans aucune limite d'utilisation. Les tickets coûtent 32 €, 55 €, 76 € et 98 €, selon leur durée. Ils sont en vente dans les kiosques de l'ARST de Cagliari, Guspini, Lanusei, Nuoro, Olbia, Oristano, Sanluri, Sassari et Siniscola.

Soyez tout de même vigilants, car les horaires changent souvent, sans prévenir, durant l'été.

Réseaux locaux

Les bus de ville sont de couleur jaune.

Réseaux interurbains

Les bus de l'ARST (**Azienda Regionale Sarda Transporti.** ✆ 070 40 98 324), de couleur bleue, relient les villes entre elles et assurent des liaisons quotidiennes entre les localités voisines. Cette compagnie a lancé une initiative intéressante pour les voyageurs de la période estivale : il s'agit de billets de bus à kilométrage illimité, valables pour une durée de 7 jours, 14 jours, 21 jours et 28 jours. Le réseau de l'ARST est particulièrement dense et c'est la plus grosse compagnie de l'île. Se renseigner directement chez eux pour obtenir horaires et tarifs. Sachez déjà que le billet pour 7 jours coûte 32 €, pour 14 jours 55 €, pour 21 jours 76 € et pour 28 jours 78 €.

■ **AUTOLINEE PANI. ✆ 079 23 69 83.** 3 trajets quotidiens aller-retour entre Sassari et Cagliari (3h15). De Porto Torres, 3 départs par jour pour **Cagliari** (4h50), avec arrêt à Sassari (30 min) et Oristano (3h15). 3 départs quotidiens pour **Nuoro** à partir de Sassari (2h30) et 2 à partir de Cagliari (3h30).

■ **AUTONILEE MOLINO. ✆ 0780 21 487.** Relie Olbia (aéroport et centre-ville) à Santa Teresa di Gallura (1h20) avec 5 départs quotidiens.

- **TURMO TRAVEL. ✆ 0789 21 487.** 1 départ par jour du centre-ville d'Olbia pour Cagliari (4h30). 1 liaison Olbia (Porto Isola Bianca)–Alghero par jour (2h).

- **NURAGICA TOUR. ✆ 079 51 04 94.** 3 départs quotidiens de l'aéroport d'Olbia à Sassari (1h) et Porto Torrès.

- **AUTOLINEE DE PLANO. ✆ 078 42 01 518.** Relie 5 fois par jour l'aéroport d'Olbia à Nuoro (1h45).

- **AUTOLINEE REDENTOUR. ✆ 078 43 03 25.** 2 départs par jour entre Nuoro et l'aéroport d'Alghero (2h30).

- **FERROVIE MERIDIONALI DELLA SARDEGNA. ✆ 800044553/078 14 00 78.** De nombreuses liaisons entre les grandes villes de l'île : par exemple 13 départs par jour entre Cagliari et Iglesias (1h20). Se renseigner auprès d'eux pour les autres liaisons.

En vélo

La meilleure saison pour se déplacer à vélo à la découverte de la Sardaigne est certainement le printemps, quand les températures restent au-dessous de 25 degrés. Pour organiser un tour, on peut contacter les agences suivantes :

- **PIEMME. Budoni.** ✆ 078 48 44 444.

- **CLUB MOUNTAIN BIKE. Sassari.** ✆ 079 27 37 47.

- **PRIMA SARDEGNA. Cala Gonone.** ✆ 078 49 33 67.

► **La location d'un vélo** coûte environ 5-7 € par jour et environ 25-30 € par semaine.

En bateau

Si vous désirez louer un bateau pour visiter les nombreuses falaises cachées, vous pouvez vous adresser à ces agences :

Pour l'archipel de La Maddalena

- **A Palau : PALAU MARE. ✆ 0789 70 97 80 – www.palaumare.it –** Dispose de bateaux à moteur jusqu'à 10 m et de bateaux à voile jusqu'à 15 m (*de 3 500 à 6 900 € par semaine pour 12 personnes*).

- **A La Maddalena : SEA ADVENTURES. ✆ 0789 73 76 32 – www. sea-adventures.it –** Propose seulement des Gommoni de 5 à 10 m (*de 100 à 250 € par jour, selon la saison*).

- **A Cala Gonone : CALA GONONE CHARTER. ✆ 078 49 37 37 – www.dovesesto.com –** Organise des excursions dans le golfe d'Orosei. A signaler, la croisière sur le voilier en bois Dovesesto (*de 62 à 67 € par jour, par personne*).

Petit lexique des transports

► **Macchina :** voiture.

► **Semaforo :** feu de signalisation.

► **Assicurazione :** assurance.

► **Motore :** moteur.

► **Ritardo :** retard.

► **Solo andata :** aller simple.

► **Faccia il pieno per favore :** le plein, s'il vous plaît.

► **Freno :** frein.

► **Incidente :** accident.

► **Batteria scarica :** panne de batterie.

► **Transporto :** transport.

► **La fermata dell'autobus :** l'arrêt d'autobus.

► **Andata e ritorno :** aller et retour.

Les petites îles

Pour gagner l'une des petites îles qui entourent la Sardaigne, comme par exemple l'archipel de La Maddalena ou San Pietro, la compagnie de référence est la **SAREMAR** (✆ 070 67 901). Pendant toute l'année, la Saremar assure des liaisons entre Palau et La Maddalena (et retour) en 15 min, de 5h du matin à minuit (*tarifs : de 4 à 5 € l'aller-retour par personne ; de 9 € à 19 € pour une voiture*). Le service entre Portovesme et Carloforte, sur l'île de San Pietro, est opérationnel du 25 juin au 12 septembre, avec 15 traversées par jour d'une durée de 40 min, de 5h du matin jusqu'à 22h (*tarifs : de 5 à 6 € l'aller-retour par personne ; de 12 à 25 € pour une voiture jusqu'à 3,5 m).* Pendant la même période, Saremar assure également un service entre Caloforte et Calassetta, sur l'île de Sant'Antioco, en environ 30 min. Le billet aller-retour coûte de 4 à 5 € par personne et de 10 à 24 € pour une voiture.

Pour les plus jeunes

Des séjours « aventure », pour les jeunes de 15 à 17 ans, sont organisés par le WWF dans le parc de La Maddalena. On y apprend les techniques de navigation à voile et, avec un biologiste, on part à la découverte de la flore et de la faune maritimes de ce coin unique de la Méditerranée. *Prix pour deux semaines, environ 920 €, voyage non compris.*

■ **POINT EXTREME. ✆ 329 43 33 974 – www.climbingsardinia.it –** Des séjours aventureux pour ceux qui choisissent les activités proposées par le guide Enzo Lecis : activités en plein air et excursions de tous niveaux et difficultés dans la zone du golfe d'Orosei et du Supramonte. Par petits groupes, on va à la découverte de lieux pas encore touchés par le tourisme de masse, comme la grotte de Su Miraculo, destination de trekking, ou la Codula del Fuili. Parmi d'autres possibilités : snorkelling, mountain-bike et bungee-jumping. *De 40 à 100 € la journée, guide et équipement inclus.*

En ferry ou cargos

Le réseau portuaire s'articule autour de cinq ports principaux : Olbia, Cagliari, La Maddalena, Porto Torrès et Santa Teresa di Gallura. Les ferries en provenance de France ou d'Italie arrivent principalement à Olbia et à Porto Torres. Les principales compagnies maritimes sont Mobylines, Grandi Navi Veloci, Tirrenia, depuis l'Italie, et la SNCM depuis la France. De Santa Teresa di Gallura partent des bacs en direction de Bonifacio, en Corse. La compagnie Saremar assure, à des tarifs moins élevés que les autres compagnies, le service de bacs à destination de Bonifacio. Cette compagnie effectue également les liaisons maritimes entre la côte et les îles de San Pietro (Carloforte) et Sant'Antioco (Calasetta). Il est possible de mettre sa voiture sur le ferry, mais il est recommandé de réserver.

Quant à la CMN, elle assure des traversées de nuit entre Marseille et la Sardaigne. Pour plus d'informations sur la compagnie et ses lignes :

■ **AGENCE COMMERCIALE DE MARSEILLE. 4 quai d'Arenc ✆ 0 810 20 13 20 (prix appel local) – Fax 04 91 99 45 95 – cmn-corse@cmn.fr – www.cmn.fr (avec plan d'accès aux ports téléchargeable)** – *Accueil du lundi au vendredi de 8h00 à 17h30. Le samedi de 9h00 à 12h00.*

■ **AGENCE COMMERCIALE D'AJACCIO. Port de Commerce Bd Sampiero ✆ 0 810 20 13 20 (prix appel local) – Fax : 04 95 21 57 60 –** *Accueil du lundi au vendredi de 8h15 à 18h00, le samedi de 8h15 à 12h00.*

■ **AGENCE COMMERCIALE DE BASTIA. Port de Commerce ✆ 0 810 20 13 20 (prix appel local) – Fax : 04 95 32 37 01.** *Accueil du lundi au vendredi de 08h00 à 12h00 et de 14h00 à 18h00, le samedi de 08h00 à 12h00.*

▶ **A Propriano :** Agence Maritime Sorba, quai Cdt-L'Herminier ✆ 04 95 76 04 36.

▶ **A Porto Torres :** Agenzia Paglietti, Corso Vittorio Emanuele ✆ (0039) 079 51 44 77.

■ RESTER ■

Trouver un stage ou un emploi

Les personnes de forte volonté et/ou ayant des projets intéressants peuvent obtenir des renseignements sur toute l'économie italienne, sur les entreprises italiennes et plus particulièrement sur la Sardaigne en contactant la **Chambre de commerce italienne en France,** 134, rue du Faubourg Saint-Honoré, 75000 Paris. ✆ 01 53 93 73 73 – www.france-italie.net

- **Nous vous conseillons également de consulter les quotidiens nationaux.** *Le Corriere della Sera,* notamment, publie un supplément dédié aux emplois et aux stages. De plus, sur son site Internet vous trouverez un moteur de recherche spécial emploi (http://corriere.virgilio.it).

- **MAISON DES FRANÇAIS DE L'ETRANGER (MFE). 34, rue de La Pérouse 75016 Paris. ✆ 01 43 17 60 79 – www.expatries.org – mfe@mfe.org –** Pour de multiples renseignements pour émigrer en Italie.

- **CLUB TELI (Travail, Etudes et Loisirs Internationaux).** Cette association loi 1901 est agréée par le ministère de la Jeunesse et des Sports. Depuis 1992, elle propose des offres de stages et de jobs dans le monde entier, dont l'Italie et plus particulièrement en Sardaigne. Pour faciliter les différentes démarches (recherche d'un logement ou d'une famille d'accueil, aide à la création d'une entreprise hors de nos frontières, etc.), le Club Teli édite régulièrement des brochures complètes pour organiser et faciliter vos recherches. Concernant, entre autres, la Sardaigne, la dernière brochure en date est Méditerranée 2005. Pour toute demande de brochure ou de renseignements, contactez directement l'association :

- **ASSOCIATION TELI. 2, chemin de Golemme, 74600 Seynod. ✆ 04 50 52 26 58. Fax : 04 50 52 10 16 – www.teli.asso.fr –** *Par téléphone, du lundi au vendredi de 10h à 12h et de 14h à 18h.*

Si vous parlez correctement l'italien vous pouvez consulter :

- **www.listedicollocamento.it**
- **www.info-lavoro.it**

Travailler en Sardaigne

Comme tous les ressortissants de l'Union européenne, les Français bénéficient de la liberté d'installation et de travail en Italie. A noter que le livret de travail n'est plus obligatoire depuis 2002 pour exercer une activité salariée en Italie.

- **Formalités.** Pour renouveler votre permis de séjour, adressez-vous à la Questura (préfecture) la plus proche de votre lieu de résidence.

Recherche d'un logement

L'offre de logements est importante. Les prix des loyers sont particulièrement élevés dans les grandes villes.

Tous les logements à louer (*in affitto* en italien) ou à vendre (*in vendita*) sont signalés par une affiche placardée sur les vitres.

Pour vous aider dans vos recherches, il existe plusieurs possibilités :

- **Les annonces dans les journaux nationaux ou locaux.**
- **Les agences immobilières** dont la liste figure dans les pages jaunes de l'annuaire.

Les frais d'agence sont élevés (pour une location : environ 10 % du loyer annuel auxquels s'ajoute la TVA (IVA) de 19 % à verser lors de la signature du contrat). L'usage, en Italie, est de verser, au moment de la signature du bail, une garantie locative équivalente à 3 mois de loyer ainsi que 3 mois de loyer d'avance.

La caution est placée sur un compte bancaire, et doit être restituée, entièrement ou partiellement, selon les cas, au moment du départ.

En cas de difficulté, vous pouvez faire appel au syndicat des locataires **SUNIA,** il existe sûrement une antenne dans votre ville (consultez le site www.sunia.it). Moyennant une cotisation annuelle, cet organisme peut vous aider dans vos démarches.

INVESTIR

Pour toutes les questions concernant l'investissement en Sardaigne, renseignez-vous auprès du site officiel du Marché extérieur : **www.missioneco.org/italie ou www.dree.org/italie –** Vous y trouverez des informationsRoot Entrydonnées générales sur l'Italie et la Sardaigne, ainsi que sur les politiques économiques, commerciales et financières classées par secteur d'activité.

Index

A

Abbaye de Santa Maria di Corte (Macomer) ... 190
Accidents ... 365
Aga Khan Karim ... 92
Aggius ... 144
Aglientu ... 151
Agriculture ... 53
Agriturismo ... 362
Aires maritimes protégées ... 39
Aire archéologique (Ghilarza) ... 192
Aire archéologique de Tamuli (Macomer) ... 190
Aire archéologique du Mont Sirai (Carbonia) ... 219
Alcools ... 83, 84
Alghero et ses environs ... 166
André Fabrizio (De) ... 142
Anfiteatro romano (Cagliari) ... 249
Angioj Gian Maria ... 50
Anguilles marinées ... 85
Animaux domestiques ... 316
Antas (Vallée d') ... 213
Antipasti ... 82
Antiquarium Turritano (Porto Torres) ... 163
Après-guerre ... 46
Arbatax ... 273
Arborea ... 204
Arborea (Eleonora d') ... 48
Arbus ... 215
Archéologie ... 58, 250
Arche naturelle S'Archittu (Cuglieri) ... 190
Architecture ... 61
Argentiera (Stintino) ... 166
Argent ... 9, 312
Aritzo (Fonni) ... 294
Artichaut ... 80
Artisanat ... 62
Arts ... 58
Arzachena ... 118
Asinara (Stintino) ... 164
Assomption (Santa Maria Navaresse) ... 280
Assurances cartes bancaires ... 314
Assurance ... 314
Assurance maladie ... 314
Avant de partir ... 316

B

Bagages ... 316
Baia Sardinia ... 117
Baie des Anges ... 234
Ballero Antonio ... 76
Bandits ... 30, 291
Barbagia ... 282
Barisardo ... 277
Baronie (La) ... 305
Barumini ... 206
Basilique di San Saturnio (Cagliari) ... 250
Basilique di San Gavino (Porto Torres) ... 163
Bastione di San Remy (Cagliari) ... 246
Bateau ... 110, 352, 368
Baunei ... 280
Bau Nuraxi (Baunei) ... 282
Berchidda ... 181
Bergers ... 31, 291
Berlinguer Enrico ... 92
Biasi Giuseppe ... 76
Bibliographie ... 320
Biderrosa ... 307
Bijoux ... 62, 252
Bitti ... 309
Bobba (Carloforte) ... 228
Bois ... 62
Bosa ... 185
Bosa Marina ... 188
Brigata Sassari ... 31
Bronze ancien ... 59
Budelli ... 139
Buggerru ... 216
Burrida ... 86
Bus ... 367

C

Cabras ... 203
Cagliari ... 233
Cagliari (environs) ... 253
Calangianus ... 143
Calasetta ... 223
Cala Gonone ... 300
Cala Gonone Jazz (Cala Gonone) ... 302
Cala Nido d'Aquila (La Maddalena) ... 134
Cala Sisine (Baunei) ... 282
Calendrier des fêtes ... 70
Cambosu Salvatore ... 73
Campings ... 363
Cannigione ... 120
Canoë ... 88
Cano Antonio ... 79
Capitole (péninsule de Sinis) ... 202
Capo d'Orso ... 125
Capo di Monte Russu (Santa Teresa di Gallura) ... 151
Capo Sandalo (Carloforte) ... 228
Capo Testa (Santa Teresa di Gallura) ... 151
Caprera ... 135
Carbonia ... 218

Cardons à la sarde 85
Carloforte 224
Carnaval 31
Carnaval (La Maddalena) 133
Carnaval de Bosa....................187
Carnaval de Ottana (Nuoro)....................286
Carnaval de Tempio Pausania 141
Carnet d'adresses....................333
Cars Air France 349
Castello et musée dell'Intreccio (Castelsardo) 154
Castelsardo 153
Cathédrale (Nuoro)....................286
Cathédrale (Ozieri) 180
Cathédrale dell'Immacolata (Bosa)....................188
Cathédrale de Santa Giusta (Oristano) 199
Cathédrale de Santa Maria (Alghero) 173
Cathédrale di Sant'Antonio Abate (Castelsardo) 154
Cathédrale di Santa Maria (Cagliari)....................247
Cathédrale di San Pietro (Tempio Pausania)....................142
Cavalcata sarda (Sassari) 160
Cavaro Pietro....................76
Caves Sella & Mosca (Porto Conte)....................177
Centre de la Sardaigne 271
Centro ricerca Delfini (Caprera)....................136
Cépages 84
Céramique....................62
Cercles sardes....................333
Chant....................64
Charbon du Sulcis 219
Charcuterie....................80
Château d'Acquafredda (Seruci)....................218
Château d'Eleonora d'Arborea (Barumini)....................207
Château de Montiferru (Cuglieri) 190
Château fort (Sanluri)....................229
Chia....................263
Chiesa dei Novelli Innocenti (île de San Pietro)....................227
Chiesa di Sant'Efisio (Pula) 262
Chiesa di Santa Maria di Betlem (Sassari) 161
Chiesa Maria (Castelsardo) 154
Chiesa Santa Caterina (Sassari)....................161
Chronologie historique....................45
Cinéma....................63
Circulation 365
Citadella dei Musei (Cagliari) 246
Ciusa Francesco 79
Climat....................12, 38
Clubber....................25
Collection d'instruments de musique de Don Giovanni Dore (Ghilarza) 192
Collines 36
Colonne (Carloforte)....................228
Commémorations de Garibaldi (La Maddalena)....................132
Compagnies aériennes 349
Compendio Garibaldino (Caprera) 135
Complexe archéologique de Santa Vittoria di Serri (Barumini)....................207
Complexe nuragique de Santa Cristina a Paulilatino (Ghilarza) 192
Complexe nuragique de Su Nuraxi (Barumini)....................206
Corsa de sa Carrela 'e Nanti (Santulussurgiu)....................191
Corso Vittorio Emanuele (Sassari) 161
Cossiga Francesco....................92
Costa Paradiso....................145
Costa Rei 272
Costa Smeralda 114
Costa Verde 205
Costumes 64
Côtes sardes....................36
Côte Est....................271
Course des Scalzi (Cabras) 203
Course équestre « Ardia » (Oristano)....................198
Couteaux 31, 252
Coût de la vie 312
Couvent des Capucins (Bosa)....................188
Cuglieri 190
Cuisine sarde....................80
Culture 58
Culurgiones 85

D

Danses 65
Décalage horaire 12, 317
Dégustation de vin (Tempio Pausania) 142
Deledda Grazia 73
Delitala Mario 76
Déplacements....................364
Dessì Stanis....................77
Dialecte d'Alghero 170
Diverland (Quartu Sant'Elena) 256
Dolci sardi 83
Dolmen Motorra (Dorgali)....................299
Dolphin-watching 136
Domaine viticole Sella & Mosca (Alghero)....................174
Domusnovas....................213
Domus de Janas (Sant' Antioco) 31, 220
Domus de Janas su Calavriche (Orgosolo)....................291
Dorgali....................296
Douane....................317
Drapeau italien 11
Drapeau sarde....................11
Drogues....................316
Droits du voyageur 335
Dunes de Piscinas 205
Duomo (Iglesias)....................213
Duomo de Santa Maria (Oristano)....................198
Duomo di san Nicolas (Sassari) 161

E

Eau ... 83
Ecole de surf (Porto Puddu) ... 126
Économie ... 11, 52
Eglise (Barisardo) ... 277
Eglise del Carmine (Bosa) ... 188
Eglise del Rosario (Bosa) ... 188
Eglise de la Beata Vergine del Pilar (Seruci) ... 218
Eglise de la Misericordia (Alghero) ... 173
Eglise de Nostra Signora dello Schiavo (île de San Pietro) ... 227
Eglise de Sant'Agata (Quartu Sant'Elena) ... 255
Eglise de Sant'Andrea (Orani) ... 293
Eglise de Santa Croce (Aggius) ... 144
Eglise de santa Maria della Neve (Cuglieri) ... 190
Eglise de Santa Maria Maddalena (La Maddalena) ... 134
Eglise de San Carlo Borromeo (île de San Pietro) ... 227
Eglise de San Francesco (Alghero) ... 174
Eglise de San Francesco et Christ de Nicodemo (Oristano) ... 198
Eglise et Nuraghe de Santa Sabina (Macomer) ... 189
Eglise San Michele (Alghero) ... 174
Élevage ... 53
Emploi ... 369
Époque romaine ... 60
Equitation ... 88
Escalade ... 88
Escargot ... 82
Espaces naturels protégés ... 38
Essence ... 367
Excursions vers l'archipel de la Maddalena ... 115

F

Faradda dei Candelieri (Sassari) ... 160
Faune ... 40
Femme ... 57
Fertilia ... 175
Festa della birra (Isola Rossa) ... 152
Festa di Sant'Elena (Quartu Sant'Elena) ... 256
Festa di Santa Maria (Quartu Sant'Elena) ... 256
Festa di San Giovanni Battista (Quartu Sant'Elena) ... 256
Festa di San Lussorio (Oliena) ... 289
Festivals ... 65
Festivals (Alghero) ... 173
Festival della Canzone Tabarchina (île de San Pietro) ... 227
Fêtes ... 65
Fêtes religieuses (La Maddalena) ... 133
Fête de la Santa Vergine delle Grazie (Nuoro) ... 286
Fête de Nostra Signora della Neve (Tempio Pausania) ... 142
Fête de Nostra Signora de Sos Regnos Altos (Bosa) ... 187
Fête de Saint-Salvatore (Cabras) ... 203
Fête de Sant'Efisio ... 245
Fête de Santa Maria Assunta (Cabras) ... 203
Fête de Santa Maria della Neve (Cuglieri) ... 190
Fête de San Lorenzo (Isola Rossa) ... 152
Fête de San Lussorio (Santulussurgiu) ... 191
Fête de San Pietro (île de San Pietro) ... 227
Fête de San Pietro et Paolo (Bosa) ... 187
Fête du Rédempteur (Nuoro) ... 286
Feu de Sant'Antonio (Dorgali) ... 298
Fiera Campionaria (Cagliari) ... 246
Figari Filippo ... 77
Figures importantes des lettres sardes ... 73
Figures sardes du XXe siècle ... 49
Fil'e ferru ... 32
Flore ... 41
Fluminimaggiore ... 214
Fonni ... 293
Fontaine del Rosello (Sassari) ... 161
Football ... 87
Fordongianus ... 204
Forêts ... 36
Forêt des sette Fratelli (Quartu Sant'Elena) ... 256
Formalités ... 317
Fortezza dei Doria (Castelsardo) ... 154
Fortezza di Monte Altura (Porto Raphael) ... 125
Fortezza Vecchia ... 267
Forte Village Resort ... 260
Fort Sabaudo (Sant' Antioco) ... 220
Fregola con arselle ... 85
Fresu Paolo ... 93
Fromage ... 80
Funboard ... 88

G

Galassi Andrea ... 79
Galleria communale d'arte (Cagliari) ... 249
Gallura intérieur ... 140
Galtelli ... 307
Gare de Tempio (Tempio Pausania) ... 142
Garibaldi Giuseppe ... 137
Gastronomie unique ... 7
Gavoi ... 295
Gelati ... 32, 227
Gennargentu ... 294
Gens rouges ... 253
Géographie ... 36
Geysers de Coghinas ... 155
Gherardesca (Iglesias) ... 212
Ghilarza ... 192

Giara di Gesturi (Barumini) 208
Giardino Pubblico (Sassari) 161
Girasole (Arbatax) 276
Giudicato 32
Golfe d'Orosei (Cala Gonone) 295, 302
Golfo Aranci 121
Golf 88
Golgo (Baunei) 281
Goge su Goroppu (Baunei) 281
Gourmandises 175
Gramsci Antonio 49
Granit 130
Grotta del Fico (Baunei) 282
Grotta di su Marmuri (Ulassai) 278
Grotta Ispinigoli 298
Grottes de Su Mannau 214
Grotte del Bue Marino (Cala Gonone) 302
Grotte de Neptune (Porto Conte) 177
Grotte de Santa Barbara (San Giovanni) 220
Grotte de San Michele (Ozieri) 181
Grotte di Ispinigoli (Dorgali) 299
Grotte su Miraculu (Cala Gonone) 302
Gusana 295
Guspini 216

H

Hébergement 361
Histoire 42
Histoire des peintures murales 76
Horaires d'ouverture 330
Huile d'olive 81

I

Idées de budget 9
Idées de séjour 15
Iglesias 208
Iglesiente 208
Île de Molara 114
Île de Sant'Antioco 220
Île de San Pietro 224
Île de Tavolara 114
Îlots du Toro (Sant' Antioco) 220
Incendies 32
Indicatifs téléphoniques 12
Instituts culturels italiens 333
Institut our le développement hippyque de la Sardaigne (Ozieri) 180
Insularité méditerranéenne 7
Internet 26, 330
Investir 370
Irgoli 307
Isola dei Gabbiani 126
Isola Rossa 151

J

Jardins botaniques (Cagliari) 249
Jerzu 278
Jeux 87
Jeux traditionnels 87
Jours fériés 331

K

Kite-surf 88
Klaxon 365

L

Lacs de Gusan et Gavoi 295
Langouste 228
Langues parlées 330
Langue 319
Lanusei 278
Launeddas 32
Légendes sardes 31, 68
Lexique 95
Librairies 321
Liège 32, 62, 143
Limba 32
Limitations de vitesse 364
Liqueurs 83, 84
Littérature 69
Littoral 254
Li bucadori 181
Location de voitures 350
Loculi 307
Lode 309
Logement 361, 370
Logudoro 180
Loisirs 7, 87
Lonis Giuseppe Antonio 79
Lotzorai (Arbatax) 276, 281
Louer une maison 362
Lussu Emilio 49

M

Macomer 189
Maddalena (La) 129
Maddalena archipelago 127
Maison-Muséed'Antonio Gramsci (Ghilarza) 192
Maison de Savoie 48
Maison natale de Graza Deledda (Nuoro) 286
Malaria 32
Malloreddus 32
Malloreddus con salciccia 85
Mameli Goffredo 50
Mammifères de Sardaigne 40
Mamoiada 292
Mamuthones 292
Manca Pietro Antonio 77

Mannu Ignazio Francesco 74
Marché 175
Marché aux chevaux de Sardaigne (Santulussurgiu) 191
Mariage 56
Mariage traditionnel de Selargius (Quartu Sant'Elena) 256
Marina di Barisardo 277
Marini Felice Melis 77
Marras Antonio 93
Masala Francesco 74
Masua 217
Matériel de voyage 316
Médias 319
Menhirs (Arbatax) 275
Menhirs de Piscina Rei (Costa Rei) 272
Menhirs Su Para et Sa Mongia (Sant' Antioco) 220
Mer et plages 315
Métaux 63
Miel 81
Mines 33
Mines de granit de La Maddalena 134
Mines de Montevecchio 216
Mineurs sardes 212
Mine de Monteponi (Iglesias) 212
Mine de San Giovanni (Iglesias) 212
Mirto 33
Mode de vie 56
Modolo Sartoria (Orani) 293
Montagnes 36
Montagnes du Supramonte 287, 290
Montevecchio 215
Mont Arci 204
Mont Ferru (Santulussurgiu) 191
Mont Ortobene et statua des Redentore (Nuoro) 286
Mont Tuttavista 307
Mostra Archeologica (Sant' Antioco) 222
Mostra Permanente dell'Artigianato Sardo (Sassari) 161
Moustiques 315
Mouvement autonomiste 46
Moyens de paiement 314
Muravera (Costa Rei) 272
Murino Caterina 93
Murs peints (Orgosolo) 291
Musée agropsatoral (Sant' Antioco) 222
Musée archéologique (Ozieri) 180
Musée archéologique (Sant' Antioco) 220
Musée archéologique (Sant' Antioco) 223
Musée archéologique « Sa Domu Nosta » (Cagliari) 250
Musée archéologique de Villanovaforru (Barumini) 207
Musée archéologique du village de Paulilatino (Ghilarza) 193
Musée archéologique G.A. Sanna (Sassari) 161
Musée archéologique Villa Sulcis (Carbonia) 210
Musée Bernardo di Muro (Tempio Pausania) 142
Musée civico (Carloforte) 227
Musée des masques méditerranéens (Mamoiada) 292
Musée des Statues Menhirs (Oristano) 199
Musée de l'art de la mine (Iglesias) 212
Musée de la gare (Tempio Pausania) 142
Musée de la technologie paysanne (Santulussurgiu) 191
Musée diocésain (La Maddalena) 134
Musée du costume et des traditions sardes (Nuoro) 286
Musée ethnographique (Sant' Antioco) 220
Musée ethnographique Francesco Bande (Sassari) 162
Musée ethnographique (Nuoro) 286
Musée ethnographique Sa Domu 'Eccia (Baunei) 281
Musée ethnographique (Quartu Sant'Elena) 255
Musée Giovanni Guiso (Orosei) 306
Musée Man (Nuoro) 286
Musée Meoc (Aggius) 144
Musée Navale Nino Lamboglia (La Maddalena) 134
Musée Storico della Brigate Sassari 161
Museo antiquarium Arborense (Oristano) 198
Museo archeologico nazionale (Cagliari) 247
Museo Costantino Nivola (Orani) 293
Museo d'arte siamese « Stefano Cardu » (Cagliari) 247
Muséo Geo Mineralogico (Caprera) 136
Musique 72

N

Nebida 217
Nécropole Conca'e Janas (Dorgali) 299
Nécropole d'Anghelu Ruju (Porto Conte) 177
Nécropole de Filigosa (Macomer) 189
Nécropole de montessu (Carbonia) 219
Nelson Horatio 133
Néolithique 58
Nivola Costantino 79
Nora (Pula) 262
Nostra Signora della Mercede (Alghero) 173
Nostra Signora di Tergu (Castelsardo) 154
Notte dei Poeti (Pula) 261
Notti dell'Accademia (Cagliari) 246
Nuoro 283
Nuraghes, nuraghi 33
Nuraghe Albucciu (Arzachena) 119
Nuraghe Arrubiu (Barumini) 207
Nuraghe d'Orolo (Macomer) 189
Nuraghe de Mannu (Cala Gonone) 302

Nuraghe et village de Genna Maria (Barumini) 207
Nuraghe de Santa Barbara (Macomer) 189
Nuraghe Izzana (Aggius) 145
Nuraghe Losa (Ghilarza) 192
Nuraghe Maiori (Tempio Pausania) 143
Nuraghe Mereu (Orgosolo) 292
Nuraghe Palmavera (Porto Conte) 177
Nuraghi (Canai) (Sant' Antioco) 223
Nurra (Stintino) 166

O

Oasi Lipu (Carloforte) 227
Obsidienne 33
Olbia 109
Olbia romaine 113
Oliena 287
Omaggio a Fabrizio De André (Tempio Pausania) 142
Onani 309
Onifai 307
Orani 293
Orchidées 33
Organisation politique 52
Orgosolo 33, 290
Oristano 193
Ornithologues 40
Orosei 305
Ouest de la Sardaigne 185
Oviglia Maurizio 93
Ozieri 180

P

Pain 81
Palau 122
Palazzo Boyl (Cagliari) 248
Palazzo comunale (Oristano) 198
Palazzo d'Albis (Alghero) 174
Palazzo Machin (Alghero) 174
Pane frattau 85
Parcs nationaux 38
Parcs régionaux 39
Parc aquatique de Baia Sardinia 118
Parc archéologique (Porto Torres) 164
Parc Capitza (Aggius) 144
Parc de Porto Conte (Alghero) 174
Parc Monte Claro (Cagliari) 251
Parc Monte Urpinu (Cagliari) 251
Parc naturel de Biderrosa 307
Parc naturel du Gennargentu 294
Parc San Michele (Cagliari) 251
Parc Stagno di Molentargius (Cagliari) 251
Pardulas 86
Parking 367
Partir en voyage organisé 345
Partir seul 349
Passeggiata 33
Pattada 181
Pêche 53
Pecore 34
Pecorino 34
Peintres anonymes 78
Peintres sardes 76
Peintures murales 34, 75
Peinture 75
Péninsule de Sinis 199
Perda Longa 281
Perfugas 155
Périodes carthaginoise 60
Périodes phénicienne 60
Période énéolithique 59
Période nuragique 59
Personnages 92
Phoque moine 34
Photos 319
Pinacoteca nazionale (Cagliari) 247
Piscinas 205
Plages 34, 37, 134, 205
Plages à voir à tout prix 17
Plages d'exception 7
Plage de Biderrosa 307
Plage de Calamosca (Cagliari) 251
Plage de Cala Ginepro (Orosei) 306
Plage de Cala Liberroto (Orosei) 306
Plage de Costa rei (Costa Rei) 272
Plage de la Caletta (Carloforte) 228
Plage de Platamona (Porto Torres) 164
Plage de s'Abba Meica (Cala Gonone) 303
Plage de Santa Caterina di Pittinuri (Cuglieri) 191
Plage de Torregrande (Oristano) 199
Plaines 36
Planche à voile 88
Plongée 89
Poissons 41
Police 367
Politique 52
Pont romain (Sant' Antioco) 220
Population 11, 54
Porchetto 35
Portixeddu 214
Portoscuso 218
Porto Alabe 189
Porto Cervo 116
Porto Conte 175
Porto della Madonna (Il) 139
Porto Flavia 217
Porto Puddu (Porto Raphael) 126
Porto Raphael 125
Porto Rorondo 114
Porto Torres 162
Posada 307
Poste 328
Pozzo di Sant'Antonio et galleria anglosarda (Montevecchio) 215
Premiers Sardes 45
Presse écrite 319
Primi piatti 82
Prix 312

Procession (Oristano)....198
Procession de Lunissanti (Castelsardo)....154
Procession de Santa Maria del Mare (Orosei)....306
Produits de base....80
Pula....257
Punta Tegge (La Maddalena)....134

Q

Quartier médiéval de sa Costa (Bosa)....188
Quartu Sant'Elena....254

R

Raccolta di Cere anatomiche di Clemente Susini (Cagliari)....247
Radio....319
Randonnée....90
Razzoli....139
Recettes....85
Régate de su fassonis (Oristano)....198
Région autonome....52
Région de Sulcis....218
Religion....56
Remparts et tours (Alghero)....174
Restauration....363
Rester....369
Risorgimento....50
Riva Gigi....94
Rocce rosse Blues (Santa Maria Navarrese)....280
Rocher de l'Eléphant (Castelsardo)....154
Roches....36
Roches rouges (Arbatax)....275
Roissybus - Orlybus....350
Routes....364
Route des églises....19
Route des églises romanes....178
Route des nuraghi....178
Ruines de Tharros (péninsule de Sinis)....202

S

S'Ena Thomes....298
S'Incontru (Oliena)....289
Sagra delle Castagne (Fonni)....294
Sagra del Tonno (île de San Pietro)....227
Sagra di Sant'Antioco (Sant' Antioco)....222
Sagra di Sant'Efisio (Cagliari)....246
Sagra di Santa Maria del Mare (Bosa)....187
Sagra Madonna del Naufrago (Villasimius)....268
Sagra nel Bosco (la Fête du Bois)....276
Saisonnalité....12
Salines (Quartu Sant'Elena)....255
Salvatore Fancello Museo (Dorgali)....298
Sanglier sarde....35
Sanluri....229
Sant'Antioco....220
Santadi....264
Santa Maria....139
Santa Maria Navarrese....279, 281
Santa Teresa di Gallura....145
Santé....315
Santo Stefano....138
Santulussurgiu....191
San Giovanni....220
San Leonardo di siete fuentes (Santulussurgiu)....191
San Pantaleo....121
San Salvatore....204
San Teodoro....309
Sardegna in miniatura (Barumini)....207
Sardinia service (Palau)....124
Sartiglia (Oristano)....198
Sassari....156
Satta Giacinto....77
Satta Sebastiano....74
Sa cordula....86
Sa Die de sa Sardigna (Cagliari)....246
Sa Domu 'e Farra (Quartu Sant'Elena)....255
Sa Domu 'e S'Orcu (Quartu Sant'Elena)....256
Sa Perda Pera (Arbatax)....277
Sciampitta (Quartu Sant'Elena)....256
Sciola Pinuccio....94
Sculpteurs sardes....79
Sculpture....78
Secondi piatti....82
Sécurité....314
Sécurité routière....367
Sedini....156
Segni Antonio....49
Serata sacra del pesce (Castelsardo)....154
Serpent du Golgo....282
Serra Orrios (Dorgali)....298, 300
Seruci....218
Settimana santa (Alghero)....173
Sexe....316
Sieste....35
Signalisation....364
Siniscola et Posada....307
Sinis....199
Sini Tarquinio....78
Sites de plongée de Sardaigne....89
Sites Internet futés....357
Situation commerciale....53
Situation économique....53
Snorkelling....90
Soleil....315
Sol....36
Soru Renato....94
Source d'esau de su Gologone (Oliena)....290
Spaghetti alla bottarga....85
Spargi....138
Spiaggia del Poetto (Cagliari)....251

Spiaggia di Pelosa (Stintino) 164
Spiggia Pietro 74
Sports 87
Stage 369
Stintino 164
Structure étatique 52
Sulcis 218
Su Nuraghi (complexe) 207
Supramonte 287
Supramonte d'Orgosolo (Oliena) 290
Sùrbiles 35
Surf 88
Survol de la Sardaigne 36

T

Tabac 316
Tabarchino 9
Tanca 35
Tapisserie 63
Télécommunications 328
Téléphone 11, 12, 328
Telettotes 299
Télévision 319
Telti 144
Températures moyennes 38
Tempietto di Malchittu (Arzachena) 119
Tempio Pausania 140
Temple (Vallée d'Antas) 213
Tenores 35
Terme di Casteldoria (Valledoria) 152
Thalassothérapie 91, 125, 152, 262, 268
Tharros (ruines) 202
Thermes de Sardara (Sanluri) 229
Thermes de Turris Libisonis (Porto Torres) 163
Time in Jazz (Berchidda) 181
Tiscali 35, 289
Tombeaux des géants 35
Tombeau des Géants « Li Mazzani » (Porto Raphael) 126
Tombes (Vallée d'Antas) 213
Tombe des Géants de Coddhu Vecchiu (Arzachena) 119
Tombe des Géants de Li Lolghi (Arzachena) 119
Tombe de Géant de Bitistili ou Durane (Fonni) 294
Tombe de Géant de Thomes (Dorgali) 300
Tombe de Grazia Deledda (Nuoro) 286
Torre di Bari (Barisardo) 278
Torre di san Cristoforo (Oristano) 198
Torre Longosardo (Santa Teresa di Gallura) 150
Tortolì 273
Tourisme 35
Tour Pisane (Orani) 293
Tours Opérateurs généralistes 347
Tours Opérateurs spécialistes 345
Trajet du Trenino Verde de Tempio à Palau (Tempio Pausania) 142
Transports 364
Transports (lexique) 368
Tratalias (Carbonia) 220
Travailler en Sardaigne 370
Trenini Verde (Palau) 20, 124
Tresnuraghes 189

U

Ulassai 278
Urgences 315

V

Vaccinations 315
Valledoria 152
Vallée d'Antas 213
Vallée de Lanaitto et Tiscali (Oliena) 290
Vannerie 63
Vélo 91
Via Santa Croce (Cagliari) 247
Viddalba (Valledoria) 152
Villages des mineurs de Montevecchio et Ingurtosu (Montevecchio)
Mont Arcuentu (Montevecchio) 216
Village des pêcheurs de Giorgino (Cagliari) 251
Village nuragique de Mannu (Cala Gonone) 302
Village nuragique de sa Serra'e Sos Carros (Oliena) 289
Village nuragique de Tiscali (Oliena) 289
Villasimius 264
Ville romaine di Cornus (Cuglieri) 191
Ville romano-punique (péninsule de Sinis) 202
Vins 83, 84

W

WWF en Sardaigne 39

Y

Yacht Club Palau (Palau) 124

Z

Zippulas 86
Zola Gianfranco 94
Zone archéologique (Sant' Antioco) 222
Zone archéologique de Sant 'Eulalia (Cagliari) 247

Collabororez à la prochaine édition

Sardaigne

édition n° 5

Pour compléter la prochaine édition du Petit Futé de la Sardaigne, améliorer les guides du Petit Futé qui seront utilisés par de futurs voyageurs et touristes, nous serions heureux de vous compter parmi notre équipe afin d'augmenter le nombre et la qualité des enquêtes.

Pour cela, nous devons mieux vous connaître et savoir ce que vous pensez, très objectivement, des guides du Petit Futé en général et de celui que vous avez entre les mains en particulier. Nous répondrons à tous les courriers qui nous seront envoyés dès qu'ils seront accompagnés d'au moins une adresse inédite ou futée qui mérite d'être publiée.

Dès lors que vous nous adressez des informations, bonnes adresses... vous nous autorisez par le fait même à les publier gracieusement en courrier des lecteurs dans les guides correspondants.

Qui êtes-vous ?

Nom et prénom ....

Adresse ....

....

E-mail .... Quel âge avez-vous ? ....

Avez-vous des enfants ? ❑ Oui (combien ?)......... ❑ Non

Comment voyagez-vous ? ❑ Seul ❑ En voyage organisé

Profession : ❑ Etudiant ❑ Sans profession ❑ Retraité

❑ Profession libérale ❑ Fonctionnaire ❑ Commerçant

❑ Autres ....

Comment avez-vous connu les guides du Petit Futé ?

❑ Par un ami ou une relation ❑ Par un article de presse

❑ Par une émission à la radio ❑ A la TV

❑ Dans une librairie ❑ Dans une grande surface

❑ Par une publicité, laquelle ? ....

Durant votre voyage,

Vous consultez le Petit Futé environ .... fois

Combien de personnes le lisent ? ....

Vous utilisez ce guide surtout :

❑ Pour vos déplacements professionnels ❑ Pour vos loisirs et vacances

Comment avez-vous acheté le Petit Futé ?

❑ Vous étiez décidé à l'acheter ❑ Vous n'aviez pas prévu de l'acheter

❑ Il vous a été offert

Utilisez-vous d'autres guides pour voyager ?

❑ Oui Si oui, lesquels ? ....

❑ Non

Le prix du Petit Futé vous paraît-il ?

❑ Cher ❑ Pas cher ❑ Raisonnable

Comptez-vous acheter d'autres guides du Petit Futé ?

❑ Oui, lesquels :

❑ City Guides ❑ Guides Département ❑ Guides Région ❑ Country Guides

❑ Non Si non, pourquoi ? ....

Quels sont, à votre avis, ses qualités et ses défauts ?

Qualités ....

Défauts ....

Date et lieu d'achat ....

Testez vos talents de critique

Faites-nous part de vos expériences et découvertes. N'oubliez pas, plus particulièrement pour les hôtels, restaurants et commerces, de préciser avant votre commentaire détaillé (5 à 15 lignes) l'adresse complète, le téléphone et les moyens de transport pour s'y rendre ainsi qu'une indication de prix.

Nom de l'établissement ....

Adresse exacte et complète ....

....

Téléphone .... Fax ....

Votre avis en fonction de l'établissement :

	Très bon	Bon	Moyen	Mauvais
Accueil :	❑	❑	❑	❑
Cuisine :	❑	❑	❑	❑
Rapport qualité/prix :	❑	❑	❑	❑
Confort :	❑	❑	❑	❑
Service :	❑	❑	❑	❑
Calme :	❑	❑	❑	❑
Cadre :	❑	❑	❑	❑
Ambiance :	❑	❑	❑	❑

Remarques et observations personnelles, proposition de commentaire :

....

....

....

....

....

....

....

Afin d'accuser réception de votre courrier, merci de retourner ce document avec vos coordonnées

LE PETIT FUTE COUNTRY GUIDE

18, rue des Volontaires • 75015 Paris • FRANCE

soit par fax : 01 53 69 70 62 ou par E-mail : infopays@petitfute.com

COUPON-RÉPONSE À RETOURNER À : Nouvelles Editions de l'Université - 18, rue des Volontaires - 75015 Paris

Nom .... Prénom ....

Adresse ....

....

Email : ....

Je commande les guides suivants : ....

....

Je joins en règlement un chèque de .... € (frais de port inclus)

Je préfère régler par carte bancaire la somme de........................ € (frais de port inclus)

C.B. n° ....|....|....|....|....|....|....|....|....|....|....|....|....|....|....|....|.... signature obligatoire

N° de contrôle (Les 3 derniers chiffres au dos de votre carte) .... Expire fin : .... /.........

Fait à .... le ....

Vous pouvez également commander en ligne sur www.petitfute.fr

- 101 idées de voyages insolites ..... 15,00€
- Açores Madère ..... 15,00€
- Afrique du Sud ..... 15,00€
- Alaska ..... 16,00€
- Algérie ..... 18,00€
- Allemagne ..... 13,00€
- Amsterdam ..... 11,00€
- Andalousie ..... 12,00€
- Andore ..... 13,00€
- Argentine ..... 15,00€
- Arménie ..... 18,00€
- Asie centrale ..... 15,00€
- Australie ..... 16,00€
- Autriche ..... 13,00€
- Bahamas ..... 15,00€
- Baléares ..... 12,00€
- Barcelone/Catalogne ..... 12,00€
- Bavière ..... 13,00€
- Belgique ..... 14,00€
- Bénin ..... 16,00€
- Berlin ..... 12,00€
- Birmanie ..... 14,00€
- Bolivie ..... 15,00€
- Bosnie ..... 16,00€
- Botswana ..... 17,00€
- Brésil ..... 15,00€
- Budapest/Hongrie ..... 14,00€
- Bulgarie ..... 14,00€
- Burkina Faso ..... 15,00€
- Californie ..... 14,00€
- Cambodge ..... 15,00€
- Cameroun ..... 16,00€
- Canada ..... 15,00€
- Cap Vert ..... 15,00€
- Chili/Ile de Pâques ..... 15,00€
- Chine ..... 15,00€
- Chypre ..... 13,00€
- Colombie ..... 16,00€
- Comores Mayotte ..... 15,00€
- Corée ..... 16,00€
- Costa Rica ..... 16,00€
- Crète ..... 12,00€
- Croatie ..... 12,00€
- Cuba ..... 14,00€
- Danemark/Iles Féroé ..... 12,00€
- Dublin ..... 10,00€
- Ecosse ..... 12,00€
- Egypte ..... 13,00€
- Equateur ..... 15,00€
- Espagne ..... 14,00€
- Ethiopie ..... 17,00€
- Finlande ..... 14,00€
- Florence/Toscane ..... 13,00€
- Floride ..... 13,00€
- Géorgie ..... 17,00€
- Ghana ..... 16,00€
- Grand-Sud-Marocain ..... 15,00€
- Grande-Bretagne ..... 14,00€
- Grèce/Iles Grecques ..... 13,00€
- Guadeloupe ..... 13,00€
- Guatémala ..... 15,00€
- Guide du voyageur ..... 15,00€
- Guinée/Guinée-Bissao ..... 16,00€
- Guyane ..... 15,00€
- Haïti ..... 14,99€
- Himalaya ..... 16,00€
- Honduras/Nicaragua ..... 16,00€
- Hong Kong/Canton ..... 14,00€
- Iles anglo-normandes ..... 14,00€
- Iles Canaries ..... 13,00€
- Iles Grecques ..... 13,00€
- Inde du Nord/Rajasthan ..... 15,00€
- Inde du Sud ..... 15,00€
- Indonésie ..... 11,99€
- Iran ..... 20,00€
- Irlande ..... 12,00€
- Islande ..... 15,00€
- Istanbul ..... 11,00€
- Italie ..... 15,00€
- Jamaïque ..... 16,00€
- Japon ..... 20,00€
- Jordanie ..... 16,00€
- Kenya ..... 13,99€
- Laos ..... 15,00€
- Laponie ..... 16,00€
- Liban ..... 15,00€
- Lisbonne ..... 11,00€
- Londres ..... 11,00€
- Louisiane ..... 15,00€
- Madagascar ..... 13,00€
- Madrid ..... 12,00€
- Malaisie Singapour ..... 13,00€
- Maldives ..... 16,00€
- Mali ..... 16,00€
- Malte ..... 13,00€
- Maroc ..... 13,00€
- Marrakech ..... 12,00€
- Martinique ..... 13,00€
- Maurice Rodrigues ..... 14,00€
- Mauritanie ..... 16,00€
- Mexique ..... 15,00€
- Milan/Lombardie ..... 13,00€
- Mongolie ..... 18,00€
- Moscou/Volga/St-Pet ..... 16,00€
- Mozambique ..... 15,00€
- Namibie ..... 16,00€
- Naples/C. Amalfitaine ..... 13,00€
- Népal ..... 15,09€
- New York ..... 14,00€
- Niger ..... 16,00€
- Norvège ..... 14,00€
- Nouvelle-Calédonie ..... 16,00€
- Nouvelle-Zélande ..... 17,00€
- Oman ..... 16,00€
- Ouzbékistan ..... 17,00€
- Panama ..... 15,00€
- Patagonie ..... 19,00€
- Pays Baltes ..... 16,00€
- Pays Basque Espagnol ..... 14,00€
- Pays de Galles ..... 12,04€
- Pékin ..... 15,00€
- Pérou ..... 15,00€
- Philippines ..... 15,00€
- Pologne ..... 15,00€
- Portugal ..... 12,00€
- Prague ..... 13,00€
- Québec ..... 13,00€
- Rép. Dominicaine ..... 13,00€
- Réunion ..... 13,00€
- Rome ..... 12,00€
- Roumanie ..... 15,00€
- St-Martin/St-Barth. ..... 14,00€
- Saint-Pétersbourg ..... 15,00€
- Sardaigne ..... 14,00€
- Sénégal ..... 13,00€
- Serbie/Monténégro ..... 16,00€
- Seychelles ..... 17,00€
- Sicile ..... 12,00€
- Slovaquie ..... 16,00€
- Slovénie ..... 16,00€
- Sri Lanka ..... 14,00€
- Suède ..... 13,00€
- Suisse ..... 13,00€
- Syrie ..... 14,00€
- Tahiti/Polynésie ..... 16,00€
- Taiwan ..... 16,00€
- Tanzanie Zanzibar ..... 17,00€
- Tchad ..... 15,09€
- Thaïlande ..... 14,00€
- Togo ..... 16,00€
- Trinidad et Tobago ..... 15,00€
- Tunisie ..... 12,00€
- Turquie ..... 12,00€
- Ukraine ..... 17,00€
- Uruguay ..... 16,00€
- Venezuela ..... 15,00€
- Venise et sa région ..... 13,00€
- Vienne ..... 12,00€
- Vietnam ..... 14,00€
- Wallonie ..... 11,00€
- Yémen ..... 16,00€
- Zimbabwe ..... 15,09€

et retrouvez toutes nos nouveautés au jour le jour sur internet !

www.petitfute.fr

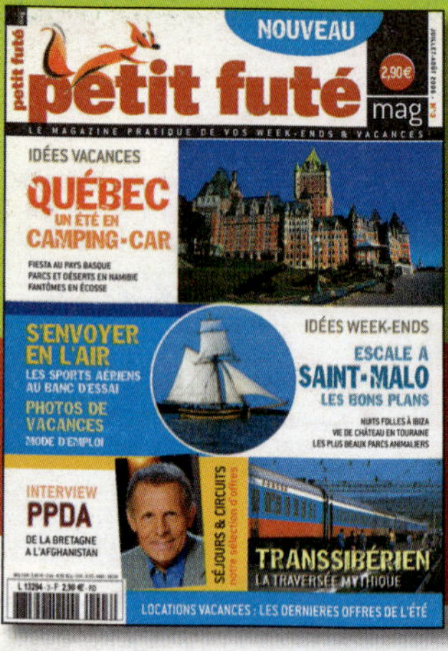

BULLETIN D'ABONNEMENT

A retourner à :
Petit Futé mag – service abonnements
18-24, quai de la Marne - 75164 Paris Cedex 19

votre cadeau

❒ **Oui,** je souhaite m'abonner au Petit Futé mag pour 1 an (soit 6 n^os^) au prix de 15 € et je recevrai en cadeau le guide Petit Futé 1001 meilleures chambres d'hôtes et fermes-auberges.

❒ **J'offre** un abonnement d' 1 an (soit 6 n^os^) au prix de 15 € et je recevrai en cadeau le guide Petit Futé 1001 meilleures chambres d'hôtes et fermes-auberges.

❒ Je joins mon règlement par chèque bancaire ou postal à l'ordre de Petit Futé mag

❒ Je préfère régler par carte bancaire :

CB n° |_|_|_|_| |_|_|_|_| |_|_|_|_| |_|_|_|_|

Expire fin : |_|_| / |_|_|

Clé : (3 derniers chiffres figurant au dos de la carte) |_|_|_|

Date et Signature

Mes coordonnées :
❒ Mme ❒ Mlle ❒ M.

Nom .... Prénom ....
Adresse ....
Code Postal .... Ville ....
Tél. ....
Email ....

J'offre cet abonnement à :
❒ Mme ❒ Mlle ❒ M.

Nom .... Prénom ....
Adresse ....
Code Postal .... Ville ....
Tél. ....
Email ....

Offre France métropolitaine réservée aux nouveaux abonnés jusqu'au 31/04/2007, dans la limite des stocks disponibles. Tarif DOM et étranger, merci de nous consulter au 01 44 84 86 87. Conformément à l'article 27 de la loi «Informatique et libertés» du 6 janvier 1978, vous disposez d'un droit d'accès, de rectification et de suppression des informations vous concernant. Elles pourront être cédées à des tiers sauf refus de votre part (en cochant cette case ❒)

PC02